办公自动化

第8版

张永忠　吴　兵　齐元沂　编著

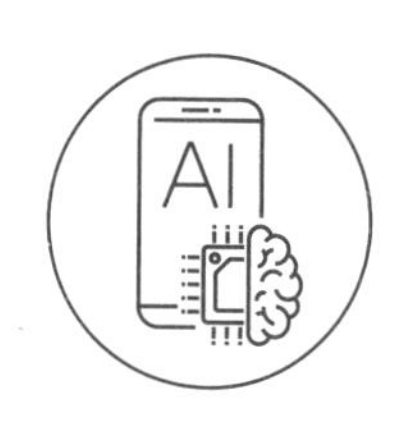

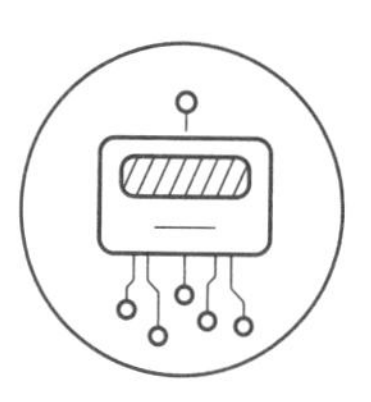

復旦大學出版社

编者的话（第 8 版）

随着大数据、人工智能等新一代信息技术的快速发展，办公自动化的理论和技术也得到了日新月异的发展。各种新工具层出不穷，各种新应用落地生根，人们对办公自动化的需求也有了新的转变和落脚点。为了及时把握办公自动化的新变化，满足学员的新需求，我们开展了此次教材修订工作。修订的目标是，使得修订后的教材内容更贴合时代的要求、读者的需求，优化升级办公自动化内容，删除过时的工具和应用，增加新的工具和应用，满足读者对办公自动化的多元化需求，为办公自动化发展提供更专业的引领、更全面的支持，旨在帮助读者理解如何高效地利用现代办公技术，提高工作效率。

本次教材修订的特色主要体现在以下几个方面：

1. 新理念引领，新技术融合。各个章节修订过程中，注重新理念的引领，运用时代的语言阐述工具的应用；注重新技术的融合，确保书中内容的与时俱进，并根据章节内容，适时添加新的工具和应用。例如，第一篇基础知识中删除了传真机等日渐退出人们视野的工具，增加了一体机等现阶段普遍应用的工具。

2. 新技能赋能，新工具增彩。在操作系统、字处理软件、电子表格处理软件等章节部分，选取普适性比较强的版本进行介绍，操作系统以 Windows 10 为主，Office 软件以 Word 2016 和 Excel 2016 为主。在介绍过程中，增加了新功能、新特性的阐述。而且，还增加了云办公应用、移动办公应用以及人工智能辅助办公等新工具的介绍。

3. 新实践导向，新技巧提炼。在修订本书时，强调以简便易懂的工作实践为导向，将工具、技巧与解决实际问题相结合。修订以提高工作效率和解决实际问题为导向，强调提供给读者实际应用的技能。而且，每章节结合内容的不同，会挖掘一些新技巧补充到内容之中。这不仅丰富了知识内容，而且为读者提供更加高效的应用技能和方法。

本次教材修订由张永忠负责整体策划。第一篇由张永忠负责编撰，第二篇、第四篇和第五篇由吴兵负责编撰，第三篇由齐元沂负责编撰。书中引用了一些文献，对此表示衷心的感谢。由于编写时间仓促，本书中的不当之处，欢迎专家、同行、教师提出宝贵意见。

编者
2024 年 3 月

编者的话（第7版）

自1993年起的近二十年来，上海计算机应用能力测评与上海地区的信息化建设和IT培训共同发展，与时俱进。

上海计算机应用能力测评自1994年1月开始第一次考核，至今已有500余万上海市民参加了各课程的考核，其中250余万人次取得了相应课程的合格证书。考核项目从开始一个项目发展至今已有初级、中级、办公自动化、信息技术应用基础等多个考核项目。

《办公自动化》是上海计算机应用能力测评中"办公自动化"项目的主教材，自1995年5月推出以来，截至2012年底，有200余万人次参加了该项目考试，160余万人获得了"办公自动化"证书，取得了良好的社会效益，既推动了上海各行各业应用现代信息技术，普及现代办公技术，又为上海这座城市的发展、学习型社会的构建激发了活力。

随着信息技术的飞速发展，办公自动化技术也在不断变化、更新和发展。1997年5月编者对原书进行了改版(即第二版)，1999年5月推出了第三版，2002年4月推出了第四版，2005年1月推出了第五版，2010年5月推出了第六版，每次改版都充实了当时办公室自动化领域中新的概念、观点、技术与应用。多年来，许多具有初中以上文化程度的各级各类办公人员纷纷参加"办公自动化"的培训和考核，不少高等院校(含民办)、高职高专、中职中专等学校也都把《办公自动化》作为课程安排在教学计划中，强化学生技能训练，参加计算机应用能力"办公自动化"考核既可以获得相关证书，同时又可以取得相应学分。学习和运用办公自动化技术已形成一股热潮。

本次推出的《办公自动化(第七版)》一书，在第六版体系和框架的基础上进行了全面的改版，基本内容有了较大的变动。本书的编写组成员在专家组的指导下对编写内容进行了系统的分析和深入的讨论，力求新颖实用，特别是在软件版本的选择上，从实际出发，既充分考虑到软件本身用户群体的广泛性及应用情况的普遍性，同时又兼顾新版软件的稳定性和使用的便利性，以及广大用户的使用习惯。本书对操作系统的介绍主要选择中文 Windows 7，并兼顾目前办公系统比较流行的移动设备操作系统 Android、iOS、Windows 8 等；Office 选择了2010版；IE 则选择了应用较为广泛的9.0版。基于应用的需要及需求驱动，本书还对其他一些非常实用、又得到普遍应用的软件(如下载工具软件、通讯工具软件等)进行了简要介绍。由于这些实用软件一直都在不断地升级更新，因此在介绍中以最新的正式版本为主(不采用版本更高的测试版)，有的只是重点提一下它们的功能和基本使用，淡化不同版本的操作界面。因为这些软件在使用方法上都大同小异，况且操作界面也越来越友好，学会了基本方法就能够触类旁通、举一反三了。

本教材第一篇为基础知识，介绍了办公自动化的基本概念和现代办公技术工具，以切实反映出最新的办公自动化领域所使用的硬件和软件技术。第二篇介绍了以中文 Windows 7 为主的中文操作系统的使用与操作技巧。第三、四篇分别介绍的是文字处理软件中文 Word 2010 和电子表格处理软件中文 Excel 2010 的基本使用。第五篇介绍了办公自动化网络使用基础，其中包括：计算机网络常识，在中文 Windows 7 环境下的网络资源共享，连入 Internet 的方法，电子邮件软件和浏览器软件中文 Internet Explorer 9 的基本使用方法与技巧，以及网络安全基础及系统优化，办公云应用和移动应用等。我们认为对这些实用软件和技术的掌握和运用，已经成为目前办公自动化领域中办公人员不可缺少的技能。

本书由上海电视大学陈信教授主编，顾爱红副研究员、盛英洁副研究员、吴兵博士参与编写。其中：第一篇由陈信编撰，第三篇由顾爱红编撰，第四篇由盛英洁编撰，第二篇和第五篇由吴兵编撰，全书由陈信统稿。

由于技术发展日新月异，编写出版时间较短以及作者水平有限，书中难免有欠妥或疏漏之处，恳望读者不吝指出。

编　者

2013年7月

目　录

第一篇　基础知识

第二篇　操作系统

第三篇 字处理软件基础——中文 Word 2016

第四篇 电子表格处理软件——中文 Excel 2016

第五篇 办公自动化网络应用基础

PART 01

第一篇　基础知识

第1章　办公自动化概述

办公自动化(Office Automation,简称OA)于20世纪50年代提出,在80—90年代随着现代信息技术(IT)的日新月异,得到了飞速的发展。办公自动化作为一门学科已广泛得到应用并越来越受到人们的重视。它是以现代信息技术、系统科学和行为科学为支柱,在人们日常办公活动中普遍应用各种先进的科学技术,这些先进的技术在时间和空间上极大地延伸了人们的大部分办公活动,从而减轻了人们的劳动强度,提高了办公效率和质量,同时又促使人们在办公活动中建立新的规范和制度。随着移动技术、无线通信技术、网络技术、数据库技术、多媒体技术、虚拟现实技术等的飞速发展,人们的日常办公活动正进一步突破时间和空间的限制,变得更加灵活、快捷,办公自动化的发展又呈现出新的景象。

1.1　办公自动化的定义、特点和发展状况

1.1.1　办公自动化的定义和特点

科学技术的飞速发展使办公活动这一传统的以人工(脑力劳动和体力劳动的紧密结合)为主的领域内的劳动方式发生了巨大的变化,今天的办公活动已从古老的、低级的手工形式向现代高级自动化、信息化形式发展,办公室中传统的文具及计算器等,已被各类现代化的技术和办公设备所替代。这不但减轻或节省了人们的劳动强度或劳动量,而且大大提高了办公效率,改善了办公环境,使人们从原先非常繁重的、重复性的、例行性的、地域性的大量办公事务中解放出来,不仅节省了大量费用,而且可以腾出更多的时间和精力来思考和处理许多重要问题。

办公自动化在短短的几十年间突飞猛进,其内涵和外延在不断地扩大。不同时期,人们对办公自动化的认识也在不断深化。可以认为:办公自动化是以先进的科学技术——现代信息技术、系统科学和行为科学为支柱的一门综合技术性的新型学科,它是以管理科学为前提,系统科学为理论基础,行为科学为主导,涉及社会科学、管理科学、系统工程等多门学科,综合运用现代信息技术(包括微电子技术、自动化技术、计算机技术、网络技术和现代通信技术等)完成各种办公业务,充分有效地利用好信息资源,以提高生产效率、工作效率和工作质量,辅助决策,促使办公活动规范化和制度化,以达到既定目标,求得更好的效果。

办公自动化主要包含三大特点:

① 在使用的手段上,办公自动化综合运用了包括计算机、网络、通信和自动化等高新技术在内的现代信息技术,它涉及行政管理、电子、文秘、机械、物理等领域,因而它本身是一门综合性的技术。

② 办公自动化服务的对象是办公室工作,信息加工和处理是整个办公活动中的主要业务特征。因此,办公自动化综合体现了人、设备和技术、信息资源之间的关系,即信息是加工和处理的对象,同时又是人们决策的重要依据;设备和技术是加工和处理的工具;而人则是加工处理过程中的设计者、指挥者和结果的享用者。所以,设备和技术是重要的条件,而人是决定因素。

③ 办公自动化最终的目的是提高办公工作的质量和效率,促使办公工作规范化、制度化,并延伸办公

的时空，提高办公人员的决策质量，为决策人员提供更多有关、有用和有效的信息以及决策方案。

1.1.2　办公自动化的发展状况

半个多世纪以来，随着计算机信息处理技术和现代通信技术的发展，办公自动化已走过了初级应用之路，正由成熟期向高速发展迈进。作为世界信息产业的发源地，美国信息化及办公自动化的发展具有显著的代表性及方向性。

1. 美国的办公自动化技术应用与发展

(1) 第一阶段：20 世纪 50 年代～70 年代中期

尽管在 20 世纪 50 年代，开始提出了办公自动化的概念，但当时仅仅是用于国防部门。20 世纪 60 年代以来，计算机开始进入办公领域，但那时的计算机基本上是以中、大型机作为主机使用，处理方式以多道程序批处理方式完成，用户对计算机可望而不可及，有神秘的不可亲近的感觉，再加上计算机系统价格昂贵，影响了它的推广使用。20 世纪 70 年代初期计算机开始有分时操作系统，出现联机多终端系统，缩短了人—机之间的距离，改善了人—机界面。20 世纪 70 年代中期发展的系列化的小型计算机，则大大地促进了办公室信息自动化处理的应用。这一阶段的特点是以单项办公设备为基础完成单项办公业务的自动化。

(2) 第二阶段：20 世纪 70 年代中期～80 年代中期

随着 20 世纪 70 年代末期微型计算机的发展，促成了办公自动化技术大量普及应用。在美国的公司和企业中，办公自动化比政府部门发展得早，应用较为广泛，并且具有较高的水平。这是由于这些公司、企业要进行生产或商业竞争，必须增强竞争手段、加强管理、及时掌握有关的信息和情报，提高办公效率和科学的决策水平，作为其生存和发展的必要条件。一些从事办公自动化设备研制和生产的大型企业，如 IBM 公司、DEC 公司、XEROX 公司、AT&T 公司等，更是在这方面率先应用，并建立试验性的系统，积累和推广有关技术。美国联邦政府和各州政府，在这期间建立起用计算机网络联系的办公室信息系统。如 1982 年前已在五十个州内全部完成了计算机网络通信系统。办公信息网络化，广泛利用局域网、区域网，加强办公信息通信联系是这一阶段的一个特点。另一个特点是随着计算机硬件设备和软件以及系统集成的研究开发，推动了有关办公管理科学方面的研究，如分析办公流程，研究办公系统模型，开展对办公自动化系统的系统设计、系统分析、系统效益、系统评估等理论方面研究，从而把办公自动化从事务处理级向信息管理级和计算机辅助决策级提升。

(3) 第三阶段：20 世纪 80 年代中期以后

进一步完善计算机网络通信体系，建立起全球范围的信息高速公路，电子数据交换（EDI）技术得到了广泛的应用，并大力发展综合业务数字网络技术的应用。计算机和通信技术的高度结合，是这一时期办公自动化技术发展的主导思想。

(4) 第四阶段：20 世纪 90 年代中期以后

办公自动化发展的目标是整个办公室高度自动化，以及办公自动化系统的智能化。信息技术的进一步发展也推动了信息处理和信息通信两种技术的紧密结合，从而统一到广义的信息处理概念中，形成一体化的大型信息管理系统，移动办公、无线办公的兴起又进一步延伸了办公的时空，使办公更加灵活、方便，正逐步从办公自动化走向办公信息化。

2. 我国办公自动化发展情况

面对世界新技术革命及社会信息化的挑战，我国自 20 世纪 80 年代中期起，掀起了办公自动化热潮。从中央到地方的各级政府部门率先引入办公自动化技术，以此提高政府的办公效率、办公质量及决策的科学化水平。我国办公自动化发展大体可以划分为四个阶段：

(1) 第一阶段：20 世纪 80 年代初期～80 年代中期

这个阶段主要在典型试点的基础上开发某些办公自动化系统，探讨中国发展办公自动化的模式，制定我国办公自动化的发展规划。普遍采用一些单项的办公自动化设备，如传真机、打字机、复印机等，实现单项业务的自动化。

(2) 第二阶段：20 世纪 80 年代中期～90 年代初期

在全国范围内开展办公自动化试点，建立一批能体现我国最高水平的国家一级办公自动化系统，如国务院办公厅办公自动化系统；在引进国外先进的办公自动化设备的同时，国产的办公自动化设备生产企业初具规模，产品质量和生产能力大大提高，同时对全国通信网络着手进行大规模改造，办公自动化的标准工作也取得很大进展。这个阶段的主要标志是办公过程中普遍使用电脑和打印机，通过电脑和打印机进行文字处理、表格处理、文件排版输出和进行人事财务等信息的管理等。

(3) 第三阶段：90 年代中后期的快速发展阶段

从中央到地方，全国市级以上的机关和大中型企事业单位都不同程度地实现了办公自动化，办公自动化已经渗透到经济社会的各个领域。上海市人民政府的办公系统，使用超级小型机联成通信网络，使用局域网连接多台微机构成整个系统，在办公事务方面开发了文字处理、行文管理、文档管理、办公日程管理、轻印刷、电子邮件系统、机关事务处理等软件包。办公效益显著提高。又如，“三金”工程(即“金卡”“金关”和“金桥”)，其实现的主要结果之一就是发展办公自动化。其中，“金卡”工程使人们不必带现金就可上街购物，外出旅行，受付、转账等都可以使用电子货币，无现金交易，从而为企业降低资金成本，加快资金周转，提高经济效益，促进金融业和商业与国际接轨；“金关”工程实现的电子数据交换，免去各种繁琐表格的重复填写，而完全由计算机联网处理，实现无纸贸易；“金桥”工程是金卡、金关以及其他一切“金”字工程(如“金企”工程、“金税”工程等)的基础，是指建设国家信息化社会的基础设施(Infrastructure)，即建设国家公用经济信息网，作为国家“中速的信息国道”。换句话说，“金桥”工程的实施已为我国发展办公自动化事业奠定坚实的物质基础。这个阶段的主要标志是办公过程中网络技术的普遍使用，实现了文件共享、网络打印共享、网络数据库管理等。

(4) 第四阶段：21 世纪以来的高速发展阶段

这一阶段，网络技术(包括无线网络、移动通信等)、群件系统、数据库技术、大数据技术、人工智能等技术和产品日渐成熟而被广泛应用，同时由于国内经济的飞速发展引发市场竞争的日趋激烈，以及政府管理职能的扩大与优化，导致政府和企业对办公自动化产品的需求有了快速增长。Internet/Intranet 在国内得到了普及，人与人之间的交流和联系方式发生了本质的变化，电子化的信息交流方式逐渐成为主流。国内专门从事软件开发的公司也逐渐成长起来，并专门为政府和企业“度身定做”办公自动化系统，由于这些系统是根据用户的具体需求开发的，所以功能比较完善，并能较好地满足用户的实际需要。

总之，办公自动化的发展在很大程度上取决于现代信息技术的发展，新一代的办公室管理中引入知识管理的理念，办公活动应充分利用组织内外的知识资源，提高员工的办公效率和质量。可以认为，现代办公技术工具(软硬设备)将朝着高性能、多功能、复合化、信息化、智能化、系统化以及使用方便等方向发展，办公自动化的发展趋势将朝着数字化、集成化、移动化、综合化等方向发展，通信在办公自动化系统中的地位将进一步增强，Internet、微波通信、卫星通信、移动通信、无线网络等技术的应用将进一步加快办公自动化发展的步伐。

1.2 办公自动化系统的要素、目标和技术核心

1.2.1 办公自动化系统的要素和目标

办公自动化系统(OAS，简称 OA 系统)与办公自动化(OA)是两个不同的概念，其内涵是：人们在各自的办公机构、办公制度、办公环境和办公习惯下，利用现代信息技术(微电子技术、自动化技术、计算机技术和通信技术与各种现代化的办公设备)优质高效地综合处理各类办公事务(诸如文字处理、文档管理、数据处理、电子通信以及人事、财务、设备的管理，等等)。因此，办公自动化系统就是由这些方面所涉及的各种高新技术与办公人员构成服务于某种目标的人机信息处理系统。整个办公活动是以处理信息为主要业务特征的一种重要活动。各种设备和辅助工具实施对信息的传递、加工等处理，办公人员既可以是各种信息的创建者、设计者和指挥者，也可以是享用者。

作为一个人机信息处理系统，办公自动化系统主要包括：办公人员、办公机构、办公制度、办公技术工具、办公信息以及办公环境六大要素。

1. 办公人员

办公人员是办公的第一要素，是办公自动化系统的最终用户。根据办公的性质和处理内容，办公人员

可分为领导决策人员、专业管理人员、辅助工作人员。在一个宽松的办公环境中，无论是一个企业还是一个事业单位，人们更注重团队的力量、集体的贡献。在办公活动中，人与人之间最基本的联系是沟通（Communication）、协调（Cooperation）和控制（Control）——3C。新技术的不断涌现，进一步方便了人们的工作和联系，解放生产力，帮助人们在“沟通、协调和控制”上提供辅助手段，这也充分体现了以人为本的思想。

（1）领导决策人员

这里所指的领导决策人员包括各级行政首长，如政府部门的各级领导人员；公司及企业的董事长、总裁、总经理；事业单位的行政首长，如学校的校长和医院的院长等。一般而言，就每一个相对独立的行政部门，其行政长官就是该部门的领导决策人员。他们需要掌握正确的信息和情报，综合分析本部门和有关单位的各种动态，对本部门的发展、建设、规划、战略等重大方向性问题作出判断和决策。决策活动表现是指运用办公自动化技术和设施将原始数据处理成为信息，以其中有用的信息为科学依据，或者在办公会议上作出的决议并以文件形式转发到各有关部门和人员，或者对文件形成批示意见，或者对所管地区、单位的视察或听取汇报后提出的意见（包括口头指示）。他们的工作和活动是相对没有规律的，是较为复杂的。

（2）专业管理人员

专业管理人员是行政机关内负责社会、经济、政治、法律、技术等各项业务的工作人员。他们是负责生产、经营、销售、研究和技术发展的各类人员。他们要负责处理大量的信息和文件，对具体的业务活动和日常工作进行直接的管理。他们要收集整理资料，综合分析有关信息和情报，为领导决策人员提供辅助决策材料或决策方案，同时，在他们各自职能范围内担负责责，对问题作出决策和判断。这类办公活动在行政部门和企业部门有很大程度的不同。

对于行政部门，如国家管理部门的各部、委、办、司、厅、局等，主要担负国民经济、社会、政治、法律等各个领域信息管理和控制任务，如计划、财政、物价、建设等。完成这些任务的共性活动包括请示汇报、接受指示、执行政策、向下传达、指导检查、协调平衡、调查研究、听取汇报和召开工作会议等活动。

对企业而言，围绕生产和销售任务，专业管理人员的办公活动包括生产计划管理、生产作业管理、生产技术管理、产品质量管理、辅助生产管理、物资供应管理、成本核算管理、产品销售管理、市场预测管理、财务会计管理、劳动工资管理、人事保卫管理、市场预测和分析等。各类专业管理人员分布在企业的各职能科室，各司其职，担任着某一办公系统的管理控制任务。

（3）辅助工作人员

行政机构和企业单位的基层办事员、文秘人员、后勤人员或一般办公人员，从事着有规律的事务性工作，其中包括：会务文件准备、会议纪要整理、议事日程安排、来信来函登记、文档资料保管等，并为办公设备正常运行和安全进行联系和协调。这些辅助工作人员的任务较为单纯，工作也较为简单，但也是办公人员中不可缺少的组成部分。

2. 办公机构

在我国，行业众多，单位林立，部门不少，存在名目繁多的办公机构，如要对其分类，又存在着多种划分方法，如按管理职能划分法、按管辖区域划分法、按服务对象划分法等。工矿企业则有按行业和产品划分法、按工艺流程划分法等。

按管理职能划分，可把办公部门划分成部、委（办）、司、厅（局）、处、科和股等不同级别的办公机构。如政府部门设有外交部、工业和信息化部、教育部等；在企业中设有生产车间、劳动人事科、信息中心等。

按管辖区域划分，如我国行政区域的省（直辖市、自治区）、地、市、区、县、镇（街道）、乡等的划分，某些活动区域分散的企业，如铁路系统、电信系统等独立自主地处理管辖区内的有关事务。

按行业和产品划分适用于经济生产性的管理单位及文教、卫生、体育等管理机构，如体育司、教育部等。

按服务对象划分则有政府部门的侨务办、港澳办等机构，企业中的退管会、后勤服务部等部门。

办公机构的设置反映了其现有的管理体制和运作机制，也直接影响办公自动化系统的总体机构和办公效率。传统的办公机构设置是宝塔式的，从上到下层次分明，但最高领导要了解底层情况并不容易，有时机构臃肿，人浮于事。信息技术的发展为扁平式的管理模式提供了有力的支撑，从而使最高领导及时、方便、直接地了解下设机构的动态并实施管理。随着办公自动化程度的不断提高，办公机构也要不断精兵简政，灵活高效。在一个信息化社会里，办公机构的设置应当充分反映业务流的合理性，不能在低层次上以高新技术去适应传统的业务流，而应当主动积极地利用高新技术去改造传统的业务流。这样，办公机构就应当按照新的业务流来规划和设置。因此，扁平式的管理模式将对今后办公机构设置产生重要影响。

3. 办公制度

为了使各类办公人员都能各司其职，各尽其责，以及协调各办公机构的职能，使各类办公人员活动规范化，必须建立起保障办公活动正常进行的各种规章制度，以保证办公系统的正常运行。有些部门是管理、监督部门，有些是办理、服务部门，通过"管办分离、审批分离"等运行机制，可以避免集"裁判员"和"运动员"于一身，明确各部门人员的工作责任和分工。办公制度决定了办公业务，甚至影响到办公流程(如其他人的办公活动)。因此，办公制度需要在实践过程中不断修订，逐步完善，应用办公自动化新技术，促进办公制度的改革和创新，使其跟上国际潮流和时代步伐。

4. 办公技术工具

办公技术工具是支持各类办公人员进行各种办公活动的工具、设施、设备和技术手段。以现代信息技术(IT)为主体的各类现代化的办公工具和设备已成为办公的主要技术手段。例如，用于处理办公信息的复印机、各类联网计算机等；用于通信的数字摄像设备、无线通信设备和计算机网络系统等。近年来，办公技术工具的飞速发展扩大了信息处理技术的应用，也使办公室信息处理技术向更广范围、更深层次发展。信息高速公路的飞速发展和广泛应用，天网和地网的互联，PDA、平板电脑、智能手机等移动设备的出现，已使相隔任意距离的办公室之间能随时沟通，远程办公、异地办公或移动办公成为可能，从而超越时间和空间的界限。数据库存取、电子邮件、多媒体数据文件传送、虚拟现实、人工智能等新技术的应用，Evernote、Google Docs、Office 365 等云办公软件的应用，不但使办公自动化技术上升到一个新的技术境界，也为办公活动注入了新的活力，带来了崭新的形式，增添了多种先进手段，使办公面貌焕然一新，办公效率大大提高。

5. 办公信息

办公活动是以处理信息为主要业务特征的，即对各类信息进行采集、输入、加工、传递以及输出和利用，经过反馈、修正，如此循环往复，直至圆满地完成预期目标。

6. 办公环境

办公环境包括物质的和抽象的内部和外部环境，它受到办公机构、办公技术工具等诸多因素的制约。物质环境，如办公楼的地理分布和周边环境。抽象环境，如本办公系统与其管辖的各种实体之间及与其他办公系统的相互制约、影响、领导与被领导等关系。办公活动要受到办公环境的约束，改善办公环境将提高办公活动效率。

Internet、Intranet、无线接入和卫星通信等技术的广泛应用也在延伸和改变着人们的办公环境和办公习惯，从而出现了虚拟办公环境和移动办公环境。

综上所述，在构成办公自动化系统中，各类办公人员的素质、人际关系、行为规范将直接影响到办公的水平；而办公机构、办公制度，特别是办公信息将直接影响着办公自动化系统的总体设计；办公环境，尤其是办公工具和设备直接关系到办公的质量、工作效率和决策水平。办公自动化系统的最终目标就是为了最大限度地提高办公效率和办公质量以及改善工作环境。

1.2.2 办公自动化系统的技术核心

OA 系统就是将当代各种先进的技术应用于办公室中各类办公人员的各种办公活动中，使办公活动实现自动化，从而能最大限度地提高工作质量和工作效率以及改善工作环境。它与生产自动化系统不同，虽然先进的技术和设备是 OA 系统的重要组成部分，但并不意味着办公人员最终将被设备所取代。OA 系统运行的效果受办公人员、办公机构、办公制度、办公技术工具、办公信息和办公环境等六大要素的制约。因此，OA 系统是一个由人控制、操作和使用的人机信息系统，应当有一个友好的、方便的人机操作界面，更好地实现人机交互。

OA 系统的技术核心是办公信息处理技术，即利用计算机及计算机网络系统处理各种办公信息。因此，用于办公信息处理的软件(OA 软件)和硬件是办公自动化系统的主要技术工具。

OA 系统的硬件设备主要有：① 以计算机和计算机网络及其各种先进的外部设备(如打印机、图像扫描仪、绘图仪、语音识别器和发生器、光笔、数字相机、智能手机等）为主的信息处理设备，是办公自动化系统的主要设备；② 以各种通信设备（如计算机网络、移动电话等）为主的信息传输设备；③ 以缩微胶片系统、磁盘、U 盘、移动硬盘、光盘存储系统等为主的信息存储设备；④ 以复印机为主的纸质文档处理设备以及其他各类专用设备。办公自动化设备的发展趋向是：高性能、多功能、复合化、信息化、智能化和系统化。

OA 系统的软件主要有：① 以操作系统、网络操作系统、手机操作系统、网络管理软件和数据库管理系统为主的基本软件；② 为大多数 OA 系统用户所使用的、商品化的 OA 通用软件（如文字处理软件、电子表格处理软件、文档管理软件、电子出版系统、图形和图像处理软件、语音处理软件、统计报表软件、会议日程管理软件等）；③ 面向特定单位或部门，针对其办公应用的特点开发的 OA 专用软件，既有用于日常办公事务处理的（如事业单位和机关工资奖金发放、基建预算、车辆调度和人事材料管理等），也有结合经营业务的（如对于公司企业，编制经营计划、处理销售业务、库存统计、市场动态分析和财务收支分析等）。

随着网络通讯技术、计算机技术和数据库技术的日趋成熟，世界上 OA 系统已进入到新的层次，在新的层次中 OA 系统具有四个新的特点：

① 集成化。软硬件及网络产品的集成，人与系统的集成，单一办公系统与社会公众信息系统的集成，组成了“无缝集成”的开放式系统。

② 智能化。面向日常事务处理，辅助人们完成智能性劳动，如文字（汉字）识别，对公文内容的理解和深层处理，辅助决策及处理意外等。

③ 多媒体化。包括对文字、数字、声音、图像和动画的综合处理。

④ 电子数据交换（EDI）技术的运用。通过数据通讯网，在计算机间进行交换和自动化处理。

1.3 办公自动化系统的功能

1.3.1 文字处理

文字处理一直是办公室的主要工作之一。长期以来，办公人员都是依靠纸和笔来完成文字工作的，诸如拟文稿、做记录、写报告、发公函等。办公人员要拟一份完善的文字材料，必须反复修改几次，修改后还要誊写，耗费大量精力和时间。打字机的出现，虽然对文字工作有某些改善，但要修改打错的字也是十分麻烦，使用涂改液将使文档质量下降，尤其对于要一式几份的文档或在几份报告中都有一部分相同文字时，重复操作不可避免。20 世纪 70 年代微型计算机的出现，使文字工作有了根本的改观，极大地提高了文字工作的效率。也正是文字工作的需要，才把计算机引入了办公室，开始了电子文字处理的新时代。

目前，在办公自动化环境下，人们都普遍使用微型计算机配上相应的软件来进行各种文字处理（包括输入、纠错、修改和排版等）。

20 世纪 70 年代末，就出现了 WordStar 文字处理软件，之后又有了 Word Perfect、Microsoft Word、Lotus Ami Pro、SmartSuite 软件包中的 WordPro 以及 WPS 等，这些软件紧随着操作系统平台的更新和用户要求的不断提高而不断升级和更新。

中国的文字处理对象主要是汉字。汉字是一种象形文字，汉字的处理与西文不同，需要有中文操作系统或中文平台的支持。近年来，操作系统平台更新升级的速度越来越快，之后，Microsoft 又推出了 Vista、Windows 7、Windows 8、Windows 10、Windows 11 等，不断进行升级换代。

在办公软件方面，以世界公认的文字处理软件 Microsoft Word 为例，它也随着 Windows 操作系统软件的不断升级而更新，现已升级到 Word 2021，从而使 Word 这种文字处理软件不仅具备编辑、修改、存储、排版和复制等基本的文字处理功能，而且更加优秀、实用以及使用方便，并增加了扩展的智能感知技术和 Internet 网络传送及共享等许多强大的功能（本书的第三篇以中文 Word 2016 为蓝本，将介绍它的基本使用）。

在办公硬件方面，键盘输入已不再是唯一的输入手段，目前人们已大量利用专门的光学字符阅读机（Optical Character Reader，简称 OCR）或扫描仪配上相应的 OCR 软件来高效地读入现存的文本，然后使用 Word 进行排版等处理，从而大大提高工作效率。

1.3.2 数据处理

数据处理是指非科技工程方面的对任何形式的数据资料的各种计算、管理和操作。例如，事业单位的工资和财务管理、库存管理、账目计算、情报检索等方面的应用都是数据处理。

数据处理的特点之一是，储存数据所需要的存储空间，远远大于操作数据的程序所需要的空间。因此，数据处理的关键在于使用什么样的软件，存储设备的容量和存取速度。

OA系统的中心任务就是信息处理，而最大的信息就是数据。譬如，工厂产品的数量、生产指标、原材料价格、财务预算、人口统计数字、城乡居民消费增长率、银行储蓄等。数据处理就是要把这些原始资料收集起来，输入计算机中，通过软件对这些数据进行各种加工、计算分类、排序等，最后得到人们所需要的信息。

与数据处理相关的软件主要有数据库软件和表处理软件，它们对数据进行不同程度、不同方式的处理。

1. 数据库技术

数据库技术是OA系统进行数据处理的强有力工具。它为用户提供了最方便、实用的数据共享、检查和修改等数据处理功能。所谓数据库就是以一定的组织方式集中起来存放在计算机外存中的数据，这些数据有着其内在的组织结构和联系。用户要对数据库中的数据进行操作，往往需要通过一种软件——数据库管理系统(DBMS)的使用来实现。不同的数据库管理系统，以不同的方式将数据组织到数据库中，这种组织数据的方式称为数据模型。

数据模型的发展，经历了三个阶段：① 网状、层次数据库系统；② 关系数据库系统；③ 以面向对象模型为主要特征的数据库系统。关系型数据库对数据的表示能力较强，而且直观易学，使用方便，如早期的dBase、FoxBASE和FoxPro等。面向对象的数据库系统保持和继承了关系数据库系统的技术，支持数据管理、对象管理和知识管理，对其他系统开放，支持数据库语言标准，支持标准网络协议，有良好的可移植性、可连接性、可扩展性和互操作性等。

2. 表格处理

在日常办公事务中，办公人员常要编制和处理各种表格。譬如，财务账册、施工项目的预算报表、商业部门的营业额统计表、运输托运单以及各种统计汇总报表。在文档管理中，报表记录占有相当大的比重。

(1) 表格的一般结构

尽管表格的内容和用途各不相同，但不论是表格的形式还是表格的处理过程，却有着许多共同的特点。

表格通常由三部分组成：表首部分、表体部分和表尾部分。表首部分包括表头与表首标志；表体部分是整个表格的实体，它表示该表用途的主要信息；表尾部分则含有脚注、填表人等信息。表格的形式，一般根据实际需要和使用方便而定，有横排、竖排和混合编排等多种形式。但是，无论是哪种格式，表体部分一般由若干行和若干列组成。因此，一张表格含有许多格子，表格中的格子被称为“表格单元”，或简称“单元格”，它们用来存放文字、数据或图形等信息。

表格单元中的数据主要有两种类型：一种是文字型数据，例如图1-1中的“部门”“研发部”“总计”“百分比”等，它们对表格中的数值型数据起着定义和说明的作用。另一种是数值型数据，这些数据又可分为原始数据和结果数据两种，例如各销售员的一、二、三、四季度的营业额数据均属于原始数据，而全年营业额、增长百分比、合计等数据是通过计算得到的，故称为结果数据。

2022年度教育有限公司营业额统计报表　　(单位：万元)

季度 部门	一	二	三	四	2022全年	增长率(%)
研发部	200	400	200	310	1110	11.5
运营部	300	230	420	300	1250	20.2
市场部	480	450	310	360	1600	12.9
合计	980	1080	930	970	3960	44.6

注：各部门比2021年的营业额至少增长10%。　　填表人：

图1-1　报表示例

基于表格的不同数据及不同形式，办公人员手工编制表格时，处理过程大致包括以下步骤：

① 设计和定义一张表格：设计和定义一张表格包含很多内容。例如，确定表格的行数和列数，分配各行各列的用途，规定每一行（或列）的高度（或宽度）。

如果是一些规范化的标准表格，例如，生成单位的年报表、季报表和月报表，表中的栏目内容（即文字数据）是固定不变的，所以只要按时收集各种数据填入表中，而不必每次自行设计和定义一张表格了。

② 填表和计算：将设计好的文字数据填入表中相应位置，并将收集好的原始数据填入表中。然后给出有关的计算公式，按计算公式将算出的结果数据填入表中。

③ 复制、印刷及保存表格：这个过程有时要反复进行多次，特别在编制一个比较复杂的表格（例如，表格中含有子表）时，由于考虑不周，需要增加或减少一个栏目；或者格子的宽度设计得过小，容不下那么多内容；或者原始数据填错了，由此导致计算结果数据的错误填入等。这些都需对表格进行重新调整和处理。显然，当表格比较庞大而计算又相当复杂时，一张表格的制作和处理的过程本身需要花费大量的时间和人力，而且其中大部分时间是花费在重复性的誊写、整理、计算、修改及校对工作上，因此，这样的办公效率很低。如果用计算机来处理表格，即使最复杂的表格，也能按照办公人员的要求快速地处理好。

（2）电子表格软件

与传统制表方法不同，计算机制表既不用笔，也不用纸，更不用橡皮，而是利用计算机的屏幕、键盘和鼠标器。屏幕就好像是一张纸，键盘和鼠标器就好比是笔和橡皮，计算机的处理器就相当于算盘或计算器，办公人员只要坐在计算机屏幕前，便可通过键盘和鼠标器进行表格的设计与修改。

用计算机处理表格时，表格的格式和内容可以通过屏幕显示出来，办公人员通过按键可在屏幕上绘制横线、竖线、单框、双框等各种形式的格线以及一些基本的几何图形，有的可以自动生成并缩放表格，扩大、减少和修改一个表格极为容易。表格设计完，便可通过键盘向表中填入文字及数据，当发现填入的文字和数据有错时，也能方便地在键盘上进行修改。当需要在某些栏目中填入结果数据时，可输入各种规定的计算公式，计算结果便自动出现在这些栏目中，如果修改相关的原始数据，计算结果栏目中的结果数据会自动更新，无须办公人员进行重算。所以计算机制表的速度与准确性是手工制表无法比拟的。另外，根据表格中的原始数据和结果数据，还能自动生成各种统计图表，大大减少了人工绘制统计图表的麻烦，并使生成的统计图表精确化、美观化。

一张表格制作完以后，一般可以以文件的形式把整张表存入磁盘，以便下次使用。通过打印机，可把表格打印在纸上。另外，可以在一些文字处理软件中被调用，以减少在文档中需要表格的重复工作。

第一个表格处理软件是美国 Visicorp 公司于 1979 年 5 月在 Apple Ⅱ微型计算机上开发的 VisiCalc。该软件投入市场后，立即受到广大用户的好评。之后，其他软件公司也相继开发了许多具有不同特点的表格处理软件。例如，Sorcim 公司的 SuperCalc，Microsoft 公司的 MultiPlan，日本 SORD 公司的 PIPS。随着 PC 机作为世界个人电脑的主流，众多的表处理软件的研制适应于这一潮流。1982 年，美国 Lotus Development 公司在 IBM PC 机上开发研制了一种集成软件 Lotus 1－2－3，这种集成软件把表格处理软件、数据库管理系统和统计图表等功能有机地组合在一起，它可以进行各种表格处理，可以从数据库中检索所需要的数据，还可以求出统计结果并作出统计图，为办公自动化提供了一个强有力的工具。作为一种优秀的软件，它一直被广泛地使用至 20 世纪 90 年代中期。

目前，Microsoft Excel 是人们公认的、并广泛使用的一种表格处理软件，它引入了数据处理的新方法，使用户能建立数据的动态显示和报告，把时间集中在分析上，而不是花在访问和建立数据上。Microsoft Excel 也紧随着 Windows 平台的更新而更新，与中文 Word 2016 一样，中文 Excel 2016 也是中文 Office 2016 家族中的一员（本书第四篇将介绍这个软件的基本操作与使用）。

1.3.3 语音处理

在 OA 系统中，语音处理具有非常重要的作用。由于目前人们使用办公设备进行信息交流时，主要是通过键盘（或鼠标器）输入，通过显示器或打印机输出。在进行汉字输入时，还要记住某种汉字输入法的汉字编码，对此办公人员感到不太方便。如果计算机获得像人一样的用声音交流信息的能力，那么，人与计算机之间就可以通过声音进行对话，这将使人机之间的信息交流发生根本的改观，从而大大提高办公效率。

语音是人类进行信息交流的媒介。语音处理就是利用计算机对语音进行处理的技术。语音处理包括两方面的内容：一是使人们能用声音代替键盘来输入和编辑文字，即接受声音，使计算机具有“听懂”的能力，能接受用户发布的各种命令，即语音识别技术；二是要赋予计算机“讲话”的能力，要建立一个有一定量的词汇表，使计算机能灵活自如地讲话，用声音输出结果，即语音合成技术。

具有讲话、听懂（理解能力）的办公机器，可与办公人员相互对话，直接交流信息，这样的办公机器将会受到广大办公人员的普遍欢迎。因为办公人员通过语音对机器进行输入，其输入速度比键盘输入的机械速度要快得多。对计算机口述命令时，也不像从键盘输入命令那样要求操作人员具有熟练的技巧。而且，普通的电话机也可充当终端的角色，这时，用户只需口述所要求的电话号码，或口述被叫用户的姓名，便能代替在电话机上拨号，然后语音自动查号台能查找并报出电话号码及其所要求的其他信息。配有语音输入输出的计算机系统，不仅能大大提高办公的效率，还能直接适应残疾人员的通信要求。与自动语音识别与图像输出显示装置配合，可为失去听觉的残疾人提供通信服务；自动声控器可为行动不便的残疾人提供服务，文字语音合成器配备了光学识别器，可以帮助盲人阅读。

语音识别的研究始于20世纪50年代，当时的目的是希望机器能识别语音，或由语音直接操纵机器，声控打字机就是一个成功的例子。

近年来，一些典型的语音处理系统广泛地应用于各种场合。主要有：语音应答系统（其中包括由著名的贝尔实验室研究开发的查号辅助系统、股票价格行情系统、数据设备试验信息系统、飞行信息系统、说话人的确认系统以及供有线通信设备用的声响指示系统等）、说话人识别系统、语音识别系统（其中包括苹果公司在iPhone手机上应用的Siri等）以及综合语音通信系统。

目前，百度云语音识别、谷歌语音识别、微软Azure语音识别、阿里云语音识别、iFlyte（讯飞）等都在迅速地发展。中西文语音识别系统的进一步应用，促使中西文语音识别和语音处理技术在用户界面上得以实现和发展，相信会在OA系统中越来越普遍地使用。

1.3.4 图形和图像处理

一幅好的图画所容纳的信息抵得上千言万语，并且很容易为人们所理解和记忆。人们在工作中自然乐意采用直观形象的图画形式来记录和表达大量信息。多媒体计算机及多媒体软件的推广和普及使得在办公室内进行图形和图像处理传送成为现实。

计算机的图形处理功能是指在计算机上进行图形设计与处理，按设计者的要求生成各种图形。图形形式是计算机的一种输出形式，它比文字信息的输出具有更大的优越性。计算机图形生成技术有着广泛的应用领域。例如，利用计算机辅助设计和辅助制造（CAD/CAM）技术，可以由计算机来承担设计和辅助制造任务，应用领域极其广泛，派生出了像电子电路的CAD、服装的CAD、机械零件和装置的CAD等应用，都可以由计算机来生成和绘制各种图纸。另外，计算机模拟和仿真、管理信息系统（MIS）中的数据分析与辅助决策、游戏、地理科学信息处理及地图绘制、计算机辅助教学等，都要用到计算机图形处理技术，办公自动化领域也越来越多地应用着计算机图形处理技术。

计算机的图像处理功能是指能够输入照片、签字等图像，并能对这些图像进行分析处理。图像处理的一个显著特点是数据量十分庞大，要求有很大的存储容量。因此，人们往往采用大容量的硬盘或光盘来储存图像以及采用图像压缩技术使图像数据缩减较大的幅度。以往的图像处理总是与大、中型计算机的应用相联系，而且它的应用主要偏重在太空星球照片的分析和军事上用来控制洲际导弹准确地击中目标。随着微机技术的迅速发展，计算机图像处理技术已走向民用，在办公自动化中的应用就是一个重要方面。

1. 图形功能的基本实现

一个计算机系统要能进行图形处理，必须有相应的硬件和软件来支撑。

硬件上，除了通常的基本计算机系统外，还需配置相应的图形输入设备和图形输出设备。常见的图形输入设备有键盘、坐标数字化仪、光笔、操纵杆、跟踪球、鼠标器等。图形输出设备可分为图形显示器和绘图仪两种，而绘图仪又分为滚筒式绘图仪、平板式绘图仪、静电绘图仪和彩色喷墨绘图仪等。

从办公室工作角度来看，最常用的图形设备要属显示器了。彩色显示器上的图像是由点或像素组成的，像素是在屏幕上可以显示的最小点，它们均可由程序控制其亮度或颜色，因而能显示彩色图形。不同分辨率的显示器对显示图形有很大差异，目前，普遍使用VGA以上的彩色图形显示器。标准的VGA屏幕有640×480(即307 200)个像素，增强型的SVGA往往是1 024×768(即786 432)个像素。

过去，人们在IBM PC/XT机上实现图形功能，往往采用图形显示原语，用以画点、画线、画圆和着色等。现在人们普遍使用Windows环境下的应用程序，如Paintbrush(画笔)、Microsoft Word中的绘画程序等都是最为简单的图形处理软件，而CorelDraw、Pixia则是功能强大的专业图形处理软件，Pixlr是一款在线图像编辑工具。

2. 图像处理的实现

计算机要能处理图像，首先就得有图像输入设备，它就像计算机的眼睛，通过它，计算机可以"看到"各种图形、文字、照片等。由于一般图像都是由许许多多的点组成，而每个点都需用二进制数来表示，因此用键盘来输入这样的图像信息不是一个好办法，也没有实用价值。

目前，人们普遍使用彩色扫描仪来输入图片，使用数字照相机、手机等输入照片，使用数字摄像机或视频输出到计算机来获得图像信号。然后通过图像处理软件来进行各种处理。与高分辨率显示器一样，高分辨率的激光打印机和彩色喷墨打印机已十分普及，它们都是图像处理系统的上佳输出装置。

图形图像处理有着极其丰富的内涵和功能定位，其中包括：图像处理、动画制作、图像浏览、图像管理、图像捕捉、图像转换、图像压缩、3D制作等。

例如，Adobe公司的PhotoShop 2023是一种功能强大的图像处理软件，它能够对来自扫描仪的图像或磁盘上的图像文件进行处理，改变图像的对比度、亮度、平衡色彩，增加各种特殊效果，3D图像编辑，内容识别修复等。Adobe Illustrator 2023和Corel公司的CorelDRAW Graphics Suite 2022是主流的图形处理软件，可以配合图像软件做矢量图形等。Adobe的Premiere pro 2023则是专业的、功能强大的视频处理软件。Adobe AfterEffects 2022是目前流行的强大的影视后期合成软件，它与Premiere不同的是侧重于视频特效加工和后期包装，用于电影、录像、DV DC和Web的动画图形和视觉效果设计。Adobe公司的Photoshop、Premiere和Illustrator和After Effects有着紧密的结合。3D MAX则是Autodesk公司开发的基于PC系统的一个功能强大的三维动画制作软件，最新版本为2023；Adobe Animate是用于Internet上动态、互动的矢量动画制作软件，等等。

总之，图形和图像处理已实际进入OA系统了。后面将提到的视频会议也是在OA系统中结合现代通信技术对图像处理的一种重要应用。毫无疑问，通过Internet网络，人们很容易地获取所需的图片和图像，信息资源的共享为图像处理提供了极其丰富的素材；许多图像处理软件和图像输入输出设备的不断更新为图像处理在OA系统中更广泛的应用起到了很大的推动作用。

1.3.5 通信功能

通信是OA系统中的一项重要功能，通常，办公人员在与内部或外界联系时，过去往往使用电话、传真、寻呼机、电报、电传、信件等通信手段。随着信息技术的发展，先进的通信手段不断涌现，电子邮件、视频会议、可视电话、网上BBS讨论、交互式的Web TV、蓝牙及带Wi-Fi认证的无线上网产品、腾讯会议等为办公自动化系统的通信赋予了极为丰富的内容。

1. 电子邮件

作为美国信息高速公路主干网和最大的科学教育网，Internet的出现给信息领域带来了一场革命。电子邮件(E-mail)是现代通信技术和计算机网络技术综合发展的产物，它正在逐步取代旧的模式，尤其在传送彩色图文、声音信息等方面，体现出传统通信方式无可比拟的特点，已经成为OA系统中不可缺少的工具。

电子邮件传送系统是指从邮件进入系统到被收信者接收为止对邮件进行处理的全过程。电子邮件系统是一个适用于任意两台以上计算机进行邮件传送的通用软件包。它是以常规的邮政系统为基础，把要发送的文件按去向不同，为之建立信封，其中包括收信人姓名、所在信箱号码及发信人姓名，并自动生成发信的日期和时间。通过选择，还可以对信件正文进行多级加密或不加密处理。每个E-mail邮件本质上是一个电子文件。全球E-mail服务有公共事业的，有公司的，也有个人的。

我国已作为第71个国家级网加入Internet，1994年5月，以"中科院—北大—清华"为核心的"中国国家计算机网络设施"(The National Computer and Network Facility of China，简称NCFC)与Internet联通，相继建成了四个与Internet联通的全国计算机网：中国公用互联网络(ChinaNet)、中国教育科研计算机网(CERNET)、中国科技网(CSTNET)和中国金桥信息网(ChinaGBN)。根据中国互联网络信息中心(CNNIC)发布的《第五十二次中国互联网发展状况统计报告》显示,截至2023年6月底,我国域名总数为3028万个,网站数达到了383万个;网络国际出口带宽总数达到18469972 Mbps。在家里办公,只要有一台用电话线联网的微机,到某个Internet服务提供商(即ISP,如上海热线、网易等)那里登记注册后,就能与Internet网相连,用户只需交付上网电话费和上网服务费,如果配置了无线路由器,就构建了无线上网的环境,从而使家里的其他便携式电脑、智能手机及类似iPod touch之类的掌上娱乐终端都能通过该无线网络上网。在办公室里,只要办公室的电脑通过局域网连接Internet,就能与Internet联通。人们可以在Internet上随意漫游,如查询、浏览和传输文件等。

在Internet所提供的众多服务中,电子邮件通信服务与上网浏览、网上购物、社交等服务一样极为广泛。通过Internet方便、快捷和经济的E-mail服务,即以极其低廉的费用,以极其快捷的速度进行地区间、国际间的联系和交流,准确地传送文字、图片、声音和视频等多媒体信息;用户还可以同时向多个收信人发送同一份邮件或转发信件;可以把信息发送给Internet以外的用户;还可以将命令或请求发送给主机由其自动处理等。

和普通的邮政服务一样,每个E-mail用户都有电子邮箱来存放所收到的邮件,电子邮箱是系统管理员在主机硬盘上为用户分配的存储空间。

每个电子邮箱都有唯一的地址,Internet上电子邮箱地址的格式为:

<用户名>@<主机的IP地址或域名>

例如,mose@shtvu. edu. cn,students@wvu. edu和dell@yahoo. com等。

其中,主机的IP地址是一串由“.”分隔的数字串,它从左向右分别确认主机所在的网络、子网和计算机。人们为了记忆的方便,一般使用域名表示主机的地址,即用一串有意义的字符串来表示。它同样从左向右确认主机所在的地理位置或所属类别以及计算机,从而唯一确定了要访问的计算机。装在主机上的域名系统(Domain Name System,简称DNS),负责完成主机IP地址和域名之间的转换。

E-mail的工作过程遵循客户/服务器(C/S)模式。一份电子邮件的发送涉及发送方和接收方,发送方构成客户端,接收方则为服务器,服务器包含着众多用户的电子信箱。当发送方编辑好一份电子邮件后,按照收件人的地址将其发送出去;接收方服务器收到电子邮件后,首先将其存放在收件人的电子信箱内,并告知收件人有新邮件到来。收件人在每次连接到服务器上后,就会看到服务器的通知,进而打开自己的电子信箱来查收邮件。

另外,电子邮件系统有许多种,如在Windows平台上运行的Lotus的CC-Mail、Microsoft Windows Live Mail、Outlook Express和Microsoft Office Outlook等。Internet Explorer可以使用户方便地接收、发送和转递各类邮件,不仅是文字信息,还包括图表、彩色图像以及声音和其他多媒体信息。用户还可以对各类文件进行分类,按不同类别存档,对过时的、需销毁的文件可随时清理、删除。比较主流的Internet网络浏览工具软件有:Microsoft Edge、360安全浏览器(由我国奇虎公司开发的国产免费软件)、Google Chrome、火狐Mozilla Firefox(基于Gecko开源引擎)、遨游Maxthon(基于IE内核的、多功能、个性化多标签的浏览器)等。

通常电子邮件系统具有以下最基本的功能:

① 建立电子邮箱:设置电子邮箱的特征参数,其中包括邮箱号码、电话号码以及接收端驱动路径。

② 生成邮件:生成的邮件是由所传送文件正文、收信人、收信人信箱号码、发信人以及邮戳组成,并可给邮件加密码。

③ 发送邮件:邮件的发送是以全自动方式进行的,即发送工作站内所有有意义的邮件(指发送邮箱已注册过,有对应的E-mail号码)。发送方式主要有:新建邮件发送方式、回复所收邮件发送方式、答复所有邮件发送方式和转发邮件发送方式等。

④ 接收邮件:接收邮件的主要功能包括:打开电子邮箱;邮箱内收到邮件名的显示(即邮箱中邮件的阅读);邮箱内某一收信人邮件名的显示(即浏览邮箱中邮件的标题);信件正文的显示、打印、存储和清除。

2. 视频会议

视频会议(Video Conference)是物理地点分散的人们通过计算机、电视或终端进行的一种远程会议,通过摄像机和话筒将一个会场开会人的形象及其发表的意见或报告内容传送到其他会场,并能出示实物、图纸、文件和实拍电视图像，以增强临场感；辅以电子白板、书写电话等设备，可实现与对方会场与会人员的研讨和磋商。这种利用多个信道同时在多个会场传递图像、声音、数据等信息的方式，在效果上完全可以代替现场会议。使与会者能看到其他参加会议的人，听到他们的声音，从而可以互相交流，具有实时交互性。视频会议既不同于只传送声音的电话会议，也不同于只能传送大量文字和图片资料的电子邮件的传送。从技术上讲，视频会议需要具有装备了电子摄像和播放设备的会议室，以及容量极大的数字通信线路或者频带很宽的模拟信号线路。

视频会议系统的主要设备由终端设备、传输信道以及多点控制单元（MCU，Multipoint Control Unit）等组成。在进行视频通信时，需要网络提供端到端的通信环境，因而，与视频通信相关的网络技术包括① 宽带接入技术（如 ADSL、HFC、FTTC、FTTH 等）；② 能够处理大带宽的交换或路由技术（包括 ATM 技术和 IP 技术）；③ 高速传输网络（SDH 等光纤网）以及与使用这些技术相关的 QoS、安全、网络管理等方面的技术。

视频会议系统按每秒传输的帧数 fps（frames per second）来传输信息，fps 数越大，图像就越清晰。但随着 fps 数的增加，对带宽的要求也相应增加。如果桌面系统传输的速率为 20～22 fps，这就要求有 385～512 Kbps 带宽的 PRIISDN 线路，而电视系统以大约 30 fps 的速率传输图像。如果采用 128 Kbps 的带宽，会使一个移动较快的物体图像看起来有跳动，也就是说，信息经压缩、传输、解压后播放出来时，总会感觉到屏幕上人们的动作与声音有明显的滞后；而 10 Mbps 能为桌面视频会议系统的应用提供足够的带宽。

信息压缩功能往往由信息源终端设备采用静止图像和动态图像编码技术来完成，主要包括 JPEG、MPEG－1、MPEG－2、MPEG－4、H. 261、H. 263 等图像压缩编码技术。在进行多点视频会议等涉及多个参与者的通信中，还需要与其相互配合的多点控制、多点视频信息处理等方面的技术。对于信息点播类的视频通信应用，还需有信息存储技术、信息分配技术等。

目前视频会议产品形态主要分为两个部分：多点控制单元（MCU）和视频终端。MCU 是多点会议电视系统的关键设备，MCU 将来自各会议场点的信息流，经过同步分离后，抽取出音频、视频、数据等信息和信令，再将各会议场点的信息和信令，送入同一种处理模块，完成相应的音频混合或切换、视频混合或切换、数据广播和路由选择、定时和会议控制等过程，最后将各会议场点所需的各种信息重新组合起来，送往各相应的终端系统设备。

目前市场上视频会议主要有两种，一种是基于专用平台的硬件视频会议，另一种是基于 PC 平台的软件视频会议。随着技术的发展，出现了腾讯会议、Zoom 等视频会议平台。

新技术支持的视频会议介入到办公自动化系统中，具有明显的优点：

① 费用大大减少。特别是全球性的会议，它可省去大量的旅游费用、签证费用、住宿费用等。花费的仅仅是在通信上的费用。

② 跨越了时空，从而实现了异地办公或远程办公。

③ 方便了与会者，能更容易接近关键人物和关键信息，能更快捷地处理危机，能更快地做出决策，从而构建良好的工作环境。

④ 可以逐步地、非同时地交换信息。

⑤ 更充分有效地利用资源、共享信息。

3. 网络电话（IP 电话）

IP 电话是指在 Internet 上通过 TCP/IP 协议实时传送语音的通信业务。IP 电话始于 1995 年，当时主要通过 Internet 实现 PC 到 PC 之间的电话联系，随后发展到通过网关把 Internet 与传统电话网联系起来，实现从普通电话机到普通电话机的 IP 电话。目前由于其价格低廉，可通过 Internet 拨打国际长途，因而风靡全球。按照拨话端和收话端的不同，IP 电话可分为三类：电话对电话、电脑对电话、电脑对电脑。

在美国，IP 电话发展十分迅速，现有 AT&T、Verizon 等多家通信公司提供 IP 电话服务。随着 IP 技术的发展、网络结构的改进、路由器的提速，IP 电话的话音音质已越来越好。

在我国，IP 电话于 1999 年 4 月开始试用，现有中国电信、移动、联通等公司提供 IP 电话业务。现阶段 IP 电话和传统电话相比，本质上没有区别，对用户来说也是一样，都是提供长途电话服务。它们的区别只是在于 IP 电话的长途部分采用 Internet 传输，使用 Internet 协议。传输手段的不同导致两者质量上存在一定的差异。IP 电话由于存在 Internet 固有的延迟、丢包等不确定性，因而质量上的保证不如传统电话。但由于 IP 电话利用了 Internet 的开放性，所以 IP 电话要比传统电话更为经济。

IP 电话技术仍在不断发展，未来可能涌现更多的创新，如更好的语音识别、增强现实(AR)通话等。

4. 3G、4G、5G、Wi-Fi 和 WAPI

Internet 的用户需要高度的灵活，超越时空，无线技术便得到了迅速发展，当宽带接入技术与无线局域网相结合时，其速度完全可与标准以太网相媲美。无线部分已不再是网络的瓶颈，任何在 Cable Modem 或 DSL 等宽带接入网上交换的信息流，几乎都可平滑地在无线局域网上传送，如电子邮件、网上交谈、音频视频流媒体及各种基于 Web 浏览器的应用。

3G(3rd Generation)是指第三代移动通信技术，将无线通信与 Internet 等多媒体通信结合的新一代移动通信系统。它能够处理图像、音乐、视频流等多种媒体信息，提供包括网页浏览、电话会议、电子商务等多种信息服务。为了提供这种服务，无线网络必须能够支持不同的数据传输速度，也就是说在室内、室外和行车的环境中能够分别支持至少 2 Mbps(兆字节/每秒)、384 Kbps(千字节/每秒)以及 144 Kbps 的传输速度。

4G(4rd Generation)是指第四代移动通信技术，它是集 3G 与 WLAN 于一体并能够传输高质量视频图像以及图像传输质量与高清晰度电视不相上下的技术产品。4G 系统能够以 100 Mbps 的速度下载，这个速率是 2G 移动电话数据传输速率的 1 万倍，也是 3G 移动电话速率的 50 倍，它的上传速度也能达到 20 Mbps，并能够满足几乎所有用户对于无线服务的要求。而在用户最为关注的价格方面，4G 与固定宽带网络在价格方面不相上下，而且计费方式更加灵活机动，用户完全可以根据自身的需求确定所需的服务。4G 手机可以提供高性能的汇流媒体内容，并通过 ID 应用程序成为个人身份鉴定设备，它也可以接受高分辨率的电影和电视节目，从而成为合并广播和通信的新基础设施中的一个纽带。4G 的无线即时连接等某些服务费用将比 3G 更为便宜。此外，4G 将集成不同模式的无线通信(无线局域网、蓝牙、蜂窝信号、广播电视到卫星通信等)，从而使移动用户可以自由地从一个标准漫游到另一个标准。因此，4G 通信是一种超高速无线网络，一种不需要电缆的信息超级高速公路，这种新网络可使电话用户以无线及三维空间虚拟实境连线。

5G(5rd Generation)是指第五代移动通信技术，它是在 4G 基础上发展而来的一种更高级的无线通信技术。5G 网络提供比 4G 更高的数据速度、更高的网络可靠性，具有极低的延迟，支持更多的设备同时连接，已在各种领域得到应用。

Wi-Fi(Wireless Fidelity 的简称，即无线局域网)作为无线局域网互操作性的标准，是针对基于 IEEE 802.11 标准的无线局域网产品进行互操作性认证，从而推广无线局域网在全球范围的应用。Wi-Fi 证书是由一个成立于 1999 年 8 月的非营利的工业组织 WECA(无线以太网兼容性联盟)颁布的。厂家的产品只有完全满足 Wi-Fi 标准，并通过 Wi-Fi 认证，才可以在其产品上打 Wi-Fi 标签。Wi-Fi 标签是 WECA 注册的商标，只有通过 WECA 的授权，厂家才可以使用该商标。因此，用户只需认准 Wi-Fi 标签，便可保证他们所购买的无线基站、PC 卡、手持设备(如 PDA、手机等)、Internet 电话以及其他任何无线局域网产品都能很好地协同工作。

2003 年 5 月，我国信息产业部对无线局域网安全制定并颁布了我国的国家标准 WAPI(Wireless LAN Authentication and Privacy Infrastructure，无线局域网鉴别和保密基础结构)，以保障国家、行业、企业和个人用户的无线局域网通信安全，它是我国首个在计算机宽带无线网络通信领域自主创新并拥有知识产权的安全接入技术标准。WAPI 标准原则上采用了 Wi-Fi 联盟的 802.11 国际标准，并对标准中的安全缺陷用自主知识产权的技术进行了修改，因此具有明显的安全和技术优势，迄今未被发现有安全技术漏洞。

对于个人用户而言，WAPI 出现最大的受益就是让自己的笔记本电脑从此更加安全，因为 WLAN 在进行数据传输时是完全暴露在半空中的，而且信号覆盖范围广，如果安全性不好，合法用户的数据就很容易被非法用户截获和破解。同时，非法用户还可以伪装成合法用户，和合法用户共同使用网络资源，使合法用户的利益蒙受损失。

1.3.6 文件处理

文件处理是指对文件这一整体形式进行的各种处理，如文件的复印、印刷、输入、存储、文件传输和邮件处理以及文档记录的管理等。要注意文件处理不只是文字处理，文字处理只局限于对文字信息的输入、编辑、加工、输出等处理。进行文件处理时将不区分其内容是文字、报表，还是图形和图像等信息，而以统一的形式进行处理。文件处理的大部分功能是依靠各种办公设备和软件的支持来实现的。

1. 文件的复制

文件的复印和印刷是指将一份已做好的文件复制多份。量少时可使用复印机，中等数量可用小型快速印刷设备，大批量则要采用计算机激光编辑排版系统。

计算机激光编辑排版系统的出现是印刷技术的重大革命，使印刷业从劳动密集型的铅字排版中解放出来，走向自动化。激光排版系统利用计算机进行文字输入与处理，再输出高精度的由点阵组成的文字，经激光排版机照排在照片底片上，再将底片制版印刷。由于底片上字形点阵十分精密，所以形成的文字笔画光滑自然，比铅印的要美观漂亮。

2. 文字的输入与存储

文件的输入需要专门的输入设备来实现对文件的自动输入；文件的存储则需要大容量的存储器。典型的文件输入和存储是通过缩微处理设备来实现的，而光学字符阅读机（OCR）、U盘、移动硬盘和光盘（如：CD-ROM、VCD、DVD-ROM以及可读写光盘等）也是实现文件输入和存储的上佳设备。

缩微技术是一门技术，它为信息储存提供了长期存储介质。缩微系统是基于图像的把纸文件或计算机生成的信息缩小记录到一个胶片上的系统。所有的文件和档案，都可以采用缩微胶卷来储存，这样可以大大节省文件的存放空间。一般，一个缩微胶卷柜的存储量相当于165个抽屉的文件柜，所以它往往占原始文档资料2%的空间。缩微胶卷的另一大优点是记录不易混淆和丢失，因为它们本身就是以固定方式顺序存放的。

缩微技术在国外应用十分普遍，许多大公司的档案管理、图书馆都采用缩微技术来存储工作文件、档案和图书目录等。大量的缩微系统都要配备阅读机，以便阅读缩微胶卷上的信息，它们可以与计算机相连接，来进行辅助检索，以提高查阅速度。

3. 文档记录的管理

随着时间的推移和信息量的增加，办公室里的文档记录管理成为十分突出的问题，有时文档的查找会耗费人们大量的时间和精力。

文档记录管理就是对文档记录进行分类、归档和检索，它在OA系统中占有很大的比重。在文档记录管理过程中，应当注意区分哪些文件是活跃的，哪些则不是。活跃记录是文档管理系统中需要重点管理的一部分，因为它们是在日常事务中经常会被用到的那些记录或文件。所以，活跃记录在系统安排上应尽量使它们可以被立即检索到。利用文件管理程序可以对记录进行分类、编目、最佳定位等。在对主要记录进行分类后，可以建立一个保存和销毁文档记录的时间表，以减少维护文档记录的大量花费。

对关键记录的保护是文档管理程序最重要的工作之一。一个公司、集团或企事业单位，总有一些对其性命攸关的文档记录以及一些有历史价值的记录和资料需要保护。保护的方式一般是，记录的复制、建立备份文件，在不同地点安全储存等。

对于一些无用的文档记录的处理，可采用粉碎、烧掉或卖掉等方法来实施。对于一些曾经有重要意义的信息资料（如一些机密文件），销毁时应使文件的重要部分被破坏到难以辨别的程度，常用的工具有：碎纸机、化学粉碎机等。

除了分类和归档的需要外，文档记录的检索也相当重要。纸质文件的检索往往是很困难的，缩微存储系统是一个适用于大量历史档案资料管理的文档记录管理系统，而且它的检索也需要有阅读机。

目前，办公室电子文档管理的方法已经逐步与传统的文档管理方法相结合。电子文档管理通常有：数据库方法和电子文件柜方法以及缩微系统。数据库方法适用于文件资料数量较大的办公室文档管理；而电子文件柜方法模拟办公室中采用的文件柜，用电子方法在磁盘、光盘等存储介质上开设存放电子文件的文件柜，它适用于文件资料较少、而直接可以从电子文件柜中取出电子文件的应用情况。

(1) 用数据库方法管理文档

数据库系统是由数据库（DB）、数据库管理系统（DBMS）和用户应用程序三部分组成。由数据库管理系统定义数据库，将数据装入数据库，完成对数据库的各种操作、控制、维护和通信等功能。数据库管理系统还是用户（应用程序）与数据之间的接口。用户可根据应用需要，在抽象的意义下处理数据，而不必关心数据的物理存储位置和访问方式。数据库应用形态主要有两种：集中式数据库系统和分布式数据库系统。

集中式数据库是将物理数据库集中存放在主机上，由主机上的数据库管理整个数据库，用户可以从终端发出数据操作命令，经主机上数据库管理系统接收处理后，再将操作结果送回终端。在办公自动化的初期，数据库的应用环境限于单机（单用户的微机或多用户的大、中型机），所设计的数据库往往是针对各个职能部门开发的面向单一部门的专门集中式数据库，例如，“人事档案数据库”只保存和管理与人事部门有关的数据；“情报资料数据库”只保存和管理图书情报方面的数据资料。集中式数据库系统技术已成熟，数据共享能力、恢复能力较强，但缺点是，一旦主机出故障，将导致系统全部瘫痪。

分布式数据库是物理数据库在地理位置上分布在一个含有多个数据库管理系统的计算机网络中。它可靠性较高，局部发生故障不至于引起整个系统瘫痪，并且分散了工作负荷；它通过网络连接，适合于办公地点分散的应用，系统开放，易于扩展。在分布式数据库系统中，每个用户使用的数据可以不存储在自己使用的计算机上，而是由分布式数据库管理系统在机器之间通过网络从其他机器传输过来。由于网络技术逐渐成熟并实用化，数据库网络已经成为信息系统建设中一个迅速发展的潮流。在许多部门、公司和企业，原先已经建立的数据库或正在建设中的数据库，都开始纷纷加入联网的行列，以求信息资源在更大范围内共享，更能满足信息处理应用的要求。

已投入的实用的分布式数据库，是由客户/服务器（C/S）方式构成的数据库。20世纪90年代兴起的客户/服务器架构中的服务器，可以做到通过选择检索及索引排序等数据处理，向网上的用户提供他们所需要的结果数据，而不是整个数据文件。服务器提供数据和文件管理、打印通信接口等标准化服务，它可以是小型机、大型机、工作站或微机。而分布在其他结点上的客户机则安装了应用开发工具，支持用户的应用。同时，它还可以通过网络获得服务器的服务，使用服务器的共享资源。这种把处理任务一分为二的做法有很大优点。首先，它分散了工作负荷，改善了数据库网络的性能，适应了信息处理工作要求的增加和发展。其次，由于服务器主要负责数据处理，不必承担用户方面的应用程序支持工作，保障了应用的相对独立性，提高了用户对基础硬件、软件更新换代的自由度。

（2）用电子文件柜方法管理文档

随着磁盘价格的不断下跌，技术指标的不断提高，人们普遍采用具有大容量的电子文件档案柜来存放大量的文档记录，它适用于数量适中而且经常使用的文件的归档和检索。电子文件柜完全模仿用普通文件资料柜存放数据和管理文档的方法。特别适用于文档数量较少、种类也比较单纯的办公室文档管理。

电子文件档案柜是由在计算机上的外存储器（磁盘和光盘）组成的大容量存储系统，在这类存储介质中开辟存储空间，然后按一定的文件组织方式对文件进行分类、归档，以满足用户从不同角度来查询、检索的要求。

例如，假定一个电子文件柜可以包含一百个抽屉，一个抽屉可放一百个文件夹，每个文件夹可放十个文件。其次，要对文件资料进行编目。也就是对每件资料做成能代表它的目录索引，以便据此查找检索。目录由该文件的若干属性（如存档、只读、隐含、系统等）组成，选用什么样的属性，选用多少个属性组成代表该文件的目录要根据办公室对文件资料的使用要求来确定。例如，对于一些公文、信函，常用的属性有来文单位、来文日期、题录或主题词、页数、内部编号等；对于图书资料，常用的属性有名称、主题词、作者、出版单位、出版日期、页数、统一书号、内部编号等。对应每一个目录，给出此项文档在电子文件柜中的存储空间。存储空间地址包括文件柜号、抽屉号、文件夹号、文件号。这些号码能够唯一地确定该文档的存储空间。根据关键词（由若干属性组成），从目录中就可得到所要的电子文件柜中的存放地址，即可取出文件。电子文件柜通常收存文档的全文内容，占用的存储空间较大，因此比较适应于文档数量较少的办公室使用。

目前，容量在320 GB～16 TB的硬盘已十分普遍，加上多媒体可读写光盘和CD-R设备（光刻机）的普遍使用，配备性能好、价格低的检索软件，文档记录的检索变得十分方便、高效。例如，要查询2009年的某市下达的关于“财务检查”方面的文件，就可以按“2009年”“财务检查”作为关键字进行模糊查询（有时也可能是“财务大检查”或“财税检查”等的文件）。因此，电子文件档案的规律能高效率地提供多种方法查询和检索文件，通过文件共享提高存储效率，并减少办公室因文件存储而占用的空间。

当然，计算机的文档管理并不能完全取代纸介质文档的管理，如一些原始的文件、证书等必须用纸介质文件加以保存。而这些文件资料的管理,也需要便于查找、检索、分类、增添、销毁等。由于这类管理往往采用传统的方法,这里就不再展开了。

(3) 缩微技术

随着激光技术的进一步应用,出现了一种超缩微技术,又称激光全息缩微技术。这一技术是利用激光全息照相方法制作超缩微胶片,需要的时候,用一束激光以一定的角度投射在留有全息图的超缩微胶片上,就可再现原始文献的图像。在一张 148 mm×105 mm 的全息缩微胶片上,可以记录 3 000 个缩微点,每个缩微点可摄入《人民日报》一版,这样一张全息缩微片可记录 3 000 版《人民日报》。按每天 8 版,也就是说一年的《人民日报》只需要一张全息缩微胶片就全部容纳了。由于是全息摄影,每个缩微点如有残缺不全也没有很大影响,因为该缩微点的每一部分都包含全部信息,残缺只影响图像颜色的深浅。由于全息缩微片存储容量极大,因而全息缩微胶片是高密度存储介质。

然而受缩微系统价格的限制,缩微技术的应用尚不广泛,但可以相信,随着各项技术的进一步发展,它必将成为一种使用较广的办公手段。

一个办公自动化程度很高的单位,对文档的储存及管理应当是将纸、电子文件档案柜和缩微系统三种介质在最大程度上结合,以适应文档系统工作的不同要求。在未来的 OA 系统中,人们还将利用分布式系统(借助计算机网络技术)把"分散"与"集中"结合起来,以更好地管理文档记录。这种新思想就是:把决策性文件放在中心地点,而其他各种文件则下放到各个部门,由部门储存,需要时通过网络系统来调用各处的文档。把这种思想进一步引申,OA 就会对各级办公人员提出更高的要求,要求他们重视 Internet 上资源的利用,很多信息资源不可能也不必要在本单位或本部门配备齐全,这就需要办公人员培养自己从 Internet 上获取各种有效信息的能力。

1.3.7 工作日程管理

为了提高办公效率,人们希望对日常办公的时间作出合理的安排。工作日程表对指定的某一天或某一段的时间内的活动作出特定的时间安排;工作备忘录则提醒人们要做的工作,但并不指定时间。

工作日程表和备忘录是管理时间的工具,前者是对指定的某一天活动(如开会)做出特定的时间安排;而后者则是对将要做的工作给予必要的提醒或提示,它一般需要指出期限或日期,但不一定指定具体时间。人们经常使用的工作手册和备忘手册等都是非自动化日程表的典型代表,但由于工作繁忙或携带不便等原因,经常不能发挥作用。

工作日程表和工作备忘录有多种方式,传统方式的工作日程表和工作备忘录是指放在办公室桌上的记事本(有的可随身携带)、台历和布告栏(板)等,它们往往是使用传统的纸介质并用文字表达的工作日程或备忘项目。

电子表达方式的日程表和备忘录通常是以文件形式存放在电脑、智能手机、PDA 里,能随时以更明显可见的方式提醒人们查看的文件。用户可通过电子日程表安排活动日程、请求使用办公资源,以及与其他用户约见或安排会议。电子备忘录可按用户选定的方式和时间提醒用户。

电子日程表是一种在计算机、智能手机、PDA 上使用的软件,它通过一个精确的电子时钟在显示屏幕上,提供人们对时间进行管理,它也会自动地以明显的方式提醒人们去查看日程表。

一般电子日程管理是将电子日程表与备忘录结合在一起进行管理,这样屏幕上方显示日程时间表,下方为备忘录信息。电子日程管理通常采用交互问答方式或直接输入方式,交互问答方式要求使用者按顺序对每一项目的提问作出回答;而直接输入方式则由用户通过键盘或鼠标器把日历翻到需要的日期,在相应的时间上直接输入有关信息。

电子日程管理一般具有以下基本功能。

① 个人时间管理:电子日程表能使时间管理最优化。它对各种不同对象、不同性质、不同地点的时间安排,能提供单一的、远距离的、集中化的管理,从而减少和消除了时间安排上的矛盾冲突和疏忽大意,使用户可按日期检索个人日程安排,每天的时间段可由用户自己来指定。

② 会议自动安排:据统计,办公室的上层管理人员每天 60%的时间用于事先约定的会议上,有 10%用在临时会议上。安排会议往往是项颇费周折的工作。例如,明确参加会议的对象就很费时,即使给参加会议的人打电话也很费时,如电话占线或没人接。而且,如何错开参加会议者时间上的矛盾也是件麻烦

事。使用电子日程表安排会议时，用户可以指定人员——有哪些人参加会议，指定地点——在哪间会议室开会，指定时间——如指定具体时间或灵活地指定某一时间范围，指出需要用什么资源——如会议设备。

电子日程表会根据用户的时间要求，通过网络逐一查看所有与会者的个人日程表和要求使用会议的资源，检查是否与安排有冲突。若无冲突，将把会议通知通过电子邮件送入参加会议者的信箱或把这项会议通知安排填在每个与会者的电子日程表上。与会者通过查看自己的日程表便可得到通知，他们可以声明同意参加或拒绝出席。该信息将自动反馈给会议安排者，以便他作出相应的处理。同样，如果其他人要在这个时间使用会议室，将会得到"已被安排"的"警告"。

虽然电子日程表一般都具有访问权限，不知道别人的用户名和口令不能查看他人的电子日程表，但对于上级领导往往有权查看并安排其下属人员的日程。

③ 常设备忘录和重大事项提示功能：常设备忘功能是事先提醒人们定期要完成的工作；而对重大事项备忘则是一直显示有关信息，直到用户删除它。这些都是对办公人员的办公活动作出提醒。

1.3.8 行文办理

机关办公室中的公文、函件往来传递相当频繁，手续复杂，一件公文要经多人审阅，传递上一层层下来，往往是低效率的，在办公质量上表现出信息反馈不及时，且不利于决策。

根据国务院的规定，公文类型有多种，公文格式一般包括标题、主送机关、正文、附件、机关印章、发文年月日、抄送单位、公文编号、机密等级和缓急程度等。

电子行文就是通过计算机网络，借助于OA系统以及电子邮件和文字处理功能，实现对机关公文办理的电子化。

采用电子行文办理可以实现高效的公文办理，大大缩短公文办理的时间，减少差错，不受时间和空间的限制；可以跟踪和检索办理过程，得到信息反馈，从而全面了解下属人员的工作质量和效率；同时有利于领导人员决策水平的提高。

一个行文办理过程往往包括：文件的接受(或收文)、登记、印刷、分办、交换、催办、传阅，以及拟稿、审核、发文、统计、归档、销毁等多个环节。其中拟稿、审核和发文过程一般都可利用文字处理功能来实现。在电子行文办理过程中，印刷环节往往可以省去，而公文的处理(如接收、登记、分办、交换、催办、传阅等)都可以得到电子邮件功能的支持；而文件的归档、统计、立卷直到销毁都是在计算机文件处理功能的支持下进行的。

1.4 办公自动化系统的层次模型

根据办公机构和办公室性质的不同，OA系统可以分为三个层次：事务型OA系统、管理型OA系统和决策型OA系统。一般，事务型OA系统用于基层，管理型OA系统往往用于中层(承担信息管理)，而决策型OA系统则用于高层(承担辅助决策)。

1.4.1 事务型OA系统

1. 事务型OA系统的功能

事务型OA系统是支持属于日常例行性办公事务处理的OA系统，它包括基本办公事务处理系统和机关行政事务处理系统。

基本办公事务处理系统的主要功能包括：文字处理、文件收发、行文办理、邮件处理、快速印刷及个人或机构的办公日程和会议安排和文档资料管理。另外，还包括数据处理、语音处理、图形和图像处理、报表处理等。

机关行政事务处理系统的主要功能是处理与整个组织机构有关的公共事务(如人事管理、财务管理、后勤管理等)。

不同的事务型OA系统对各项功能的实现在程度上有所不同，例如，电子日程管理功能和文件管理功能经常服务于个人的办公日程安排和文件库管理；又如，在具有通信功能的多机事务型OA系统中，应当具备视频会议、国际联机信息检索等功能。

2. 事务型OA系统的硬件和软件

一般的事务处理系统由微机配以基本的文档设备(如复印机、打印机等)和基本的通信设备(如Modem、电话等)组成。较完整的事务型系统还包括简单的通信网络以及处理事务的数据库系统。

(1) 硬件

事务型OA系统硬件设备以微机及网络为主,包括必要的外部设备(如打印机等),多机系统则还包括中、小型机,超级微机及各种工作站。支持事务处理的办公用基本设备包括电子打字机、轻印刷系统(包括制版机、胶印机)、复印机、缩微设备、邮件处理设备和会议用各种录音、投影仪等设备。

如果采用单机系统,需要在微机上配备Modem,连接电话线,就可以访问Internet上的信息资源了。多机系统则可采用局域网、无线网、广域网及各种通信网络来访问Internet。

(2) 软件

通用的应用软件以独立支持它的各种基本功能的软件包为主,如文字处理软件、电子表格软件、小型关系数据库软件等。它的专用办公应用软件应支持电子行文办理和行政事务管理(包括人事档案、工资、财务、房产管理等)活动的独立的应用系统。

在事务型OA系统中,数据库分为小型办公事务处理数据库和基础数据库。小型办公事务处理数据库系统主要存放机关内部文件、会议、行政事务、基建、车辆调度、办公用品发放、财务、人事材料等与办公事务处理有关的数据。基础数据库主要存放与整个系统目标相干的原始数据。基础数据库的数据模型类似于原始报表的形式。对于有关企业组织,基础数据库则存放各车间的生产进度、产品、原材料的需求等有关数据;对总公司一级的企业组织,基础数据库则存放有关各下层企业的生产进度、产品、原材料需要等有关数据。

另外,在系统建设的过程中,也可以将若干功能子系统合并在一起,形成若干个专门功能处理的办公室。如集文字输入、编辑、排版、印刷为一体的文印室;把缩微设备、光盘存储设备、传真设备连接起来,形成一个资料共享的文档管理室;还有电子会议室,它主要以支持各种会议的录音设备、大屏幕投影多向交互电视系统、电子白板,以及由微机控制的大屏幕投影系统等组成。

1.4.2 管理型OA系统

1. 管理型OA系统的功能

管理型OA系统除具备事务型办公系统的全部功能外,主要增加了完成本部门工作所需的信息管理系统(MIS)功能。管理型OA系统以较大型的综合性数据库为主体,其主要功能是处理本组织机构为维持日常工作运营所必需的信息流,即侧重于面向信息流的处理(包括工业、交通、农贸等经济信息流的处理或人口、环境、资源等社会信息流的处理,以及抽象的公文信息流的处理)。

从整体上看,经济信息与社会信息主要在操作层和管理层之间流动,公文信息则主要在管理层与决策层中流动。因此,两者结合起来,完成信息的自底层至顶层的平滑流动,这也就提出了两种处理系统之间的接口问题,即办公事务处理系统文件与管理信息系统文件及数据的兼容与通信问题。

在我国,一个政府机关不仅要管理政治、管理环境,更要管理经济。对政府机关来说,典型的办公系统有计划分系统、统计分系统、财政分系统、贸易分系统、公交分系统、物价分系统、建设分系统、农业分系统、金融分系统、审计分系统,等等。

2. 管理型OA系统的硬件和软件

管理型OA系统由中小型机/微机网络、微机工作站及其他办公设备、通信设备组成。它在事务型系统的基础上,使用的主机档次更高,各种硬件和软件都较复杂。

(1) 硬件

管理型OA系统硬件以中、大型计算机配以多功能工作站,或超级小型计算机互联成计算机网络为信息处理的主要设备。这一模式以采用中、大型主机系统,超级微机和工作站三级通信网机构最为普遍。中、大型机将主要完成管理信息系统功能,处于第一层,设置于计算中心的机房;超级微机处于中层,设置于各职能管理机构,主要完成办公事务处理能力;而工作站则置于各基层科室,为最底层。这种机构有很强的分布处理能力、很好的信息共享和很高的可靠性。另外,办公文档处理设备与事务型OA系统中的相同。

(2) 软件

除具有事务型办公系统的各种通用、专用办公自动化应用软件外，还要建立起各种信息管理系统，这些分系统应支持各专业领域的数据采集及数据分析，为最高领导的决策提供各业务领域中的综合信息。其中，数据库的作用是十分重要的，要在事务型办公系统的基础上加入专业(或专用)数据库，即在对基础数据库中的原始数据进行加工、处理的基础上，按对组织主要功能的不同分类形成专用数据库。例如，在政府机关部门可以有计划、公交、统计、贸易、外贸、财政、物价、税务、人事、科技、物资、环保、法制、金融、建设、农业、审计、文教卫生和综合办公等专用数据库，而在企业中可以有物资、计划、设备、产品、市场预测、成本、技术、生产、人事、后勤、劳动工资和财务等专用数据库。

1.4.3 决策型OA系统

1. 决策型OA系统的功能

决策型OA系统以事务处理、信息管理为基础，既包含了事务型和管理型OA系统的功能，还应具有复杂决策的功能。OA系统中除了低层次的事务处理外，还存在一定的决策活动，系统中具有辅助决策能力的强弱反映了该系统水平的高低。作为一个较高水平的决策支持系统(DSS)单以数据库为基础来管理信息是不够的，同时还应该以模型库、方法库为基础，乃至具有指定范围的知识库、专家系统。

对于我国的办公机关，在诸如国民经济计划和综合平衡、经济发展预测、经济效益预测、经济过程分析等有关国民经济和企业经济发展方面，应建立决策支持系统。该系统不同于一般的信息管理，它还必须具有提供对策和优选结果的功能。决策支持系统必须建立各种可供决策分析参考的模型，包括经验模型和实现模型。不同的决策者，因其各自不同的考虑重点、习惯、爱好、文化水平，需要有不同的模型，所以系统中的模型库应根据需要尽可能地收入各种模型，为决策者提供各种决策建议和参考，以求从中寻出最佳方案，常用模型包括计划模型、预测模型、评估模型、投入/产出模型、反馈模型、机构优化模型、经济控制模型、仿真模型、综合平衡模型等。

决策处理要做的工作主要是，在前两级基础上，弄清现在的状况、将会导致的结果、有哪几种可供采用的对策、选择哪一类决策最有效等，其处理过程较为复杂，考虑因素也多。我们目前在市场预测、人口普查等领域也正在建立一些有价值的决策型办公自动化系统。但由于涉及知识的规范太多，尚没有能总结出足以令计算机能够处理的数学模型。目前有些专门的决策支持系统的功能大部分仍是事务层和操作层，但随着技术的进步，各类成熟的决策型OA系统将会不断涌现。

2. 决策型OA系统的硬件和软件

(1) 硬件

这层的计算机设备、办公用基本设备和管理型办公系统的类似，一般都需要具有高速运算能力和海量存储能力的大型计算机，并配以多台中小型计算机和大量工作站。这些设备一般都是在综合通信网和综合业务数字服务网(ISDN)的支持下工作的。各工作站完成大量信息采集和初步加工任务；中小型计算机对这些信息进一步进行加工和处理，并完成信息通信和办公事务处理；大型计算机则利用专家系统完成决策支持的功能。

(2) 软件

它的应用软件是在管理型OA系统的基础上，加入了大型知识库，以知识管理为核心，扩展了决策支持功能。它通过建立综合数据库得到综合决策信息，通过知识库和专家系统进行各种决策的判断，最终实现综合决策支持系统。如经济信息决策支持、经济计划决策、经济预测决策等系统，以及针对最高领导层建立的某一业务领域中使用的专家系统。

综合数据库是把各专业数据库的内容进行归纳处理，将与全局或系统目标有关的重要数据合成的大型数据库。综合数据库有时还包括历史资料库在内。

大型知识库是在数据库、模型库、方法库之上建立的具有学习、推理和演绎功能的大型数据库。从本质上说，模型库和方法库也是数据库，只是其内容不是数据，而是各种模型和开发模型的方法。它们的存储管理工具仍然是数据库管理系统。所以，可以认为大型知识库是系统最高层次的数据库。

现代的决策型OA系统，广泛地应用了多媒体技术和现代通信技术，在决策过程中充分利用诸如图像、声音和文字等多媒体信息，决策更加直观、便捷，因而多媒体网络设备和系统也随之得到广泛的应用。

第2章　现代办公技术工具

微电子技术、自动化技术、计算机技术、网络技术和现代通信技术等形成了当今的信息技术，由于它在现代办公环境下的广泛应用，形成了现代办公技术。现代办公技术包含着硬件设备和软件技术，也就是我们通常所说的技术工具，现代化的办公设备往往需要配备相应的软件后才能使用。正如前面所介绍的，办公自动化的技术工具将朝着高性能、多功能、复合化、系统化、智能化以及使用方便等方向发展，所以很难将一项技术孤立地划分为硬件设备或软件，也很难将一种硬件设备孤立地划分为文档处理设备或通讯设备。

在现代办公技术中，计算机技术和网络技术占据着很大的比重，它们是OA系统的主要技术支柱。所以，我们从现代办公技术的实用角度，来介绍有关计算机的基本知识和技术是很有必要的。此外，还简单介绍一些常用的现代办公设备，如静电复印机、多功能数码文印一体机等。

2.1　计算机

1946年，在美国宾夕法尼亚大学诞生了世界上第一台数字电子计算机后，至今已快70年的历史了。那时，第一台计算机是由电子管组成的，共使用了1.8万个电子管，7万个电阻，1万个电容，耗电功率140 kW，重达30吨，占地167 m^2，每秒仅完成5 000次加法运算。虽然其功能在今天看来还不如一台手掌式的可编程计算器，但它在人类文明史上确实具有划时代的意义，也是20世纪科学技术最卓越的成就之一，它的出现引起了当代科学、技术、生产、生活等方面的巨大变化。

随着科学技术的日新月异，在半个多世纪中，第一代到第四代的计算机先后以电子管（1946～1957年）、晶体管（1958～1964年）、集成电路（1964～1972年）、大规模集成电路（LSI）和超大规模集成电路（VLSI）为主要器件，现在进入第五代。20世纪70年代后，随着集成电路技术的飞速发展，计算机向着两极分化：一极是微型计算机向微型化、网络化、高性能和多用途方向发展；另一极是巨型计算机向巨型化、超高速化方向发展。

在计算机的发展过程中，微型计算机（Micro computer）从1971年诞生了第一块4位微处理器芯片Intel 4004开始，至今只有短短40年多的历史，但却已更新了六代，每秒的运算速度提高到3千亿次以上。由于微型计算机具有体积小、功能强、价格低等特点，它已成为以前中小型计算机的缩影。近十几年来，微型计算机已渗透到社会各个领域、各种办公室和家庭，并得到了广泛应用，因而又推动了微型计算机的迅速发展，从而加快了信息技术的革命，使人类进入了信息时代。在现代办公自动化系统中，微型计算机以及微机网络有着举足轻重的作用。

一直以来，台式的桌面电脑——个人电脑（PC机）在现代办公自动化系统中起着非常重要的作用。随着网络的应用及移动通信的应用，先后出现了网络计算机（NC）、Windows终端机、笔记本电脑（Laptop）、平板电脑（Tablet PC）、PDA、上网本、智能手机、掌上娱乐终端等，它们都配备了具有良好图形显示方式的软件或Windows界面。在台式PC上配备微软Windows 10最为常见，Windows最新版本为11。Windows 10不仅可以在PC电脑中应用，还可以在平板电脑中应用。针对不同的硬件配置及应用，操作系统的名称与版本也有所不同。例如，在服务器上，往往需要使用 Windows Sever 操作系统；在 iPad 和 iPhone 上，使用的是 Apple 公司自带的 iOS 操作系统。

2.1.1 主机

微型计算机的主机箱内一般安装着系统主板（包括 CPU 和内存等）、外部存储器（硬盘）、总线扩展槽、显示适配卡和电源等必要部件以及 CD-ROM 驱动器、视频卡等选件。主机箱有卧式和立式（见图 2-1）两种。

图 2-1 立式电脑：联想扬天 A8801T 立式多媒体电脑

图 2-2 Intel — DX79TO 系统主板（支持 Intel 酷睿 i7）

主机箱内最大的一块集成电路板便是系统主板（见图 2-2），它是微型计算机系统中最重要的部件，华硕、技嘉、Intel 等是近年来全球主板的主要品牌。系统主板上面有许多大规模集成电路（LSI）、超大规模集成电路（VLSI）器件和电子线路，其中包括：微处理器（CPU）、由内存芯片组成的内存条、各种输入输出接口电路（并行口、串行口、键盘接口、磁盘接口等）以及总线扩展槽等。许多系统主板都带有电源管理功能（即所谓的绿色主板），它能在规定时间内，若没有键盘、鼠标或磁盘操作时，系统将自动切断磁盘驱动器和显示器的电源，使屏幕变黑，系统只给 CPU 供电；有的还会降低 CPU 的频率、有声音提示等。这样便使电脑具有节能的特点。用户可以根据自己的需要，在系统启动时进入 CMOS，对绿色主板的电源管理功能进行设置（一般为 POWER MANAGEMENT SETUP 设置项）。

1. 微处理器

微处理器（也称中央处理器——CPU）是微型计算机（简称微机）的核心部件，人们习惯用 CPU 档次来概略表示微机的规格。在 30 多年中，有着惊人的发展，具有代表性的产品是美国 Intel 公司的微处理器系列，先后有 4004、4040、8008、8080、8085、8088、8086、80286、80386、80486、Pentium（译名奔腾，俗称 586）、Pentium MMX（在奔腾中增加了多媒体扩展功能 MultiMedia eXtension）、Pentium Pro（高能奔腾 P6）、Pentium Ⅱ（奔腾二代，简称 P-Ⅱ）、Pentium Ⅲ（奔腾三代）、Pentium 4（奔腾四代）和 Core（酷睿）系列（见图 2-3）。目前流行的 CPU 芯片是英特尔酷睿 i7（Intel Core i7）处理器和英特尔酷睿 i7 移动式处理器，其性能更加优越。英特尔酷睿 i9，由于其扩展的多线容量和更高的能效，它更快、更智能。

图 2-3 Intel Core i7-940 系列处理器

微处理器是采用现代高技术制成一片或几片集成电路芯片，芯片的集成度越来越高，工作速度越来越快，内部结构越来越复杂，封装技术从引脚网格阵列发展为盒式封装。酷睿是英特尔处理器的名称，英文名是 Core，桌面版的开发代号为 Conroe，移动版的开发代号为 Merom，服务器版的开发代号为 Woodcrest。

酷睿分双核（DUO）、四核（QUAD）、八核三种，它采用 800～1 333 MHz 的前端总线速率，45 nm/65 nm 制程工艺，2 M～16 M L2 缓存，双核酷睿处理器通过 SmartCache 技术两个核心共享 12 M 二级缓存（L2）资源。

酷睿 i 系列是 Intel 继酷睿 2 系列后推出的又一全新 CPU 系列。按照定位划分，酷睿 i 系列可分为：

酷睿 i3、酷睿 i5 和酷睿 i7，其中，酷睿 i7 又有两种，一种是面向高端的 1 156 针的酷睿 i800 系列，另一种是面向桌面发烧级的 1 366 针的酷睿 i900 系列，如酷睿 i7－920 为该系列型号最低的版本（内核代号：Bloomfield），它是英特尔于 2008 年推出的 64 位四内核 CPU，主频（即内部时钟频率）有从 2.66～3.06 GHz 等多种规格。酷睿 i7－940 处理器的主频为 2.93 GHz，使用 22x 的倍频（22×133＝2 933 MHz），英特尔智能互联技术 QuickPath Interface（QPI）采用时钟为 133.33 MHz 的基准频率。

英特尔酷睿 i7 品牌的处理器号由 i7 标识符加三字数字序列组成，如英特尔酷睿 i7－940。在同一处理器等级或家族内，编号越高表示特性越多，包括：高速缓存、时钟速度、前端总线、英特尔快速通道互联、新指令或其他英特尔技术。拥有较高编号的处理器可能某一特性较强，而另一特性较弱。英特尔酷睿 2 处理器家族品牌的处理器号采用带有一个字母前缀的四位数字序列进行分类，QX 和 X 都代表四核高性能处理器，如英特尔酷睿 2 四核处理器 Q9550S；E 和 X 都代表双核处理器，如英特尔酷睿 2 双核处理器 E8500。此外，低功耗英特尔酷睿 2 四核处理器可通过“S”后缀（表明该处理器热设计功耗较低）进行辨认。

与以往的处理器不同，酷睿 i7 每个核心都使用自己的倍频率，从酷睿 i7 的新支持的“Turbo Mode”功能就可以看出来——这项技术的正式名字为“英特尔智能加速技术”。当启用这项技术时，四个物理核心的每个核心都可单独得到不同的频率。这意味着酷睿 i7 可以根据多任务负载的多寡动态地调整各个内核的实际工作频率，例如一个内核心在“超频”，其他几个在休眠。带来的好处就是更加智能地调配每个核心的性能和功耗，使之达到最优化的性能和功耗效率，从而减少热量降低噪音。

酷睿 i7 采用全新的 Nehalem 核心构架，睿频加速技术、超线程（HT）技术，支持 8 条处理线程，多达 8 MB 的智能高速缓存，支持三通道 DDR3 的 1 066 MHz 内存，支持 128 位 SSE 指令集。每个酷睿 i7 的处理器所集成的晶体管达到 7.31 亿个。

CPU 可以同时处理的二进制数据的位数是其最重要的一个品质标志。对于 Core 系列，与 Pentium 一样，还是 64 位机，即该微机中的 CPU 可以同时处理 64 位二进制数据。CPU 品质的高低直接决定了一台微型计算机的档次以及能否运行某种软件。

英特尔睿频加速技术（Turbo Boost Technology）可使处理器内部的某几个特定的核心，在特定的环境下超过额定频率来工作，即在运行中进行自动动态加速，同时也可以根据需要开启、关闭以及加速单个内核的运行。

超线程技术是一种全新的设计理念，它使一个物理处理器能够同时执行两个独立的应用，并率先在 Xeron（赛扬）处理器上得到了应用。超线程技术和用户过去以 CPU 的主频衡量微机速度的观念发生了冲突，相反，带有超线程技术的 CPU 可以相同的主频处理更多的任务，即使 CPU 的速度继续提高也是如此。

图 2－4 配备酷睿 13 代 i7 处理器的惠普笔记本

值得一提的是，2003 年 3 月，英特尔正式发布英特尔迅驰（Centrino）移动计算技术，在计算能力、功耗、散热等方面的性能与当时的 Pentium 4－M 的系统相比都有较大幅度的提升。而今，面向笔记本电脑的全新英特尔酷睿 i7 移动式处理器，脱离了线缆的束缚，包含高内存带宽，基于硬件的技术（如睿频加速技术等），可获得丰富的高清（HD）内容创建、视频编码和编辑、多任务处理等功能，从而使视频编码速度提高了 81%，将游戏场景中人物的人工智能（AI）能力提高了 31%。如图 2－4 所示为配备酷睿 13 代 i7 处理器的惠普 dv6－7028tx 笔记本。

2. 内存储器（Memory）

内存储器，简称内存（又称主存）是微型计算机的重要组成之一，它用来存放当前运行的程序和当前使用的数据。内存的大小（即容量）直接影响程序的运行。内存目前一般是用半导体器件组成的，可分为只读存储器（ROM）和随机存取存储器（RAM），它们都是通过电子电路与 CPU 相连。

(1) 只读存储器（ROM）

在系统主板上一般装有 ROM－BIOS，它是固化在 ROM 芯片中的系统引导程序，完成对系统加电自检，引导和设置系统基本输入输出接口的功能。不同厂家的微机，其 ROM 的容量可能差别很大。ROM

对用户来讲是只能读不能写的，多数PC机都将对系统硬件的测试、诊断以及工作环境的设置等实用程序固化在ROM芯片中。这些功能对维护系统正常运行提供了极大的方便。

（2）读写存储器(RAM)

我们通常所说的内存就是随机存取存储器RAM(Random Access Memory)，它是由若干内存芯片组成的内存条提供的。CPU对RAM既能读又能写。磁盘中的程序必须被调入RAM后才能运行。RAM的另一个特性是易失性，当微机掉电或重新启动后，RAM中原有的信息将全部丢失。

内存中有着成千上万个基本单元，每个单元都有一个唯一的序号，称为地址（相当于门牌号）。CPU凭借地址，准确地操纵着每个单元，存取数据。

这里所说的字节是存储器的基本单位，一个字节可以存放八个二进制位，即一个0～255之间的整数，或一个英文字母，或一个标点符号等。

- 千字节就用KB表示，1 KB=1 024字节=2^{10}字节；
- 兆字节用MB表示(Mega Byte)，1 MB=1 024 KB=2^{20}字节；
- 千兆字节用GB表示(Giga Byte)，1 GB=1 024 MB=2^{30}字节；
- 兆兆字节用TB表示(Tera Byte)，1 TB=1 024 GB=2^{40}字节。

随着高性能CPU的不断推出，CPU存取内存的能力也不断增强，内存的容量和存取速度将直接影响应用程序的运行。早先的内存通常用静态RAM(SRAM)和动态RAM(DRAM)等，为了配合高速的CPU，使三维游戏的速度更快，MP3音乐的播放更加柔和，MPEG视频运动图像质量更好，1996年，三星公司提出了DDR双倍数据速率(Double Data Rate)。DDR与普通同步动态随机内存(DRAM)非常相像，是SDRAM的升级版本。2002年6月，JEDEC就宣布开始开发DDR3内存标准，但在2006年，DDR2才刚开始普及。DDR3是一种电脑内存规格，也是现时流行的内存产品。DDR3如图2-5所示。

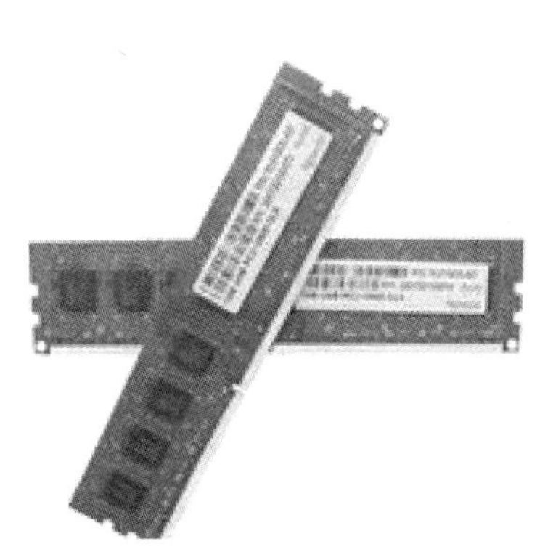

图2-5 DDR3内存条

DDR内存可以处理的2 bit数据，DDR2提供相当于DDR内存两倍的带宽，实现了在每个时钟周期处理多达4 bit的数据，DDR3提供相当于DDR2内存两倍的带宽，实现了在每个时钟周期处理多达8 bit的数据。DDR3内存优势在于，功耗和发热量较小，工作频率更高，降低显卡整体成本，通用性好。就具体的设计来看，DDR3与DDR2的基础架构并没有本质的不同。从某种角度讲，DDR3是为了解决DDR2发展所面临的限制而催生的产物。DDR4是DDR3的继任者，它带来了一系列性能和功能方面的改进。

RAM是仅次于CPU的一种宝贵的系统资源，内存容量往往是人们在配置电脑时重点关心的指标。要运行Microsoft中文Windows XP以上的操作系统，都至少需要配备32 MB以上的内存。当然，扩展内存配备的数量取决于CPU的档次和系统主板的结构。例如，惠普Pavilion m9755cn电脑，采用英特尔酷睿i7-920，标配有6 GB的DDR3内存。酷睿i7处理器只能支持DDR3内存。

（3）高速缓冲存储器(Cache)

随着CPU的升级，CPU时钟频率不断提高，CPU对RAM的存取速度更快了，而RAM的响应速度成了整个系统的“瓶颈”。为了协调CPU与RAM之间的速度差，便出现了高速缓冲存储器(Cache)技术。

Cache通常采用速度较高的RAM，其速度与CPU相近。其处理方法是：将RAM中的一部分内容复制到Cache中，CPU读写数据时，首先访问Cache。因此，Cache就像是内存与CPU之间的适配器，完成Cache与CPU之间的速度匹配。

Cache分为两种：CPU内部Cache和CPU外部Cache。前者是把Cache集成到CPU芯片内部，如Pentium以上的CPU等都含有内部Cache。内部Cache一般容量较小，但较为灵活方便。后者也称二级Cache，从主板上能直接看到（也是内存芯片），其容量比内部Cache大一个数量级以上。

酷睿i7是一个在单一晶元上的处理器，所有四个物理核心的内存控制器和所有的缓存都是在单一的晶元上。酷睿i7-3970X CPU(3.5 GHz)缓存包括：一级缓存6×64 KB(其中，一级数据缓存6×32 KB，一级指令缓存6×32 KB)，二级缓存容量6×256 KB(即每个核心都有独自的256 KB的L2高速缓存)，三级高速缓存容量共享15 360 KB(15 MB)。

3. 外存储器

内存虽然有不小的容量,但相对于计算机所面对的应用来说,仍远远不足以存放所有的数据,另外,内存中的数据在断电后将全部丢失,因此就需要容量更大、能永久保存数据的存储器,这便是外存储器(即外存,又称辅助存储器或辅存)。目前,常用的外存有硬盘、软盘、CD-ROM、DVD-ROM、可读写光盘、USB闪盘、移动硬盘、固态硬盘等。固态硬盘(Solid State Disk)是用固态电子储芯片阵列制成的硬盘,由控制单元和存储单元(FLASH 芯片、DRAM 芯片)组成。

(1) 硬盘与硬盘驱动器(Hard Disk & Hard Disk Driver)

硬盘是最常用的外存储器。按照与计算机的连接方式不同,硬盘可分为内置式(即固定在主机箱内)和外置式(如移动硬盘)两种。

图 2-6 希捷 2 TB 硬盘图例

硬盘的磁性圆盘用硬质材料制成,有很高的精密度(见图2-6)。我们平时所讲的硬盘往往是指内置式硬盘,它连同驱动器一起封闭在壳体内,其容量比软盘要大得多,读写速度也比软盘快得多。

硬盘驱动器是现行计算机不可缺少的一部分。它具有速度快、性能稳定、兼容性强(适合于各种操作系统)以及安装简便等优点。CPU 对硬盘的读写要通过硬盘驱动器来实现。硬盘是由若干片硬盘片环绕一个共同的轴心而组成的盘片组,两个盘片之间仅留出安置磁头的距离。每个盘片上下两面各有一个读写磁头,磁头悬浮于磁盘的上部或底部,与磁盘表面的间距仅有万分之几厘米。磁头传动装置将把磁头快速而准确地移到指定的磁道。

硬盘的参数主要有容量、传输率、寻道时间、高速缓存、主轴转速、单碟容量、柱面数、磁头数、扇区数。

硬盘的基本参数如下:

容量: 目前主流硬盘容量为 320 GB~4 TB。在操作系统中硬盘的容量与官方标称的容量不符,都要少于标称容量,容量越大则这个差异越大。标称 750 GB 的硬盘,在操作系统中显示只有 715 GB。这并不是厂商或经销商以次充好欺骗消费者,而是硬盘厂商对容量的计算方法和操作系统的计算方法不同而造成的,不同的单位转换关系造成的。以 750 GB 的硬盘为例,厂商容量计算方法是:750 GB=750 000 MB=750 000 000 KB=750 000 000 000 字节,换算成操作系统计算方法是:750 000 000 000 字节/1 024=732 421 875 KB/1 024=715 255.737 MB=715 GB。

主轴转速(Rotational Speed 或 Spindle Speed): 转速是硬盘内电机主轴的旋转速度,也就是硬盘盘片在一分钟内所能完成的最大转数。转速的快慢是标示硬盘档次的重要参数之一,它是决定硬盘内部传输率的关键因素之一,在很大程度上直接影响到硬盘的速度。硬盘的转速越快,硬盘寻找文件的速度也就越快,相对的硬盘的传输速度也就得到了提高。硬盘转速以每分钟多少转来表示,单位表示为 RPM (Revolutions Per Minute 的缩写)。RPM 值越大,内部传输率就越快,访问时间就越短,硬盘的整体性能也就越好。

硬盘的主轴马达带动盘片高速旋转,产生浮力使磁头飘浮在盘片上方。要将所要存取资料的扇区带到磁头下方,转速越快,则等待时间也就越短。因此,转速在很大程度上决定了硬盘的速度。较高的转速可缩短硬盘的平均寻道时间和实际读写时间,从而提高硬盘的数据传输速度。目前家用的普通硬盘的转速一般有 5 400 RPM、7 200 RPM 等几种(转/每分钟),服务器用户对硬盘性能要求最高,服务器中使用的 SCSI 硬盘转速基本都采用 10 000~15 000 RPM 的。

硬盘内部是由磁储存盘片组成,数量从一片到三片不等,每个盘片有一定的容量,几个盘片的容量之和就是硬盘总容量。单碟容量越大,则其达到相同容量所用的碟片就越少,其系统可靠性也就越好;同时,高密度碟片可使硬盘在读取相同数据量时,磁头的寻道动作和移动距离减少,从而使平均寻道时间减少,加快硬盘访问速度。

平均访问时间(Average Access Time): 平均访问时间是指磁头从起始位置到达目标磁道位置,并且从目标磁道上找到要读写的数据扇区所需的时间。平均访问时间体现了硬盘的读写速度,它包括了硬盘的寻道时间和等待时间，即：平均访问时间＝平均寻道时间＋平均等待时间。

硬盘的平均寻道时间(Average Seek Time)是指硬盘的磁头移动到盘面指定磁道所需的时间。这个时间当然越小越好，硬盘的平均寻道时间通常在 8 ms～12 ms 之间，而 SCSI 硬盘则应小于或等于 8 ms。硬盘的等待时间，又叫潜伏期(Latency)，是指磁头已处于要访问的磁道，等待所要访问的扇区旋转至磁头下方的时间。平均等待时间为盘片旋转一周所需的时间的一半，一般应在 4 ms 以下。

数据传输率(Data Transfer Rate)：硬盘的数据传输率与硬盘的转速、接口类型、系统总线类型有很大关系，它是指计算机从硬盘中准确找到相应数据并传输到内存的速率，以每秒可传输多少兆字节来衡量(MB/s)，硬盘数据传输率又包括了内部数据传输率和外部数据传输率。内部传输率(Internal Transfer Rate)也称为持续传输率(Sustained Transfer Rate)，它反映了硬盘缓冲区未用时的性能，它依赖于硬盘的旋转速度。外部数据传输率与硬盘接口类型和硬盘缓存的大小有关。

平时说的 IDE 接口也称 ATA 接口(Advanced Technology Attachment，即高级技术附加装置)，最早是在 1986 年由康柏、西部数据等几家公司共同开发的，在 20 世纪 90 代初开始应用于台式机系统。它使用一个 40 芯电缆与主板进行连接，最初的设计只能支持两个硬盘，最大容量也被限制在 504 MB 之内。ATA 接口从诞生至今，共推出了 7 个不同的版本，ATA－7 也叫 ATA133，它支持 133 MB/s 数据传输速度。

2002 年，Serial ATA 委员会抢先确立了 Serial ATA 2.0 规范。SATA 规范将硬盘的外部传输速率理论值提高到了 150 MB/s，比 PATA 标准 ATA/100 高出 50%，比 ATA/133 也要高出约 13%。2007 年制定了 SATA2 及 SATA2.5 标准，将硬盘的外部传输速率理论值提高到 375 MB/s。2009 年制定的 Serial ATA 3.0 将硬盘的外部传输速率理论值提高到了 750 MB/s。从其发展计划来看，未来的 SATA 也将通过提升时钟频率来提高接口传输速率，让硬盘也能够超频。2016 年，发布了 ATA3.3 版本，数据传输速度最高可达 6 Gbps。

高速缓存(Cache Memory)：高速缓存是硬盘控制器上的一块内存芯片，具有极快的存取速度，它是硬盘内部存储和外界接口之间的缓冲器。硬盘通过将数据暂存在一个比其磁盘速度快得多的缓冲区(Cache)来提高速度。这是由于目前硬盘上的所有读写动作几乎都是机械式的，真正完成一个读取动作大约需要 10 ms 以上，而在高速缓存中的读取动作是电子式的，同样完成一个读取动作只需要大约 50 ns。由此可见，高速缓存对大幅度提高硬盘的速度有着非常重要的意义。从理论上讲，高速缓存当然是越大越好，但鉴于成本较高，目前常见硬盘缓存大小范围：8 MB～25 MB。

柱面数(Cylinders)：柱面数是指硬盘多个盘片上相同磁道的组合，盘片上的同心圆圈(磁道)数即是柱面数，这些磁道有一个相同的磁场旋转方向，如果一个磁道上只要有一个坏点，那么这个磁道将废弃不能用了。

磁头数(Heads)：磁头的作用是将磁电进行转换，磁头的成本占硬盘总成本的 40%左右，如果单碟容量有所突破，那么磁头的技术一定要发展。一般情况下一个盘片只有一个磁头，不过最新的技术是两个磁头可以同时读取一个盘片。

硬盘片的每个面上有若干个磁道，每个磁道分成若干个扇区，每个扇区可存储 512 字节。老式的硬盘每个磁道有 17 个扇区，而许多新的硬盘每个磁道有 63 个扇区以上。以 80 GB 硬盘为例，每分钟转数在 5 400～7 200 rpm，平均查找和读写时间在 8.7～9.5 ms。硬盘上的一个物理记录块要用三个参数来定位：柱面号、扇区号、磁头号。硬盘容量＝柱面数×磁头数×扇区数×512 字节，扇区越多，容量越大。

硬盘使用前必须经过两级格式化：低级格式化和高级格式化。低级格式化往往在出厂前完成的。高级格式化就是用磁盘格式化命令 FORMAT 来进行的。

在对硬盘读写时，主机面板上相应的 LED 指示灯会闪亮，这时切忌震动主机，以免硬盘受损。

(2) *移动硬盘*(Mobile Hard disk)

移动硬盘是以硬盘为存储介质，计算机之间交换大容量数据，强调便携性的存储产品。移动硬盘在数据的读写模式与标准 IDE 硬盘是相同的。移动硬盘多采用 USB2.0、USB3.0、IEEE1394 等传输速度较快的接口，可以较高的速度与系统进行数据传输。市场上移动硬盘的容量在 320 GB～8 TB，主流 2.5 in 品牌移动硬盘的读取速度约为 15～28 MB/s，写入速度约为 8～15 MB/s。移动硬盘如图 2－7 所示。

图 2－7　移动硬盘图例

USB 是一种外围设备与计算机主机相连的接口类型之一。USB 接口却有个极大的优点就是可以在电脑上即插即用（或热插拔）。

移动硬盘具有重量轻、容量大、传输速度高、携带方便等特点，特别是通过USB端口即插即用，能满足用户现代移动办公对超大容量移动存储的需求。一般来说，机身外壳越薄的移动硬盘其抗震能力（意外摔落）越差。

一般情况下，一个USB接口给移动硬盘供电已经足够了。也有一些劣质台式电脑主板的机箱前置USB端口容易出现供电不足情况，这样就会造成移动硬盘无法被Windows系统正常识别，在供电不足的情况下就需要给移动硬盘进行独立供电。对于笔记本电脑来说，2.5 in USB移动硬盘工作时，硬盘和数据接口由USB接口供电。USB接口可提供0.5 A电流，而笔记本电脑硬盘的工作电流为0.7～1 A，一般的数据拷贝不会出现问题。但如果硬盘容量较大或移动文件较大时很容易出现供电不足，而且若USB接口同时给多个USB设备供电时也容易出现供电不足的现象，造成数据丢失甚至硬盘损坏。为加强供电，2.5 in USB移动硬盘一般会提供从PS/2接口或者USB接口取电的电源线。所以在移动较大文件等时候可能需要接上PS/2取电电源线。

(3) USB闪盘（USB Flash Disk，简称U盘）

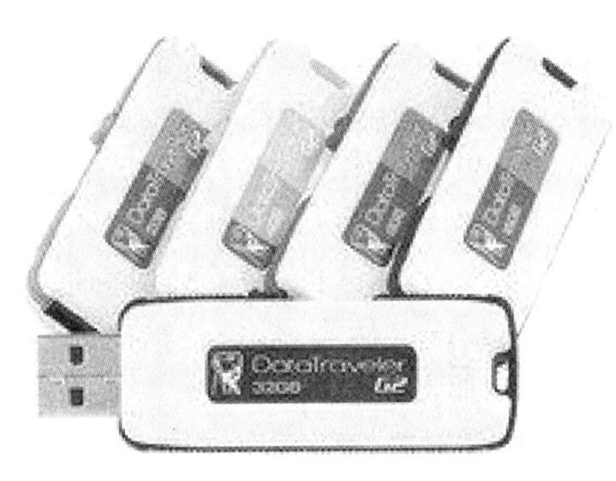

图2-8　U盘

U盘（如图2-8所示）是一种具有USB接口的无需物理驱动器的微型高容量移动存储产品，它采用Flash芯片为存储介质，通过USB接口与电脑连接，实现即插即用（Plug & Play）。它比移动硬盘体积要小，容量也小。

U盘的工作原理是：计算机把二进制数字信号转为复合二进制数字信号（加入分配、核对、堆栈等指令）读写到USB芯片适配接口，通过芯片处理信号分配给E^2PROM存储芯片的相应地址存储二进制数据，实现数据的存储。E^2PROM数据存储器，其控制原理是电压控制栅晶体管的电压高低值，栅晶体管的结电容可长时间保存电压值，断电后能保存数据的原因主要就是在原有的晶体管上加入了浮动栅和选择栅。在源极和漏极之间电流单向传导的半导体上形成贮存电子的浮动栅。浮动栅包裹着一层硅氧化膜绝缘体。它的上面是在源极和漏极之间控制传导电流的选择/控制栅。数据是0或1取决于在硅底板上形成的浮动栅中是否有电子。有电子为0，无电子为1。闪存就如同其名字一样，写入前删除数据进行初始化。具体说就是从所有浮动栅中导出电子。即将所有数据归“1”。写入时只有数据为0时才进行写入，数据为1时则什么也不做。写入0时，向栅电极和漏极施加高电压，增加在源极和漏极之间传导的电子能量。这样，电子就会突破氧化膜绝缘体，进入浮动栅。读取数据时，向栅电极施加一定的电压，电流大为1，电流小则定为0。数据为1——浮动栅没有电子的状态下，在栅电极施加电压的状态时向漏极施加电压，源极和漏极之间由于大量电子的移动，就会产生电流；数据为0——在浮动栅有电子的状态下，沟道中传导的电子就会减少。因为施加在栅电极的电压被浮动栅电子吸收后，很难对沟道产生影响。

U盘的主要特点和功能为：

① 体积小，重量轻、携带方便，使用简便；

② 容量大（常见的有1～2 TB）；

③ 无需驱动器，在Windows 2000以上的操作系统下，一般无需驱动程序；

④ 无外接电源，采用USB总线供电的方式；

⑤ 数据保存安全，可靠性好，可擦写100万次以上；

⑥ 具有抗震、防磁、防潮、耐高低温的特点；

⑦ 读写速度快，约为软盘的30倍；使用寿命特长。

一些三合一的U盘还具有更多的功能：

① 写保护功能。此功能使得存取、读写、修改数据更加安全、可靠。该功能操作简单，只需拨动U盘侧面的拨动开关，即可实现写保护功能，开关在保护状态时，只能浏览U盘内数据，不能对数据进行修改、保存等各项操作，以防止数据的误操作。而在非保护状态时，则可对数据进行各种操作。

② 硬件加密功能。通过预先烧录在U盘芯片中的加密程序，可实现对整个U盘的加密设置，只有在

正确输入密码之后，才能打开U盘浏览文件，使U盘真正成为你的保密卫士。

③ 启动功能。U盘的启动功能是以ZIP格式引导整个系统的启动，无需改变U盘的容量，从而使U盘的存储空间得以充分利用，实现了真正意义上的启动功能，使软驱彻底失去了存在的价值。

现在的闪存盘都支持USB2.0标准，由于闪存技术上的限制，它们的读写速度目前还无法达到标准所支持的最高传输速度480 Mbps。USB3.0是最新的USB规范，它与USB2.0保持兼容，并提高了带宽，理论上所支持的最高传输速度是5 Gbps。

使用U盘的注意事项：

在一台电脑上第一次使用U盘(插到USB接口后)，系统会报告"发现新硬件"。稍候，会提示："新硬件已经安装并可以使用了。"在Windows环境下，在"我的电脑"或"资源管理器"中都能看到被识别的U盘，接着就像对硬盘或其他外部存储介质一样进行操作和访问。

① 拔出。U盘使用完毕后，关闭一切窗口，尤其是关于U盘的窗口，正确拔下U盘前，要用左键双击右下角的USB设备图标，再选择硬件，左键点"安全删除硬件"。当右下角出现提示："你现在可以安全地移除驱动器了"的提示后，才能将U盘从机箱上拔出。千万不要在U盘的指示灯闪得飞快时拔出闪盘，因为这时U盘正在读取或写入数据，中途拔出可能会造成硬件、数据的损坏。不要在备份文档完毕后立即关闭相关的程序，因为那个时候U盘上的指示灯还在闪烁，说明程序还没完全结束，这时拔出U盘，很容易影响备份。同样，在系统提示"无法停止"时也不要轻易拔出U盘，否则会造成数据丢失。

② 放置。U盘需要放置在干燥的环境中，不要让U盘接口长时间暴露在空气中，否则容易造成表面金属氧化，降低接口敏感性。不要将长时间不用的U盘一直插在USB接口上，否则一方面容易引起接口老化，另一方面对U盘也是一种损耗。

③ 写保护开关的切换。在U盘插入计算机接口之前切换，不要在U盘工作状态下进行切换。

④ 碎片。U盘的存储原理和硬盘有很大不同，不要整理碎片，否则影响使用寿命。

⑤ 病毒预防。U盘里可能会有U盘病毒，插入电脑时最好进行U盘杀毒。一般，对新U盘最好做个U盘病毒免疫，以避免U盘中毒。

U盘的其他功能：

使用了Flash闪存芯片为存储介质的U盘，以其独特的优势，受到用户的欢迎，已经成为外部存储器市场的主流。

一些新颖的U盘还增加了"随身邮""PC锁""压缩存储""保密碟""双重杀毒"等个性化功能。

① 随身邮。用U盘来收发电子邮件，无论用户身在何方，可将邮件方便地收到U盘中，并可随时发送电子邮件，让用户的U盘实现移动邮箱的功能；

② PC锁。使U盘成为PC的钥匙。插入U盘后方可使用电脑；拔下U盘，其他人则无法使用您的电脑。

③ 压缩存储。当对U盘进行写入时，文件会被自动压缩，可大大提升U盘使用空间。

④ 保密碟。在U盘内预先设定有一个特定的目录，所有放进该目录的文件都会被自动压缩且自动加密，就算不慎遗失了U盘也不用担心您的文件资料被别人读取、盗用。

⑤ 双重杀毒。可在DOS或Windows环境下进行双重杀毒，使U盘具有更高的安全性。

另外，折叠式、金属材质等品种繁多的U盘，使得U盘具有多样化特点，以适应不同的需求。

UKey的应用：

现代社会使用网上银行的人已经越来越多了，UKey则是另一种应用，它也是一个与U盘大小一样的、通过USB端口直接与计算机相连，具有即插即用、密码验证功能，可靠高速的小型存储设备。UKey自身所具备的存储器可以用来存储一些个人信息或证书，UKey的内部密码算法可以为数据传输提供安全的管道，UKey是适用于单机或网络应用的安全防护产品。

与通用U盘相比，UKey含有内置EPROM的CPU及其芯片级操作系统，防止被非法复制，保证数据的唯一性，UKey内的数据只在UKey内留存，有利于在公共场所使用，但一般不能在其中存贮用户文件，也不能在资源管理器中加以识别，使用前需要在银行网站上找到并下载安装UKey驱动程序及安全控件，以后就能即插即用了。为安全起见，使用完以后应即刻拔除。与IC卡相比，UKey不需要专用的读卡设备，在与电子商务以及各种以PC为基础的安全应用上具有其他产品不可替代的优越性。

OA系统集成化的平台给了人们一种办公自动化的新概念，但又由于操作系统和OA系统的登录都是基于“用户名＋密码”来验证用户名的合法性，因此在OA系统中存在着操作登录系统用户名的非法以及登录OA系统的用户名的非法等不安全因素，从而为OA系统的安全性带来了隐患。

UKey提供了比传统口令验证更加安全且更易于使用的网络用户身份认证机制。UKey使用共享秘密的方式实现网络客户与服务器之间的身份验证，不用暴露任何关键信息就可以实现用户身份的验证。而且UKey内置的用户访问控制可以进一步增强验证过程的安全性。

采用UKey认证系统安全登录具有4大特性：

① 开放性：它完全兼容和支持现有的流行操作系统，例如Windows 10等。

② 安全性：屏蔽了传统的“用户名＋密码”的登录方式，只允许采用钥匙登录；选择使用个人密码PIN，任何验证场合需要同时输入PIN；选择创建随机的内部口令，一次一换；选择拔出钥匙就锁住PC机，保证用户暂时离开PC机也不会有安全隐患；选择只允许当前用户登录，防止其他用户的登录尝试。

③ 易用性：采用UKey认证系统以后，以前觉得那些繁琐的事情都变得很简单，所要做的只是插入UKey，自动识别。

④ 优越性：UKey的硬件是由带有EPROM的CPU实现的芯片级操作系统，所有读写都在芯片内部完成。

（4）光盘(Compact Disc)

高密度光盘(Compact Disc)是近代发展起来的、不同于磁性载体的光学存储介质，用聚焦的氢离子激光束处理记录介质的方法存储和再生信息。

现在一般的硬盘容量在3 GB～3 TB之间，软盘已经基本被淘汰，CD光盘的最大容量大约是700 MB，DVD盘片单面4.7 GB，最多能刻录约4.59 G的数据(因为DVD的1 GB＝1 000 MB)(双面8.5 GB，最多约能刻8.3 GB的数据)，蓝光(BD)的则更大，其中HD DVD单面单层15 GB，双层30 GB；BD单面单层25 GB，双面50 GB。

光盘只是一个统称，它分成两类，一类是只读型光盘，其中包括CD－Audio、CD－Video、CD－ROM、DVD－Audio、DVD－Video、DVD－ROM等；另一类是可记录型光盘，它包括CD－R、CD－RW、DVD－R、DVD＋R、DVD＋RW、DVD－RAM、Double layer DVD＋R等各种类型。

光盘的主要物理结构：

光盘的结构与制造过程密切相关。按照光盘结构，光盘主要分为CD、DVD、蓝光光盘等几种类型，这几种类型的光盘，在结构上有所区别，但主要结构原理是一致的。而只读的CD光盘和可记录的CD光盘在结构上没有区别，它们主要区别在材料的应用和某些制造工序的不同。DVD方面也是同样的道理。

常见的CD光盘非常薄，它只有1.2 mm厚，但却包括了很多内容，主要分为五层：基板、记录层(染料层)、反射层、保护层、印刷层。其中：

① 基板：是各功能性结构(如沟槽等)的载体，其使用的材料是聚碳酸酯(PC)，冲击韧性极好、使用温度范围大、尺寸稳定性好、耐候性、无毒性。一般来说，基板是无色透明的聚碳酸酯板，在整个光盘中，它不仅是沟槽等的载体，更是整个光盘的物理外壳。CD光盘的基板厚度为1.2 mm、直径为120 mm，中间有孔，呈圆形，它是光盘的外形体现。光盘之所以能够随意取放，主要取决于基板的硬度。

光盘比较光滑的一面(激光头面向的一面)就是基板。在基板方面，CD、CD－R、CD－RW之间是没有区别的。

② 记录层(染料层)：是在烧录时刻录信号的地方，其主要的工作原理是在基板上涂抹上专用的有机染料，以供激光记录信息。由于烧录前后的反射率不同，经由激光读取不同长度的信号时，通过反射率的变化形成0与1信号，借以读取信息。目前市场上有三大类有机染料：花菁(Cyanine)、酞菁(Phthalocyanine)及偶氮(AZO)。

一次性记录的CD－R光盘主要采用酞菁有机染料，烧录时，激光就会对在基板上涂的有机染料进行烧录，直接烧录成一个接一个的“坑”，有“坑”和没“坑”的状态就形成了0和1的信号，这一个接一个的“坑”是不能复原的，即烧成“坑”后，将永久性地保持现状，这也就意味着此光盘不能重复擦写。这一连串的0和1，就组成了二进制代码，从而表示特定的数据。

对于可重复擦写的CD－RW而言，所涂抹的就不是有机染料，而是某种碳性物质，当激光在烧录时，就不是烧成一个接一个的“坑”，而是改变碳性物质的极性，通过改变极性，来形成特定的0和1的代码序列。这种碳性物质的极性是可以重复改变的，这也就表示此光盘可以重复擦写。

③ 反射层：是光盘的第三层，它是反射光驱激光光束的区域，借反射的激光光束读取光盘片中的资料。其材料是纯度为99.99%的纯银金属。此层就代表镜子的银反射层，光线到达此层，就会反射回去。

④ 保护层：是用来保护光盘中的反射层及染料层防止信号被破坏的。材料为光固化丙烯酸类物质。另外现在市场使用的DVD+/-R系列还需在以上的工艺上加入胶合部分。

⑤ 印刷层：就是在光盘的背面印刷盘片的客户标识、容量等相关资讯，它不仅可以标明信息，还可以起到一定的保护光盘的作用。

常用光盘的几种类型：

① 只读光盘CD-ROM(Compact Disc Read Only Memory)：是一种只读光存储介质，能在直径120 mm(4.72 in)、厚度1.2 mm(0.047 in)的单面盘上保存74～80分钟的高保真音频，或682 MB(74分钟)/737 MB(80分钟)的数据信息。CD-ROM与普通常见的CD光盘外形相同，但CD-ROM存储的是数据而不是音频，包括各种文字、声音、图形、图像和动画等多媒体数字信息。一般，一张CD-ROM光盘的容量约680 MB。由于它具有体积小、容量大、易于长期存放等优点，已广泛被使用。在多媒体计算机中，CD-ROM驱动器已成为基本配置，通过相应软件可以播放VCD。

与磁盘一样，CD-ROM上的信息也需要有相应的驱动器来读取，这便是CD-ROM驱动器。第一代CD-ROM驱动器的数据传输速率只有每秒150字节；后来出现了2倍速、4倍速，直到50倍速的可变速CD-ROM驱动器，其数据传输速率在进一步提高。以50x(倍速)可变速的CD-ROM驱动器为例，理论上的数据传输率应为150×50=7.5 MB/s。其实光驱读盘的速度快慢差别并非十分重要。不管是36倍速、40倍速还是50倍速的光驱，实际使用起来感觉上差别并不大。

标准的CD-ROM盘片直径为120 mm(4.72 in)，中心装卡孔直径为15 mm，厚度为1.2 mm，重量约为14～18克。CD-ROM盘片的径向截面共有三层：聚碳酸酯(Polycarbonate)做的透明衬底；铝反射层；漆保护层。

CD-ROM盘是单面盘，不做成双面盘的原因，不是技术上做不到，而是做一片双面盘的成本比做两片单面盘的成本之和还要高。因此，CD-ROM盘有一面专门用来印制商标，而另一面用来存储数据。激光束必须穿过透明衬底才能到达凹坑，读出数据，因此，盘片中存放数据的那一面，表面上的任何污损都可能影响数据的读出性能。

在CD-ROM驱动器内，不仅可以使用CD-ROM盘，还可以使用激光唱片(CD-DA)和VCD(Video CD)。

CD-ROM驱动器的前端面板上往往带有一个耳机插孔❶、音量控制转盘(控制耳机音量)❷、LED指示灯(电源接通或CD-ROM驱动器读写忙时会闪亮)❸、播放/跳过按钮和加载/退出CD按钮❹。当按下加载/退出CD按钮(Eject)，就能使驱动器上的放CD的盘❺打开，以便更换CD盘，再次按Eject便可将它关闭(如图2-9所示)。

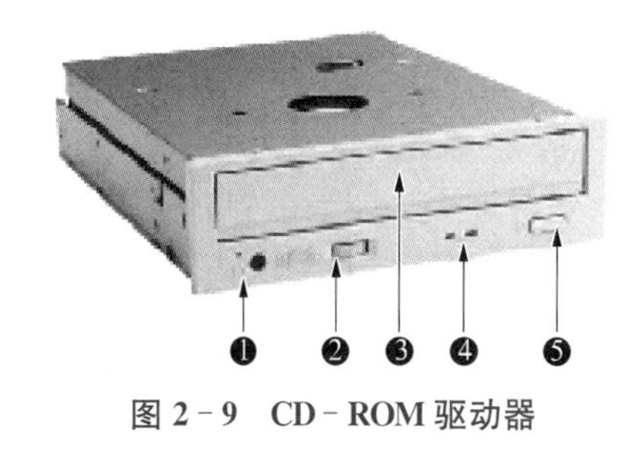

图2-9　CD-ROM驱动器

② CD-R盘和CD-RW盘：CD-R光盘片是一种只能写入一次，不能重复写入的光盘，它由高功率激光照射CD-R光盘的染料层，使其产生化学变化，而所谓化学变化，即表示再也无法恢复到原来的状态。所以，CD-R由刻录机照射染料层所产生之化学变化所造成CD-R光盘片平面产生之凹陷(Pit)，而在一般光驱读取这些平面(Land)与凹陷(Pit)所产生的0与1的信号，经过译码器分析后，组织成想要看或听的资料。CD-R刻录机只有刻录速度和读取速度两个速度指标。

CD-RW(CD ReWritable)盘是一种可重写的光盘，它需要在可重写的光盘驱动器中工作，通常可重写的光盘驱动器也能正常读取CD-ROM上的信息。一般，CD-RW可重复刻录1 000次，对于一些时常更新资料的使用者而言，是非常方便的。其读写速度有三个速度指标：刻录速度、复写速度和读取速度，如52倍速的刻录速度，24倍速的复写速度和52倍速的读取速度，可表达为52X/24X/52X。

③ WORM盘：WORM(Write Only Read Memory)盘是一种一次写入型的光盘，它需要在光刻机

CD－R(即光盘刻录机——CDRecordable)中使用，它与普通CD－ROM盘的区别在于它提供用户一次写入数据信息的机会，信息一旦写入，就不能修改，写入后的WORM盘与普通CD－ROM盘一样使用。

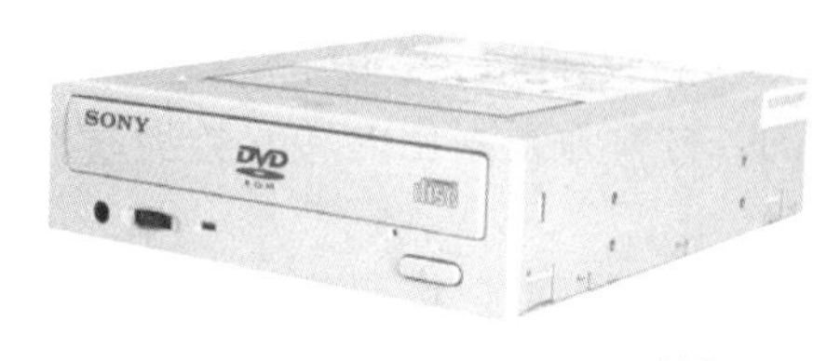

图2－10　DVD－ROM驱动器

④ DVD－ROM盘和DVD±RW盘：DVD－ROM(Digital Video Disc-Read Only Memory)简称数字视盘(如图2－10所示)，它是一种和CD－ROM类似的数字光盘，其数据容量可达到17 GB，比CD－ROM要大26倍多。其中的数字信息也需要有相应的驱动器来读取，这便是DVD－ROM驱动器。目前DVD－ROM驱动器有4、8、12和16倍速等规格。以16倍速为例，可承受的传输速度约为21.1 MB/s，比48倍速的CD－ROM要高出近3倍。

DVD数字视盘支持NTSC和PAL制式，将来还能支持高保真电视(HDTV)。另外，它和CD－ROM一样也支持回转、快进播放，可以按章、节、标题或记录轨迹进行检索。

目前，DVD－ROM驱动器已逐步成为桌面PC和便携式电脑中的基本配置。

从1999年DVD出现至今，DVD正全面取代VCD格式，成为新的主流视频标准。然而在可擦写的格式上，因各大公司立场不同，以至于形成了目前DVD－RW(先锋等公司所主导)、DVD+RW(Sony等7大公司主导)和DVD－RAM(松下、日立等公司支持)三种格式共存的局面，同时，又在此基础上衍生出DVD Multi(整合DVD－RW和DVD－RAM)和DVD Smulti(整合DVD±RW和DVD－RAM)和DVD Dual(整合DVD+RW和DVD－RW)。随着技术的发展，蓝光光盘、云存储等现代存储媒体和技术逐步取代了DVD刻录机的使用。

4. 总线与扩展槽(Bus & Extended Slots)

不同的芯片之间以及微机不同部分之间必须相互连接才能来回传递信息，系统**主板**上有一系列扩展槽，就是用以连接各种可选的接口板，同时也可以用来连接存储器扩展板。扩展槽代表了PC机的一个重要特征：开放的体系结构。它为用户提供了扩充可选设备的简易方法，从而使用户能按需要进行各种组合。

扩展槽又称总线接插器。所谓总线(Bus)，就是用一串接插器组成一组导线，所有的接插器与每条线相连。当一块总线适配卡插入某个扩展槽中，就与总线的公共导线连接上了，它可接收到微机内部传来的公共信号和信息。

总线是在微机发展过程中不断发展的。由于VLSI技术的迅速发展，组成微机的每块电路板已分别具有独立的功能，这便于各生产厂家利用各模块灵活地组成系统。这样，在各模块之间应该有一种标准，即总线标准。在标准中，对插件尺寸、插头线路、各引线的定义和时序作出明确的规定。由于各模块采用了统一的标准总线，因而系统板上各对应引线分别连在一起，而各模块可插在系统板上的任一插槽中。这样不仅给系统设计带来了很大的灵活性，同时也给系统的扩展带来了方便。目前，大部分计算机厂商开发和研制的、连接各种设备的插卡都能即插即用，Windows 95以上版本就具有支持即插即用的功能。

有代表性的系统总线标准主要有ISA、EISA、VESA、PCI、Compact PCI以及PCI－E等。1993年，外围部件联合专门权益组织制定了PCI(Peripheral Component Interconnect)局部总线标准。PCI主要是为Pentium系统而设计的。PCI局部总线为高速数据传送提供32位或64位数据通道(两种宽度)。它的设计不依赖于X86系列处理器，所以它不仅适用于现在的PC机，也适用于将来的机型，而不论其使用什么样的处理器。PCI不仅着眼于台式PC硬件，而且也包括笔记本电脑。

最初的PCI总线运行速度为33 MHz，后来上升到66 MHz，从而将理论上的吞吐速度提高到了266 Mbps，比ISA总线快了33倍。1999年，PCI总线的理论带宽达到524 Mbps。另外，PCI总线实现了“即插即用”。

PCI－X是对PCI所做的高性能补充，由IBM、HP和Compaq共同提出，1999年获得PCI SIG批准。它完全向后兼容标准的PCI总线，但显著增加了I/O带宽，满足了千兆以太网、光纤通道和Ultra3 SCSI等企业应用的需求。PCI－X不仅提高了PCI总线的速度，而且增加了高速接口插槽，成倍提高了现行标准PCI的速度，综合吞吐能力达到了1 Gbps。

2001年春，Intel正式公布PCI Express，作为取代PCI总线的第三代I/O技术，2006年正式推出2.0规范。2010年，确定PCI－E 3.0规范，其编码数据速率，比同等情况下的PCI－E 2.0规范提高了一倍，

X32端口的双向速率高达320 Gbps。2019年，发布PCI－E 5.0标准，它为提高数据传输速度和性能提供了支持。

5. 常用可选件

可供PC系列机及兼容机选用的各种板卡有数万种。常用的适配器有显示适配卡、视频卡、网卡等。

(1) 显示适配卡(Display Adapter Card)

显示器是用户和计算机交互的一个关键的图文界面，它之所以能显示出精彩、动人的画面，都需要由显示适配卡(Video adapter，以下简称显卡)给显示器发送信号、并控制显示器显示出绚丽的色彩，所以显卡是连接显示器和个人电脑主板的重要元件，是计算机显示不可缺少的部件。不少显卡还能支持电视输出、VCD和DVD回放等功能，显卡上直接提供PAL/NTSC制式的TV输出端口。

数据流一旦从CPU流出，必定经过下列4个步骤，最后才会到达显示屏：

① 从总线进入GPU(Graphics Processing Unit，图形处理器)——将CPU传来的数据送到GPU(图形处理器)中进行处理；

② 从video chipset(显卡芯片组)进入video RAM(显存)——将芯片处理完的数据送到显存；

③ 从显存进入Digital Analog Converter(＝RAM DAC，随机读写存储模/数转换器)——将显示显存读取出数据再送到RAM DAC进行数据转换的工作(数字信号转模拟信号)；

④ 从DAC进入显示器(Monitor)——将转换完的模拟信号送到显示屏。

目前，显卡的接口大多采用PCI－E接口，再配上相应的软件工具，可以设定和调整显卡。由于彩色显示器上的图像是由像素组成(像素是在屏幕上可以显示的最小点)，因此人们常用屏幕的行和列中的像素个数来表示屏幕的分辨率。如VGA(Video Graphic Array，显示绘图阵列)卡的分辨率为640×480，支持16种颜色；SVGA卡的分辨率最初由VESA(视频电子标准协会)规定为800×600，支持256种颜色等。可见，分辨率越高，像素行数越多，像素间的间隔越小，加上支持多种颜色的显示，扫描速率也大受影响，尤其在三维动画或图形图像及多媒体影像处理中，需要加快显示速度。

显存：显存作为显卡上的核心部件，担负着系统与显卡之间数据交换以及显示芯片运算3D图形时的数据缓存，它的优劣和容量大小会直接关系到显卡的最终性能表现。如同计算机的内存一样，显存是用来存储要处理的图形信息的部件。我们在显示屏上看到的画面是由一个个的像素点构成的，而每个像素点都以4～64位的数据来控制它的亮度和色彩，这些数据必须通过显存来保存，再交由显示芯片和CPU调配，最后把运算结果转化为图形输出到显示器上。作为显卡的重要组成部分，显存一直随着显示芯片的发展而逐步改变着。从早期的EDORAM、MDRAM、SDRAM、SGRAM、VRAM、WRAM等到今天广泛采用的DDR SDRAM显存经历了很多代的进步。

显存类型：目前市场中所采用的显存类型主要有SDRAM、DDR SDRAM、DDR SGRAM三种。SDRAM颗粒目前主要应用在低端显卡上，频率一般不超过200 MHz，在价格和性能上它比DDR都没有什么优势，因此逐渐被DDR取代。

DDR SDRAM是市场中的主流(包括DDR2、DDR3、DDR4和DDR5)，一方面是工艺的成熟，批量的生产导致成本下跌，使得它的价格便宜；另一方面它能提供较高的工作频率，带来优异的数据处理性能。至于DDR SGRAM，它是显卡厂商特别针对绘图者需求，为了加强图形的存取处理以及绘图控制效率，从同步动态随机存取内存(SDRAM)所改良而得的产品。

目前，显卡上普遍配备的显存类型大多是GDDR3，GDDR4只属于少数高端型号，而决意跳跃式发展的奇梦达已经试产了全球第一颗GDDR5。GDDR5的功耗会非常低，但性能更高，相当于目前800 MHz GDDR3的三倍之多，同时可以提供两倍于GDDR4的容量，显存采用了新的频率架构，拥有更佳的容错性能。NVIDIA和ATI都已为GDDR5在其未来的高端显卡上的应用做好了准备。与GDDR4相比，GDDR5的最大亮点就是带宽更高了，从16 GB/s升至20 GB/s，同时虽然电压还是保持在1.5 V，但功耗会更低，因为GDDR5会自动降低空闲显存的频率，并支持错误纠正、适应性界面计时等多种新技术。

显存容量：当在进行2维图像显示应用时，显存容量至少为："水平分辨率×垂直分辨率×颜色位数/8 bit"，譬如在1 024×768，32位色(即16 777 216＝16.7 M种颜色)的显示模式下，那么需要的显存容量≥1 024×768×32 bit/8 bit＝3 145 728 byte＝3.072 MB。如果是使用3维应用时，那么需要的显存容量应当≥"水平分辨率×垂直分辨率×颜色位数×3/8 bit=1 024×768×32 bit×3/8 bit=9 437 184 byte=9.216 MB"。当然,这些都是应用时的最低需求,还必须考虑有一定的显存容量来专门存放纹理数据或Z-Buffer数据,否则当显存容量被显示资源完全占用时,系统会自动调用内存作为纹理显存使用,而在速度上内存是无法和显存相比的,这样的二次调用自然会导致显示性能下降。

在1 600×1 200×32的显示模式下使用3维绘图(如3D Studio Max),它所需的显存至少为:1 600×1 200×32 bit/8 bit×3=23 040 000 byte=22.5 MB,理论上32 MB的显存容量就够了。然而,现在的一些主流3D游戏,材质数据、顶点数据和其他数据所需的显存容量都已经越来越大了,往往需要配置64~1 024 MB的显存。

显卡本身拥有存储图形、图像数据的存储器,这样,计算机内存就不必存储相关的图形数据,因此可以节约大量的存储空间。显存均以标准的大小提供:64 MB、128 MB、256 MB、512 MB和1 024 MB。显存的大小决定了显示器分辨率的大小及显示器上能够显示的颜色数。一般地说,显存越大,图形的显示性能就越高。显存有SDR(单倍数据率)或DDR(双倍数据率)两种形式。DDR显存的带宽是SDR显存带宽的两倍。在显卡的描述中,显存的大小列于首位。

显存位宽:显存位宽是影响显卡3D性能的一个重要参数,位宽代表着每个时钟周期可以传送多少比特数据,一般有128 bit、64 bit和32 bit之分,位宽越大,性能越高。例如,Geforce2 MX200和MX400核心完全相同,而MX200的显存位宽只有64 bit,比起MX400少了一半,显存的带宽也被阉割了一半,性能就降低40%。测试表明采用128位显存位宽的显卡和采用256位显存位宽的显卡之间的性能差距为30%左右,而采用64位显存位宽的显卡性能则更加差一些。

图2-11 华硕GTXTITAN-6GD5显卡

显存时钟周期:是显存时钟脉冲的重复周期,它是作为衡量显存速度的重要指标。显存速度越快,单位时间交换的数据量也就越大,在同等情况下显卡性能将会得到明显提升。显存时钟周期与工作频率为倒数关系,即:工作频率=1÷时钟周期×1 000。如果显存频率为166 MHz,那么它的时钟周期为1÷166×1 000=6 ns。也就是说显存时钟周期越小,它的显存频率就越高,显卡的性能也就越好。

图2-11为华硕GTXTITAN-6GD5显卡图例,6 144 MB显存,837~876 MHz核心频率,6 000 MHz显示频率,显存位宽384位,显存类型GDDR 5,支持PCI Express 3.0接口类型。

(2) 网卡

随着计算机和通信技术的发展,尤其是Internet的普及,上网已成为办公活动中的重要部分。根据上网方式的不同,计算机上往往都配有上网所需的网卡,网卡主要使用户联到本组织的内部网(Intranet)上,能共享和访问本组织的信息资源,通过局域网出口连接Internet。

网卡:网卡大致可以分为以太网网卡和笔记本网卡,一般每块网卡都具有1个以上的LED指示灯,用来表示网卡的不同工作状态,以便查看网卡是否工作正常。笔记本电脑往往配有内置网卡和无线上网功能,可以用网线通过笔记本上的RJ-45插口连接网络。如需无线上网,需要检查笔记本无线上网的开关是否打开。

网卡的传输速率用bps(bit per second——每秒的位数)来表示。目前,以太网网卡按传输速度来分可分为10 Mbps网卡,10/100/1 000 Mbps自适应网卡,1 Gbps,甚至10 Gbps等多种。并不是网卡的传输速率越高就越好,例如,为连接在只具备100 Mbps传输速度的双绞线上的计算机配置1 000 Mbps的网卡就是一种浪费,因为其至多也只能实现100 Mbps的传输速率。

网卡如果按主板上的总线类型来分,可分为ISA、VESA、EISA、PCI等接口类型。目前市场上的主流网卡是PCI接口的网卡。PCI网卡的理论带宽为32位133 Mbps,PCI网卡又可分为10 Mbps PCI网卡和10/100 Mbps PCI自适应网卡两种类型。其中10/100/1 000 Mbps的PCI自适应网卡为当今的主流产品,它可根据需要自动识别连接网络设备的工作频率,自动工作于10/100/1 000 Mbps的网络带宽下。PCI总线网卡的另一好处是比ISA网卡的系统资源占用率要低得多。

PC主机的主板上往往带有网卡,在主机箱的后面显露出一个RJ45水晶插口,通过网线与网络连接

(如图 2－12 所示)为带有 RJ45 插口的 D－Link DGE－550T 网卡。

(3) 视频卡(Video Card)

视频卡不同于显卡,其种类很多,有视频捕获卡、视频叠加卡、电视接受卡(TV Turner)、电视编码卡以及 DVD 回放卡等。这些视频卡往往用于多媒体电脑中视频辅助功能。

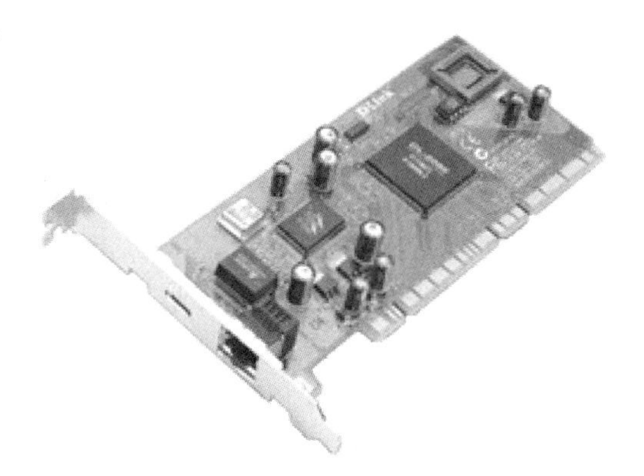

图 2－12　D－Link DGE－550T 网卡

视频捕获卡也称影视图像数字化卡或视霸卡,常被用于一些较为专业的影视或软件公司,作为多媒体的开发工具。其主要功能是把影视图像数字化后送给计算机加工处理。它能把标准的视频信号在计算机显示器上播放,同时进行视频图像的捕获。当视频捕获卡与显示卡相连后,可以实时地对显示内容进行颜色和对比度等方面的调整,并可以进行特技效果及字幕叠加等处理。捕获的内容一般以 AVI 或 QuickTime 等通用视频图像文件格式存储到硬盘中,以便后期编辑。其中 AVI 是 Microsoft 公司制定的一种用以表示活动图像(包括其伴音)的压缩文件存储格式。利用影视图像数字化卡可以进行具有广播级专业效果的各种多媒体演示、会议、广告及影视制作等。

视频叠加卡往往通过一个视频输入接口把标准的视频信号输入,并与计算机本身的 VGA 信号进行叠加,当然也可以进行一些特技效果的处理,最后将综合处理的信号送显示器输出。与视频捕获卡不同,视频叠加卡既可以播放全屏幕的动态视频图像,也可以捕获视频图像,不过捕获动态视频图像的能力较差。

电视接收卡是用于接收电视信号的,包括 PAL 制式(我国的)和 NTSC 制式(欧美的)。有了电视接收卡,我们可以在计算机屏幕前欣赏电视节目。与电视接收卡功能相反,电视编码卡是将计算机屏幕上的信号转换为标准的电视信号,实现电视上观看计算机屏幕上的画面功能,同时可以在两种制式间作出选择后,将信号转录到录像带上。这类卡的输出端一般接到大屏幕电视机的视频输入端上。

2.1.2　外部设备

1. 输入设备

(1) 键盘(Keyboard)

迄今为止,键盘仍是最普通的输入设备,它是用户与计算机之间进行联系和对话的工具。键盘的种类繁多,自 IBM PC 机推出以来,键盘也有了很大的发展,曾出现了 101 键、102 键、104 键、107 键以及带鼠标跟踪球的多功能键盘。带跟踪球的多功能键盘常常用于便携式电脑,跟踪球位于键盘的右手区,这样就不需要占用额外的桌面空间,同时可以获得键盘和鼠标的双重功能。一些键盘往往带有 Windows 标志的特殊键,以提高在 Windows 操作系统平台上操作计算机的效率(图 2－13 为键盘)。

图 2－13　键盘

图 2－14　滚轮鼠标器

(2) 鼠标器(Mouse)

鼠标器(见图 2－14)之所以被广泛地使用主要是由于它的操作方便。按其工作原理的不同,鼠标器可以分为三种：机械式、光电式和光机式。

机械式鼠标器的下面有一个可以滚动的小球。当鼠标在平面上进行摩擦而发生移动时,屏幕上的鼠标指针将随着鼠标的移动而移动。鼠标指针和鼠标的移动方向是一致的,而且移动距离也成比例。机械式鼠标器需经常清洗,否则会影响移动速度。另外,这种鼠标器的故障率也较高。

光电式鼠标器的下面是两个平行放置的小光源(小灯泡),这种鼠标器只能在特定的反射板上移动,光源发出的光经反射板反射后由鼠标器接受为移动信号,送入计算机,使屏幕上的鼠标指针随之移动,其他方面均与机械式鼠标器一样。光电式鼠标器使用时比较灵活,故障率也较低,但其价格比机械式鼠标器要高,并且一定要在特定反射板上使用。

光机式鼠标器介于机械式和光电式之间。

PC 机的鼠标器按钮一般有 2～3 个,常用的是左键,右键一般用于快捷菜单,左键和右键之间有一个可滑动滚轮,主要方便用户浏览 Internet 页面。一般,鼠标器联到主机的串行口上,联到主机后,并不能立即使用,必须在装入了鼠标驱动程序后才能使用。不同公司生产的鼠标器会有不同的物理性能和参数,因而往往会提供不同的鼠标驱动程序。有些鼠标驱动程序是可以互相兼容的。由于 Windows 的广泛使用,许多鼠标器都被设计成 Microsoft 兼容的鼠标器,因而对这些 Microsoft 兼容的鼠标器,在 Windows 环境下都不需要安装鼠标驱动程序,因为在安装 Windows 时已经自动地安装了与 Microsoft 兼容的鼠标驱动程序。

按接口类型的不同,鼠标器可分为串行鼠标、PS/2 鼠标、总线鼠标、USB 鼠标(多为光电鼠标)四种。目前,USB 鼠标已成为主流。

无线鼠标器是为了适应大屏幕显示器而生产的。所谓"无线",即没有电线连接,而是在鼠标器中采用干电池无线遥控,采用极为细微的 nano USB 接收器通过 USB 连接;鼠标器有自动休眠功能,接收范围在 10 m 以内。对当前主流的无线鼠标器来说,仅有 27 MHz、2.4 GHz 和蓝牙无线鼠标共三类。3D 振动鼠标是一种新型的鼠标器,它不仅可以当作普通的鼠标器使用,而且具有全方位立体控制能力。具有振动功能,外形和普通鼠标不同。一般由一个扇形的底座和一个能够活动的控制器构成。

(3) 扫描仪(Scanner)

扫描仪是文字和图片输入的主要设备之一,也是一种高精度的光机电一体化产品,它能通过光电器件将检测到的光信号转换为电信号,再将电信号通过模拟/数字转换器转化为数字信号传输到计算机中处理。它能在有关的软件中把大量的文字和图片信息扫描输入计算机,并在软件中对这些信息进行识别、编辑、显示和打印等处理。

扫描仪种类很多,按不同的标准可分成不同的类型。

① 按扫描原理划分,扫描仪可分为以 CCD 为核心的平板式扫描仪、手持式扫描仪和以光电倍增管为核心的滚筒式扫描仪;

② 按扫描图像幅面的大小划分,可分为小幅面的手持式扫描仪、中等幅面的台式扫描仪、大幅面的工程图扫描仪和馈纸扫描仪;

③ 按扫描图稿的介质划分,可分为反射式(纸材料)扫描仪和透射式(胶片)扫描仪以及既可扫反射稿又可扫透射稿的多用途扫描仪;

④ 按用途划分,可将扫描仪分为可用于各种图稿输入的通用型扫描仪和专门用于特殊图像输入的专用型扫描仪(加条码读入器、卡片阅读机等)。

扫描仪的关键器件是 CCD(Charge Coupled Device,电荷耦合器),CCD 的发展已从黑白、灰阶演变到 8 位、12 位、16 位、36 位乃至 48 位彩色。目前采用三棱镜分色光学系统,利用光学物理原理以三棱镜来分离自然光为 R、G、B 三原色,而非采用彩色 CCD,可得到更鲜明的图像,特别是扫描立体物体时比 CCD 更好。

台式扫描仪的外形有点像复印机,把需要输入的文字或图片固定在一个玻璃窗口中,扫描头在文字或图片下移动,接受来自文字或图片的反射光线,这些反射光线由一个镜面系统进行反射,通过透镜把光束聚焦到光敏二极管上,从而把光转变成电流,最后再转换成数字信息存储在计算机中。这种扫描仪的好处是它能一次扫描读入一整页的文字或图片。如果配上相应的软件,不仅能识别英文字符,还能读入并识别汉字(包括简体字和繁体字)和图形。

手持式扫描仪是依靠手动来移动扫描头的,它的优点是外形小,比较灵活,价格便宜,单张图片和整本书都可以扫描输入,但扫描头的最大宽度远远不如台式扫描仪,并且功能有限。

Microtek 公司在 1984 年推出了世界上第一台黑白扫描仪,1989 年,又推出了世界上第一台彩色扫描仪。20 世纪 90 年代以来,扫描仪技术发展非常迅速,如彩色扫描仪已取代了黑白扫描仪,一次扫描取代了三次扫描,各档次的扫描仪产品性能指标有了很大的提高。

扫描仪主要的性能指标有很多,主要的有四项。

① 光学分辨率:光学分辨率就是扫描仪 CCD 分辨率,也是扫描仪的真实分辨率,又叫扫描仪的水平分辨率。它是由 CCD 的像素点数除以扫描仪水平最大可扫描尺寸而得到的数据。扫描仪的垂直分辨率,是由 CCD 垂直移动多少步而定的。分辨率表示了图像扫描仪的扫描精度,它以 DPI(Dot Per Inch——每英寸的点数)或 PPI(Pixel Per Inch——每英寸的像素)为单位。

目前,普及型的平台式扫描仪的分辨率为 600 DPI(横向)×1 200 DPI(纵向),而较高分辨率的台式扫描仪 1 200 DPI×2 400 DPI 占据着较大的市场,高档的平台式扫描仪把分辨率提高到 6 400 DPI×3 200 DPI。

② 色彩位数:色彩位数表示图像扫描仪对图片色彩的分辨能力,色彩位数越大,对色彩的分辨能力就越强,图像越逼真。中高档平台式扫描仪的色彩位数一般为 36 位、42 位和 48 位等,在色彩管理方面采用了一些如色彩校正的新技术(即根据标准色标的扫描结果校正扫描仪在色彩还原方面的误差)。

③ 扫描速度:对于彩色扫描仪,有 1 次扫描和 3 次扫描之分。3 次扫描的过程为,它每次扫描处理图片三原色(红、绿、蓝——RGB)组成中的其中一种色彩,最后再进行组合,所以速度要慢一些。而 1 次扫描的过程就是直接扫描图片的三原色,速度要快一些。

④ 幅面大小:幅面大小一般有小于 A4 的、A4、A3 和大于 A3 的。

佳能 9000F(如图 2-15 所示)是目前较高档的平台式扫描仪,它具有 9 600 DPI×9 600 DPI 超高清晰度光学分辨率,19 200 DPI 增强分辨,色彩深度为 48 位,即可获取 2^{48} 种色彩,从而使暗部和高光区的层次分明,色彩丰富。扫描仪尺寸为 270 mm×480 mm×111 mm,采用 USB2.0 接口。

扫描仪的配套软件是扫描仪产品不可分割的一部分,在很大程度上关系到扫描仪使用的方便性和可靠性。中文配套软件包括中文驱动软件和中文扫描处理软件。

图 2-15　佳能 9000F 扫描仪

图 2-16　彩色摄像头

(4) PC 桌面上的彩色摄像头(Color Camera for PC Desktop)

随着 Internet 用户规模的扩大,技术的进步以及可视通信的需要,在办公室的 PC 上配备一个小型的全彩色摄像头(如图 2-16)已越来越普遍,它可以用于视频电子会议、QQ、可视的电子邮件传送、基于 Internet 的可视电话以及其他应用。

摄像头分为数字摄像头和模拟摄像头两大类。模拟摄像头可以将视频采集设备产生的模拟视频信号转换成数字信号,进而将其储存到计算机里;模拟摄像头捕捉到的视频信号必须经过特定的视频捕捉卡将模拟信号转换成数字信号,并加以压缩后才可以转换到计算机上运用。数字摄像头可以直接捕捉影像,然后通过串、并口或者 USB 接口传到计算机里。现在电脑市场上的摄像头基本以数字摄像头为主,而数字摄像头中又以使用新型数据传输接口的 USB 数字摄像头为主,目前市场上可见的大部分都是这种产品。

根据摄像头的形态,可以分为桌面底座式、高杆式及液晶挂式三大类型。目前市场主流的摄像头是高杆式及液晶挂式。根据摄像头的功能,还可以分为防偷窥型摄像头、夜视型摄像头。根据摄像头是否需要安装驱动,可以分为有驱型与无驱型摄像头。

摄像头的一些主要技术指标有:① 图像解析度/分辨率(Resolution):有 SXGA(1 280×1 024)又称 130 万像素,XGA(1 024×768)又称 80 万像素,SVGA(800×600)又称 50 万像素,更高的可达 210 万像素等(需要注意:像素越高不一定越好,因为像素越高就意味着同一幅图像所包含的数据量就越大,对于有限的带宽来说，高像素就会造成低速度，选择适合自己网络状况的摄像头比较适宜）；② 图像格式（Image Format/Colorspace）：RGB24、420是目前最常用的两种图像格式，其中RGB24表示红、绿、蓝三种颜色各8 bit，最多可表现256级浓淡，从而可以再现256×256×256种颜色；③ 色彩位数：反映对色彩的识别能力和成像的色彩表现能力，实际就是A/D转换器的量化精度，常用色彩位数（bit）表示，目前市场上的摄像头均已达到24位，有的甚至是32位；④ 图像压缩方式：JPEG（Joint Photographic Expert Group）静态图像压缩方式是一种有损的图像压缩方式，压缩比越大，图像质量也就越差。当图像精度要求不高存储空间有限时，可以选择这种格式。目前大部分数码相机都使用JPEG格式。

彩色摄像头的主要性能指标有：视频捕获率（如每秒30帧），水平和垂直扫描频率，最大活动影像分辨率（如水平640、垂直480），最大静态图像分辨率（如1 280×960），信噪比（如46 dB），自动亮度调节等等。

（5）数码相机和数码摄像机（Digital Camera & Digital Video）

数码相机是一种新型的图像输入设备，它与普通相机的使用一样，只是它将外界的图像感光到相机内部的CCD感光芯片上，经过数字处理后，直接存储到相机的存储媒介上，并可直接连到计算机上使用。

数码相机可分为：单反相机、卡片相机和长焦相机。DSLR（单反数码相机）就是指单镜头反光数码相机，即digital数码、single单独、lens镜头、reflex反光的英文缩写。市场中的代表机型常见于尼康、佳能、索尼、宾得、富士等。此类相机一般体积较大，分量比较重。长焦数码相机指的是具有较大光学变焦倍数的机型，而光学变焦倍数越大，能拍摄的景物就越远。代表机型为：美能达Z系列、松下FX系列、富士S系列、柯达DX系列等。一些镜头越长的数码相机，内部的镜片和感光器移动空间更大，所以变焦倍数也更大。卡片数码相机目前基本被淘汰。

目前数码相机的影音存储格式大致有：AVI、MOV、Motion JPEG－AVI、MPG、ASF、RM等档案格式或GIF动画格式。

数码相机的像素数包括有效像素（Effective Pixels）和最大像素（Maximum Pixels）。有效像素数是指真正参与感光成像的像素值，而最高像素的数值是感光器件的真实像素，这个数据通常包含了感光器件的非成像部分，而有效像素是在镜头变焦倍率下所换算出来的值。目前，1 000万以上像素的数码相机成为市场主流，主要是由于价格合理、像素分辨率足够使用，而机种款式也较齐全。

图2－17 Sony HDR－CX760E 数码摄像机

数码摄像机（Digital Video，简称DV）也是一种最为新型的图像输入设备，按照存储介质进行分类，数码摄像机可分为四种：① 磁带式；② 光盘式；③ 硬盘式；④ 存储卡式。图2－17所示为具有96 GB内存、665万总像素、2 400万像素拍摄静态图像的Sony HDR－CX760E高清数码摄像机。与普通摄像机的使用类似，只是它将外界的图像摄录后，经过数字处理后，直接存储到摄像机的存储媒介上，并可直接连到计算机上使用。

（6）触摸屏（Touch Screen）

计算机触摸屏（见图2－18）是一种新颖的输入设备，它具有反应速度快、节省空间、易于交流等优点。

从工作原理和传输信息的介质来区分计算机触摸屏，一般可分为：表面声波触摸屏、电阻触摸屏、电容触摸屏、红外线触摸屏和光学投射触摸屏，它们各具特色，都具有输入设备的功能，可以用手在屏幕上直接发出指令（作为输入），交互性能好。由于离开了计算机屏幕不能单独使用，因此它们同时也具有输出功能。

表面声波触摸屏：

表面声波是一种沿介质表面传播的机械波。当手指触及屏幕时，触点上的声波即被阻止，由此确定坐标位置。表面声波触摸屏不受温度、湿度等环境因素影响，分辨率极高，有极好的防刮性，寿命长（5 000万次无故障）；透光率高（92%），能保持清晰透亮的图像质量；没有漂移，只需安装时一次校正；有第三轴（即压力轴）响应，最适合在公共场所使用。

表面声波触摸屏的触摸屏部分可以是一块平面、球面或是柱面的玻璃平板，安装在CRT、LED、LCD或是等离子显示器屏幕的前面。这块玻璃平板只是一块纯粹的强化玻璃，区别于其他类触摸屏技术的是没有任何贴膜和覆盖层。

玻璃屏的左上角和右下角各固定了竖直和水平方向的超声波发射换能器，右上角则固定了两个相应的超声波接收换能器。玻璃屏的四个周边则刻有45°角由疏到密间隔非常精密的反射条纹。

表面声波触摸屏优点明显：

① 抗暴。因为表面声波触摸屏的工作面是一层看不见、打不坏的声波能量，触摸屏的基层玻璃没有任何夹层和结构应力，因此使用非常抗暴力，适合公共场所。

② 清晰美观。因为只有一层普通玻璃，透光率和清晰度都比电容电阻触摸屏好得多。

③ 反应速度快，是所有触摸屏中反应速度最快的，使用时感觉很顺畅。

④ 性能稳定，精度高，目前表面声波技术触摸屏的精度通常是4 096×4 096×256级力度。

⑤ 能感知什么是尘土和水滴，什么是手指，有多少在触摸。

⑥ 具有第三轴Z轴——压力轴响应。例如，在多媒体信息查询软件中，一个按钮就能控制动画或者影像的播放速度。

表面声波触摸屏表面如有灰尘和水滴，将阻挡表面声波的传递，需推出防尘型触摸屏，或定期清洁屏幕。

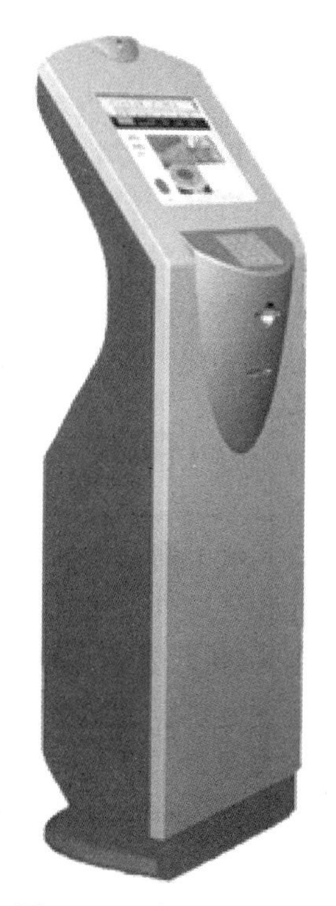

图2-18 电阻/声波/红外触摸屏例

电阻触摸屏：

电阻触摸屏的屏体部分是一块与显示器表面非常配合的多层复合薄膜，由一层玻璃或有机玻璃作为基层，表面涂有一层透明的导电层，上面再盖有一层外表面硬化处理、光滑防刮的塑料层，它的内表面也涂有一层透明导电层，在两层导电层之间有许多细小(小于千分之一英寸)的透明隔离点把它们隔开绝缘。

当手指触摸屏幕时，平常相互绝缘的两层导电层就在触摸点位置有了一个接触，因其中一面导电层接通Y轴方向的5 V均匀电压场，使得侦测层的电压由零变为非零，控制器侦测到这个接通后，进行A/D转换，并将得到的电压值与5 V相比即可得触摸点的Y轴坐标，同理得出X轴的坐标，这就是所有电阻技术触摸屏共同的最基本原理。

电阻触摸屏的缺点是透光率差，表面易损。美国ELO公司推出的五线电阻触摸屏在材质上作了大改进，完全采用钢化玻璃为基体，摈弃了四线电阻屏的多层结构，使透光率大大提高，表层防暴性能也有所增强，分辨率达4 096×4 096，完全适合于IE浏览器等高清晰度的要求。

电容触摸屏：

电容触摸屏的构造主要是在玻璃屏幕上镀一层透明的薄膜体层，再在导体层外加上一块保护玻璃，双玻璃设计能彻底保护导体层及感应器。

电容式触摸屏在触摸屏四边均镀上狭长的电极，在导电体内形成一个低电压交流电场。用户触摸屏幕时，由于人体电场，手指与导体层间会形成一个耦合电容，四边电极发出的电流会流向触点，而电流强弱与手指到电极的距离成正比，位于触摸屏幕后的控制器便会计算电流的比例及强弱，准确算出触摸点的位置。电容触摸屏的双玻璃不但能保护导体及感应器，更有效地防止外在环境因素对触摸屏造成影响，而且就算屏幕沾有污秽、尘埃或油渍，电容式触摸屏依然能准确算出触摸位置。

电容屏考虑失真的问题，也采用镀膜技术，一定程度上克服了怕刮易损的缺点。

红外线触摸屏：

红外线触摸屏由装在触摸屏外框上的红外线发射与接收感测元件构成，在屏幕表面上，形成红外线探测网，任何触摸物体可改变触点上的红外线而实现触摸屏操作。红外线触摸屏不受电流、电压和静电干扰，适宜某些恶劣的环境条件。其主要优点是价格低廉、安装方便、不需要卡或其他任何控制器，可以用在各档次的计算机上。此外，由于没有电容充放电过程，响应速度比电容式快，但缺点是分辨率低。

由于液晶显示器LCD应用的扩大，LCD技术和红外屏技术结合，完全满足了红外屏对平面的要求，使得红外线触摸屏重获生机。

触摸产品由于早期给人的印象仅是信息的查询，目前各触摸屏厂商们都在改进其产品的功能，加大了业务系统的分量。譬如，银行的KIOSK一体机已经加入了微型打印机、读卡器等设备，功能上吸收了银行的补登存折、转账等业务，使得系统不再仅仅停留在业务介绍和形象宣传上。又如，目前一体机早已出现自助售票系统，应用到公路铁路的售票业务。由于触摸屏产品对开放式环境的适应性，商业系统对销售网络及形象宣传的考虑，ATM和自动售卖机暂时无法替代KIOSK一体机，不过业务型的一体机确定无疑是一种方向。

光学投射触摸屏：

光学投射触摸屏使用模仿头或传感器来检测用户手指或物体在屏幕上的阴影或光亮变化。通过分析这些变化，可以确定触摸位置。具有多点触摸、高精度、高质量等特点，可用于大型交互式显示屏、数字白板等。

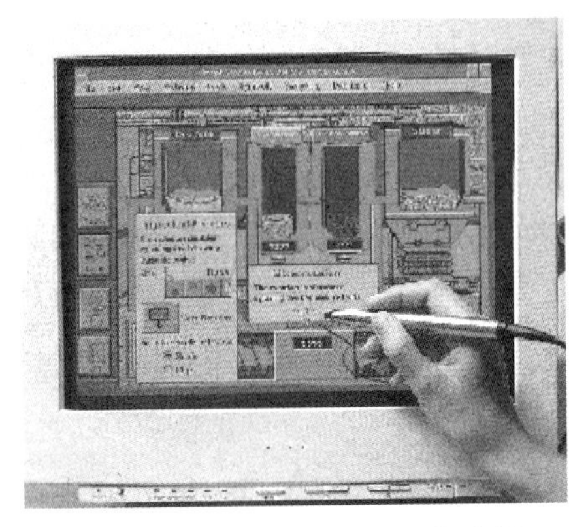

图2-19　光笔在显示器上操作例

(7) 光笔(Light Pen)

近年来，笔输入的产品不断涌现，计算机上操作不再单一地依靠键盘和鼠标器了。与计算机触摸屏相比，光笔系统（笔加上接口）是非常灵活和便宜的，它既适合于习惯书写用户的操作，同时又具有全范围的鼠标功能（如拖放式的操作）。光笔通常与计算机的串行口相连的。

从操作方式来划分，光笔有两种：一种是用来在一般的计算机屏幕上直接操作的（图2-19所示为光笔操作时的情景）；另一种则像鼠标器一样是在反射板上进行操作（有时也称鼠标笔），随着中文软件的配备，尤其是对于汉字输入十分方便，用户无须掌握汉字输入法，与习惯的书写方式一样来输入文字，因而越来越受用户的欢迎。

2. 输出设备

(1) 显示器(Displays)

传统的显示器（又称阴极射线管CRT—Cathode Ray Tube）的显示区域是一个长方形，宽度比长度要大，它在电路设计、屏幕表面结构、电子束的控制、荧光粉的发光效率、视频信号的处理等技术方面都已经十分成熟，而以液晶显示屏（LCD — Liquid Crystal Display）为代表的平板显示技术更是方兴未艾，它以其高亮度、宽视角、体积小、轻薄、响应速度快等特点越来越受到人们的青睐，逐渐成为显示屏市场的潮流。

液晶显示屏（LCD）所采用的液晶材料种类繁多，有一种叫TFT（Thin Film Transistor，薄膜晶体管）型液晶器件，TFT屏幕中的每个像素点都由集成在其背后的一个薄膜晶体管驱动，TFT-LCD屏幕具有较高的对比度和亮度，具有色彩丰富、可视角度大的优点。较高的性能价格比使得TFT在目前得到最广泛的应用。

液晶显示器有15～40 in等多种规格，范围很大，常见的是17和19 in。一般地，一台17 in平板显示屏的可视范围为17.0 in；而一台17 in显示器的可视范围可能是16.0 in；一台19 in显示器的可视范围可能是17.9～18 in；一台21 in显示器的可视范围可能是19.8 in。大部分的LCD水平可视角度在140°以上，而垂直可视角度则在120°以上。一般来说LCD的亮度达到300 cd/m^2 的水准就基本可以满足需要，对比大多都在400∶1以上（有的在550∶1）。

液晶电视机和等离子电视机（PDP）往往也能够充当计算机的显示屏，其规格有多种。目前，液晶显示器（电视）的分辨率有1 024×768、1 280×768、1 366×768、1 280×1 024、1 680×1 050、1 920×1 200、1 920×1 080和2 560×1 600等多种规格。

随着技术的发展，除CRT、LCD、PDP之外，3D显示器也得到了一定的发展。日本、欧美、韩国等发达国家和地区，早于20世纪80年代就开始立体显示技术的研发，现已开发出需佩戴立体眼镜和不需佩戴立体眼镜的两大立体显示技术体系。

显示器的工作原理与电视机相同。屏幕上的所有字符和图形均是由一个个点组成。这些点的多少决定了显示器的图形分辨率。图形分辨率表示每个屏幕垂直方向和水平方向扫描的线数，也就是屏幕的垂直方向和水平方向最多能有多少个显示点。

一般，显示器上的15针D型接口电缆直接接到主机的显示卡插座上，并用螺丝固定；显示器上的电源线可使用主机的电源；显示器前部有电源开关、对比度、亮度、行幅度、水平位移、帧幅度和垂直位移等调整旋钮。

(2) 打印机(Printer)

目前,打印机的种类繁多,这里主要介绍四种:针式打印机、喷墨打印机、激光打印机和三维打印机。衡量打印机好坏的指标有三项:打印分辨率、打印速度和噪声。使用时,在硬件上要与主机相连(往往使用并行口)并接通电源,在软件上要安装相应打印机的打印驱动程序,以便在 Windows 等操作系统及其应用程序中能够正确打印。

针式打印机:

目前市场上提供的 24 针的打印机,主要用于各类宽行报表的打印,票据、证书和存折的打印等,这种打印机的性能价格比较高,一般都带有超大汉字库,可以打印汉字。

针式打印机按打印的宽度可分为宽行打印机和窄行打印机。

24 针打印机是通过打印头上的 24 根针来形成和打印字符和图形的,通过按下不同的针,任意字符(包括汉字和一些简单的图形符)和图形都能被打印出来。一些点阵打印机使用彩色色带可打印彩色的文本和图形。

尽管点阵打印机的分辨率不如喷墨和激光打印机,但它却具有喷墨和激光打印机所没有的优点。例如,点阵打印机能进行连页打印,适合于打印大型表格等。

点阵打印机的打印速度较慢,一般在每秒 200～450 个字符。其打印速度与打印针头的重复动作频率和字符点阵的组成有关。重复频率越高,速度越快;字符点阵越大,速度越慢。

常见的高速宽行点阵打印机有 Epson LQ－1600KIII＋、OKI MICROLINE 8450CL 等。

喷墨打印机:

喷墨打印机使用喷墨来代替针打,它利用特制技术的换能器将带电墨水泵出,由聚焦系统将其微粒聚成一条射线,由偏转系统控制微粒线在打印纸上扫描,绘出各种文字符号和图形。

喷墨打印机不像点阵打印机有很大的噪声,它是一种非击打式的打印机,价格低廉,甚至低于点阵打印机。这种打印机的体积小,重量轻,打印分辨率在 360 DPI 以上(即每英寸 360 个打印点),清晰度可与激光打印机媲美。

点阵打印机需要更换色带,喷墨打印机则需要更换喷筒或给墨筒重新加墨水。一般加一次墨水可以打印 300 页的文本,而彩色喷墨打印机的一个墨水盒只能打印近百页的文本。

喷墨打印机的另一类高端产品便是数码照片打印机。它需要通过相应的软件(如 Microsoft PictureIt)来增强照相处理的功能(如放大、个性化照片处理以及照片放映等)。

打印时,使用专门的照片纸,打印纸盒一般可存放几十张。打印的效果和传统冲洗的照片类似,分辨率可设为增强图形方式。照片打印的时间目前还比较长。

激光打印机:

激光打印机是页式的非击打式打印机,它有很好的打印质量,实际上是复印机、计算机和激光技术的复合,聚集了光、电、机等技术。激光打印机的特点是速度快(每分钟可打几十页)、分辨率高、无噪声。彩色的激光打印机价格相对贵一些。

激光打印机使用同步的多面镜像和完善的光学部件在一个光敏旋转磁鼓上写字符。这个磁鼓与复印机中磁鼓相似。激光束扫过旋转着的磁鼓时,通过“开”和“关”两种状态来表示白色区域和黑色区域。磁鼓每旋转一圈,激光打印机就打印出一行。因此,激光束类似于扫描显示器屏幕的电子束。

激光打印机本身含内存,一般在 64 MB～2 GB 之间。当然,内存越大,速度就越快。

目前,大多数激光打印机的分辨率为 600 DPI,接近于出版物的要求,有的达 1200 DPI 甚至更高。打印所用的纸张通常是 A4 复印纸(11 in 长和 8.5 in 宽),此外还有其他多种纸张可以使用,如:A5、Legal(8.5 in 宽和 14 in 长)、Executive(7.25 in 宽和 10.5 in 长)、B5 信封、C5 信封、Com－10 信封、DL 信封等(如 HP LaserJet 5L)。有的还可以使用 B4 复印纸,如 UnisysAP9230。

以 HP Color LaserJet CP3525dn 彩色激光打印机为例,其标准配置内存为 384 MB,最大内存配置是 1 GB,打印质量为 1200×600 光学 DPI,处理器速度为 515 MHz,无论是彩色还是黑白,打印速度都为每分钟 30 页 A4 纸(ppm),可连接 USB 端口。

随着技术的更新,激光打印机与复印机、传真机和扫描仪等设备融为一体,出现了激光一体机。

三维打印机：

三维打印（Three Dimension Printing，简称3DP）属于一种快速成型（Rapid Prototyping，简称RP）技术，是一种由CAD（计算机辅助设计）数据通过成型设备以材料层层堆积的方式制成三维实体的技术。比较典型的三维打印技术有三种：粉末粘结三维打印、光固化材料三维打印与熔融材料三维打印。

3D打印机设备主要提供商有Z Corporation、Objet、Stratasys、3Dsystems等，Stratasys公司与3D Systems公司是3D打印设备两大巨头。3D Systems公司2012年初完成了对Z Corporation的收购。2013年4月份，Stratasys公司和以色列的Objet公司合并。三维打印可以应用于机械加工、医学工程、家庭消费等领域。随着三维打印快速成型设备功能的不断改进与打印材料的不断开发，三维打印的应用范围也在逐渐拓展，已经成为制造、设计和医疗等领域的重要工具。混合现实（AR）和虚拟现实（VR）与3D打印结合，逐步用于设计、模拟和培训等领域。

(3) 计算机投影仪（Computer Projector）

计算机投影仪在OA领域有着广泛的应用，随着各种会议、报告会上信息量的剧增，同时为了使讨论的展开按主题动态地进行下去，人们多使用以计算机投影为主的投影方式（图2-20为索尼VPL-HW10投影仪）。

图2-20 索尼VPL-HW10投影仪

通常，显示分辨率模式主要有SVGA（800×600）、XGA（1 024×768）和SXGA（1 280×1 024）。常见的计算机投影仪都能支持SVGA和XGA的显示。例如，索尼VPL-HW10属高档的投影仪，它采用了三枚全球最小的第三代0.61 in SXRD全高清面板，最高显示和标准显示均为1 920×1 080，**标称光亮度**（Light out）为1 000流明（ANSI）。这里，标称光亮度是投影机主要的技术指标，通常以光通量来表示，光通量是描述单位时间内光源辐射产生视觉响应强弱的能力，单位是流明（lm）。

一般来说，在40～50 m^2的家居或会客厅，投影机亮度建议选择800～1 200 lm之间，幕布对应选择60～72 in；在60～100 m^2的小型会议室或标准教室，投影机亮度建议选择1 500～2 000 lm之间，幕布对应选择80～100 in；在120～200 m^2的中型会议室和阶梯教室，投影机亮度建议选择2 000～3 000 lm之间，幕布对应选择120～150 in；在300 m^2的大型会议室或礼堂，投影机多半要选择3 000 lm以上的专业工程用机，幕布则都在200 in以上。

投影仪分辨率除了影响图像的清晰度，还影响对计算机的兼容性。当计算机向投影仪发送一个XGA模式的信号，而投影仪支持的分辨率是SVGA，那么这就会产生一些问题。大多数投影仪都采用了压缩技术，因此，在这种情况下，用户尽管能看到图像，但图像的显示质量却大打折扣。如果计算机使用SVGA分辨率，XGA投影仪能够毫无失真地显示SVGA图像，不会丢失图像的任何细节，并能更灵活地选择使用不同的分辨率模式，较好地满足将来的扩展需要。

计算机投影仪可以与主机的显示卡插座相连，其视频输出一般接显示器上的15针D型接口电缆，从而使显示器像原来一样工作。

LCD（Liquid Cristal Display）投影机分为液晶板和液晶光阀两种。液晶是介于液体和固体之间的物质，本身不发光，工作性质受温度影响很大。投影机利用液晶的光电效应，即液晶分子的排列在电场作用下发生变化，影响其液晶单元的透光率或反射率，从而影响它的光学性质，产生具有不同灰度层次及颜色的图像。

投影仪主要分为以下几种：

液晶光阀投影机：

采用CRT管和液晶光阀作为成像器件，是CRT投影机与液晶与光阀相结合的产物。为了解决图像分辨率与亮度间的矛盾，它采用外光源，也叫被动式投影方式。它是目前为止亮度、分辨率最高的投影机，亮度可达6 000ANSI lm，分辨率为2 500×2 000，适用于环境光较强，观众较多的场合，如超大规模的指挥中心、会议中心及大型娱乐场所，但其价格高，体积大，光阀不易维修。主要品牌有：休斯-JVC、Ampro、松下等。

液晶板投影机：

是一种被动式的投影方式，它的成像器件是液晶板。目前市场上常见的液晶投影机比较流行单片设计（LCD单板，光线不用分离），这种投影机体积小，重量轻，操作、携带极其方便，价格也比较低廉。但其光源寿命短，色彩不很均匀，分辨率较低，最高分辨率为1 024×768，多用于临时演示或小型会议。

数码投影机：

这是一种新的投影技术——数字光处理(Digital Light Procession，缩写DLP)，是把影像信号经过数字处理，然后再把光投影出来。它是基于TI(美国德州仪器)公司开发的数字微镜元件——DMD(Digital Micromirror Device)来完成可视数字信息显示的技术。DLP投影机可分为：单片机、两片机、三片机。DLP投影机清晰度高，画面均匀，色彩锐利，三片机亮度可达2000 lm以上，它抛弃了传统意义上的会聚，可随意变焦，调整也十分便利；它分辨率高，不经压缩分辨率可达1 024×768(有些机型的最新产品的分辨率已经达到1 280×1 024)。

尽管，计算机上的信息都可以在投影仪上出现，但人们在作各种讲演或演示前，为了求得连贯和紧凑的效果，往往使用Microsoft PowerPoint软件来制作好讲演投影稿，以取得自动播放或顺序播放的效果。

以上部分均是以计算机(PC机)为主体对主机及外部设备来介绍的，这主要是由于计算机在办公自动化系统中发挥着十分重要的作用。信息技术还在以更加迅猛的速度发展，具有计算、通信以及在Internet上存取信息等功能的整合型设备已有广泛的市场并被广泛地接受，如整合型的电话机、智能手机(Smart Phone)、网际电话(Web Phone)、Web电视(Web TV)、PDA掌上电脑和汽车内联网的装备等。主机和外部设备之间的概念可能会越来越模糊，人们日常使用的各种设备(包括各种家用电器等)，很多都具备直接联上网络并进行存取信息的功能，延伸着即插即用的概念。

2.2　常用办公设备

文件、数据的传送和复制是办公室工作中常见的、工作量较大的工作。办公人员经常要使用复印机复制一些文件和报告；使用传真机将一些文件、图片和其他一些信息发送到各个地方，因此复印机和传真机是办公自动化系统中不可缺少的设备。

2.2.1　复印机

复印技术是随着现代科学技术的发展而产生和发展起来的一门新技术。它是把电子、光学、微机及精密机械传动融为一体的摄影技术，也称为电摄影。在办公室工作中，最常用的就是文件、报告、表格等，而且经常需要复制若干份，如果数量不是很多，只要使用复印机复印就可以了。由于复印机操作简单、方便，而且复印效果清晰、保真度好，复印页面可放大、缩小和实行双面复印，同时完成文件的复印、分页、装订工作，因此复印机是目前办公室使用十分广泛、深受办公人员欢迎的现代办公设备。

1. 工作原理

数字复印机与模拟复印机的区别主要是工作原理不同。模拟复印机的工作原理是：通过曝光、扫描将原稿的光学模拟图像通过光学系统直接投射到已被充电的感光鼓上产生静电潜像，再经过显影、转印、定影等步骤，完成复印过程。数字复印机的工作原理是：首先通过CCD(电荷耦合器件)传感器对通过曝光、扫描产生的原稿的光学模拟图像信号进行光电转换，然后将经过数字技术处理的图像信号输入激光调制器，调制后的激光束对被充电的感光鼓进行扫描，在感光鼓上产生由点组成的静电潜像，再经过显影、转印、定影等步骤，完成复印过程。

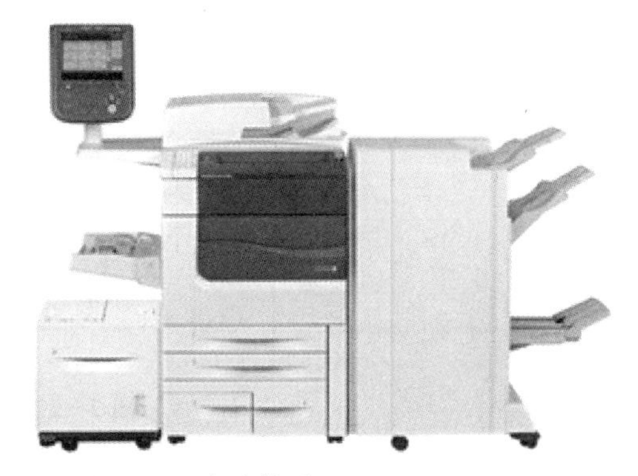

图2-21　富士施乐ApeosPort-Ⅳ C7780数码彩色多功能机

静电复印是一种电摄影方法，即在某种光导材料上(感光鼓)，利用静电效应，在其表面带上电荷，形成静电潜像，由这些电荷吸引带有异性电荷的墨粉，显现出墨粉图像，再转印到纸张上，经过某种定影方法，即得到了所需的复印品。例如，图2-21为富士施乐ApeosPort-Ⅳ C7780数码彩色多功能机，含2 GB内存，160 GB硬盘；扫描分辨率为600×600 DPI，打印分辨率为2 400×2 400 DPI；输出纸张最大为A3，最小为A5；对A4纸，彩色输出达70张/分钟，黑白输出达75张/分钟。

2. 复印纸

(1) 纸张幅面规格

纸张的规格是指纸张制成后，经过修整切边裁成的尺寸。国际标准规定以 A0、A1、A2、B0、B1、B2 等标记来表示纸张的幅面规格。标准规定纸张的幅度(以 X 表示)和长度(以 Y 表示)的比例关系为 X∶Y=1∶$\sqrt{2}$。按照纸张幅面的大小，把幅面规格分为 A 系列、B 系列和 C 系列，幅面规格为 A0 的幅面尺寸为 841 mm×1189 mm，B0 的幅面尺寸为 1000 mm×1414 mm，C0 的幅面尺寸为 917 mm×1279 mm。复印纸的幅面规格只采用 A 系列和 B 系列。若将 B0 纸张沿长度方向对开成两等分，便成为 B1 规格，将 B1 纸张沿长度方向对开，便成为 B2 规格，如此可对开至 B8 规格；A0 纸张亦可按此法对开至 A8 规格。A0～A8 和 B0～B8 的幅面尺寸见表 2-1 所示。

若纸张规格标记字母的前面加一个 R(或 S)表示纸张没有切毛边，经过切边修整后，将减少到标准尺寸。例如，RA4(或 SA4)是表示未切边的纸张规格。

表 2-1 纸张幅面规格尺寸

规 格	幅面(mm)	长度(mm)	规 格	幅面(mm)	长度(mm)
A0	841	1189	B0	1000	1414
A1	594	841	B1	707	1000
A2	420	594	B2	500	707
A3	297	420	B3	353	500
A4	210	297	B4	250	353
A5	148	210	B5	176	250
A6	105	148	B6	125	176
A7	74	105	B7	88	125
A8	52	74	B8	62	88

用复印机进行缩放复印操作时，缩放比率的选择取决于复印纸的幅面规格。图 2-22 表示了缩放比率与复印纸规格的关系，可供在进行缩放复印操作时参考。例如，将 B4 幅面的原稿倍率放大 1∶1.22 时，复印纸采用 A3 幅面规格；若倍率缩小 1∶0.8 时，复印纸应采用 A4 规格；若倍率缩小 1∶0.7 时，复印纸应采用 B5 规格。

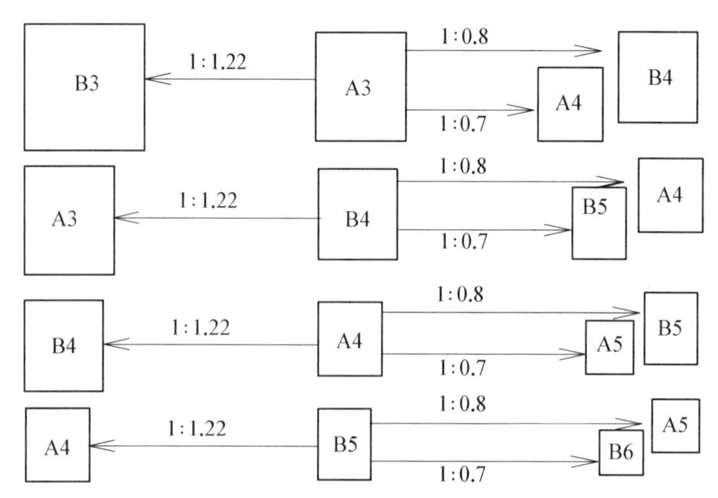

图 2-22 变倍复印时复印纸幅面规格的关系

(2) 复印纸的选用

复印纸的质量好坏直接影响复印质量。所以，必须注意正确选择、使用复印纸张。对纸张的选择应注意纸的厚度、表面光度、密度、挺度，等等。静电复印机用纸的厚度一般保持在64 g/m²～80 g/m²，有的可用50 g/m²～200 g/m² 的普通纸。

一般来说，复印纸的表面光度不能太高，否则对定影不利且不利固化。

至于纸的密度，总的来说，静电复印机以细密为好，纸纤维过稀或过粗，均会影响复印质量。此外，若纸太脆，则容易折断，造成卡纸。

纸的挺度反映纸的质地坚挺程度。若挺度差时，容易在输纸通道内稍遇到一点阻力时纸就起皱以致阻塞，所以应选用挺度好的复印纸。

3. 复印机的使用

使用复印机复印原稿，一般可按以下几个步骤进行：

① 预热。按下电源开关，机器开始预热，在复印机的操作面板上显示出预热等待信号。预热过程结束后，在面板上将出现"准备好"信号。

② 放置原稿。放置原稿前，要查看原稿上的字迹、图像的清晰度和色调。放置原稿时，应检查所选用的复印纸尺寸，以及纸张是横放还是竖放，以便相应地放置原稿。盖板要尽量盖严，否则会因为漏光在复印品上出现黑边。

③ 设定复印份数。将复印份数输入控制面板中，若选错了可按清除键"C"，然后重新设定。

④ 设定复印倍率。一般复印机有固定的缩放倍率和可调节的缩放倍率两种。固定缩放倍率如141%、A4→A3、B5→B4 等，根据需要选取相应的键即可。可调节的缩放倍率是由百分比来表示的，如120%、64%等，可根据需要自己调节。百分比的选择可参照公式：M＝L1÷L2，其中 M 是缩放倍率，L1 是复印件一侧的长度，L2 是原稿一侧的长度。通常无需放大、缩小，可不必选择。

⑤ 选择复印纸尺寸。根据原稿尺寸、缩放倍率来选取复印纸尺寸。有些复印机可根据用户所设的缩放倍率自动选择复印纸的尺寸。

⑥ 调节复印浓度。根据原稿纸张、字迹的色调深浅，应注意调节复印浓度。复印图片和印刷品时一般应将浓度调浅。

此外，复印机在使用过程中应注意通风，周围环境温度应在10℃～30℃为宜。

2.2.2　一体机

多功能一体机(Multifunction Printer，简称 MFP)是一种集成了多种办公功能的设备，通常包括打印、复印、扫描和传真功能，有的还包括电子邮件、网络打印、文档管理和数字发送等功能。常用于各种组织和场所，包括办公室、企业、政府机构、教育机构、医疗机构等，以满足不同的文档处理需求。

1. 主要功能

一般情况，多功能一体机的主要功能如下：

① 具有打印功能，通常支持单面和双面打印，用于打印文档、报告、传单等，能够处理各种纸张尺寸和类型。

② 具有复印功能，可以扫描一份文档，多份输出。用户可以选择不同的复印设置，如调整页面大小、放大/缩小、双面复印等。

③ 具有扫描功能，多功能一体机通常配备高分辨率扫描仪，可将纸质文档转换为数字格式，用户可以将扫描的文档直接发送到电子邮件地址、网络文件夹或云存储服务，以便迅速共享和存储文件。

④ 具有网络打印功能，多功能一体机大多支持网络打印，可以连接到办公室网络，允许多个用户通过网络打印文档，从而提高办公室的协作和效率。

⑤ 有些多功能一体机具有文档管理功能，包括文档存储、检索、排序和分类，以便更轻松地管理大量文件。

⑥ 多功能一体机通常具有安全功能，如用户身份验证、数据加密和安全删除，以确保敏感信息的安全。

⑦ 尽管传真技术在数字时代逐渐减少，但有些多功能一体机仍然提供传真功能，以支持传真文档。

2. 主要优缺点

一般认为，多功能一体机所具有的优点和缺点如下：

① 具有多功能性，多功能一体机整合了多种办公功能，减少了需要多个单独设备的需求，节省了办公

空间和成本。

② 用户利用多功能一体机可以在一台设备上完成多种任务,能够提高用户的工作效率。

③ 具有协作共享性,通过网络连接,利用多功能一体机可以实现多个用户之间的协作和共享。

④ 能够进行数字化转换,多功能一体机可以帮助将纸质文件转换为数字格式,便于存储、搜索和共享。

⑤ 具有节能环保性,多功能一体机具有自动打印双面、自动关机等多项节能功能,可以大大降低能源的消耗和对环境的影响。

⑥ 多功能一体机由于功能种类较多,价格大多较高,尤其是高端型号。

⑦ 大多维修成本高。由于其复杂的机械结构和多项功能,所以如果设备出现故障,修理费用也相应较高。

3. 多功能一体机使用时的注意事项

多功能一体机使用时的注意事项如下:

① 最好不要把设备放置在距离窗口很近的地方,需要将多功能一体机放置在平稳、干燥、通风良好的位置,远离直射阳光、高温、潮湿和灰尘。避免将设备放置在易受震动或不稳定的地方,以防止损坏。

② 保证设备清洁,定期清洁设备的外表面和内部,避免灰尘和杂质进入机器。尤其是平板玻璃,以免造成扫描头无法定位。

③ 保证电源环境的稳定,使用正确的电压和电源插座供电,不要使用损坏或老化的电缆。

④ 尽量使用符合规格的纸张类型和尺寸,尽量使用质量比较好的纸张,以防止卡纸或其他问题。

⑤ 在纸张托盘中不要过度装载纸张,以避免卡纸和损坏。

⑥ 定期检查,定期更换墨盒或碳粉盒以保持打印质量。

⑦ 避免在设备上存储敏感信息,尤其是未经加密的数据。

⑧ 如果设备出现故障或需要维修,最好由专业技术人员来处理。

2.3 移动设备

随着人们生活节奏的加快和信息技术、通信技术的迅速发展,产生了移动办公的新模式。移动办公可以摆脱时间和空间的束缚,为办公人员在任何时间、任何地点处理与业务相关的任何事情提供了支撑,也为办公人员处理突发性事件提供了有效的途径。智能手机、平板电脑等移动设备的迅速发展,为移动办公奠定了良好的基础,使得办公变得更加高效、灵活、轻松和方便。

2.3.1 智能手机

智能手机(Smart Phone)是相对功能手机(Feature Phone)而言的,它是具有独立的操作系统,可以随意安装和卸载应用软件的手机。从广义上说,智能手机除了具备手机的通话功能外,还具备了个人信息管理、Web浏览、GPS、电子邮件、日程管理、视频会议、传真等功能,已经成为集通话、短信、网络接入、办公、学习、影视、娱乐、休闲等为一体的综合性个人手持终端设备。智能手机系统主要有Android、iSO、Windows Phone等几种。

1. 智能手机的特点

"掌上电脑+手机=智能手机",这个公式生动地表明了智能手机的本质特点,智能手机与功能手机最大的不同就在于它具有开放式的操作系统,用户可以通过安装软件来增加更多应用。一般将智能手机的特点总结为以下几点:

① 具备拨打和接听电话、发送和接收消息、查找联系人电话簿等功能手机的所有应用。

② 能够支持GSM网络下的GPRS或CDMA网络的CDMA1X或3G网络或4G网络或5G网络,可以通过无线接入互联网。

③ 具备Web浏览、多媒体应用、阅读文档、任务安排、便签等PAD功能。

④ 具有独立的核心处理器(CPU)和内存,具有一个开放性的操作系统。

⑤ 具有良好的扩展性,支持第三方软件,可以根据个人需要扩展机器功能。

2. 手机办公

手机办公是一种利用手机实现企业办公信息化的全新方式，是利用手机软件，建立手机与电脑互联互通的软件应用系统，实现利用手机进行信息化办公。一般认为，手机办公包括两种类型：一种是企业向运营商租用服务，获得一整套手机办公服务，实现手机办公；另一种是企业自建移动信息化平台，通过在手机客户端安装软件，实现手机和企业的各种信息化系统联通，实现手机办公。

手机办公系统是一套以手机终端为载体搭建的移动信息化系统，它可以将企业原有的 OA 系统、客户管理系统、人力资源系统等扩展到手机端，随时随地实现通知公告、移动邮件、日程管理、会议管理等功能，实现手机办公。

3. 手机办公软件

基于不同的手机系统，有不同的手机办公软件，有些办公软件也可以支持在多种手机系统中应用。例如，Android（安卓）平台上的电子办公软件有 Documents To Go、思维导图（Mindjet）、Kingsoft Office、尚邮、麦库记事、语音计算器等。具体功能分别如下：

① Documents To Go 支持 Word 文档、Excel 表格的阅读与编辑，支持对文档作复制、粘贴、插入等编辑动作，并且支持 PDF 格式文件。

② 思维导图（Mindjet）通过可视化的程序界面，可以直观地处理笔记、创意、计划、日程等事项，支持共享功能，还可以无缝地与微软 Office 办公套件整合，导出多种格式的文档类型。

③ Kingsoft Office 移动版是一个支持本地和在线存储文档的查看和编辑产品。它支持对 doc/docx/wps/txt 文字文档、xls/xlsx/et 表格文档、ppt/pptx/dps 演示文档等多种常用的 Office 格式的查看和编辑功能。

④ Microsoft OneNote 是一款用于创建和组织笔记的应用程序，可以在 iOS 和 Android 上使用，并与其他 Office 应用集成。

⑤ 钉钉是一款企业通信和协作应用程序，提供即时通讯、团队协作、考勤签到、视频会议等功能。

⑥ 语音计算器具有普通计算器的所有功能外，还具备语音发声技术，实现表达式计算，并支持智能播报。

2.3.2　平板电脑

平板电脑（Tablet PC）是一种小型、携带方便的个人电脑，以触摸屏作为基本输入设备，并允许用户通过触控笔或数字笔进行操作，而不是传统的键盘或鼠标。平板电脑的最大特点是数字墨水和手写识别输入功能，以及强大的笔输入识别、语音识别、手势识别能力，并且具有移动性。

平板电脑的概念在 2002 年就由微软提出。2010 年苹果公司的乔布斯对平板电脑的概念进行了重新思考定位，并于 2010 年 4 月推出 iPad 平板电脑。iPad 以其超薄轻便、便于携带、操作简单、多点触控等特点区别于传统平板电脑，引发了市场对平板电脑爆发性的需求增长。比较流行的平板电脑有：微软 Surface 系列、苹果 iPad 系列、联想 Tab 系列、Huawei MatePad 系列等。

平板电脑具有便携、快速、易用等特点，使其成为移动办公的重要设备之一，它可以安装多种办公软件，为办公带来了方便和更高的效率。不同类型平板电脑上的办公软件有所不同，有些办公软件也可以兼容不同类型的平板电脑。下面介绍 iPad 平板电脑上几种比较常用的办公软件：

① QuickOffice 是一款功能强大的移动办公软件，包括 QuickPoint、QuickWord、QuickSheet 和 PDF 阅读器四个组件。用户可以在 iPad、iPhone、Android 等移动设备上打开、创建或编辑文字处理、电子表格、演示文稿文件和浏览 PDF 文件等办公功能。

② Keynote 是一款苹果公司开发的演示幻灯片应用软件，支持几乎所有的图片字体，界面和设计图形化，可以方便地制作幻灯片。Keynote 中设计了“渐变”“陈列室”“作品集”等 12 种主题模板，结合动画效果、字体、样式等功能，可以制作精美的演示幻灯片。

③ Numbers 是专为 iPad 设计的强大的电子表格应用程序。Numbers 提供了整理数据、执行计算、管理列表等功能，利用它可以轻松制作表格和图表、添加照片和图形以及录入并编辑数据。

④ Evernote（印象笔记）是一款可以记录文字、图片、声音、网络快照等多种内容的笔记软件。用 Evernote 可以保存在网站和生活中看到的有价值的和新奇的东西，可以剪辑有价值的网页，可以将不同来

源的信息保存到一个位置，还可以实现笔记在所有电脑、手机等设备和网页版之间进行同步。与印象笔记类似的软件还有麦库、有道云笔记、为知笔记、乐顺备忘录等。

2.4 云平台

云平台是随着云计算的产生而产生的。可以把提供以按需、易扩展的方式获得所需的硬件、平台、软件等服务的网络平台称谓“云平台”。

Google是云计算的提出者和先行者。清华大学计算机科学与技术系郑纬民教授认为，云计算就是把你的计算资源，包括硬件资源（如计算机、存储器）、软件资源（如应用软件）都放到云上面去，简单地说，云就是互联网。也有人认为，云计算就是以公开的标准和服务为基础，以互联网为中心，提供安全、快速、便捷的数据存储和网络计算服务。总之，云计算是一个新的IT开发和使用模型，硬件软件资源被封装成服务提供给用户，用户可以灵活按需使用，可以通过云计算实时地提供需要的服务。

云计算系统的基本原理是用户所需的应用程序和所处理的数据不在用户的个人电脑、手机等设备终端，而是在专业组织负责的“云”端，用户只需一个帐号，登录便可以利用。

云计算按服务类型分为基础设施云、平台云、应用云。按服务方式又可以分为公有云、私有云和混合云。含义分别如下：

① 基础设施云：向用户提供虚拟化的计算资源、存储、网络带宽等，即基础设施即服务，称之为IaaS（Infrastructure as a Service）。

② 平台云：为应用程序开发者提供应用程序运行环境及维护所需要的一切平台资源，即平台即服务，称之为PaaS(Platform as a Service)。

③ 应用云：面向用户提供简单的软件应用服务以及用户交互接口等，即软件即服务，称之为SaaS（Software as a Service）。

利用云平台提供的服务功能，例如，即时通讯、邮箱、网盘、办公协同等软件的云端应用和数据、资料的云端存储，可以摆脱办公地点的限制，实现随时随地的网上办公，使办公变得方便、实时、高效。

2.4.1 网络存储

随着信息技术的发展，传统的直连式存储（Direct Attached Storage，缩写DAS）方式已无法满足对信息存储、管理和使用的需求，网络存储是信息时代应用需求的必然，被称为继计算机浪潮和互联网浪潮之后的第三次IT浪潮。

1. 网络存储技术

随着存储体系结构的不断发展，存储系统在容量、I/O性能、扩展性等方面都有了显著的提高。网络存储系统的结构经历了由基于单服务器的直连式存储（DAS），发展到以（Network Attached Storage，缩写NAS）和（Storage Area Network，缩写SAN）为主要形式的基于局域网的网络存储，以及对象存储技术（Object-Based Storage，缩写OBS），又向基于广域网的数据网格（Data Grid）进化，并在不断发展。

DAS存储（直接附加存储）是指将存储设备通过SCSI接口或者光纤通道直接连在一台计算机上（服务器）。

NAS存储（附网存储）是指存储设备通过以太网及其他标准的网络拓扑结构，连接到许多计算机上，是一种专用的网络文件存储及备份设备。

SAN存储（存储区域网络）是通过高速专用网络将一个或多个网络存储设备和服务器连接起来的专用存储系统。

对象存储技术最大的特点是将数据与元数据的存储及操作分离，它主要包括对象、对象存储服务器、文件系统、元数据服务器和网络连接几个组成部分。

2. 网络存储空间

网络存储空间通常是指用网络连接通过物理存储介质存储、管理数据的一个载体空间，也指网络环境下一切具有信息存储功能的虚拟空间，包括服务器存储空间和具有存储功能的其他空间（如邮箱、博客、网络硬盘等)。

网络硬盘(简称网盘),是一种基于互联网登录网站进行信息数据上传、下载、共享等操作的信息数据存储空间。电子邮箱所提供的附件功能是最早的网络硬盘。适当的利用网络硬盘,可以有效地提高办公效率。常见的网络硬盘很多。国内的网盘有:金山快盘、百度网盘、腾讯微云、阿里云盘等;国外的网盘有:Microsoft OneDrive、dropbox、box 等。

金山快盘是一款移动云存储工具,具备文件同步、文件备份和文件共享功能。在同一帐号下,金山快盘可以让手机与电脑保持文件同步,并可以设置文件或文件夹的共享,能够实现团队协作办公。

2.4.2　网上办公

网上办公的概念始于 20 世纪 70 年代中期,最先出现在发达国家,随后在全世界范围内得到发展。网上办公主要是指利用现代化的办公设备,通过先进的计算机技术、通信技术和互联网技术手段来替代办公人员的手工作业。最初,只是面向单机的辅助办公产品,逐步发展成面向企业级应用的网上办公系统。

网上办公系统是通过先进的计算机技术、互联网技术和通信技术手段建立的一个高效率、高质量、网络化、智能化的办公系统,为办公提供信息服务,利于资源共享,便于办公协作,提高办公效率和办公质量。

随着云计算技术的发展,网上办公也得到了迅速的发展,云平台成为网上办公的新途径,在线办公也进化为“云办公”。办公人员只需一个帐号,便可以通过浏览器登录云平台进行网上办公,这种办公方式可以突破地点限制,节省办公资源,提高办公效率。

1. 云办公

云办公是基于云计算应用模式的办公平台服务。云办公的原理是把传统的办公软件以瘦客户端(Thin Client)或智能客户端(Smart Client)的形式运行在网络浏览器中。云办公一般具有跨平台、协同性和移动化办公的特性。

云办公离不开云办公平台,云办公平台是指将分散在网络的各类孤立在线办公应用有机地联系起来,让用户只需一个帐号就能轻松使用各种在线应用。云办公平台一般具有电子邮件收发、在线即时通信、网上硬盘存储、在线办公文档审阅、在线办公文档协作编辑、在线数据管理等功能。云办公平台与传统办公平台相比,具有部署简单、费用低、“零”维护、随时随地办公的特点。

① 部署简单:注册帐号即可开通,简单配置即可实现一站式办公。

② 费用低:用户无需自己搭建信息化系统,没有软硬件的成本,无需专业 IT 人员的开支。

③ “零”维护:系统自动维护和升级,维护简单,管理方便。

④ 移动办公:利用云存储,办公文档数据可以无处不在,通过移动互联网随时随地同步与访问数据。

2. 云办公应用

利用云办公平台进行办公,可以让日常工作更加流程化、规范化、自动化,可以使管理更加精细化、高效化。不同的提供商,提供不同的云办公应用,如 Google Docs、Office 365、企业微信、云之家智能协同云 OA 等。

① Google Docs 是云办公应用的先行者,提供在线文档、电子表格、演示文稿三类支持。

② Office 365 是微软开发的完整的云中 Office,包括 Office SharePoint Online、Exchange Online、Lync Online 等组件。

③ 企业微信是一款腾讯开发的企业级通讯和协作工具,包括聊天、日历、文件共享、应用集成等功能。

④ 云之家智能协同云 OA,全方位覆盖 OA 办公应用场景,包括流程审批、智能审批、直播会议、考勤管理、时间助手等。

PART 02

第二篇　操作系统

第3章 Windows 10 概述

一个完整的计算机系统是由硬件和软件两大部分组成的。硬件通常是指计算机物理装置本身，如处理器、内存及各种设备等；而软件是相对于硬件而言的，它包括系统软件和应用软件。在所有软件中，操作系统(Operating System)占据重要地位，它是方便用户管理和控制计算机中各种硬件和软件资源的系统软件。Windows 10 就是一种操作系统。

3.1 Windows 10 概述

Windows 10 是美国 Microsoft 公司于 2015 年推出的新一代操作系统。Windows 10 可供家庭及商业工作环境、笔记本电脑、平板电脑、多媒体中心等使用。为解决系统中的漏洞及提高安全性，自 2015 年发布以来，Microsoft 采用了“Windows 即服务”(Windows as a service)的模型，能够更灵活地把控 Windows 10 系统的改进。通过上述服务，微软每月定期为用户提供常规更新和安全更新，每年推出两次大型功能更新，通常在春季和秋季发布。

Windows 10 在总结前序的 Windows 系列产品基础上，增加了很多新特性。

① 开始菜单的回归：Windows 10 将开始菜单重新引入，以满足用户对传统 Windows 界面的需求。

② Cortana 虚拟助手：Windows 10 内置了 Cortana，允许用户通过语音和文本与计算机交互，获取信息和执行任务。

③ Edge 浏览器：Windows 10 引入了全新的 Edge 浏览器，基于 Chromium 引擎，提供更快的性能和更好的兼容性。

④ 虚拟桌面：Windows 10 允许用户创建和切换虚拟桌面，以更好地组织和管理任务。

⑤ Windows Ink：支持触摸屏和笔输入的功能，用于绘图、标记和注释。

⑥ Windows Hello：生物识别登录，包括面部识别、指纹识别等。

⑦ 时间线：允许用户查看和恢复他们的活动历史，包括文件、应用程序和浏览器标签。

⑧ Windows Sandbox：用于安全测试的虚拟环境，允许用户运行不受信任的应用程序。

⑨ WSL 2：Windows Subsystem for Linux 2，允许在 Windows 上运行 Linux 发行版，提供更好的性能和兼容性。

⑩ 深色主题：提供更低的眼部疲劳和更好的夜间使用体验。

安装 Windows 10 最低的系统硬件配置要求包括，处理器：1 GHz 或更快的处理器；内存：1 GB(32 位)或 2 GB(64 位)；硬盘空间：16 GB(32 位操作系统)或 20 GB(64 位操作系统)；显卡：DirectX 9 或更高版本(包含 WDDM 1.0 驱动程序)；显示器：800×600 分辨率。

根据用户的不同应用需求，微软公司提供了 7 种不同版本的 Windows 10 产品，它们是：Windows 10 家庭版(Home)、Windows 10 Professional(专业版)、Windows 10 企业版(Enterprise)、

Windows 10 教育版(Education)、Windows 10 移动版(Mobile)、Windows 10 移动企业版(Mobile Enterprise)以及 Windows 10 物联网核心版(IoT Core)。

3.1.1 Windows 10 的启动

一个安装了 Windows 10 的计算机系统的启动十分简单，按下计算机的电源开关，系统进行自检，然后进入 Windows 10 的登录界面，如图 3-1 所示。

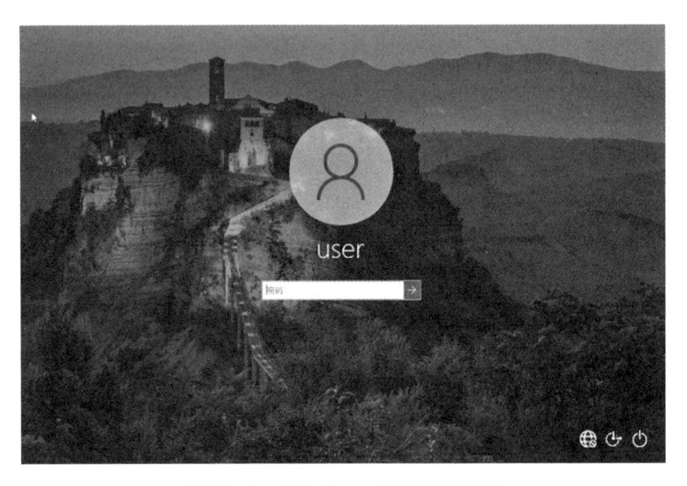

图 3-1 Windows 10 登录界面

要登录使用 Windows 10，首先需要有一个用户帐户。

如何获得您的帐户名和密码呢？有如下几种方法：

① 在安装 Windows 10 时，安装程序会创建一个管理员帐户并提示您提供一个密码。

② 如果是从 Windows 其他版本升级而来，安装程序会保留原来的帐户信息。

③ 请系统管理员给您开设一个帐户，并对其指定权限。

如果用户没有设置密码，系统会自动登录。如果用户设置了密码，在"用户帐户"图标的下面会出现一个空白文本框，用户可以在这里输入密码。输入正确的密码后，单击"箭头按钮"或者直接按"Enter"键，将进入 Windows 10 桌面，如图 3-2 所示。

图 3-2 Windows 10 的桌面

3.1.2 Windows 10 的关闭、进入睡眠及重新启动

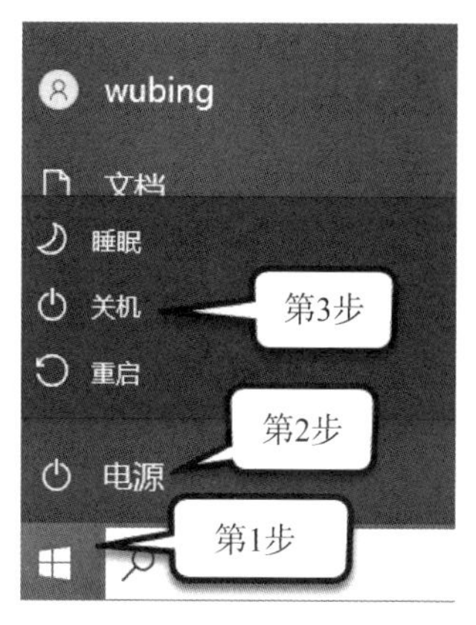

图 3-3 关闭、进入睡眠及重新启动操作过程

关闭 Windows 10 时,不能直接切断电源,要执行正确的关机程序,否则会造成数据丢失、系统启动不正常等不良后果。关闭 Windows 10 正确的过程是:关闭所有打开的应用程序,按照图 3-3 所示的操作顺序,选择执行“关机”命令。Windows 10 运行关闭程序,将重要的数据存储到硬盘中。

如果用户希望暂停工作并离开一小会,让计算机继续执行相关程序,可以使用“睡眠”功能,执行过程如图 3-3 所示,选择执行“睡眠”命令。进入“睡眠”的计算机,当用户移动鼠标或单击鼠标的一个键,会唤醒计算机,可以立即使用。计算机在“睡眠”状态时,内存中的信息未存入硬盘中。若此时中断电源,内存中的信息会丢失。如果用户安装了更新程序或者其他驱动程序,希望重新启动计算机,可以使用“重新启动”功能,执行过程如图 3-3 所示,选择执行“重启”命令。

3.1.3 Windows 10 注销和锁定当前用户

图 3-4 用户锁定、注销及切换命令

一台计算机往往有多个用户使用,不同用户拥有自己的帐号和工作环境。用户的注销、锁定及用户间的切换可以在“开始”菜单中利用命令完成,具体操作为:在“开始”菜单中点击当前用户图标,将弹出一个子菜单,如图 3-4 所示,它们的作用分别是:

- “锁定”:保留当前用户的所用任务,进入登录界面,登录名仍然显示当前用户。
- “注销”:结束当前用户的所有任务,重新进入登录界面。
- “更改帐户设置”:系统将打开“帐户信息”对话框,用户可以对帐户头像、登录方法进行设置。

当多个用户共享一台计算机时,使用注销后再登录计算机来切换用户就会变得非常烦琐。这时,可以使用“用户切换”功能,在不结束当前用户工作的情况下,让其他用户登录系统,完成其所需工作,具体操作:在如图 3-4 所示的步骤,在第二步之后,点击其他用户图标,即可切换到指定用户使用环境。切换的用户若尚未登录系统,需要经过登录界面验证。

3.2 Windows 10 图形界面

Windows 10 是一个图形界面的操作系统,它的图形要素很多,在今后的学习中我们会经常用到它们,在这一节中将对它们的名称和作用加以学习和认识。

3.2.1 认识 Windows 10 的桌面

Windows 10 启动之后,首先呈现在用户面前的是“工作桌面”,如图 3-2 所示。我们面对 Windows 10 的工作桌面,就如同我们坐在办公桌旁一样,常用的工具也摆在“桌面”上,所有的工作从这里做起。

3.2.2 认识 Windows 10 的图标

初次使用 Windows 10 时,在桌面上只会出现一个“回收站”图标。桌面图标是程序、文件和文件夹的快捷启动标识。如果复制文件或文件夹到桌面上或者在桌面上创建新的对象,将会形成新的图标。常用的图标有:“计算机”“用户的文档”“网络”“回收站”“控制面板”等等,如图 3-5 所示。

用户可以通过如下步骤,在桌面上添加常用的图标:

① 在桌面空白处右击鼠标,在弹出的快捷菜单中选择“个性化”命令。

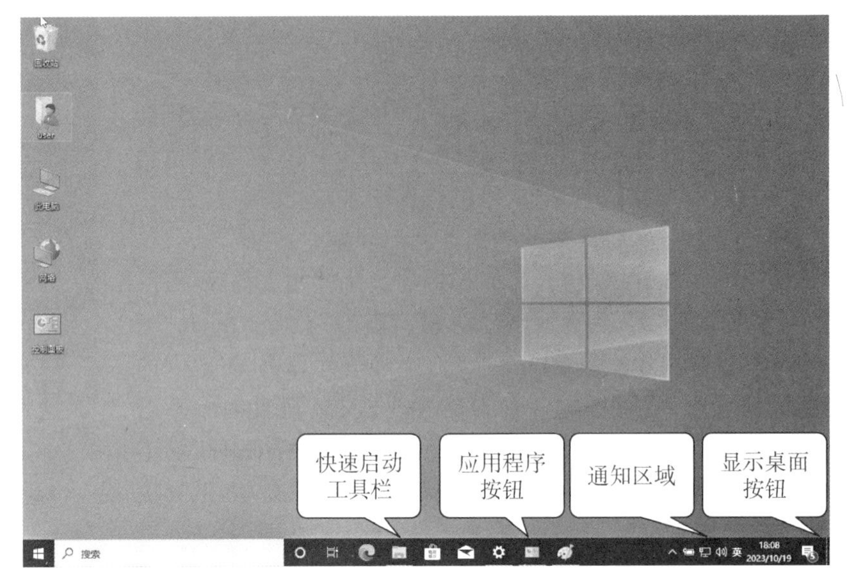

图 3-5 Windows 10 的桌面图标及任务栏构成

② 打开“个性化”窗口,点击左侧窗格中的“主题”选项,打开“主题”对话框,在“相关的设置”中,点击“桌面图标设置”,步骤如图 3-6 所示。

③ 在打开的“桌面图标设置”对话框中选中需要添加的图标,如选中“计算机”前面的复选框按钮,然后单击“确定”按钮即可。

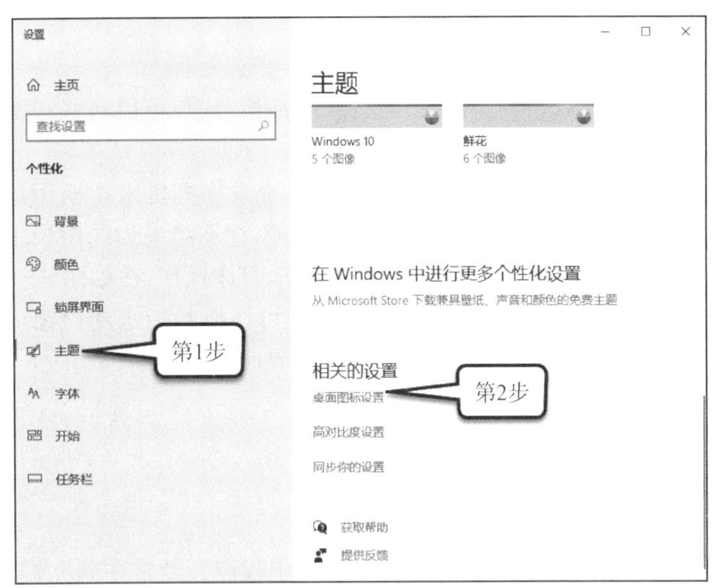

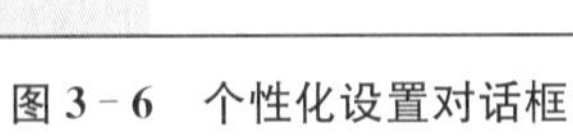

图 3-6 个性化设置对话框

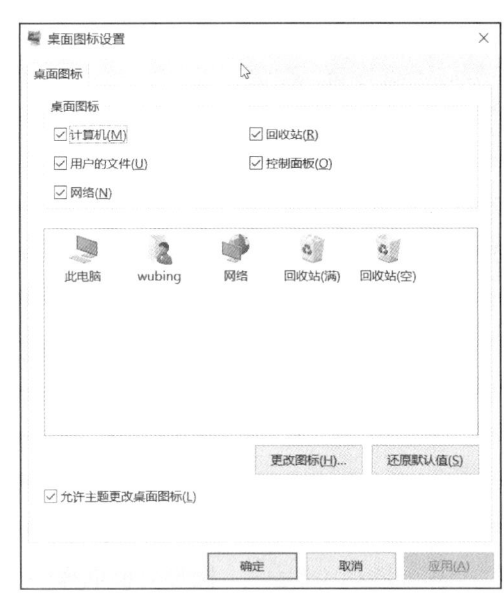

图 3-7 桌面图标设置对话框

3.2.3 认识 Windows 10 的任务栏

任务栏位于整个桌面的最下方,用来实现多个应用程序之间的切换。任务栏的构成如图 3-5 所示。

① “快速启动”工具栏:该栏保存用户经常使用的应用程序的图标。默认情况下,该栏包括的内容有 Edge 浏览器、Windows 资源管理器、微软商店、邮件和设置。用户可以根据自己的需要,在该栏中添加自己需要的程序。

② 应用程序按钮栏:该栏以按钮的形式显示用户打开的应用程序。Windows 10 的任务栏拥有一个新特点,即当用户用鼠标点击程序按钮时,系统将应用程序或者文档显示为一个缩略图,当用户用鼠标点击缩略图后将显示其完整内容,如图 3-5 显示了“控制面板”和“画图”的缩略图。用户也可以用鼠标点击缩略图右上角的关闭按钮,直接关闭程序或文档。

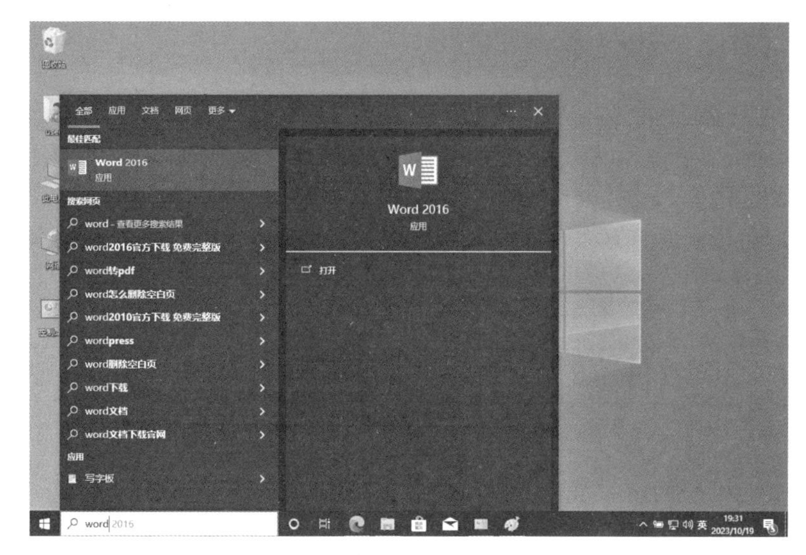

图3-8 “搜索框”的使用

③ 通知区域:该区域显示时钟、扬声器、语言设置以及其他活动和紧急通知的图标。

④ 显示桌面按钮:用户点击该按钮可以快速地显示桌面内容。再次点击可以切换回之前打开的应用程序。

⑤ 搜索框:用户可以在该框中填入搜索关键词,系统将搜索本地的资源以及网络资源。图3-8显示了包含“word”文字的搜索结果。如果用户想隐藏“搜索框”以节省工具栏空间,可以在工具栏上空白处右击鼠标,在弹出菜单中选择“搜索”,在下一级菜单中选择“隐藏”命令。

3.2.4 认识“开始”菜单

通过点击“开始”按钮,系统将打开“开始”菜单,如图3-9所示。它的主要任务是启动系统应用程序、定制Windows 10的外观、查找文件和文件夹、取得系统的帮助和关闭计算机。此外,“开始”菜单还能启动网络任务,进行自我定制和扩充。

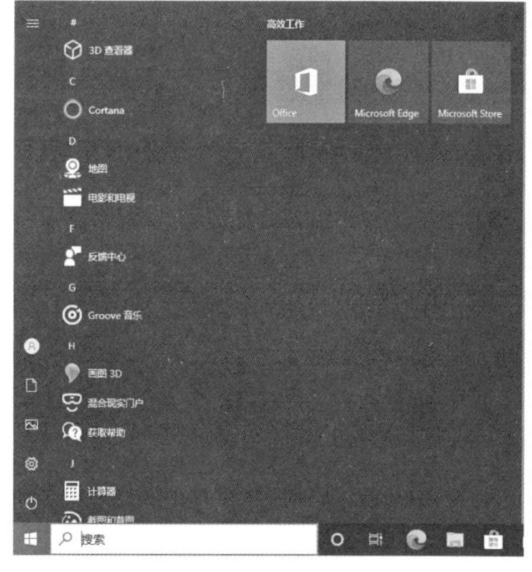

图3-9 “开始”菜单

“开始”菜单分为左侧的“应用区”和右侧的“磁贴区”两大部分:

① “应用区”显示计算机上程序的一个详细列表。用户和计算机制造商可以定制此列表,所以其外观会有所不同。“所有程序”可显示目前系统中已安装的清单,且是按照数字0~9、A~Z、拼音A~Z顺序依次排列的,如图3-9所示。在“应用区”用户任意选择其中一项应用,左键单击快捷键都可以启动该应用。用户也可以使用鼠标右键单击一个应用程序,会出现一个弹出菜单,如图3-10所示,用户可以选择将该程序“在开始屏幕取消固定”“固定到任务栏”“卸载”等对应的功能。

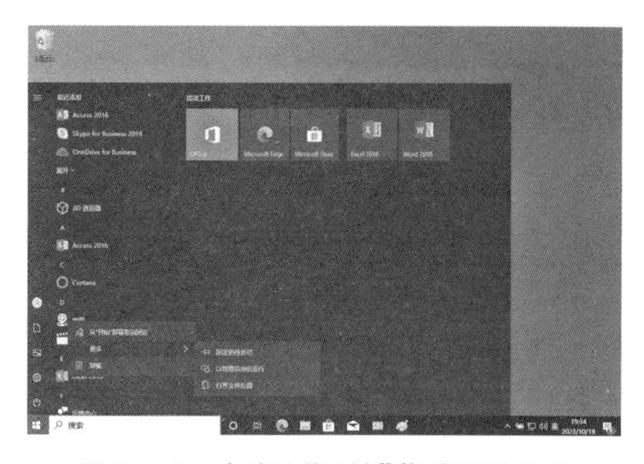

图3-10 自定义“开始”菜单磁贴区域

② “磁贴区”使用大图标的方式显示了最近用户使用的程序,也可以使用户自己定义的“磁贴”内容。用户点击“磁贴”可以启动对应的应用程序。用户可以使用拖拽的方式,将一个应用程序从“应用区”放入“磁贴区”。图3-10显示了将Word和Excel程序放入磁贴区的效果。若想调整“磁贴区”的大小,用户也可以使用Ctrl键同时使用方向键来调整开始菜单的大小,也可以直接用鼠标拉动“开始菜单”进行调整。

3.2.5 认识 Windows 10 的窗口

Windows 10 中，每个应用程序都是以窗口的形式出现的，Windows 10 的窗口风格引入了 Ribbon 风格的设计，它是一种以面板及标签页为架构的用户界面。Ribbon 风格界面把命令组织成一组“选项卡”，每一组选项卡包含了相关的命令。这样使应用程序的功能更加易于发现和使用，减少了用户点击鼠标的次数。用户在使用窗口时可以同时打开多个应用程序，生成多个窗口。以“资源管理器”窗口为例，如图 3-11 所示，介绍 Windows 10 窗口的组成。

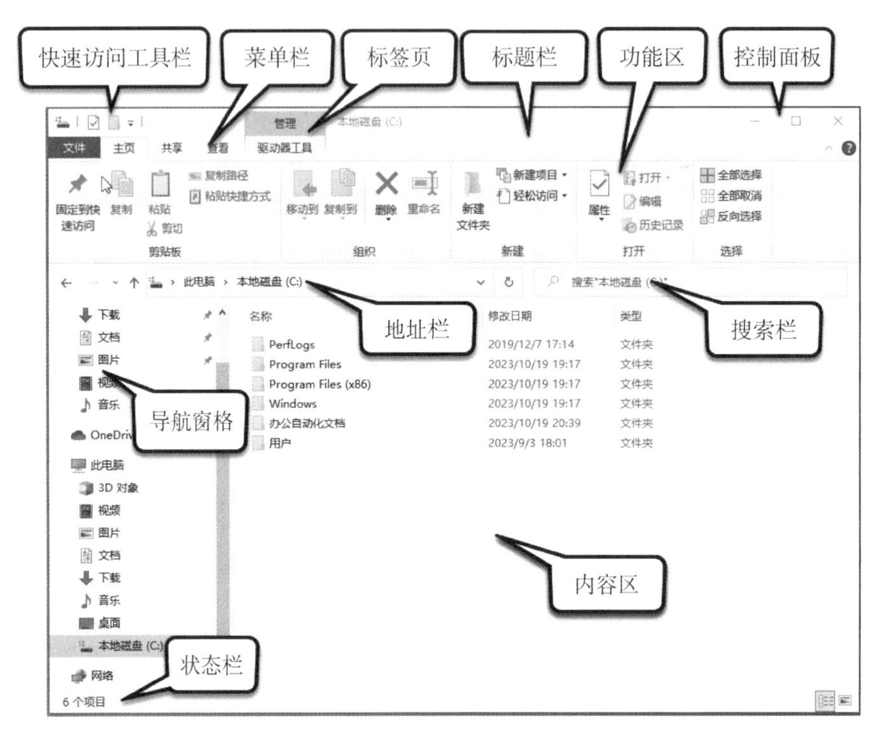

图 3-11　Window 10 窗口的组成

1. 标题栏

在窗口的最顶端是标题栏，显示当前窗口对应的应用程序的程序名称和图标，或者访问对象的名称和位置。拖动标题栏可移动当前窗口的位置。

2. 控制面板

在标题栏的右端，有三个按钮的控制面板（　）。它们的作用是调整窗口的大小、打开和关闭窗口。

① 最小化按钮　：将窗口缩小为任务栏上的一个按钮。

② 最大化按钮　：将窗口放大到整个屏幕，此时该按钮转变为还原按钮。

③ 还原按钮　：该按钮在窗口最大化时出现。单击此按钮，屏幕恢复到最大化前的大小。

④ 关闭按钮　：关闭窗口，结束程序。

3. 控制菜单

用鼠标单击标题栏的左上角，或通过键盘的 Alt+空格键，打开如图 3-12 所示的控制菜单。根据菜单命令，可完成对窗口的相应操作。

4. 快速访问工具栏

快速访问工具栏位于标题栏的左侧，显示了当前窗口图标和查看属性、新建文件夹、自定义快速访问工具栏三个按钮。

单击“自定义快速访问工具栏”按钮，弹出下拉列表，用户可以单击勾选列表中的功能选项，将其添加到快速访问工具栏中，如图 3-13 所示。

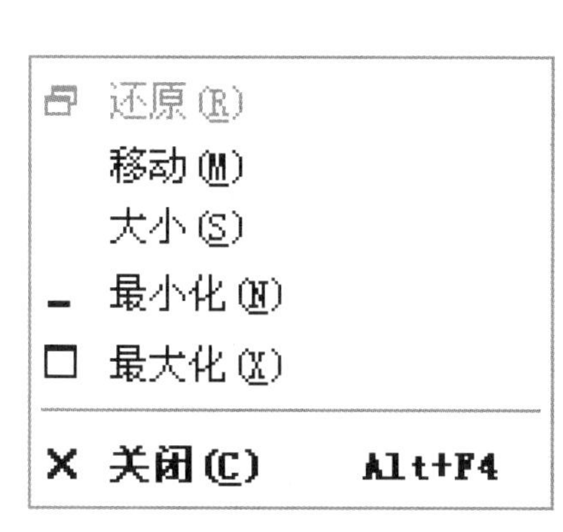

图3-12　控制菜单

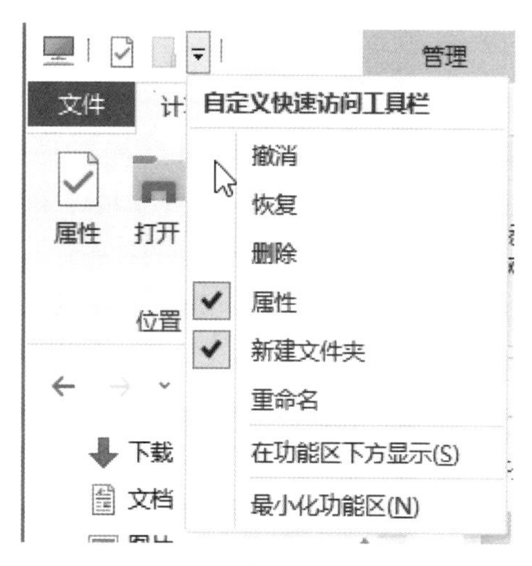

图3-13　快速访问工具栏

5. 菜单栏

菜单栏位于标题栏的下方,如图3-11所示,Ribbon风格的菜单栏内容以选项卡和命令组方式显示,不同应用程序的窗口菜单栏会有所不同。

6. 地址栏

地址栏位于菜单栏的下方,主要反映了从根目录开始到现在所在目录的路径,单击地址栏即可看到具体的路径,如图3-11即表示当前路径位置在C盘下。

7. 功能区

功能区位于菜单栏的正下方,如图3-11所示。功能区显示菜单选项卡常用命令的图标。用户可以用鼠标单击这些按钮执行相关的操作。

8. 导航窗格

导航窗格位于窗口的左边,如图3-11所示,用户可以利用它来快速切换到相应的窗口。

9. 状态栏

状态栏位于窗口的最底端,如图3-11所示,它是用来显示所选对象的一些属性信息。

10. 边框

Windows 10的窗口的边缘部分就是该窗口的边框。大部分Windows 10的窗口的大小是可以调节的,将鼠标指针指向窗口的边框,鼠标的形状会变成双向尖头(⟷),按住鼠标的左键不放,拖动鼠标,窗口的大小会随之改变。

3.2.6　切换Windows 10的窗口

用户如果同时打开了多个窗口,需要在各个窗口之间进行切换操作,可以采用如下方法。

1. 使用鼠标切换

将鼠标指针停留在任务栏左侧的某个程序图标上,该程序图标上方会显示该程序的预览小窗口。在预览小窗口中移动鼠标指针,桌面上也会同时显示该程序对应的窗口。如果是需要切换的窗口,单击该窗口即可在桌面上显示。使用鼠标在需要切换的窗口中任意位置单击,该窗口即可出现在所有窗口最前面。

2. 使用组合快捷键

在键盘上使用"Alt+Tab"组合键,桌面上会出现多个预览小窗口。按住Alt不放,每按一次Tab键,系统将切换一次小预览窗口,直至切换到需要打开的窗口,如图3-14所示。

在键盘上使用"Win+Tab"组合键或单击工具栏上的"任务视图"按钮,即可显示当前桌面环境中的所有窗口缩略图,然后在需要切换的窗口上单击鼠标,也可以实现窗口的快速切换,如图3-15所示。

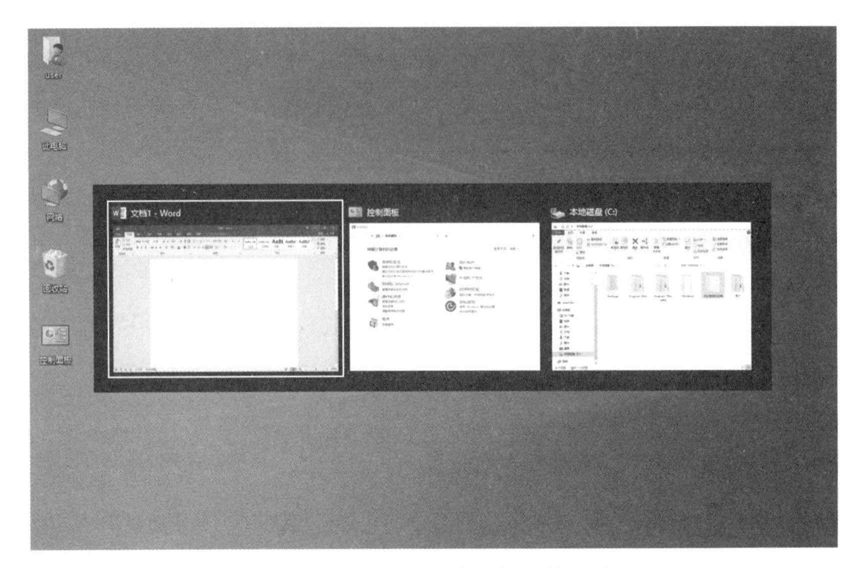

图 3-14　Window 10 窗口的切换方法一

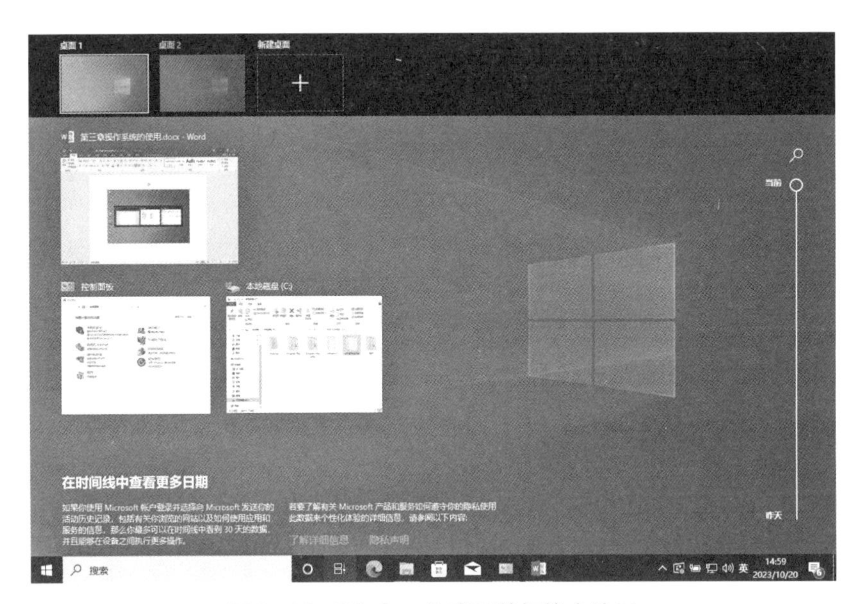

图 3-15　Window 10 窗口的切换方法二

3.2.7　认识 Windows 10 的菜单

Windows 10 中包含了多种形式的菜单。菜单是命令的集合，用户通过它们完成各项任务。菜单包含的内容称为“菜单命令”或“菜单项”，前者是可执行命令，后者是打开下一级菜单。常见的菜单有如下几种。

1. 下拉菜单

通常，在窗口中出现的菜单都是下拉菜单。单击菜单栏中的下拉菜单，就可以将菜单打开。窗口左上角的控制菜单也属于下拉菜单。这部分内容在前面章节中讲述过。

2. 层叠式菜单

若菜单的选项的右端有向右的箭头：>，表示该选项本身也是个菜单，并且有下一级菜单。这就是层叠式菜单。用户可以利用 >，逐级的选择下去，直到最末一级。

3. 快捷菜单

Windows 10 中“右单击”鼠标操作，往往会弹出一个菜单。我们将这样通过右击鼠标弹出的菜单称作快捷菜单。Windows 10 中，右击不同对象可以打开不同的快捷菜单，其中包含的命令项的内容也不同。

例如，在桌面的空白处右击鼠标，弹出的快捷菜单如图 3－16 所示；在资源管理器中对文件右击鼠标，弹出的快捷菜单如图 3－17 所示。

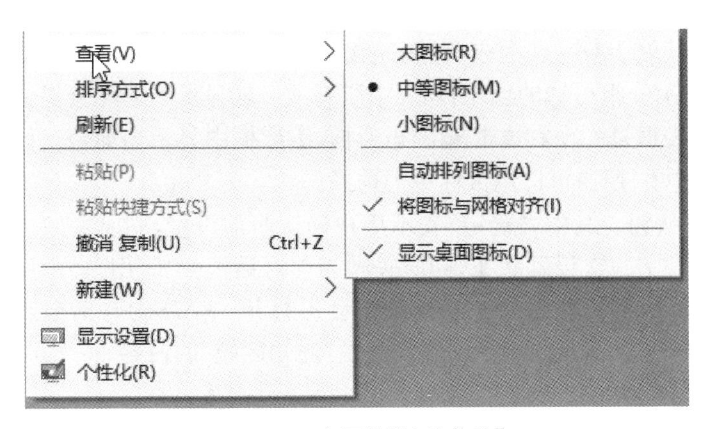

图 3－16　桌面的"快捷菜单"

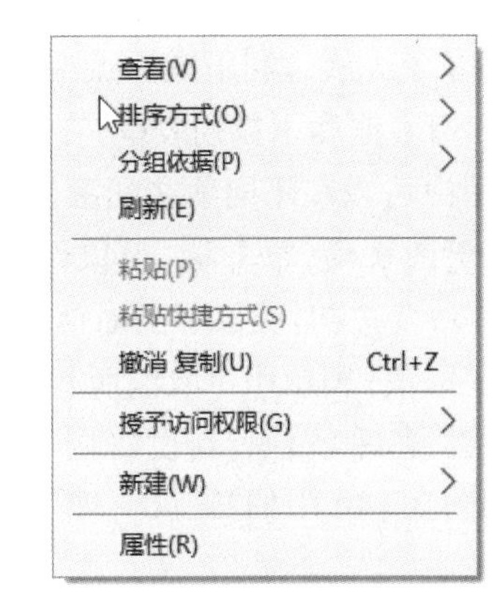

图 3－17　资源管理器的"快捷菜单"

3.2.8　认识 Windows 10 的对话框

对话框在 Windows 10 中被广泛地使用，它是 Windows 10 与用户之间交流的重要手段。

1. 对话框的功能

当用户的任务需要进行复杂的设置时，Windows 10 会打开对应的对话框，在这个对话框中，用户可以依据任务进行参数和选项的设置。对话框的功能、大小、形状等没有统一的样式，但它们都是出于基本的控制集合。图 3－18 是本地磁盘属性对话框，图 3－19 是远程协助设置对话框。

图 3－18　磁盘属性对话框

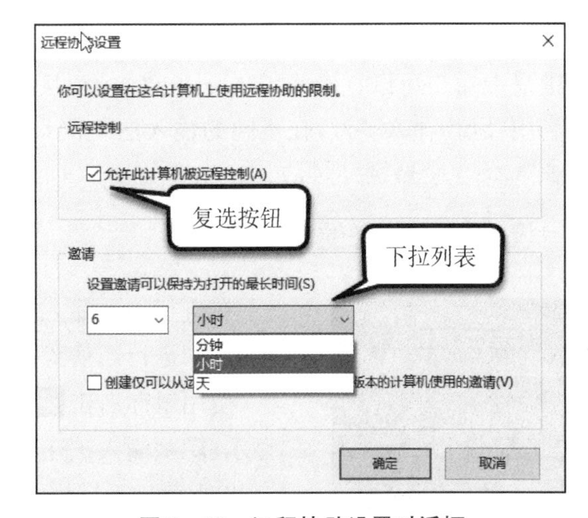

图 3－19　远程协助设置对话框

虽然对话框的功能各异，但是出现在对话框中的元素和它们的功能基本相同。常见的元素有如下几种。

① 选项卡：当对话框内需要显示的内容比较多的时候，常常利用选项卡来分页显示。图 3－18 所示对话框，包括"常规""硬件"和"工具"等多个选项卡。用户利用鼠标单击其中的一个选项卡名称后就可以显示该选项卡的内容。

② 文本编辑框：在编辑框中，用户可以录入文字信息。将鼠标指针移动到编辑框内，单击一下后就可

以开始编辑文字了。

③ 单选按钮：对于单选按钮，用户一次只能选择一个按钮选项，它们往往是成组出现的。

④ 复选按钮：对于复选按钮，允许用户同时选中多个选项，如图3－18对话框中复选按钮，允许用户一次选中多个选项。利用鼠标点击复选框，当其处于☑，表示选中状态；当其处于□，表示未选中状态。

⑤ 列表框和下拉列表框：在列表框中显示一组可选的项，当列表中所有项一屏显示不下时会提供滚动条，使用户可以在不同项之间滚动。下拉列表框是一个右边带▾的矩形框，矩形框中显示当前值。如果用户需要更改选项，单击▾，可以得到一系列选项，用户可以用鼠标单击选择。

⑥ 命令按钮：大部分的对话框都有命令按钮。其中，“确定”表示用户确认当前设置，同时关闭当前对话框。“取消”表示用户取消所有改动，恢复到上一次设置状态，同时关闭当前对话框。“应用”表示用户确认当前设置，系统执行新设置内容，但当前对话框仍然打开。某些按钮会再打开一个新的对话框或者窗口。如图3－18中的“磁盘清理”按钮，会打开一个新窗口用于设置任务栏“通知区域”的内容。

3.3 中文输入法

利用计算机进行文字处理，是我们重要的工作手段。Windows 10自带了微软拼音输入法。

3.3.1 汉字输入方式的启动

1. 使用鼠标

在任务栏的右侧的通知区域中有英图标，如图3－20所示，它是微软拼音输入法的图标。用鼠标点击该图标可以在中文和英文间直接进行切换。

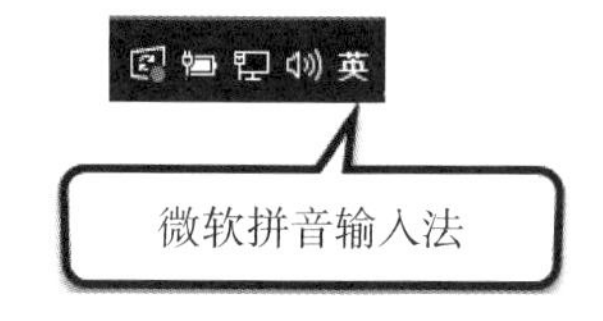

图3－20　微软拼音输入法

在通知区域中显示的输入法按钮和选项取决于所安装的文字服务和当前处于活动状态的软件程序。

2. 使用键盘

在键盘上用户可以直接使用“Ctrl＋空格键”从当前的英文输入状态进入某个汉字输入法状态。用户也可以利用“Shift＋Alt”键，在不同的输入法之间切换。若用户想从当前某汉字输入法切换回英文状态，再使用在“Ctrl＋空格键”即可。

3.3.2 汉字输入状态的使用

在进行中文输入的过程中，经常需要在中英文输入之间以及中英文标点符号之间进行切换等操作，下面以微软拼音输入法为例具体说明这些方法。

使用鼠标右击英，将弹出输入法设置菜单，如图3－21所示，用户点击“显示/隐藏输入法工具栏”命令，系统将呈现一个“微软拼音工具栏”，如图3－22所示。工具栏由六个按钮组成，它们的作用如下。

图3－21　微软拼英输入法设置

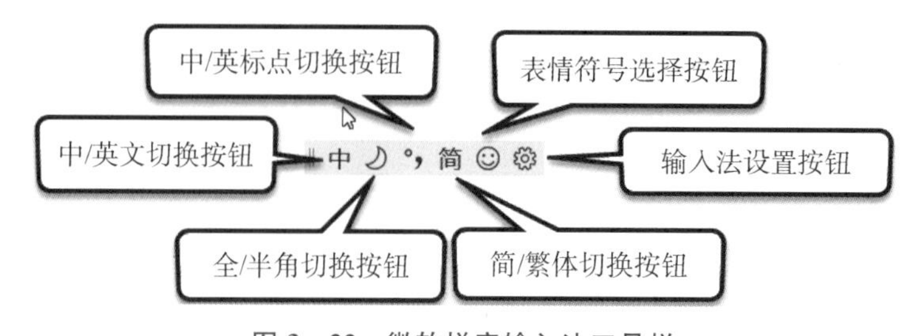

图3－22　微软拼音输入法工具栏

① 中/英文切换按钮：单击该按钮可以切换中英文输入状态。若该按钮显示 英，表示当前为英文输入状态，若显示为 中，则表示为中文输入状态(不同的输入法，中文状态图标不同)。在中文标点状态下，从键盘输入的标点转换为中文标点，如“.”变为“。”，“<”变为“《”等。

② 半/全角切换按钮：单击该按钮可以切换输入法的“半角”与“全角”状态。半角状态下，一个字符占用一个标准字符的位置；全角状态下，一个字符占用两个标准字符位置的状态。输入法一般默认为英文输入法，这时输入法会默认处于半角状态。如果切换到中文输入法状态，则会有全角半角两种选择。

③ 中/英文标点切换按钮：点击该按钮可以在中/英文标点符号之间切换。若该按钮显示 •，，表示当前为英文输入状态，若显示为 °，，则表示为中文输入状态(不同的输入法，中文状态图标不同)。

④ 简/繁体切换按钮：在中文输入状态下，点击该按钮可以在“简体中文”和“繁体中文”之间进行切换。

⑤ 表情符号输入选择按钮：点击该按钮将出现一个表情符号选择对话框，如图 3-22 所示，用户可以根据自己的需要进行符号选择。见图 3-23。

⑥ 输入法设置按钮：点击该按钮可以弹出一个菜单，包括：自定义设置、水平/垂直、隐藏输入法工具、输入法设置命令。它们分别完成相关的设置及信息提示功能。用输入法设置命令打开输入法设置对话框，如图 3-24 所示。在该对话框中可以对拼音方式、输入设置、中英文输入切换键以及用户自定义词进行设置。

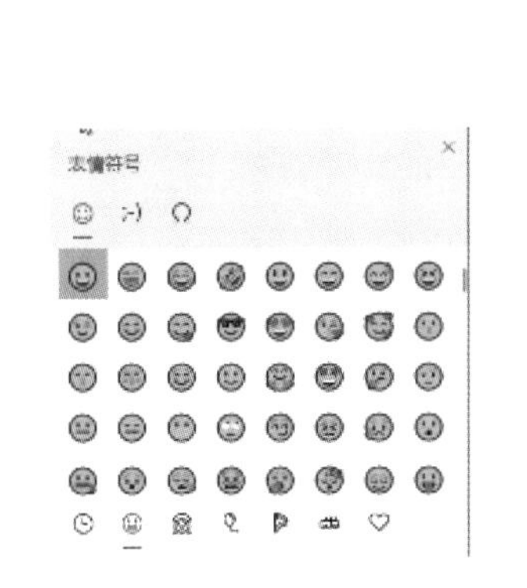

图 3-23　表情符号输入选择按钮

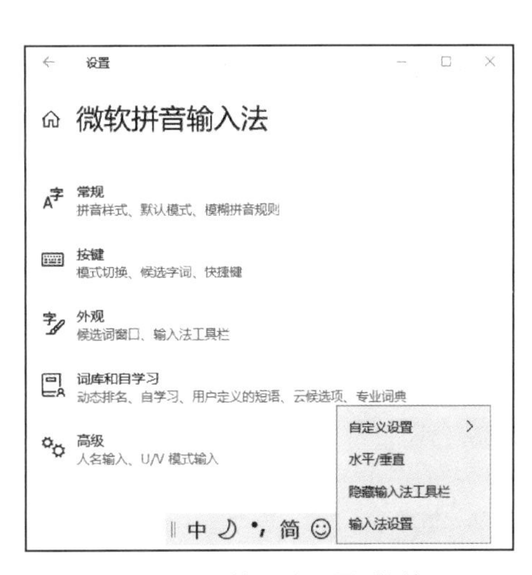

图 3-24　输入法设置对话框

3.3.3　安装第三方中文输入法

目前，第三方的中文输入法软件很多，比较常用的包括：搜狗拼音输入法、百度输入法、谷歌拼音输入法等。下面以搜狗拼音输入法为例，介绍其安装及调用的基本方法。

图 3-25　启动安装向导

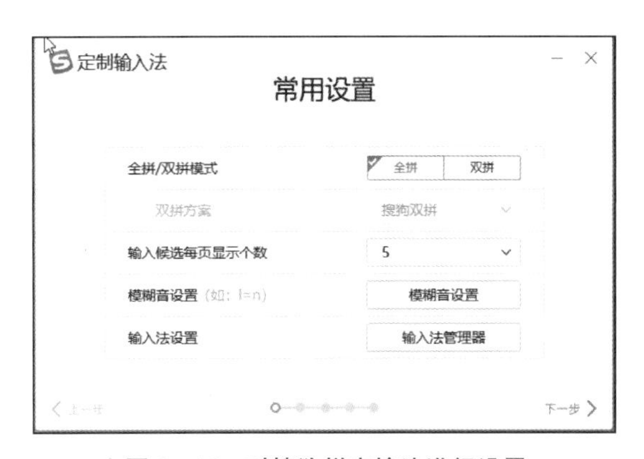

图 3-26　对搜狗拼音输法进行设置

用户可以通过如下步骤，安装搜狗拼音输入法：

① 从其官方网站(https://shurufa.sogou.com/)下载安装程序包，解压缩后获得安装文件。

② 用鼠标双击安装文件，打开安装向导对话框，如图 3－25 所示。勾选同意相关协议复选按钮后，点击“立即安装”按钮，安装程序开始安装。

③ 安装完成后，输入法程序会弹出设置对话框，如图 3－26 所示。用户在这里可以对输入法的皮肤、输入法的词库等进行设置。

④ 完成设置后，在桌面的右下角将出现搜狗拼音输入法工具栏：。

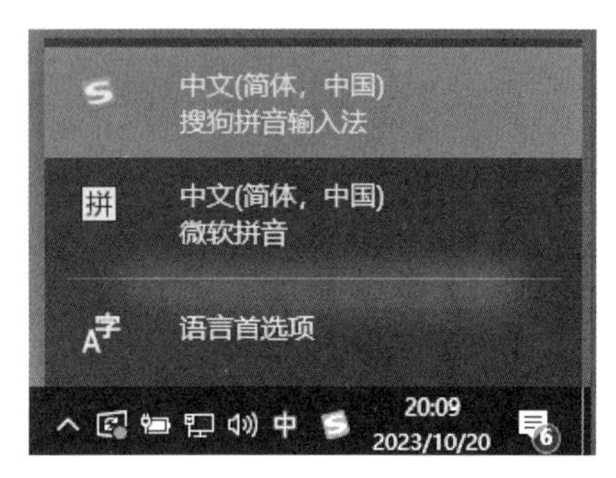

图 3－27　输入法之间的切换

按照上述步骤完成后，用户在任务栏的通知区中会出现搜狗拼音输入法图标，点击，系统将弹出输入法选择菜单，如图 3－27，用户可以在不同输入法之间进行切换。用户也可以使用“Shift＋Ctrl”组合键进行输入法间的快速切换。

如果用户计划使用新安装的输入法替代系统原来的输入法作为默认输入法，执行下面的操作过程：

① 从开始菜单，点击设置按钮，打开 Windows 设置对话框，从中点击“设备”，如图 3－28 所示。

② 在“设备”对话框的左侧导航栏中选择“输入”，在右侧选择“高级键盘设置”命令。

③ 在“高级键盘设置”对话框中，从“替代默认输入法”中选择希望使用的输入法。

完成上述设置后，系统的默认输入法将按照用户的设置进行改变。

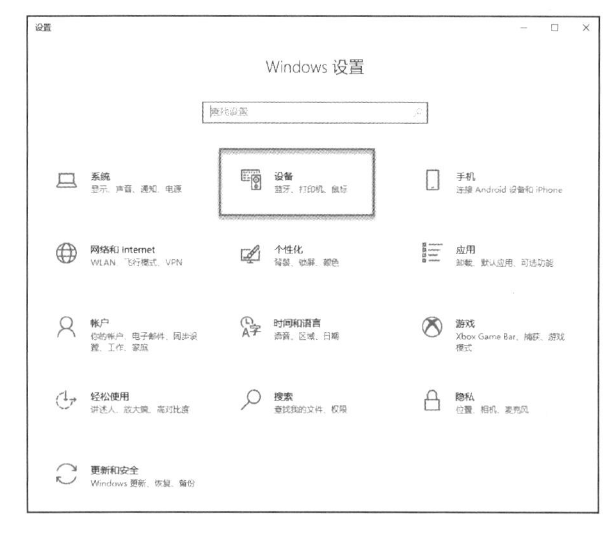

图 3－28　Windows 设置对话框

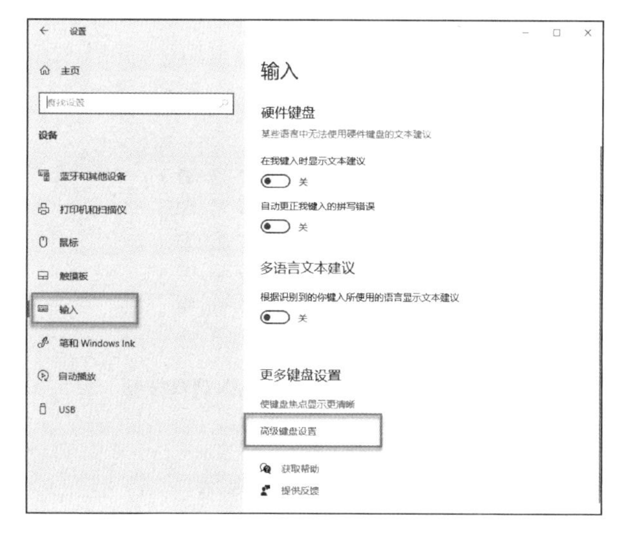

图 3－29　设备输入对话框

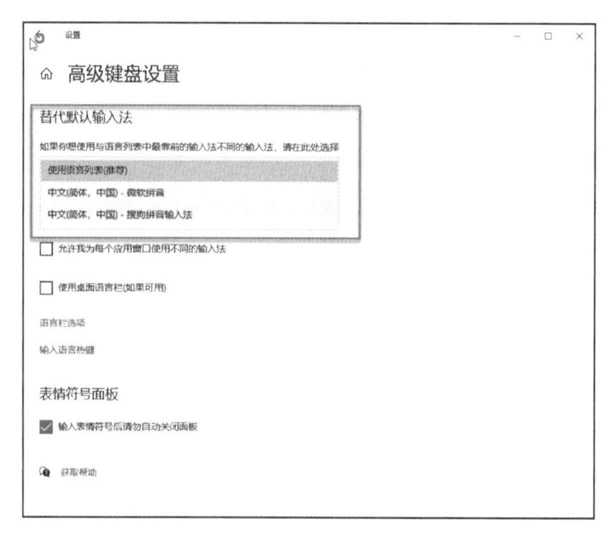

图 3－30　高级键盘设置对话框

3.4 获得 Windows 10 的使用帮助

为帮助用户正确使用 Windows 10，微软公司为 Windows 10 的使用者提供了大量的帮助文档，用户可以随时获得所需要的帮助信息。

3.4.1　使用 F1 热键获得帮助

随着信息技术的发展，关于计算机及 Windows 10 使用知识不断地扩展更新。如果用户需要关于 Windows 10 或者具体应用程序的最新知识，可以通过 F1 键获得帮助信息。与传统的 Windows 操作系统 F1 功能不同，如果用户在打开的应用程序中按下 F1 键，同时该应用程序提供了自己的帮助功能的话，则 Windows 10 会将其打开。否则，Windows 10 将会使用默认的浏览器打开 Bing 搜索界面，以获得相关帮助信息。图 3－31 显示了使用 F1 键启动 Word 的帮助窗口。

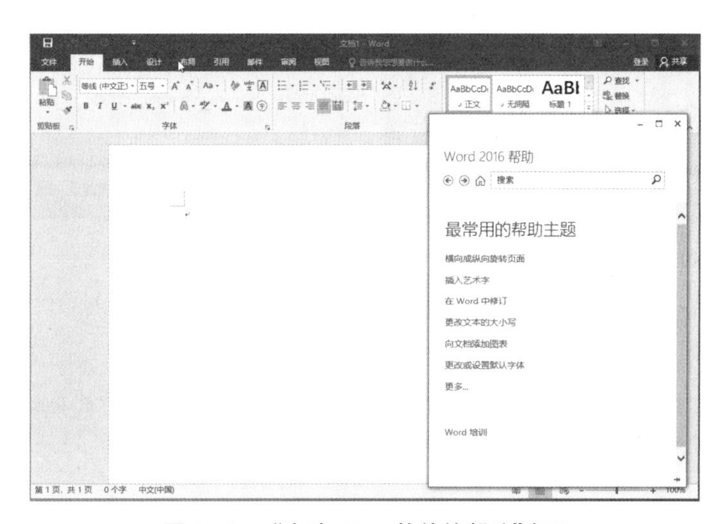

图 3－31　"启动 Word 软件的帮助"窗口

3.4.2　其他获得帮助的方法

1. 使用"搜索栏"

为获得更详实的帮助信息，用户也可以使用任务栏上的搜索框 进行问题搜索，Windows 10 将打开 Bing 搜索页面，给出所有结果，如图 3－32 所示。

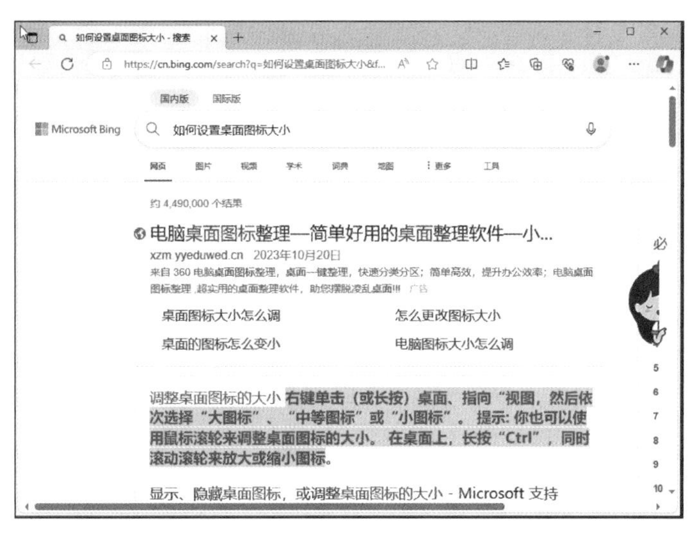

图 3－32　Bing 搜索结果

2. 直接访问微软支持网站

从微软的支持网站获得帮助，可访问 http://support.microsoft.com/windows，在检索内容框中输入需要查找的问题，系统将给出具体的操作方法。

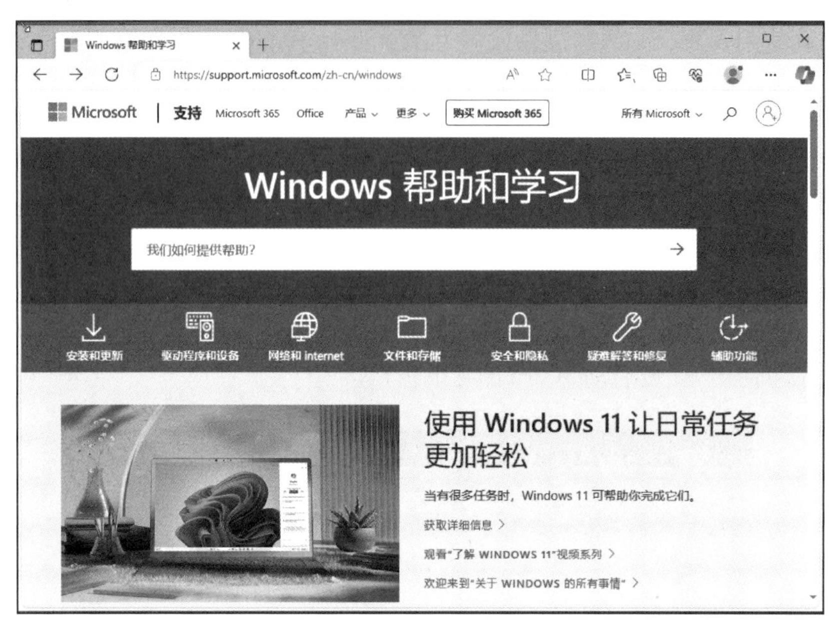

图 3-33　微软支持网站

3. 在对话框中使用"获取帮助"功能

为指导用户操作，Windows 在很多对话框中都设置有"获取帮助"功能，如图 3-34 所示。当用户点击"获取帮助"后，系统将弹出"获取帮助"服务窗口，如图 3-35 所示，一个虚拟代理将为用户提供交互性的帮助服务。

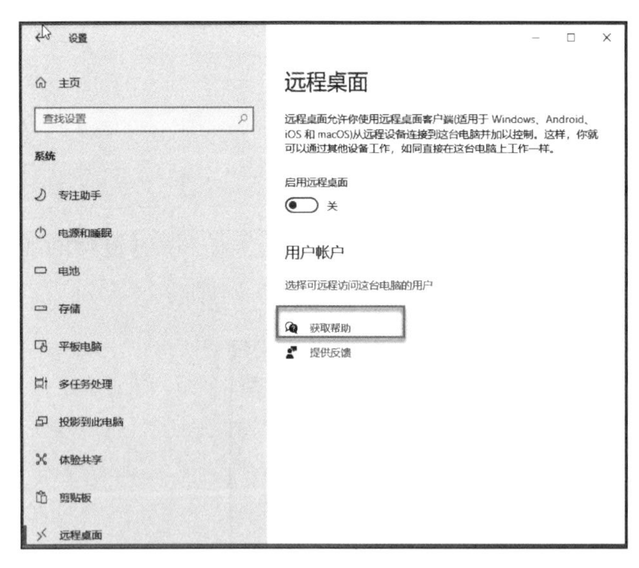

图 3-34　对话框中的"获取帮助"功能

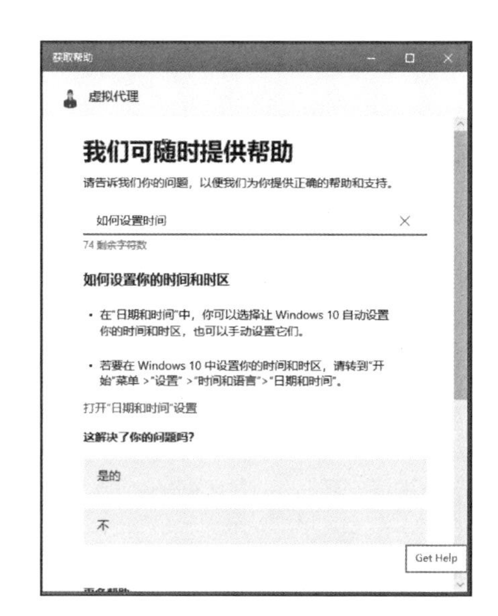

图 3-35　"获取帮助"服务窗口

第 4 章 Windows 10 资源管理

几乎所有 Windows 10 的任务都需要处理文件和文件夹以及使用存储资源。Windows 10 处理文件和文件夹的工作分为三类：组织与管理文件和文件夹、搜索文件和文件夹、保证文件和文件夹的安全。Windows 10 对文件和文件夹的管理工具是“此电脑”和“文件资源管理器”。其中，“文件资源管理器”是实现文件管理的专用工具，也是 Windows 10 中各种资源的管理中心。

4.1 文件和文件夹简介

文件是记录在存储介质上的一组被命名的相关信息的集合，它可以是程序、数据或其他信息。文件保存在磁盘的文件夹中。文件夹中包括文件，也可以包括其他文件夹。Windows 10 中的文件夹不仅指磁盘目录，它还代表以目录形式存放的信息。例如，控制面板文件夹打开后，就像是打开了一个目录，各种图标就是保存在控制面板目录中的文件，但在磁盘上找不到“控制面板”这个文件夹。

4.1.1 文件概述

文件是一种抽象的机制，它提供在磁盘上存储信息和以后读取的方法。该抽象机制的重要特征是“按名存取”，即对文件的各种操作都是以文件名为基础开展的。

1. 文件的命名

文件的命名有一定规则，通常文件名由文件名和扩展名两个部分组成，如“办公自动化.docx”文件，其中“办公自动化”是文件名，是用户自定义的文件标识，“docx”是扩展名，它用于说明文件所包含信息的种类，即该文件的类型。文件名的长度在不同的系统中有不同的规定。在 Windows 10 中，文件名最长可由 255 个字符组成，文件名可使用多个分隔符和空格，但是下列字符不能出现在文件名中：

\ /：* ?”<> |

上述字符在 Windows 10 命令行中有特殊的意义，所以不能用它们作为文件名。常见的文件类型及其扩展名如表 4-1 所示。

表 4-1 常见文件类型及其对应的应用程序

扩展名	文件类型	扩展名	文件类型
DOCX	Word 文档文件	XLSX	Excel 表格文件
PPTX	PowerPoint 演示文件	EXE	应用程序文件
MDB	ACCESS 数据库文件	DLL	动态链接库文件
BMP	位图文件	FON	点阵字体文件
MID	MIDI 音乐文件	TXT	文本文件

续 表

扩展名	文件类型	扩展名	文件类型
COM	MS-DOS应用程序	GIF	图像文件
PDF	Acrobat 文档	WAV	WAV 声音文件
MP3	Mp3 音频文件	ZIP	ZIP 压缩文件
DBF	数据库文件	RAR	RAR 压缩文件
RTF	丰富文本格式文档	HTLM	Web 网页文件

2. 文件的类型

不同类型的文件对应不同的应用程序。例如，文本文件需使用“记事本”“写字板”等文字处理程序打开，而不能使用视频播放程序打开；图像文件则需使用“画图”等图像处理程序打开，而不能使用“记事本”打开。因此，了解文件的类型对于明确该文件的作用和使用方法非常有帮助。在 Windows 10 中，每一类文件都有一个对应的图标，根据图标也可以判断文件的类型，例如：是 Word 文件，是 Excel 文件。

3. 文件的属性

文件的属性包含了文件的基本信息，如文件类型、大小、位置及创建、修改时间等。此外，还包含了文件的控制属性，在下面的节中将详细讲解。

4.1.2 文件夹概述

文件夹又称为“目录”，是用来存放文件和子文件夹的。文件夹的命名也不能使用“\ /：＊?”<>”这些系统保留的字符。大多数操作系统，如 Windows、Unix、Linux 和 Macintosh 等，都采用树形目录结构，如图 4-1。

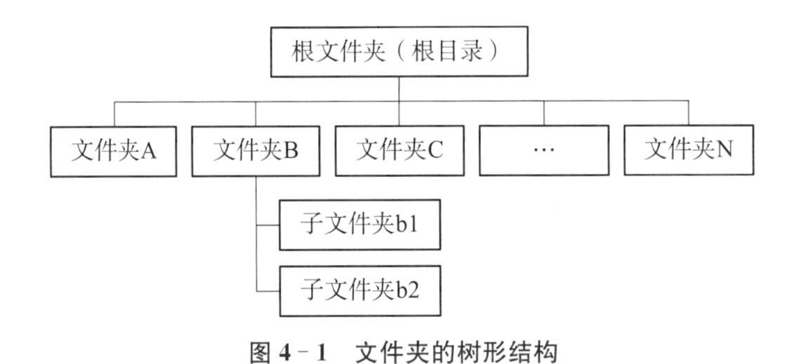

图 4-1 文件夹的树形结构

通常情况下，用“C:”表示安装有操作系统的主分区。如果硬盘有多个分区，分别使用“D:”“E:”等表示。

4.2 文件与文件夹管理工具

“此电脑”和“文件资源管理器”都是 Windows 10 中管理系统资源的重要工具。它们实际上是相同的应用程序，两者的区别仅在于使用“此电脑”查看资源默认显示连接到计算机的磁盘驱动器和其他硬件情况，而“文件资源管理器”默认显示“快速访问”。

4.2.1 “此电脑”窗口简介

1. 启动“计算机”窗口

在“开始”菜单中，在“Windows 系统”下，选择 此电脑 命令，就可以打开“此电脑”窗口，如图 4-2 所示。该窗口中包括了计算机中的硬盘、可移动存储设备及系统任务与其他位置的链接图标。

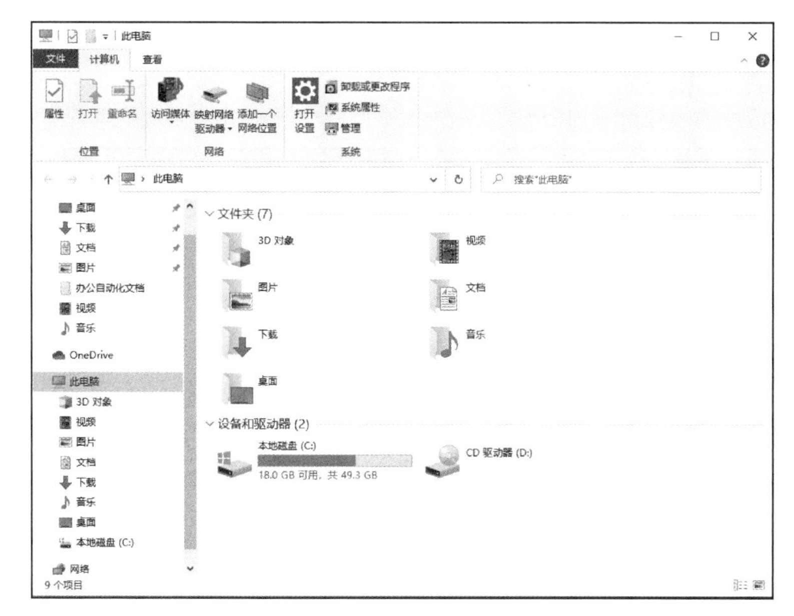

图 4－2　“此电脑”窗口

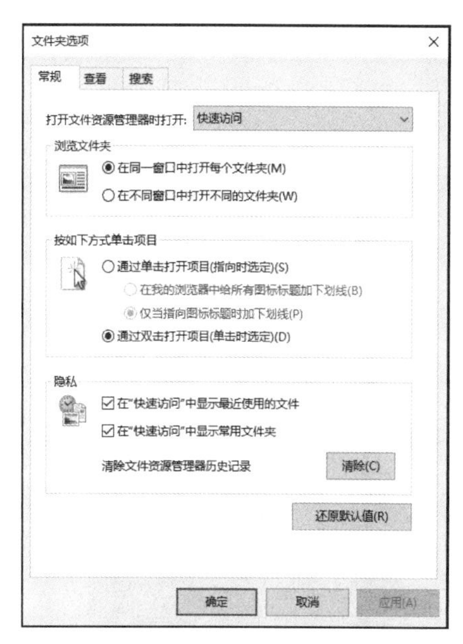

图 4－3　“文件夹选项”对话框

2. 浏览“此电脑”窗口

使用“此电脑”可以查看计算机中的各种信息，如文件、文件夹和打印机等。用户若想了解某个磁盘或文件夹的具体内容，用鼠标双击该图标，系统会显示用户选定的磁盘、文件夹或文件对象的内容。

> 根据用户对“浏览文件夹”方式的设置，系统会再打开新的一个窗口显示其具体内容或者在原有的窗口中显示新内容。

3. “浏览文件夹”方式的设置

在“计算机”窗口中，浏览文件夹有两种不同的方式：在同一窗口中浏览新内容或者是打开新窗口浏览新内容。设置浏览文件夹方式的步骤如下：

① 在“此电脑”窗口中点击“查看”菜单，选择其中的“选项”命令，打开如图 4－3 所示对话框。

② 在“常规”选项卡的“浏览文件夹”一栏，用户可以选择“在同一窗口打开每个文件夹”或者选择“在不同窗口中打开不同的文件夹”。

③ 利用鼠标点击“文件夹选项”对话框的“确定”按钮来启动设置。

> 对“此电脑”窗口中“风格”的设置以及“浏览文件夹”方式的设置，同样应用于“文件资源管理器”窗口。

4.2.2　“文件资源管理器”简介

1. 启动“文件资源管理器”

启动“文件资源管理器”的方法有如下几种：

① 从任务栏启动：从任务栏的快速启动工具栏中点击按钮启动。

② 从“开始”菜单中启动：单击“开始”菜单，从“Windows 系统”中，用鼠标器单击 文件资源管理器 命令启动。

③ 从“开始”菜单按钮的快捷菜单中启动：在桌面的“开始”菜单按钮上右击鼠标，在弹出的快捷菜单中选择“资源管理器”命令启动，如图4－4所示。

④ 使用“Windows＋E”组合按键。

打开的“文件资源管理器”窗口如图4－5所示。

图4－4　开始菜单的弹出菜单

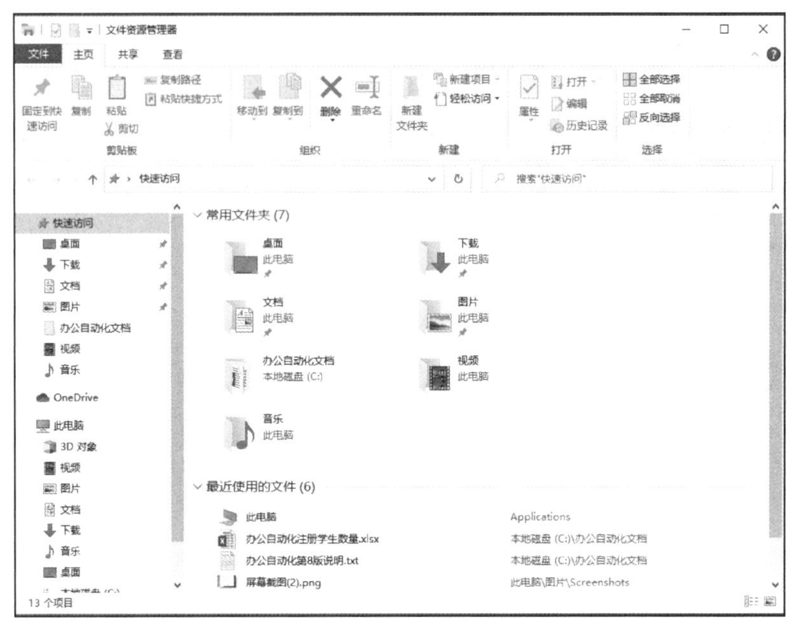

图4－5　“文件资源管理器”窗口

2. 关闭“文件资源管理器”

关闭“文件资源管理器”的方法很多，有如下几种：

① 在“文件资源管理器”窗口的“文件”菜单中执行“关闭”命令。

② 用鼠标单击控制面板的关闭按钮。

③ 使用组合键“Alt＋F4”。

3. 设置“文件资源管理器”窗口

“文件资源管理器”窗口的表现形式，可以根据用户的需要和使用习惯加以变化。下面介绍几项“文件资源管理器”窗口的重要设置。

① 调整“导航窗格”的大小：“导航窗格”和“文件夹内容窗格”中间有一条分隔条，为了调整两个部分的显示空间大小，可以将鼠标指针放在分隔条上，鼠标指针呈双箭头（⟷），拖动鼠标即可调整两个部分的显示空间大小。

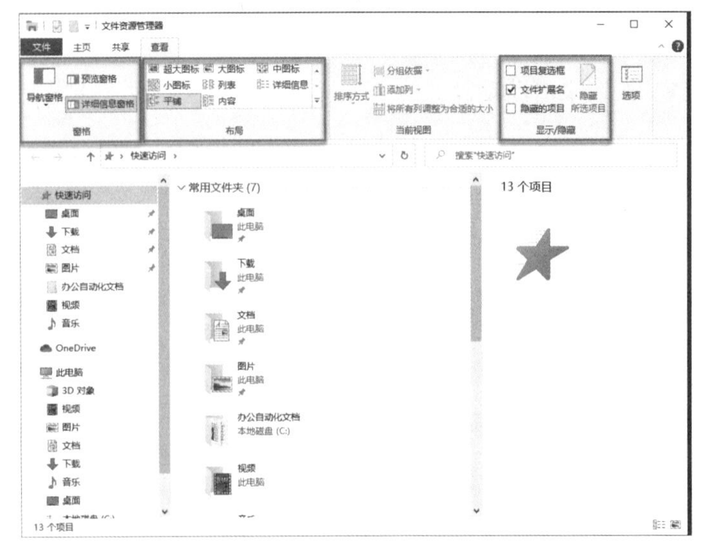

图4－6　“文件资源管理”窗口的查看菜单

② 改变窗口显示布局：“文件资源管理器”窗口的组成包括：菜单栏、功能区、导航窗格、细节窗格，可以改变布局进行设置，主要依靠“查看”菜单中的功能区实现，如图4－6。改变布局的步骤如下。

关闭/开启“导航窗格”。在“窗格”区域中选中“窗格区域”的导航窗格下拉菜单，如图4－7，选中或者取消“导航窗格”命令，将能实现“导航窗格”的开启或者关闭。

关闭/开启“预览窗格”功能。从“窗格”区域中选中“预览窗格”，可以在内容窗格的右侧，显示被选中对象的预览内容。选中不同的对象，预览的结果会有所不同。

关闭/开启“详细内容显示”功能：从“窗格”区域中选中“详细信息窗格”，可以在内容功能区中的右侧，显示被选中对象的详细内容，如导航区当前选中“快速访问”，详细内容将显示该区域中的项目信息。选中不同的对象，详细区域显示的内容会有所不同。

关闭/开启“文件扩展名”功能：在“显示/隐藏”区域，选中“文件扩展名”，使得该项前面出现 ✔，将开启对文件的扩展名的显示。若决定撤消项目，用鼠标器点击对应的工具项，取消该项前面的 ✔。

关闭/开启“隐藏项目”功能：在“显示/隐藏”区域，选中“隐藏的项目”，使得该项前面出现 ✔，将显示被设置为隐藏属性的文件或文件夹否则将不显示。如图 4-7 所示。

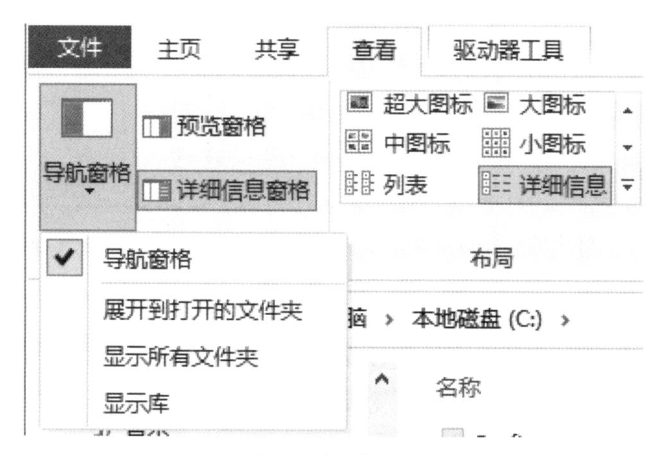

图 4-7 “导航窗格”的开启或关闭

4.3 文件和文件夹的组织与管理

在 Windows 10 中，文件和文件夹是重要的信息资源。文件和文件夹的逻辑关系如同书和抽屉。文件放在文件夹中如同书存放在抽屉中，实现有条不紊地管理；文件夹中有子文件夹如同大的抽屉中可以再有小的抽屉，表现出信息的有效分类。对文件和文件夹的组织和管理可以方便地在“文件资源管理器”中完成。

4.3.1 通过“文件资源管理器”浏览文件和文件夹

1. 打开文件夹

打开文件夹是指将一个文件夹指定为当前文件夹，同时利用文件夹内容框来浏览该文件夹的具体内容。在“文件资源管理器”窗口中打开文件夹的方法主要有两种：

① 在“导航窗口”的树形列表中，用鼠标器单击要打开的文件夹。

② 在“内容框”中，用鼠标器指针双击要打开的文件夹。

2. 展开和折叠文件夹

我们已经发现，“文件资源管理器”左侧的“导航窗格”文件夹框中，许多文件夹左侧带有“ ⌄ ”或“ › ”符号的框。有“ › ”表示在这个文件夹下还有子文件夹，但在文件夹列表框中“树形结构”中没有显示出来，单击“ › ”后可以展开此文件夹，并显示下一级文件夹的组成；有“ ⌄ ”表示这个文件夹已经展开了，单击“ ⌄ ”后可以再次折叠此文件夹，并恢复到“ › ”状态。各种文件夹的情况如图 4-8 所示。

3. 查看文件属性

选择要查看的文件，在文件图标上单击鼠标右键，就可以打开文件的快捷菜单，选择“属性”命令，即可打开“属性”对话框，如图 4-9 所示。文件属性对话框中包含了一些文件的基本信息，如文件类型、大小、位置及创建、修改、访问的时间，还包括了文件的两个属性：只读、隐藏。因为文件类型的不同，打开的文件属性对话框有所不同。

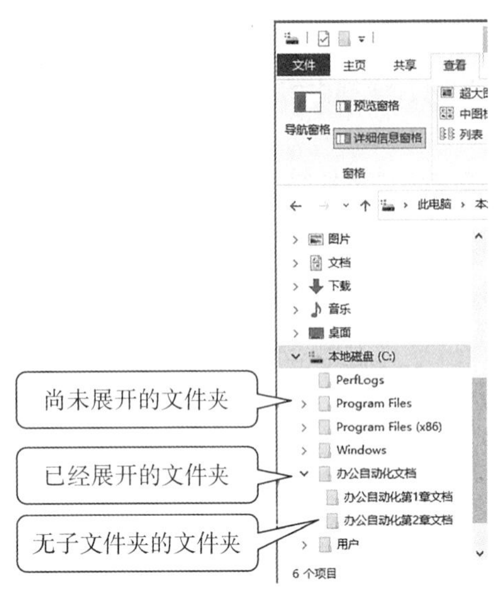

图4-8　文件夹的展开与折叠

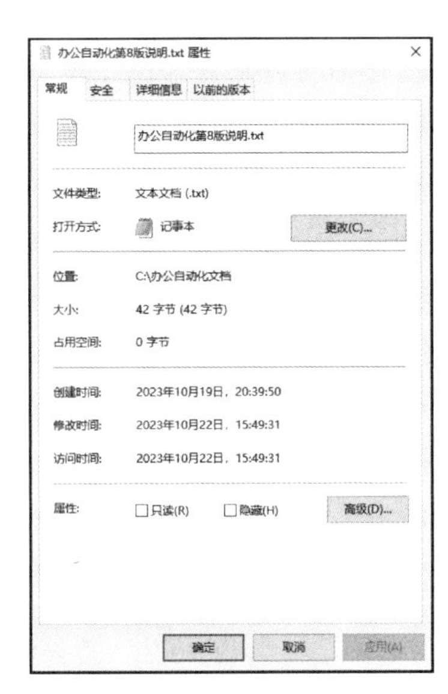

图4-9　文件属性对话框

在只读属性前面打勾，文件就加了写保护，用户只能读而不能修改这个文件。

在隐藏属性前打勾，一般状态下便不能见到该文件了，这是一种简单的文件保护方法。系统文件为了防止用户因误操作而破坏系统，一般都设置成了隐藏。

4. 打开文件

在 Windows 10 中，用户可以编辑的文件一般都是用特定的应用软件进行创建和编辑的，如 Microsoft Word 创建的文档文件，Microsoft Excel 创建的电子表格文件等。打开这些文件，就是利用这些对应的应用软件打开这些文件，并浏览其中的内容。

打开文件的方法是：在文件夹内容框中使用鼠标双击这个文件，系统就会启动创建该文件的应用程序并打开该文件。例如，双击一个名为 aa. docx 的文档文件，系统会启动 Microsoft Word 并打开 aa. docx 文件。这样，Microsoft Word 就是扩展名为 docx 文件的默认打开方式。同样，若打开一个名为 bb. xlsx 的电子表格文件，双击该文件名后系统会启动 Microsoft Excel 并打开该文件。

4.3.2　设置“文件资源管理器”的“文件夹内容框”显示方式

在“文件资源管理器”的文件夹内容框中，列出了当前文件夹包括的文件和文件夹。用户可以利用“查看”菜单中布局组中的命令，如图4-10所示，改变文件夹内容框的显示方式。显示方式有如下几种：

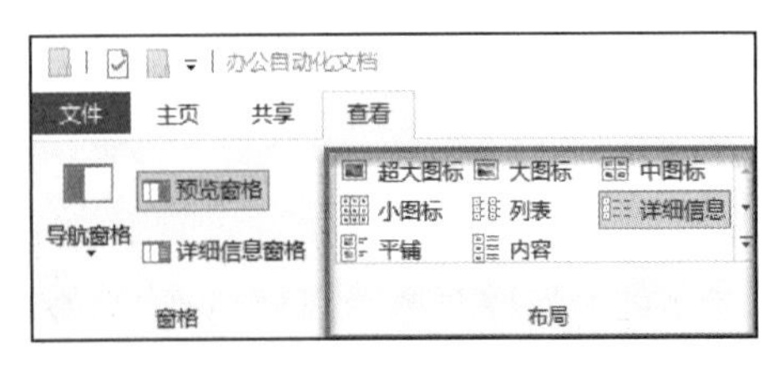

图4-10　查看文件方式

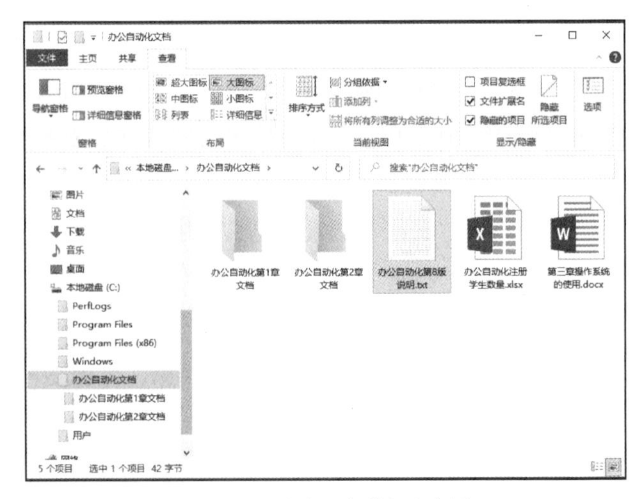

图4-11　“大图标”方式查看

① “图标”方式：该方式可以将对象呈现为一个图标，对于图片及视频文件可以直接预览，方便用户查找。

该方式具体包括“超大图标”“大图标”“中图标”和“小图标”。其中,“大图标”方式查看效果如图 4 - 11 所示。

② “列表”方式:该方式将对象呈现为一个列表,但是不显示具体属性。其查看效果如图 4 - 12 所示。

③ “详细信息”方式:这种方式列出对象的详细属性,如“名称”“大小”“类型”和“修改时间”等。用鼠标点击属性栏向下的小箭头,将弹出筛选对话框。用户可以按照属性对文件或文件夹进行筛选。其显示方式如图 4 - 13 所示。

④ “平铺”方式:该方式将对象平铺呈现。其显示方式如图 4 - 14 所示。

⑤ “内容”方式:该方式将显示对象的部分属性。其显示方式如图 4 - 15 所示。

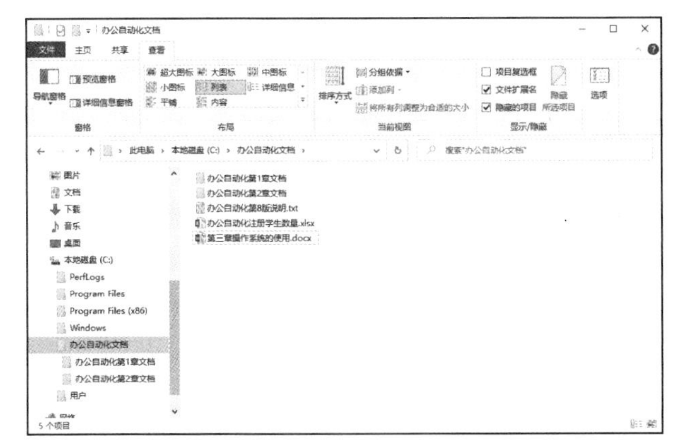

图 4 - 12　“列表”方式查看

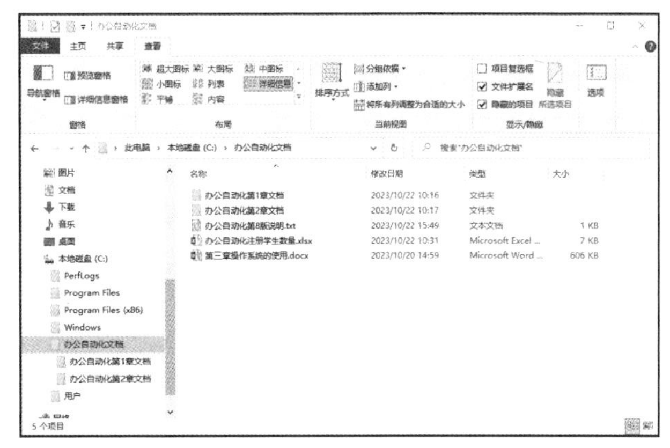

图 4 - 13　“详细信息”方式查看

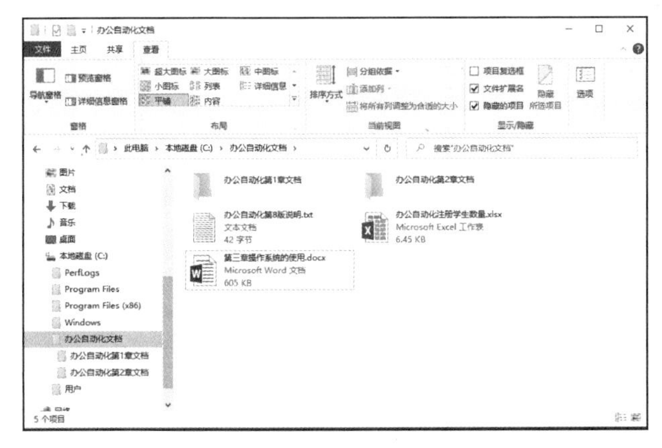

图 4 - 14　“平铺”方式查看

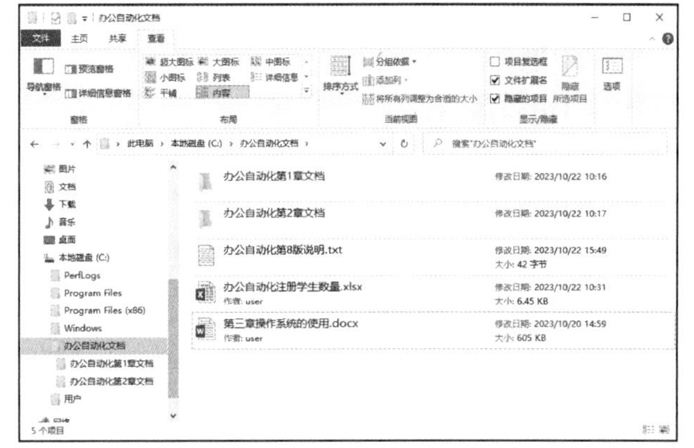

图 4 - 15　“内容”方式查看

4.3.3　排列文件和文件夹

按某个属性对文件或文件夹进行有效的排序,可以方便用户查找文件。排序文件或文件夹常用以下几种方法:

① 在“文件资源管理器”窗口的“查看”菜单中,选择“排序方式”下拉列表按钮,从在下一级菜单中选择排序条件,如图 4 - 16 所示,用户可以根据需要选择对应的排序方式。图 4 - 16 显示了按照文件名称的排序结果。

② 在内容窗口中的空白处右击鼠标,弹出快捷菜单,如图 4 - 17 所示。在“排列方式”子菜单中用户可以选择所需的排序方式。

③ 在“详细资料”显示方式下,单击文件夹内容条上“名称”“大小”等按钮(名称　修改日期　大小),就能按相应的内容排列文件夹内容;再次单击,可改变该按钮对应属性的排列的升降次序。

④ 若上述方法仍不能满足需要,可以在内容窗口的空白处右击鼠标,在如图 4 - 17 所示的弹出快捷菜单中选择“更多”命令。系统打开“选择详细信息”对话框,如图 4 - 18。用户根据需要选择相应的复选框,完成后点击“确定”按钮退出。新添加的选项会出现在“排序方式”菜单中。

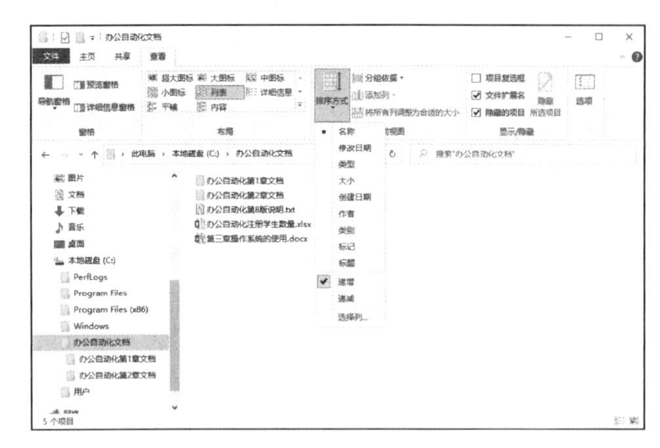

图 4－16　利用“查看”菜单设置排序文件方式

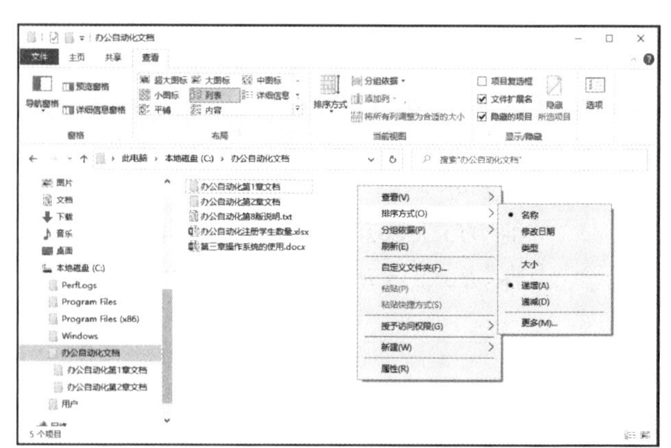

图 4－17　利用快捷菜单设置排序文件方式

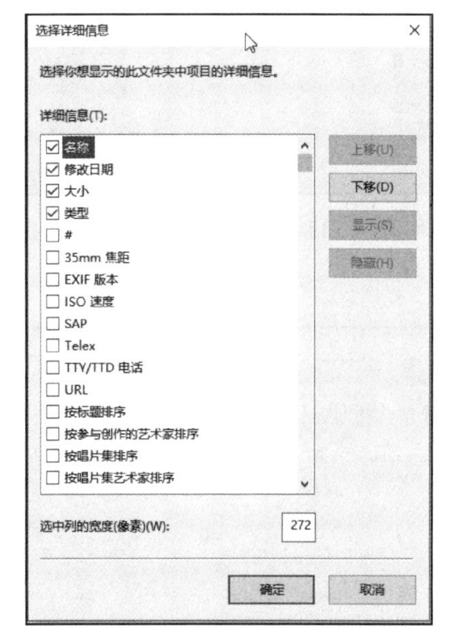

图 4－18　“选择详细信息”对话框

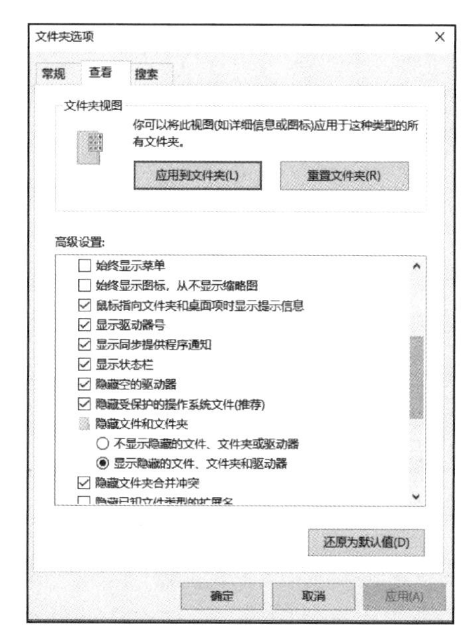

图 4－19　“文件夹选项”对话框的“查看”选项卡

4.3.4　设置查看属性

利用“文件资源管理器”对文件的管理中，如需要隐藏系统文件、显示文件扩展名、在标题栏显示当前目录完整路径等，这些设置可以在“查看”菜单的功能区或者“文件夹选项”对话框中进行设置，如图 4－19 所示。用户可以通过“文件资源管理器窗口”的“工具”菜单的功能区，鼠标单击“选项”命令打开“文件夹选项”对话框。

对“文件夹选项”对话框的“查看”选项卡，在“高级设置”区域中，通过对复选框和单选按钮的选择，用户可以完成相应的设置工作。各个选项的功能如下：

① “不显示隐藏的文件、文件夹或驱动器”单选项：该项被选中，文件夹内容框将不显示文件属性为“隐藏”的对象，效果如图 4－20 所示。

② “显示所有文件、文件夹和驱动器”单选项：该项被选中，文件夹内容框将显示该文件夹中所有类型文件和文件夹，如图 4－20 所示。

③ “隐藏已知文件类型的扩展名”复选按钮：该选项被选中后，文件的扩展名将不会显示在内容框中，如图 4－21 所示。

④ “在标题栏显示完整路径”复选按钮：该选项被选中后，在标题栏将显示被选中对象的完整路径表示，如图 4－21 所示。

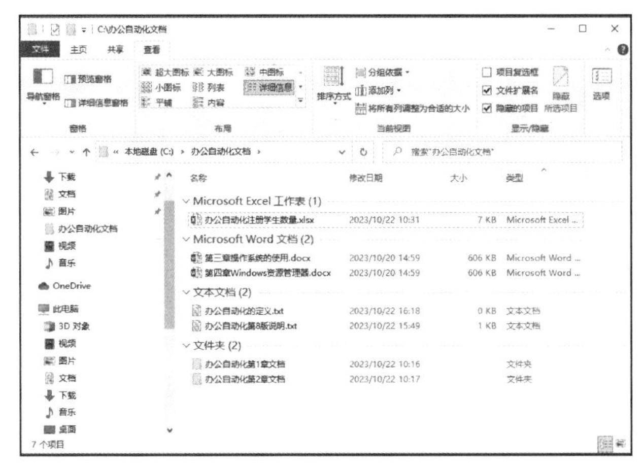

图 4-20　显示文件扩展名的效果

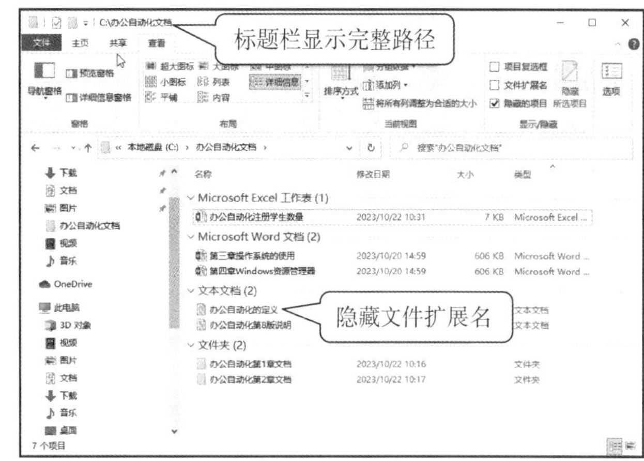

图 4-21　隐藏文件扩展名的效果

设置完毕后，按“确定”按钮使所有改动生效。

上述操作，部分内容也可以通过在“查看”菜单的“显示/隐藏”功能区域中选中相关选项来执行，如图 4-22 所示。

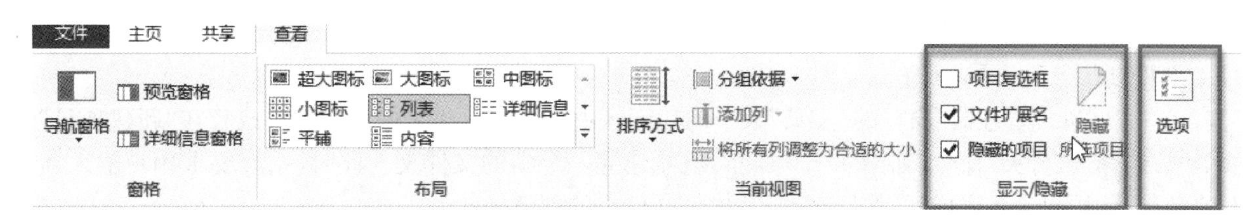

图 4-22　“查看”菜单的功能区

4.3.5　选定文件或文件夹

在进行各项文件管理任务之前，首先要选定操作的对象。用户可以选定一个或同时选定多个操作对象。在“文件资源管理器”窗口中选定文件或文件夹后，被选定的对象呈现“蓝底”的显示样式。选定操作对象的方法常见如下几种：

1. 选定一个文件或文件夹

移动鼠标指针到操作对象上，单击鼠标，被选定的对象呈现“蓝底”显示样式。

2. 拖动鼠标器选定多个文件或文件夹

在文件夹内容框空白处，按下鼠标器左键不放，并且拖动鼠标器，屏幕出现一个虚线框，如图 4-23 所示，将虚线框囊括需选定的文件或文件夹对象，再释放鼠标左键，就完成了对多个文件或文件夹的选定。

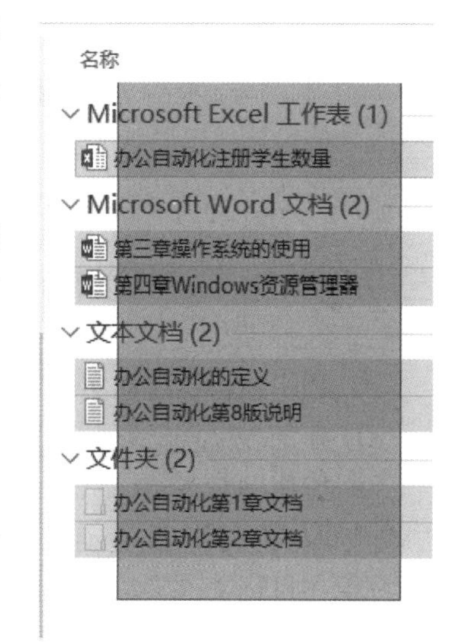

图 4-23　选择多个文件或文件夹

3. 选定多个连续文件或文件夹

移动鼠标器指针至需选定的第一个对象上，单击鼠标器，然后按住键盘的 Shift 键，再用鼠标器点击最后一个对象，完成对连续多个操作对象的选择。

4. 选定多个不连续的文件或文件夹

在键盘上按住 Ctrl 键不放，然后用鼠标器依次单击要选定的对象。

5. 选定文件夹内容框中的所有文件或文件夹

在文件资源管理器窗口中执行“编辑”菜单中的“全部选定”命令，或者利用键盘执行“Ctrl＋A”命令。

6. 反转所选的项

首先，用户在所有对象集合中选定欲排除的对象，然后在“主页”菜单的功能区执行“反向选择”命令，如图4-24所示。

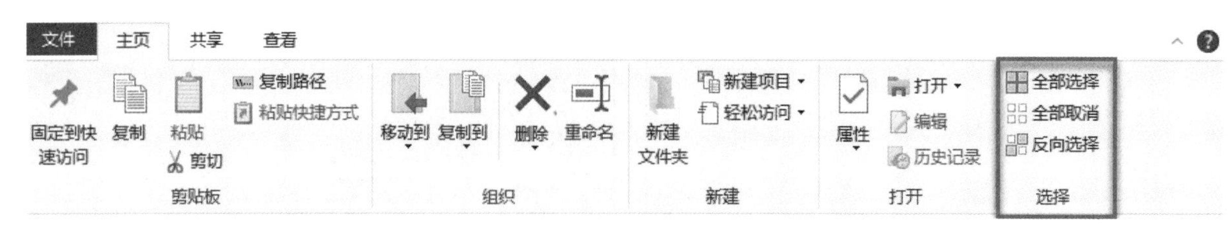

图4-24 “反向选择”命令

7. 取消一项选定

在已经选定的操作对象的范围内，按住键盘上的Ctrl键不放，然后用鼠标器点击决定取消的操作对象，即可取消对该项的选定，同时不影响对其他对象的选定。

8. 取消所有选项

已经选定操作对象后，在文件夹内容框的空白位置用鼠标器单击一下，放弃所有已选内容。

4.3.6 创建新的文件夹

在创建新文件夹之前，首先要确定新建文件夹的位置。在“文件资源管理器”窗口左侧的“导航窗格”中，用鼠标器选定新建文件夹的位置，它可以是某个驱动器，也可以是某个已存在的文件夹。常用的创建新的文件夹的方法有以下两种：

① 在“文件资源管理器”窗口的“主页”菜单的功能区中，选择“新建文件夹”命令，或者在“新建项目”的子菜单中，选择“文件夹”命令，如图4-25所示，就能建立一个新的文件夹。此时，系统要求用户输入新文件夹的名称，待用户命名完成后，按回车键，完成新文件夹的创建任务。

② 选定新建文件夹的位置后，在文件夹的内容框中右击鼠标器，在快捷菜单中选择“新建”子菜单，然后再选择“文件夹”命令，如图4-26所示。之后系统要求用户对新文件夹命名，操作方法与方法一相同。

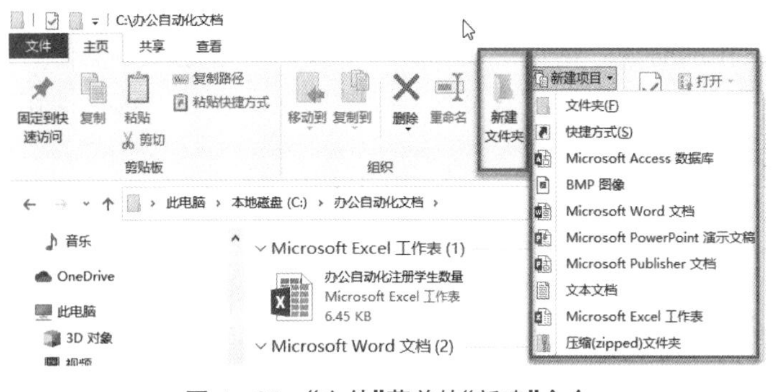

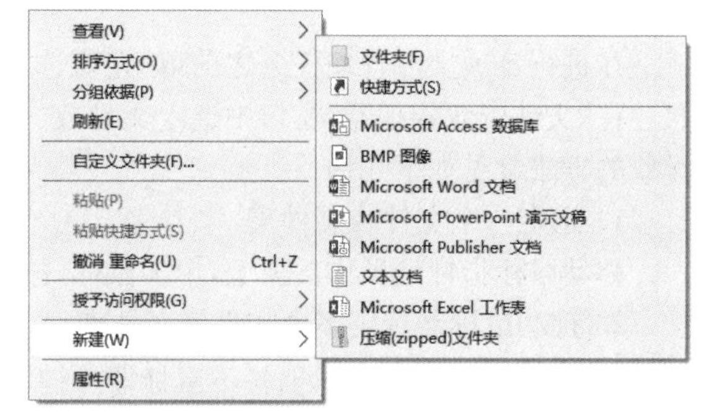

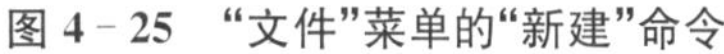

图4-25 “文件”菜单的“新建”命令　　图4-26 文件夹内容框的弹出菜单

4.3.7 移动文件或文件夹

移动文件或文件夹的目的是改变它们的存储位置，从原来位置“搬家”到新位置上。实现该操作有三种常用方法，步骤分别如下：

1. 利用鼠标器拖动实现对文件或文件夹的移动

① 在“文件资源管理器”窗口中，选定一个或多个准备移动的文件或文件夹。

② 按住键盘Shift键（若在不同的驱动器之间移动文件或文件夹需要按住键盘Shift键，否则不需要），并按住鼠标左键不放，拖动鼠标。此时，鼠标器的指针带动文件的图标一起移动。

③ 在目标文件夹的图标上释放鼠标左键，完成移动任务。

2. 利用“移动到文件夹”命令

① 在“文件资源管理器窗口”中，选定一个或多个准备移动的文件或文件夹。

② 在"主页"菜单功能区中选择"移动到"下拉菜单,从弹出的下一级菜单中选择对应的位置,如图 4-27 所示。如目标位置不在命令中,用户可以选择"选择位置"命令,系统打开"移动项目"对话框,如图 4-28 所示。

③ 在"移动位置"对话框中选定移动目标位置,按"移动"按钮,完成移动任务。

图 4-27 "移动到"下拉菜单命令

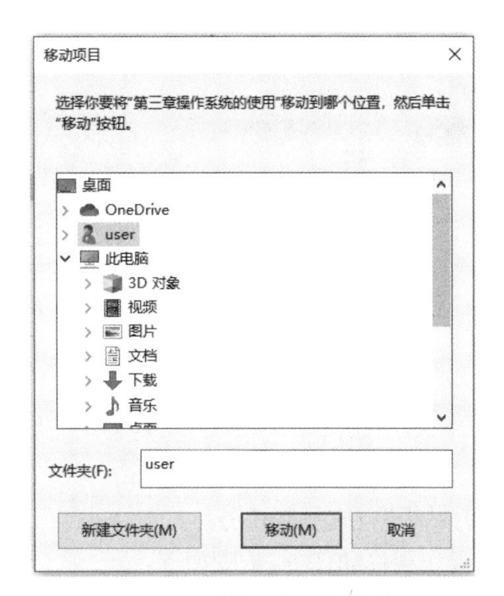

图 4-28 "移动项目"对话框

3. 利用"剪贴板"移动文件或文件夹

除了利用鼠标器拖动的方式来移动或复制文件外,Windows 10"文件资源管理器"中还提供了用"剪贴板"进行剪切和粘贴来完成这些任务。"剪贴板"是 Windows 10 中提供用于暂时存放信息的存储区。"剪贴板"可以存放各种信息,如文本、图片、声音、动画等。当使用"剪贴板"来移动文件时,首先需要将文件保存到"剪贴板"上,再从"剪贴板"上传送到目标位置处。这些操作可以通过菜单命令来实现,也可以通过快捷菜单命令来实现。

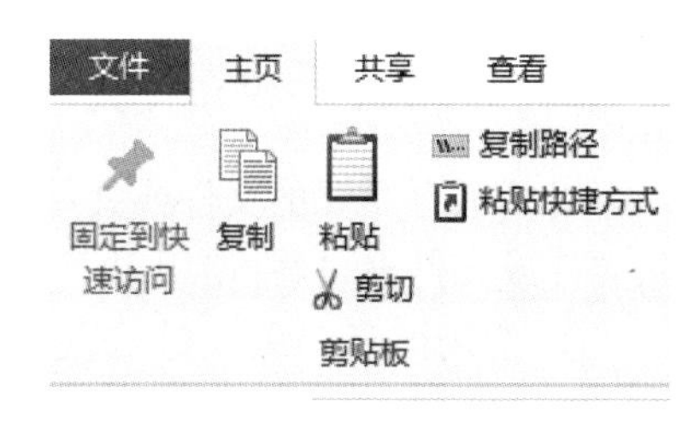

图 4-29 利用"剪贴板"栏实施移动

利用"剪贴板"实现移动任务步骤如下:

① 在"文件资源管理器"窗口中,选定一个或多个准备移动的文件或文件夹。

② 选择"主页"菜单功能区中的"剪切"命令。

③ 找到并打开目标文件夹,在"主页"菜单功能区中选择"粘贴"命令,完成移动任务。

4.3.8 复制文件或文件夹

复制文件或文件夹是指保留原来文件或文件夹的同时,在新位置为它们建立一个复制品。复制文件或文件夹与移动它们的操作步骤相似,大致也可分为三种。

1. 利用鼠标器"拖动"实现对文件或文件夹的复制

① 在"文件资源管理器"窗口中,选定一个或多个准备移动的文件或文件夹。

② 按住键盘 Ctrl 键(若在不同的驱动器之间移动文件或文件夹需要按住键盘 Ctrl 键,否则不需要),并按住鼠标左键不放,拖动鼠标,此时鼠标器的指针带动文件的图标一起移动,同时鼠标指针后有一个"+"标志。

③ 在目标文件夹的图标上释放鼠标左键,完成复制工作。

2. 利用"复制到文件夹"命令

① 在"文件资源管理器"窗口中,选定一个或多个准备复制的文件或文件夹。

② 在"主页"菜单的功能区选择"复制到"菜单,从弹出的下一级菜单中选择对应的位置,如图 4-30 所示。如目标位置不在命令中,用户可以选择"选择位置"命令,系统打开"复制项目"对话框,如图 4-31 所示。

③ 在"复制项目"对话框中选择一个目标位置,按"复制"按钮,完成复制任务。

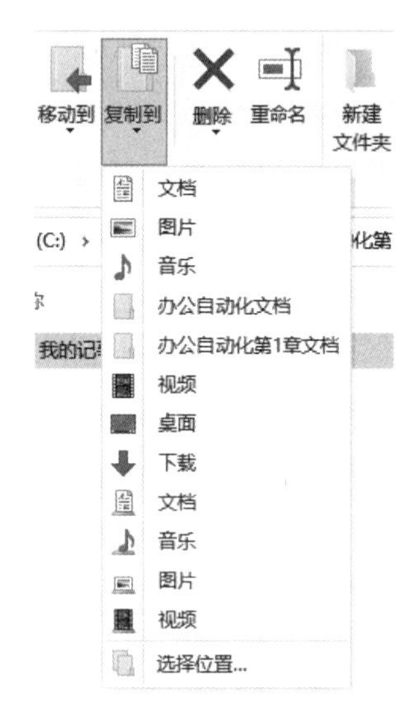

图 4-30　“复制到”下拉菜单命令

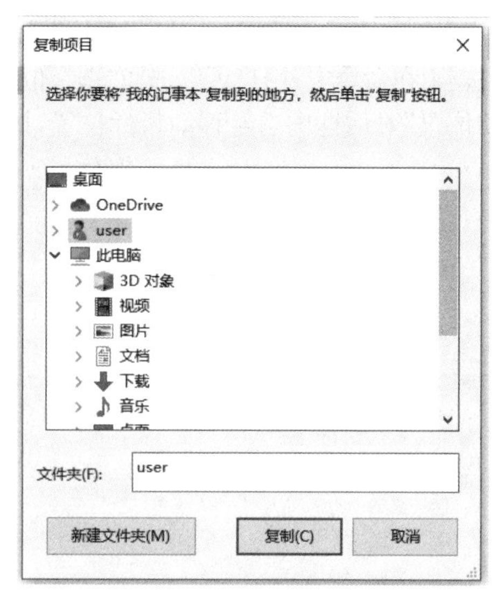

图 4-31　“复制项目”对话框

3. 利用“剪贴板”完成复制任务

利用剪贴板实现移动任务，步骤如下：

① 在“文件资源管理器”窗口中，选定一个或多个准备移动的文件或文件夹。

② 选择“主页”菜单的功能区中“复制”命令。

③ 找到并打开目标文件夹，选择“主页”菜单功能区的“粘贴”命令，即可完成复制。

4.3.9　删除文件或文件夹

对于不再需要的文件或文件夹，应当及时删除，这样既有效地管理了文件，又可以节省磁盘空间。删除文件或文件夹，通常使用以下几种方法：

① 使用键盘 Delete 键：选定要删除的文件或文件夹，然后按键盘上的 Delete 键。

② 使用弹出菜单：用鼠标右击欲删除的文件或文件夹，然后在快捷菜单中选择“删除”命令，如图 4-32 所示。

③ 使用“功能区”删除命令：选定要删除的文件或文件夹，然后选择“主页”菜单功能区中的“删除”命令，如图 4-33 所示。系统默认执行删除操作，但是这些文件并没有从物理上消失，它们被暂时保存在“回收站”中。若用户想执行直接删除命令，可以点击向下的箭头，打开子菜单，从中选择“永久删除”。若用户希望系统在删除时给出提示框，可以选中“显示回收确认”选项，这样在执行删除命令时，系统会给出删除确认对话框，如图 4-34 所示。

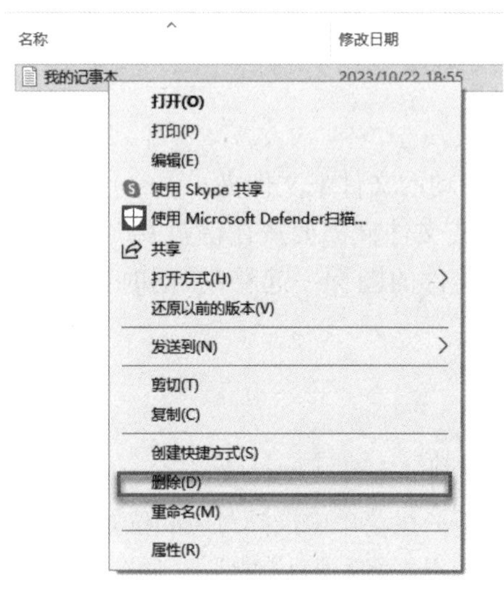

图 4-32　快捷菜单“删除”命令

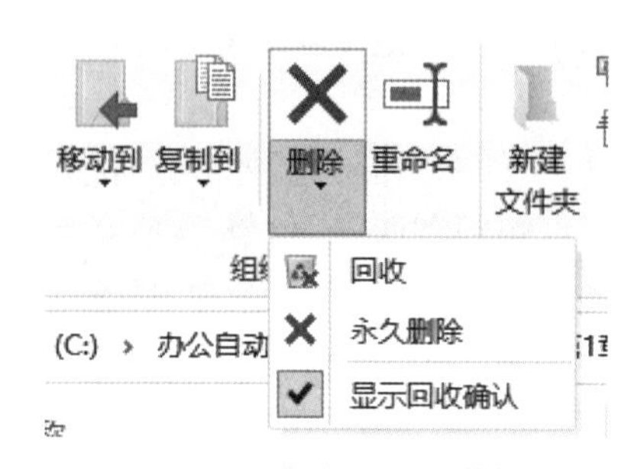

图 4-33　功能区“删除”命令

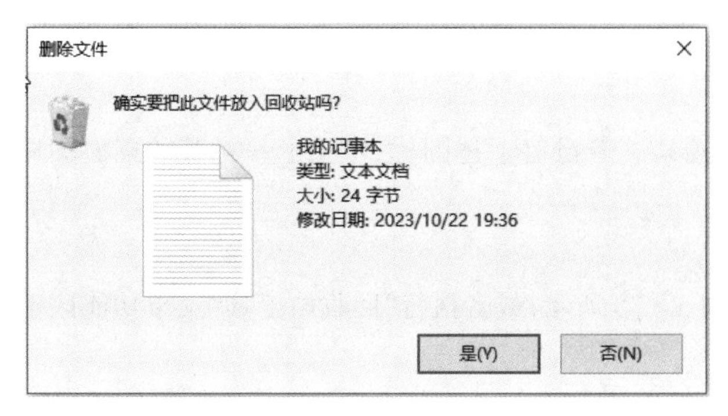

图4-34　删除文件到回收站对话框

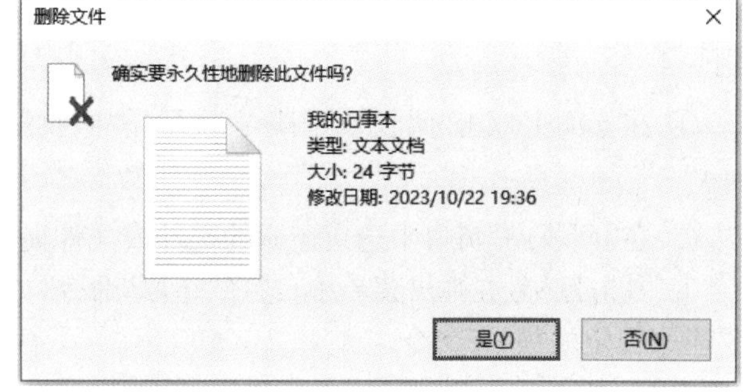

图4-35　永久删除文件对话框

"回收站"提供了安全机制。当您从硬盘删除项目时,Windows 10 会将其放到"回收站"中,此时"回收站"图标从空变为满。但是,从U盘或网络驱动器中删除的项目将被永久删除,而且不能发送到"回收站"。

如果我们决定直接彻底地删除某个文件,不再放入回收站时,可以用"Shift+Delete"键,这时系统弹出"删除文件"对话框,如图4-35所示。如果在该对话框中选择"是",该文件被删除;选择"否",则对该文件不做任何操作。

使用"Shift+Delete"键删除文件,被删除的文件或文件夹不保存到"回收站"中,不能被恢复,请用户谨慎使用该方法。

4.3.10　恢复被删除的文件或文件夹

如果用户误删了文件或文件夹,在一段时间之内可以恢复它们,方法有如下几种:

第一种方式:执行组合键"Ctrl+Z",实现"删除"操作的撤销。

第二种方式:使用"快速访问工具栏"的撤销命令。在"快速访问工具栏"菜单中执行"撤消"命令恢复原状。如果"撤消"命令图标未出现,可以利用"自定义快速访问工具栏"进行设置,如图4-36所示。

第三种方式:使用弹出菜单命令。在"文件资源管理器"内容窗口的空白处右击鼠标,在弹出菜单中执行"撤消 删除"命令,即可完成撤消,如图4-37所示。

图4-36　快速访问工具栏实现撤消

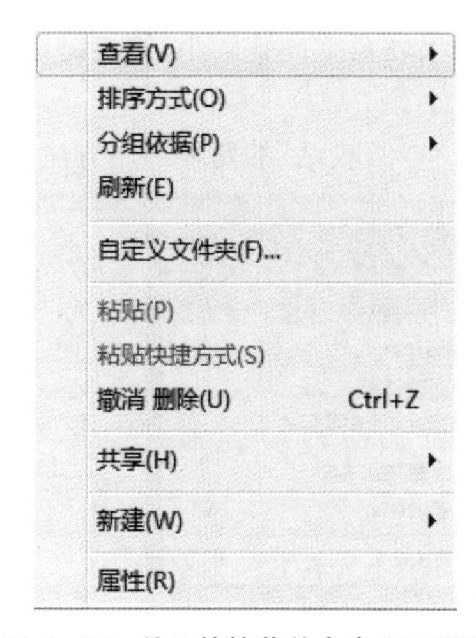

图4-37　使用快捷菜单命令实现撤消

第四种方式：利用“回收站”恢复被删除的文件或文件夹。利用“回收站”恢复文件或文件夹的步骤如下：

① 在桌面上双击“回收站”图标，打开“回收站”窗口。若没有上述图标，参见上一章节的桌面图标设置。

② 在“回收站”窗口中选定还原的文件或文件夹。

③ 右击鼠标，在弹出菜单中，选择“还原”命令，如图 4－38 所示；或者执行“回收站工具”菜单功能区下的“还原选定的项目”命令。

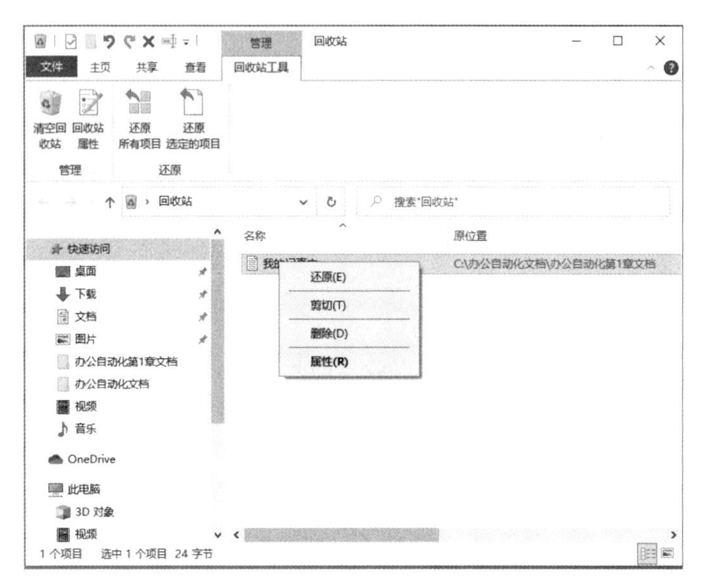

图 4－38 在“回收站”窗口中还原文件

如果被还原的文件原来所在的文件夹已经被删除，则在恢复过程中，该文件的文件夹也一起被恢复。

4.3.11 “回收站”管理

1. 清空“回收站”

“回收站”中的项目仍然占用硬盘空间，当“回收站”充满后，Windows 10 自动清除“回收站”中的空间以存放最近删除的文件和文件夹。

如果硬盘空间比较小，请始终记住清空“回收站”。也可以限定“回收站”的大小以限制它占用硬盘空间的大小。

清空“回收站”的两种常用方法是：

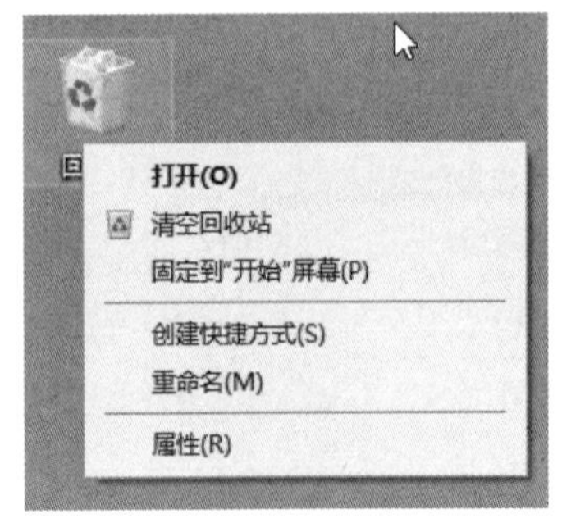

图 4－39 右击“回收站”图标

① 在桌面上用鼠标器右击“回收站”图标，在弹出菜单中选择“清空回收站”命令，如图 4－39 所示。然后，在弹出的“删除多个项目”对话框中点击“是”按钮。

② 在回收站窗口的“回收站工具”菜单功能区中，执行“清空回收站”命令。然后，在弹出的“删除多个项目”对话框中点击“是”按钮。

2. 设置“回收站”

“回收站”作为一个缓冲区，它是通过在硬盘上开辟专用区域来实现的，它的大小是有限度的。“回收站”默认的空间大小是硬盘总空间的 8%左右。如果待删除的文件超过了回收站的空间，系统将给予提示，这时将直接删除文件。空“回收站”的图表显示为： ；非空“回收站”的图表显示为 。

用户可以对“回收站”的大小、位置、使用方式等属性，进行不同的设置。用鼠标器右击桌面上的回收站图标，在弹出菜单中选择“属性”命令，出现“回收站 属性”对话框，其“常规”选项卡如图 4－40 所示。其中，各个部分的功能如下：

“自定义大小”单选按钮：选中后，用户可以自行设置回收站的大小。

“不将文件移入到回收站中。移除文件后立即将其删除”单选按钮：选中后，用户删除的文件将直接删除，不再移入到回收站中。

“显示删除确认对话框”复选框：选中后，用户在删除文件时，系统将给出确认对话框，否则将无对话框出现。建议用户选中该项来避免错误删除操作。

经过设置后，用户点击“确认”按钮实现回收站属性更改。

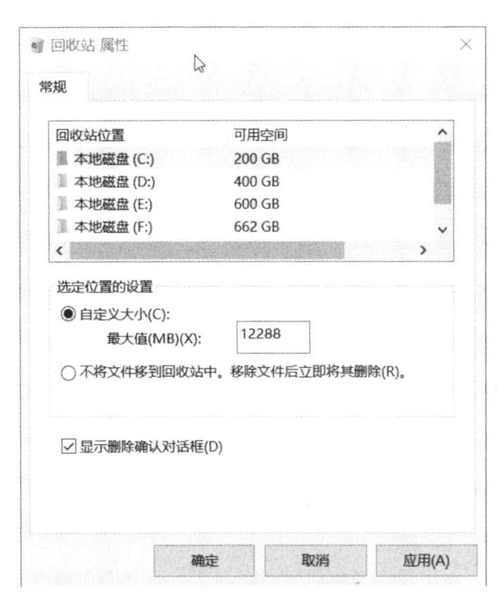

图 4－40　“回收站 属性”对话框

4.3.12　重命名文件或文件夹

拼音 A - F (7)
办公自动化第1章文档
办公自动化第2章文档
办公自动化的定义.txt
办公自动化第8版说明.txt
办公自动化注册学生数量.xlsx
第三章操作系统的使用.docx
第四章Windows资源管理器.docx

图 4－41　重命名文件

有些时候，用户在创建文件或文件夹之后，希望对它们重新命名，以方便记忆和查找。重命名文件或文件夹常用以下三种方法，以文件为例：

① 用鼠标器单击欲更名的文件，然后再一次单击该文件名，当文件名以“蓝底白字”显示并且四周出现一个方框时，如图 4－41 所示，在方框中输入新的文件名，然后回车或用鼠标器单击文件名外的任何地方，完成文件的更名。

② 选定欲更名的文件，然后选择“主页”菜单功能区中的“重命名”命令，进行文件更名，如图 4－42 所示。

③ 用鼠标器右击欲更名的文件，然后在快捷菜单中选定“重命名”命令，如图 4－43 所示，进行文件更名。

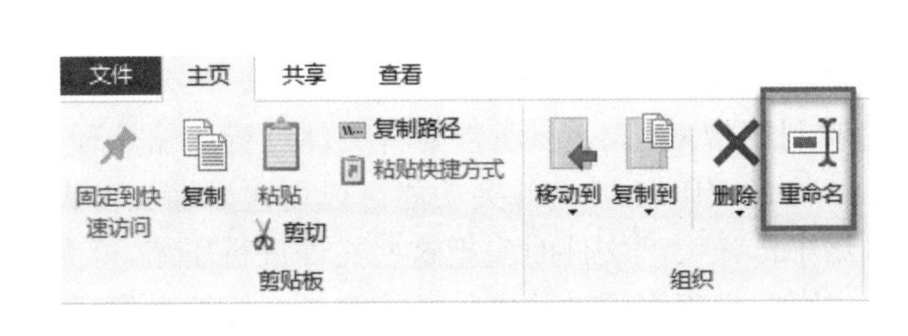

图 4－42　“重命名”弹出菜单

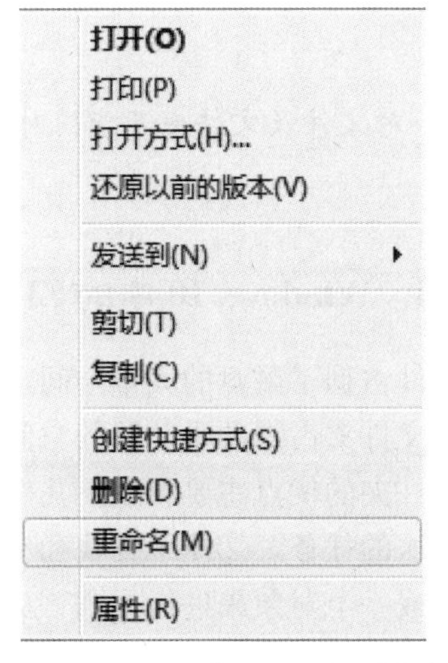

图 4－43　弹出菜单“重命名”命令

4.3.13　设置文件和文件夹的属性

选中文件或者文件夹，在“主页”菜单功能区中选择“属性”命令；或者右击文件或者文件夹图标，在弹出菜单中选择“属性”命令，打开文件属性对话框。在对话框中点击“高级”按钮，打开“高级属性”对话框，如图 4－44 所示。其各个组成部分的功能如下：

①“可以存档文件”复选框：选中该项，相关备份工具将对文件或者文件夹进行存档处理。

②“除了文件属性外，还允许索引此文件的内容”复选框：选中该项，所选文件或者文件夹的内容将被系统索引工具进行索引处理，这样用户可以按照内容查找文件和文件夹。

③“压缩内容以便节省磁盘空间”复选框：选中该项，指定该文件或者文件夹是否被压缩。压缩的目的是减少文件或者文件夹在磁盘上占据的空间。选中压缩选项的文件或文件夹的图标将出现两个蓝色对向箭头，如：。

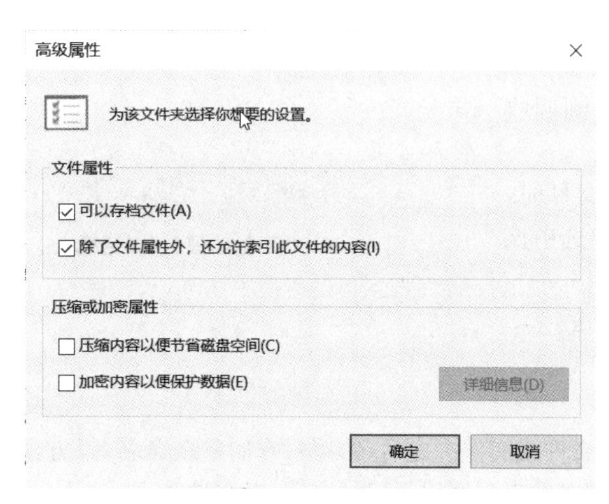

图 4－44 “高级属性”对话框

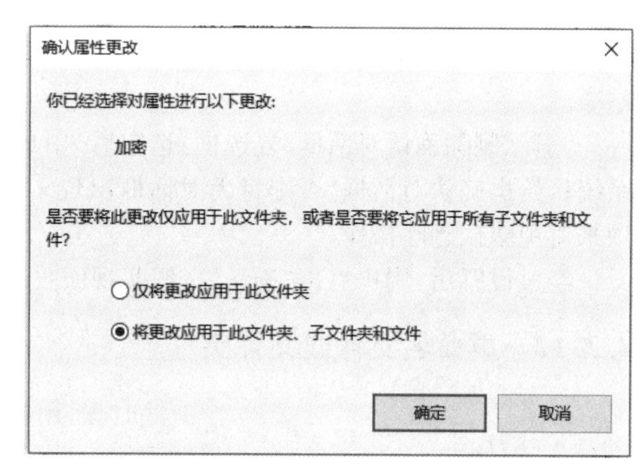

图 4－45 “确认属性更改”对话框

④“加密内容以便保护数据”复选框：Windows 10 为保护用户文件的安全，防止其他用户未经许可访问文件和文件夹，提供了该加密功能。选中“加密内容以便保护数据”复选框后，点击“确定”按钮，返回“属性”对话框，再点击其中的“确定”按钮，系统会弹出“确认属性修改”对话框，如图 4－45 所示。选择“将更改应用于此文件夹、子文件夹和文件”后，点击“确定”按钮。这样文件夹下的所有内容，包括下级文件夹内容都将被加密。加密后的文件或文件夹图标将出现一把锁，如：。同时，系统弹出备份加密秘钥对话框提示用户备份秘钥。用户访问其他用户的加密文件时，若未授权，系统会弹出“拒绝访问”对话框提示。

对文件及文件夹不能同时设置“压缩”和“加密”功能。

4.3.14 Windows 10 中的 ZIP 压缩文件夹功能

文件占据了磁盘的大量空间，给文件的传输和利用带来了不便，通常要将文件进行压缩处理，以减少文件及文件夹占据的驱动器的空间。Windows 10 中的 ZIP 压缩文件夹功能可以创建压缩文件夹。创建压缩文件夹的优点主要有以下几个方面：①在网络中传送大型文件时先把这些文件进行压缩，可大大减少网络传送的任务。②便于查找和利用各种软件。比如，把很多同类的文件压缩为一个压缩文件后，就可以把它当成一个对象来进行操作。③能够改变文件类型。有些邮件服务器不接受某些类型的文件，如 *.EXE 等。这时就可以把一个或多个这种类型的文件压缩成压缩文件，这样就能作为邮件的附件来发送了。

1. 创建压缩文件夹

创建压缩文件夹的具体步骤如下：

① 在“文件资源管理器”窗口中，进入待创建压缩文件的文件夹。

② 单击“主页”菜单中“新建”功能区，在“新建项目”的下级子菜单中选择“压缩(zipped)文件夹”命令，如图 4－46。新压缩文件夹被创建出来，临时文件名称为“新建压缩(zipped)文件夹”。

③ 为新压缩文件夹重新输入一个文件名，并按“Enter”键。

新建的压缩文件夹是一个空文件夹，对任何需要进行压缩的文件或文件夹，可以直接用鼠标左键拖动到这个空压缩文件夹中。

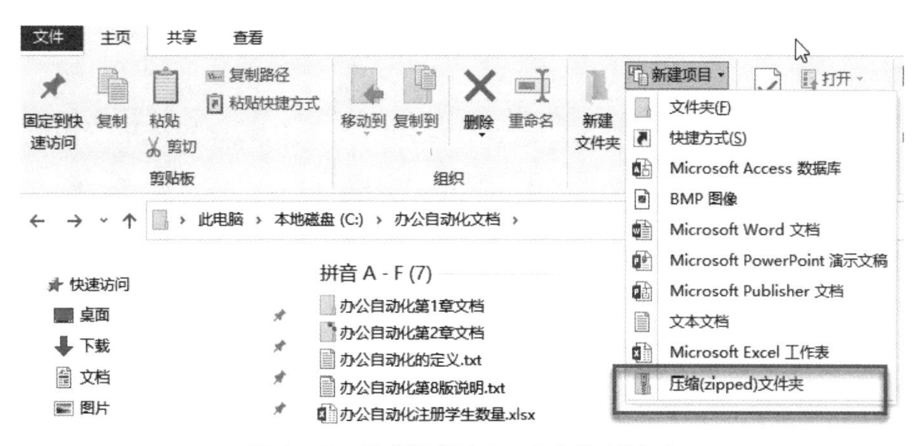

图 4 - 46 新建“压缩(zipped)文件夹”命令

用下面两种方式也可以创建压缩文件夹：

① 在“此电脑”或“文件资源管理器”的窗口空白处，或者在桌面上单击鼠标右键，在弹出的快捷菜单中选择“新建”，在下级子菜单中选择“压缩(zipped)文件夹”命令，如图 4 - 47 所示；

② 鼠标右键单击任何文件和文件夹，在弹出的快捷菜单中选择“发送到”，在下级菜单中选择“压缩(zipped)文件夹”命令项，如图 4 - 48 所示。

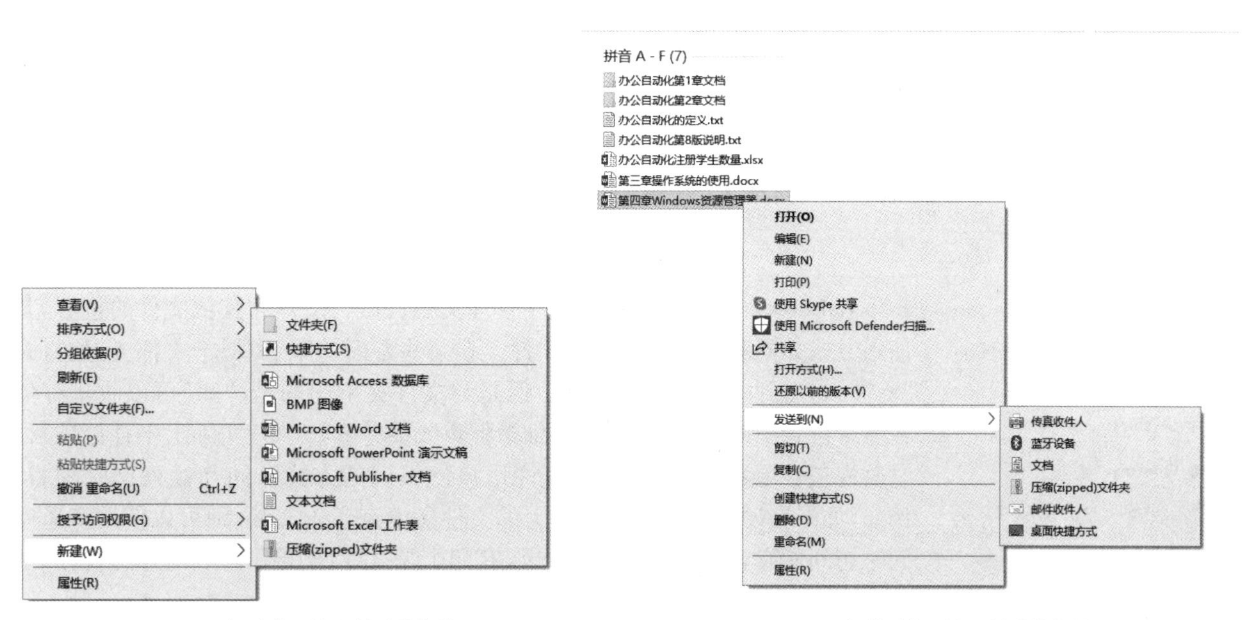

图 4 - 47 新建“压缩文件夹”菜单

图 4 - 48 发送到“压缩文件夹”菜单

2. 从压缩文件夹中提取内容

在 Windows 10 中打开压缩文件夹的方式与打开普通文件夹的方式相同，都是双击文件夹图标，进入压缩文件夹后进行相关操作。若要提取单个文件或文件夹，请双击压缩文件夹将其打开。然后，将要提取的文件或文件夹从压缩文件夹拖动到新位置。

4.3.15 打印文件

在许多场合需要书面的文档来传递信息，这样就需要将计算机中预先编制好的文件打印出来。在 Windows 10 中打印文档，首先要正确地安装打印机，该部分内容我们在后续章节阐述。打印文档的方法主要有以下两种：

① 通过创建文档的应用程序，使用该应用程序菜单中的打印命令。在应用程序中，如画图程序、写字板、Microsoft Word、Microsoft Excel，选择窗口左上角的 Office 按钮，在弹出菜单中选择“打印”命令。图 4－49 显示了打印写字板文件情况。

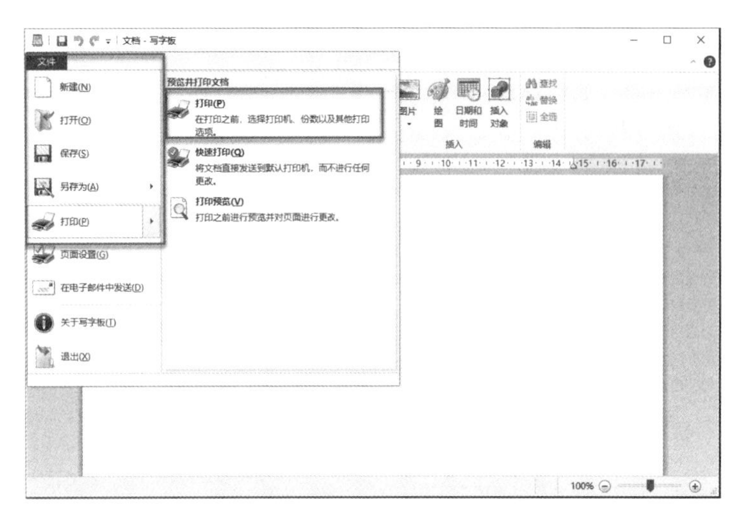

图 4－49　打印写字板文件

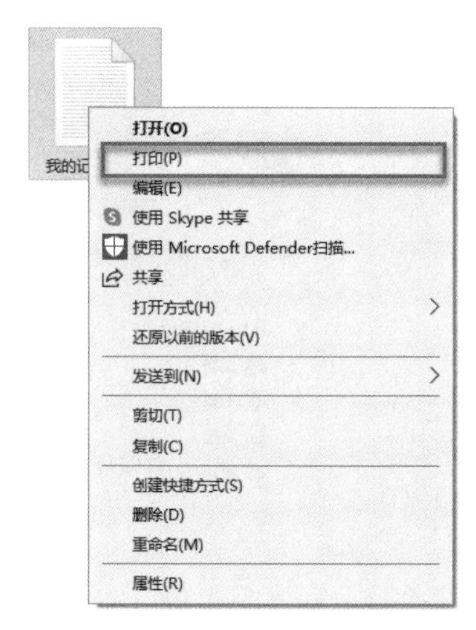

图 4－50　利用弹出菜单发送打印命令

对于各个不同的应用程序，它们的打印菜单可能会有所差别，但基本是一致的。

② 在“文件资源管理器”中找到欲打印的文件，用鼠标器右击该文件，在弹出的菜单中选择“打印”命令，如图 4－50 所示。系统就会自动启动对应的应用程序进行打印，打印完成后自动退出刚才启动的应用程序。需要强调的是，用这种方法打印的文件，它的文件类型必须是在系统中已经注册过的。

4.3.16　使用“库”

图 4－51　四个默认库

Windows 10 中的“库”是用于管理文档、音乐、图片和其他文件的位置，其使用方式如同利用文件夹查看文件。在某些方面，“库”类似于文件夹，如打开“库”时将看到一个或多个文件。但是与文件夹不同的是，“库”可以收集存储在多个位置中的文件，这是一个细微但重要的差异。“库”实际上不存储项目，它监视包含项目的文件夹，并允许用户以不同的方式访问和排列这些项目。例如，如果在硬盘和外部驱动器上的文件夹中有音乐文件，则可以使用音乐库同时访问所有音乐文件。Windows 有四个默认库：文档、音乐、图片和视频，如图 4－51 所示。

1. 在导航窗格中显示“库”

① 打开任意一个“文件资源管理器”窗口，菜单栏中切换到“查看”选项卡，点击最左侧的“导航窗格”按钮，弹出下拉菜单。如图 4－52。

② 勾选“显示库”，这样就会在窗口左侧的导航窗格中显示“库”了。

2. 添加/删除文件夹到“库”中

向“库”中添加新的步骤如下：打开“文件资源管理器”，找到需要添加到库的文件夹，然后右击该文件夹，在弹出菜单中，单击“包含到库中”，然后从下级菜单中选择一个命令，如某个库（如“图片”），如图 4－53 所示。这样该文件夹就可以添加到库中。

若用户不再需要 Windows 10 监视库中的某文件夹时，可以将其从库中删除。从库中删除文件夹时，不会从原始位置中删除该文件夹及其内容。从“库”中删除内容具体步骤如下：

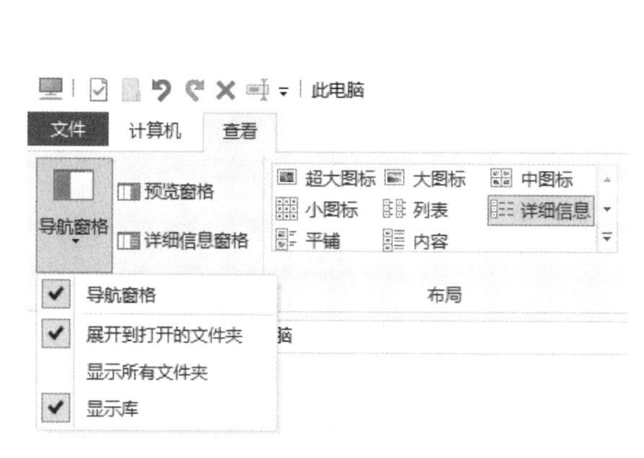

图 4-52　导航窗格设置菜单

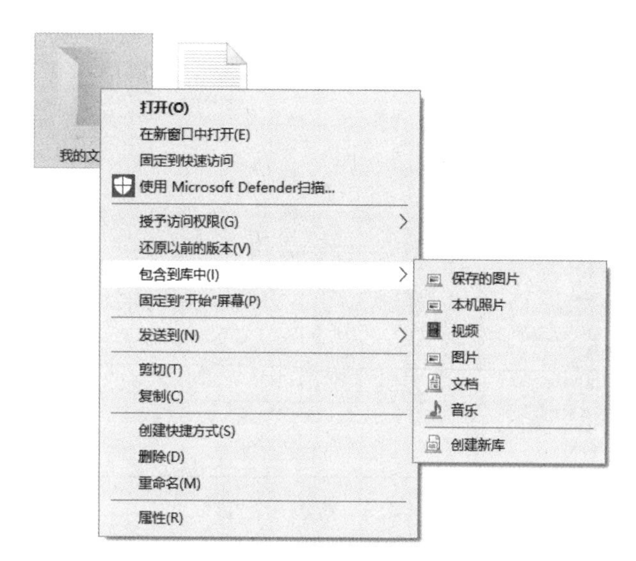

图 4-53　添加文件夹到库中

① 打开“文件资源管理器”窗口，在对应的“库”中找对应的文件夹。

② 在“库工具”菜单的功能区中点击“库管理”按钮，打开“文档库位置”对话框如图 4-54 所示。

③ 用户从上述对话框中选择需删除的文件夹，点击“删除”按钮完成删除。

用户也可以利用“文档库位置”对话框中的“添加”按钮命令，添加新文件夹到当前库中。

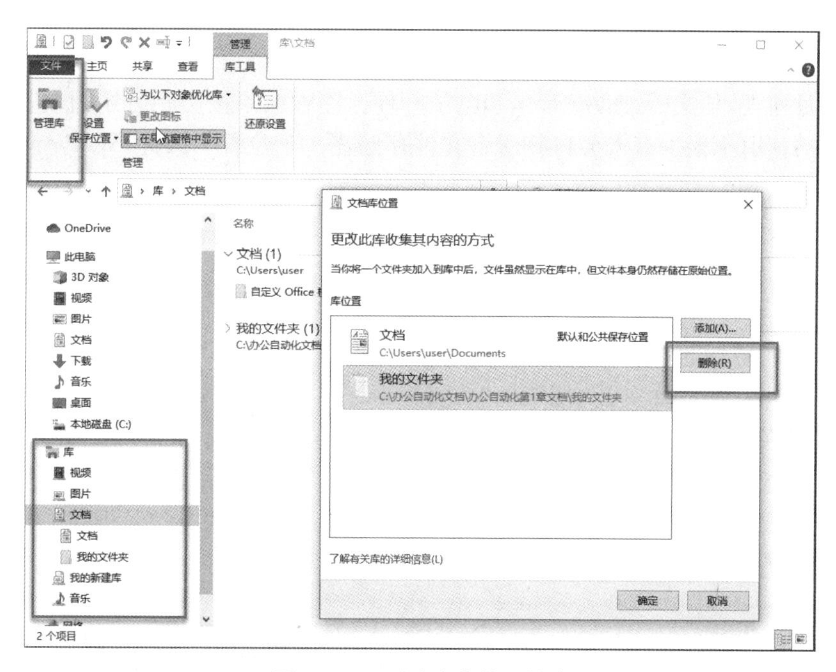

图 4-54　删除库中的文件夹

3. “库”管理

除了 Windows 10 提供的四个默认库之外，用户也可以新建库。具体步骤如下：打开“文件资源管理器”窗口，然后单击左侧窗格中的“库”。在内容窗格中右击鼠标，在弹出菜单中选择“新建库”命令，如图 4-55 所示。键入库的名称，然后按 Enter。利用“文件资源管理器”左侧导航窗格进入新建的库后，可以利用“包括一个文件夹”按钮为新建的库指定一个文件夹。

若用户不再需要某个“库”时，可以将其从“库”中删除。具体步骤是：打开“文件资源管理器”窗口，然后利用左侧的导航窗格进入，在内容窗格中在待删除“库”上右击鼠标，在弹出的菜单中选择“删除”命令，如图 4-56 所示。

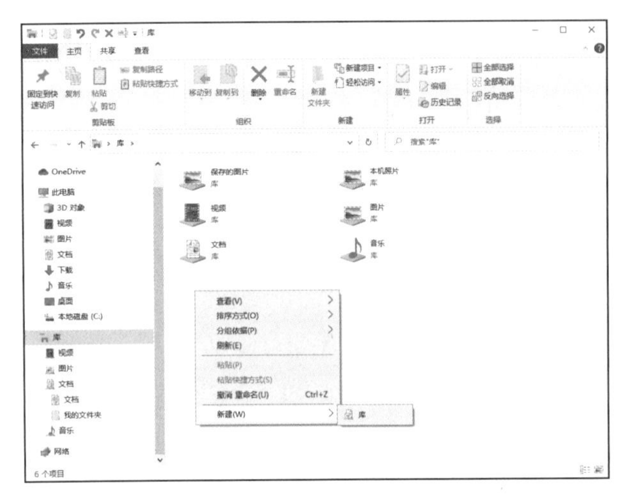

图 4-55　新建一个“库”

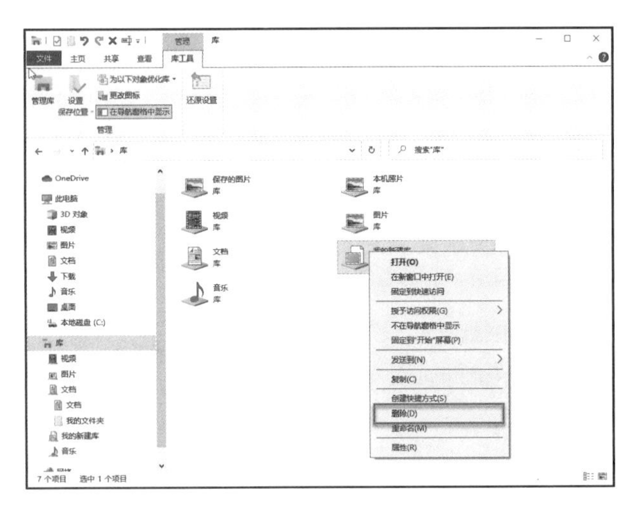

图 4-56　删除自建“库”

4.4 搜索 Windows 10 中的资源

随着办公复杂性的提高，用户需要保存、处理的文件的数量及种类越来越多。即使再优秀的用户也可能记不清文件的位置，因此用户需要掌握对计算机中资源的搜索能力。Windows 10 对“搜索”功能进行了大幅度的改进，与 Windows 的先前版本相比，用户可以在更多的位置找到更多内容，并查找得更快。Windows 10 在设计资源管理的各类窗口中提供了一个“搜索框”，用户只需在搜索框中键入几个字母就可以看到一个相关项目列表，如文档、图片、音乐和电子邮件。搜索结果按类别分组，且包含突出显示的关键字以使它们易于扫描。由于很少有人会将其所有文件存储在一个位置。因此，Windows 10 还用来搜索外部硬盘驱动器、网络上的 PC 和其他位置。通过显示基于先前查询的建议，它还可加快搜索的速度。同时，搜索还包括一个索引服务，该服务维护了计算机中相应内容的索引，使得搜索速度更快。

4.4.1 使用搜索

在 Windows 10 中，可以通过以下两种方法来使用“搜索”功能：①“任务栏”的“搜索框”。②在“此电脑”或者“文件资源管理器”窗口中使用“搜索框”功能。

1. “任务栏”的“搜索框”的使用

在“任务”栏上点击“搜索框”，填入搜索关键字，回车后系统打开对话框。任务栏的搜索框拥有在线搜索功能，用户可以选择“文档”标签，指定搜索本机的文档资源，也可以从“更多”下拉列表中选择“视频”“音频”“文件夹”等其他类型资源，如图 4-57。

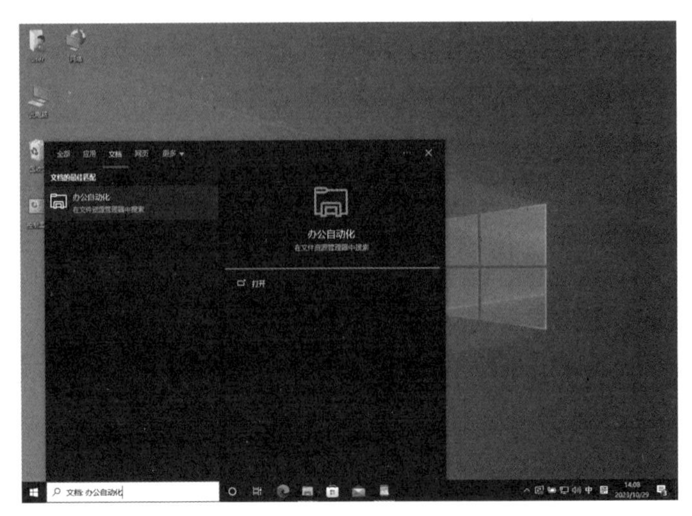

图 4-57　利用任务栏搜索框实施搜索

2. “文件资源管理器”的“搜索框”的使用

在“文件资源管理器”中，利用“搜索框”开展搜索是更常用的搜索方法，如图 4－58 所示，在搜索框中键入检索关键字后，搜索将自动开始。搜索的结果依赖于文件名中的文本、文件中的文本、标记以及其他文件属性。计算机上的大多数文件会自动建立索引。例如，包含在“库”中的所有内容都会自动建立索引。

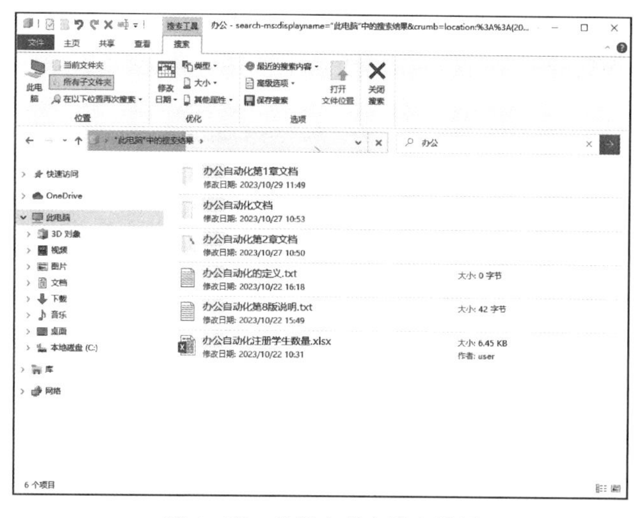

图 4－58　按照文件名搜索结果

4.4.2　搜索文件或文件夹

1. “按名”搜索文件或文件夹

文件或文件夹的名字是它们存在的根本标志，“按名存取”文件是文件管理的机制。按名称查找是搜索文件或文件夹的基本方法。以“文件资源管理器”为例，首先选择搜索的位置。然后在搜索框中键入文件或者文件夹名称的部分或者全部内容，系统将自动开始执行搜索。在“文件资源管理器”窗口中搜索“办公”的结果，如图 4－58 所示。Windows 10 对搜索有了很大的改进，用户输入的搜索内容，都能按照“模糊”匹配的方式进行查找。例如，搜索“办公”，名称为“办公自动化”“计算机办公”等包含“办公”的文件或者文件夹都能被搜索出来。

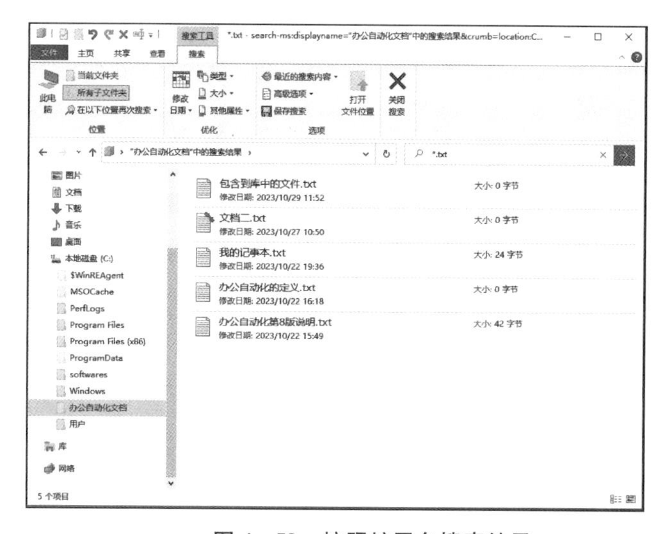

图 4－59　按照扩展名搜索结果

2. 使用扩展名搜索文件

如前文所述，不同应用程序建立的文件的扩展名各不相同。若要快速查找到所需文件，可以依据文件的扩展名进行查找。例如，查找所有文本文件，可以输入搜索内容为“＊.txt”。其中，星号代表零个或多个字符，“txt”是本文文件的扩展名。图 4－59 显示了利用“文件资源管理器”搜索指定文件夹内所有文本文件的搜索结果。

3. 搜索的高级方法

文件是一组被命名数据的集合，文件有自己的属性，包括：文件类型、文件的大小、文件的物理位置、文件的创建时间、文件的最后一次访问时间、文件的修改时间，等等。依据这些属性，同样可以实现对文件或文件夹的搜索。在用户利用“文件资源管理器”实施搜索后，窗口将出现一个“搜索”选项卡，如图 4－60 所示。在该选项卡的功能区中，可以在“优化”区域对搜索条件进行优化，优化方法包括：修改时间、文件类型、大小及其他属性。用户还可以保存自己设置的搜索条件，以便下次再利用。

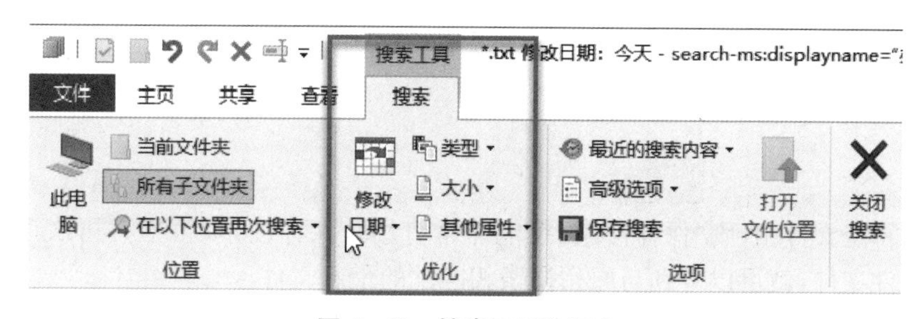

图 4－60　搜索工具选项卡

① 利用“修改日期”选项优化搜索：这个选项以日期为条件，对搜索对象进行筛选。在“搜索工具”选项卡中，在“优化”区域选择“修改日期”下拉列表，如图 4－61 所示，用户可以选择对应时间范围进行搜索。用

户可以在时间选项中具体指定日期,也可以在通过选取“昨天”“本周”“上周”等设置时间范围。在“文件资源管理器”窗口中,按照“时间”筛选后,搜索指定文件夹中文本文件的结果图4-62所示。

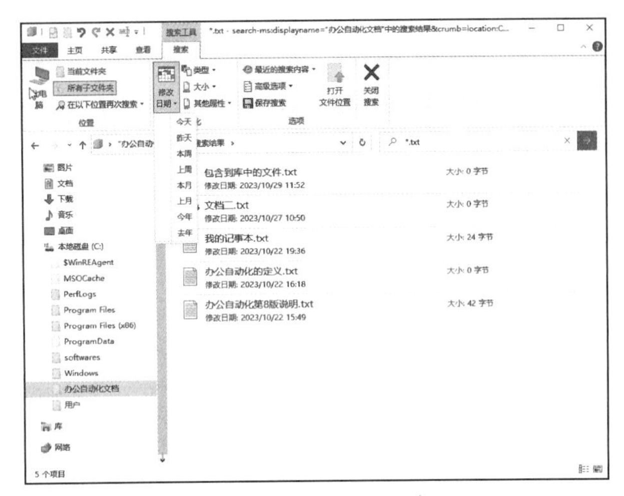

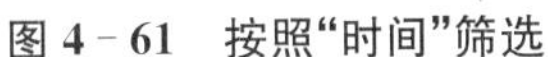

图4-61　按照“时间”筛选

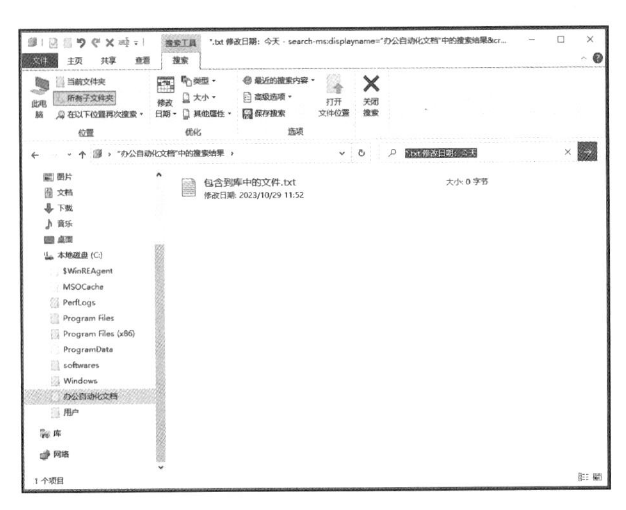

图4-62　按照“时间”筛选后的搜索结果

② 利用“大小”选项优化搜索:这个选项是以按照对象的大小过滤查找对象的。点击此选项后,打开如图4-63所示的对话框。用户可以从现有选项中选择系统预设的文件大小选项。在“文件资源管理器”窗口中,按照“大小”筛选后,搜索指定文件夹中文本文件的结果图4-64所示。

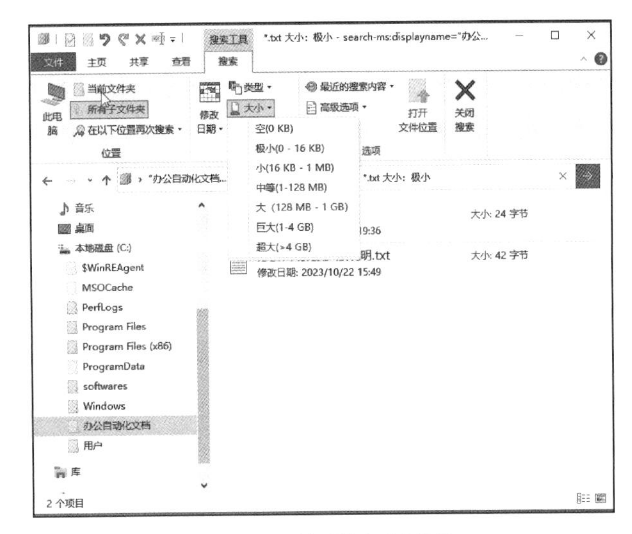

图4-63　按照“大小”筛选

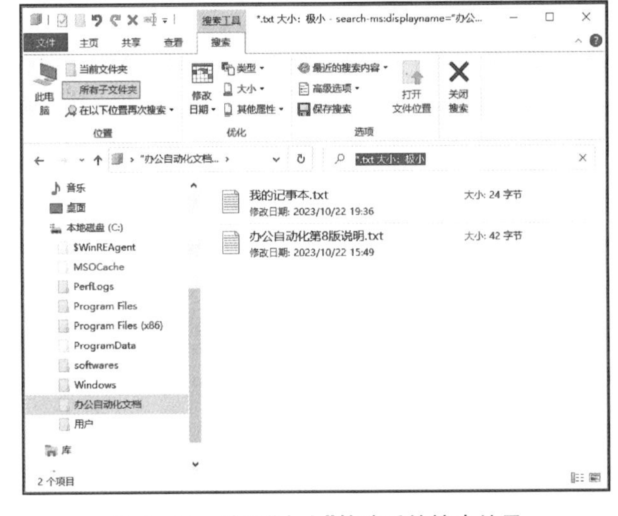

图4-64　按照“大小”筛选后的搜索结果

搜索优化的选项会有所不同,用户可以指定一个或者多个“筛选”选项,这样可以更准确地搜索到所需内容。

4. 保存搜索

如果定期搜索特定文件组,则“保存搜索”可能非常有用。保存搜索后,不必再次设置搜索条件,只要打开保存的搜索条件文件,就可以看到与原始搜索相匹配的最新文件。

保存搜索的基本方式是:首先执行搜索,完成搜索后,在“搜索选项卡”的“选项”区域选择“保存搜索”命令;在弹出的“另存为”对话框中键入搜索的名称,然后单击“保存”命令,如图4-65所示。下次再利用保存的“搜索”条件时,通过双击保存在用户文件夹下的“搜索”中,搜索结果的快捷方式将添加到导航窗格的“收藏夹”部分。搜索本身将保存在“搜索”文件夹中,位于“计算机”下的个人文件夹中,如图4-66所示。

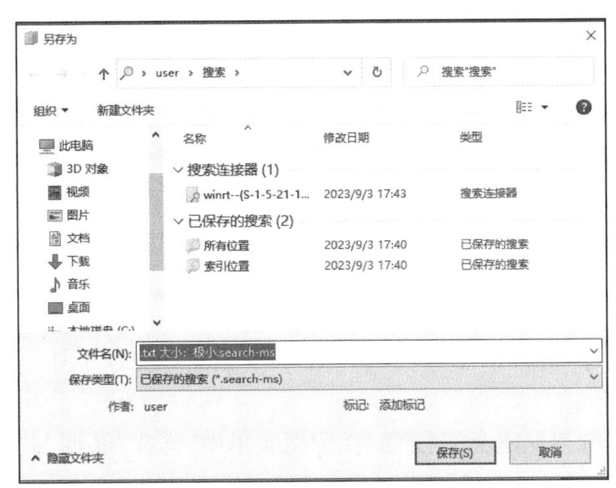

图 4－65　保存搜索对话框

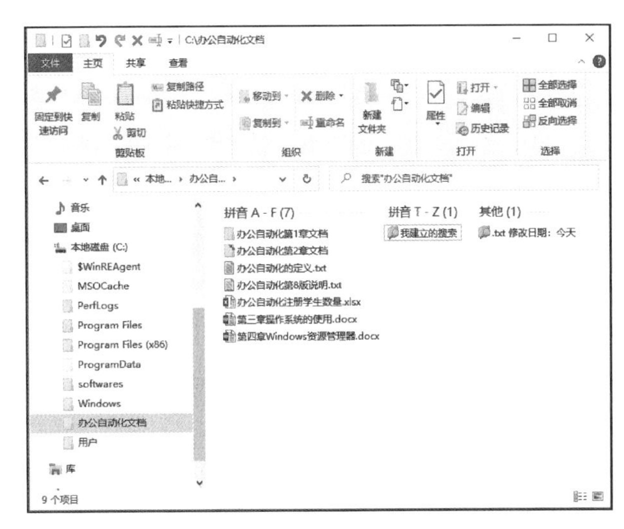

图 4－66　使用保存的搜索

4.5　磁盘管理

磁盘是保存计算机中各类文件的存储介质。随着信息技术的发展，各种类型的存储介质不断涌现，虽然有些不再是磁性介质，但是习惯上还称为"磁盘"。常见的磁盘包括：普通硬盘、U 盘、固态硬盘等。因此，对磁盘的有效管理是 Windows 10 的重要内容之一。

4.5.1　磁盘文件系统的概念

1. 磁盘、分区与卷

磁盘是一种可以被 MS－DOS 及所有 Windows 访问的基本物理磁盘。一个物理磁盘可以划分为多个部分，称为分区。分区按照类型分为主分区和扩展分区。其中，主分区是用来安装操作系统的。一个磁盘最多可以有四个主分区(当有扩展分区时，最多有三个主分区)。扩展分区是从硬盘的可用空间上创建的分区。当磁盘被分割为多个分区后，每个分区可以单独使用，并且每个分区可以使用不同的文件系统。

是否可以将多个硬盘统一管理，看作一个大硬盘使用呢？Windows 10 提供的一种称为"卷"的磁盘管理方式，它可以将多个硬盘统一管理，形成一个逻辑上的大硬盘。例如，将一个 10G 的硬盘和一个 30G 的硬盘，合并成一个 40G 的逻辑硬盘使用，这样"卷"就可以跨多个硬盘。同时，一个物理磁盘划分出的分区可以看作一个"卷"。"分区"与"卷"这两个术语经常互换使用。在"文件资源管理器"中，"卷"作为本地磁盘出现，也就是我们使用的 C 盘或 D 盘。

2. 文件系统

文件系统是 Windows 10 组织和管理文件的方式，Windows 10 支持的文件格式包括：NTFS、FAT 和 FAT32。Windows 10 系统需要安装在 NTFS 文件格式的"卷"上。下面简要介绍一下 NTFS 和 FAT32 文件系统各自的功能和特点。

① FAT32：FAT 是英文 File Allocation Table 的缩写，意思是文件分配表，也叫分区表。FAT32 是 FAT 文件系统的增强版本，使用 32 位作为一个存储单元来存储文件。FAT32 可用在容量为 512 MB 到 2 TB 的驱动器上。FAT32 可以与 Windows 10 之前的 Windows 操作系统兼容。

② NTFS：NTFS 文件系统是在使用 Windows 10 时推荐使用的文件系统。NTFS 具有 FAT 的所有基本功能，并提供了优于 FAT 32 文件系统的特点：更好的文件安全性；更大的磁盘压缩；支持大磁盘，可达 2 TB。

如果使用双重引导配置(在同一台计算机上既使用 Windows 10 又使用其他操作系统)，则可能无法从计算机的其他操作系统访问 NTFS 分区上的文件。出于这种原因，如果需要双重配置，应使用 FAT32 文件系统。

③ NTFS与FAT32文件系统的比较：NTFS比FAT32的功能更强大，它包括：具备自动从某些与磁盘相关的错误中恢复的能力；可以使用权限和加密来限制某些用户对特定文件的访问；提供对Active Directory的支持等。因此，在Windows 10中推荐将分区设置为NTFS格式。

用户可以使用CONVERT命令将FAT32的分区转换为NTFS格式。这种转换可以保持用户的文件不发生变化（不像格式化分区）。将分区转为NTFS之后，无法再将其转换回来。将分区从NTFS格式转换为FAT32格式需要重新格式化分区，这样会破坏分区的数据。

4.5.2　查看磁盘属性

磁盘的相关属性包括磁盘的类型、文件系统、空间大小、卷标信息等。以C盘为例，查看和更改上述信息的步骤如下：

① 在“此电脑”或“文件资源管理器”窗口中，鼠标右击本地磁盘C图标，在弹出菜单中，选择“属性”命令，如图4-67所示。

② 系统打开磁盘“属性”对话框，选择“常规”选项卡，如图4-68所示。用户可以看到该磁盘的详细属性信息，包括：磁盘类型、文件系统、当前磁盘的可用空间和已用空间的比例。

③ 点击对话框的“确定”按钮，应用用户的设置，并关闭当前对话框。

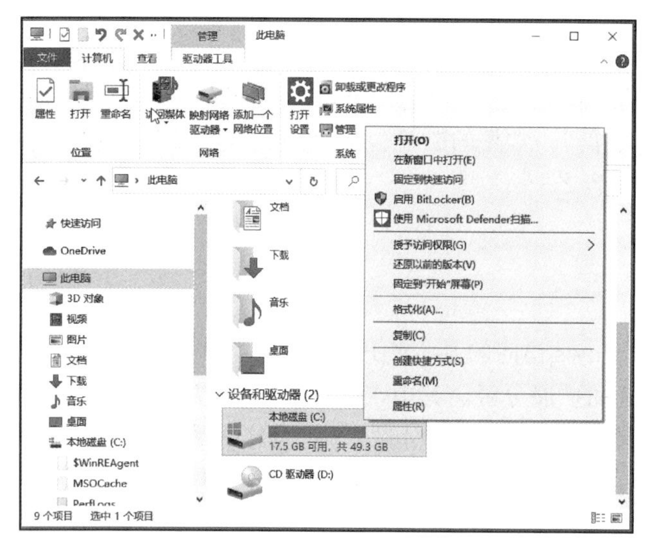

图4-67　在计算机中查看磁盘属性

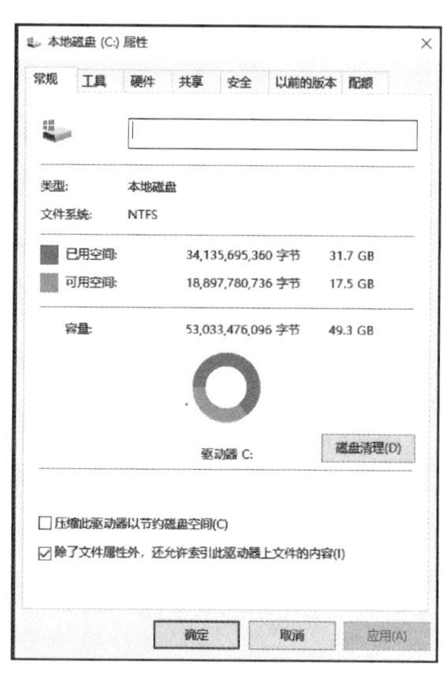

图4-68　磁盘属性对话框

4.5.3　格式化磁盘

在计算机的磁盘上建立可以存储文件的磁道和扇区以记录信息的过程称为“格式化磁盘”。它是一个建立电子标记的过程，使得驱动器能在磁盘的正确位置上读写。

以格式化磁盘为例，操作步骤如下：

① 打开“文件资源管理器”窗口，将鼠标指针指向需要格式化的磁盘的图标处，如：“e:”盘，单击鼠标器的右键，出现快捷菜单，如图4-69所示。在该菜单中执行“格式化”命令，出现“格式化”对话框，如图4-70所示。用户也可以在“驱动器工具”选项卡的“管理”功能区中，点击格式化。

② “容量”下拉列表框：在其中选择要格式化的磁盘的容量。

③ “文件系统”下拉列表框：该选项仅限于磁盘驱动器。根据磁盘文件系统的要求可选择的项有FAT32、NTFS两种。

④ “分配单元大小”下拉列表框：该选项仅限于NTFS格式的文件系统，是专用于Windows 10操作系统的高级文件系统，它支持文件系统的故障恢复。用户在“文件系统”下拉列表框中选择了NTFS格式后，可使用该项。

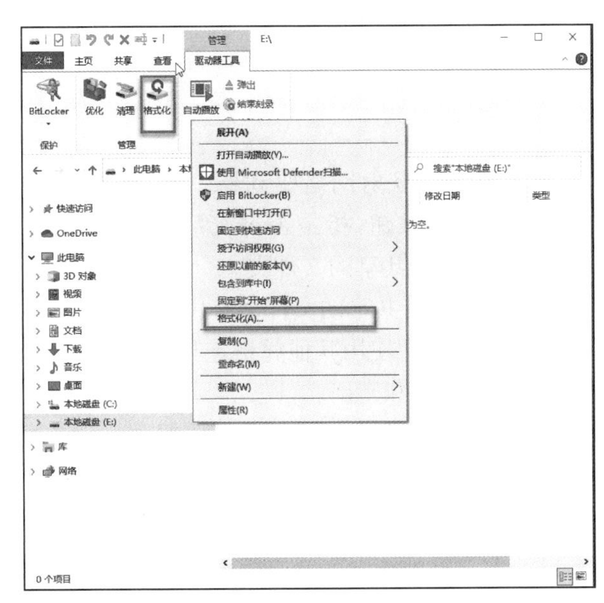

图 4 - 69　"格式化"命令

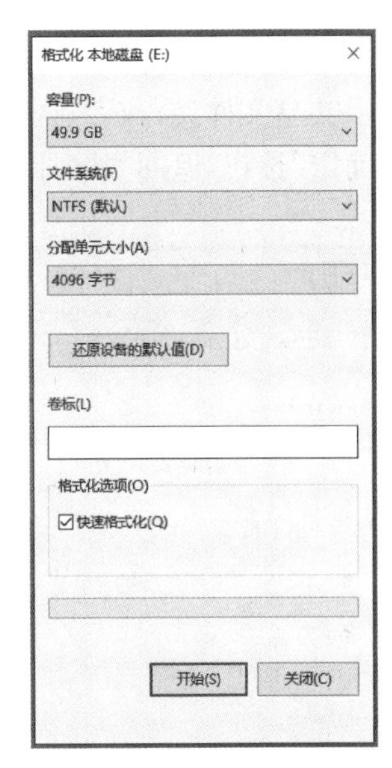

图 4 - 70　"格式化"对话框

⑤ "卷标"编辑框：输入卷标的名称以便今后识别。FAT32 文件格式的卷标至多包含 11 个字符，NTFS 文件格式的卷标至多包含 32 个字符。

⑥ "快速格式化"复选框：删除磁盘上的文件信息，不检查磁盘表面的错误。该选项只适合已经格式化的磁盘。

⑦ 设置完成后，用鼠标器单击"开始"按钮，系统开始格式化磁盘。

4.5.4　网络驱动器的映射和解除

对于其他用户在网络上共享的磁盘驱动器或文件夹等，用户是否可以方便地进行访问，如同本地的文件夹一样呢？"映射网络启动器"功能可以帮助完成这样的设置。

1. 映射网络驱动器

映射一个网络驱动器的步骤如下：

① 在"文件资源管理器"的导航栏中，选中"此电脑"，系统菜单栏会出现"计算机"菜单，在该菜单的功能区中选择"映射网络驱动器"命令，如图 4 - 71 所示。

② 系统打开"映射网络驱动器"对话框，如图 4 - 72 所示。

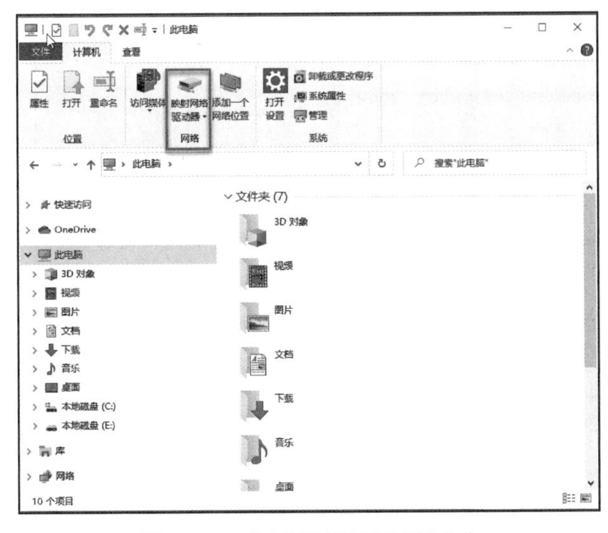

图 4 - 71　"映射网络驱动器"命令

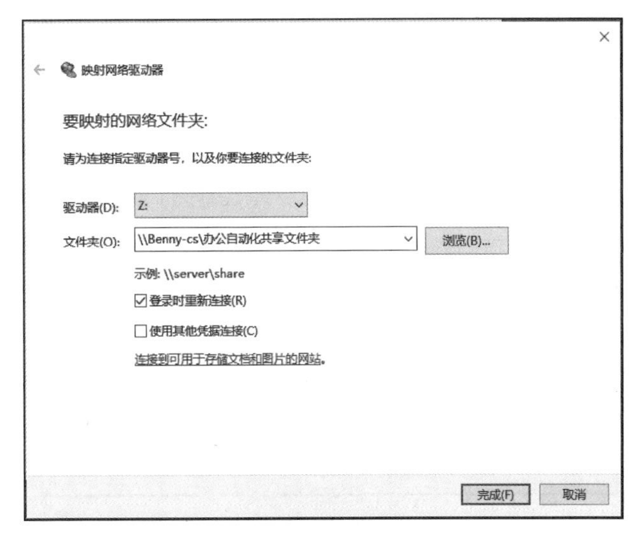

图 4 - 72　"映射网络驱动器"对话框

③ 在“驱动器”下拉列表中，为映射的对象中选择一个本地的盘符。

④ 在“文件夹”下拉列表中，填入欲链接的共享的磁盘驱动器或文件夹的位置。其表示方式为：\\表示服务器，\表示共享文件夹；或者点击“浏览”按钮，在相关计算机上找到共享目录，如图4-72所示。选择完成后，点击“确定”按钮，返回“映射网络驱动器”窗口。

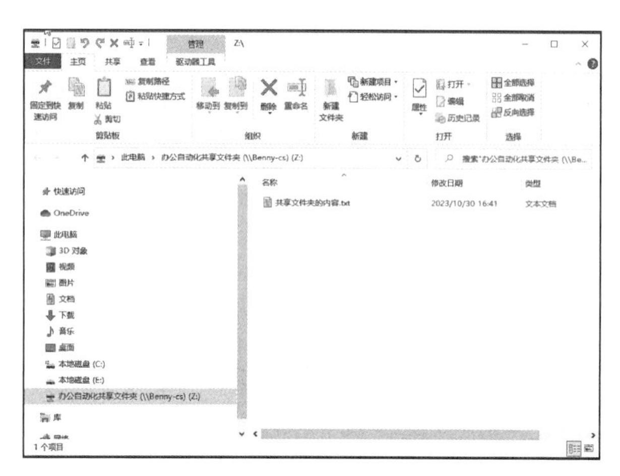

图4-73　浏览“映射网络驱动器”内容

⑤“映射网络驱动器”窗口中的“登录时重新连接”复选按钮，指是否每次系统启动时连接该共享的驱动器或共享的文件夹。

⑥ 若共享的文件夹有用户权限设置，可以点击对话框中的“使用其他凭证连接”，在弹出的对话框中输入用户名和密码。

⑦ 设置完毕按“完成”按钮。

若设置成功，这时的“文件资源管理器”窗口的“导航栏”中会多出一个磁盘的符号，该磁盘的图标为：，如图4-73所示，它表示用户映射的网络驱动器。用户对该驱动器内容的操作如同操作本地的驱动器的方法一样，但具体的访问权限根据用户的帐户权限确定。

2. 断开网络驱动器

要解除已经映射的网络驱动器，有两种方法：

① 在“文件资源管理器”的“导航栏”中选中待处理的网络驱动器，右击鼠标在菜单中执行“断开连接”命令，如图4-74所示，在后续的对话框中点击“确认”即可。

② 在“文件资源管理器”的“导航栏”中选中“此电脑”，在“计算机”菜单的“网络”功能区，从“映射网络驱动器”下拉列表中，选择“断开网络驱动器的连接”命令，如图4-75所示。系统将打开“与网络驱动器断开连接”对话框，如图4-76所示，在该窗口中选中需要删除的网络驱动器，再按“确定”按钮即可完成。

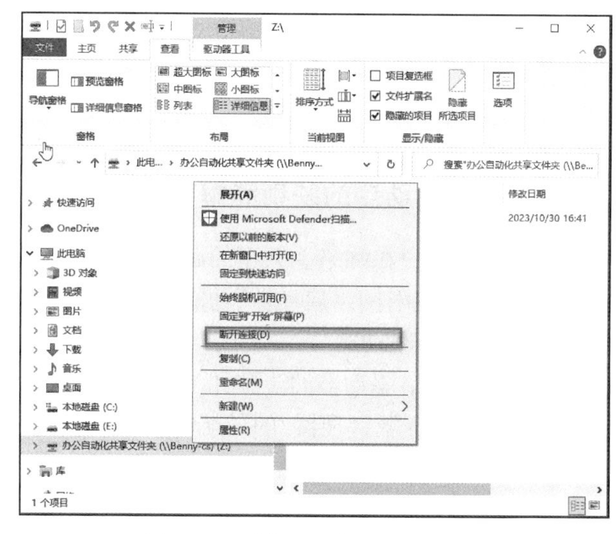

图4-74　“断开网络驱动器”窗口

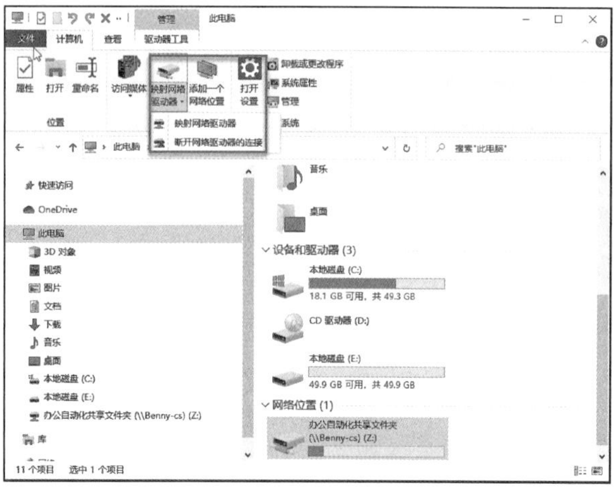

图4-75　“断开网络驱动器的连接”命令

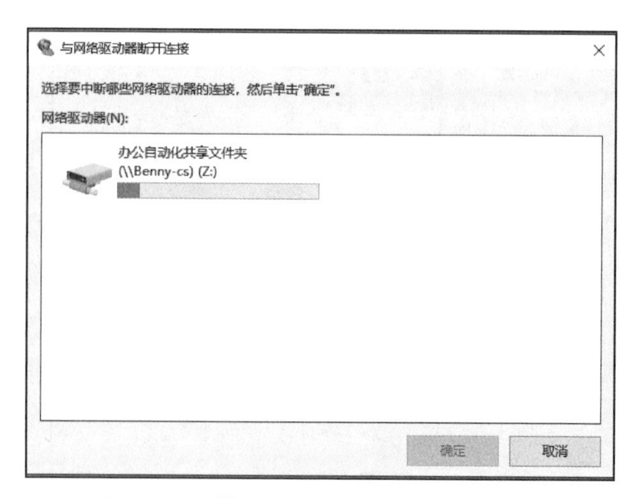

图4-76　“与网络驱动器断开连接”对话框

第5章　Windows 10系统的简单设置

Windows 10 启动之后，呈现在用户面前的是系统安装后的默认设置，这些设置在一般情况下是可以满足用户需求的。然而，为满足不同用户对 Windows 10 使用的个性化需求，Windows 10 的工作环境是可以进行调整和重新设置的。这些设置包括桌面的设置、快捷方式的建立、显示属性设置、打印机的安装等。

5.1 桌面的设置

Windows 10 的桌面是计算机系统与用户的交互界面，它如同我们的办公桌的桌面，将经常用的文件夹、文稿和办公工具等放置在上面，方便用户使用。正如不同的人有不同的喜好，我们经常把自己的办公桌布置得有个性化，同样，我们也可以将电脑的桌面安排得有自己的特色。

5.1.1 设置桌面的背景和主题

Windows 10 为用户提供了丰富的桌面背景和主题，用户可以依据自己的喜好和使用习惯对桌面的背景和主题进行设置。

1. 设置桌面背景

Windows 10 为用户提供了丰富的桌面背景图库，用户也可以利用自己的照片作为桌面的背景。设置桌面背景的步骤如下：

① 在桌面空白处右击鼠标，在弹出的快捷菜单中选择“个性化”命令，如图 5－1 所示。

② 打开“个性化”设置窗口，点击左侧导航栏的“背景”链接，系统在窗口右侧显示背景设置内容，如图 5－2 所示。

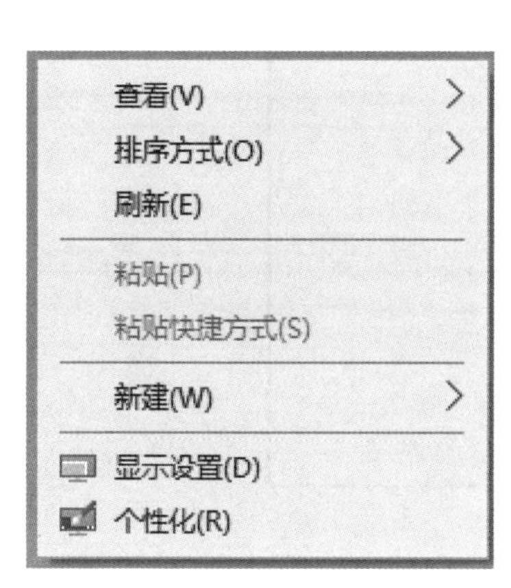

图 5－1　桌面“快捷”菜单

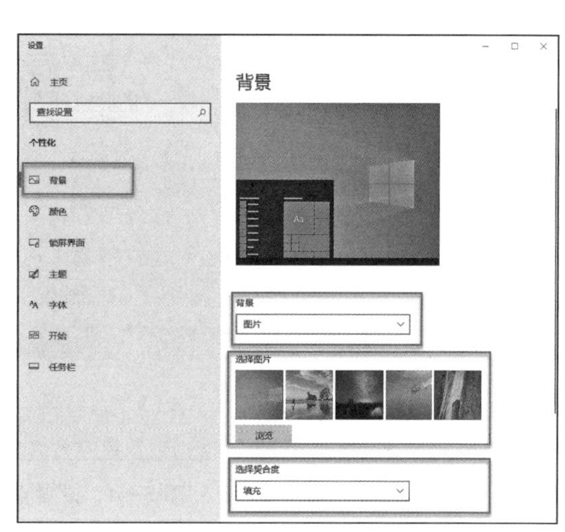

图 5－2　“个性化”设置窗口

③ 在“背景”下拉列表中，系统为用户提供了“图片”“纯色”和“幻灯片放映”三种选项，它们分别对应了三种不同的背景设置方式。这里我们选择“图片”。在“选择图片”区域中，系统为用户提供了预设的图片作为背景。同时，用户也可以利用“浏览”按钮选择自己的照片作为桌面背景。

④ 选择自定义的背景图片后，系统将马上呈现修改后的效果。

⑤ 对桌面图片的填充效果，用户可以通过“选择契合度”下拉列表进行设置。

⑥ 关闭“个性化”窗口返回桌面，查看新更换的桌面，如图5-3所示。

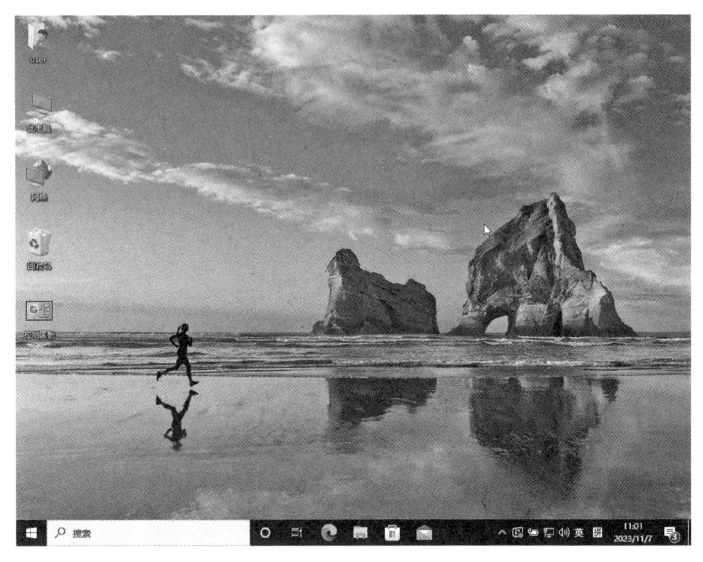

图5-3　新更换的桌面背景

2. 设置桌面主题

桌面主题是计算机上的图片、颜色和声音的组合。它包括桌面背景、屏幕保护程序、窗口边框颜色和声音方案。某些主题也可能包括桌面图标和鼠标指针。Windows 10为用户提供了丰富的桌面主题库，用户也可以设置自己的桌面的主题。设置桌面主题的步骤如下：

① 在桌面空白处右击鼠标，在弹出的快捷菜单中选择“个性化”命令，打开“设置”窗口，在左侧导航栏中选择“主题”，如图5-4所示。

② 在“当前主题：自定义”中，用户可以修改桌面背景，功能同前序章节“背景”修改功能相似。

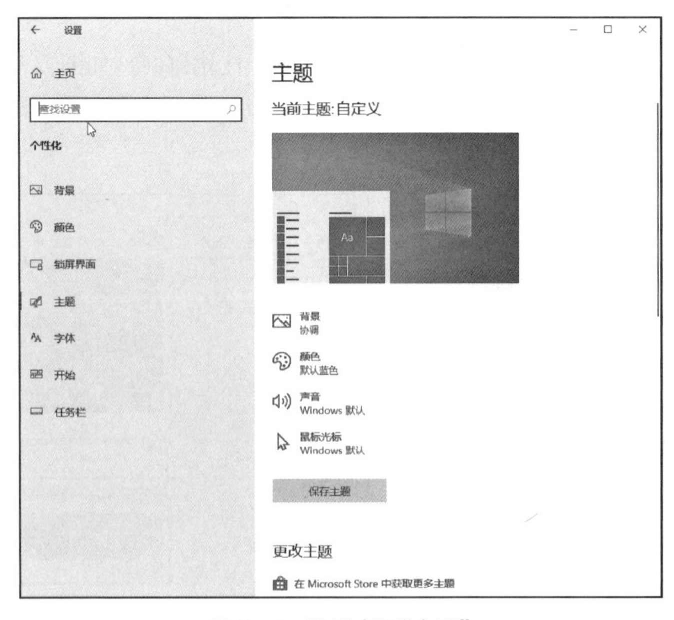

图5-4　设置桌面“主题”

③ 在“当前主题:自定义”中选择“颜色”超链接,系统打开“颜色”设置窗口,在“选择颜色”下拉列表中,用户可以选择“浅色”“深色”和自定义选项。“浅色”主题效果如图5-5所示,“深色”主题效果如图5-6所示。

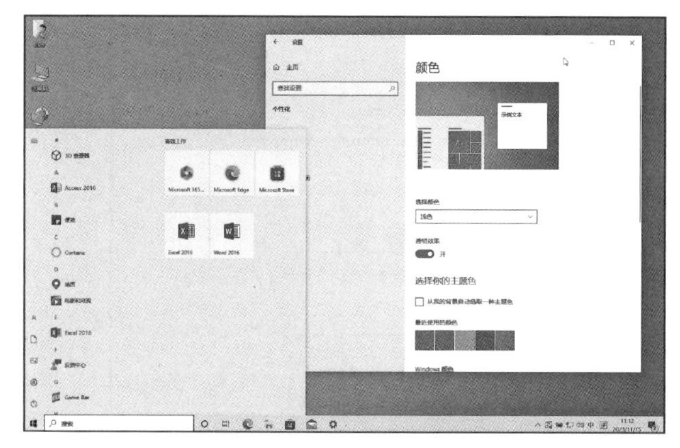

图5-5 “浅色”主题桌面

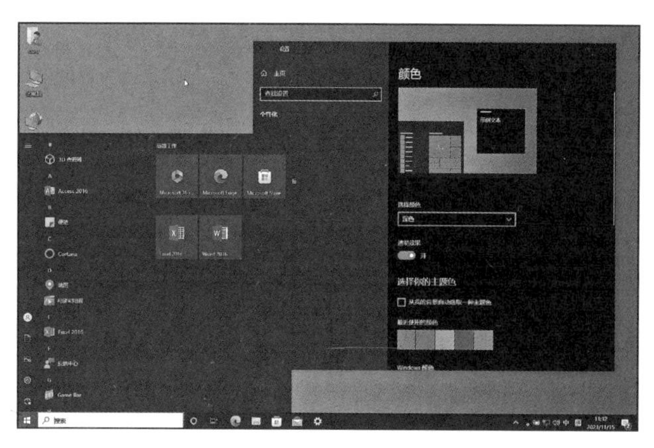

图5-6 “深色”主题桌面

④ 拖动垂直滚动条向下,在“更改主题”区域中,选择系统已经设定的主题,如图5-7所示。图5-8显示了“鲜花”主题效果。

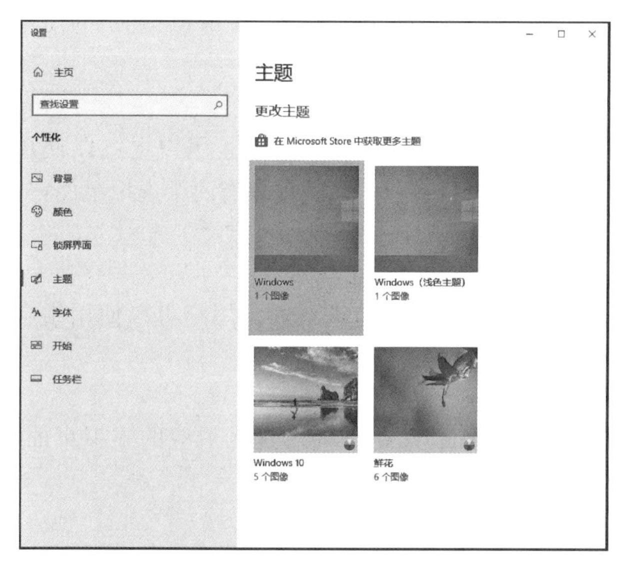

图5-7 更改桌面“主题”

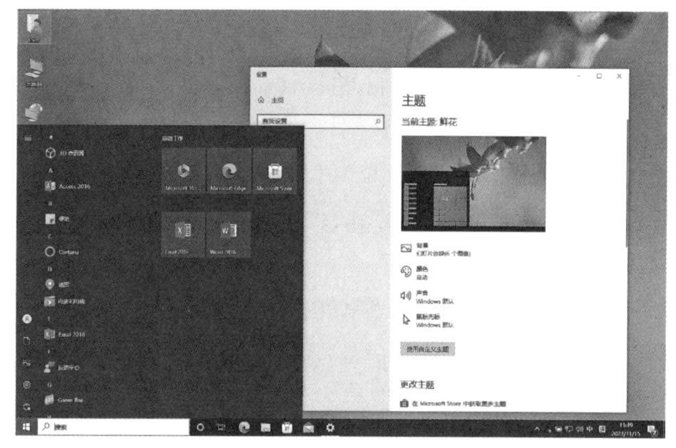

图5-8 “鲜花”主题效果

⑤ 拖动垂直滚动条继续向下,“在 Windows 中进行更多个性化设置”区域中,可以对“桌面图标”“对比度”“同步”进行设置。

5.1.2 设置屏幕分辨率

为了使屏幕显示效果更精细、色彩更绚丽,可以对当前显示器的分辨率加以调整,设置屏幕分辨率的步骤如下:

① 在桌面空白处右击鼠标,在弹出的快捷菜单中选择“显示设置”命令,如图5-9所示。

② 打开“设置”对话框,如图5-10所示。在“缩放与布局”区域中,从“显示分辨率”下拉列表中进行选择。“分辨率”下拉列表中一般有800×600、1 024×768等多种选项,最大分辨率的值还要根据用户计算机中显示卡和显示器的具体情况而定。

③ 在“缩放与布局”区域中,用户还可以利用“更改文本、应用等项目的大小”来放大应用窗口和文字的显示比例,方便用户进行阅读和操作。

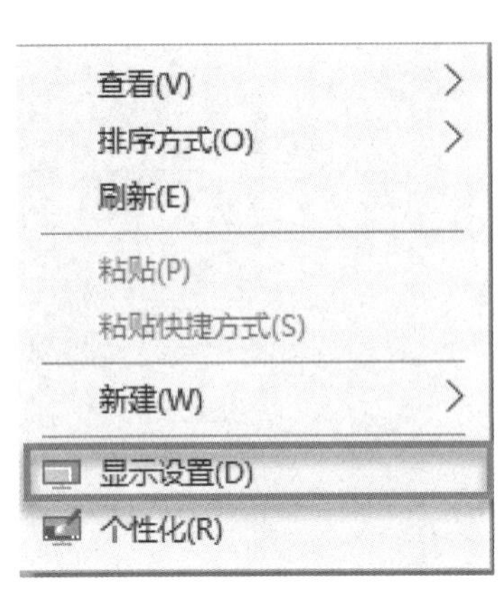

图 5-9 桌面弹出菜单

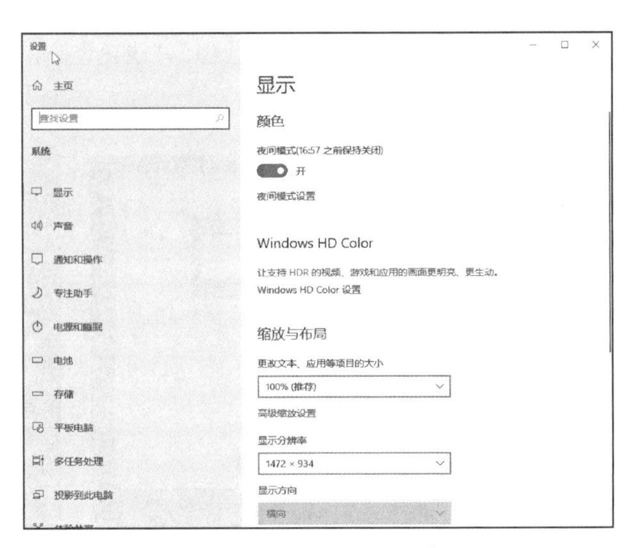

图 5-10 屏幕显示设置窗口

5.1.3 虚拟桌面功能

随着办公任务的增多，用户需要运行不同类型的程序，适应不同类型的办公场景，如在线会议、视频编辑等。为实现不同应用场景下应用的快速切换，Windows 10 提供了“虚拟桌面”功能，“虚拟桌面”的使用方法如下。

1. 启动“虚拟桌面”设置窗口

用户在任务栏上用鼠标点击任务视图图标：，系统打开“虚拟桌面”设置窗口。用户也可以使用“Windows 键＋Tab”组合键功能开启上述窗口。图 5-11 所示的窗口显示了系统设置有两个虚拟桌面，分别运行了浏览器和资源管理程序。

2. 新建“虚拟桌面”

用户在虚拟桌面设置窗口，点击右上角的添加按钮，将添加一个新的虚拟桌面。用户可以使用组合“Windows 键＋Ctrl＋D”新建“虚拟桌面”。

3. 进入“虚拟桌面”

用户在虚拟桌面设置窗口中，用鼠标点击上面列表中“虚拟桌面”缩略图即可进入对应的虚拟桌面。用户可以使用组合“Windows 键＋Ctrl＋左/右箭头”在不同虚拟桌面间进行切换。

4. 删除“虚拟桌面”

用户在虚拟桌面设置窗口中，用鼠标点击相应“虚拟桌面”缩略图右上角符号，如图 5-12 所示。被删除的“虚拟桌面”中已经启动的程序将会转到前一个虚拟桌面中。

图 5-11 “虚拟桌面”设置窗口

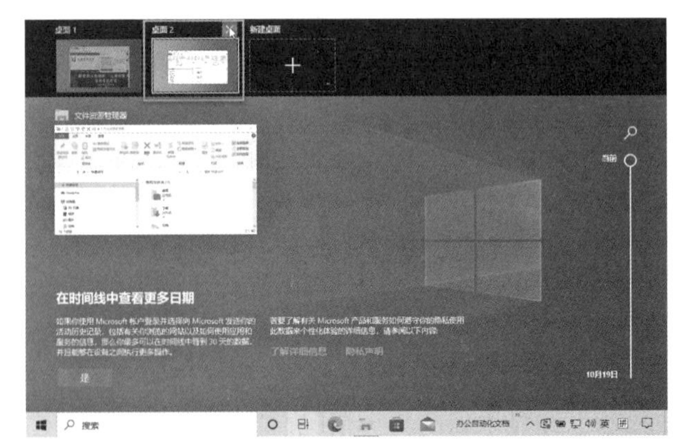

图 5-12 删除“虚拟桌面”

5.2 “任务栏”和“开始”菜单设置

5.2.1 设置“任务栏”

任务栏是用户经常使用的工具。在 Windows 10 中，用户可以依据自己的喜好，个性化地设置任务栏，包括任务栏的外观、显示方式等。

1. 设置任务栏属性

在“任务栏”的空白位置右击鼠标，在弹出菜单中选择“任务栏设置”命令，如图 5－13 所示。系统打开“设置”对话框，如图 5－14 所示。

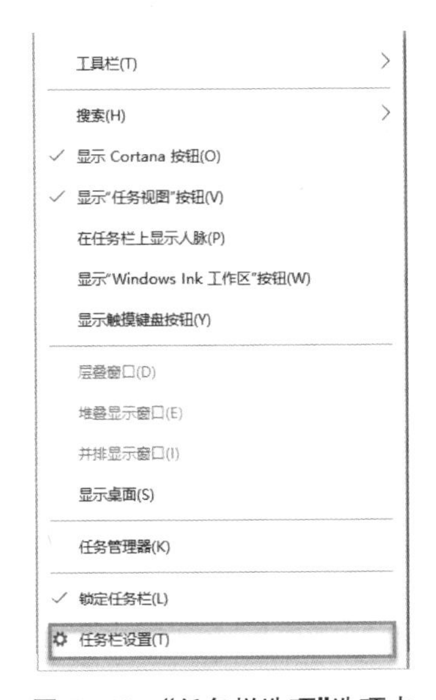

图 5－13 “任务栏选项”选项卡

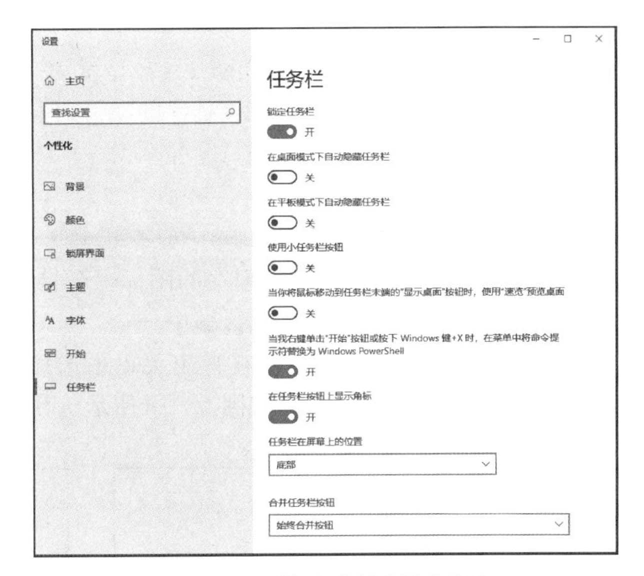

图 5－14 “任务栏设置”对话框

在这个对话框中，我们可以进行“任务栏”属性设置。对话框中各个部分的作用如下：

① “锁定任务栏”开关：开启该选项后，任务栏将固定在当前的位置，不能移动到桌面的其他位置。同时，任务栏中显示的图标也不能变更大小。

② “在桌面模式下自动隐藏任务栏”开关及“在平板模式下自动隐藏任务栏”开关：开启该选项后，系统将会充分利用桌面空间，在不使用任务栏的情况下，自动隐藏任务栏。如想看到任务栏的内容，将鼠标器指针移到任务栏所在位置，任务栏会浮现出来；鼠标器移开该位置，任务栏再次隐藏。

③ “使用小任务栏按钮”：开启该选项后，任务栏的图标以小型图标显示，以节约桌面显示空间，如图 5－15 所示。

图 5－15 使用小图标显示任务栏

④ “任务栏在屏幕上的位置”下拉列表：该列表中用户可以选择“任务栏”在桌面的位置，如“底部”“左侧”“右侧”“顶部”。设置任务栏在桌面“右侧”的效果，如图 5－16 所示。

⑤ “合并任务栏”下拉列表：在任务栏上，相同应用程序打开的项目显示为一个任务栏按钮。然而，当打开的程序很多时，任务栏上按钮会太拥挤，因此用户可以通过以“合并任务栏”下拉列表，如图 5－17 所示，设置自己喜好的任务栏按钮显示方式。其中，各个选项具体说明如下：

“始终合并按钮”：该选项是系统的默认选项，打开的程序显示为一个无标签的图标，即使相同的程序打开多个文件，图标的显示方式也是一样的。

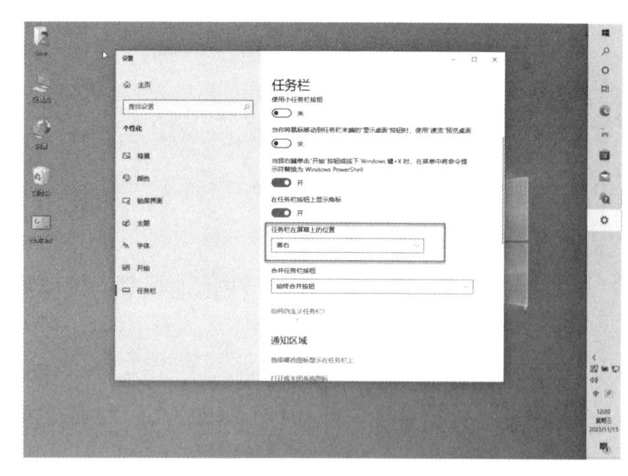

图 5-16 “任务栏在屏幕上的位置”设置

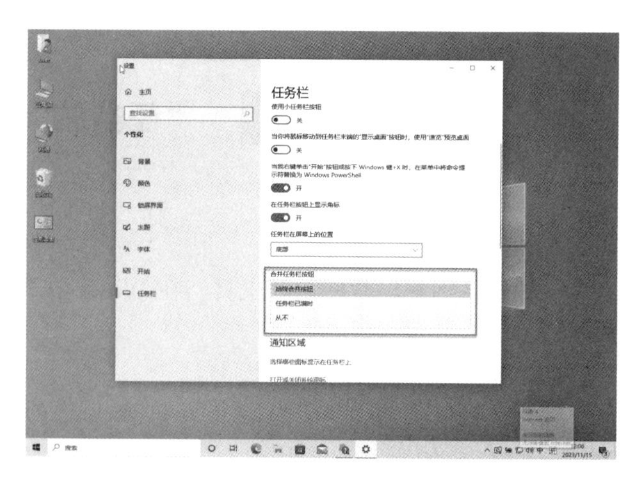

图 5-17 “合并任务栏按钮”设置

“任务栏已满时”：选中该选项，打开的项目会显示为一个图标。当任务栏被占满后，相同的程序打开的项目会合并为一个图标。用户可以在该程序的项目列表中选择需要的项目。

“从不”：选中该选项，打开的每个项目会显示为一个图标，不会有合并效果。

2. “自定义”通知区域

通知区域位于任务栏的最右侧，如：，其中包括：时钟、音量、网络、电源、操作中心等。当用户安装一些新的应用程序后，部分程序的图标也会自动添加到通知区域中。在 Windows 10 中，用户可以自行设置哪些应用程序显示在通知区域中。

在“任务栏”的空白位置右击鼠标，在弹出菜单中选择“任务栏设置”命令。系统打开“设置”对话框。向下滚动窗口内容，找到“通知区域”，如图 5-18 所示。其中各个部分说明如下。

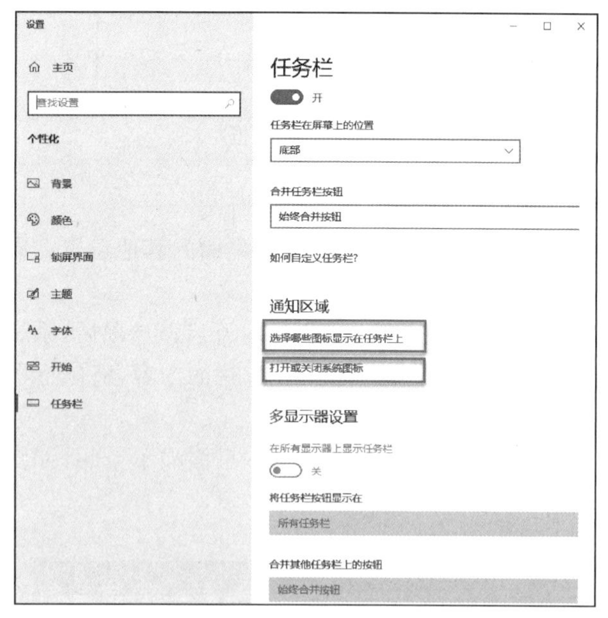

图 5-18 “设置”窗口任务栏的“通知区域”

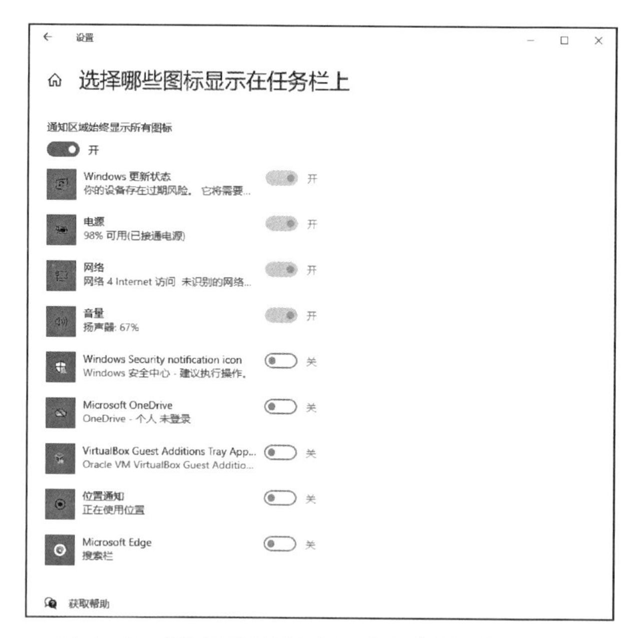

图 5-19 “选择哪些图标显示在任务栏上”设置窗口

① “选择哪些图标显示在任务栏上”超链接：系统将打开设置窗口，如图 5-19 所示。在这个窗口，用户可以通过开关来设置系统程序，如 Windows 更新状态、网络、音量等。显示所有图标的效果，如：。

② “打开或关闭系统图标”超链接：在通知区域除了显示程序图标外，还显示系统图标。通过点击该超链接，系统打开“打开或关闭系统图标”设置窗口，如图 5-20 所示。在该窗口中，用户可以通过开关设置各类系统图标，如时钟、音量、网络、电源、操作中心等。关闭“时钟”和“操作中心”的显示，如：。

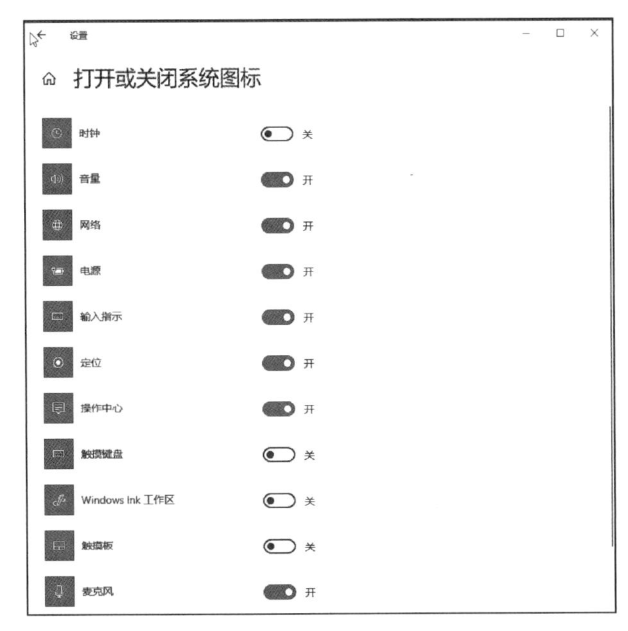

图 5－20　"通知区域图标"设置窗口

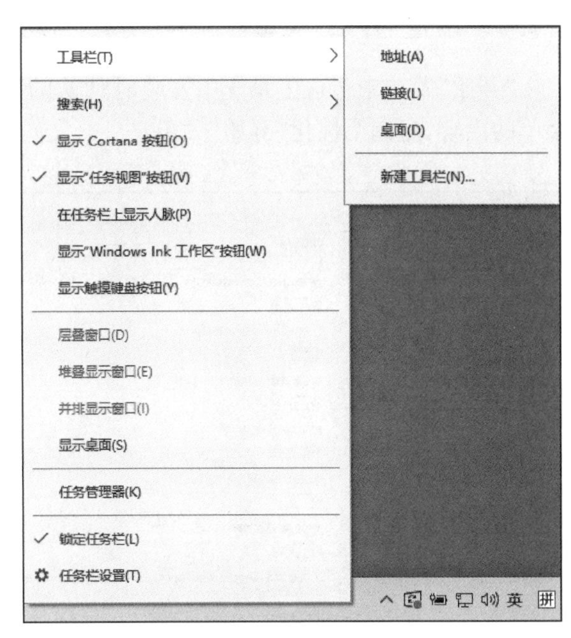

图 5－21　工具栏设置菜单

3. 在任务栏上设置和创建工具栏

任务栏的内容很丰富，它不仅能让用户了解当前打开的应用程序，还能显示地址栏、链接项、桌面的图标按钮。要重新设置任务栏，将鼠标器指针指到任务栏的空白处，单击鼠标器右键，会弹出设置菜单。用鼠标器指向"工具栏"，会弹出有四个选项的下一级菜单，如图 5－21 所示，用户可根据自身需要进行选择。图 5－22 显示了选择弹出菜单的前三个选项的显示结果。

图 5－22　添加了工具栏等的"任务栏"

另外，用户可以将所需的任何文件夹的内容放置到工具栏上，步骤如下：

① 将鼠标器指针指到任务栏的空白处，单击鼠标器右键，在弹出菜单中执行"工具栏"下一级子菜单的"新建工具栏"命令，出现"新工具栏"对话框，如图 5－23 所示。

② 在"新工具栏"对话框中指定文件夹所在的路径。

③ 单击对话框的"选择文件夹"按钮，返回桌面。新创建的工具栏就出现在任务栏上，如图 5－24 所示。

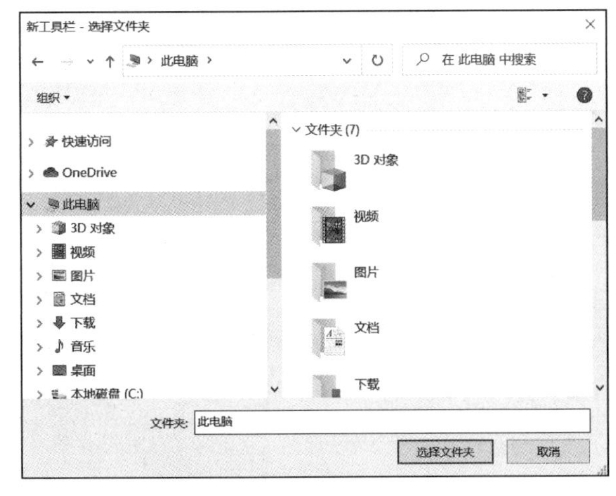

图 5－23　"新建工具栏"对话框

图 5－24　添加了"新建工具栏"的任务栏

5.2.2 设置“开始”菜单

“开始”菜单中包含了系统中安装时默认的菜单项和命令项。用户可以根据需要，添加或删除“开始”菜单的内容，定制个性化“开始”菜单。

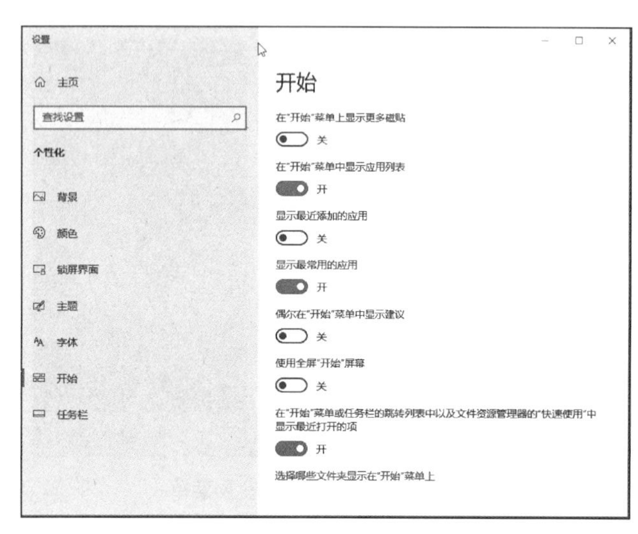

图 5-25 “开始”菜单设置窗口

1. 设置“开始”菜单属性

在桌面空白处右击鼠标，在弹出菜单中选择“个性化”命令，系统打开“设置”窗口，在左侧导航栏中选择“开始”，系统打开“开始”设置窗口，如图5-25所示。在该窗口中用户可以设置“在开始菜单上显示更多磁贴”“在开始菜单中显示应用列表”和“显示最近添加的应用”功能。图5-26显示了关闭部分显示功能的“开始”菜单。

对于开始菜单，用户还可以自定义哪些文件夹显示在“开始”菜单上。在“开始”设置窗口中，用户点击“选择哪些文件夹显示在‘开始’菜单上”，系统打开设置窗口，如图5-27所示。在这个窗口中，用户可以对“文件资源管理器”“设置”“下载”和“音乐”等进行设置。

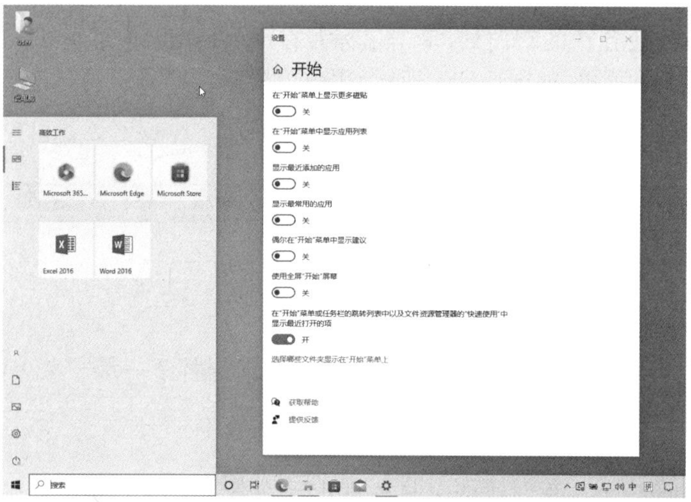

图 5-26 关闭部分显示后的“开始”菜单

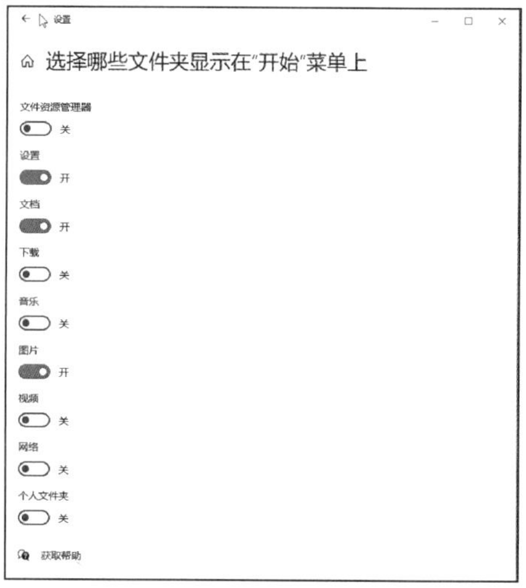

图 5-27 “开始”菜单设置窗口

2. 设置开始屏幕内容

在Windows 10的“开始”菜单中，开始屏幕中的“磁贴”图标为用户提供了快速访问程序的便捷方式。用户也可以根据自己的需要，设置自己的开始屏幕内容。

① 添加程序到开始屏幕中：以添加“写字板”程序到开始屏幕为例，其步骤如下。

点击“开始”按钮，在“开始”菜单中的“Windows附件程序”下找到“写字板”命令。

然后在“写字板”命令上右击鼠标，在弹出菜单中选择“固定到开始屏幕”命令，如图5-28所示。

系统执行后，“写字板”程序“磁贴”已经出现在“开始屏幕”中，如图5-29所示。

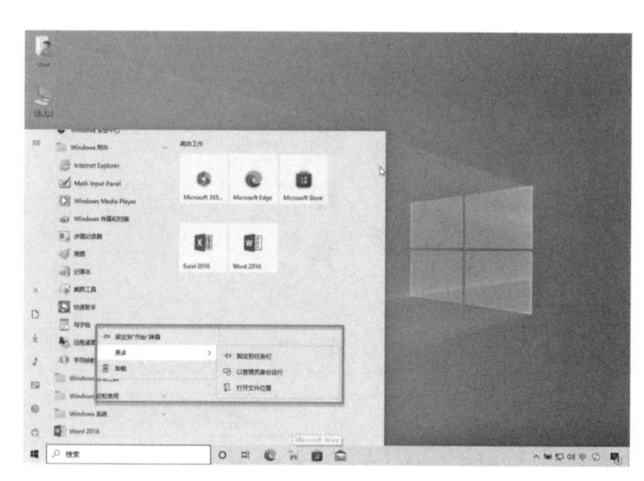

图 5-28 “开始”菜单屏幕内容设置

② 从开始屏幕中删除程序：以开始屏幕中的“写字板”磁贴为例，其步骤如下。

点击“开始”按钮，在“开始屏幕”中选中“写字板”磁贴，鼠标右击该磁贴，在弹出菜单中选择“从开始屏幕取消固定”命令，如图5-30所示。

系统执行后，可以发现“写字板”程序已经成功从“开始屏幕”中被删除了。

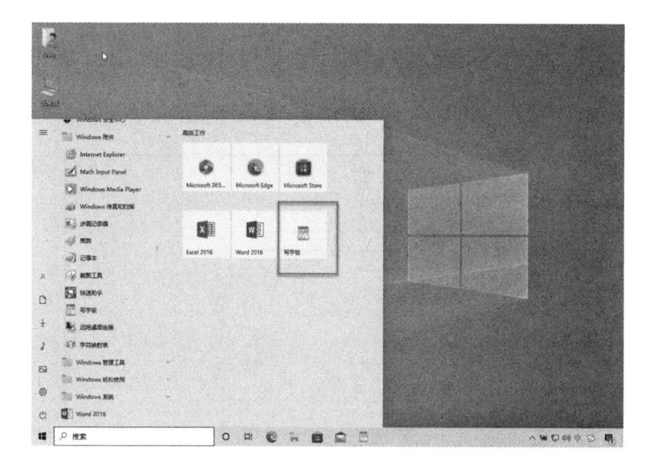

图5-29 在“开始”屏幕中添加新的程序

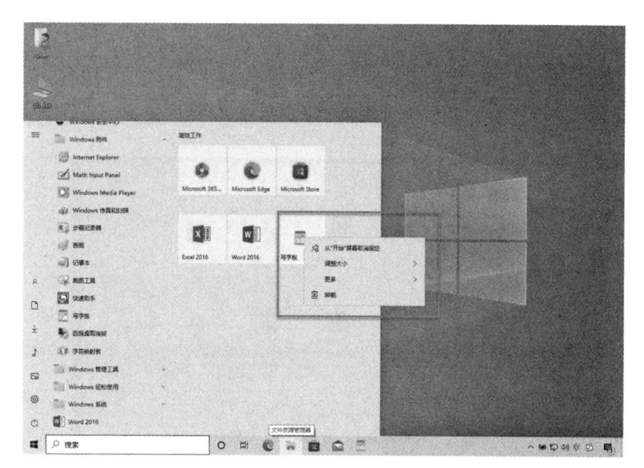

图5-30 修改“开始屏幕”的内容

5.3 使用“控制面板”和“设置”窗口

为使得用户更方便地管理、设置Windows，Windows 10为用户提供了两种系统设置工具，一个是“设置”窗口，另一个是“控制面板”管理工具。它们提供的设置功能几乎涵盖了有关Windows外观和工作方式的所有设置工作，用户可以使用它们对Windows进行设置，使其适合用户的个性化的需要。

1. 使用“控制面板”工具

在桌面上双击控制面板图标：；在“开始”菜单中依次选择“Windows系统”“控制面板”命令，系统即可启动“控制面板”窗口。“控制面板”窗口的显示方式包括：类别、大图标、小图标。用户可以利用窗口右上角的查看方式列表进行选择。图5-31、图5-32分别按照“类别”“大图标”显示“控制面板”内容。

图5-31 “控制面板”窗口按“类别”显示

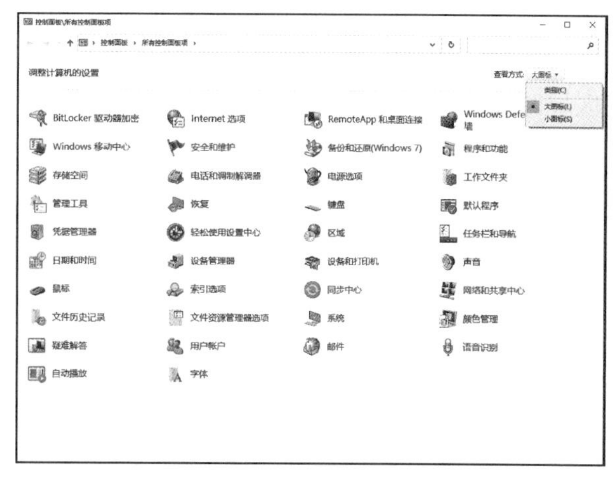

图5-32 “控制面板”窗口按“大图标”显示

“控制面板”中的项目较多，用户可以使用搜索的方法进行查找，搜索项目常用方法有如下两种：

① 使用类别导航浏览：用户可以在“类别”视图下，通过单击不同的类别（如系统和安全、程序或轻松使用）进行导航，并查看每个类别下列出的常用任务来查找具体设置功能。

② 使用搜索框：在窗口右上角的“搜索框”中键入单词或短语。例如，键入“声音”可查找计算机上的声卡、系统声音以及任务栏上音量图标的特定设置。

前面介绍的“桌面的设置”和“任务栏和开始菜单设置”都可以从“控制面板”中找到对应的设置项目。

2. 使用“设置”窗口

从 Windows 8 开始，Windows 引入了“设置”窗口，并逐步完善其功能，很多“控制面板”的功能都可以在这里找到。前面所述的“桌面的设置”和“任务栏和开始菜单设置”都是通过“设置”窗口实现的。

用户启动“设置”窗口方法如下：单击“开始”菜单，鼠标点击“设置”命令，如图 5－33；或者使用组合键“Windows＋I”。打开的“设置”窗口如图 5－34 所示。用户点击相关主题找到对应的设置功能；用户也可以利用搜索框键入相关关键字进行搜索。

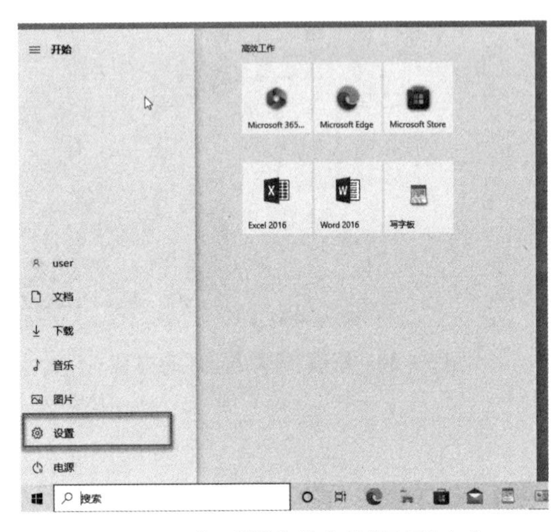

图 5－33　“开始”菜单中的“设置”命令

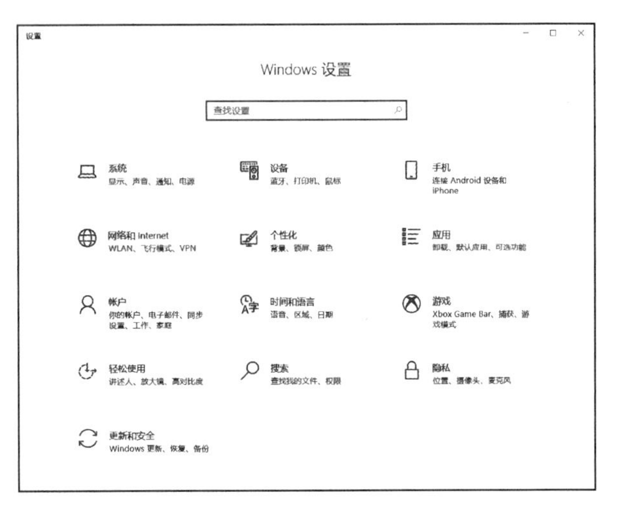

图 5－34　“设置”窗口

5.4 时间和日期设置

对时间信息的准确掌握，是每一个办公人员应当具有的能力。世界各个地区、各个地域在时间的分区及表示上各不相同。Windows 10 提供获得时间信息的便捷方法。在任务栏右边的通知区域中，用户可以了解当前系统设置的时间信息。

若需修改时间和区域设置，在“控制面板”窗口中，用户用可以点击“时钟和区域”超链接，如图 5－35 所示。系统打开“时钟和区域”设置窗口，如图 5－36 所示。用户利用窗口中的超链接分别对“日期和时间”和“区域”做设置，下面分别介绍。

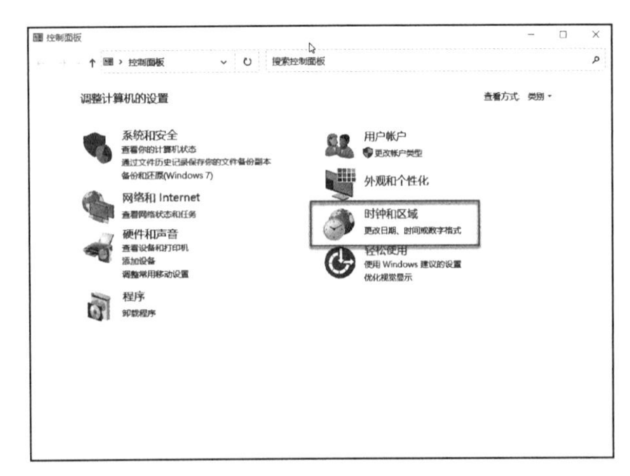

图 5－35　“控制面板”中的“时间和区域”超链接

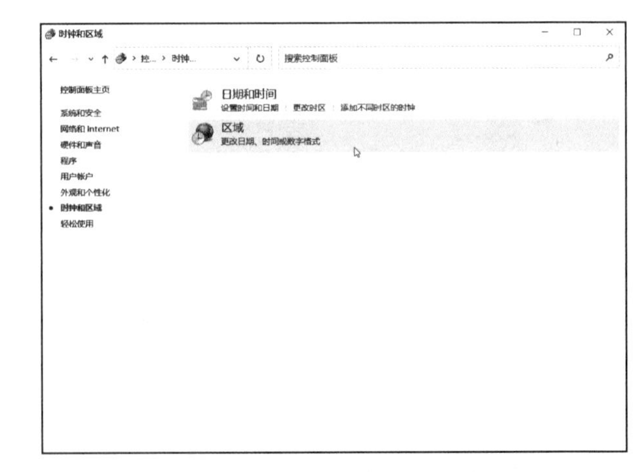

图 5－36　设置“时钟和区域”窗口

1. 设置“日期和时间”

用户点击“日期和时间”超链接，系统打开“日期和时间”对话框，如图 5－37 所示。“日期和时间”对话框有三个选项卡，下面分别进行介绍。

①“日期和时间”选项卡：点击其中的“更改日期和时间”按钮，系统打开“日期和时间设置”对话框，如图5-38所示。用户可以在这个对话框中对日期和时间进行调整。设置完成后点击“确定”按钮，返回“日期和时间”选项卡。点击“更改时区”按钮，系统打开“时区设置”对话框，如图5-39所示，用户可以根据需要选择时区。设置完成后点击“确定”按钮，返回“日期和时间”选项卡，并点击“确定”按钮完成设置。回到桌面后，用户可以查看通知区域的时间图标，了解时间信息。

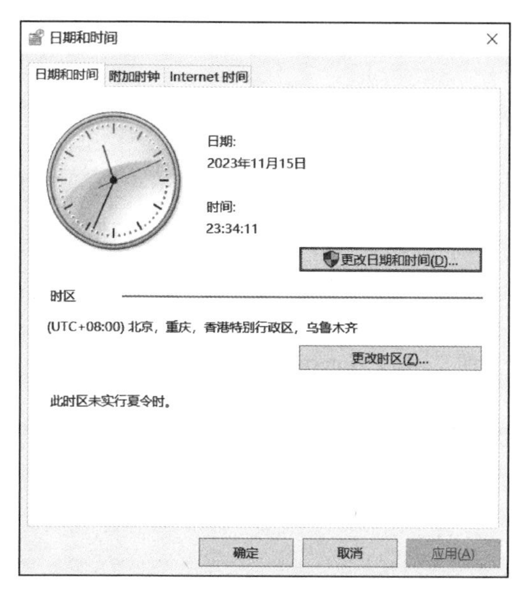

图5-37　“日期和时间”选项卡

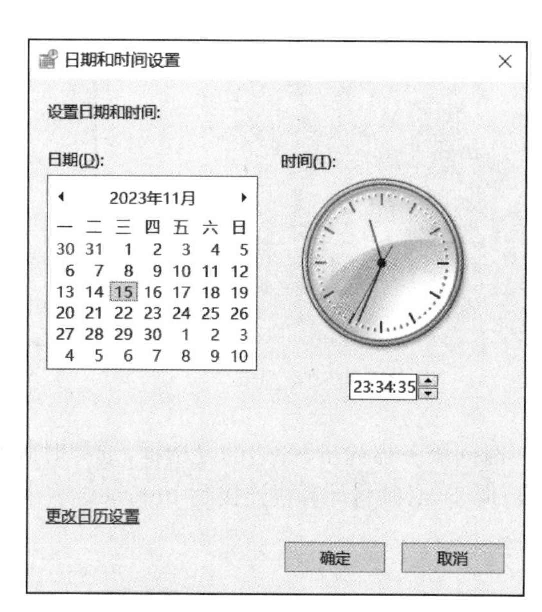

图5-38　“日期和时间设置”对话框

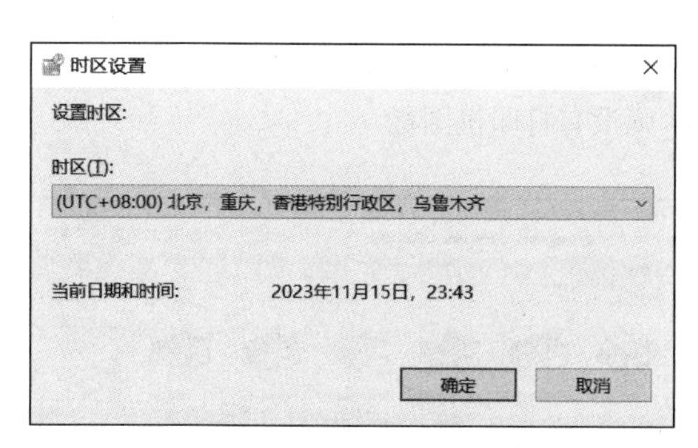

图5-39　“时区设置”对话框

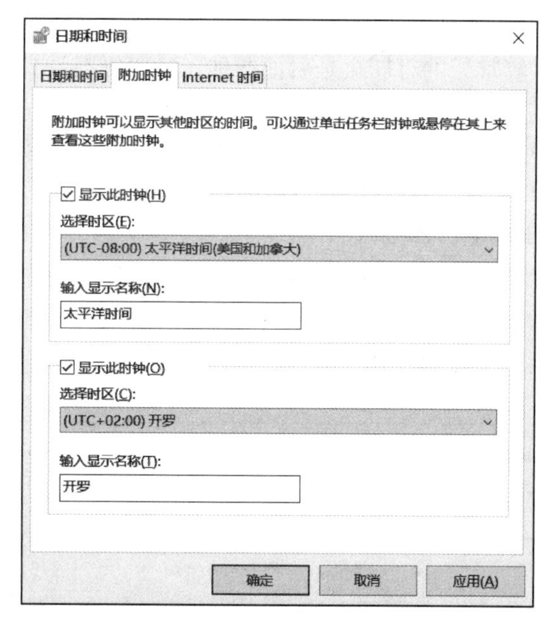

图5-40　“附加时钟”对话框

②“附加时钟”选项卡：在该选项卡中，用户可以添加辅助的时区信息，以方便同时了解多个时区的时间信息。如图5-40所示，添加了两个附加时钟，并分别选择时区、命名。设置完成后点击“确定”按钮，返回“附加时钟”选项卡，并点击“确定”按钮完成设置。回到桌面后，查看设置了“附加时钟”的时钟信息，如图5-41所示。

③“Internet时间”选项卡：在该选项卡中，可以使计算机时钟与Internet时间服务器同步。这意味着可以更新计算机上的时钟，以与时间服务器上的时钟匹配，这有助于确保计算机上的时钟是准确的。点击Internet时间选项卡中的“更改设置”按钮，打开“Internet时间设置”对话框，如图5-42所示，选中“与

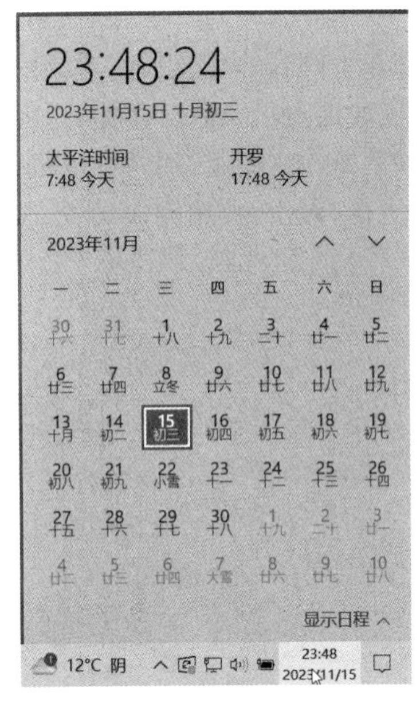

图 5-41 “附加时钟”效果显示

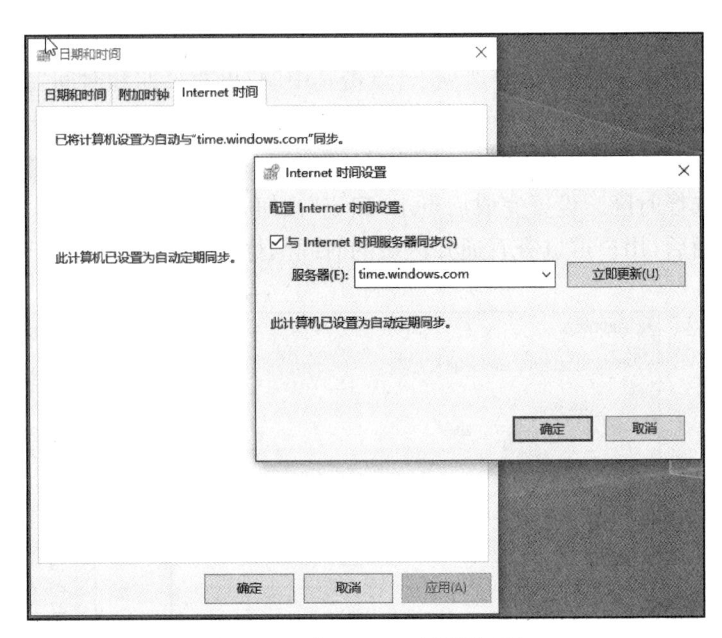

图 5-42 “Internet 时间”选项卡

Internet 时间服务器同步”旁边的复选框，选择时间服务器，然后单击“确定”。时钟通常每周更新一次，而如要进行同步，必须将计算机连接到 Internet。

5.5 打印机管理

打印机是重要的办公设备，按照工作方式不同，打印机分为：针式打印机、喷墨打印机和激光打印机。目前，较常见的打印机是后面两种。打印机与计算机连接的接口一般有 IDE 与 USB 两种，目前 USB 接口更为常见。打印机的接口在安装 Windows 10 时，系统会自动搜索并安装打印机。另外，由于 Windows 10 是“即插即用”的操作系统，用户可以在任何时候安装新的打印机。在 Windows 10 中，用户可以在计算机上同时管理多台打印机。打印文件时，可以任选其中一台工作。用户还可以更改和设置打印机的属性，以满足不同的打印要求。

用户设置打印机需要进入“设备和打印机”窗口。在 Windows 10 中，用户先进入“控制面板”窗口，然后选择其中的“设备和打印机”超链接，如图 5-43 所示。系统将打开“设备和打印机”窗口，如图 5-44 所示，显示了若干安装好的打印机设备，若未安装过打印机，则没有打印机图标。

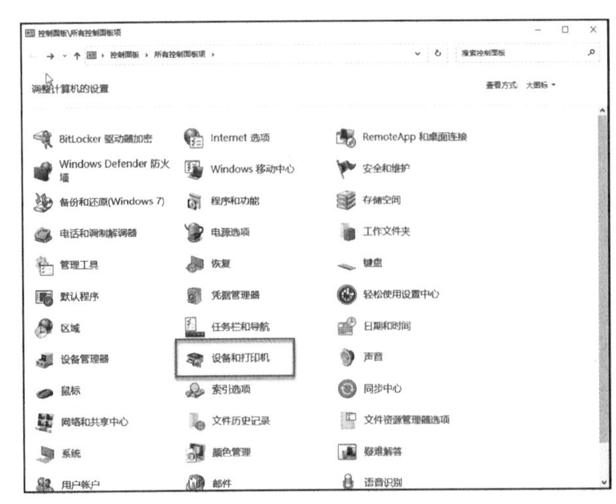

图 5-43 “设备和打印机”超链接

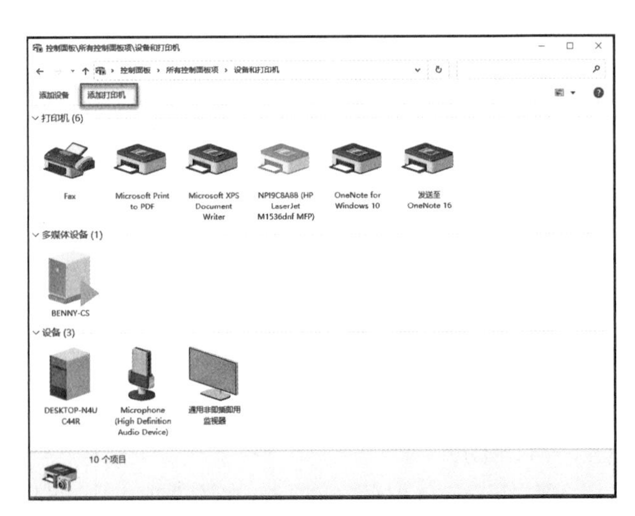

图 5-44 “设备和打印机”窗口

5.5.1　安装打印机

在“设备和打印机”窗口中，打印机的安装通过“添加打印机”向导进行，在工具栏上点击“添加打印机”按钮，启动向导，步骤如下。

1. 选择打印机类型

点击“添加打印机”按钮，即启动“添加打印机向导”第一步对话框，如图5-45所示。系统将自动查找连接在计算机上的打印机，用户选择后完成安装。若需要安装的打印机没有列出，点击窗口下方的“我需要的打印机未列出”超链接，系统打开安装向导第二步对话框，如图5-46所示。

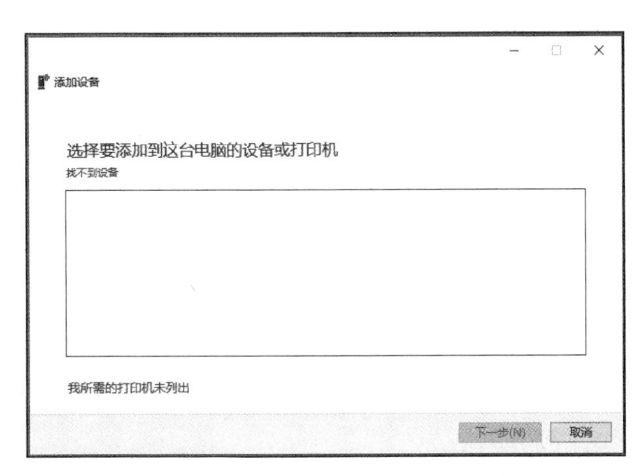

图5-45　“添加打印机向导”(第一步)

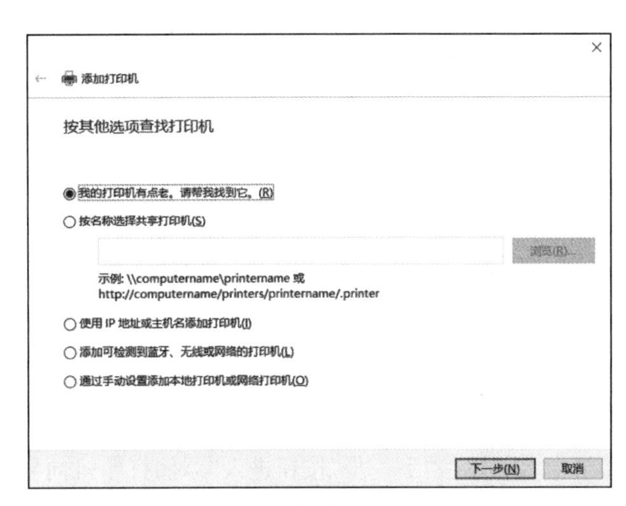

图5-46　“添加打印机向导”(第二步)

在向导第二步对话框中，选择安装的打印机与计算机的连接方式。这里我们以“通过手动设置添加本地打印机或网络打印机”为例，进行介绍。选择该项后，点击“下一步”按钮，进入向导对话框第三步。

2. 选择打印端口

“添加打印机向导”第三步对话框，如图5-47所示，用来配置打印机连接的端口。选择“使用以下端口”单选按钮，在下拉列表中选择打印机端口。一般本地打印机使用系统的默认端口LPT1。有些打印机需要设置独立的自设端口，可以通过“创建新端口”单选按钮设置。单击“下一步”按钮，进入“添加打印机向导”第四步对话框。

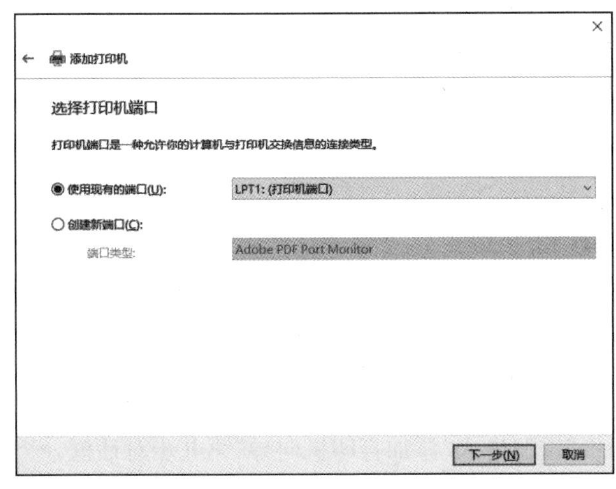

图5-47　“添加打印机向导”(第三步)

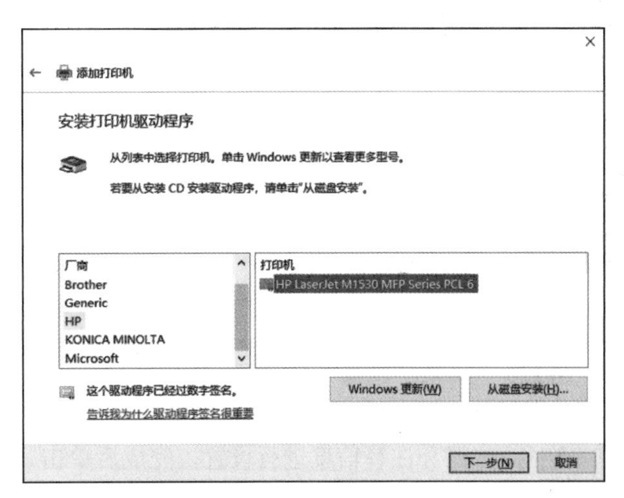

图5-48　“添加打印机向导”(第四步)

3. 选择打印机型号

“添加打印机向导”第四步的对话框，如图5-48所示。对话框列出了主要品牌的打印机的厂商和型号，Windows 10提供了它们的驱动程序。用户可以从中选择适合自己的打印机的厂商及型号。如果用户的打印机不在列表中,那么一般打印机都附带驱动程序。用户点击“从磁盘安装”按钮,指定驱动程序的位置,系统会完成安装。单击“下一步”按钮进入“添加打印机向导”第五步对话框。这里系统会对驱动程序进行校验,我们选择推荐项目,单击“下一步”按钮,进入“添加打印机向导”第六步对话框。

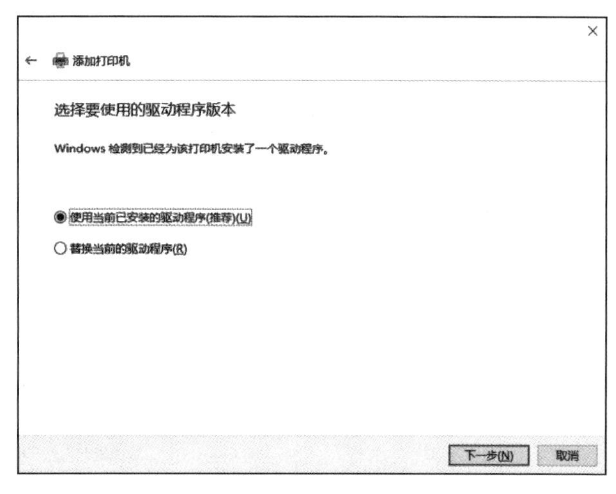

图 5-49　“添加打印机向导”(第五步)

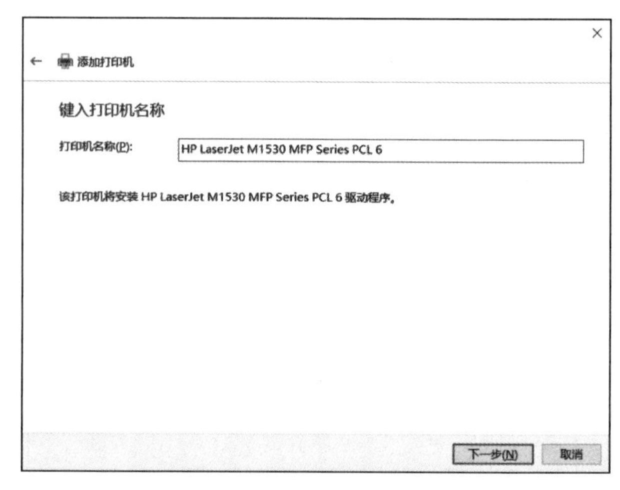

图 5-50　“添加打印机向导”(第六步)

4. 命名打印机

“添加打印机向导”第六步对话框,如图 5-50 所示。用户可以在“打印机名称”编辑框中为新添加的打印机命名。单击“下一步”按钮进入“添加打印机向导”第七步对话框。

5. 打印机安装

“添加打印机向导”第七步对话框,如图 5-51 所示。系统执行打印机安装,完成后单击“下一步”按钮进入“添加打印机向导”第八步对话框。

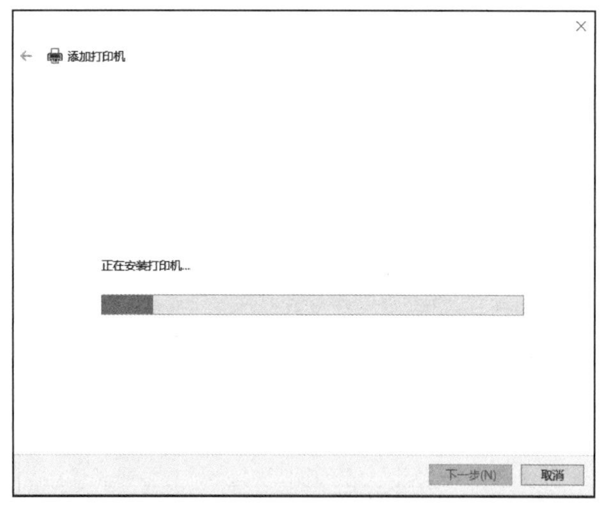

图 5-51　“添加打印机向导”(第七步)

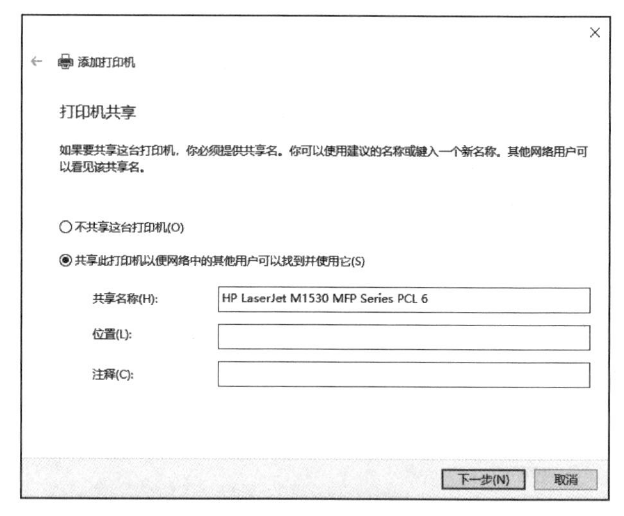

图 5-52　“添加打印机向导”对话框(第八步)

6. 打印机共享设置

“添加打印机向导”第八步对话框,如图 5-52 所示。用户在这里可以设置打印机是否进行共享,并对共享名称、位置和注释信息进行设置。完成后单击“下一步”按钮进入“添加打印机向导”第九步对话框。

7. 打印测试页及设置默认打印机

“添加打印机向导”第九步对话框,如图 5-53 所示。在该对话框中,为测试新安装的打印机是否正常,用户可以点击“打印测试页”按钮来测试。结束测试后,用户点击“完成”,结束打印机安装向导。这时“设备和打印机”窗口中增加了一个新的打印机图标,如图 5-54 所示。用户可以选择其中一个打印机将其设为默认打印机。鼠标右击待设置的打印机图标,在弹出菜单中选择“设为默认打印机”命令,打印机图标上将显示一个对钩符号，如图 5－54 所示。

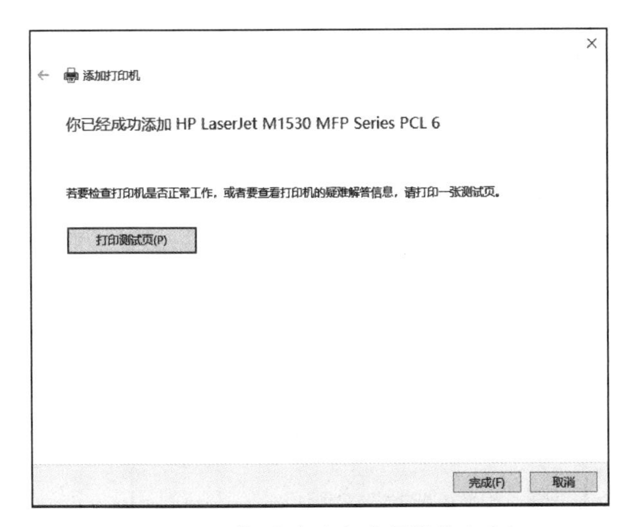

图 5－53　“添加打印机向导”(第九步)

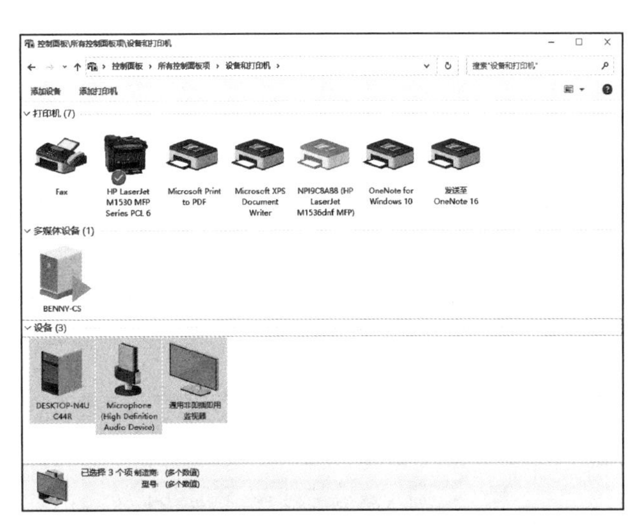

图 5－54　添加了新打印的“设备和打印机”窗口

需要说明的是，无论当前系统上安装了多少台打印机，系统默认的打印机只可能有一台，系统默认打印机的图标旁有一个“√”图标(如图 5－54 所示)。

5.5.2　打印机的设置

在“设备和打印机”窗口中，用鼠标右击待设置的打印机，在弹出菜单中选择“打印机属性”命令，打开打印机属性对话框，如图 5－55 所示。对话框中包含七个选项卡：“常规”“共享”“端口”“高级”“颜色管理”“安全”及“设备设置”。下面对该对话框的主要内容进行介绍。

1. “常规”选项卡

“常规”选项卡如图 5－55 所示。在该选项卡中可以设置“打印首选项”和打印测试页。单击“打印测试页”按钮，可以发出打印测试命令。单击“首选项”按钮，打开“打印首选项”对话框，如图 5－56 所示。在这个对话框中，用户可以对纸张的型号、纸张来源、双面打印等信息进行设置。

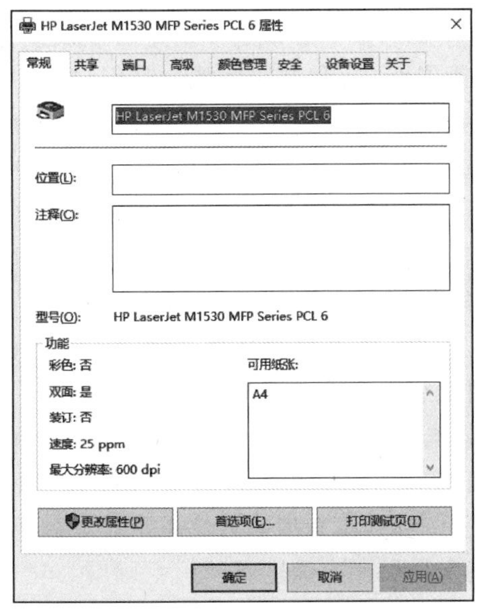

图 5－55　打印首选项对话框“常规”选项卡

图 5－56　打印首选项对话框

需要说明的是，不同型号的打印机，“打印首选项”对话框的内容会有所不同。

2. “共享”选项卡

该选项卡如图5-57所示。在该选项卡中，设置是否将该打印机设置为网络共享打印机。如果选择与别人共享打印机，则选中“共享这台打印机”复选框，并需要给打印机起一个网络共享名。若允许其他共享用户在自己的计算机上显示打印的作业情况，则选中“在客户端计算机上呈现打印作业”复选框。设置完成后点击“确定”按钮，实现设置。

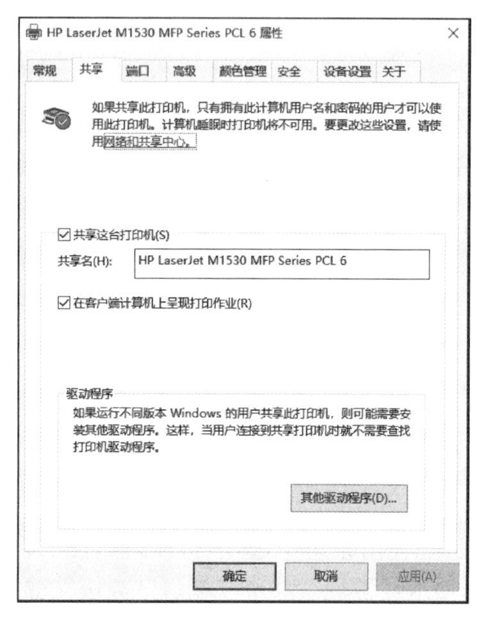

图5-57 打印机属性对话框“共享”选项卡

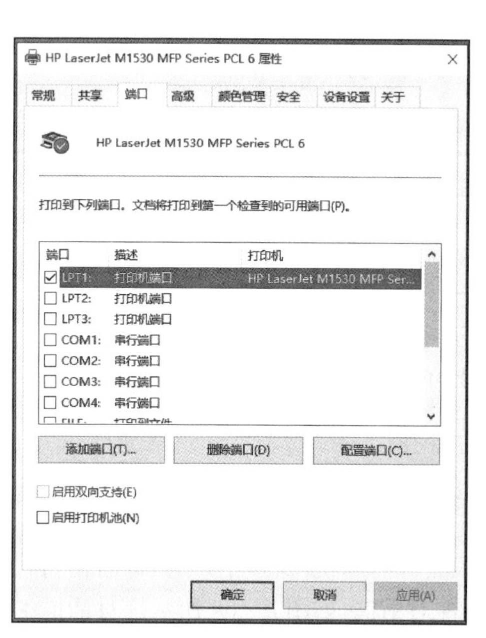

图5-58 打印机属性对话框“端口”选项卡

3. “端口”选项卡

该选项卡如图5-58所示。在该选项卡中，列出了当前打印机使用的端口及系统可用的端口。此外，用户可以添加、删除、修改系统中的端口。

图5-59 打印机属性对话框“高级”选项卡

4. “高级”选项卡

该选项卡如图5-59所示。在该选项卡中可以设置打印机的使用时间、作业的优先级、后台打印功能。若用户选中“始终可以使用”单选按钮则打印机的使用不受时间限制。若用户选中“使用时间从”单选按钮，并在其后的时间设置编辑框中指定时间范围，则可以限定打印机的使用时间。用户还可以利用“优先级”调节框，设置打印优先级。用户还可以指定使用“后台打印”。“后台打印”功能将打印文档时所产生的打印信息不直接发送给打印机，而是先写入硬盘上的某个文件中。这样可以实现在打印文档的同时继续编辑该文档，提高工作效率。

5. “颜色管理”选项卡

不同类型的设备具有不同的颜色特征和功能，对相同颜色的呈现可能各不相同。对此，该选项卡的作用是设置颜色，确保打印内容在彩色呈现上尽可能准确呈现。

6. “安全”选项卡

该选项卡如图5-60所示。为了保护计算机及其资源的安全，必须考虑用户拥有的权利。Windows 10 可通过授权用户或组特定的用户权利来确保某计算机或多台计算机的安全。该选项卡的作用是通过分配权限，允许指定的用户或组对打印机进行访问。见图 5-60。

7. "设备设置"选项卡

在该选项卡中，用户可以对打印机的纸盒类型内容及可安装选项内容进行设置。

图 5-60 打印机属性对话框"安全"选项卡

5.5.3 打印队列管理

在 Windows 10 中，用户可以在上一个打印任务尚未结束时就发下一个打印命令，这样形成一个打印任务队列。用户可以通过打印机管理窗口对打印队列进行管理。

1. 查看打印队列

打开打印队列管理窗口的方法有两种：

① 在打印机执行打印任务的过程中，会在任务栏右边通知区域出现一个打印机图标：。当打印任务结束后，这个图标在任务栏上消失。用鼠标器双击该图标，就可以打开打印队列管理窗口，如图 5-61 所示。

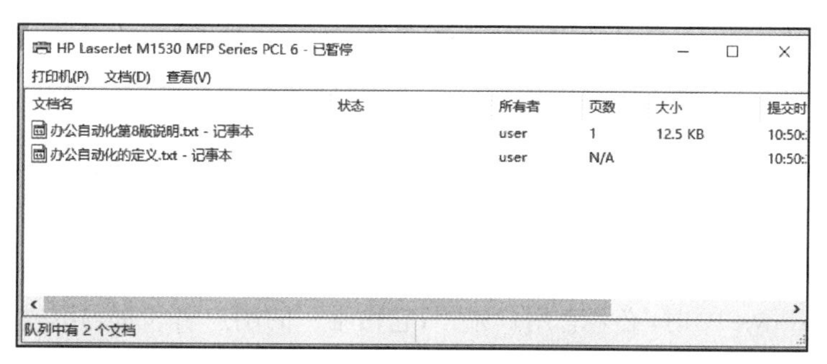

图 5-61 打印队列管理窗口

② 利用控制面板打开"设备及打印机"窗口，右击待查看的打印机图标，在弹出菜单中选择"查看现在正在打印什么"命令，就可打开对应的打印机打印队列管理器窗口。

每台打印机有各自的打印机管理器窗口。在打印队列管理器窗口中显示了打印机的打印任务队列及每个任务的文档名、状态、所有者、进度和开始时间。

2. 暂停打印

若用户决定暂停打印队列中的任务，这样操作：首先，在打印机管理窗口中选定要暂停的文档名，然后使用"打印机"菜单中的"暂停打印"命令，使该命令左边出现"√"。这时打印任务的状态显示"暂停"字样。再单击"暂停打印"命令可撤消暂停。用户也可以在"打印队列"窗口中，选中相应的打印任务，右击鼠标，在弹出菜单中选择"暂停"命令，如图 5-62 所示。

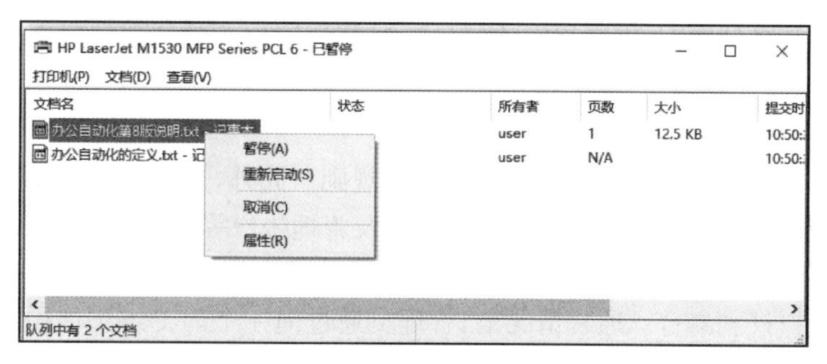

图 5-62 打印队列窗口内容管理

默认情况下,所有用户都能暂停、继续、重启动和取消他们自己的文档打印作业。但是,要管理其他用户打印的文档,则必须要有"管理文档"权限。一般来说,一旦文档开始打印,即使暂停打印,文档也将完成打印。

3. 改变打印队列

在打印队列管理器窗口中,通过拖放文档名可以改变尚未开始打印的各个任务的次序,把需要优先的任务拖放到尽量靠前。

4. 取消打印任务

用户有时可能会需要取消排在打印队列中的某些任务,这时可先选定要取消的文档名(选择的方法与资源管理器中选择文件的方法一样,可以选择多个文档),然后使用"打印机"菜单中的"取消打印"命令,就把这些任务从打印队列中删除了。更简便的是使用键盘,只要按 Delete 键,就可取消选定的打印任务。用户也可以在"打印队列"窗口中,选中相应的打印任务,右击鼠标,在弹出菜单中选择"取消"命令,如图 5-62 所示。

如果要取消整个打印队列中的所有任务,可以选择"打印机"菜单中的"清除打印作业"命令,将取消队列中的所有任务。

5.6 帐户管理

随着计算机中的硬件资源和软件资源的增多,以及网络的广泛使用,计算机安全问题被人们深刻地加以认识。要安全地使用计算机,需要对使用计算机的人员和他们对计算机中各类资源的使用权利加以明确的区分和限定。Windows 10 是一个多用户操作系统,允许系统中存在多个帐户,每位用户可以拥有自己的工作环境,如桌面主题、鼠标设置,以及网络连接等。Windows 10 通过对帐户及用户组的设定,可以实现用户的授权访问。

5.6.1 Windows 10 安全概述

当用户登录到 Windows 10 时,必须有用户帐户,它由唯一的用户名和密码组成。登录时 Windows 10 将验证用户名和密码。如果用户帐户已被禁用或删除,Windows 10 将阻止用户访问计算机,以确保只有有效用户才能访问计算机。

1. 用户帐户

一个用户帐户包含了 Windows 10 中定义用户的所有信息,其中包括用户名字和口令,以及使用系统资源所需的用户权限。Windows 10 将系统中的资源和一个访问控制列表相比照,来判断当前用户对访问资源的合法性。当一个用户试图访问系统中的资源时,系统进行上述比照,一个未授权的用户将被拒绝访问该资源,涉及的相关操作也将失败。

在 Windows 10 中,设置了两种帐户登录形式,一种是本地帐户,另外一种是 Microsoft 帐户。本地帐户只可以登录当前系统;Microsoft 帐户可以联机到微软的帐户中心,享受微软相关产品的服务。本地帐户分为两种类型,分别是:管理员帐户和标准帐户。管理员帐户允许完全访问计算机的帐户类型,可以对计算机进行高级别的控制。Windows 10 安装时,要求计算机上至少有一个管理员帐户。

2. 权限

权限是与操作对象关联的规则,用来规定能够访问对象的用户及其访问权限,如对文件的打开、修改、删除等权限。系统中将有相同权限的用户划分为一组。

3. 权利

用户权利是确定用户可以在计算机上所执行操作的规则。此外,用户权利控制用户是否可以直接(在本地)或通过网络登录到计算机,使用该计算机中资源以及管理帐户等。

4. 组

组具有已指派的用户权利集合。通常情况下,管理员通过向一个内置组添加用户帐户,或者通过创建新组并为该组指派特定用户权利。随后添加到组中的用户自动获得指派给组帐户的所有用户权利。

5.6.2　创建用户帐号

用户只有拥有了帐号才可以使用计算机，而普通用户只能使用管理员授权的帐号，只有管理员授权的用户才可以管理用户帐号。

对本地用户和组进行管理的用户，其本身必须以隶属于 Power User 组或者 Administrators，或者被委派了适当的权限。

建立新用户帐号时，我们要以系统管理员的身份的用户登录到 Windows 10 中。那么，如何来添加一个新用户的帐号呢？我们来看一个例子，比如我们要建立一个名称为“Jack”的本地帐户，建立步骤如下。

① 从“开始”菜单中选择“控制面板”命令，在打开的“控制面板”窗口中，点击“更改帐户类型”超链接，如图 5－63 所示。系统将打开“管理帐户”窗口，如图 5－64 所示。

图 5－63　“控制面板”窗口

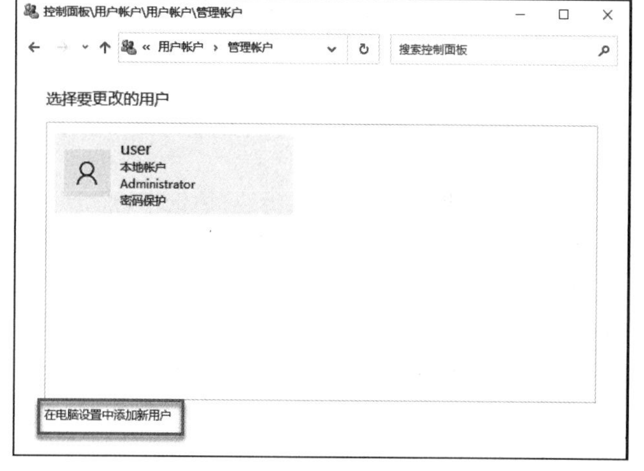

图 5－64　“管理帐户”窗口

② 打开“管理帐户”窗口，单击左下角的“在电脑设置中添加新用户”，系统打开“设置”窗口，如图 5－65 所示。在“其他用户”区域，点击“将其他人添加到这台电脑”超链接，启动添加帐户向导(第一步)，如图 5－66。

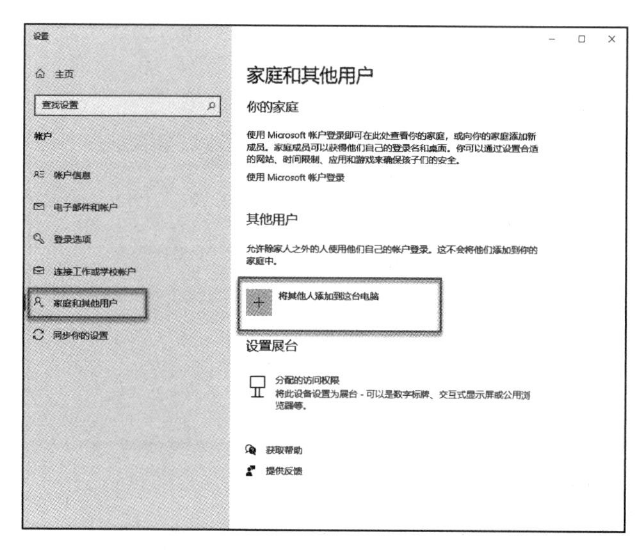

图 5－65　“设置”窗口“家庭和其他用户”功能

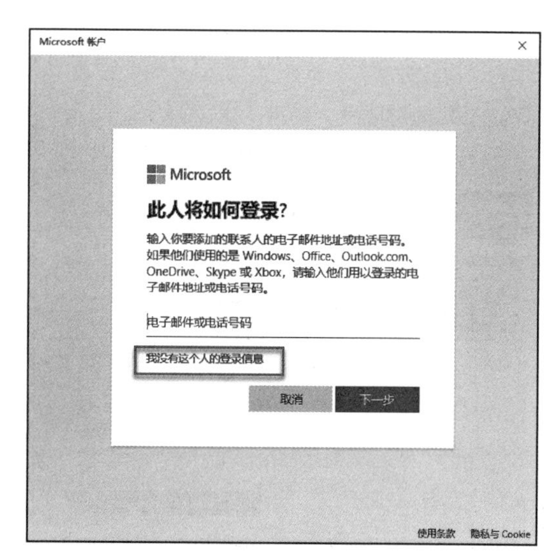

图 5－66　添加帐户向导(第一步)

③ 在添加帐户向导（第一步）对话框中，点击“我没有这个人的登录信息”超链接，系统进入添加帐户向导（第二步）对话框，如图5－67。

④ 在添加帐户向导（第二步）对话框中，点击“同意并继续”，进入添加帐户向导（第三步）对话框，如图5－68。

图5－67　“添加帐户向导（第二步）

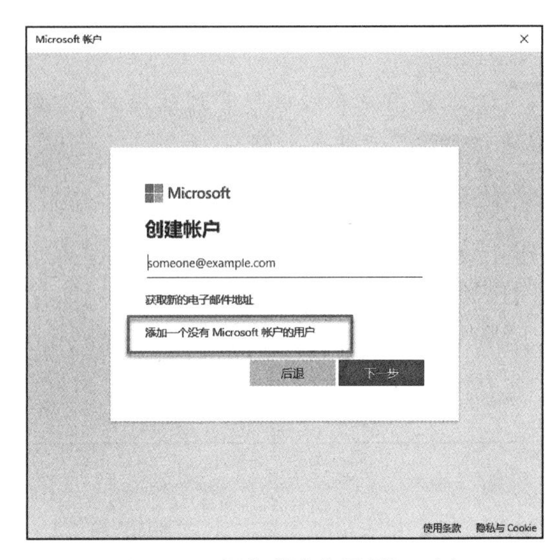

图5－68　添加帐户向导（第三步）

⑤ 在添加帐户向导（第三步）对话框中，点击“添加一个没有 Microsoft 帐户的用户”超链接，系统进入添加帐户向导（第四步）对话框，如图5－69。

⑥ 在添加帐户向导（第四步）对话框中，在帐户名称中输入一个新帐户的名称，如“Jack”，如图5－69。同时，用户需要设置密码和安全问题，完成后点击“下一步”按钮，系统完成帐户创建，并返回“设置”窗口。这时可以发现新创建的用户出现在窗口中，如图5－70所示。

新创建的帐户名不能与已有的帐户及用户组名重复。帐户名最多包含20个大小写字母，并且不得包含“\　/：*？”<>　|”。同时，用户名也不能由句点和空格组成。

图5－69　“添加帐户向导（第四步）

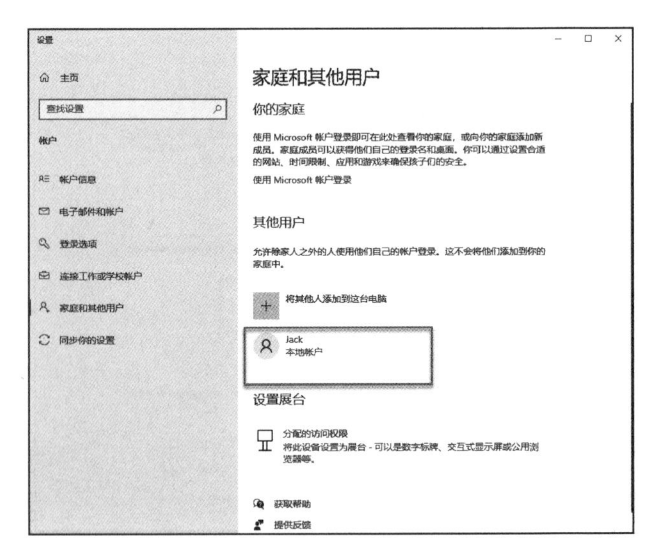

图5－70　添加了新帐户的设置窗口

5.6.3 设置帐户属性

对已经添加的帐户，管理员可以对它们的属性和权限进行修改。在“管理帐户”窗口点击一个需要更改的用户，系统打开如图 5-71 所示的窗口。在这个窗口中，可以更改帐户的名称、图片、类别、密码以及删除帐户。单击其中某个需要修改的链接，可以进入更改该属性的窗口。

图 5-71 “更改帐户”窗口

图 5-72 “重命名帐户”窗口

1. 更改帐户名称

点击“更改帐户”窗口左边的“更改帐户名称”超链接，系统打开“重命名帐户”窗口，如图 5-72 所示。为帐户输入一个新名称，并点击“更改名称”按钮，完成更改名称任务。

2. 更改密码

点击“更改帐户”窗口左边的“更改密码”超链接，系统将打开“更改密码”窗口，如图 5-73。在此窗口中为帐户创建新的密码，并要求输入新密码两次并且保持一致。可以在第三个编辑框中输入一些密码提示信息，帮助用户记忆他设置的密码。点击“更改密码”按钮完成此项任务。

3. 更改帐户类型

点击“更改帐户”窗口左边的“更改帐户类型”超链接，系统打开“更改帐户类型”窗口，如图 5-74 所示。为当前帐户选择新的用户类型，点击“更改帐户类型”按钮，完成帐户类型设置。

图 5-73 “更改密码”窗口

图 5-74 “更改帐户类型”窗口

4. 删除帐户

点击“更改帐户”窗口左边的“删除帐户”超链接，系统打开“删除帐户”窗口，如图 5-75 所示。用户首先需决定是否保留与待删除用户相关的文件。若决定删除点击“删除文件”按钮，否则选择“保留文件”按钮。执行用户选择后，系统打开“确认删除”窗口，如图5-76所示，用户点击“删除帐户”按钮完成此项任务。

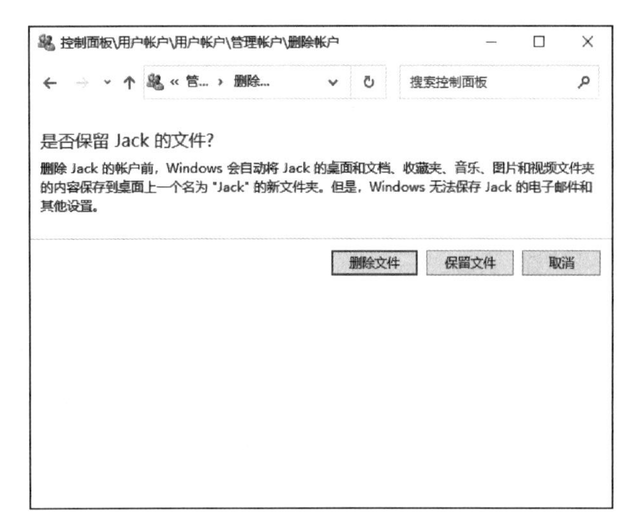

图5-75　“删除帐户”窗口

图5-76　“确认删除”窗口

5.7　系统备份与还原的使用

用户在使用计算机的过程中，由于误操作及不正确的系统安装等，会造成系统的运行异常，这样给用户带来很多不便。因此，如何使用系统还原工具将计算机还原为以前的工作状态就非常重要。“系统还原”会创建关键系统文件和某些程序文件的“快照”，并将这些信息以还原点的形式存储起来，用户可以使用这些还原点将 Windows 10 还原为以前的状态。

5.7.1　建立系统还原点

创建系统还原点的步骤如下：

① 以管理员帐户登录 Windows 10。

② 进入“控制面板”窗口，在搜索框中键入“恢复”，见图5-77。在搜索结果中选择“系统”下面的“创建还原点”超链接，系统将打开“系统属性”对话框，如图5-78所示。

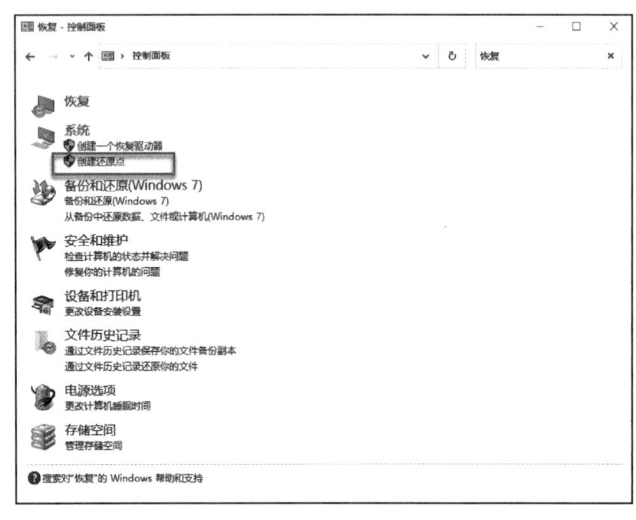

图5-77　“控制面板”窗口

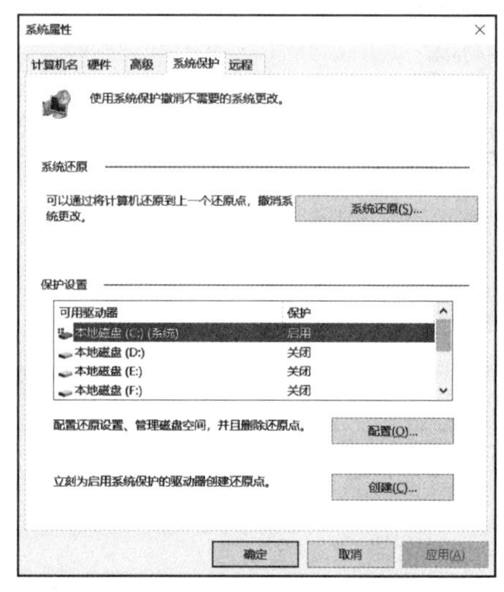

图5-78　系统属性对话框

③ 在“系统属性”对话框的“系统保护”选项卡中，在“保护设置”中选中需要设置还原点的驱动器，点击“创建”按钮，系统将打开“系统保护”对话框。

④ 在“系统保护”对话框中对还原点进行命名，如图5-79所示。用户点击“创建”按钮，系统开始创建还原点。

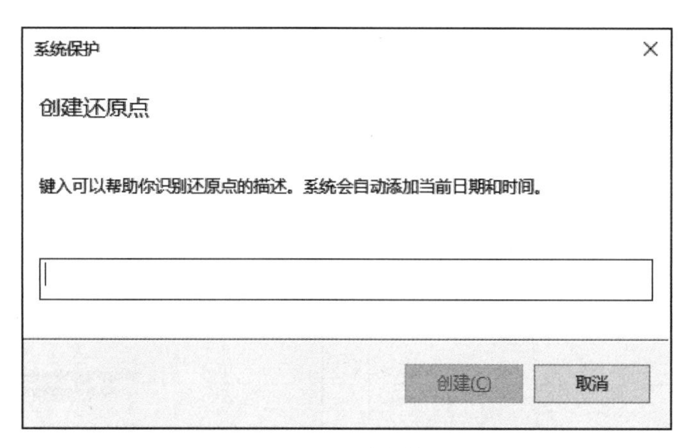

图5-79　系统保护窗口

5.7.2　利用还原点实施还原

当系统出现故障，或者用户不正确配置后需要恢复到以前的状态时，用户可以使用系统还原功能。执行系统还原的步骤如下：

① 以管理员帐户登录Windows 10。

② 进入“控制面板”窗口，在搜索框中键入“恢复”，在搜索结果中选择“系统”下面的“创建还原点”超链接，系统将打开“系统属性”对话框，如图5-78所示。

③ 在“系统属性”对话框中，点击“系统还原”按钮，系统启动系统还原向导(第一步)，如图5-80所示。点击“下一步”按钮，进入系统还原向导(第二步)，如图5-81所示。

④ 在系统还原向导(第二步)对话框中，选择之前创建的还原点。点击“下一步”按钮，进入系统还原向导(第三步)，如图5-82所示。

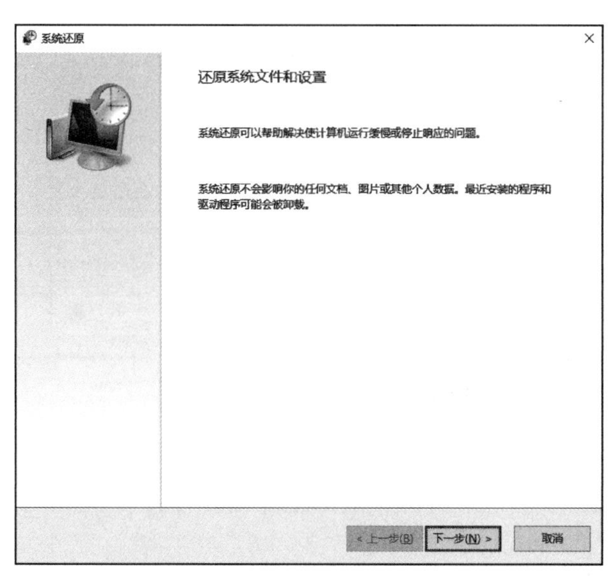

图5-80　系统还原向导(第一步)

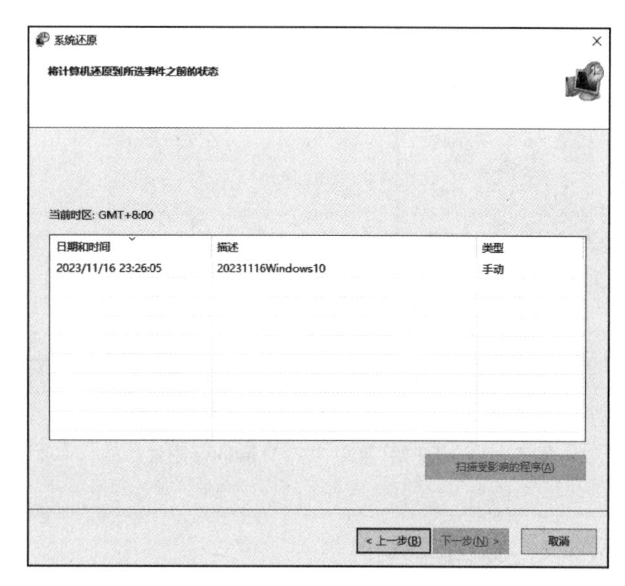

图5-81　系统还原向导(第二步)

⑤ 在系统还原向导(第三步)对话框中，确认需要还原的磁盘对象，如图5-82。点击“下一步”按钮，进入系统还原向导(第四步)对话框，如图5-83所示。

⑥ 在系统还原向导(第四步)对话框中确认还原点，点击“完成”按钮，系统将再次提示，用户确认后系统开始执行还原。

图 5－82　系统还原向导(第三步)

图 5－83　系统还原向导(第四步)

5.8　常 用 附 件

为方便用户使用计算机，Windows 10 为用户提供了丰富的常用工具，它们在“开始”菜单的 Windows 附件中，如图 5－84 所示。同时，在前序 Windows 版本的附件基础上，Windows 10 又为用户提供几款新的工具。

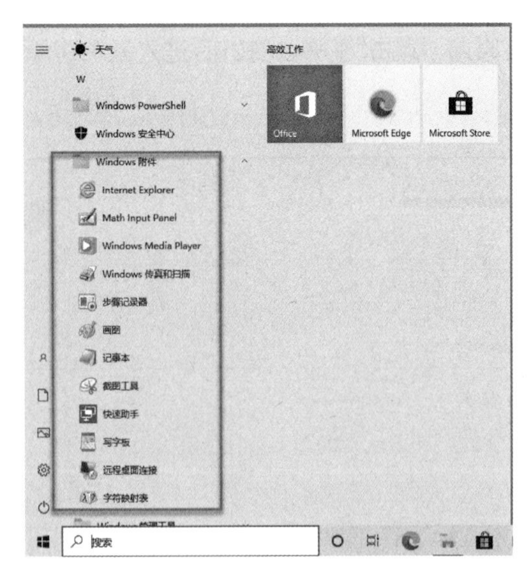

图 5－84　“开始”菜单中的 Windows 附件

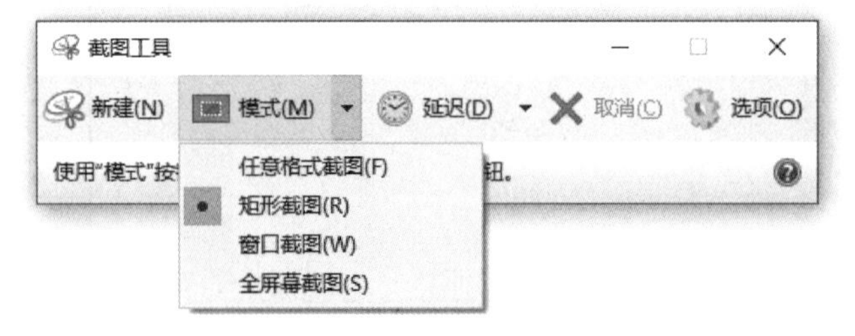

图 5－85　截图工具

5.8.1　截图工具

截图工具可以捕获桌面上任何对象的屏幕快照，如窗口、网页、桌面及它们的一个部分。然后，对其加注释、保存或共享该图像。截图工具启动后，如图 5－85 所示。

用户可以使用截图工具捕获四种类型的截图。

① 任意格式截图：围绕对象绘制任意格式图形。

② 矩形截图：在对象的周围拖动光标构成矩形。

③ 窗口截图：选择一个窗口，如希望捕获的程序窗口或对话框。

④ 全屏幕截图：捕获整个屏幕。

捕获截图后，截图程序会自动将其复制到剪贴板和截图工具的内容窗口中，如图5-86所示。截图工具还提供了“延时”截图功能，让用户先操作再截图。对于截图结果，用户可以利用菜单命令进行保存，或者利用工具栏中的工具进行进一步加工。

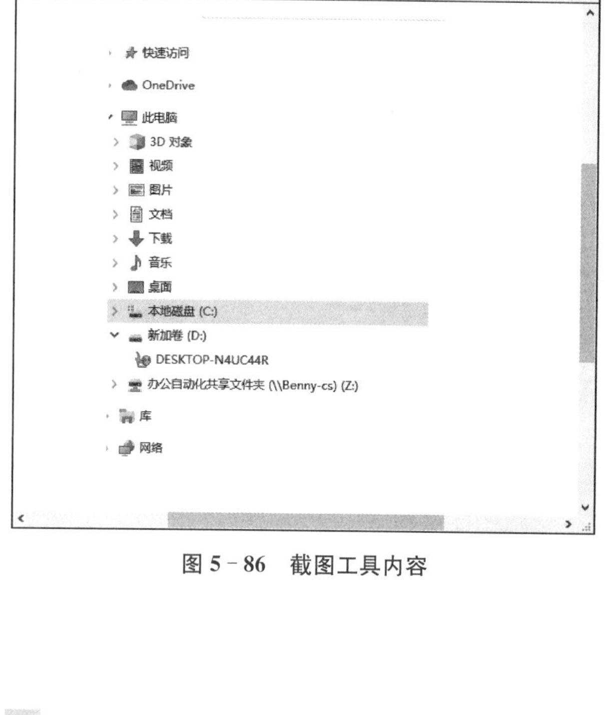

图5-86 截图工具内容

5.8.2 远程桌面

远程桌面连接是一种使用户能够使用一台计算机(称为“客户端”计算机)，连接到其他位置的“远程计算机”(有时称为“主机”)的技术。例如，可以从家庭计算机连接到工作计算机，并访问所有程序、文件和网络资源，就好像坐在工作计算机前一样。我们可以让程序在工作计算机上运行，然后当回到家时，可以在家庭计算机上看见工作计算机的桌面以及那些正在运行的程序。

使用远程桌面需要对远程“主机”及“客户端”计算机分别进行设置。

1. 远程“主机”的设置

设置远程“主机”的步骤如下。

① 在远程主机上，在“开始”菜单中点击设置按钮：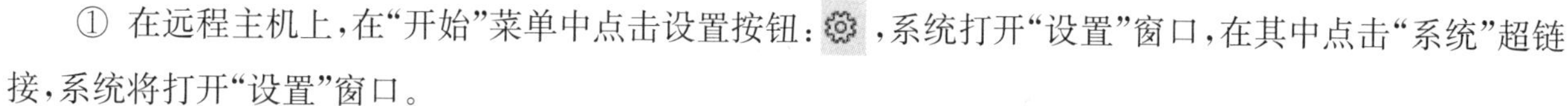，系统打开“设置”窗口，在其中点击“系统”超链接，系统将打开“设置”窗口。

② 在左侧窗格中单击“远程桌面”超链接，如图5-87所示，系统打开“远程桌面”设置窗口。

③ 在远程桌面设置窗口中，将“启用远程桌面”开关设置为开启，在弹出的“远程桌面设置”对话框中点击“确定”按钮，如图5-87所示。

④ 接下来需要为远程桌面设置用户，点击窗口中的“选择可远程访问这台电脑的用户”超链接，系统打开“远程桌面用户”窗口，如图5-89所示。

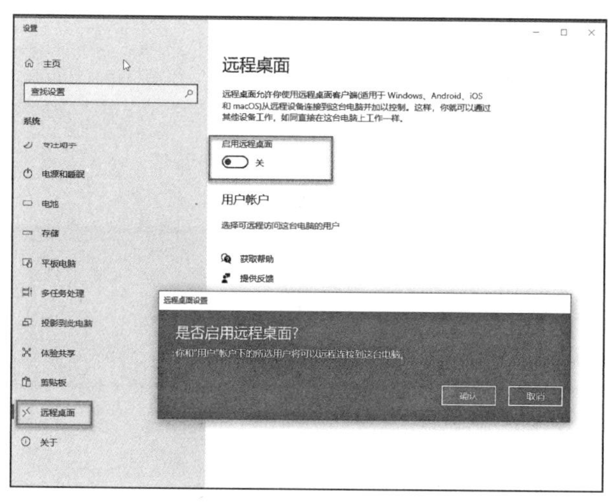

图5-87 “设置”窗口

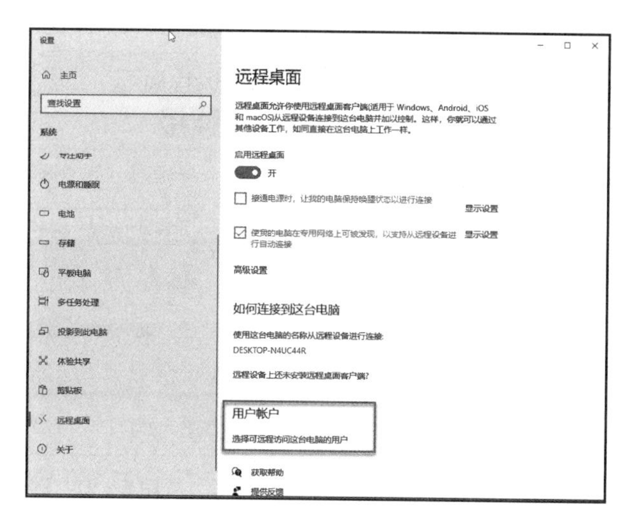

图5-88 设置可访问电脑的用户帐户

⑤ 在“远程桌面用户”对话框中，单击“添加”按钮为远程桌面设置用户，如图5-89所示。

⑥ 系统打开"选择用户"对话框。执行下列操作：在"输入对象名称来选择"中，键入要添加的用户名，然后单击"确定"。若不清楚用户的情况，可以点击"高级"按钮，打开"选择用户"高级对话框，搜索用户情况，如图 5－90 所示。选中相关用户后，在"用户选择"对话框中点击"确认"按钮，返回"选择用户"对话框，再点击"确认"按钮。

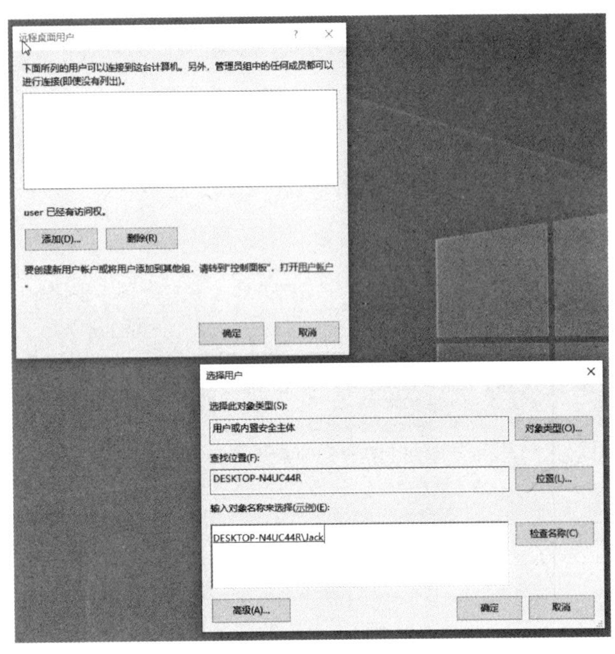

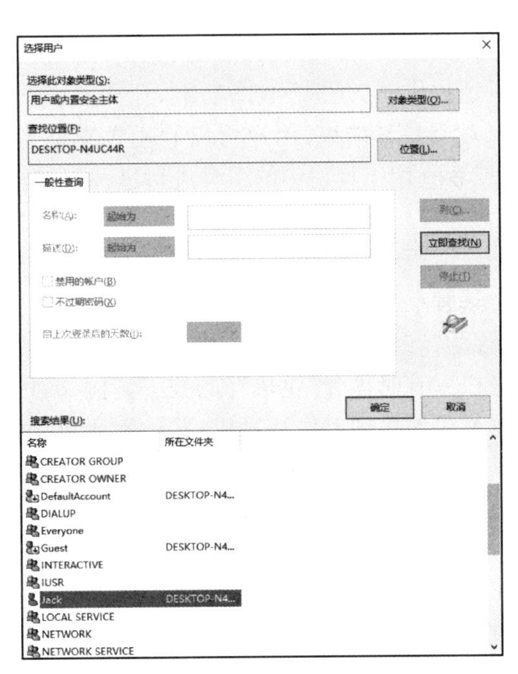

图 5－89　设置远程桌面用户对话框　　　　图 5－90　"选择用户"高级对话框

⑦ 在"远程桌面用户"对话框中，点击"确认"按钮返回"设置"窗口。至此，开启本机远程桌面的设置全部完成。

2. 客户端的设置

从客户端访问"远程桌面"的步骤如下：

① 在客户端计算机上，在"开始"菜单中依次选择—"Windows 附件"—"远程桌面连接"命令，打开"远程桌面连接"对话框，如图 5－91 所示。

② 连接远程桌面需要指定远程桌面的 IP 地址或者计算机名，并需要提供远程桌面设有权限的用户帐户信息。在"计算机"编辑框中，键入要连接的计算机的名称或者 IP 地址，点击"连接"按钮。

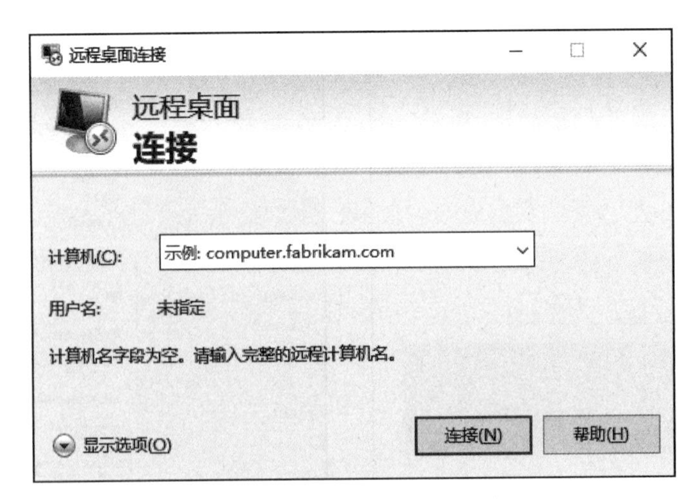

图 5－91　远程桌面连接对话框

③ 连接过程中，需要用户提供凭据，如图 5－92 所示，即远程"主机"授权连接的帐户信息。输入后点击"确认"按钮。成功连接的远程桌面如图 5－93 所示。

Windows 安全中心

输入你的凭据

这些凭据将用于连接 DESKTOP-N4UC44R。

用户名

密码

记住我的凭据

确定　取消

图 5 - 92　远程桌面连接验证对话框

图 5 - 93　远程桌面连接选项

5.8.3　连接到投影仪

工作及学习过程中，我们经常需要做演示、做报告、做交流，这样就需要使用投影仪这个办公设备。那么，如何将 Windows 10 连接到投影仪呢？Windows 10 为用户提供了便捷的工具。

在连接之前，要确保投影仪已打开，然后将显示器电缆从投影仪插入到计算机上的视频端口。投影仪一般使用 VGA 或 HDMI 电缆连接，必须将该电缆插入计算机上的匹配视频端口。当前计算机可能有多种类型的视频端口，如 HDMI、Type - C 和 DisplayPort，用户根据需要进行选择。某些投影仪支持 Type - C 及 HDMI，这样就可以将其连接到计算机对应端口上。

用户可以使用“Windows 键＋P 键”）(同时按)，打开连接投影仪对话框。投影仪对话框有四个功能，见图 5 - 94，用户可以用鼠标点击使用，具体如下。

① “仅电脑屏幕”：仅在计算机屏幕上显示桌面。

③ “复制”：在计算机屏幕和投影仪上均显示桌面。

③ “扩展”：将桌面从计算机屏幕扩展到投影仪。

④ “仅第二屏幕”：仅在投影仪上显示桌面。

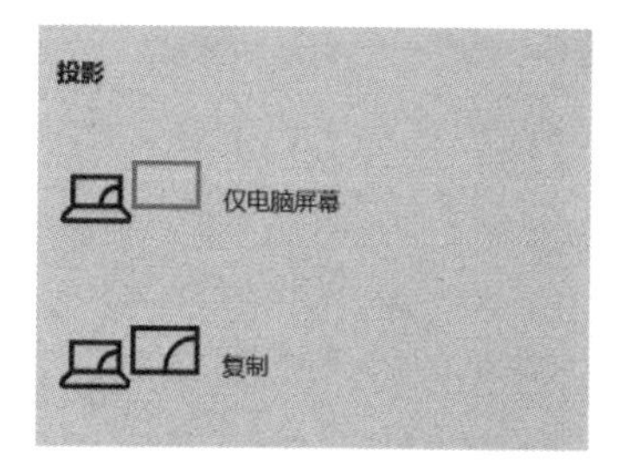

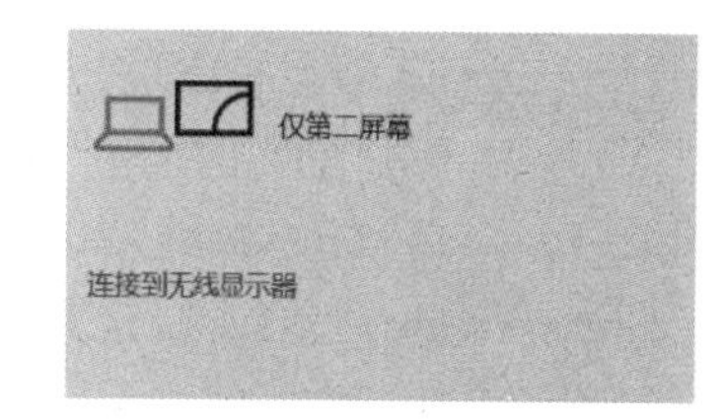

图 5 - 94　连接到投影仪对话框

第6章　移动设备操作系统简介

随着信息技术的发展，平板电脑、智能手机等一批移动设备成为大众化的电子产品。在这些移动设备上，移动操作系统扮演着重要的角色。如同传统的计算机上需要安装操作系统用户才可以便利地使用一样，移动设备上只有安装了对应的操作系统用户才可以享受移动应用带来的便捷。目前，移动应用技术成为信息技术新的增长点，各大厂商分别推出自己的移动产品，呈现群雄逐鹿的局面。移动应用的发展，必然深刻地影响现代办公的发展，因此我们必须了解新兴的办公技术。

6.1　Android

6.1.1　Android 概述

1. Android 发展历史

Android 中文名称是“安卓”。2003 年 10 月，有“Android 之父”之称的安迪・鲁宾(Andy Rubin)在美国加利福尼亚州帕洛阿尔托创建了 Android 科技公司(Android Inc.)，并与利奇・米纳尔(Rich Miner)、尼克・席尔斯(Nick Sears)、克里斯・怀特(Chris White)共同发展这家公司。该公司于 2005 年被谷歌公司并购后，谷歌继续开发，逐渐形成现在的 Android。Android 的标识是一个全身绿色的机器人，这是 Android 操作系统的品牌象征，如图 6－1 所示。

图 6－1　安卓标识

Android 是一个基于开放源代码的 Linux 平台的操作系统，受谷歌及参与开放手持设备联盟的主要硬件和软件开发商(如英特尔、宏达电、ARM 公司、三星、摩托罗拉等)的支持。2007 年 9 月，谷歌发表开放手持设备联盟，并推出 Android 操作系统。2023 年 10 月，谷歌在纽约举行的“Made by Google”活动上，正式发布了适用于 Google Pixel 手机等设备的 Android 14，并将源代码推送到 AOSP(Android 开源项目)。安卓版本名称的一个特色是每一个发布版本的开发代号均与甜点有关，如 1.6 版本为“甜甜圈”、2.2 版本为“霜冻优格”、13 版本为“提拉米苏”等。Android 以其开放性的特点，不断融入新的特性。当前大多数移动服务运行商均支持 Android 设备使用其网络。

6.1.2　Android 简要应用及设置

各大手机制造商在生产支持 Android 的智能手机的同时，都对 Android 系统进行了定制和再设计，以凸显各自品牌的特点。但是，这些定制的背后，都保留了 Android 的基本功能和特点。我们以小米手机为例，介绍 Android 系统的基本设置。

1. 浏览 Android 内容

打开 Android 系统的手机后首先出现的是用户界面，用户界面由多个小按钮组成。用手滑动屏幕，可以在多屏幕之间进行切换。点击按钮图标，就可以打开对应的应用程序。

2. 查看本机信息

通过本机信息可以了解本机的 Android 版本号、手机状态、软件更新等信息。步骤如下：在手机屏幕中，点击“设置”图标：，进入“设置”窗口，如图 6－3 所示。这个窗口可以对大部分手机功能进行设置。

点击“我的设备”，系统打开“我的设备”窗口，如图 6－4 所示。这里可以查看手机的厂商型号、操作系统、厂商版本号、处理器型号、存储容量和其他手机的信息。

若需要获得更详细的信息，点击“全部参数”，系统进入“全部参数”窗口，如图 6－5 所示。

图 6－2　Android 桌面

图 6－3　设置窗口

图 6－4　我的设备窗口

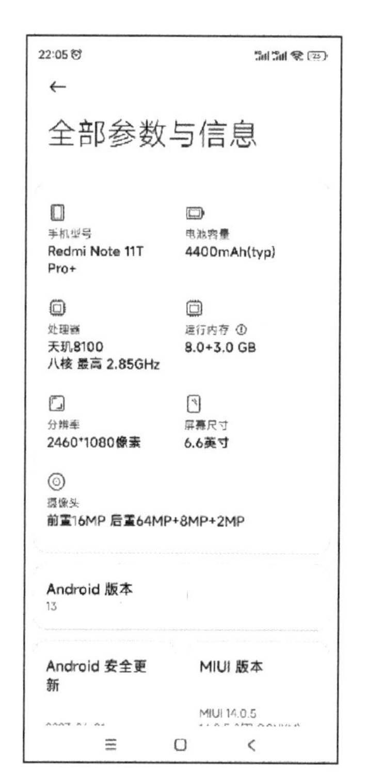

图 6－5　全部参数信息

3. 利用 Wi-Fi 连接到 Internet

目前，在办公室、会议室乃至商场，很多地方都提供了 Wi-Fi 服务。利用 Wi-Fi 可以将 Android 设备方便地连接 Internet。具体步骤如下：

打开“设置”窗口，点击其中的“WLAN”功能，如图 6－3 所示。

系统打开“WLAN”功能界面，如图 6－6 所示。将“WLAN”开关打开，即可启用 Android 设备 WLAN 功能，如图 6－7 所示。

系统扫描附近可用的 Wi-Fi 网络。用户可以选择一个可以识别的信号源进行连入。

首次连入 Wi-Fi 信号源时，系统将弹出密码对话框，如图 6－7 所示。输入授权的密码，点击“连接”按钮，Android 设备将成功连接到对应的 WLAN，如图 6－8 所示。首次成功连接某 Wi-Fi 信号源后，下一次再连接相同的信号源，Android 设备将自动连入。

图 6－6　WLAN 功能

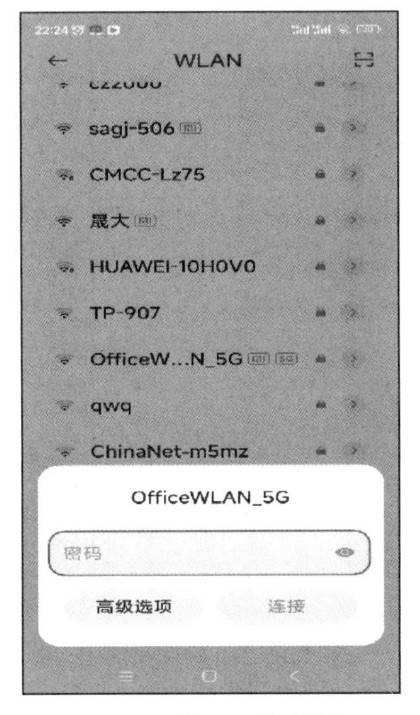

图 6－7　密码设置对话框

图 6－8　成功连接到 WLAN

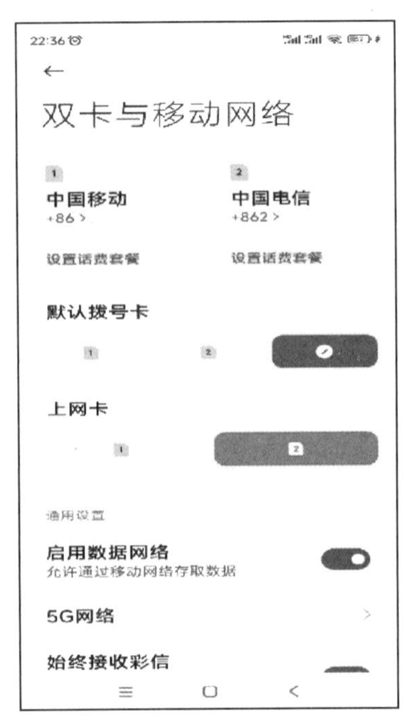

图 6－9　启动数据服务

4. 利用移动运营商数据服务连接到 Internet

目前，手机运营商都提供手机上网服务。要使用这项服务，用户需要向手机运营商购买流量服务。这样，只要有手机信号覆盖的地方，用户就可以连接到 Internet 了。有两种常用操作方法：

① 在“设置”窗口中，选择“双卡与移动网络”或者“移动网络”功能，具体视手机是否支持双卡有所不同。进入“双卡与移动网络”窗口，打开其中的“启用数据网络”按钮，如图 6－9 所示。

② 在屏幕上方，利用手向下滑动，调出“快捷菜单”，点击“移动数据”，使得其呈现绿色或者亮色，即可利用手机运营商提供的连网服务连接到 Internet 了。

5. 在 Android 中浏览网页

在已连接到 Internet 的前提下，利用 Android 手机就可以访问网页。目前，Android 的上网的浏览器软件很多，下面以系统自带的浏览器为例介绍。具体步骤如下：点击浏览器应用程序图标：，系统打开网页浏览软件，在地址栏中输入网页地址，即可浏览网页，如 6－10 所示。

图 6-10　在安卓设备中浏览网页

图 6-11　电子邮件设置

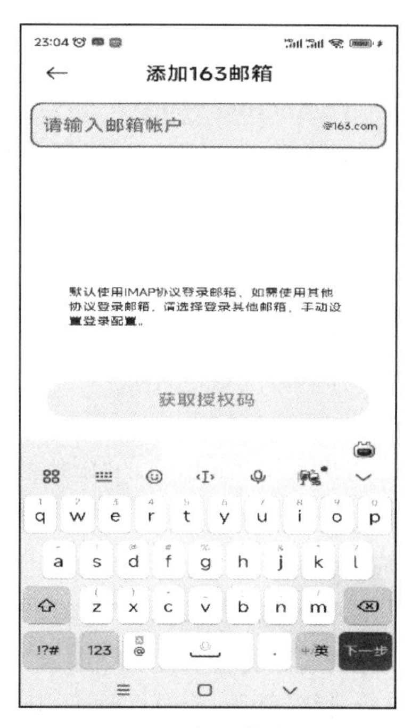

图 6-12　邮件帐户配置

6. 在 Android 中接收邮件

电子邮件是现代办公必备的通讯手段，利用 Android 系统，也可以方便地实现电子邮件的管理。下面简要介绍其设置步骤。

① 在系统中点击邮件应用程序图标：，打开邮件应用程序。首次打开需要进行邮箱配置，如图 6-11 所示。系统列出了常用的电子邮件服务商。用户也可以利用“其他邮箱”自己设置。这里以 163 信箱为例进行介绍。

② 选中“163 网易免费邮”后，进入邮件帐户配置界面，如图 6-12 所示。输入相关帐户信息和验证信息后，系统开始连网检验。若通过检验，将显示接收到的邮件列表，如图 6-13 所示。

③ 用户点击邮件列表中的一条邮件，可以查看具体内容，如图 6-14 所示。

④ 用户也可以创建新邮件，如图 6-15 所示，操作方法与网页端相似。

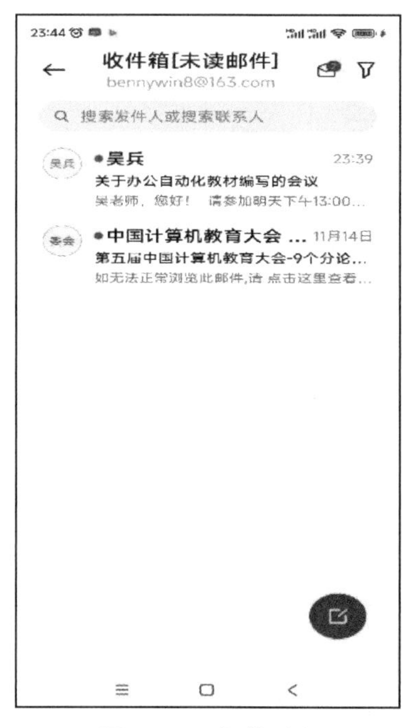

图 6-13　邮件列表

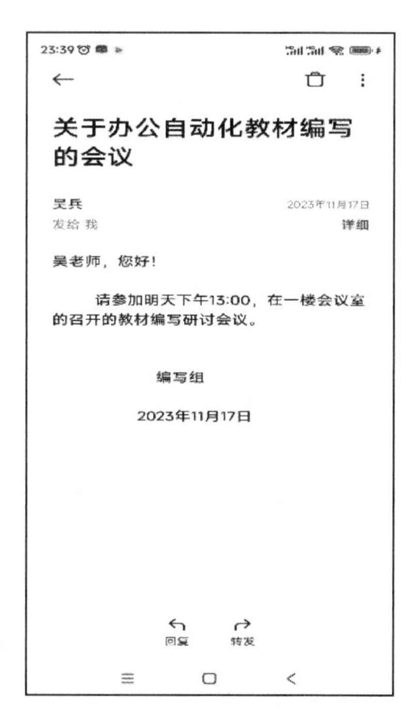

图 6-14　查看电子邮件

图 6-15　创建电子邮件

6.1.3 Android 应用软件的管理

1. Android 应用软件的安装

随着移动应用的发展，移动应用软件如雨后春笋般地不断涌现出来。这些软件包罗万象，如文字处理类、新闻类、图书杂志类、导航类、旅游类及游戏类等。Android 的应用程序包通常是以“.APK”为扩展名的文件。如何安装这些软件呢？大致有如下两种方法。

① 将应用程序复制到 Android 设备：这种方法首先利用计算机将需要的软件下载下来，然后将 Android 与计算机相连，利用 USB 或者 Type－C 接口连接计算机和 Android 设备，将软件复制到 Android 手机存储器的指定目录下。这个过程如同将文件复制到 U 盘中一样。然后，利用 Android 手机找到文件，按照向导进行安装。这是最基本的应用安装方式。

② 利用 Android 的“应用商店”安装应用：Android 手机上一般都带有厂商设置的“应用商店”软件，它是方便用户搜索、安装及管理应用的软件。Android 的应用商店软件包括：Android Market、豌豆荚、酷安、小米的“应用商店”等。例如，小米的“应用商店”是小米系统自带的应用商店软件，启动图标为：。图 6－16 展示了小米的“应用商店”的界面。用户在这个应用中，查找安装自己需要的移动应用程序。同时，该程序也有一定的应用管理功能。点击应用下方“我的”的按键，软件将打开管理界面，在这里可以对已经安装的应用进行升级、卸载，也可以对应用使用的空间进行清理，如图 6－17 所示。

图 6－16　Android 市场软件界面

图 6－17　应用程序管理

> 目前，随着手机应用的增多，手机病毒也不断泛滥。手机病毒的种类包括：资费消耗、隐私获取、诱骗欺诈、流氓软件、系统破坏、远程控制等。用户需要通过安全的“应用商店”或者应用的官方网站下载对应的软件，并且安装手机杀毒软件进行预防。

2. Android 应用软件管理

随着 Android 中应用程序的增多，用户需要对其进行管理，包括：卸载、停止、应用存储权限设置、应用存储空间管理等。上述功能可以通过 Android 系统提供的“设置”功能完成，具体步骤如下：

① 进入 Android 的系统“设置”界面，如图 6－18 所示，点击其中的“应用设置”。

② 系统打开应用程序管理界面，如图6-19所示，点击其中“应用管理”。

③ 系统进入应用管理界面，如图6-20所示。在上方的功能区中，系统提供了“应用升级”“应用卸载”“应用行为”和“权限”功能，用户可以依据需要进行选择操作。同时，在窗口下方系统给出已经安装的应用列表。

图6-18 Android设置功能

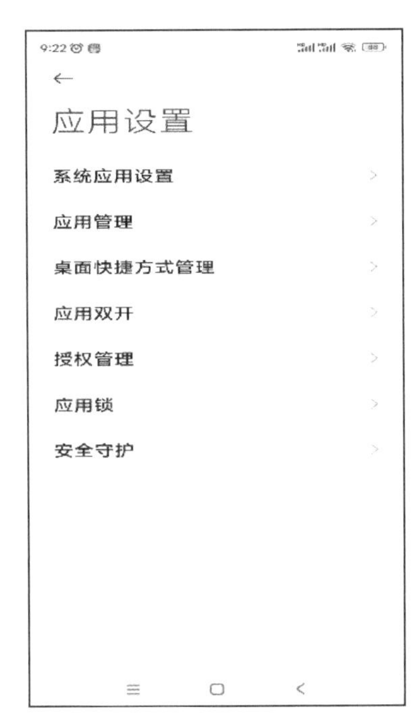

图6-19 Android应用设置

图6-20 应用程序管理

④ 在列表中选择一个待处理的应用程序，打开界面如图6-21所示。按照界面的提示，用户可以查看该应用的存储空间、版本号等信息。同时，用户可以利用界面中提供的功能，对该应用的存储空间、权限、通知等进行设置。

除了使用“设置”窗口能实现对应用的卸载之外，也可以利用长按应用图标，在弹出菜单中，通过命令实现删除，如图6-22所示。

图6-21 应用信息设置

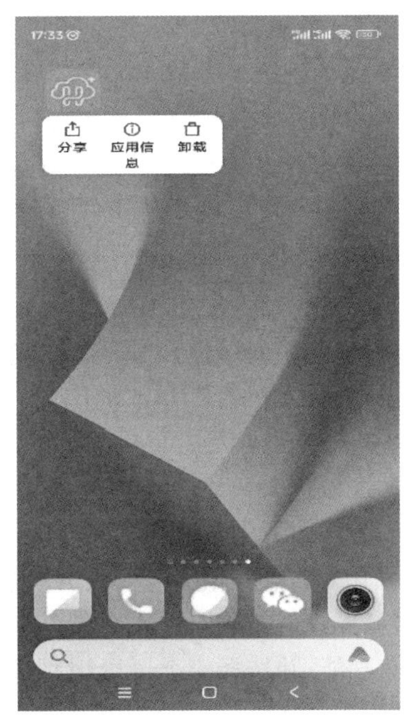

图6-22 卸载应用

6.2 iOS

6.2.1 iOS概述

图 6-23

iOS是由苹果公司开发的手持设备操作系统。苹果公司最早于2007年1月在Macworld大会上公布这个系统的,最初是设计给iPhone使用的,后来陆续发展应用到iPod touch、iPad以及Apple TV等苹果产品上。iOS与苹果的Mac OS X操作系统一样,它也是以Darwin为基础的,属于类Unix的商业操作系统。苹果公司的标志是一个被咬掉一口的苹果,如图6-23所示。随着苹果公司产品在全球的风靡,苹果的标志及iOS系统也为用户所熟知。

iOS的用户界面的设计思想是能够使用多点触控直接操作,所以它突破了传统的操作手机、电脑的理念,是一个划时代的产品。用户与系统交互的动作包括:滑动、轻按、挤压及旋转。苹果公司在2010年6月召开的WWDC2010上宣布,将原来的iPhone OS系统重新定名为"iOS",并发布新一代操作系统:"iOS 4"。之后,iOS系统新版本按照数字序列进行编号。截至2023年11月,iOS系统最新的版本是iOS17。

为推动iOS产品的推广,构建iOS应用生态系统,2007年10月,史蒂夫·乔布斯在苹果公司网页上通过公开信宣布了软件开发工具包。2008年3月,苹果对外发布了针对iPhone的应用开发包(SDK),供免费下载,以便第三方应用开发人员开发针对iPhone及平板电脑的应用软件。这使得更多的软件企业及工程师能参与基于iOS的应用软件开发。当然,苹果公司也要求每个参与开发者的组织或个人参加苹果公司的开发者组织计划,支付费用并获得批准。成功加入之后,开发人员将会得到一个牌照,他们可以用这个牌照将他们编写的软件发布到苹果App Store中。App Store是苹果公司为iPhone和iPod Touch、iPad以及Mac创建的服务,允许用户从中下载应用程序,这些程序有些是免费的,有些则是收费的。

6.2.2 iOS的简要应用及设置

1. 浏览iOS内容

第一次使用苹果手机需要激活。其中,需要登录Apple ID。如果用户没有的话需要先注册一个,也可以在苹果电脑上创建一个免费的ID。打开苹果手机后,首先出现的是iOS用户界面,用户界面由多个小按钮组成,如图6-24所示。用手滑动屏幕,可以在多屏幕之间进行切换。点击按钮图标,就可以打开对应的应用程序。

2. 查看本机信息

如要查看本机信息,了解iOS的版本号、存储容量等信息,操作步骤如下:

① 在iOS界面中,点击"设置"图标: ,打开"设置"窗口,如图6-25所示。功能列表显示了可以设置的功能。

② 点击其中的"通用"功能,进入"通用"功能界面,如图6-26所示。

③ 点击其中的"关于本机",打开本机信息界面,如图6-27所示。在这里可以查看本机的iOS版本号、存储容量等信息。

3. 利用Wi-Fi连接到Internet

利用Wi-Fi可以将iOS设备方便地连接Internet,具体步骤如下:

① 在iOS界面中,点击"设置"图标,打开"设置"窗口,如图6-25所示。

② 点击其中的"无线局域网",进入设置界面,如图6-28所示。

③ 开启Wi-Fi功能,并选择一个可以识别的信号源进行连接。第一次连接需要输入连接密码,如图6-29所示。密码验证通过后,即可连接到Internet。

图 6-24　iOS 界面

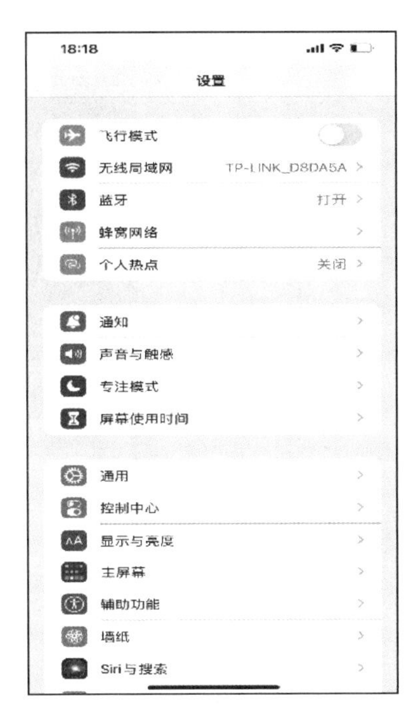

图 6-25　iOS 设置功能

图 6-26　iOS 通用功能

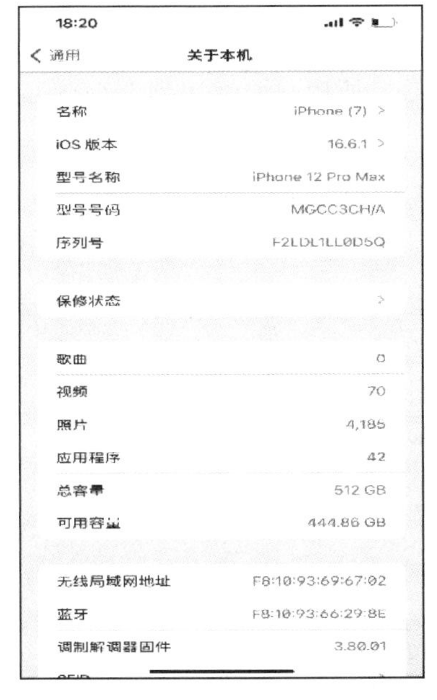

图 6-27　本机信息界面

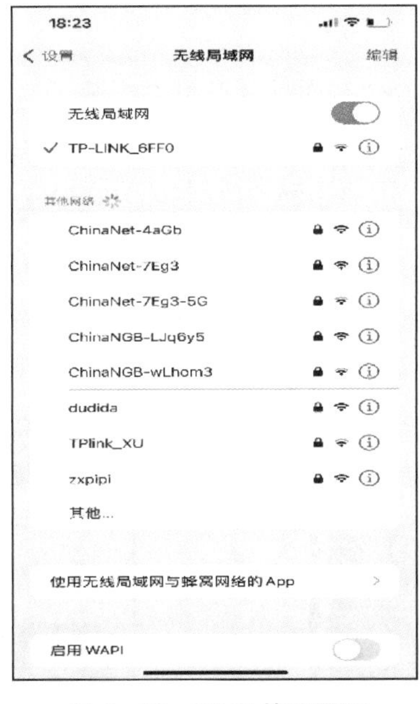

图 6-28　Wi-Fi 管理界面

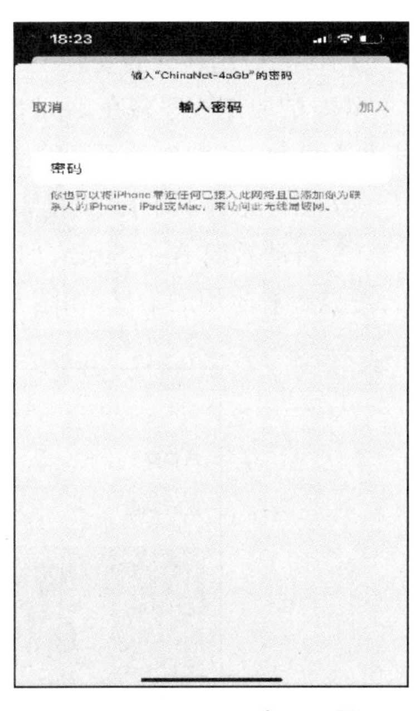

图 6-29　Wi-Fi 密码设置

4. 利用移动运营商数据服务连接入 Internet

在 iOS 设备中，利用手机运行商提供的数据服务连接到 Internet 的步骤如下：

① 在 iOS 界面中，打开"设置"窗口。选择"通用"打开"通用"功能界面，如图 6-26 所示。

② 选择"蜂窝网络"功能，进入蜂窝移动网络界面，如图 6-30 所示。

③ 打开"蜂窝数据"开关，即可使用移动运营商的服务连入 Internet。

5. 在 iOS 中浏览网页

iOS 自带了一个非常优秀的浏览器 Safari。在 iOS 界面，点击图标，就可启动它。在地址栏中输入网址，即可浏览网页。图 6-31 显示了使用 Safari 访问天气预报信息。

图6-30 蜂窝移动网络界面

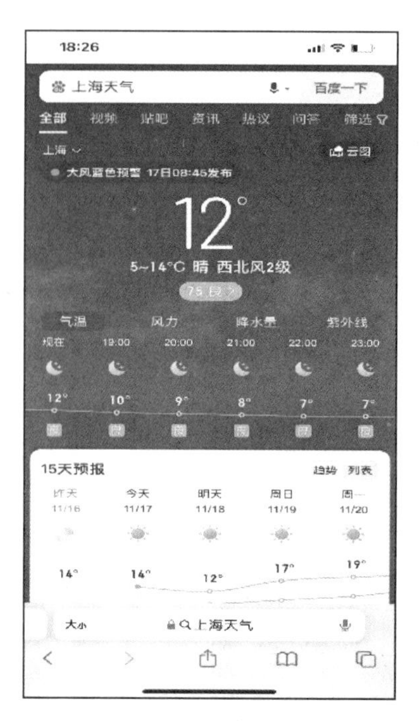

图6-31 使用Safari浏览天气信息

6.2.3 iOS应用软件的安装及管理

1. iOS应用软件的安装

iOS的应用程序多在App Store中发布，而且iOS已经安装了App Store。所以只要连接到Internet，启动App Store即可安装新的应用。具体步骤如下：

① 在开始界面中，找到 图标，点击该图标即可启动App Store。

② 启动后的App Store，如图6-32所示。用户可以按照类别寻找到需要的应用。选择需要的应用后，可以查看应用的信息，如图6-33所示。

图6-32 启动App Store

图6-33 应用的信息

③ 用户点击"获取"按钮，即可开始安装过程。其中，系统会要求用户输入App ID的密码，如图6-34所示。若选择的是付费的软件，需要首先在App Store中设置信用卡信息，以进行支付。密码验证通过后，

开始下载程序并安装。

④ 安装完成后的新应用程序会在界面上生成一个新的图标，点击它即可启动。

图 6-34　输入密码

图 6-35　删除应用

2. iOS 应用软件的管理

在 iOS 中删除一个应用非常简便，点击一个待删除应用的图标并保持一下，界面的中的图标就是出现"抖动"的效果。这时应用程序图标左上方会出现一个删除标记，点击它后系统给出提示，如图 6-34 所示。用户点击"移除 APP"按钮即可完成删除。

6.3　Harmony OS

6.3.1　Harmony OS 概述

华为鸿蒙系统(HUAWEI Harmony OS)，是华为公司于 2019 年 8 月在华为开发者大会(HDC. 2019)上正式发布的操作系统。Harmony OS 是一款"面向未来"的、面向全场景的分布式操作系统，它创造性地提出了基于同一套系统能力，适配多种终端形态的分布式理念。它将多个物理上相互分离的设备，如人、设备、场景等，融合成一个"超级虚拟终端"，通过按需调用和融合不同软硬件的能力，在不同终端设备之间实现极速发现、极速连接、硬件互助、资源共享。它为用户在移动办公、社交通信、媒体娱乐、运动健康、智能家居等多种全场景下，匹配最合适的设备，提供最佳的智慧体验。

Harmony OS 提出"1+8+N"的全场景体验，其中"1"指的是主入口手机，"8"指的是智慧屏、平板、PC、音响、手表、眼镜、车机和耳机 8 种设备，"N"则指的是泛 IoT 硬件构成的华为 HiLink 生态，包括移动办公、智能家居、健康生活、智慧出行等各大场景下的智能硬件设备。例如，Huawei Share 是"1+8+N"生态中一个非常重要的应用。它最早是在手机与 PC 之间实现"一碰传"，后来 Huawei Share 在华为的"1+8"中实现了更多的连接。通过 Huawei Share，在华为自有的"1+8"中，可以实现一碰传文件、一碰传音、一碰联网、多屏协同等创新体验。通过华为 HiLink，华为 1+8 设备可连接其他的"N 设备"，设备一键操控和场景联动将为用户提供更好的应用体验。

Harmony OS 有如下特性。

① 分布式软总线技术：它是手机、手表、平板、车机、智慧屏等多种终端设备的统一基座，是分布式数据

管理和分布式任务调度的基础，为设备之间的无缝互联提供了统一的分布式通信能力，能够快速发现并连接设备，高效地传输任务和数据。

② 分布式数据管理：它位于分布式软总线之上，它使得用户数据不再与单一物理设备进行绑定，而是将多设备的应用程序数据和用户数据进行同步管理。它使得数据在应用跨设备运行时无缝衔接，让跨设备的数据处理如同在本地处理一样。

③ 分布式调度：它基于分布式软总线、分布式数据管理等技术特性，构建统一的分布式服务管理，支持对跨设备的应用进行远程启动、远程控制、绑定/解绑、迁移等操作。

④ 分布式设备虚拟化：它可以实现不同设备的资源融合、设备管理、数据处理，将周边设备作为手机能力的延伸，共同形成一个超级虚拟终端。针对不同类型的任务，为用户匹配并选择能力最佳的执行硬件。

⑤ 分布式安全：华为是目前业界第一家在微内核领域通过 CC EAL5＋安全认证的厂商。分布式安全确保正确的人用正确的设备访问正确的数据。

2020 年 9 月，华为鸿蒙系统发布了 Harmony OS 2.0 版本。2023 年 8 月，华为鸿蒙 4（HarmonyOS 4）操作系统正式发布。

6.3.2 Harmony OS 简要应用及设置

目前，支持 Harmony OS 的各类设备层出不穷，包括手机、平板和手表等。我们以华为平板为例，介绍 Harmony OS 系统的基本使用和设置。

1. 浏览 Harmony OS 设备内容

打开 Harmony OS 系统的平板后，首先出现的是用户界面，用户界面由多个小按钮组成，如图 6－36 所示。用手滑动屏幕，可以在多屏幕之间进行切换。点击按钮图标，就可以启动对应的应用程序。

2. 查看本机信息

通过本机信息可以了解本机的 Harmony OS 版本号、设备状态、软件更新等信息。步骤如下：

① 在设备的屏幕中，点击“设置”图标：，进入“设置”窗口，如图 6－37 所示。这个窗口可以对大部分手机功能进行设置。

② 点击其中的“关于平板电脑”，打开本机信息界面，如图 6－37 所示。在这里可以查看本机的版本号、处理器、内存、屏幕分辨率等信息。

图 6－36 系统界面

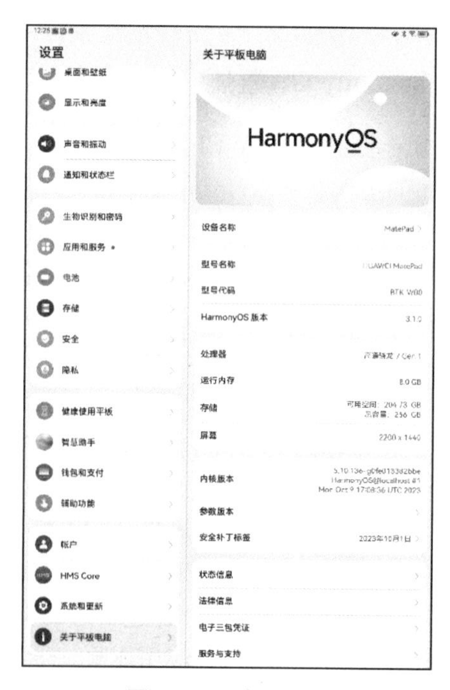

图 6－37 本机信息

3. 利用 Wi-Fi 连接到 Internet

Harmony OS 设备连接 Wi-Fi，与 Android 设备非常类似，具体步骤如下：

① 打开“设置”窗口，点击其中的“WLAN”功能。系统打开“WLAN”功能界面，如图 6－38 所示。将“WLAN”开关打开，即可启用设备 WLAN 功能，如图 6－39 所示。

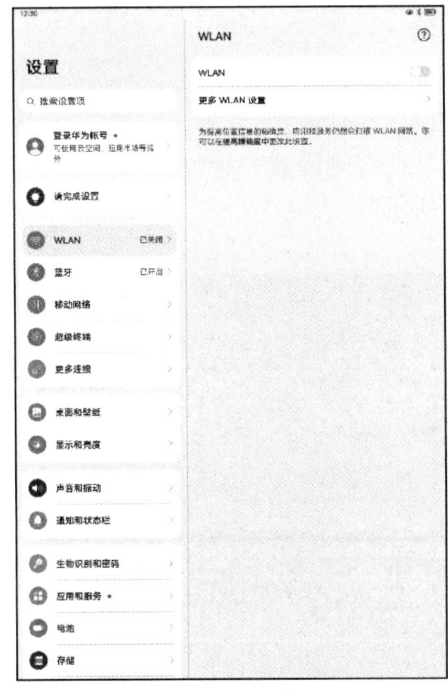

图 6－38　设置 WLAN

图 6－39　开启 WLAN 功能

② 系统扫描附近可用的 Wi-Fi 网络，给出列表，如图 6－39 所示。用户可以选择一个可以识别的信号源进行连入。

③ 首次连入 Wi-Fi 信号源时，系统将弹出密码对话框，如图 6－40 所示。输入授权的密码，点击“连接”按钮，设备将验证连接到对应的 WLAN。首次成功连接某 Wi-Fi 信号源后，下一次再连接相同的信号源，设备将自动连入。

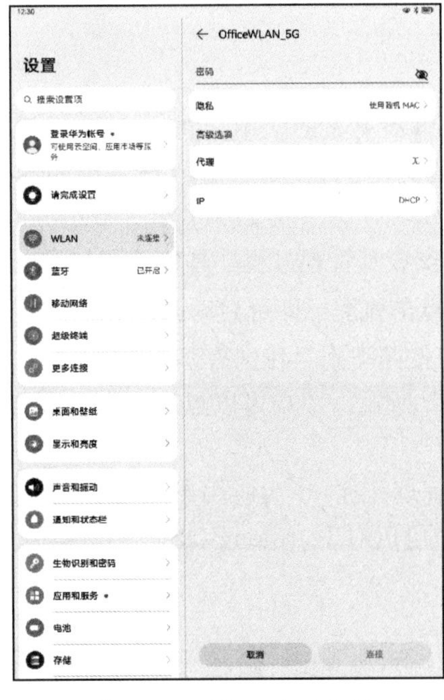

图 6－40　设置 Wi-Fi 密码

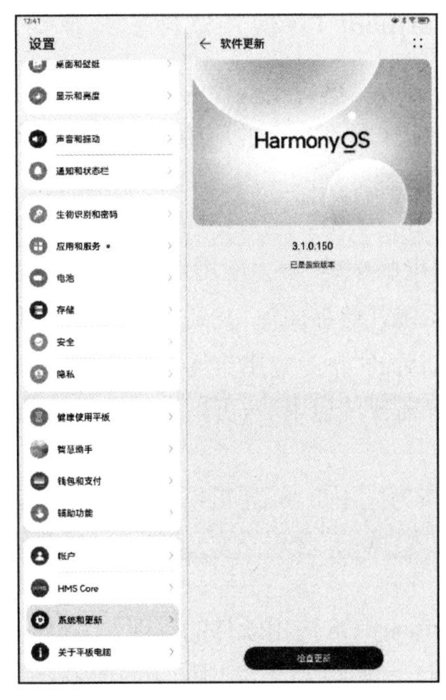

图 6－41　设置系统更新

4. 获取 Harmony OS 系统的更新

为应对系统开发过程中的不完善因素,Harmony OS 通过"补丁包"进行系统完善。在新版本发布之后,对于兼容的硬件,也通过"升级包"进行系统版本升级。用户通过如下设置,可以实现系统的更新。用户可以进入"设置"窗口,在左侧的导航栏中,选择"系统和更新"功能,如图 6-41 所示。系统将检查适配的最新"补丁包"或者"升级包",并进行下载。之后,用户根据向导提示即可完成系统更新工作。

5. 设置"深色"模式

随着人们对用眼健康的关注,系统开发者为用户提供了"深色模式"。这种模式下,系统的窗口主色调将呈现"黑色",从而避免了高亮色显示对眼睛的刺激,同时也有提高续航的效果。设置"深色模式"的步骤是:进入"设置"功能窗口,在左侧导航栏中选择"显示和亮度",在右侧区域中将"深色模式"开关打开,如图 6-42 所示。"深色模式"下的系统窗口显示效果如图 6-43 所示。

图 6-42 设置"深色模式"

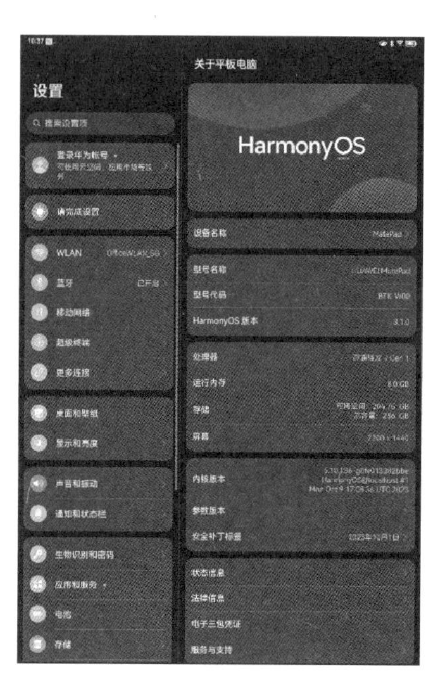

图 6-43 系统"深色模式"效果

6.3.3 Harmony OS 应用软件安装及管理

1. Harmony OS 应用软件的安装

Harmony OS 有自己的应用生态,有专门针对 Harmony OS 开发的应用。同时,Harmony OS 可以兼容 Android 系统开发的应用。用户可以通过"应用商店"下载安装适配 Harmony OS 系统的各类应用。在 Harmony OS 设备上,一般都装有"应用商店"程序。Harmony OS 应用的安装过程与 Android 系统非常相似。以平板电脑中的"华为应用市场"为例,简要介绍应用的安装及管理过程。具体步骤如下:

① 在系统开始界面中,找到"华为应用市场"图标:,点击该图标即可启动软件。

② 启动后的"华为应用市场"如图 6-44 所示,用户可以按照类别寻找到需要的应用。

③ 选择需要的应用后,可以查看应用的信息,如图 6-45 所示。用户可以点击下方的"安装"按钮,即可下载安装。

利用"华为应用市场"还可以对系统中安装的应用进行管理。在"华为应用市场"的下方,点击"我的"功能键。进入"我的"管理界面,如图 6-46 所示,在这里用户可以对 Harmony OS 应用进行升级、卸载、清理等设置工作。

2. Harmony OS 应用软件的管理

随着 Harmony OS 中应用程序的增多,用户需要对其进行管理,包括:卸载、停止、应用存储权限设置、应用存储空间管理等。上述功能可以通过 Harmony OS 系统提供的"设置"功能完成,具体步骤如下:

① 进入 Harmony 的"设置"窗口,在左侧导航栏中选择"应用和程序"功能,系统打开界面如图 6-47

图 6-44 华为应用市场界面

图 6-45 应用详细信息

图 6-46 应用管理

图 6-47 华为应用市场界面

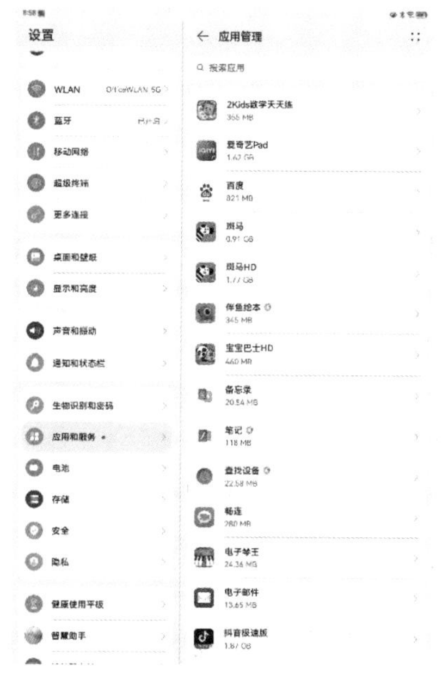

图 6-48 应用管理界面

图 6-49 应用信息

所示，点击其中的“应用管理”。

② 系统打开“应用管理”界面，如图 6-48 所示。系统给出已安装的应用列表，选择一个需设置的应用，点击应用图标。

③ 系统进入“应用信息”界面，如图 6-49 所示，在这里可以对应用的权限进行设置。在上方的功能区中，系统提供了“应用升级”“应用卸载”“应用行为”和“权限”功能，用户可以依据需要选择操作。同时，在下方系统给出已经安装的应用列表。

除了使用“设置”功能实现应用删除外，在 Harmony OS 中删除一个应用非常简便，与 Android 非常相似，点击一个待删除应用的图标并保持一下，在图标附近将出现一个弹出菜单，如图 6-50 所示。用户点击“删除”命令，即可完成删除。

图 6-50 删除应用

PART 03

第三篇　字处理软件基础——中文 Word 2016

第 7 章　中文 Word 2016 概述

7.1　Word 2016 的新特性

Word 2016 是 Microsoft 公司开发的 Office 2016 组件之一，主要用于文字处理工作，是一款上乘的文档格式设置工具。在继承以往中文 Word 系列的强大功能和优点的基础上，新增了一些功能，增强后的功能可创建专业水准的文档，利用它使文档组织和编辑更轻松、更高效。

1. 配合 Windows 10 的改变

与以前版本的 Windows 系统相比，在“触控”操作方面，Windows 10 操作系统有很多的改进。与此同时，Word 2016 在界面、功能等方面也进行了相应的适配改变。例如，启动 Word 2016 后的主界面充满了 Windows 风格，左侧是最近使用的文件列表，右侧更大的区域罗列了各种类型文件的模板供用户选择使用。再如，功能区上的图标、按钮、复选框等都进行了扁平化的设计，在顶部的快速访问工具栏中增加了一个手指标志按钮。Office 2016 中的触屏版 Word 应用可以让用户创建、编辑、审阅和标注文档。

2. 优化及新增的功能

Word 2016 为了用户更方便地完成文档的编辑，对其功能进行了一定的完善、优化和新增，主要体现在以下几个方面。

① Word 2016 对“打开”和“另存为”的界面进行了优化，浏览功能、存储位置排列、最近使用的排列等功能更为清晰、更加方便。

② Word 2016 将“共享”功能和 OneDrive 进行了整合，用户通过手机、iPad 或其他客户端，可通过云端同步功能随时随地查阅文档。

③ Word 2016 新增“墨迹公式”功能，使用这个功能可以快速地在编辑区域手写输入数学公式，并能够将这些公式转换成为系统可识别的文本格式。

④ Word 2016 工作界面选项卡右侧增加智能搜索框，类似于一个搜索引擎，用于帮助用户快速定位命令菜单或对话框。用户只需要在“告诉我您想要做什么”框中输入关键字或短语就可以找到所寻求的 Word 功能和命令，阅读联机帮助内容，或者在 Web 上执行智能查找以获得更多见解。

⑤ Word 2016“插入”选项卡“加载项”中增加“应用商店”和“我的加载项”按钮，这里主要是微软和第三方开发者开发的一些应用 APP，主要提供一些扩充性功能。

⑥ Word 2016 新增联合编辑功能，包括登录和共享两个命令按钮。要想协同工作，使用联合编辑功能，首先要登录到 Office 帐号，并将文档存放在云存储器中，然后通过“共享”功能发出邀请，就可以让其他使用者一同编辑文件；而且每个使用者编辑过的地方，也会出现提示，让所有人都可以看到哪些段落被编辑过。

⑦ Office 2016 的主题得到更新，更多色彩丰富的选择加入其中。Word 2016 中，用户可在“文件”选项卡“帐户”中的“Office 主题”下拉框中选择自己偏好的主题风格。

⑧ 新增“智能查询”功能。在联网的状态下，新的 Insights 引擎可借助 Bing 的能力为 Office 带来在线资源，用户可直接在 Word 文档中使用在线图片或文字定义。当你选定某个字词时，鼠标右键单击“智能查询”命令，右侧栏中将会出现更多的相关信息。

7.2 Word 2016 的启动和退出

1. Word 2016 的启动

① 桌面左下角单击“开始”图标,展开菜单,单击其中的“Word 2016”,即可启动 Word 2016。

② 双击 Word 文档,也可启动 Word 程序。如果系统中安装了多个 Office 套件,一般会启动最高版本。若要指定版本,可右键单击,选择“打开方式”,再选择指定程序打开。

2. Word 2016 的退出

① 文档保存后,单击“文件”选项卡的“关闭”按钮,即可退出该文档。

② 单击标题栏“关闭”按钮,即可退出该文档。

③ 单击“自定义快速访问工具栏”中添加的“全部关闭”按钮,则可以退出当前打开的所有 Word 2016 文档。

7.3 Word 2016 的工作界面

1. 窗口介绍

Word 2016 工作界面由文件选项卡、标题栏、快速访问工具栏、功能区、文档编辑区、显示、滚动条、缩放滑块和状态栏等部分组成(如图 7-1 所示)。

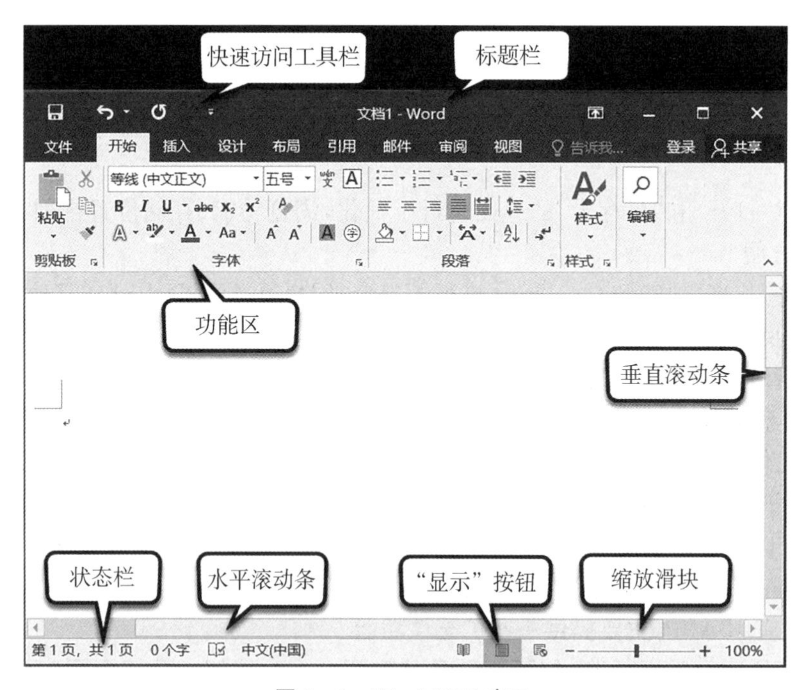

图 7-1 Word 2016 窗口

① 标题栏:显示正在编辑的文档的文件名以及所使用的软件名。

② “文件”选项卡:基本命令(如“新建”“打开”“关闭”“另存为…”和“打印”位于此处)。

③ 快速访问工具栏:常用命令位于此处,如“保存”和“撤消”。也可以添加个人常用命令于此处。

④ 功能区:工作时需要用到的命令位于此处。它与其他软件中的“菜单”或“工具栏”相同。

⑤ “编辑”窗口:显示正在编辑的文档内容。

⑥ “显示”按钮:可用于更改正在编辑的文档的显示模式以符合使用者要求。

⑦ 滚动条:可用于更改正在编辑的文档的显示位置。

⑧ 缩放滑块：可用于更改正在编辑的文档的显示比例设置。

⑨ 状态栏：显示正在编辑的文档的相关信息。

2. Word 2016 功能区介绍

在 Word 2016 窗口上方看起来像菜单的名称其实是功能区的名称，当单击这些名称时并不会打开菜单，而是切换到与之相对应的功能区面板。每个功能区根据功能的不同又分为若干个组，每个功能区所拥有的功能如下所述。

(1) “开始”功能区：“开始”功能区中包括剪贴板、字体、段落、样式和编辑五个组。该功能区主要用于帮助用户对 Word 2016 文档进行文字编辑和格式设置，是用户最常用的功能区。如图 7－1 中的 d，显示的即是“开始”功能区。

(2) “插入”功能区：“插入”功能区包括页面、表格、插图、加载项、媒体、链接、批注、页眉和页脚、文本、符号几个组，主要用于在 Word 2016 文档中插入各种元素。

(3) “设计”功能区：“设计”功能区包括文档格式和页面背景两个组，用于文档格式设置、添加水印等。

(4) “布局”功能区：“布局”功能区包括页面设置、段落、排列几个组，用于帮助用户设置 Word 2016 文档页面布局。

(5) “引用”功能区：“引用”功能区包括目录、脚注、引文与书目、题注、索引和引文目录几个组，用于实现在 Word 2016 文档中插入目录等比较高级的功能。

(6) “邮件”功能区：“邮件”功能区包括创建、开始邮件合并、编写和插入域、预览结果和完成几个组，该功能区的作用比较专一，专门用于在 Word 2016 文档中进行邮件合并方面的操作。

(7) “审阅”功能区：“审阅”功能区包括校对、语言、中文简繁转换、批注、修订、更改、比较和保护几个组，主要用于对 Word 2016 文档进行校对和修订等操作，适用于多人协作处理 Word 2016 长文档。

(8) “视图”功能区：“视图”功能区包括文档视图、显示、显示比例、窗口和宏等几个组，主要用于帮助用户设置 Word 2016 操作窗口的视图类型，以方便操作。

除了默认的功能区外，还可以根据个人需求，添加“开发工具”等其他功能区。

7.4 Word 2016 的视图模式

Word 2016 中提供了多种视图模式供用户选择，这些视图模式包括“页面视图”“阅读视图”“Web 版式视图”“大纲视图”和“草稿视图”等五种视图模式(如图 7－2 所示)。用户可以在“视图”功能区中选择需要的文档视图模式，也可以在 Word 2016 文档窗口的右下方单击视图按钮选择视图。

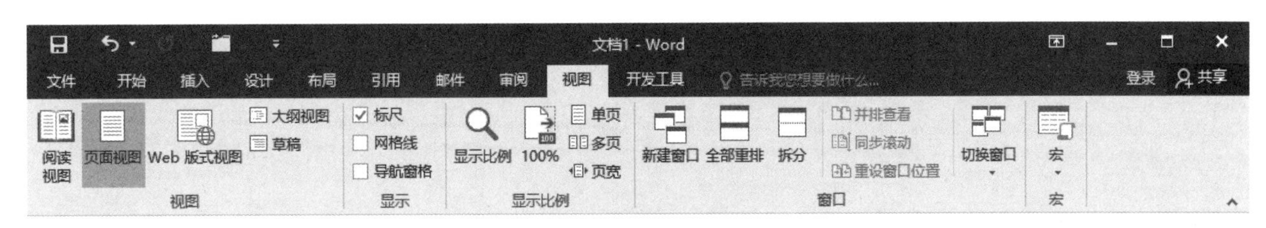

图 7－2　视图模式窗口

1. 页面视图

“页面视图”可以显示 Word 2016 文档的打印结果外观，主要包括页眉、页脚、图形对象、分栏配置、页面边距等元素，是最接近打印结果的视图。

2. 阅读视图

“阅读视图”以图书的分栏样式显示 Word 2016 文档，“文件”按钮、功用区等窗口元素被隐藏起来。在阅读视图中，用户还可以单击“工具”按钮挑选各种阅读工具。

3. Web 版式视图

“Web 版式视图”以网页的方式显示 Word 2016 文档，Web 版式视图适用于发送电子邮件和创建网页。

4. 大纲视图

“大纲视图”主要用于 Word 2016 文档的配置和显示标题的层级结构，并可以简约地折叠和展开各种层级的文档。大纲视图普遍用于 Word 2016 长文档的高速浏览和配置中。

5. 草稿视图

“草稿视图”取消了页面边距、分栏、页眉页脚和图片等元素，仅显示标题和正文，是最节省计算机系统硬件资源的视图方式。

第 8 章　文档的建立和文本的编辑

8.1　文档的建立

8.1.1　新建文档

1. 新建“空白文档”

启动 Word 后，即可建立一个新的“空白文档”，可以把需要建立的文档内容输入到打开的空文档，然后存入磁盘(存盘时给出文件名)，这样就建立了一个新文档。

如果 Word 已经启动，需要建立一个新的“空白文档”，可单击“文件”选项卡下的“新建”按钮，双击“模板”中的“空白文档”，系统便在打开 Word 文档的基础上又建立了一个 Word 新文档(如图 8－1 所示)。

图 8－1　新建文档

2. 新建“书法字帖”

在新建文档中，显示了很多文档样式，还可以搜索联机模板，现以新建“书法字帖”为例作简要介绍。

Word 2016 所提供的书法功能，可以快速创建出非常专业的书法字帖。方法是单击“文件”选项卡下的“新建”按钮，双击“书法字帖”，在随即打开的“增减字符”对话框中，可以根据需要来选择相应的书法字体。在“可用字符”列表框中，可以选择相应的字符，并将其添加到当前文档中。此时，一幅精美的书法字帖就创建完成了(如图 8－2 所示)。同时还可以根据用户的喜好，对书法字帖进行个性化的设置，方法是“书法字帖”创建后，在原有的“选项卡”基础上新增“书法”选项卡，用户可以选择“网格样式”，以及文字的“排列方式”。如果希望对书法字帖做进一步的设置，则可以选择“选项”，在随后打开的对话框中，可以设置字体的颜色、显示的效果及其网格，设置完成以后直接单击确定按钮即可。

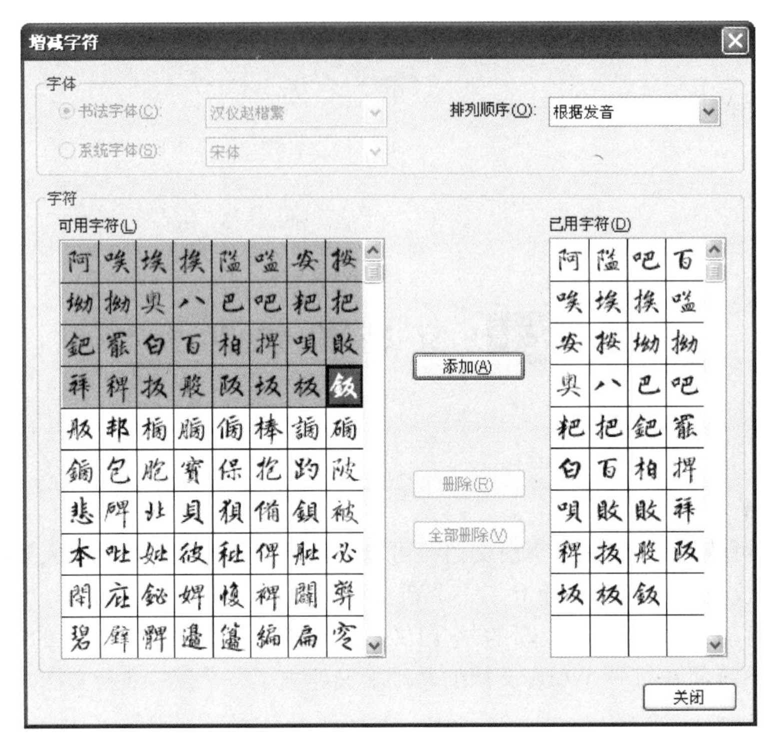

图 8-2　书法字帖的建立

8.1.2　文本输入

文本的输入就是在文本区的光标插入点处输入文本内容。随着文本的输入，插入点会从左向右移动，以提示下一个字符出现的位置。中文和英文以及各种字符都可以混合输入。当输错一个字或字符需要纠正时，可以按退格键(Backspace)，删除光标左边的内容；或按 Delete 键，删除光标右边的内容。

文本输入到标尺右缩进处将自动换行。段落结束时，应按回车键，这时光标转到下一行的行首位置，可以继续输入一个新的段落，直到全文输入结束。

段落标记符的显示往往与某些设置有关，如果通过“文件”下的“选项”按钮进入选项对话框，打开“显示”页面，清除“段落标记”复选框，按“确定”按钮，那么文本中段落标记符将消失。

1. Word 2016 输入法的打开、更改和切换

(1) 输入法的打开

默认情况下，用户打开 Word 2016 文档窗口后会自动打开微软拼音输入法。此项功能对于经常输入中文字符的用户而言非常方便。

(2) 输入法的更改

对于经常输入英文字符的用户而言，希望直接进入英文输入法，而不必再去关闭微软拼音输入法。这时可以更改 Word 2016 的默认输入法为英文状态，操作步骤如下：

① 打开 Word 2016 文档窗口，依次单击“文件”下的“选项”按钮。

② 打开“Word 选项”对话框，切换到“高级”选项卡。在“编辑选项”区域取消“输入法控制处于活动状态”复选框，并单击“确定”按钮(如图 8-3 所示)，即可完成输入法状态更改。

(3) 输入法的切换

在中文 Word 2016 中，任务栏右端的默认输入法状态是微软拼音输入法，点击输入法图标，就能打开输入法列表(见图 8-4)。从中可以选择自己最习惯的输入法。有时，用户也可以通过设置快捷键(如“Ctrl+Shift”键等)，可以在各种输入法之间进行切换。

图 8-3　输入法状态更改

在汉字输入中,往往会夹着一些英文词汇,用关闭或打开提示行的方法固然也行,但更为简单的方法是:单击提示行中中按钮,使之在中和英方式之间进行切换。其中在英方式下可以输入西文字符。

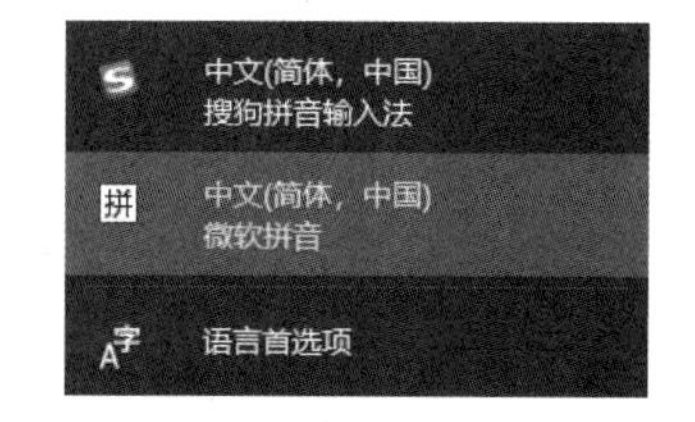

图 8-4　输入法列表

2. 全角/半角方式

在输入过程中,单击提示行中按钮◐处,可选择全角/半角输入方式。

全角方式●就是通常所说的"纯中文方式"。此时,所有的西文字符均以汉字大小出现,即每个字符占一个汉字的位置。半角方式下,所有的西文字符均占半个汉字的位置。全角和半角方式在输入文本的过程中可随时切换,这主要根据自己希望输入的西文字符占多大位置来决定。

一般我们在输入一篇纯英文的文章时,可以关闭汉字提示行,采用半角方式;而在输入一篇纯中文的文章时,则既可用全角方式,也可用半角方式。但在某种汉字提示状态下(如微软拼音输入法),不管是在◐还是在●状态,汉字均默认以全角方式输入,而字母、数字等符号是根据全角或半角方式输入,即与我们日常所写的标点符号形式一致。另外,按"Shift+空格"键,可以在全角/半角之间切换。

3. "插入"和"改写"状态

如果状态栏中"插入"状态呈黯淡显示,则表示输入的文字将插入在光标闪烁处,不会覆盖后面的内容。随着文本的输入,插入点会从左向右移动,以提示下一个字符出现的位置。如果要在"插入"状态和"改写"状态之间进行转换,可以按 Insert 键。在"改写"状态,输入的文字将覆盖光标后面的内容。

4. 中文符号/西文符号方式

为了方便中国用户在文档中使用中文标点符号,输入法提示行中显示中文符号。,和西文符号.,,点击它则可以在中文字符和西文字符之间切换。输入的中文符号都是全角符,占两个西文字符的位置。

对于书名号"《》"的输入,可以按"Shift+<"或"Shift+>"键,要注意,当首次按下"Shift+<"键,将出现的是"《",在按"Shift+>"键前再按"Shift+<"键,出现的将是"〈",要通过"Shift+>"使"〉"符号配对出现后,才会有"》"。

另外,如要在文本中要插入人民币(￥)符号,可以在中文输入状态下,键入"Shift+＄"键;要插入欧元符号€,可以直接键入"Ctrl+Alt+E"键,或键入"Alt+0128"。

8.2　文档的打开

8.2.1　打开 Word 文档

1. 打开一个文档

要编辑一个磁盘上已有的文档，首先要将它打开。打开磁盘上已有的 Word 文档，可以单击“文件”选项卡中“打开”命令，默认为“最近”打开的文件，如图 8－5 所示；点击“浏览”命令，这时屏幕上将会弹出“打开”对话框，在对话框的左边，可以选择要打开文档所在的盘和路径对话框的右下显示“所有 Word 文档”框，如果当前打开的是 Word 文档，则默认即将要打开的是 Word 文档，如果要打开的文档不是 Word 文档，则可以单击“所有 Word 文档”列表框，从中选择相应的文件格式（如 XML 格式、所有网页、文档模板等）。

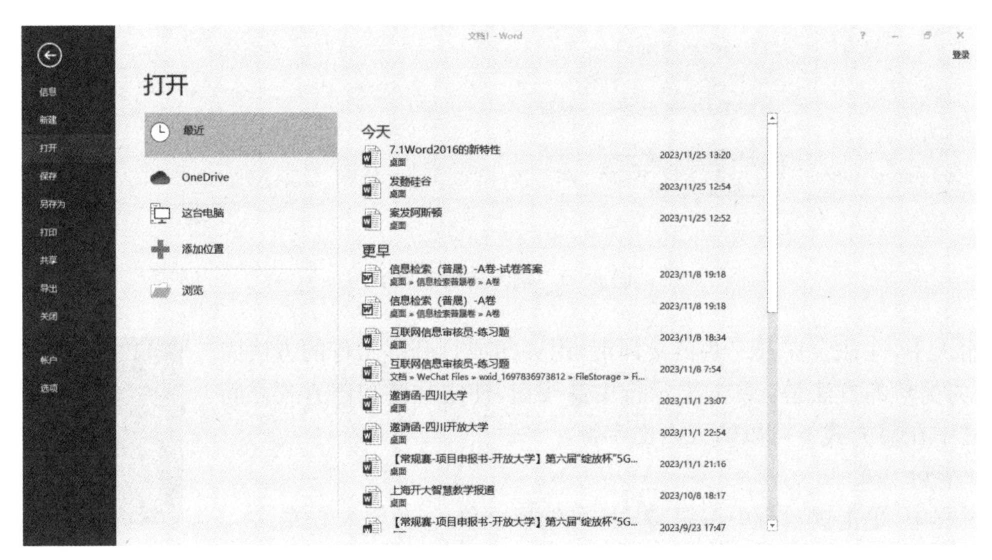

图 8－5

2. 打开多个文档

Word 允许同时打开多个文件，同样按照上述打开一个文档的方法打开对话框（如图 8－6 所示），按住 Ctrl 键不放，单击各个要打开的文档文件名，使之有选中标志，然后再按“打开”按钮，便可将所选的多个文档同时打开在不同的文档窗口。图 8－6 中有两个文件被选中。

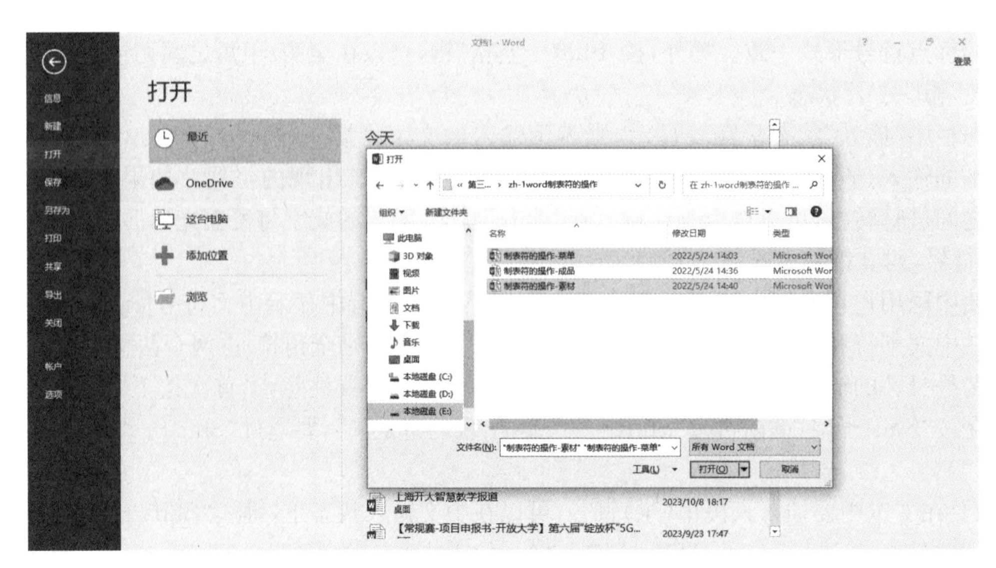

图 8－6　在“打开”对话框中选中多个文件

8.2.2　打开文件的未保存版本

有时由于误操作或系统资源的限制，在编辑 Word 文档时死机或自动非正常关闭 Word 而尚未保存文档。Word 2016 提供了便捷的“恢复未保存的文档”的功能。

打开“文件”选项卡下的“最近”，单击“恢复未保存的文档”按钮，会显示“打开”对话框，此时对话框中列出的是未保存的文件，单击其中需要恢复的文件，便可以打开并进行保存工作。

8.3　文本的编辑

8.3.1　选定文本内容

Word 工作环境下的字处理有一个最大的特点，就是要指明对文档哪些内容进行处理，即“先选中，后操作”。在选定文本内容后，默认状态下被选中的部分会突出显示。

1. 用拖曳选中一个字或文档的一部分

将鼠标器指针移到要选的汉字或字符前，拖动鼠标器移动一个汉字或字符位置或移动到要选中部分的末尾，然后松开鼠标器按键，这样该字或文档的一部分即被选中。

2. 用“Shift＋单击”选中文档的一部分

如果要选定较长的文本，此时可以将选择光标定位于要选定部分的首部，然后通过窗口右端的滚动条，找到要选定部分的尾部，按下“Shift 键＋单击”，即可选中要选的部分。

3. 选中一行或多行

将鼠标器指针移到要选择的行的左端——文本选定区，这时鼠标器指针变为↗，单击鼠标器左键，该行便被选中。如果要选中连续的多行，可以先选定连续行中的第一行，不释放鼠标器按键，将鼠标器在文本选定区内向上或向下拖动若干行，便选定了多行。

4. 选中整个文档

在“开始”选项卡的最右边有“选择”“查找”“替换”三个选项，点击“选择”，下面有一个“全选”，选中“全选”即选定整个文档。或可用“Ctrl＋A”快捷键来选定整个文档内容。

5. 撤消选定

要撤消选定的文本内容，可以在文本区的任何地方单击鼠标器。

8.3.2　剪切、复制和粘贴

在 Word 2016 的“开始”区下设置了“剪贴板”功能组，包括剪切、复制、粘贴和格式刷等常用的编辑功能(见图 8－7)。

图 8－7
“剪贴板”功能组

剪贴板(clipboard)是内存中一个临时存放信息(如文字、图像和声音等)的特殊区域。这个特殊区域是所有正在运行的应用程序所共有的。利用剪贴板可以很方便地在文档之间甚至在应用程序之间实现移动和复制。

当执行选定文本操作后，有两种方式将所选定对象存放到剪贴板上去：剪切和复制。

“剪切”功能 ✂ ：将选取的对象从文档中删除，并放入剪贴板。

“复制”功能 ⧉ ：则将选定对象的一个备份复制到剪贴板。

“粘贴”功能 📋 ：则可以将剪贴板上的内容复制到文档中插入点所在的位置后面。

因此，对于选定的文本使用剪切和粘贴，或者拖曳(拖曳后在剪贴板上不留痕迹)，可以实现文本块或图形的移动；使用复制和粘贴(或者 Ctrl＋拖曳)，可以实现文本块或图形的复制。

由于剪贴板是 Windows 系统设置的，因此，通过它不仅能在同一文档中实现移动和复制，还能在不同的基于 Windows 的应用程序之间实现移动和复制。在 Word 2016 中，用户可以同时在剪贴板中存放多个项目，剪贴板上的信息可以是来自 Word、Excel、PowerPoint、FrontPage、Access、网页等各种应用程序中的

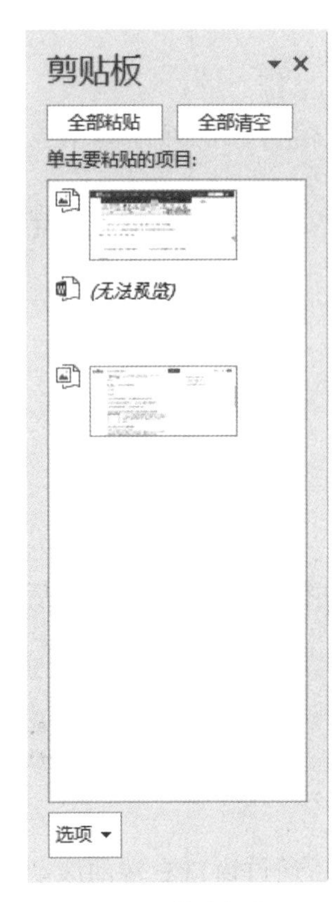

图 8－8　剪贴板窗口

对象或元素。如果要将其中的一个项目插入到打开的文档中，只要打开“剪贴板”，选择并点击其中需要插入的项目，即可在文档的插入点后显示该项目（如图 8－8 所示）。

另外，对于选定的文本，单击鼠标器右键，打开快捷菜单，其中也列出了编辑时常用的命令，如剪切、复制和粘贴等。

8.3.3　符号和特殊字符的插入

在文档编辑中，常常需要用一些特殊字符和符号来增加文章的可读性和趣味性，而键盘上没有这些特殊的符号按键，如五星符（★）、带圈的数字符（①）、眼镜符（👓）、剪刀符（✂）等。

符号和特殊字符的插入是通过“插入”中的“符号”进行的，可打开“符号”对话框来实现（如图 8－9 所示）。

在“符号”对话框中有“符号”和“特殊字符”两个选项卡。

在“符号”选项卡中，从“字体”列表框中可以选择需要的符号和汉字，每选取一种字体，都会显示出该字体的符号表，有些字体还有子集。如字母组合、部首、图形及难检字等。当利用鼠标器单击某个符号，按下“插入”按钮，这时“插入”按钮右边的“取消”按钮会变成“关闭”按钮，再按下“关闭”按钮便可将所选定的符号插入到文档中。

另外，对于经常使用的特殊符号，还可以为它设置快捷键，以增加录入的方便性，即单击“符号”对话框中“快捷键”按钮，进入“自定义键盘”对话框的“键盘”标签，来设置快捷键。

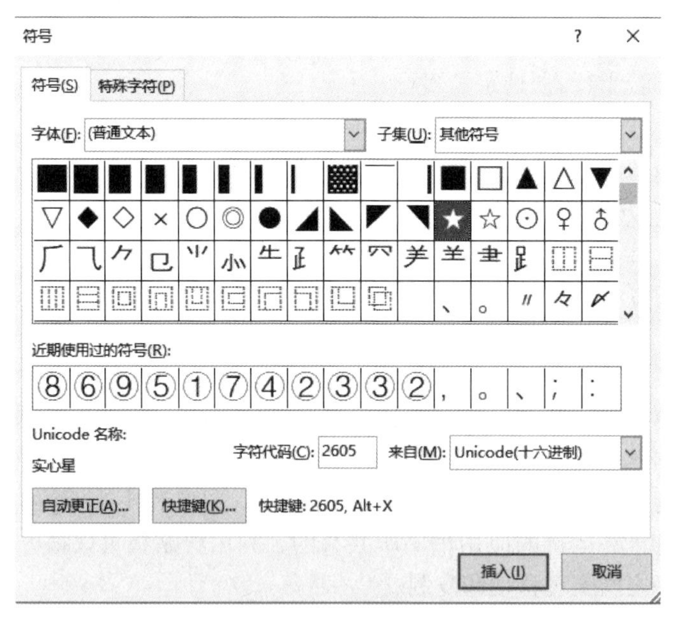

图 8－9　“符号”对话框的“符号”标签

在“特殊字符”选项卡中，显示特殊字符的列表，如版权符©、注册商标符®等，如图 8－10 所示。

8.3.4　插入系统的日期与时间

在文档中还可以自动插入系统的日期和时间。先将插入点定位到文档中需要插入系统日期和时间的适当位置，点击“插入”功能区的“日期和时间”，打开“日期与时间”对话框（如图 8－11 所示），在“日期”和“时间”列表框中选取喜欢的显示格式。如果选中“自动更新”复选框（√），则每次打开该文档时，其中的日期与时间均会自动得到更新；若不采用“自动更新”方式，还可选择“使用全角字符”复选框，即英文字母和数字将按全角方式插入。

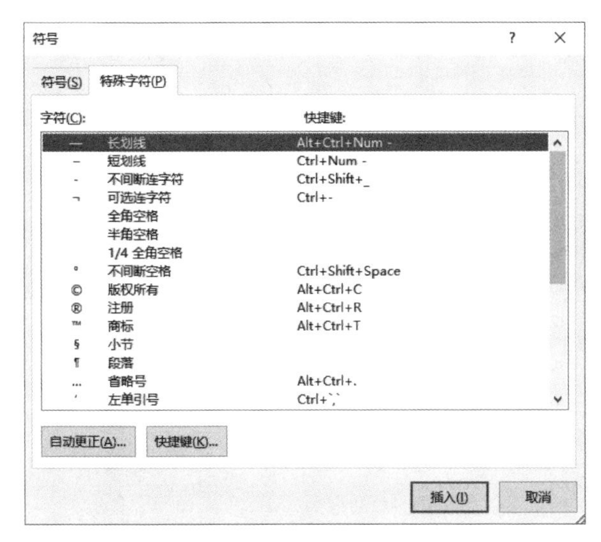

图 8 - 10　特殊“符号”对话框

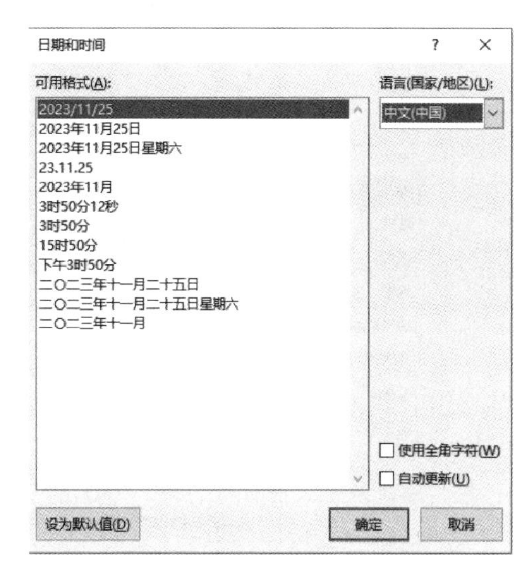

图 8 - 11　“日期与时间”对话框

8.3.5　撤销与重复

在编辑过程中误操作难以避免，如误删了某一段文本或图形，或误替换了文档中的文本或者误设置了某种格式等。Word 2016 允许用户反悔，可撤销前面所做的成千上万步的操作，并且又能够通过重复命令来恢复。

撤销可利用常用工具栏上的命令按钮 来实现，重复操作则可用 按钮，“撤销”按钮和“重复”按钮右边都有一个下拉列表，其中列出了最近执行过的命令或撤销过的命令。

> 注意：撤销必须先从上一个动作开始，而无法直接撤销上一个动作之后的某个单一或连续动作。

8.4　文档的保存、关闭及属性

当文本的输入、编辑完成后，切记要保存文档。因为用户输入到计算机中显示在屏幕上的文档仅存在计算机的内存中，一旦退出 Word 或关机，内存中的内容将不再存在，所以用户应当随时将录入的内容存储到磁盘上，以便日后修改和使用。

8.4.1　保存文档基本方法

1. 同名保存文档

如果用户正在编辑的文档是某个磁盘上的文件，经过修改后希望以同名保存文档，可以单击左上角的“自定义快速访问工具栏”上的“保存”按钮 ；也可以使用“文件”选项卡下的“保存”命令。

Word 还提供了一种“自动保存文档”的功能，用户可以设置时间间隔，让 Word 每隔一定时间（系统默认为 10 分钟）自动完成文档的存储，以减少因死机或断电所造成的损失。设置自动保存文档功能的方法如下：

① 点击“文件”选项卡下的“选项”按钮，在弹出的“Word 选项”对话框内，选择“保存”（如图 8 - 12 所示）。

② 在“保存”区域，选中“保存自动恢复信息时间间隔”复选框，使之有选择标志，并在其右边的“分钟”框内键入数字（从 1 到 120 之间的数字）或用鼠标器单击上下箭头以增减自动保存文件的时间间隔。一般，此项为默认设置，且默认的分钟数为 10。

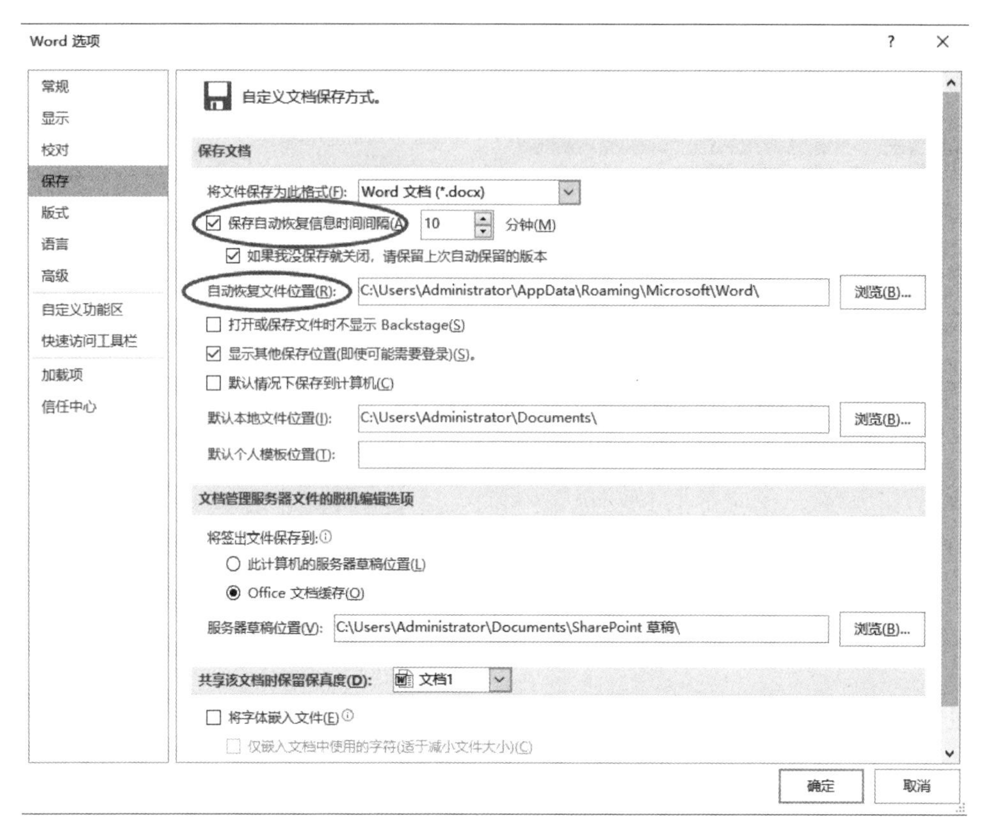

图 8-12 "Word 选项"对话框的"保存"页面

③ 在"保存"区域，显示了"自动恢复文件位置"，如果出现计算机停止反应或意外断电等情况，对未保存的文件电脑会自动保存在相应的位置，这就是"自动恢复文件位置"。在下次开机启动 Word 时会打开"自动恢复"文件，便于保存。

在"Word 选项"对话框内还有许多其他的选项卡可供用户选择，随着我们对 Word 使用的进一步掌握，可以利用其他的标签进行各种设置。

注意："自动恢复"并不等于"保存"命令，在完成文档处理后仍需对其进行保存。

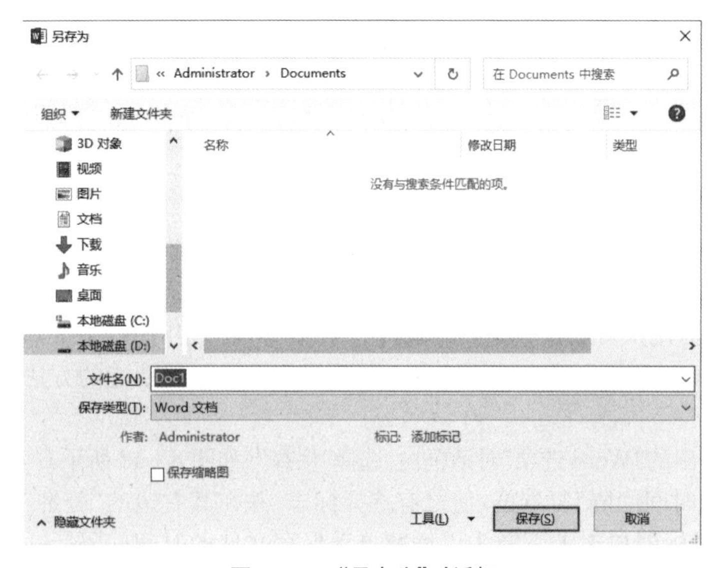

图 8-13 "另存为"对话框

2. 另存新文件

如果用户需要保存一个正在编辑的新文档或旧文档，但希望以不同的文件名存储而不影响原来的文件，这时可以将文档以新的文件名保存。方法如下：

① 点击"文件"选项卡下的"另存为"命令，点击"浏览"命令系统将进入"另存为"对话框(如图 8-13 所示，它与"打开"对话框的操作类似)。

② 在"另存为"对话框内，可以在左边区域选择保存位置，在"文件名"下重建新文件名，"保存类型"一般可以是"Word 文档"，然后单击"保存"按钮，Word 便按用户指定的保存位置(文件夹)、文件名和文件类型保存文件。

有时，用户正在编辑的是一个尚未存盘的新文档（如“文档 1”），要以某个文件名存入磁盘，除了上述方法外，还可以用“自定义快速访问工具栏”上的“保存”按钮，或使用“文件”选项下的“保存”命令也会到“另存为”页面，用户便可以在其中进行设置。

8.4.2　保存文档的多个版本

由于 Word 版本有 Word 97、Word 2000、Word 2003、Word 2007 以及 Word 2010 等，它们都有较为广泛的用户群，Word 2016 可以提供多种版本的保存方法。

① 点击“文件”选项卡的“选项”按钮，在打开的“Word 选项”对话框中选择“保存”（如图 8 - 14），在“将文件保存为此格式”的下拉菜单中，可以根据需要选择保存的版本。

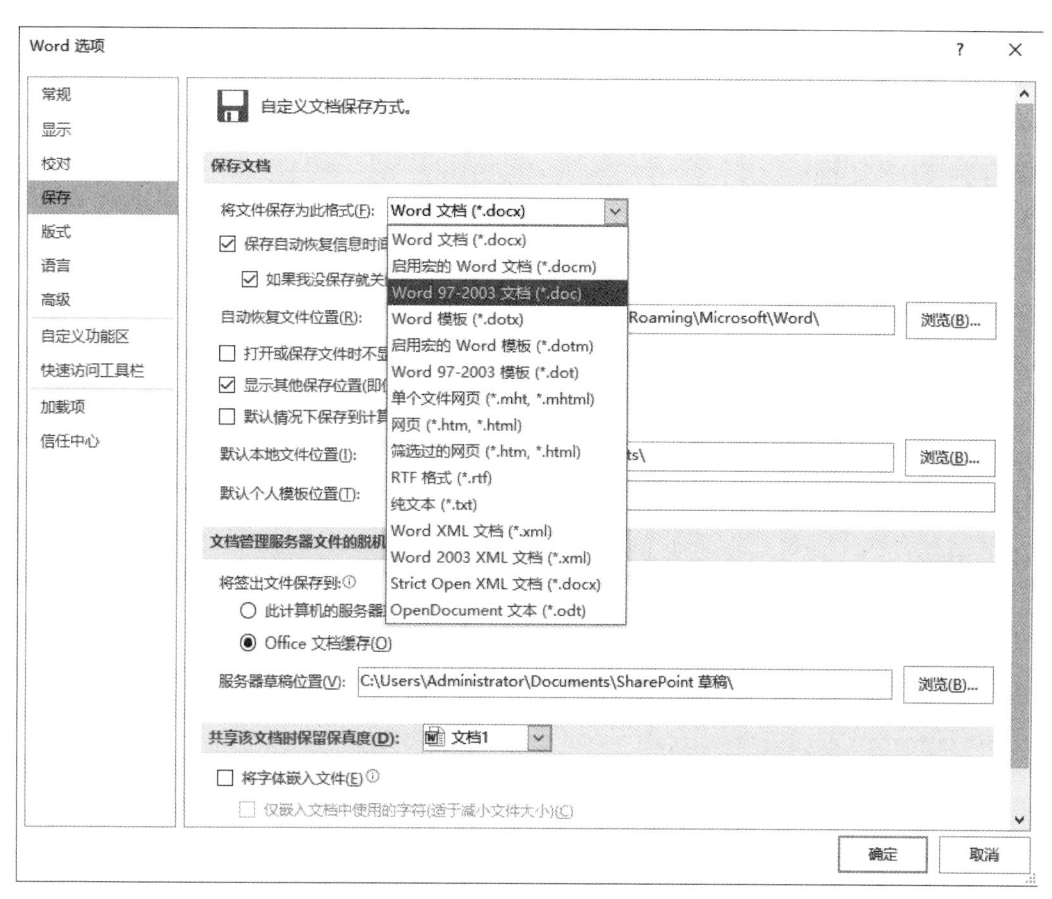

图 8 - 14　“Word 选项”对话框的“保存”页面

② 选择“文件”下的“另存为”选项（见图 8 - 13），在保存类型中选择需要保存的版本即可。如果选择保存类型为“Word 97 - 2003 文档（*.doc）”，则可以在这些 Word 版本中打开此文档。

8.4.3　文档加密保存

在制作私密的 Word 文档时，为了防止被别人偷窃，可以给 Word 文档加上密码，以下提供两个方法来加密 Word。

① 点击“文件”选项卡的“信息”选项，打开“保护文档”下的“用密码进行加密”选项（如图 8 - 15）。弹出加密文档窗口，在对此文件的内容进行加密框中键入密码，单击“确定”，接着在弹出确认密码对话框中，继续键入密码，单击“确定”完成加密。

② 打开文件“另存为”选项，见图 8 - 13，在“工具”下拉菜单中选择“常规选项”（如图 8 - 16），进入常规选项界面，在打开文件时的密码框中键入要锁定的密码，弹出确认密码对话框，继续键入密码，单击“确定”，最后保存设置好密码的文档即可。

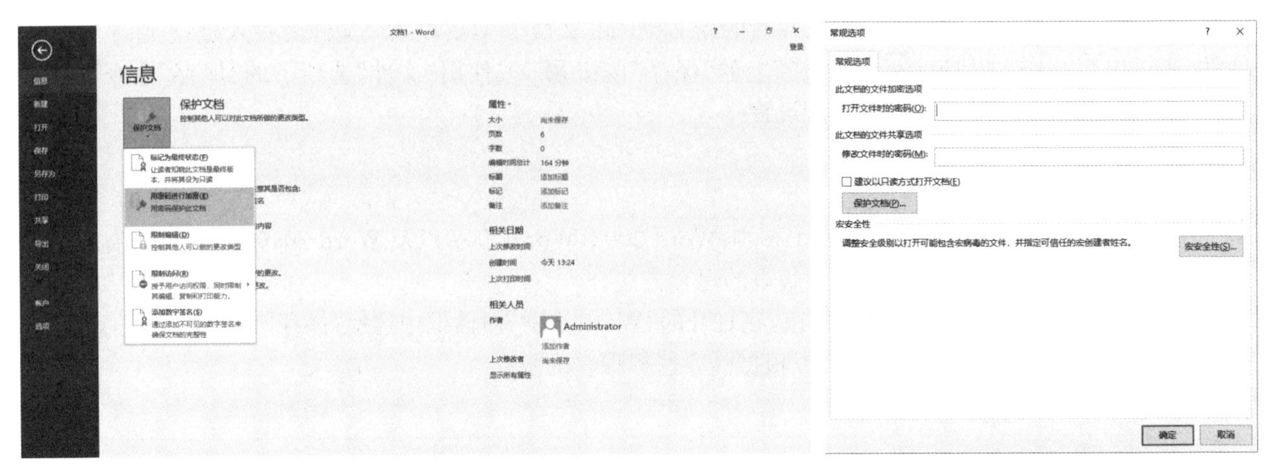

图 8-15　用密码进行加密

图 8-16　“常规选项”对话框

8.4.4　保存为 PDF 文档

Word 2016 可以将文档直接保存为 PDF 文档。操作如下：

① 单击“文件”选项卡的“另存为”按钮；

② 在打开的“另存为”对话框中，选择“保存类型”为 PDF，然后选择 PDF 文件保存位置，并输入 PDF 文件名称，然后单击“保存”按钮；

③ 完成 PDF 文件发布后，如果当前系统安装有 PDF 阅读工具（如 Adobe Reader），则保存生成的 PDF 文件将被打开。

图 8-17　属性查看

8.4.5　文档的关闭

要关闭当前的文档窗口，可以单击该文档窗口右上角的关闭按钮 ✕，也可以单击“文件”选项卡的“关闭”按钮。

如果被修改的文档尚未存盘，系统都会提示用户存盘保存。

8.4.6　文档属性查看

通过文档属性的查看，可以帮助用户了解文档的字数、修订等情况。查看方式如下：

① 打开 Word 2016 文档窗口，依次单击“文件”下的“信息”按钮；在“信息”面板中单击“属性”按钮，然后在打开的下拉列表中选择“高级属性”选项（如图 8-17 所示）。

② 在打开的“文档属性”对话框中，切换到相应的选项卡。用户可以查看相关信息，如“上次保存者”“修改日期”等信息。

8.5　文 档 的 审 阅

为保证一篇文档中的词组或短语的准确性，以及便于修改等，Word 2016 提供了强大的审阅功能，包括校对、语言、中文简繁转换、批注、修订、更改、比较和保护选项组。

8.5.1　文本的校对

在 Word 2016 文档中，经常会看到在某些单词或短语的下方标有红色、蓝色或绿色的波浪线，这是由 Word 2016 中提供的“拼写和语法”检查工具根据 Word 2016 的内置字典标示出的含有拼写或语法错误的单词或短语，其中红色或蓝色波浪线表示单词或短语含有拼写错误，而绿色下划线表示语法错误（当然这种错误仅仅是一种修改建议)。用户可以在 Word 2016 文档中使用“拼写和语法”检查工具检查 Word 文档中的拼写和语法错误,操作步骤如下:

① 选择“审阅”功能下的校对选项组,打开“拼写和语法”对话框,保证“检查语法”复选框的选中状态。在错误提示文本框中将以红色、绿色或蓝色字体标示出存在拼写或语法错误的单词或短语(如图 8-18)。

② 检查并确认标示出的单词或短语是否确实存在拼写或语法错误,如果确实存在错误,在“易错词或输入错误或特殊用法”文本框中进行更改并单击“更改”按钮即可。如果标示出的单词或短语没有错误,可以单击“忽略一次”或“全部忽略”按钮忽略关于此单词或词组的修改建议。也可以单击“词典”按钮将标示出的单词或词组加入到 Word 2016 内置的词典中。

③ 完成拼写和语法检查,在“语法”面板中单击“关闭”按钮即可。

图 8-18　“语法”面板

8.5.2　翻译文档

Word 2016 翻译功能比以往的 Word 版本得到了极大的提高,对于一般的日常应用来说,能够满足用户的使用。Word 2016 的翻译功能主要分为三类,其一是整篇文档的翻译功能,其二是翻译所选文字,第三是屏幕抓词翻译。具体操作如下。

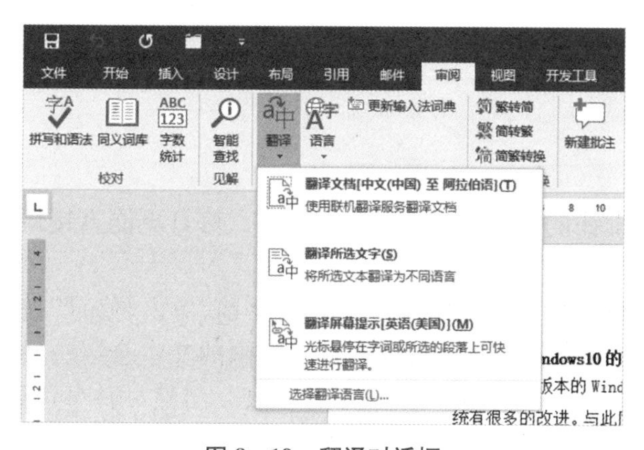

图 8-19　翻译对话框

1. 翻译整篇文档

① 选择“审阅”功能下的“语言”选项,打开“翻译”,选择第一个选项“翻译文档”(如图 8-19 所示)。

② 在弹出的翻译语言选项中选择要将哪种文字翻译至哪种文字,在这个对话框中,Word 2016 会提醒用户,这个翻译整篇文档的工作将会交给网络来完成。

③ 当用户确定需要通过网络来翻译整篇文档之后,Word 2016 会把这个请求发送到翻译网站,由该网站对此篇文档进行翻译。

2. 翻译所选文字

如果用户需要翻译一些单词,操作同上,选择“翻译”的第二个选项“翻译所选文字”,将在 Word 窗口右侧出现翻译窗口栏,显示单词的详细解释。

3. 翻译屏幕提示

如果用户需要快速翻译一些词或短语,可以通过选择“翻译”的第三个选项“翻译屏幕提示”。即开启翻译屏幕提示功能,此时若将鼠标停留在单词上,系统会自动弹出翻译结果的浮动窗口。单击浮动窗口中的“播放按钮”,即可播放该单词读音。

8.5.3　中文简繁转换

Word 2016 提供了方便好用的简繁转换功能。步骤如下:

① 选择转换的文字或整个文档;

② 选择“审阅”功能区的“中文简繁转换”选项,根据需要单击“繁转简”或“简转繁”。

8.5.4　添加和删除文档批注

批注能更好地帮助用户理解文档内容以及跟踪文档的修改状况,批注有三种显示方式,用户可以根据个人喜好选择批注的显示方式。单击“审阅”功能区“修订”选项组的“显示标记”按钮(如图 8-20 所示),打开“批注框”,从中可以选择需要的显示方式。

选择完成后,可以进行添加或删除批注,方法如下:

① 选中建议修改的文本内容,可以单击“审阅”选项卡的“新建批注”按钮,选中的内容会变红、加大括

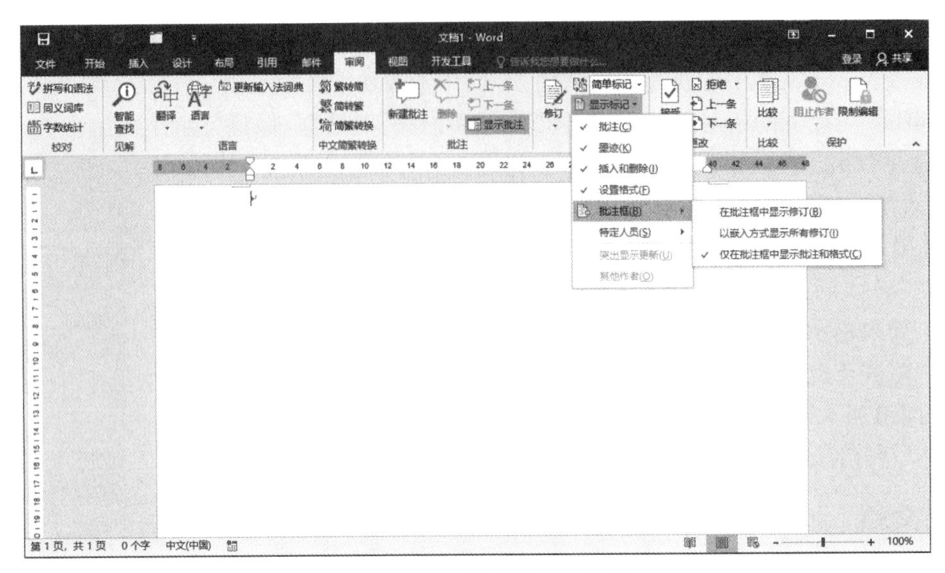

图 8－20　批注的显示方式

号并以直线引出一个批注框，批注信息前面会自动加上“批注”二字以及作者和批注的编号，在框中可以输入修改意见。

② 若要修改作者名，可以打开“审阅”选项卡下“修订”的扩张按钮，选择“更改用户名”，可在“Word 选项”窗口中修改用户名。此用户名就是修订人的姓名，而缩写则是批注中的姓名。

③ 若要删除批注，则右击批注框选择“删除批注”即可。

8.5.5　文档的修订

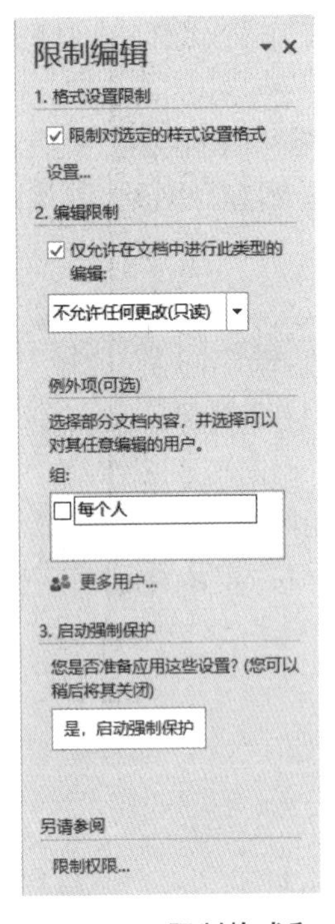

图 8－21　限制格式和编辑对话框

修订显示方式的选择如同批注的选择方法（如图 8－20）。修订更能直接地显示修改的内容，方法如下：

① 选择需要修改的文本，或光标移动到需要修改的文字前，单击“修订”按钮，可以进行插入、删除、移动或格式设置等修改操作。对删除的文字会以一横线划在字体中间，字体为红色，添加文字也会以红色字体呈现。当然，用户可以通过“修订”下的“修订选项”来修改成自己喜欢的横线颜色。

② 对于修改的内容，用户可以通过“审阅”功能区的“更改”选项组进行“接受”或“拒绝”修订的操作。

8.5.6　文档的限制编辑

使用 Word 2016 中的“限制编辑”功能，可以对一篇文档进行强制保护，不被他人修改。“限制编辑”操作如下：

① 选择“审阅”功能区的“保护”选项组，单击“限制编辑”。

② 在打开的“限制格式和编辑”任务窗格中，选中“限制对选定的样式设置格式”和“仅允许在文档中进行此类型的编辑”复选框（如图 8－21）。

③ 单击“限制格式和编辑”任务窗格底部的“是，启动强制保护”按钮。

④ 在随即打开的“启动强制保护”对话框中，选中“密码”单选按钮，并在“新密码”文本框中输入密码，在“确认新密码”文本框中再次输入密码，最后，单击“确定”按钮。此时，文档已被保护，只能查看无法修改。

第 9 章　版式设计及排版

9.1　字体格式编排

字符是文档最基本的组成部分，文本由多个字符构成，汉字、字母、数字、标准符号和特殊符号等都作为字符。因此，文档质量的好坏，除了取决于内容外，与字体格式也有着相当密切的关系。

“字体格式”主要指字符的属性，它包括：字体、字形、字号、色彩及各种效果等。

9.1.1　字体、字号与字形等效果的一般设置

字体、字号与字形的设置可以通过“开始”功能区的“字体”选项组来完成。

中文 Windows 带有多种中文字体，还可以根据需要安装其他中文字体（如华文、方正和微软等）。

“字号”框中，中文字号从初号、小初到八号，字是从大到小；而数字字号从 5～72 点，字是从小到大，如果要使用更大或更小的字号，选定文字后，可以单击“字号”框，选中其中的字号（如 五号 ），然后，键入相应的数字，如 108 或 3 等。

文字的字形变换，方法是首先要选定要变换的一段文字，然后按下格式栏上的字形按钮。B——加粗、I——倾斜、U——下划线、A——字符边框、A——字符底纹、A——字符缩放、A——字体颜色等，这些字形变换能够突出文本的重要性，增强文档的可读性。

另外，如果要设置文字的颜色，可以先选中，然后单击“字体颜色”按钮 A 右边的箭头，在打开的颜色框内设置所需的颜色。

9.1.2　在“字体”对话框中设置文字的多种效果

选定文字后，点击“字体”选项组的右下角 符号，进入“字体”对话框，可以对选定的文字作更进一步的设置。也可以单击右键，打开快捷菜单，从中选择“字体”命令。在“字体”对话框的“字体”标签中，可以设置“中文字体”“西文字体”“字形”“字号”“下划线线型”“颜色”“着重号”和各种效果等（如图 9－1a 所示）。作相应设置后，在“预览”框内会反映出设置的效果，可以根据需要再作调整。

下拉“下划线”列表，可以在 17 种下划线中选择，如单线、双线、点线、波浪线等。在“效果”区，有 7 个复选框可供选择，这些都可以在“预览”框中看到实际效果。其次，对于一些数学、化学等符号的表达，Word 2016 还提供了“上标”和“下标”的功能。例如，要表达“X_2^3”，可以先键入“X23”，选中“2”，进入“字体”对话框，设为“下标”，再选中“3”，再进入“字体”对话框，设为“上标”，至少能出现“$X_2{}^3$”的显示。当然，要达到“X_2^3”的效果，还必须设置“字符间距”。

同样在“字体”对话框中，选择“高级”选项卡，出现如图 9－1b 对话框。

我们仍以“X_2^3”为例，来说明如何调整字符间距和位置。步骤如下：

① 先选中 23，进入“高级”选项卡，这时就可设置字符间距了。

② 我们要将 2 和 3 之间的间距缩小，就要在“间距”框中选择“紧缩”，调整其右边的“磅值”框（如 2.6 磅），并观看“预览”框的效果。

③ 按下“确定”按钮，“$X_2{}^3$”中的 23 被紧缩在一起，形成了“X_2^3”。

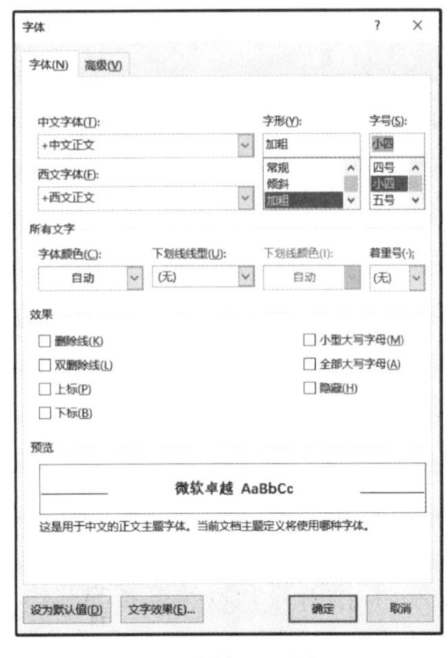

a “字体”选项卡

b “高级”选项卡

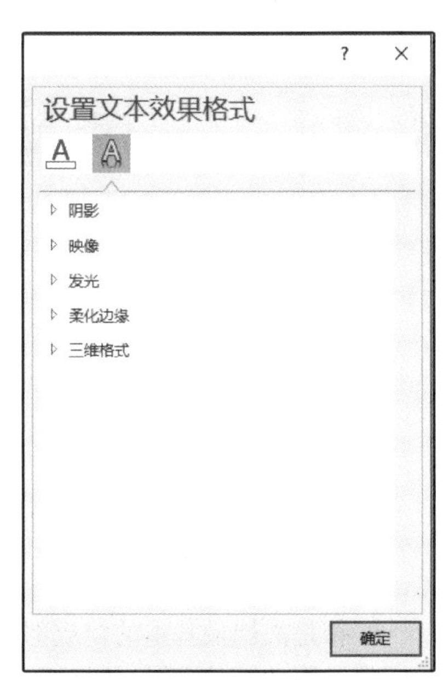

c “设置文本效果格式”对话框

图 9-1 “字体”对话框

然而，“X_2^3”中的上标 3 与 2 上下太近，可以向上提，因此，选中^3，重新进入“字体”对话框的“高级”选项卡，在“位置”框中选择“提升”，“磅值”框设为 1 磅，按下“确定”按钮，“X_2^3”便变为“X_2^3”。

根据上例可知，“间距”框是用于调整字符之间的距离，有“标准”“加宽”和“紧缩”三种选择，通过其右边的“磅值”框来作精确调整；“位置”框是用于指示文字将出现在基准线及其上下位置，有“标准”“提升”和“降低”三种选择，它通过其右边的“磅值”框作精确调整。

另外，在“字体”对话框的底端，还可进行“文字效果”的设置。点击打开“文字效果”进入“设置文本效果格式”（如图 9-1c 所示），有 5 种文字效果可以选择。如要设置“发光”的文本，选择该选项，即可预设发光变体、颜色、大小和透明度等。点击预设中的“无”即可取消文本的“发光”效果。

图 9-2 “首字下沉”对话框

9.1.3 设置首字下沉

首字下沉是指将文本或段落中第一个字或字母放大并下沉，首字下沉可以加强文字的可读性。

先选中要下沉的字或字母，选择“插入”功能区的“文本”选项组，单击“首字下沉”下拉菜单，打开“首字下沉选项”对话框（如图 9-2 所示）。

在“位置”选择框中有 3 个选项（其中的图示形象地表示出各种效果）：

无——从选定段落中清除原来设定的首字下沉。

下沉——在主文字区紧靠左侧页边距处插入首字下沉字符。

悬挂——从段落的第一行开始，在左侧页边距内插入首字下沉字符。

另外，在“字体”列表框中，可以选择首字下沉的字体名称（如“宋体”）；在“下沉行数”框内，可以设置首字下沉的字符行数（如 3 行）；在“距正文”框内可以设置首字下沉字符与段落正文中文字之间的间距。

9.1.4 使用拼音指南

我们经常会在 Word 文档中遇到一些生僻字，也就是我们不认识的字，不知道字的读音。Word 2016 中的“拼音指南”，能帮助我们给这些生僻字加上拼音和声调的注释。操作如下：

① 选中生僻字，然后点击“开始”选项卡上的 按钮，打开“拼音指南”对话框（如图 9-3 所示）。

② 如果需要将拼音标注到文字上方，在上面的窗口中按“确定”按钮就能实现，若想清除文字上方的拼

音注音，在上述拼音指南窗口中单击"清除读音"即可。

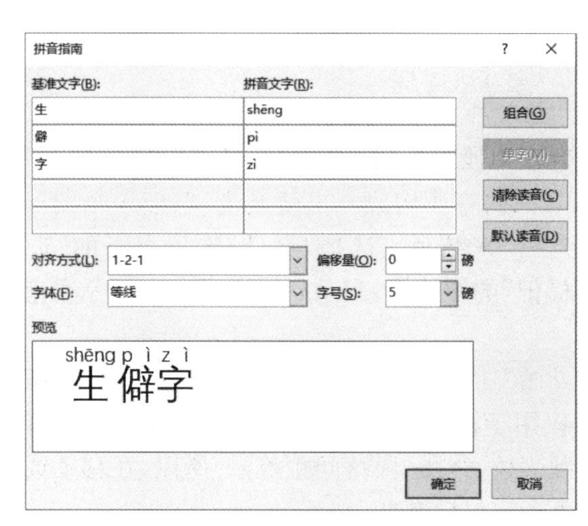

图 9－3　"拼音指南"对话框

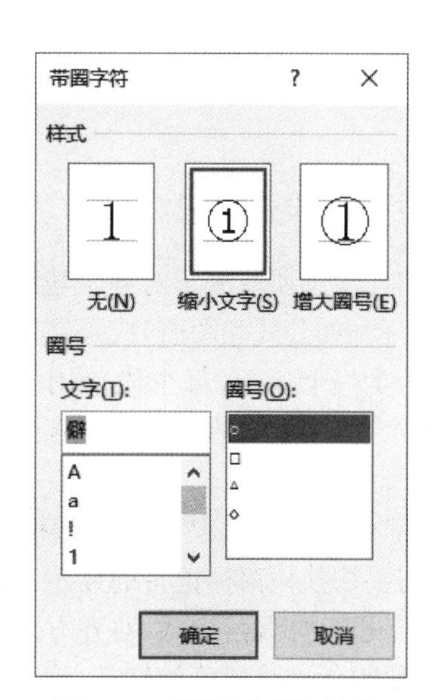

图 9－4　"带圈字符"对话框

9.1.5　添加带圈文字

在 Word 文档中，如果一些字符具有特殊的含义或作用，可以通过给字符带圈等方式实现。给字符带圈的操作步骤如下：

① 选中需要带圈效果的文字，然后点击"开始"选项卡上的㊫按钮，打开"带圈字符"对话框(如图 9－4 所示)。

② 在"带圈字符"对话框中对"圈"的样式进行设置。

注意：最多只能选择 2 个字符，Word 不支持超过 2 个字符的带圈字符设置。如果想取消"带圈字符"的话，同样请先选择已设置"带圈字符"的文字，点击功能区的"字体"组中的"带圈字符"按钮，将弹出"带圈字符"字符对话框，在"样式"选项里选择"无"。

9.1.6　格式复制

Word 2016 的格式复制功能可以加快格式设置的速度。例如，文本中有几十处的文字都要设置为"黑体、小四号、粗斜体、下划双线、着重点、阴影"的效果，而这几十处的文字是不连续的，无法同时选中。常规的设置方法是选中一处，设置一处。但这样的设置很费时，因为每一处的设置都要进入"字体"对话框做很多的设置。因此，有必要使用格式刷来进行。

格式复制的操作步骤如下。

① 首先选定具有需要复制的格式的文字块(要是还没有的话，可以通过字型、字体和字号的变换设置一个)。

② 单击"开始"选项卡的"格式刷"按钮，可将选定格式复制到一个位置；双击按钮，可以将所选定格式复制到多个位置上。

③ 这时，鼠标器指针会变成，利用它去选定要设置格式的文本块即可。若要将格式复制多个位置，则松开鼠标器按键后，再放到另一个位置上进行选定操作，全部复制完成后，再单击按钮(使之复位)或单击 Esc 键，便可退出格式复制状态。

9.2 段落格式编排

9.2.1 段落与段落标记

文档的外观主要取决于对各个段落的编排。Word 中段落有着特殊的意义，它可以由任一数量的文字、图形、对象（如公式和图表）或是在段落标记前的其他内容所构成。也就是说，单独一个图形或公式等都可以认为是一个段落，每个段落用一个段落标记"↵"来结束。选择"文件"选项卡下的"选项"，打开"Word 选项"对话框，选择"显示"选项卡，选中"段落标记"的复选框，表示始终在屏幕上显示段落标记。每当用户按下回车键，便在文档中插入一个段落标记。

如果不选择"段落标记"复选框，用户可以按下"开始"功能区"段落"选项组的"显示/隐藏"按钮，便可以根据需要切换段落标记符的显示。段落标记不仅用于标记一个段落的结束，它还保留着有关该段落的所有格式设置（如段落样式、对齐方式、缩进大小、制表位、行距、段落间距等）。所以，在移动或复制一个段落时，若要想保留该段落的格式，就一定要将该段落标记包括进去。

9.2.2 利用标尺调整段落

Word 中，水平标尺除了可以作为编辑文档的一种刻度，还可以用来设置段落缩进、首行缩进以及制表位。

在水平标尺上有 3 个缩进标志，分别为左缩进标志，右缩进标志和首行缩进标志（如图 9-5 所示）。其中左缩进和右缩进标志是反映选定段落左边界和右边界，而首行缩进标志则反映选定段落第一行文字开始的位置。

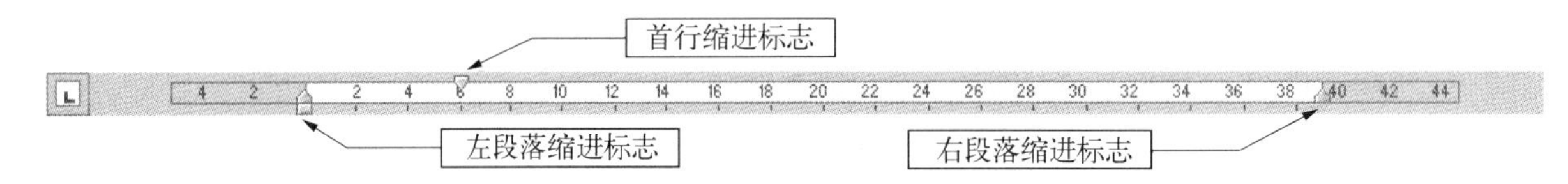

图 9-5　水平标尺上的三个滑标

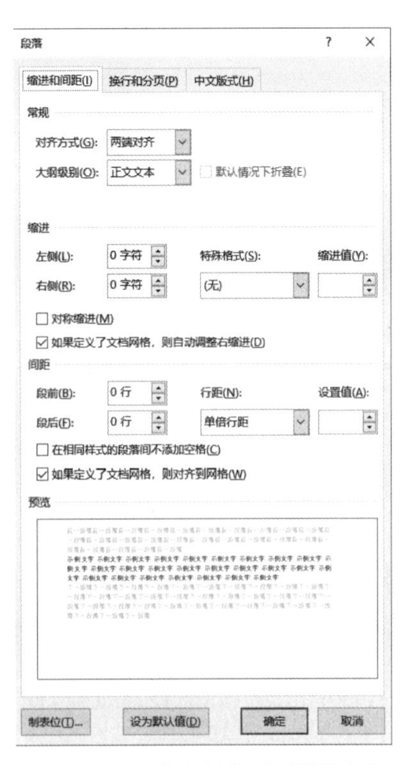

图 9-6　"段落"对话框中的"缩进和间距"选项卡

拖动标尺上的任意一个缩进标志，也可以设置选中段落的缩进方式。拖动时屏幕上会出现一条垂直的虚线，用户可根据虚线位置来判断要缩进的位置。

利用拖动标尺上的缩进标志来调整段落，并不能做到精确。如果要精确调整段落缩进，必须打开"文件"选项卡的"段落"对话框，然后便可在对话框中加以设置。

9.2.3 利用"段落"对话框调整段落

Word 中，对于段落的调整主要包括：段落间距、行间距、段落缩进和段落对齐。它的实现可以在"段落"对话框（如图 9-6 所示）中加以设置。

与文本编辑和字符格式编排一样，对段落的调整也要先选中要调整的段落，再设置所需要的格式。一般，光标所在的段落为当前段落，进入"段落"对话框所作的设置只对该段落有效，所以如果要对一个段落进行调整，只要将光标定位在该段落中任意位置，或者选定该段落中任意一部分文字，即为选中该段落；如果要对多个段落进行调整，那就需要先选中这些段落；如果是对整个文档进行段落格式化，则必须将文档全部选中。

进入"段落"对话框的方法很多，如方法一是对于选中的段落，打开

“文件”选项卡的“段落”选项组右下角的“段落”对话框；方法二是双击任意一个缩进标志。

在“段落”对话框中有三个选项卡，我们常用“缩进和间距”选项卡，其中含有多项设置。

1. 段落间距

段落间距分为段前间距和段后间距。

设置段落间距的方法如下：

首先确定是对整个文档设定段落间距还是只对某个段落设置间距，按不同的需要选定段落后，打开“段落”对话框，选择“缩进和间距”选项卡，然后分别对“段前”和“段后”框进行设置。

“段前”框中的磅值数表示每个选定段落的第一行之上应留的间距空间；“段后”框中的磅值数表示每个选定段落的最后一行之下应留的间距空间。这两个磅值数都必须大于等于0。

2. 行距

行距是指段落中各行的高度，打开“行距”列表可以看到有六项行距选项。

① 单倍行距：指的是在每行文本之间添加一个标准的行间距，通常设置为1.0。

② 1.5倍行距：可以对文档一部分或所有文档设置为一倍半行间距。

③ 2倍行距：可以对文档一部分或所有文档设置为两倍行间距。

④ 最小值：适应最大字体或图形所需的最小间距量。

⑤ 固定值：表示行与行之间的距离使用用户指定的值。

⑥ 多倍行距：以大于1的数字表示的倍数。例如，将行距设置为1.15会使间距增加15%，将行距设置为3会使间距增加到300%(3倍行距)。

上述六项行距选项中，只有在选择后三项时，“设置值”框才有效，用户可以输入数字或通过单击右边的上、下箭头调节所希望的行距。在下面的“预览”框中可以看到实际的效果。

注意：当插入一个新段落时，它将自动沿用前一段落中的行距设置。

3. 段落缩进

段落缩进是一种常规的排版要求。譬如，人们习惯性地在每一段的第一行开头缩进两个汉字的位置，这样一方面能突出段落，另一方面便于阅读，并使文档较为美观。在“段落”对话框的“缩进和间距”选项卡中，“缩进”区便能设置段落缩进。

“缩进”区中的“左”和“右”框用来设置文本相对于左、右页边距的位置。若希望文字出现在左侧页边距或右侧页边距上，应指定一个负值。

“缩进”区中的“特殊格式”下拉列表框是用来对选定段落的第一行设置其缩进的形式。打开“特殊格式”下拉列表框，共有三个选项：

① (无)：表示每个选定段落的第一行与左侧页边距对齐。

② 首行缩进：表示把每个段落的首行按其右边“磅值”框中指定的量缩进。

③ 悬挂缩进：表示把选定段落中的首行以后的各行(除首行外)按其右边“磅值”框内指定的量右移。

段落缩进也可以通过“段落”选项组的“减少缩进量”和“增加缩进量”按钮来设置。当然，在使用这两个按钮前，必须先将光标定位于欲调整缩进的段落内。不论是使用“减少缩进量”还是“增加缩进量”按钮，每次移动都是以大约1厘米的距离进行段落的缩进。

4. 段落对齐

段落对齐方式是指段落中的各文本行与页边空白之间的相互关系。例如，人们在处理文档时，习惯于将主标题居中，文档两端对齐以求文档的整齐划一。

Word提供了五种段落对齐方式：两端对齐、居中、右对齐、分散对齐和左对齐，它们是段落中选定的文字或其他内容相对于缩进结果的位置。其中，“两端对齐”是增大行内间距，使选定文字所在的段落恰好从左缩进排列到右缩进，但不包括段落的最后一行；“分散对齐”是增大行内间距，使选定文字所在的段落恰好从左缩进排列到右缩进，包括段落的最后一行。若要将文字与左右页边距对齐，先要确认该段落是否被缩进过。

如果要使段落左对齐，先要将插入点定位到需要修改对齐方式的段落中，然后进入“段落”对话框，通过下拉“对齐方式”列表框，选择左对齐方式。

9.3 各级并列项编排

在文档处理时，往往需要在文档的段落和标题前加入适当的项目符号和编号，从而使文档更易于阅读。

Word 2016“开始”选项卡的“段落”选项组中提供了设置项目符号、编号和多级列表按钮。

9.3.1 项目符号的设置

选定要设置项目符号的并列项，点击“开始”选项卡下“段落”选项组中的项目符号，系统便弹出了“项目符号库”对话框，图9－7所示为“项目符号库”。其中暂定八种标准模式供用户选择（包括“无”——撤消项目符号）。

例如，需要的项目符号是✧，可以单击该符号模式框来选中；如果对系统提供的标准模式不满意，可以按“定义新项目符号”按钮，打开相应的“定义新项目符号”对话框（如图9－8所示）。

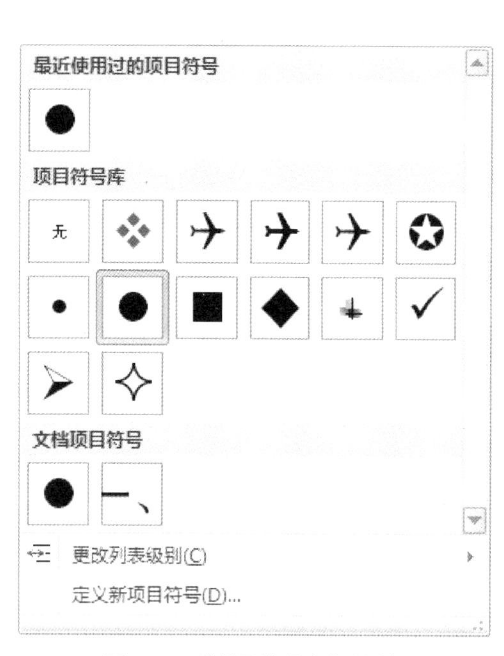

图9－7　“项目符号库”对话框

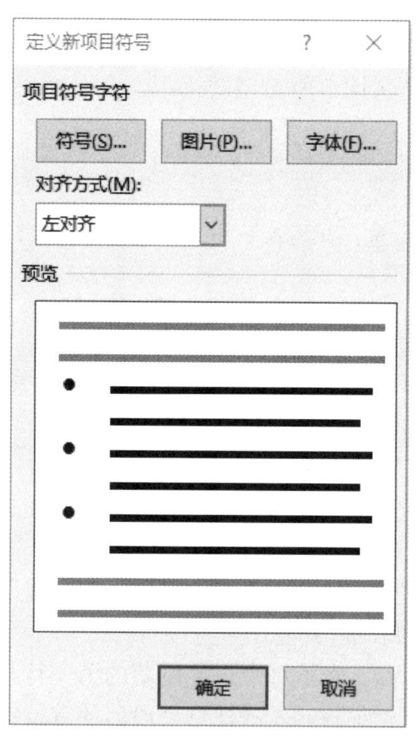

图9－8　“定义新项目符号”对话框

用户可以从中定义新项目符号，如新符号及其字体大小、颜色和位置等，还有图片项目符号。同时“预览”框中可以看到其选择不同符号的效果。

9.3.2 编号的设置

与项目符号一样，编号的设置也是点击“编号”的下拉菜单。系统便弹出了“编号库”对话框（如图9－9所示），系统也暂定八种标准模式供用户选择（包括“无”——撤消编号）。

如果对系统提供的标准模式不满意，可以按“定义新编号格式”按钮，打开相应的“定义新编号格式”对话框（如图9－10所示）。

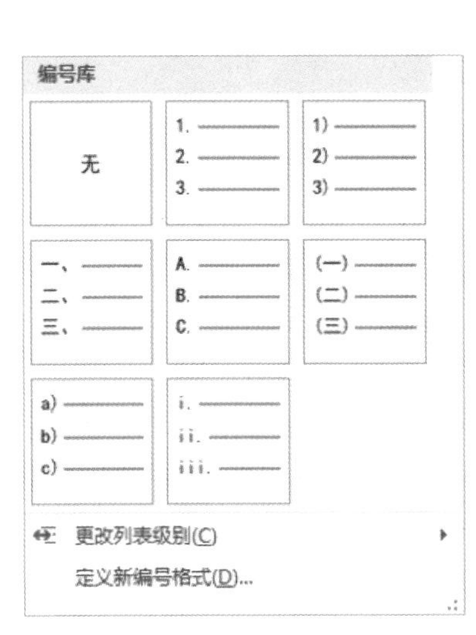

图 9-9　“编号库”对话框

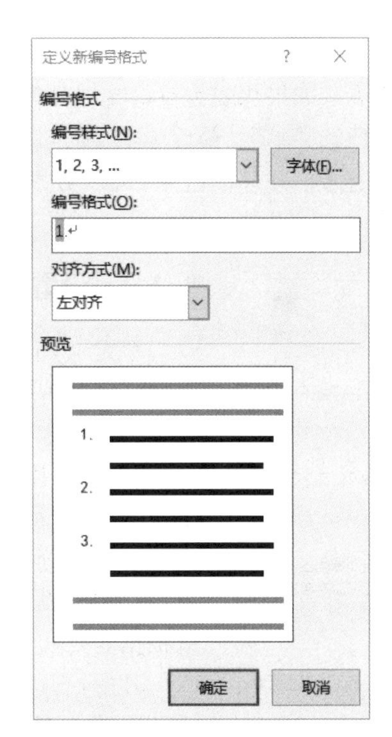

图 9-10　“定义新编号格式”对话框

下拉“编号样式”框，可以在列表中选择编号的样式，如 1，2，3，…；一，二，三，…等。其下边的“编号格式”框内，反应的是“起始编号”，用于选择编号从几开始。“编号格式”框内的编号前后还可以加上其他符号、数字及文字等。

9.4　分栏、分页、分节

在处理文档的过程中常常需要将文档分栏。分栏其实是将文档中的文本分成两栏或多栏，是文档编辑中的一个基本方法。

9.4.1　建立分栏

选择要分栏的文本，点击功能区的“页面布局”选项卡，在“页面设置”组中点击“分栏”，并选择要分栏的栏数。如果想对分栏进行详细的设置，如栏宽等，请点击“更多分栏”，弹出“分栏”窗口，可以设置栏的宽度和间距等（如图 9-11 所示）。

其中，“预设”区可以选择“一栏”“二栏”“三栏”“偏左”或“偏右”；如觉得栏数不够，可以在“栏数”框中增加所需栏数；如选中“分隔线”复选框，可以在各分栏之间加上分隔线，将各栏隔开。

通常编辑的文本都算作只有一栏，而栏的宽度和间距都是默认的标准值。当选项多于一栏时，便会在“栏宽和间距”区中出现各栏的栏宽和间距，用户可以在这个区域内调整各栏的宽度和间距，以符合自己的需要。如果选中了“栏宽相等”复选框，Word 将自动调整各栏宽度为统一值，使除第一栏之外的“宽度”和“间距”均为暗淡显示而无法更改。

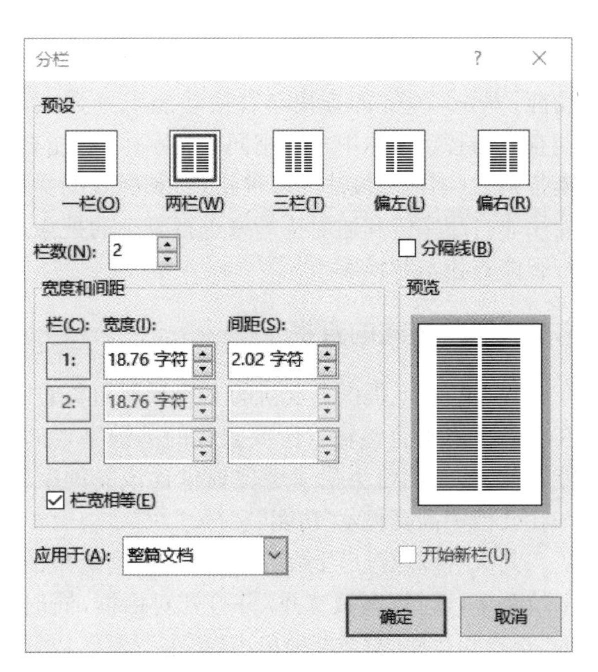

图 9-11　“分栏”对话框

如果想要在插入点处插入分栏符开始新栏，请在“应用于”列表框中选择“插入点之后”，分栏的效果可以通过预览框查看。如果想要为整篇文档分栏，请在“应用于”列表框中选择“整篇文档”，如果想为所选文本分栏，请选择“所选文本”。最后单击“确定”按钮应用分栏。

要使文档具有多栏并存的效果，可以分别选中想要分栏的不同段落，按前面所介绍的方法建立多种分栏。

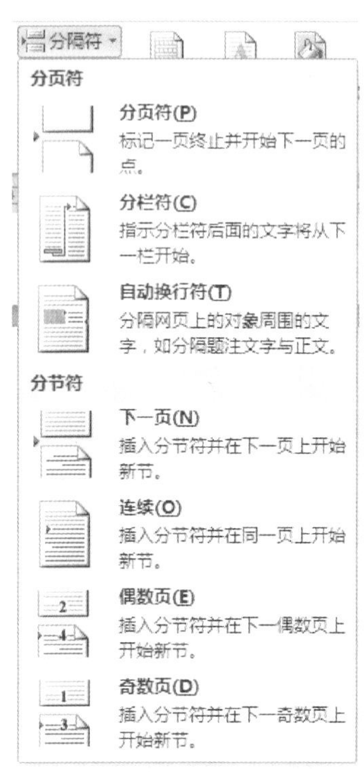

图 9－12 “分隔符”对话框

9.4.2 设置分页和分节

节是文档中可以独立设置某些页面格式选项的部分，在新建一个文档时，Word 均默认它为一个节。Word 用分节符分开每一个节，分节符在屏幕上为两条水平虚线，节的格式说明保存在末尾的分节符中。如果选中某个分节符，可以按 Delete 键来删除这个分节符，一旦这个分节符被删除后，上节的分栏设置便消失。

给文档分页或分节时，要先确定插入点的位置，选择“页面布局”选项卡，点击“分隔符”，在弹出的“分隔符”对话框中有“分页符”和“分节符”，可以根据需要从中作相应选择（如图 9－12 所示）。

其中：

① 分页符：表示在插入点所在位置插入人工分页符，插入点后的文档从下一页开始。

② 分栏符：表示在插入点所在位置插入人工分栏符。分栏符后面的文字将从下一栏开始。

③ 自动换行符：表示结束当前行，并使文字在图片、表格或其他项目的下面继续显示。

④ 下一页：表示插入分节符并分页，使下一节从下一页顶端开始。

⑤ 连续：表示插入分节符并立即开始新节，并在同一页上显示。

⑥ 偶数页：表示插入分节符，下一节从下一偶数页开始。

⑦ 奇数页：表示插入分节符，下一节从下一奇数页开始。

9.5 查找与替换

查找与替换是任何一种文字处理软件必须具备的功能，Word 2016 的查找与替换功能十分强大，它不仅能查找与替换文本中多处相同的文字，而且能查找与替换带格式（字体和段落等多种格式）和样式的文本，以及能用非打印字符和通配符等来进行复杂的搜索，还能进行智能查找与替换等。

9.5.1 无格式的查找

Word 2016 提供了全新的文档导航窗格进行查找，在导航窗格中直接输入所要查找的关键字，如输入“功能”，此时，文档将会快速定位到包含该关键字的内容，并在文档中高亮显示“功能”字符。

其次可以通过 “开始”选项卡“编辑”组中的“查找”下拉菜单，选择“高级查找”并打开对话框，同时在打开的“查找和替换”对话框中单击“更多”按钮，以显示更多的查找选项（如图 9－13），在“查找内容”框中可以输入

图 9－13 “查找和替换”对话框的“查找”选项卡

要查找的文本(如“功能”)；在“在以下项中查找”下拉列表框中，选择搜索“主文档”“页眉页脚”还是“主文档中的文本框”。

为了准确地找到所要的文字，还可以使用“搜索选项”，如“区分大小写”和“区分全/半角”等，这对于英文单词和各种符号的查找是很有用的。当 Word 找到所查找的内容后，会将查找结果选中，只要没有搜索完所指定的范围，用户总是可以单击“查找下一处”按钮。当需要修改查到的结果时，可单击“查找”对话框外文档窗口内的任何部位，及时进行修改；修改后，再次单击“查找”对话框内非按钮部位，又能返回到该对话框，以便继续查找。若想中止查找，可单击“取消”按钮。

9.5.2　带格式的查找

查找的对象不仅仅是纯的文字，还可以是带格式的文字。例如，当用户在“查找内容”框中输入了“加分”，然后单击 9 - 13 图中的“格式”按钮，便会弹出一个菜单，其中的每条命令都将弹出一个对话框。比如，选择了“字体”命令，便弹出“查找字体”对话框，可以选择要查找的字体、字号、颜色、加粗、倾斜等，按“确定”按钮，返回“查找和替换”对话框，单击“查找下一处”查找格式。

9.5.3　查找特殊字符

查找的对象还可以是各种特殊字符。例如，在图 9 - 13 的“查找和替换”对话框中，单击“特殊格式”按钮便会弹出一个菜单，其中罗列了包括各种控制符在内的特殊格式。

例如选择了“段落标记”，在“查找内容”框内将自动填入^p，按下“查找下一处”按钮，便能在“查找范围”内找到第一个段落标记“↵”，并加以选中，下面便可进入实际修改或进一步查找。

9.5.4　替换

替换是以查找为基础的。同样，可以用上述方法打开“查找和替换”对话框，选择“替换”选项卡，也可以直接选择“编辑”选项组中的“替换”按钮(如图 9 - 14 所示)。

“替换”选项卡与“查找”选项卡相比多了一个“替换为”框。查找的目的在于修改或替换，所以可以根据“查找内容”框中文字(或带格式的文字)，将文档中被查找到的内容替换成“替换为”框中的文字(或带格式的文字)。

按下“替换”按钮，可以将当前找到的一个内容替换掉；当按下“全部替换”按钮，则按搜索范围进行非应答式的全部替换。

图 9 - 14　“查找和替换”对话框的“替换”标签

9.5.5　样式的替换

有时，对于一个已经排好的文档，要将其中许多处设置的样式换成其他样式，例如，要将文档中所有的“标题 3”替换成“正文”样式。如果一步步地选中被设为“标题 3”的文字，然后一个个地利用样式框选择“正文”样式，那么将会有很多重复性的操作，而且还可能疏漏。为此，可以利用样式进行替换。

在对样式进行替换时，首先打开“查找和替换”对话框，选择“替换”选项卡，光标放到“查找内容”框内，单击“格式”按钮，选择“样式”命令，进入“样式”对话框。

选中要查找的样式，按下“确定”按钮，返回“替换”对话框。然后，将光标定位到“替换为”框内，再单击“格式”按钮，选择“样式”命令，进入“样式”对话框，选择要替换为的格式，按下“确定”按钮，返回“替换”对话框。

经过这样的设置，注意观察在“替换”对话框中，“查找内容”框和“替换为”框内为空，在这两个框的下面分别有着某种样式，按下“全部替换”按钮，便在文档中对相应文字的样式作全部替换。

9.6 引用和插入

9.6.1 目录的插入

Word 文档创建完成以后,为了便于阅读,用户可以为文档添加一个目录,方法如下:

① 打开文档,对文档标题进行等级排序。选中第一层次的标题,然后选择“引用”选项卡的“目录”选项组,打开“添加文字”按钮的下拉菜单,选择 1 级;选中第二层次的标题,选择“添加文字”下拉菜单的 2 级;同样选中第三层次的标题,选择 3 级,一般最多为 4 级。

② 插入目录,首先将光标定位到所要插入目录的位置。通常情况下,目录会出现在文档的首页,在“引用”选项卡的“目录”选项组中,单击目录按钮,在随后打开的下拉列表中,直接选择所要添加的目录样式。此时,一个目录就创建完成了。如果用户需要对目录进行个性化定制,则可以在目录下拉列表的最下端,单击“插入目录”按钮,在随后打开的目录对话框中,可以选择目录的格式,及其所显示的级别,单击“确定”按钮。

③ 如果作者对文档进行了修改,则可以直接单击“更新目录”按钮,此时可以去更新整个目录或者只更新其页码,如果要删除当前目录,则可以直接选择“删除目录”按钮。

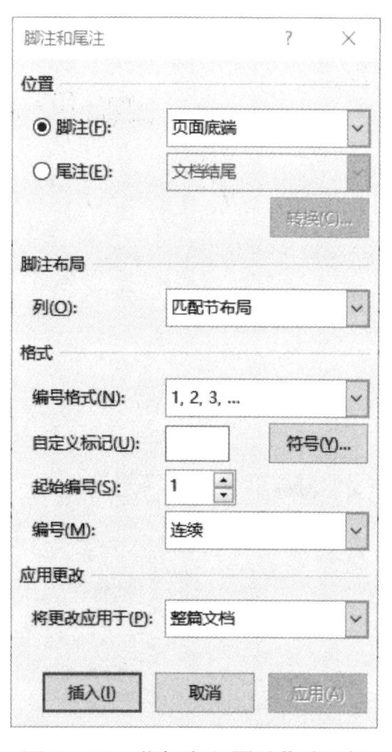

图 9-15 “脚注和尾注”对话框

9.6.2 脚注的插入

脚注和尾注是对文本的补充说明。脚注一般位于页面的底部或文字的下方,可以作为文档某处内容的注释;尾注一般位于文档的末尾,列出引文的出处等。脚注和尾注由两个关联的部分组成,包括注释引用标记和其对应的注释文本,现以脚注的插入为例说明。

首先选择“引用”选项卡的“脚注”选项组,点击右下角的打开标记,打开“脚注和尾注”对话框(如图 9-15)。在“位置”列表框中指定脚注出现的位置。默认情况下,将出现在页面底端,即把脚注文本放在页底的边缘处,如果要把脚注放在正文最后一行的下面,可以选择“文字下方”选项。在“编号格式”列表框中指定编号用的字符。在“起始编号”框中可以指定编号的起始数。在“编号”中可以设置整个文档是连续编号还是每节重新编号或者每页重新编号。如果要自定义脚注的引用标记,可以选择“自定义标记”,然后在后面的文本框中输入作为脚注的引用符号。如果键盘上没有这种符号,可以单击“符号”按钮,从“符号”对话框中选择一个合适的符号作为脚注即可。

然后,设置完毕点击“插入”按钮,就可以输入脚注文本。

最后如用户需要进行修改,比如添加、删除或移动自动编号的注释时,Word 将对注释引用标记重新编号。

9.6.3 题注的插入

题注就是给图片、表格、图表、公式等项目添加的名称和编号,可以在图片下面输入图的编号和图题,这样方便用户的查找和阅读。

如果移动、插入或删除带题注的项目时,Word 可以自动更新题注的编号。而且一旦某一项目带有题注,还可以对其进行交叉引用。插入题注步骤如下:

① 打开 Word 2016 文档窗口,选中准备插入题注的图片或表格等。在“引用”选项卡的“题注”选项组中单击“插入题注”按钮。用户还可以选中图片后,右键单击表格,在打开的快捷菜单中选择“插入题注”命令,打开“题注”对话框(如图 9-16 所示)。

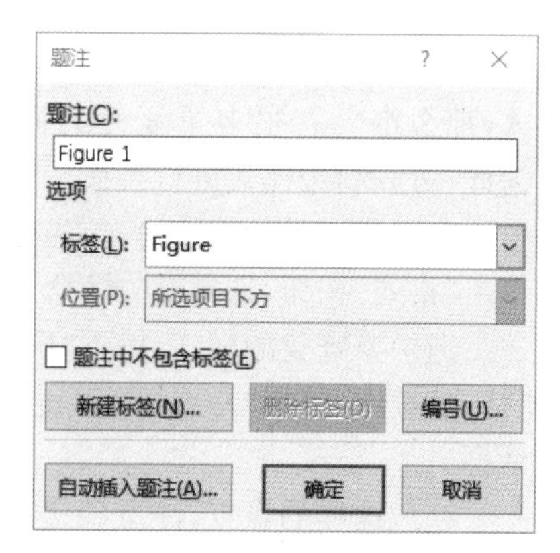

图 9-16 “题注”对话框

② 在“题注”编辑框中会自动出现“Figure 1”字样，用户可以在其后输入被选中表格的名称。

③ 单击“编号”按钮，在打开的“题注编号”对话框中，单击“格式”下拉三角按钮，选择合适的编号格式。如果选中“包含章节号”复选框，则标号中会出现章节号。设置完毕单击“确定”按钮。

④ 返回“题注”对话框，如果选中“题注中不包含标签”复选框，则图片题注中将不显示“Figure”字样，而只显式编号和用户输入的表格名称。单击“位置”下拉三角按钮，在位置列表中可以选择“所选项目上方”或“所选项目下方”。设置完毕单击“确定”按钮。

注意：如插入的是表格题注，则默认位于表格左上方，用户可以在“开始”选项卡中设置对齐方式(如居中对齐)。

9.6.4 使用邮件合并功能

邮件合并功能用于帮助用户在 Word 2016 文档中完成信函、电子邮件、信封、标签或目录的邮件合并工作，采用分步完成的方式进行，因此更适用于邮件合并功能的普通用户。下面以使用“邮件合并向导”创建邮件合并信函为例说明，操作步骤如下。

① 选择“邮件”选项卡的“开始邮件合并”选项组，单击“开始邮件合并”按钮，并在打开的菜单中选择“邮件合并分步向导”命令。

② 在页面右边打开“邮件合并”任务窗格，在“选择文档类型”向导页选中“信函”单选框，并单击“下一步：正在启动文档”超链接。

③ 在打开的“选择开始文档”向导页中，选中“使用当前文档”单选框，并单击“下一步：选取收件人”超链接。

④ 打开“选择收件人”向导页，选中“从 Outlook 联系人中选择”单选框，并单击“选择‘联系人’文件夹”超链接。

⑤ 在打开的“选择配置文件”对话框中选择事先保存的 Outlook 配置文件，然后单击“确定”按钮。

⑥ 打开“选择联系人”对话框，选中要导入的联系人文件夹，单击“确定”按钮。然后在打开的“邮件合并收件人”对话框中，可以根据需要取消选中联系人。如果需要合并所有收件人，直接单击“确定”按钮。

⑦ 返回 Word 2016 文档窗口，在“邮件合并”任务窗格“选择收件人”向导页中单击“下一步：撰写信函”超链接。打开“撰写信函”向导页，将插入点光标定位到 Word 2016 文档顶部，然后根据需要单击“地址块”“问候语”等超链接，并根据需要撰写信函内容。撰写完成后单击“下一步：预览信函”超链接。

⑧ 在打开的“预览信函”向导页可以查看信函内容，单击上一个或下一个按钮可以预览其他联系人的信函。确认没有错误后单击“下一步：完成合并”超链接，并可以打印信函，也可单个编辑信函。

9.6.5 封面的插入

Word 2016 提供了多种风格各异的封面，通过封面插入功能可以将这些封面插入文档中。并且无论当前插入点光标在什么位置，插入的封面总是位于 Word 文档的第一页。方法如下：

① 打开 Word 2016 文档窗口，选择“插入”选项卡的“页面”分组，单击“封面”按钮。

② 在打开的“封面”样式库中选择合适的封面样式即可。

③ 如果觉得不合适，可以单击“封面”样式库底端的“删除当前封面”按钮，重新选择。

第10章　使用图形

10.1　在文档中插入图片

利用 Word 可以在文档中插入图形(也可称作图片),使版面生动活泼、图文并茂,以增加效果。Word 2016 保留了原有 Word 2010 的功能,比如进行大小调整、裁剪、文字中嵌入图片等,还提供了直接从 Word 2016 中捕获和插入屏幕截图的功能,以便快速、轻松地将视觉插图纳入到用户的工作中。

10.1.1　来自文件的图片插入

要在文档中插入来自文件的图片,可按以下步骤进行:

① 将插入点定位到文档中要插入图形的位置上。

② 选择“插入”选项卡的“插图”分组,单击“图片”按钮(如图 10－1 所示)。

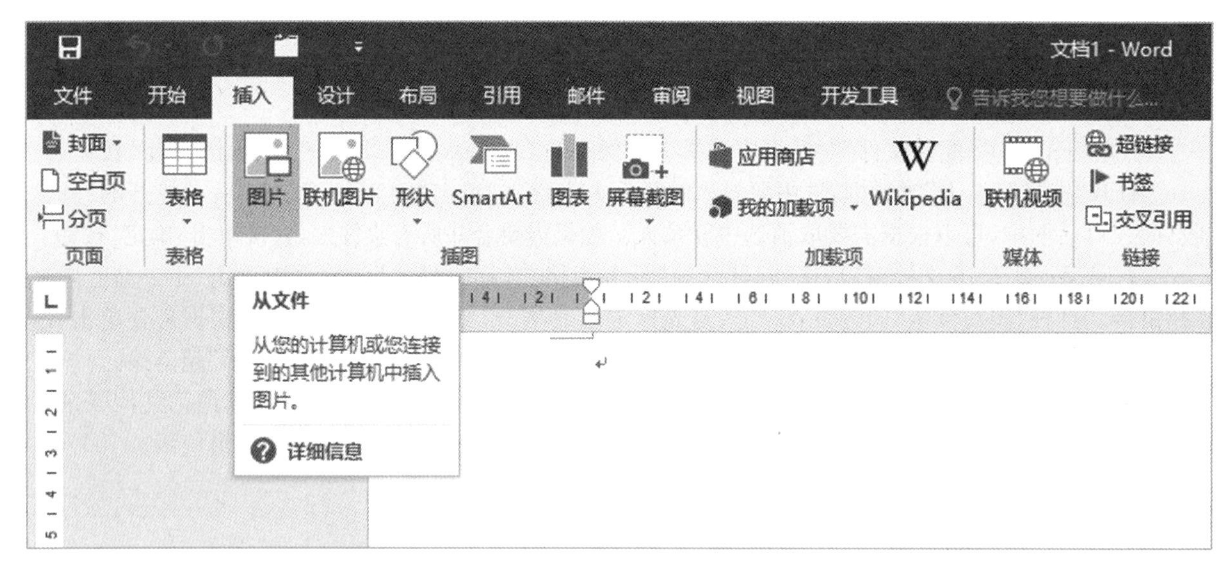

图 10－1　“图片”选项

③ 这时将弹出“插入图片”对话框,在“文件类型”编辑框中将列出最常见的图片格式。找到并选中需要插入到 Word 2016 文档中的图片,然后单击“插入”按钮即可。

10.1.2　自选图形的插入

要在文档中插入线条、流程图、星与旗帜、标注等其他自选图形,同样首先要确定插入位置,然后选择“插入”选项卡的“插图”选项组,单击“形状”按钮,打开“形状”对话框(如图 10－2 所示),从中选择需要插入的图形即可。

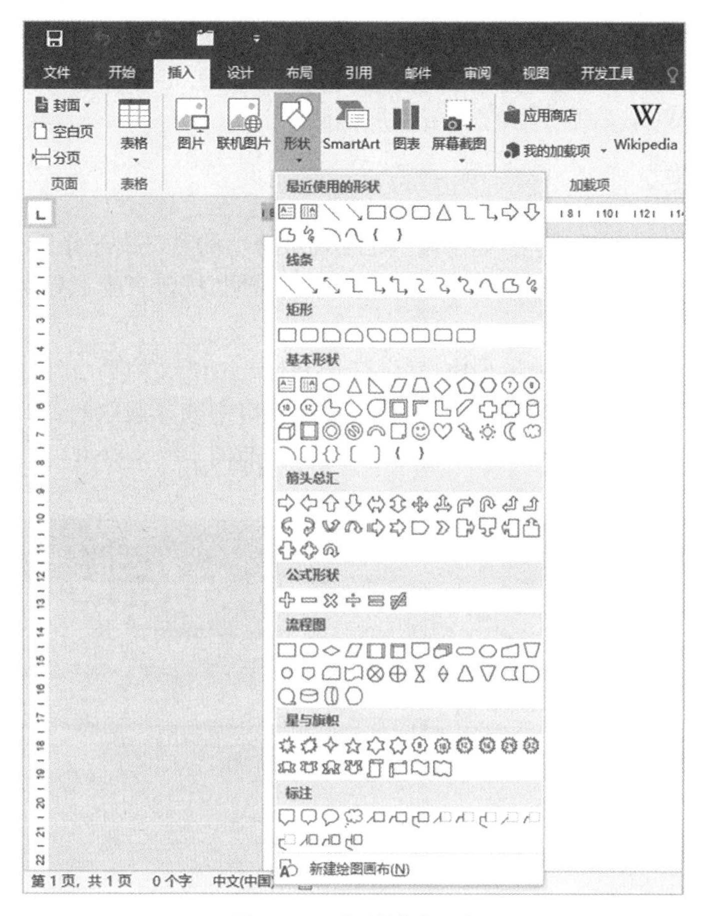

图 10-2 “形状”选项卡

10.1.3 将图片复制到文档

在文档中插入图片有许多方法，使用剪贴板就是一种常用的方法。先在各种图形或图像应用程序中选定所要插入的图片，通过“复制”功能将它复制到剪贴板，然后切换到 Word 中，将插入点定位到所要插入图片的位置，通过“粘贴”功能就可将图片以嵌入方式插入到文档中。如图 10-3 所示。

图 10-3

在很多情况下，我们可以借助一些软件工具（如一些屏幕抓图软件：SnagIt、HyperSnap - DX、ScreenHunter、GrabIt、微信截图等），将所有能在计算机屏幕上见到的图形或图像抓取下来作为图片插入到 Word 文档中。上述屏幕抓图软件可以通过网上找到,有免费下载,也有试用若干天的。如果手头一下子没有屏幕抓图软件,也可以利用 Windows 中的 Print Screen 按键先将屏幕复制到剪贴板,再将图片粘贴到 Word 文档中。另外,Word 2016 提供了内置的屏幕截屏工具。

10.1.4 插入屏幕截图

Word 2016 在编辑文档的过程当中,如果希望把当前屏幕上的窗口或部分显示内容当作图片插入到文档中,可以直接在"插入"选项卡"插图"选项组中,单击"屏幕截图"按钮完成。有两种方法,操作如下。

1. 插入屏幕窗口

① 将准备截取的窗口不要设置为最小化,然后打开 Word 2016 文档页面,单击"插入"选项卡。

② 在"插图"中单击"屏幕截图"按钮,在"可用视窗"小窗口中选择截取的窗口图片。如果当前屏幕上有多个窗口没有最小化,则会在这个小窗口中显示多个图片(如图 10-4 所示)。

图 10-4 "屏幕截图"窗口

③ 选中其中的窗口截图图片,该图片将被自动插入到当前文档中。

2. 插入部分内容

① 将某个窗口显示在我们的可视范围之内,打开 Word 2016 文档页面,单击"插入"选项卡。

② 在"插图"中单击"屏幕截图"按钮,在"可用视窗"小窗口中选择"屏幕剪辑"命令。

③ 拖动鼠标选择活动窗口的一部分并释放鼠标,则选取的部分将作为图片插入到 Word 2016 文档页面中。

10.1.5 图片背景的移除

为了快速从图片中获得有用的内容,Word 2016 提供了一个非常实用的图片处理工具——删除背景。使用删除背景功能可以轻松去除图片的背景,具体操作如下:

① 选择 Word 文档中要去除背景的一张图片,然后单击功能区中的"图片工具格式"按钮,再单击"删除背景"按钮(如图 10-5 所示)。

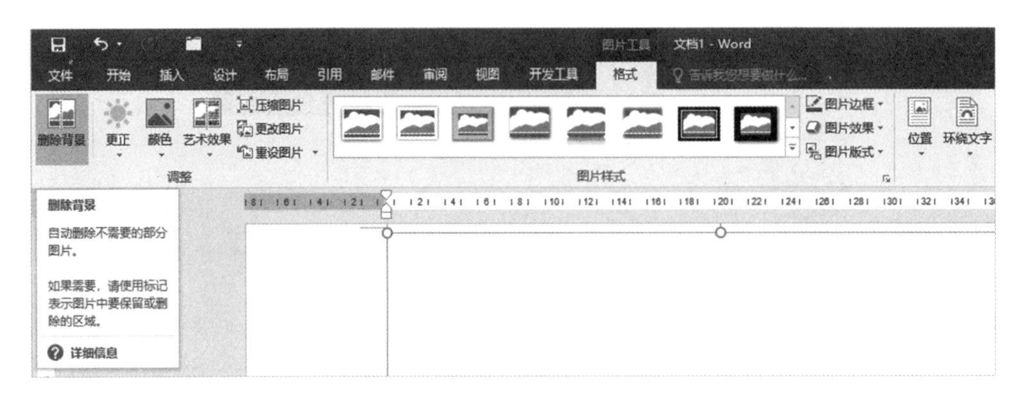

图 10-5 "删除背景"功能页面

② 进入图片编辑状态，拖动矩形边框四周上的控制点，以便圈出最终要保留的图片区域。

③ 完成图片区域的选定后，选择功能区中“背景清除”下的“关闭”选项组，单击“保留更改”按钮，或直接单击图片范围以外的区域，即可删除图片背景并保留矩形圈起的部分。如果希望不删除图片背景并返回图片原始状态，则需要单击“关闭”选项组中的“放弃所有更改”按钮。

如果希望可以更灵活地控制要去除背景而保留下来的图片区域，需要使用“背景清除”下的“优化”选项组进行操作。

10.2 图形的操作

10.2.1 调整图形大小

插入的图形，有时往往太大或太小，这就需要调整其大小及在文件中的位置。要调整插入的图形，首先要选中该图形，方法是单击图形的任何部位，就能选中图形，在图形的四周将会出现八个控制点。这里介绍三种调整图形大小的方法。

1. 使用鼠标器在屏幕上调整图形大小

① 首先打开 Word 2016 文档页面，单击选中需要改变尺寸的图形。

② 拖动图片四周八个控制中的任意一个，可以分别改变图形高度、宽度和整体改变其大小。

2. 使用图形工具“格式”选项调整图形大小

利用鼠标器在屏幕上拖动图形的控制点来调整图形大小，图形大小并不能精确地得到控制，如果要精确地缩放原来图形的大小比例，则要利用功能区命令来实现。

① 打开 Word 2016 文档页面，选中准备改变尺寸的图形。

② 选择图形工具的“格式”选项卡，在“大小”选项组中设置“宽度”和“高度”数值，以设置图形的具体尺寸（如图 10－6 所示）。

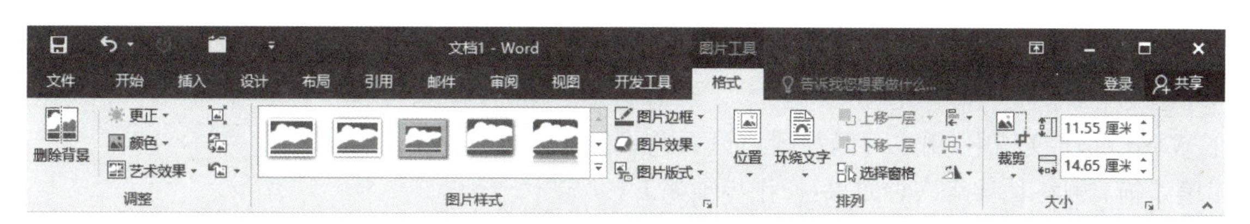

图 10－6 “大小”选项组调整图形大小

3. 使用快捷菜单调整图形大小

① 先选中所要调整的图形，并右键单击打开“大小和位置”菜单（如图 10－7 所示）。

② 在“布局”对话框中单击“大小”选项卡，在“高度”和“宽度”区分别设置图形的高度和宽度数值，单击“重置”按钮则可以恢复图形原来的尺寸。完成设置后单击“关闭”按钮。

“高度”和“宽度”用实际的厘米数来表示，其中的数据与“缩放”区域中的“高度”和“宽度”框内的数据是相关联的。“缩放”区域中，“高度”和“宽度”框是用百分比（如 80%）来调整其到原来图形的倍数。“锁定纵横比”选项是用于限制所选图形的高度和宽度，以使其保持原始的比例。如果选择了“相对原始图片大小”，系统将根据所选图形的原始尺寸来计算并形成“高度”和“宽度”框内的百分比。

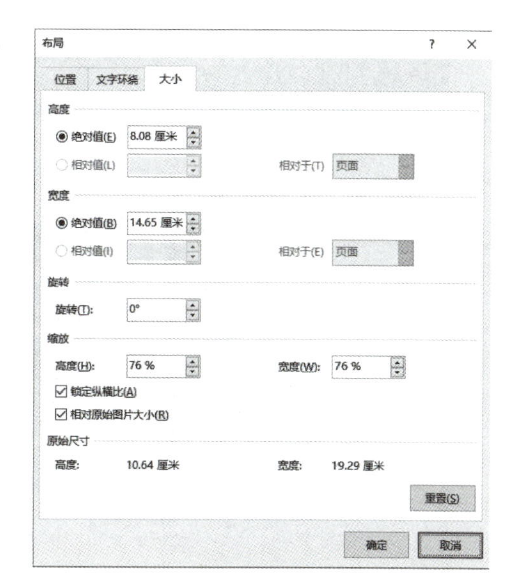

图 10－7 “布局”对话框“大小”选项卡

如果要恢复到原来大小，则可使“缩放”区域的“高度”和“宽度”框变成 100%，这样“尺寸”区域中相应框内的厘米数也将得到相应的调整。不管如何调整，按下“重置”按钮，都能将图形恢复到原始的大小，该对话框的下面给出了图形的原始尺寸。

10.2.2 裁剪图形

除了可以调整图形大小外，还可以裁剪图形。

1. 使用鼠标器在屏幕上裁剪

① 选中图片，然后选择图片工具的“格式”选项卡，单击“大小”选项组中的“裁剪”按钮（见图 10－8）。

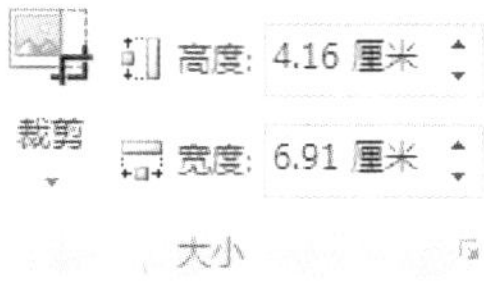

高度: 4.16 厘米
裁剪 宽度: 6.91 厘米
大小

图 10－8 “裁剪”按钮

② 放在图形的控制点上，拖动控制点就可进行裁剪。

2. 使用快捷菜单精确裁剪

与图形调整一样，图形的裁剪也可以用快捷菜单命令作精确裁剪。首先单击选中插图，然后右键单击打开“设置图片格式”命令，进入“设置图片格式”对话框的“裁剪”选项卡（如图 10－9 所示）。

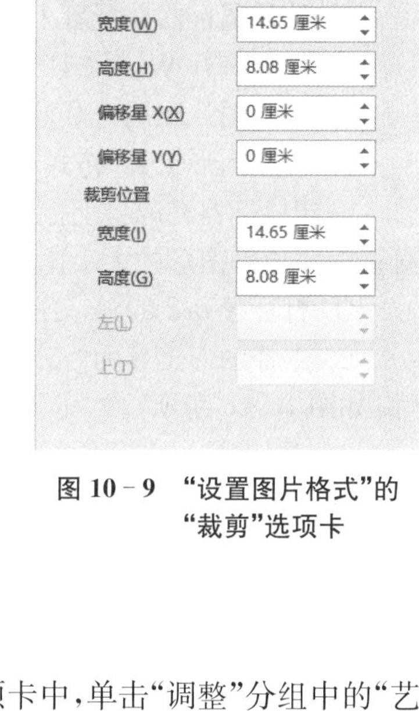

图 10－9 “设置图片格式”的“裁剪”选项卡

图形被裁剪的时候可以看到即时效果，并且裁剪的部分并不是真的不见了，只是隐藏起来了，事实上仍可将它恢复到原来形状，只要在“裁剪”区的数字均恢复为“0 厘米”。

10.2.3 图片的移动、复制、删除和编辑

首先，单击选中要处理的图片，然后根据不同的要求进行操作。

① 图片的移动：拖曳，用鼠标可以拖曳到适当位置。

② 图片的复制：“Ctrl＋拖曳”，拖曳到适当位置并将图片复制到剪贴板。

③ 图片的删除：选中图片，然后按 Delete 键。

④ 图片的编辑：一些图片插入后，可以直接在 Word 中进行编辑。例如，双击可编辑的图片，一般就出现“图片工具格式”选项卡，进入图片编辑状态，利用功能区的各选项可以对图片进行编辑。

10.2.4 图片的艺术效果

在 Word 2016 文档中，用户可以为图片设置艺术效果，这些艺术效果包括铅笔素描、影印、图样等多种效果，操作步骤如下：

① 选中准备设置艺术效果的图片。在“图片工具”功能区的“格式”选项卡中，单击“调整”分组中的“艺术效果”按钮（如图 10－10 所示）。

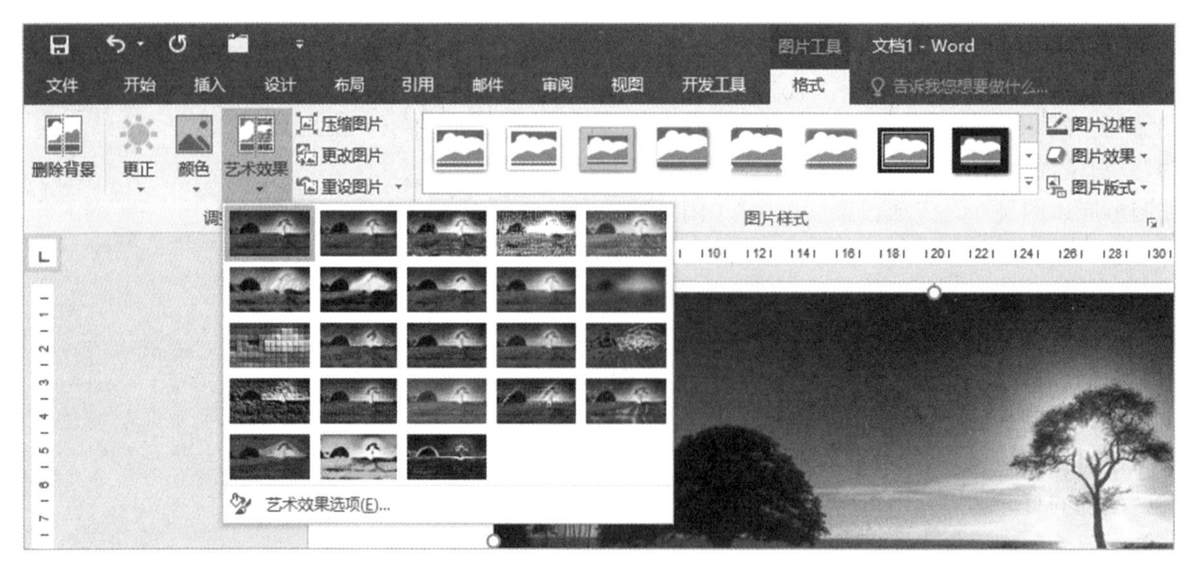

图 10－10 “艺术效果”面板

② 在打开的艺术效果面板中，单击选中合适的艺术效果选项即可。

10.2.5 图片效果的设置

在 Word 2016 中插入图片到文档后，可以对该图片设置效果，操作步骤如下：

① 选中图片，在“图片工具”功能区的“格式”选项卡中，单击“图片样式”选项组中的“图片效果”（如图 10－11 所示）。

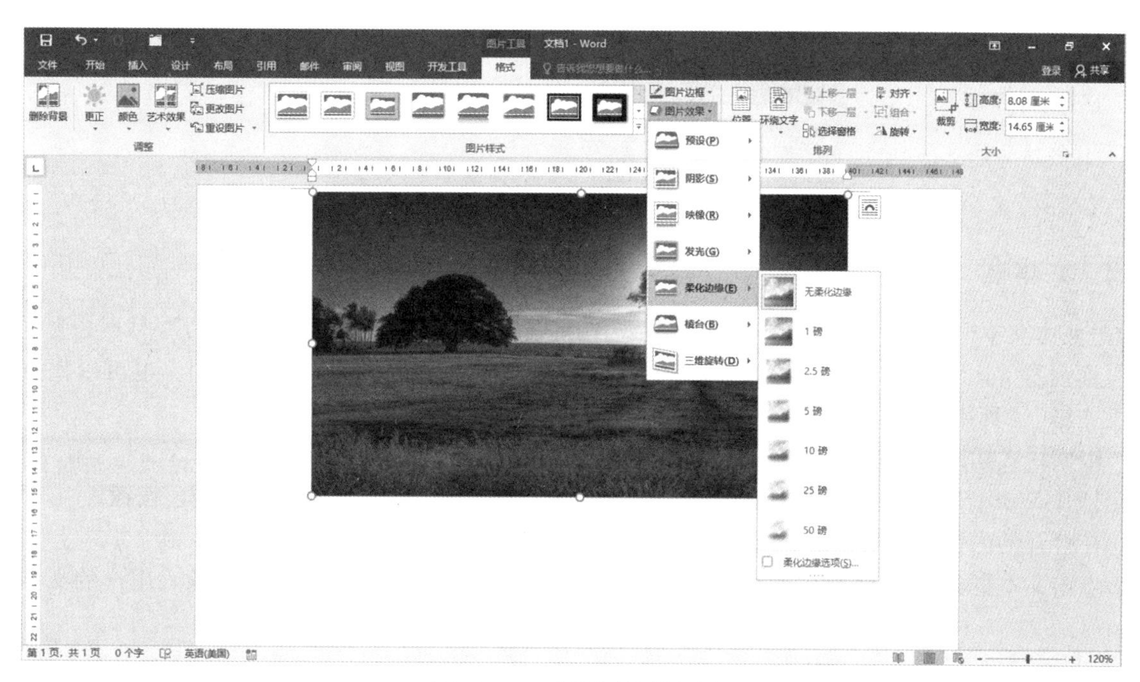

图 10－11 “图片效果”面板

② 在显示出来的列表中，将鼠标移动到需要的选项上，比如选择“发光”选项中的“发光变体”。

③ 如果想自定义发光效果，单击底端的“发光选项”，在设置图片格式窗口中的“发光和柔化边缘”选项卡下进行相关设置。

10.3 图片版式和文本框

10.3.1 设置文本环绕图片方式

在报刊中通常有图文混排的情况，即是一种文字环绕图片的方式。Word 中，环绕就是图片在正文文本上面时，图片与正文文本之间的位置调配关系。而图文混排便是环绕的一种。设置文本环绕图片的方法有三种，具体如下：

1. 方法一

① 选中要处理的插图，打开“图片工具”功能区的“格式”选项卡，选择“排列”选项组中的“位置”按钮（如图 10－12 所示）。

② 接着在列表中选择符合实际需要的文字环绕方式，例如可以选择“顶端居左，四周型文字环绕”“顶端居中，四周型文字环绕”等九个选项之一。

2. 方法二

① 选中想要设置文字环绕的图片，然后在“图片工具”功能区的“格式”选项卡的“排列”中单击“环绕文字”按钮。

② 在菜单中可以选择“嵌入型”“四周型环绕”“紧密型环绕”“穿越型环绕”“上下型环绕”“衬于文字下方”和“浮于文字上方”七个选项之一设置图片的文字环绕。

图 10－12　“位置”面板

10.3.2　文本框

通过使用文本框，用户可以将文本很方便地放置到 Word 2016 文档页面的指定位置，而不必受到段落格式、页面设置等因素的影响。Word 2016 内置有多种样式的文本框供用户选择使用。也可以根据需求“绘制文本框”。具体操作步骤如下。

1. 根据样式插入文本框

① 打开 Word 2016 文档窗口，切换到“插入”功能区。在“文本”分组中单击“文本框”按钮。

② 在打开的内置文本框面板中选择合适的文本框类型(如图 10－13)。

③ 点击文本框类型后，即可插入到文档中，所插入的文本框处于编辑状态，直接输入用户的文本内容即可。

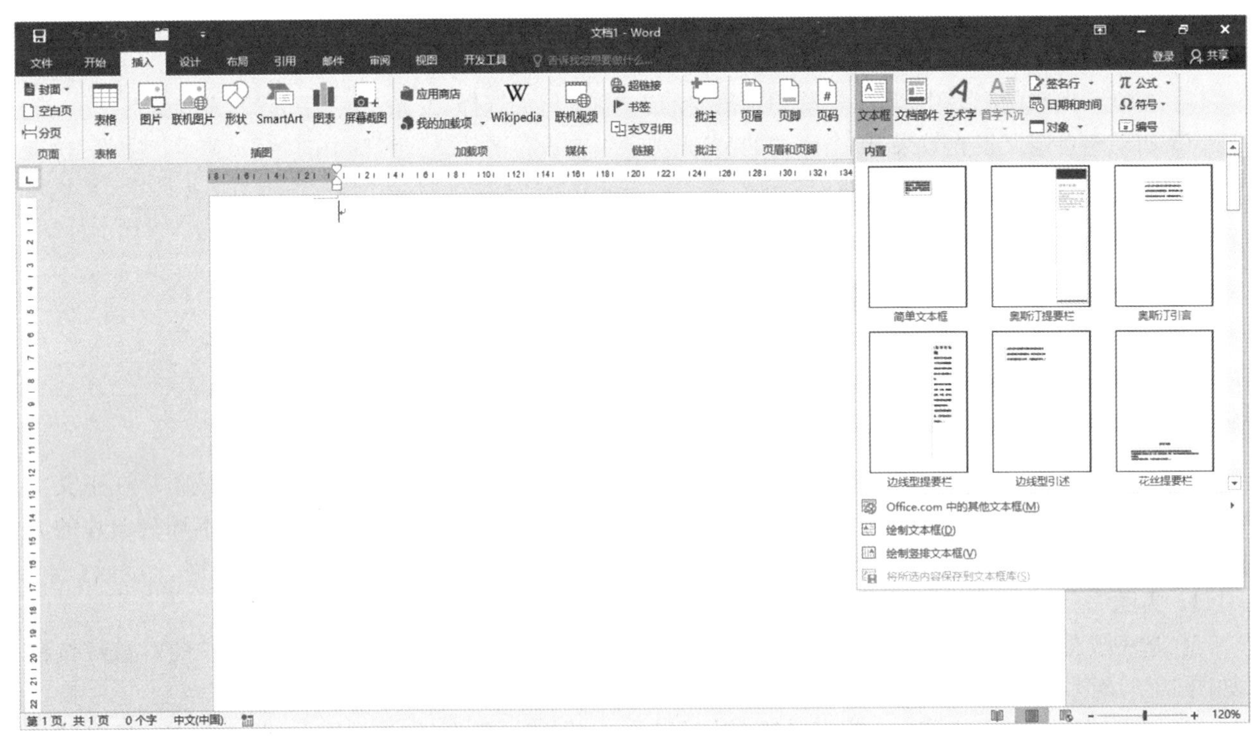

图 10－13　“文本框”面板

2. 根据需求绘制文本框

① 打开 Word 2016 文档窗口，切换到“插入”功能区。在“文本”分组中单击“文本框”按钮。

② 在展开的下拉菜单中选择“绘制文本框”选项。

③ 此时鼠标指针呈十字形状，在文档中的目标位置处按住鼠标左键不放并拖动，拖至目标位置处释放

鼠标，释放鼠标后即绘制出文本框，默认情况下为白色背景。在其中输入需要的文本内容即可。

④ 单击选中的文本框，选择“开始”选项卡，在“字体”组中设置字体格式，然后输入文本。

⑤ 在“绘图工具”的“格式”选项卡中，单击“形状样式”组的“形状填充”按钮，在展开的下拉列表中选择需要的颜色或选“无填充颜色”选项，同时单击“形状轮廓”按钮，在展开的下拉列表中选择相应颜色或选“无轮廓”选项。

10.4 艺术字

Word 2016 中的艺术字(英文名称为 WordArt)结合了文本和图形的特点，能够使文本具有图形的某些属性，如设置旋转、三维、映像等效果，在 Word、Excel、PowerPoint 等 Office 组件中都可以使用艺术字功能。

10.4.1 插入艺术字

① 打开 Word 2016 文档窗口，将插入点光标移动到准备插入艺术字的位置。在“插入”功能区中，单击“文本”分组中的“艺术字”按钮，并在打开的艺术字预设样式面板中选择合适的艺术字样式(如图 10－14 所示)。

② 打开艺术字文字编辑框，直接输入艺术字文本即可。用户可以对输入的艺术字分别设置字体和字号。

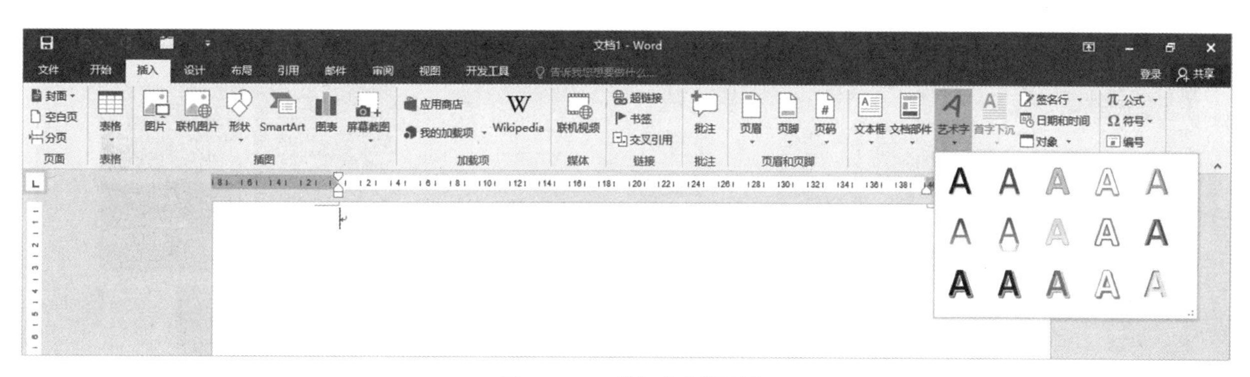

图 10－14 “艺术字”面板

10.4.2 改变和调整艺术字的造型

Word 2016 提供的艺术字形状更加丰富多彩，包括弧形、圆形、V 形、波形、陀螺形等多种形状。

艺术字形状只能应用于文字级别，而不能应用于整体艺术字对象。通过设置艺术字形状，能够使 Word 2016 文档更加美观。具体操作如下：

① 单击选中文档中艺术字图片，选择“绘图工具”的“格式”选项卡，在此功能区中可以根据需要改变和调整艺术字图片的造型(如图 10－15 所示)。

图 10－15 “绘图工具”的“格式”功能区

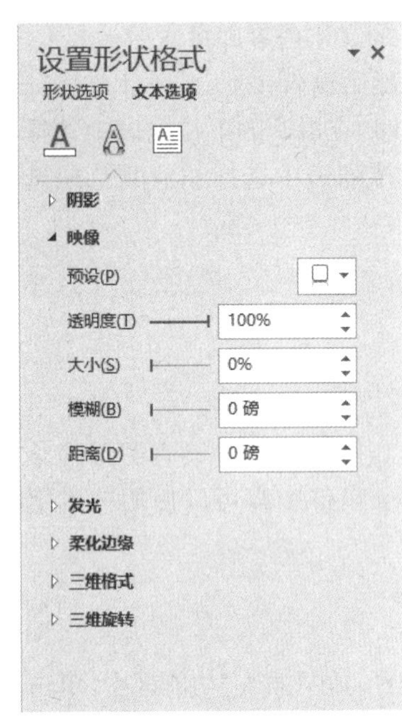

图 10-16 “设置形状格式”对话框

② 选择“艺术字样式”选项组，可以从中更改艺术字式样。

③ 选择“艺术字样式”选项组右下角的扩展按钮，点击打开“设置形状格式”面板中“文本选项”选项卡的“文字效果”设置列表（如图 10-16 所示）。可以根据需要设置艺术字的“阴影”“映像”等。

10.5 SmartArt

Word 2016 提供了 SmartArt 图形功能，此功能比 Word 2016 的自选图形要强大得多。利用 SmartArt 图形可以在 Word 2016 中轻松地创建复杂的形状。

10.5.1 插入 SmartArt

利用 SmartArt 图形提供的流程图、组织结构图和关系图等模板，可以方便地制作图形。操作如下：

① 打开 Word 2016 文档窗口，选择“插入”选项卡，在“插图”选项组中单击 SmartArt 按钮（如图 10-17 所示）。

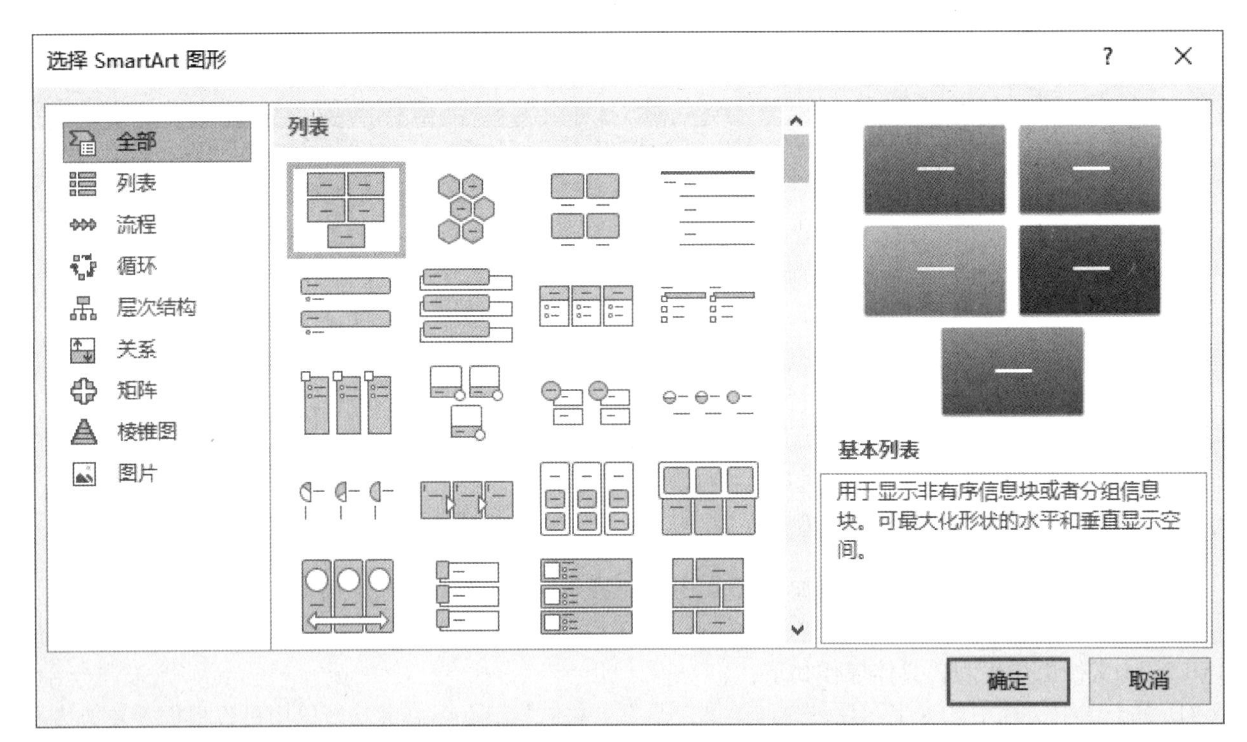

图 10-17 “选择 SmartArt 图形”对话框

② 在打开的“选择 SmartArt 图形”对话框中，单击左侧的类别名称，选择合适的类别，然后在对话框右侧单击选择需要的 SmartArt 图形，并单击“确定”按钮。

③ 返回 Word 2016 文档窗口，在插入的 SmartArt 图形中单击文本占位符，输入合适的文字即可。

10.5.2 改变和调整 SmartArt 的样式

① 打开文档，选中需要更改的 SmartArt 样式。

② 选择“SmartArt 工具”的“设计”选项卡，在“SmartArt 样式”选项组中选择合适的样式，如“白色轮廓”“细微效果”等（见图 10-18）。

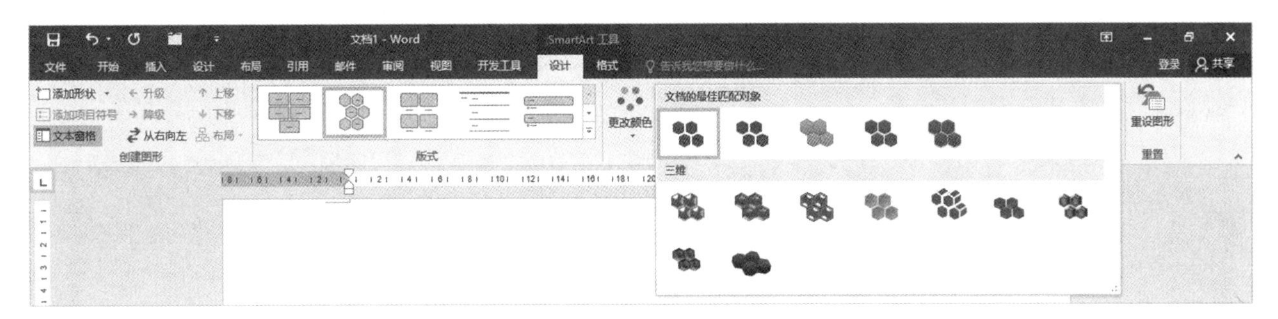

图 10 - 18　SmartArt 样式

10.6　插入数学公式

Word 2016 中内置了一些数学公式，可以很方便地选择插入。除此之外，还提供“插入新公式”和“墨迹公式”功能，利用这些功能也可以很方便地插入数学公式。

10.6.1　内置公式

选择“插入”选项卡，在“符号”选项组中，点击“公式”下拉列表按钮，可以根据需要选择内置的数学公式，包括二次公式、二项式定理、勾股定理等。如图 10 - 19 所示。

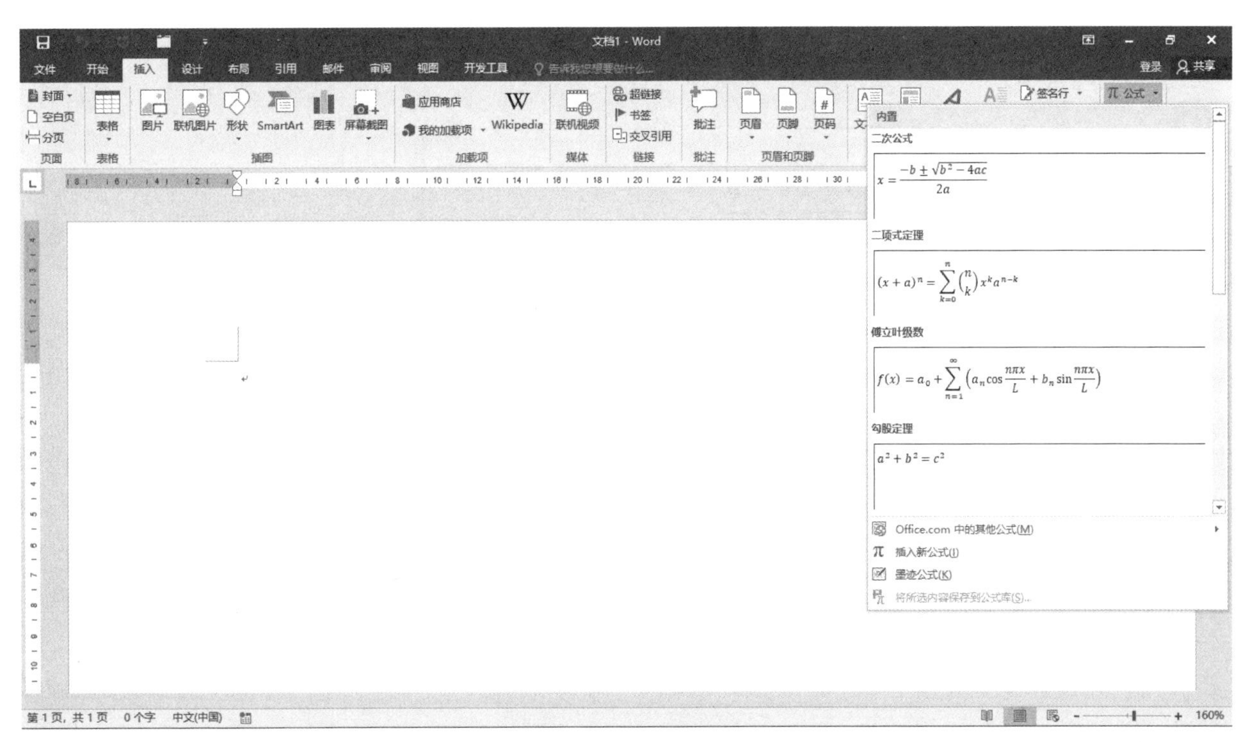

图 10 - 19　内置公式

10.6.2　插入新公式

如果内置的数学公式不能满足需求，选择“插入”选项卡，在“符号”选项组中，点击“公式”下拉列表按钮中“插入新公式”命令，出现公式输入框，利用“设计”选项卡中“符号”“结构”等选项组的功能进行新公式的输入与编辑。如图 10 - 20 所示。注意：按“Alt＋＝”可以快速地执行“插入新公式”命令。

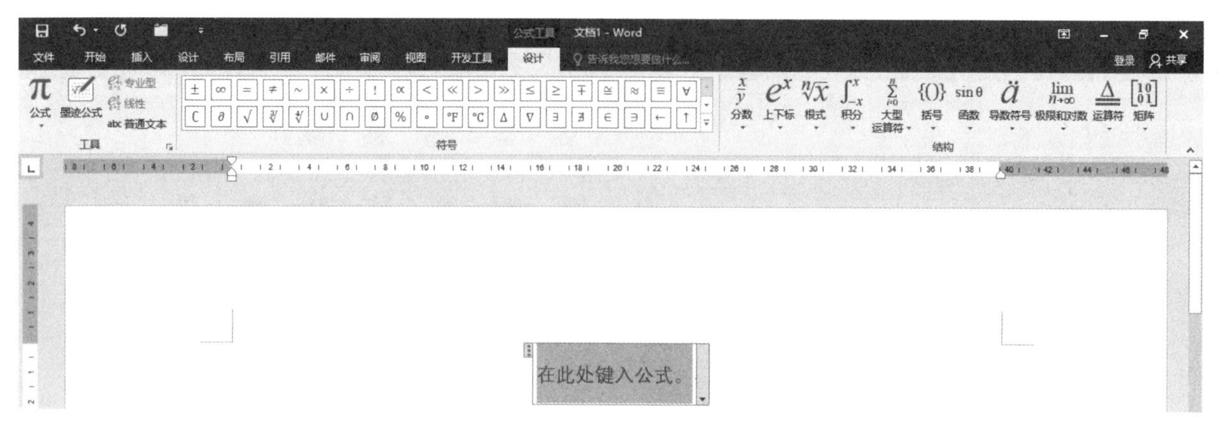

图 10-20 插入新公式

10.6.3 墨迹公式

在 Word 2016 中可以利用“墨迹公式”功能输入数学公式，选择“插入”选项卡，在“符号”选项组中，点击“公式”下拉列表按钮中“墨迹公式”命令，打开“墨迹公式”对话框，在对话框中使用手指、触笔或鼠标来编写公式，单击“Insert”按钮即可插入书写的公式。如图 10-21 所示。

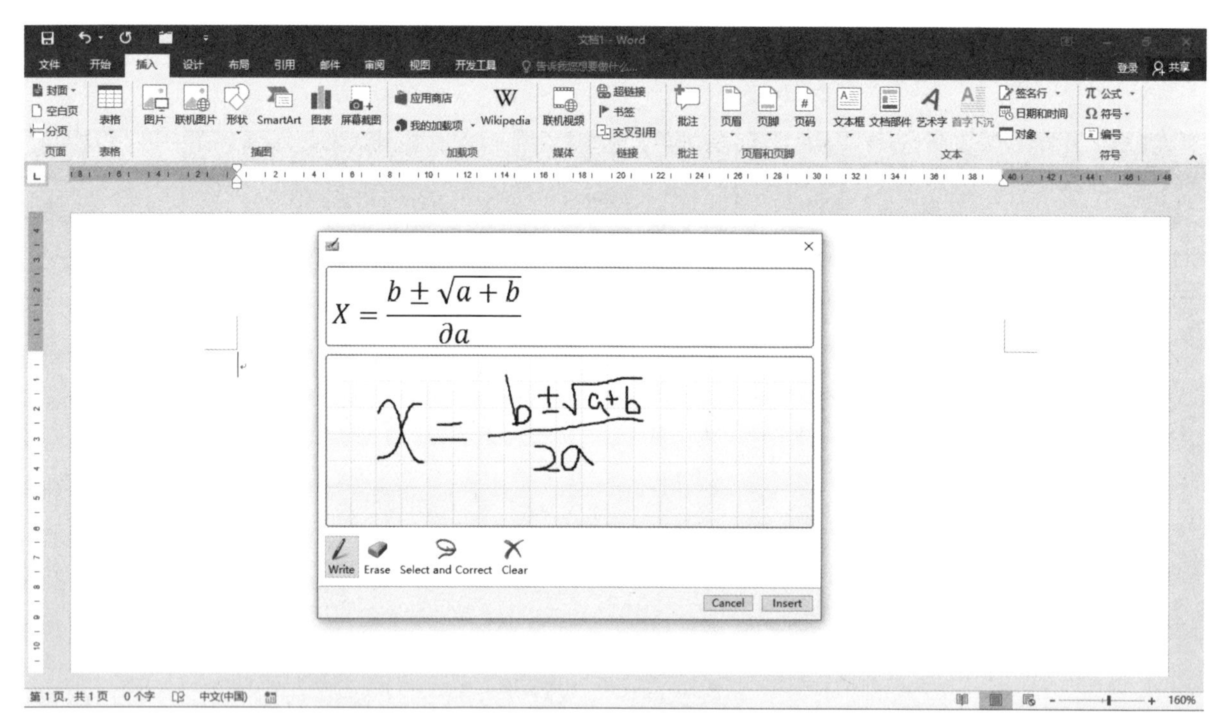

图 10-21 墨迹公式

第11章 设计表格

表格是文档的一个重要组成部分。Word 中，一张表格是按行列组成的若干方框，每个方框称为单元格。在这些单元格中，可以填入各种文字和图形，但不能填入另一张表格。

11.1 创建表格及行列处理

11.1.1 插入表格

在制作 Word 2016 文档的过程中，用户有时需要在文档中用插入表格的方法将复杂的内容简单地表达出来。Word 2016 提供了插入多种创建表格的方法。

1. 插入表格

① 先将光标定位于要插入表格的位置。

② 单击“插入”选项卡的“表格”选项组，打开“插入表格”下来菜单，选择要插入的行数和列数。如两列三行等。单击确定就可以在 Word 2016 文档中插入一个表格，如图 11-1 所示。

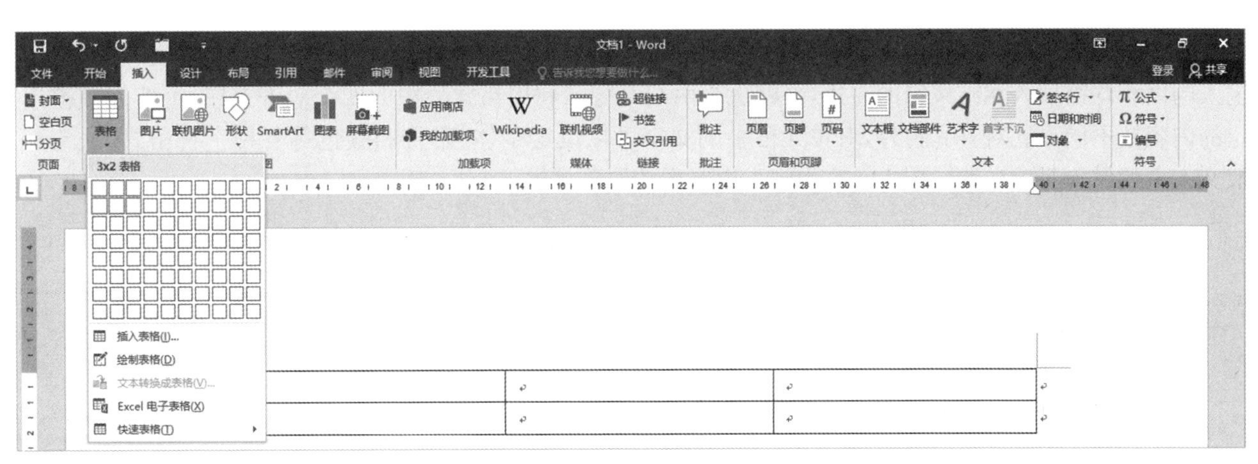

图 11-1 “插入表格”菜单

2. 绘制表格

如上方法打开“插入表格”下拉菜单，选择“绘制表格”，出现“画笔”，用户可以根据需要绘制出行列数各不相同的表格。

3. 插入 Excel 电子表格

① 确定插入表格的位置。

② 单击“插入”选项卡的“表格”选项组，打开“插入表格”下来菜单，选择“Excel 电子表格”。

③ 在文档中立即生成 Excel 电子表格，可以在表格中输入数据并进行计算排序等操作。

4. 插入快速表格

① 确定插入表格的位置。

② 单击“插入”选项卡的“表格”选项组，打开“插入表格”下来菜单，选择“快速表格”，立刻生成格式化表格（如图 11－2 所示）。

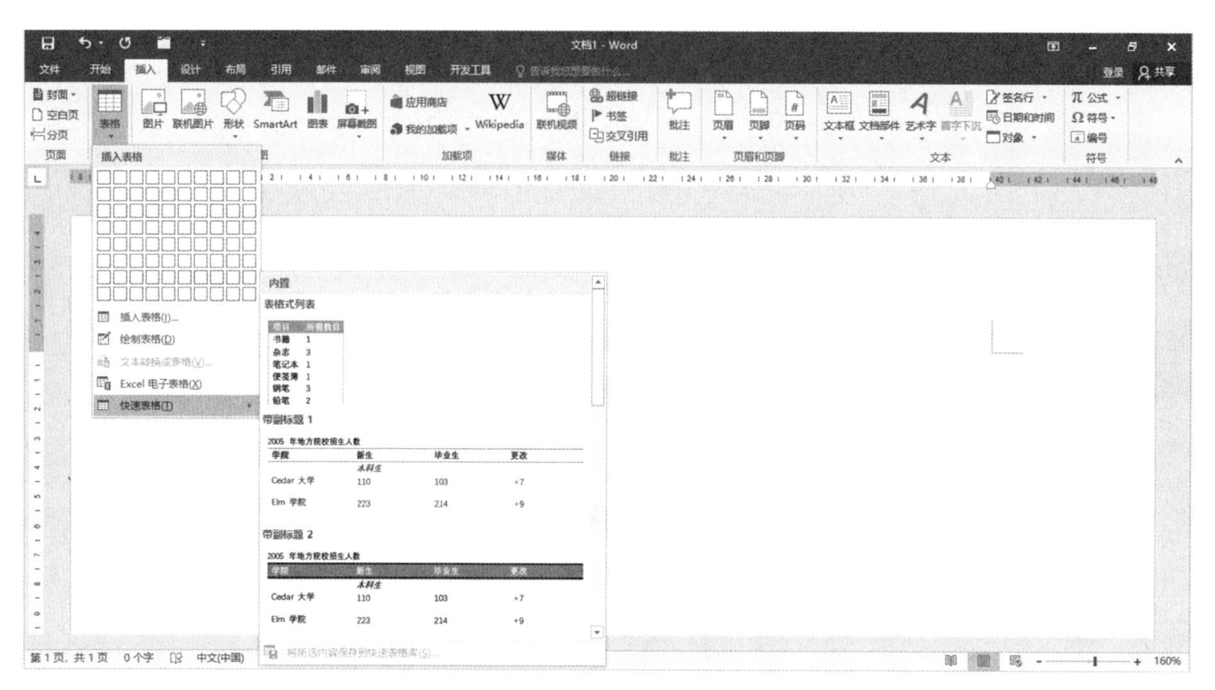

图 11－2 “快速表格”菜单

11.1.2 在表中输入内容

空表插入后，表中的每个格子称为单元格，插入点被定位于首行首列的单元格内，即可向表中输入内容（包括文字、数字和图形）。按 Tab 键或向右光标键，插入点将移到下一格。也可通过鼠标器单击将插入点定位于某个单元格。

每个单元格都有一个结束符（↵），它的形状与表格的行结束符一样，但与回车符略有不同。单元格中输入的内容均被插入在结束符的左边，并默认为两端对齐。利用格式栏中的四个对齐按钮，可使表中被选定的内容按不同方式对齐。另外，对单元格中的文字可以设定字体、字号和颜色等各种字符格式，这与一般文本中的设置是一样的。图 11－3 为输入内容后的屏幕显示。

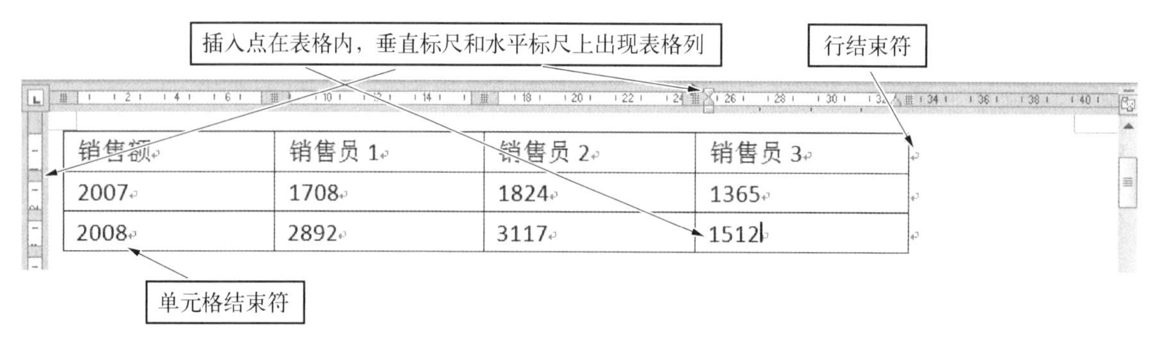

图 11－3 表格示例

11.1.3 表格的选定

表格建立后，要调整表格的行高与列宽、增加或删除单元格、增加或删除行或列等一系列表格格式化的操作，往往需要对表格或表格的一部分选定后再进行。这也是符合 Word 最基本的原则，那就是“先选定，后操作”。

1. 选定单元格

先将光标移到所需的单元格内最左侧，使鼠标器指针变为↗，单击左键，便选中了该单元格（如图 11－4a 所示）。

也可以将光标移到所需单元格内最左侧，鼠标器指针呈I形状，拖动鼠标器指针一个单元格位置，即可选中该单元格。若要选中连续数格，则可连续拖动若干个单元格。

当单元格被选中后，“插入表格”按钮变为“插入单元格”按钮，即插入单元格。

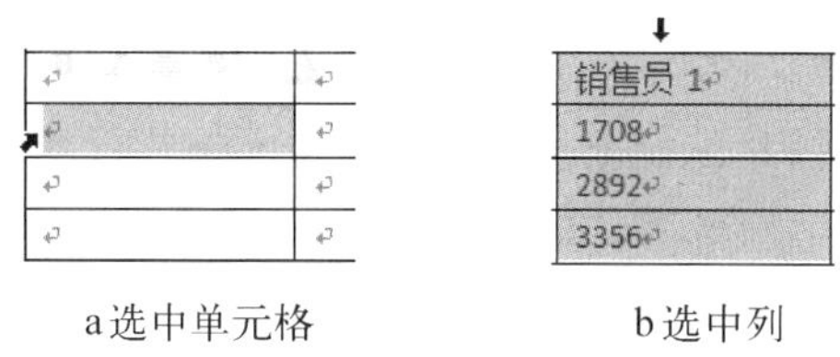

图 11－4 选中表格元素

2. 选定行

先将鼠标器指针移到所要选定行左侧的文本选定区，使它变成↗，单击左键，便能选定该行；若要选定数行，则在单击时向下（或向上）拖动数行便可。

也可以将光标移到所要选定行的任一单元格中，打开“表格工具”的“布局”选项卡，单击“表”选项组中的“选择”选项，在打开的菜单中点击“选择行”命令。也可以点击右键打开快捷菜单，“选择”“行”。

3. 选定列

先将鼠标器指针移到所要选定列的上端，使其变成⬇，单击左键便能选定该列（如图 11－4b 所示）；若要选定连续的数列，则在单击同时向右（或向左）拖动数列便可。

也可以将光标移到所要选定列的任一单元格内，打开“表格工具”的“布局”选项卡，单击“表”选项组中的“选择”选项，在打开的菜单中点击“选定列”命令。也可以同上使用快捷菜单。

4. 选定整表

选定整表，可以按整个表格的行数或列数来选定行或列，使整个表格被选定。

单击表格左上角的符号⊞，即可选定整个表格。此外，还可使用“表格工具”的“布局”选项卡中的“表”选项组，选择“选择表格”按钮，也可选定整个表格。

11.1.4 调整单元格高度和宽度

表格建立后，将插入点移到表中任意位置，在页面视图下水平标尺和垂直标尺上便会出现列标记和行标记。这些行标记和列标记反映了表格的行列空间及高度和宽度。

1. 利用标尺调整表格高度和宽度

① 选中要调整的行（或列），或将插入点放在要调整行的单元格中。

② 将鼠标器指针放在垂直（或水平）标尺上的相应行（或列）标记上，拖动后便可调整表格的行高（或列宽）了。在释放鼠标器左键前，再按下 Alt 键，标尺上将会显示每个行（或列）标记之间用厘米数表示的精确间距，在拖动行（或列）标记时，从行（或列）标记处有一条水平（或垂直）虚线在文档窗口中随之移动，释放后，该行（或列）的边线就停留在消失的虚线处。

图 11－5 “表格属性”对话框

2. 利用菜单命令调整表格高度和宽度

如果要精确地调整表格高度（或列宽），应当使用菜单命令，方法为：

① 选中要调整的行，或将插入点放在要调整行（或列）所在的单元格中。

② 在“表格工具”功能区中切换到“布局”选项卡，在“单元格大小”分组中调整“表格行高”数值或“表格列宽”数值，以设置表格行的高度或列的宽度。

③ 或者通过打开“单元格大小”右下角的“表格属性”对话框，设置行列的数值（如图 11－5 所示）。

3. 利用表格线调整表格高度和宽度

将鼠标器指针放在行（或列）的边线处，鼠标器指针变成÷（或

⫲），拖动鼠标器指针，便能调整行高（或列宽）。在按下鼠标器左键后，从行（或列）标记处有条垂直虚线在文档窗口中随之移动，释放后，该行（或列）的边线就停留在消失的虚线处。

4. 利用功能区选项平均分布各行各列

在“表格工具”功能区中切换到“布局”选项卡，在“单元格大小”分组中有“分布行”和“分布列”命令，它能将选定的行（或列）或单元格的行高度（或列宽度）改为相等的行高度（或列宽度）。

5. 利用功能区选项自动调整表格

① 选中需要设置的表格。

② 在“表格工具”功能区中切换到“布局”选项卡，在“单元格大小”中单击“自动调整”按钮（如图 11－6 所示）。

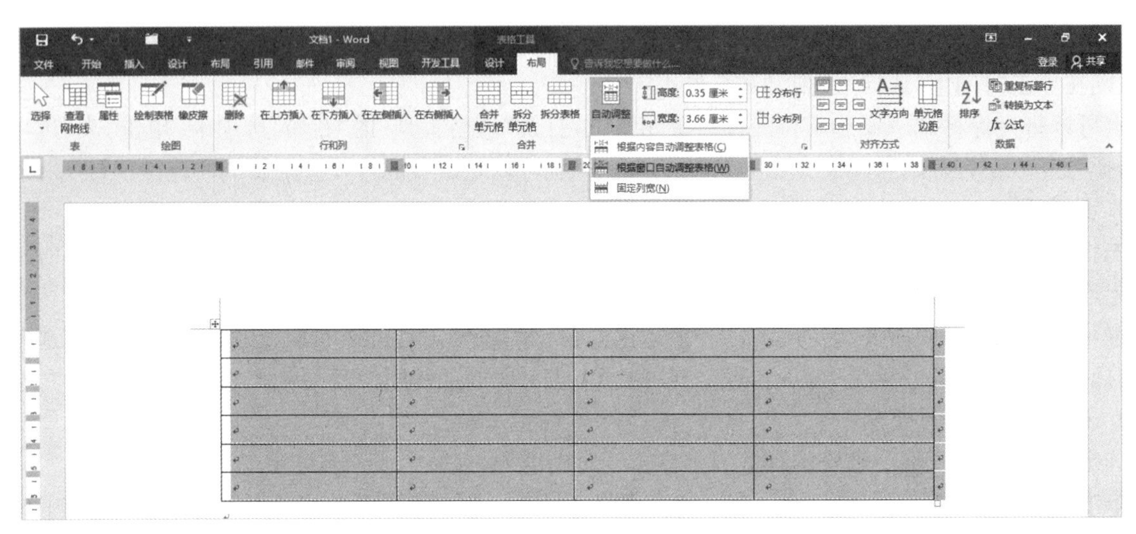

图 11－6　“自动调整表格”菜单

③ 在菜单中选择“根据内容自动调整表格”选项，则每个单元格根据内容多少自动调整高度和宽度。

④ 选择“根据窗口自动调整表格”选项，则表格尺寸根据 Word 页面的大小自动调整。

⑤ 选择“固定列宽”选项，则每个单元格保持当前尺寸。

11.1.5　处理表格元素

1. 增加表格元素

① 选定一个或多个单元格。

② 使用“表格工具”的“布局”功能区的“行和列”选项组（如图 11－7 所示），采取四种插入方法：“在上方插入”“在下方插入”“在左方插入”“在右方插入”。

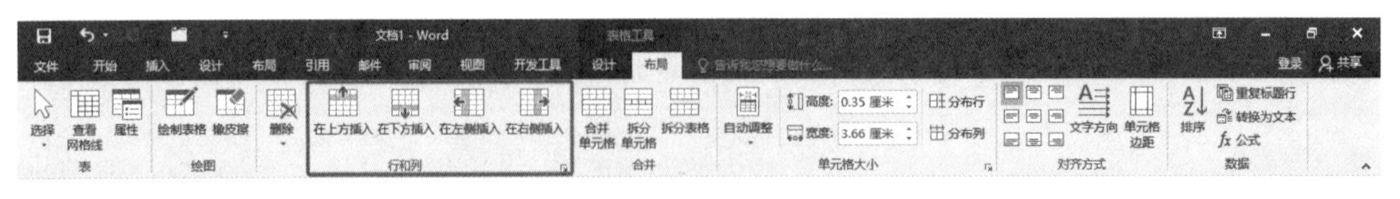

图 11－7　插入方法

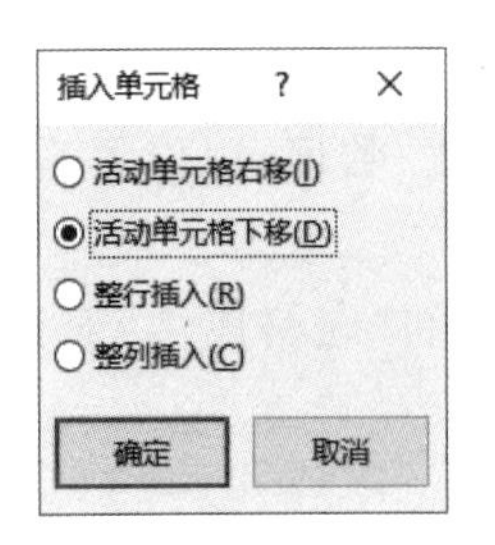

图 11－8　“插入单元格”对话框

③ 或者打开“行和列”选项组右下角“插入单元格”对话框（见图 11－8），同样可以增加表格元素。

- 活动单元格右移：在所选定的单元格左边插入新单元格。
- 活动单元格下移：在所选定的单元格上方插入新单元格。
- 整行插入：在含有选定单元格的行之上插入一行。
- 整列插入：在含有选定单元格的列左边插入一列。

2. 删除表格元素

① 选定要删除的单元格。

② 使用“表格工具”的“布局”功能区的“行和列”选项组，点击“删除表格”按钮，在弹出的下拉菜单中共有四个选项(见图 11-9)。

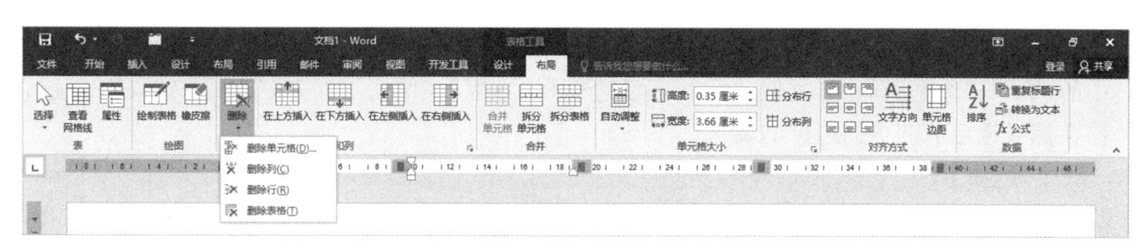

图 11-9　删除单元格

③ 选择所需选项，然后按“确定”按钮。

另外，对整行或整列的删除则更加简单，选中要删的行或列，用开始选项卡下的“剪切”按钮，能直接删除整行或整列。

3. 拆分单元格和表格

要将单元格进行拆分时，先将光标移进要拆分的单元格，使用“表格工具”的“布局”功能区的“合并”选项组，从中选择“拆分单元格”，在打开的对话框中，选择或输入要拆分的列数和行数便可以了。

其次“合并”选项组中的“拆分表格”，就是将一个表拆分为上下两个部分。

先将插入点移至表中要进行拆分的位置，使用“拆分表格”按钮，Word 将在插入点所在的行的上方插入一个段落标记。如果原来的表格在文档的起始处，且插入点在第一行，Word 便在表的上方插入该段落标记。

4. 合并单元格

要将多个单元格合并为一个单元格，方法是先选定多个单元格，在“合并”选项组中单击“合并单元格”按钮，这样，选定的多个单元格便一下子合并成一个大的单元格了。在合并后的单元格中，原来各单元格的内容各成一个段落。

11.2 设计表格格式

11.2.1 格线、边框和底纹的设置

在 Word 文档中，所有表格都默认为有 0.5 磅的黑色单实线边框。表格创建后，往往希望对表格的边框线加以设置。例如，要使表格边框设置为粗线，格线设置为细实线，就需要来设置表格的边框和格线。

首先选中整个表格(或部分单元格)，选择“表格工具”的“设计”选项卡，打开“边框”选项组右下角的窗口显示按钮，弹出“边框和底纹”对话框(如图 11-10 所示)。

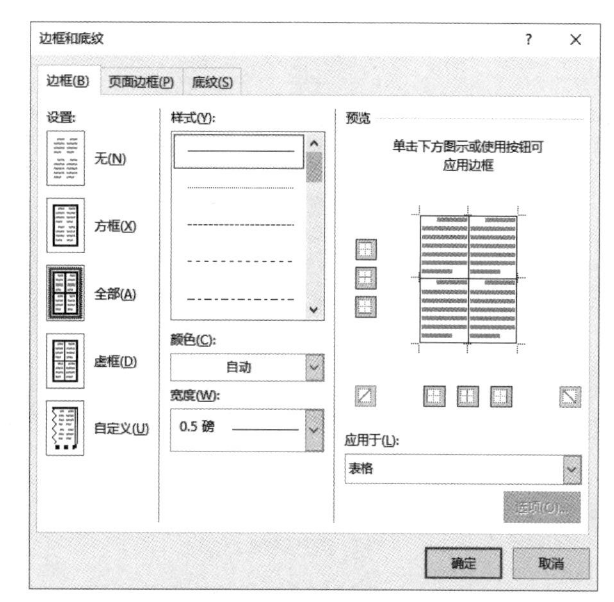

图 11-10　“边框和底纹”对话框

1. “边框”选项卡

① “设置”区有五种边框格式可以设定：“无”(不设边框)、“方框”、“全部”、“虚框”和“自定义”。

② “样式”区提供了多种边框线的线型、颜色和宽度。

③ “预览”区显示了多条可能的边框中哪些有框线、哪些没有框线的组合形式。四周四条便是选定部

分的边框，中间的两条则作为选中部分的格线，斜线则表示选中的表格有斜线线条。按下其中的八个按钮之一，就能使原来无框线变成有框线，弹起八个按钮之一，就能使原来有框线变成无框线。

例如，表示底下的一条线的设置按钮。这八个位置上的每一条边框线或格线都可以利用“线型”“颜色”和“宽度”框进行设置来达到各种不同的效果。要注意对话框右下角的“应用于”框内究竟是“表格”“单元格”还是“文字”或“段落”。

2. “页面边框”选项卡

其中的选项与“边框”选项卡类似：“无”（不设边框）、“方框”、“阴影”、“三维”和“自定义”，只是它是用于对整篇文档或选定节的页面边框的设置。

3. “底纹”选项卡

“填充”区有多达70种颜色，还可以使用自定义颜色；“图案”区有37种浓淡及花样各异的底纹类型在“式样”框中进行选择；“预览”区可以看到设置底纹后的效果。

图 11－11　边框底纹设置

值得一提的是，边框和底纹不只是用于表格或单元格，它不是表格的专利，对选定的文字或段落同样可以设置边框和底纹，操作方法类似，这里就不再赘述了。

另外，在“表格工具”的“设计”选项下，单击“表格样式”的“底纹”“边框”下拉菜单，打开后也可以选择底纹和边框（见图 11－11）。

11.2.2　自动套用格式

Word 2016 提供了内置可用的表格格式，用户可以从中选择合适的表格格式，应用于表格的不同部分或整个表格。

① 将插入点移到表格中。

② 选择“表格工具”的“设计”选项，单击“表格样式”的下拉标签，打开“表格样式”列表框，从中选择需要的样式（如图 11－12 所示）。

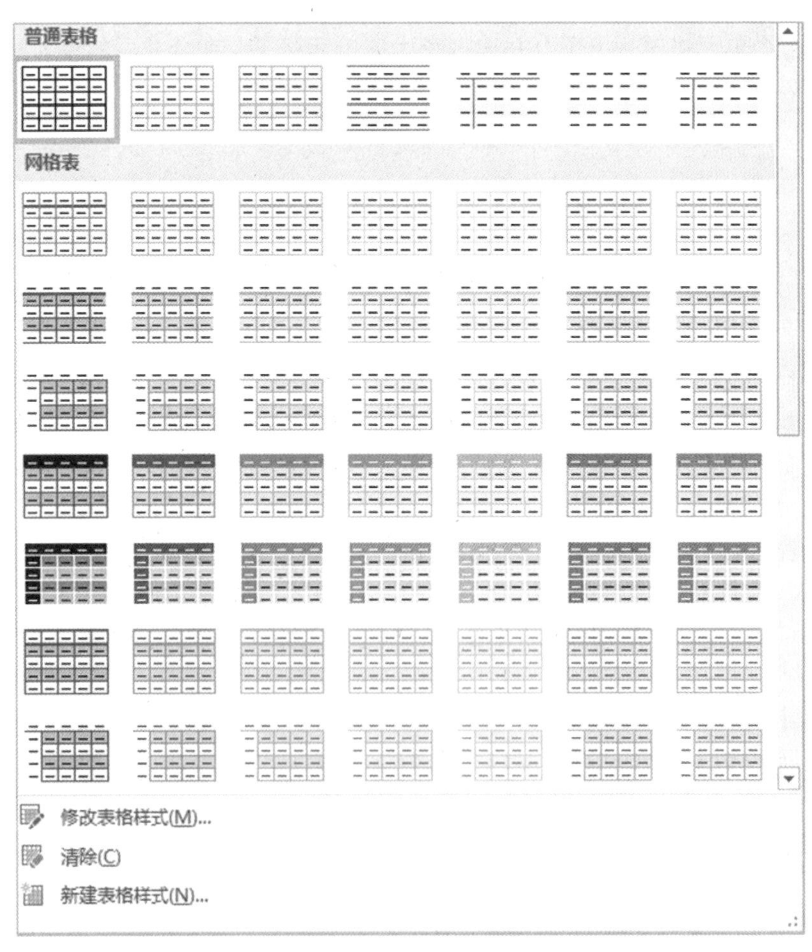

图 11－12　“表格样式”列表

在列表中还可以选择对所选表格格式作进一步调整，如点击“修改表格样式”或“新建样式”，对边框、底纹、字体、颜色等进行个性化设置。

11.2.3 文字与表格的转换

在 Word 中，文本与表格可以方便地相互转换。

1. 格式化的文字转换成表格

格式化的文字是指已用段落标记、制表符或逗号等分隔符区分了不同格式的文本，如图 11－13 所示。

销售额 →	销售额 1 →	销售额 2 →	销售额 3↵
2007 →	1708 →	1824 →	1365↵
2008 →	2892 →	3117 →	1512↵

图 11－13 用制表符分隔成格式化的文字

要将格式化文本转换成表格，可按下列步骤进行：

① 选定该段文本。

② 选择“插入”选项卡的“表格”选项组，单击打开“插入表格”对话框，从列表中选择“文本转换成表格”对话框，如图 11－14a。其中，“列数”和“行数”框的数值都将根据所选定文本数据项的多少自动生成；“自动调整”操作区默认选择“固定列宽”并选择为“自动”；“文字分隔位置”也是根据选定文本中的分隔符而定的。

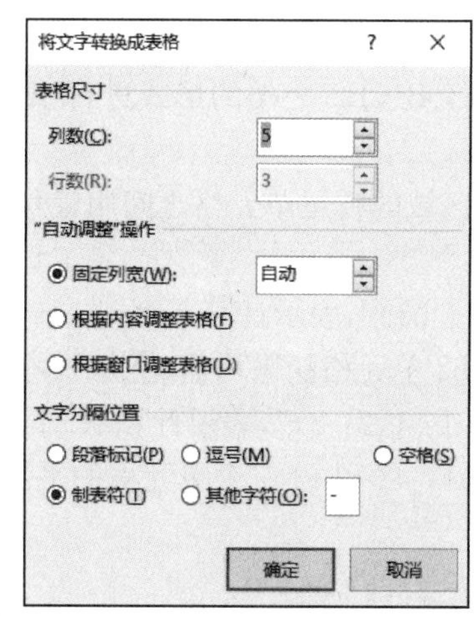

a 文字转换成表格

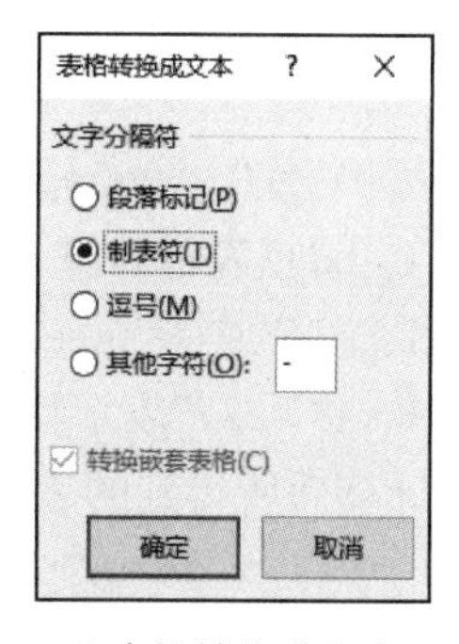

b 表格转换成文字

图 11－14 文字与表格转换的对话框

③ 按“确定”按钮，便将选定文本转换成表格了。

2. 将表格转换成文字

将表格转换成文字的方法也很简单，先选定要转换的表格，使用“表格工具”的“布局”选项，点击“数据”组中的“转换为文本”按钮，这时系统将弹出“表格转换为文本”对话框(如图 11－14b 所示)，根据需要，选择文字分隔符，按“确定”按钮后，便实现了转换。

11.3 引用公式与排序内容

11.3.1 引用公式

在 Word 2016 文档中，用户可以借助 Word 2016 提供的数学公式运算功能对表格中的数据进行数学运算，包括加、减、乘、除以及求和、求平均值等常见运算。用户可以使用运算符号和 Word 2016 提供的函数进行上述运算。

这里举例将图 11－13 转换成表格，并增加一栏“年累计”和一栏“年平均”。方法步骤如下：

① 把插入点移入“年累计”这一栏下的第一个单元格内。

② 在“表格工具”功能区的“布局”选项卡中，单击“数据”分组中的“公式”按钮，将弹出“公式”对话框（如图 11－15 所示），“公式”文本框中有默认的“＝SUM(LEFT)”，表示当前插入点所在单元格内容等于其左边各单元格内容之和，按下“确定”后，便可得到“年累计”的结果。

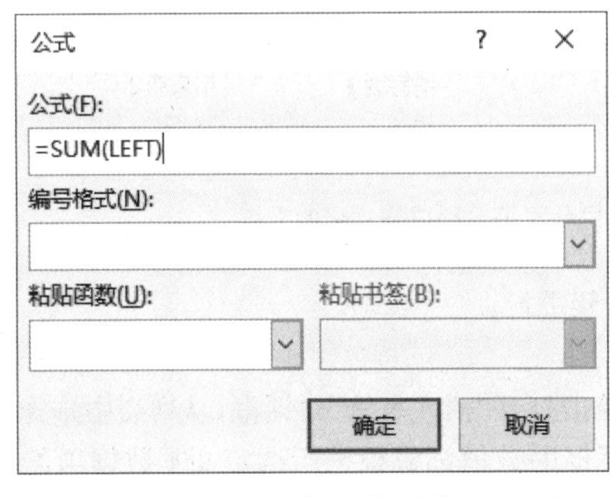

图 11－15　“公式”对话框

	A	B	C
1	A1	B1	C1
2	A2	B2	C2
3	A3	B3	C3

图 11－16　行与列

在图 11－15“公式”对话框中，用户可以通过“数字格式”下拉列表框选择所需的结果格式；而在“粘贴函数”下拉列表框中，可以选择 Word 所提供的统计函数。

使用公式时，表格中的单元格可用诸如 A1、A2、B1、B2 之类的形式进行引用。其中的字母代表列，而数字代表行。如图 11－16 所示。

在公式中引用单元格时，用逗号分隔，而选定区域的首尾单元格之间用冒号分隔。不区分大小写。

例如：

当键入了“＝average(b：b)”或“＝average(b1：b3)”，表示计算 b 列或 b1：b3 的平均值（ ）；

当键入了“＝average(a1：b2)”表示计算 a1：b2 单元格的平均值（ ）；

当键入了“＝average(a1：c2)”或 “＝average(1：1，2：2)”，表示计算从 a1：c2 的平均值（ ）；

当键入了“＝average(a1，a3，c2)”表示计算 a1，a3 和 c2 三个单元格的平均值（ ）。

图 11－17 所示为作了计算后所得到的表格。

销售额	销售额 1	销售额 2	销售额 3	年累计	年平均
2007	1708	1824	1365	4897	1632.33
2008	2892	3117	1512	7521	2507

图 11－17　运用公式的表格示例

当单击栏下的“年累计”或“年平均”单元格，由公式计算后的数据将会呈灰色显示。因为，Word 是将计算结果作为一个域插入选定单元格的。如果所引用的单元格有所改变，如对图 11－17 中的 1632.33（年平均），先单击，选定该域，再单击右键，打开快捷菜单，选择“切换域代码”，则在该单元格中显示为一个公式“{＝average(b2：d2)}”，如果更改公式，单击“编辑域”，如果更改后，则选择“更新域”命令，即可得到更改后的计算结果。

11.3.2 排序内容

对数据进行排序并非 Excel 表格的专利，在 Word 2016 中同样可以对表格中的数字、文字和日期数据进行排序操作，操作步骤如下。

① 先选定要进行排序的内容，在“表格工具”功能区切换到“布局”选项卡，并单击“数据”分组中的“排序”按钮(如图 11-18 所示)。

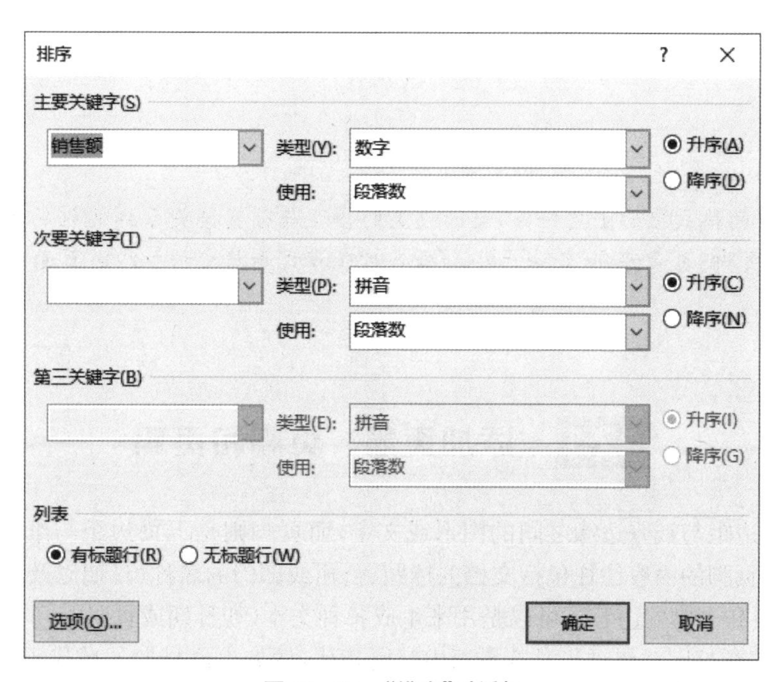

图 11-18 “排序”对话框

② 打开“排序”对话框，在“列表”区域选中“有标题行”单选框。如果选中“无标题行”单选框，则 Word 表格中的标题也会参与排序。

③ 在“主要关键字”区域，单击关键字下拉三角按钮，选择排序依据的主要关键字。单击“类型”下拉三角按钮，在“类型”列表中选择“笔画”“数字”“日期”或“拼音”选项。如果参与排序的数据是文字，则可以选择“笔画”或“拼音”选项；如果参与排序的数据是日期类型，则可以选择“日期”选项；如果参与排序的只是数字，则可以选择“数字”选项。选中“升序”或“降序”单选框设置排序的顺序类型。

④ 在“次要关键字”和“第三关键字”区域进行相关设置，并单击“确定”按钮对 Word 表格数据进行排序。

第 12 章　设置页面与打印文档

设置页面是页面格式化的主要任务，页面设置的合理与否直接关系到文档的打印效果。页面设置主要包括页眉、页脚、页面方向、纸张大小和垂直对齐方式等与文档打印时页面布局有关的内容。

12.1　添加页眉、页脚和页码

页眉是位于上页边距与纸张边缘之间的图形或文字，而页脚则是下页边距与纸张边缘之间的图形或文字。典型的页眉和页脚的内容往往包括文档的标题、公司或部门的名称、日期以及作者的姓名等。

在 Word 中，页眉和页脚的内容还可以是用来生成各种文本(如日期或页码等)的“域代码”。域代码与普通文本有所不同，它在打印时将被当时的最新内容所替代，例如生成日期的域代码可以根据计算机的内部时钟生成当前的日期，倘若用户第一天录入的文档到第二天才打印时，那么打印时将使用第二天的日期；同样用于生成页码的域代码将在各页面上打印最终的准确页码。

12.1.1　设置页眉和页脚

Word 2016 中的页眉插入方法，以插入自定义页眉为例介绍。

① 打开 Word 2016 文档窗口，切换到“插入”功能区，在“页眉和页脚”分组中单击“页眉”按钮，选择内置的版式或者选择“编辑页眉”(如图 12 - 1 所示)。

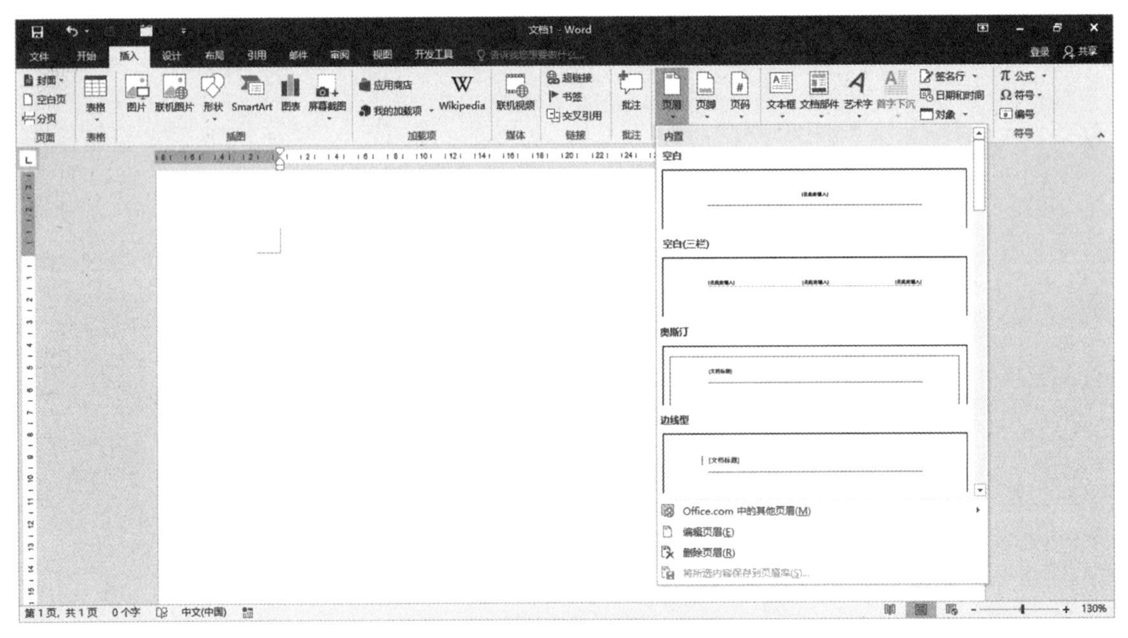

图 12 - 1　插入页眉菜单

② 然后用户可以根据需求进行版式设置，再选中编辑完成的页眉文字，在“页眉和页脚工具”的“设计”选项卡下单击“页眉和页脚”分组中“页眉”按钮，并在打开的页眉库中单击“将所选内容保存到页眉库”命令。

③ 打开“新建构建模块”对话框，分别输入“名称”和“说明”，其他选项保持默认设置，并单击“确定”按钮。

④ 如果用户需要插入自定义的页眉，则只需从 Word 2016 页眉库中选择即可。

⑤ 设置“页脚”的方式类似。

在“页眉和页脚工具”的“设计”选项卡下，可以插入“日期和时间”“图片”等(见图 12－2)。比如单击“日期和时间”按钮，将弹出“日期和时间”对话框，在其中选择相应的格式，即可在页眉或页脚的输入区插入当前的日期和时间的域代码，以后将随着的日期和时间的更新而更新。

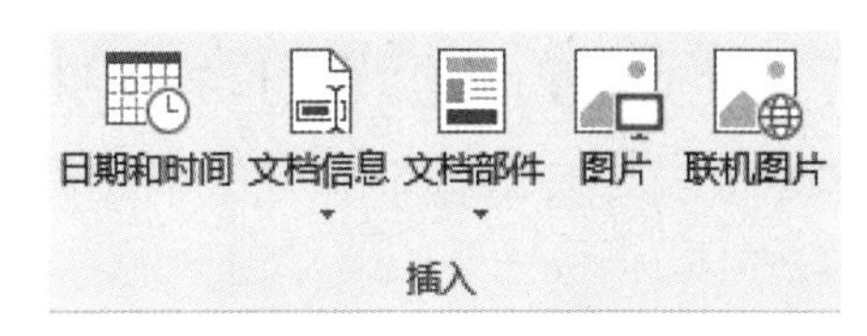

图 12－2　插入日期等

设置的页眉和页脚格式可以通过“页眉和页脚工具”的“设计”功能区的“插入对齐方式选项卡”，使页眉和页脚居中对齐或右对齐等。一般，页眉下默认设有一条划线，页脚上下则没有划线，如果需要，可以设置或取消划线。方法是，先选中页眉或页脚，打开“开始”选项卡，选择“段落”选项组中的田▾，然后在其下拉菜单中进行选择，单击所要设置的线条。

注意：在页眉或页脚上设置的划线，也是从左缩进到右缩进的，如果需要调整划线的长短，只要调整标尺上的左右缩进标记。

12.1.2　插入页码

我们在使用 Word 2016 编排书或者写论文时，经常要根据实际情况来编排页码，那么只要掌握了下面列出的几种常见的页码编排方法，就可根据需要插入页码。

1. 从文档起始页插入页码

① 选择“插入”选项卡的“页眉和页脚”选项组，单击“页码”(如图 12－3a 所示)。

② 选择页码设在“页面底端”，并选择页码设置版式，然后进入“页眉和页脚工具”的“设计”选项卡。

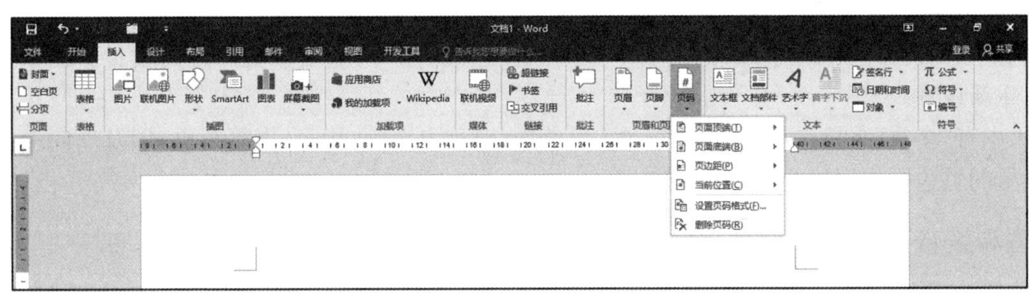

a　插入页码菜单

b　页码格式对话框

图 12－3　“插入页码”菜单和“页码格式”对话框

③ 单击“页眉和页脚”选项组中的“页码”，打开“页码格式”对话框(如图 12－3b 所示)，选择格式和起始页，一般文章起始页为 1，确定即可。

④ 如果第一页是封面，不需要页码，则可以在“页眉和页脚工具”的“选项”中的“首页不同”复选框上打钩，并设置起始页为 0。

2. 从任意页插入页码

① 如果需要在第三页插入页码,则第二页的末尾插入“分节符”。单击“页面布局”的“分隔符”/“分节符”的“下一页”。此时光标移到下一页的开头(第三页的开头)。

② 光标移到要插入页码的页面,点击“插入”菜单中的“页码”选项,选择“页面底端”中的某个页码的样式。这时会出现“页眉—第 2 节”“页脚—第 2 节”,而在右边是“与上一节相同”字样。

③ 单击“链接到前一条页眉”选项,设置为未选中状态。

④ 设置页码格式,将“页面编号”中的起始页码设置为 1,然后确定。

⑤ 再次单击“页码”下拉菜单,根据需要选择页码位置,如“页面底端”里的任何一项。

12.2 页面设置

选择“文件”下的“打印”选项,单击左页面底端的“页面设置”,打开“页面设置”对话框(或者选择“页面布局”选项卡的“页面设置”组,点击打开右下角的“页面设置”对话框)。图 12-4 显示这个对话框中,共有四个选项卡,分别用于设置页边距、纸型和纸张来源、版式以及文档网格。

在每个选项卡中,都有“预览”区、“应用于”框和“设为默认值”按钮。“预览”区内供用户预览页面设置后的效果;“应用于”框指出整个设置针对哪部分文档,其中有“整个文档”“所选节”“所选字”等选择。用户在设置时应当注意是针对哪部分文档;“设为默认值”按钮将“页面设置”对话框中的当前设置储存为新默认设置,用于活动文档及所有基于当前模板的新文档。

图 12-4 “页面设置”对话框“页边距”选项卡

12.2.1 设置页边距

在“页面设置”对话框的“页边距”选项卡,可对页边距进行设置。

设置页边距主要是对页面上下左右边距以及页面顶端和底端相关的页眉与页脚的位置的设置。对话框中“页边距”区中各选项的含义为:

① “上”表示页面顶点与第一行顶端之间的距离。

② “下”表示页面底点与最后一行底端之间的距离。

③ “左”表示页面左端与无左缩进的每行左端之间的距离。

④ “右”表示页面右端与无右缩进的每行右端之间的距离。

⑤ “装订线”表示要添加到页边距上以便进行装订的额外空间。

⑥ “装订线位置”区中有“左”和“上”,和“装订线”配套使用。

在“方向”区中选择页面的方向:纵向 A 或横向 A。在“预览”框用户可查看纸型和方向设置后的结果,如果不满意还可重新设置。

在“页码范围”区中有“多页”下拉选项,其中的选项有:普通、对称页边距、拼页、书籍折页,以及反向书籍折页,表示以上设置的页边距作用于相关的选项。

12.2.2 设置纸型和纸张来源

在打印文档时,常常需要根据不同情况使用不同的纸张,并以不同的方向进行。在“页面设置”对话框的“纸型”选项卡,便能对“纸张大小”及“纸张来源”进行设置。

下拉“纸张大小”列表,可以从中选择常用的纸型参数,如 A4、B5 等。并且还可以根据个性需要选择“自定义大小”,在下面的“宽度”和“高度”框中可以定义用户自己的纸张大小。

在“纸张来源”列表中,可以设置首页和其余各页的纸张来源,如默认纸盒、手动送纸或自动选择等。

12.2.3 设置版式和文档网格

在“页面设置”对话框的“版式”选项卡中,能设置有关节的起始位置、页眉和页脚、垂直对齐方式以及行号、边框等版面的选项。其中：

① “节的起始位置”下拉列表框用于选定开始新节同时结束前一节的位置，它包括以下五个选项：

接续本页：表示不插入分页符，紧接前一节。

新建栏：表示在下一栏顶端开始打印节中的文本。

新建页：表示在分节符位置进行分页，并且在下一页顶端开始新节。

偶数页：表示在下一个偶数页开始新节（常用于在偶数页开始的章节）。

奇数页：表示在下一个奇数页开始新节（常用于在奇数页开始的章节）。

② “页眉和页脚”区用于指定页眉和页脚的选项。

选中“奇偶页不同”复选框，将指定在奇数页与偶数页上设置不同的页眉或页脚。这一选项将影响整个文档，无论文档包含多少节。

选中“首页不同”复选框，将指定该节或文档首页的页眉或页脚与其他页的页眉或页脚不同。

③ 页面区“垂直对齐方式”下拉列表框中的选项确定在页面上，如何垂直对齐文本，其中包括：“顶端对齐”“居中”“两端对齐”和“底端对齐”四个选项。要注意这是对整个页面的对齐。例如，选择了“居中”，便使文字位于整个页面的中央，即版面居中。

④ “行号”按钮用于设置行编号。

另外，在“页面设置”对话框的“文档网格”选项卡中，可对文字排列、网格、字符、行以及文字排列等进行设置。

12.3 页 面 背 景

Word 2016 为用户提供了更为丰富的页面背景，能够渲染文档主体，让里面的文字、排版变得生动，像是给文章赋予了活力。

12.3.1 添加水印

在 Word 2016 中，用户可以利用内置的水印功能给自己的文档加上水印，水印的内容可以是自己的版权声明或者其他信息。用户可以为文档添加两种方式的水印：文字水印和图片水印。

1. 添加内置水印

在“设计”选项卡“页面背景”选项组中，单击“水印”按钮（如图 12－5 所示），在随后打开的下拉列表中，我们可以选择 Word 2016 内置的水印效果，这样，一个文档水印就添加完成了。

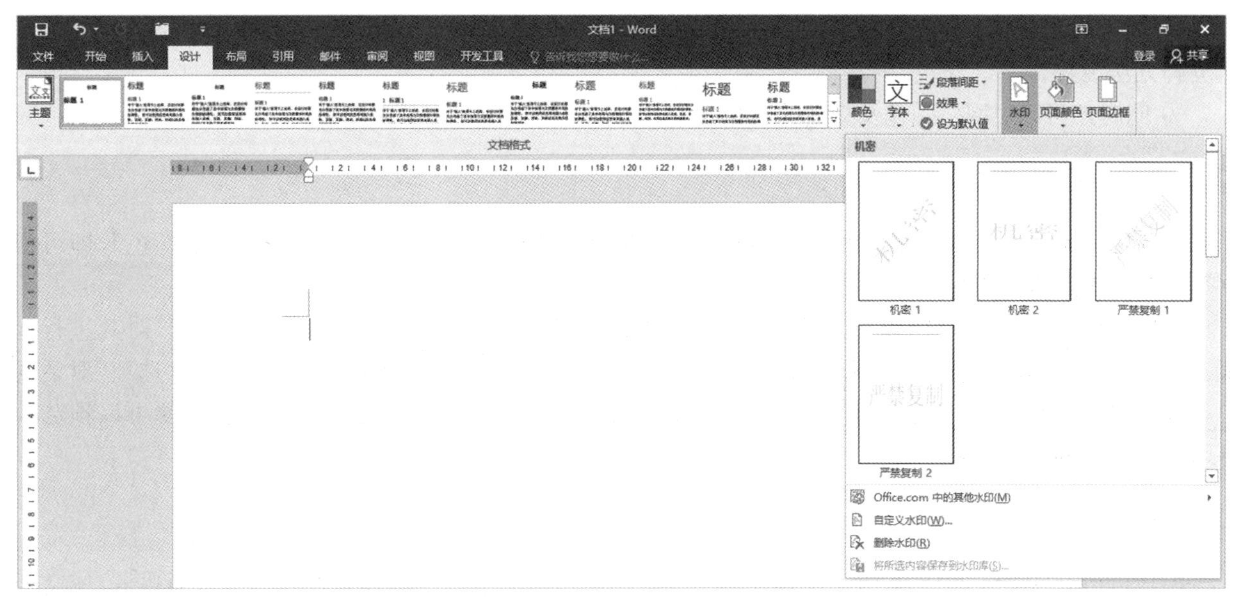

图 12－5　“水印”列表

2. 添加自定义水印

① 如上操作进入“水印”列表，单击“自定义水印”按钮，打开“水印”对话框（如图 12－6 所示）。

② 在“水印”对话框中，选择“无水印”“图片水印”或“文字水印”。

③ 如果选择“图片水印”，然后点击“选择图片”按钮，在随后的“插入图片”对话框中，直接选择所要应用为水印的图片，然后单击“插入”按钮，单击确定，即可将其应用到当前文档中。

④ 如果选择“文字水印”，用户可以选择在备选的“文字”下拉菜单中选择，也可以定制文字。

⑤ 如果要删除水印，可以在水印下拉列表中直接点击删除水印按钮即可。

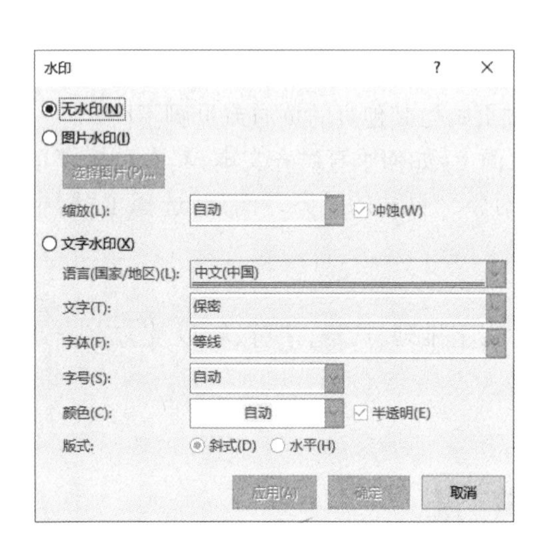

图 12－6 “水印”对话框

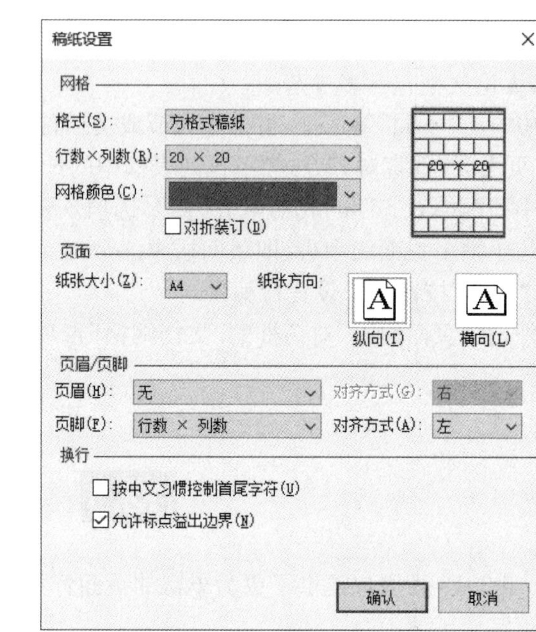

图 12－7 “稿纸设置”对话框

12.3.2 添加稿纸

Word 2016 针对中国用户的需求开发了稿纸功能，可以将当前文档中的文字快速转换为稿纸格式，操作如下：

① 在“布局”选项卡中，打开“稿纸设置”对话框，如图 12－7 所示，在“格式”下拉列表中用户可以选择所需要的稿纸格式。

② 行数列数中有 5 种规格选项：10×10、15×20、20×20、20×25、24×25，当选择 20×20 以上时，页眉页脚无法设置。

③ 同时还可以对网格颜色及页面的纸张大小和方向进行设置。然后单击“确定”按钮即可。

12.3.3 设置页面颜色

一些用户希望给文档增加页面颜色，可以选择“设计”中的“页面背景”选项，点击“页面颜色”，即可根据个人喜好确定所需颜色。

在默认情况下，通过打印预览方式无法看到页面的颜色设置，但用户可以通过页面设置，对其进行调整。打开“页面设置”对话框，在“纸张”选项卡中，单击“打印选项”按钮，在随后打开的“Word 选项”对话框中，可以在打印选项区域中选择“打印背景色和图像”复选框，然后单击“确定”按钮。此时，便可以预览到打印背景颜色的整体效果。

12.3.4 设置页面边框

用户可以在 Word 2016 文档中设置普通的线型页面边框和各种图标样式的艺术型页面边框，使文档更富有表现力。在 Word 2016 文档中设置页面边框的步骤如下：

① 打开 Word 2016 文档窗口，切换到“开始”选项卡。在“段落”分组中单击“边框”下拉按钮，选择“边框和底纹”命令。

② 在打开的“边框和底纹”对话框中切换到“页面边框”选项卡，然后在“样式”列表或“艺术型”列表中选择边框样式，并设置边框宽度。设置完毕单击“确定”按钮(如图 12 - 8 所示)。

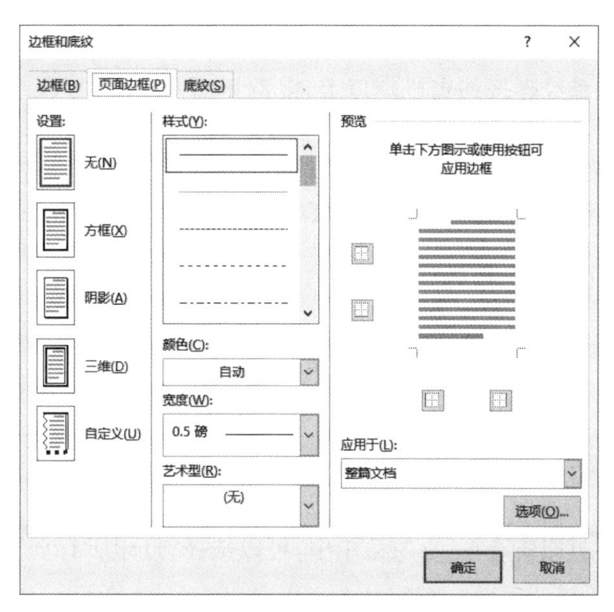

图 12 - 8　“边框和底纹”的“页面边框”选项卡

12.4　打 印 预 览

Word 2016 对于打印功能，进行了很大程度上的改进，可以通过“文件”下的“打印”命令，快速完成打印之前的预览工作。操作如下：

① 单击“文件”下的“打印”命令，显示如图 12 - 9 页面。

② 在右侧的预览窗口中，可以看到文档的打印效果，用户可以对文档的打印页面、纸张的方向以及缩放比例进行相应的调整，设置完成以后，单击“打印”按钮即可。

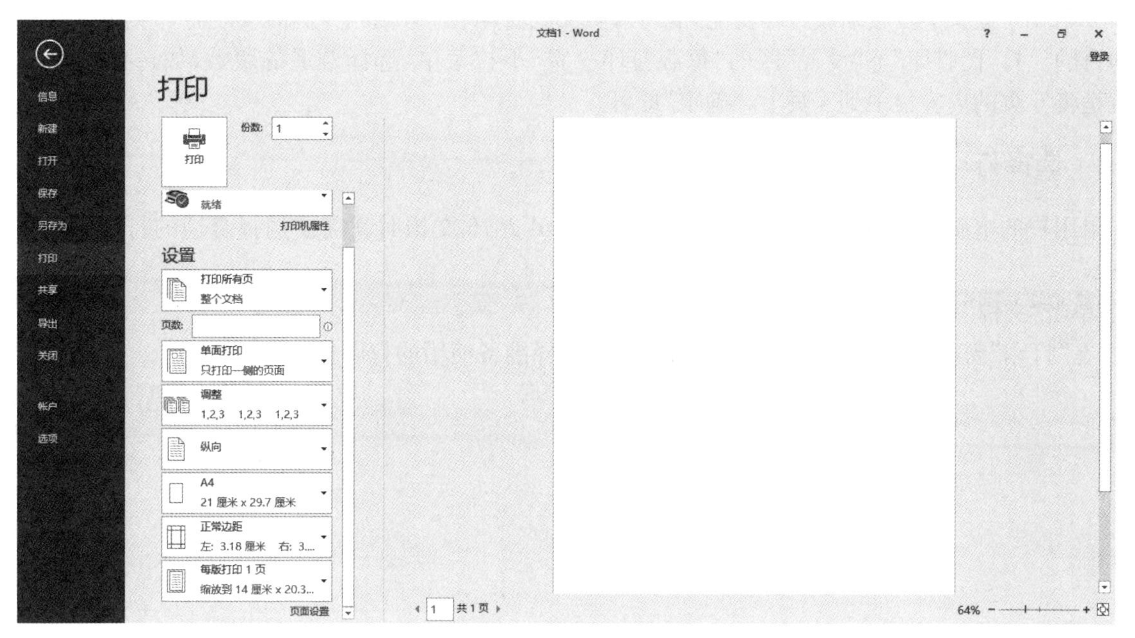

图 12 - 9　文档的打印页面

在页面的右下角有调整“显示比例”的符号“64% ⊖——————⊕”，移动滑块可以调整预览视图的大小。

12.5 打印文档

文档编辑完成后，经页面设置和打印预览查看后，便可打印文档。打印文档必须在硬件和软件上得到保证。硬件上，要确保打印机已经连接到主机端口上，电源接通并开启，打印纸已装好；软件上，要确保所用打印机的打印驱动程序已经安装，并连接到相应的端口。这一点，可以在 Windows 控制面板中的“打印机”选项中来查看打印机是否已经安装、端口是否连接、默认打印机是否已经设定等。对于当前活动窗口编辑的文档，可以直接打印，还可以使用“文件”的“打印”命令来打印文件。

12.5.1 指定打印份数、范围、内容和缩放

Word 2016 的打印界面，不仅可以预览打印窗口，还可以对所选页面、奇数页和偶数页等选项进行设置。

1. 打印份数

在“份数”框内可以输入要打印的文档份数，其默认值为 1。

2. 打印范围

在“打印”的“设置”区的“打印所有页”下拉菜单中，可以选择“打印所有页”“打印当前页面”“打印所选内容”等选项。

同时还可以选择打印“页数”，在该文本框内输入页码或页码范围。例如，输入了“1，4－7，12”，就表示要打印第 1 页、第 4 至 7 页以及第 12 页的文档。

其次，Word 2016 提供的“手动双面打印”功能，可以实现双面打印 Word 文档的目的。方法是单击“设置”区域内的默认选项“单面打印”下拉菜单，选择“手动双面打印”，并单击“打印”按钮，则开始打印当前 Word 文档的奇数页。将已经打印奇数页的纸张再正确放入打印机则开始打印偶数页。

3. 打印内容

在实际工作当中，用户经常需要将当前 Word 2016 文档以比实际设置的纸张更小的纸型进行打印。例如，将当前 A4 纸张幅面的文档打印成 B5 纸张幅面。操作如下：

① 在页面的“设置”区域下有“每版打印一页”按钮，在其下拉菜单中选择“缩放至纸张大小”。

② 在展开的菜单中选择合适纸型，然后“确定”即可。

4. 缩放打印

Word 2016 提供了多版缩放打印功能，能将多页文档打印在一页纸上，从而实现打印类似缩略图文档类型的目的。打开“打印”下“设置”区的“每版打印一页”下拉菜单，选择合适的版数，如选择“每版打印 6 页”，就是将 6 页的内容集中到 1 页上，“确定”即可。

12.5.2 选择打印机

如果用户的电脑中安装有多台打印机，在打印 Word 2016 文档时就需要选择合适的打印机。操作步骤如下：

① 单击“文件”选项的“打印”按钮。

② 在“打印”窗口中，打开“打印机”的下拉菜单，选择准备使用的打印机。

PART 04

第四篇　电子表格处理软件——中文 Excel 2016

第 13 章　中文 Excel 2016 概述及基本操作

中文 Excel 2016 是 Microsoft 公司推出的办公软件 Office 2016 套装软件中的一个重要成员，也是目前最流行的电子表格处理软件之一。Excel 2016 拥有强大的函数，可快速对二维表格中的数据信息进行统计和分析，提高了数据统计和分析效率。Excel 2016 拥有丰富的图表和图形处理功能，可以快速地实现数据的可视化。相比之前的版本，Excel 2016 丰富了图表类型、Office 主题，还新增了 FORECAST 函数，使用基于指数平滑法进行预测。Excel 2016 具有广泛的应用领域，如行政、财务、金融、经济和审计等方面。为统一名称，后文中的 Excel 2016，均指中文 Excel 2016。

13.1 启动和退出 Excel

1. Excel 2016 的启动

启动 Excel 2016 的方法有很多种，通常使用以下 4 种方法：

① 在“开始”菜单中点击 Excel 2016 ，即可启动软件。

② 双击桌面上已有的 Excel 2016 的图标。

③ 双击 Windows 任务栏中已有的 Excel 2016 程序按钮。

④ 双击已有的 Excel 表格文件(扩展名为. xls 或. xlsx)。

2. Excel 2016 的退出

关闭 Excel 2016 的常用方法有以下 3 种。

① 单击 Excel 2016 窗口标题栏右侧的“关闭”按钮： 。

② 在 Excel 2016 窗口标题栏的空白处右击鼠标，在弹出的快捷菜单中选择“关闭”命令。

③ 使用快捷键“Alt＋F4”。

13.2 Excel 2016 工作界面及基本概念

13.2.1 Excel 2016 窗口组成

1. Excel 2016 的工作界面

启动中文 Excel 2016 后，进入启动界面，如图 13 - 1 所示。此时，用户可以从 Excel 2016 提供的模板中选择合适的模板，双击该模板即可进入工作界面。我们以“空白工作簿”为例进行介绍。

新建的 Excel 2016 文件的扩展名为“. xlsx”。一个 Excel 文件称作一个工作簿，它可以由多张工作表组成。由“空白工作簿”模板创建的新工作表以及 Excel 2016 的操作界面元素组成如图 13 - 2 所示。

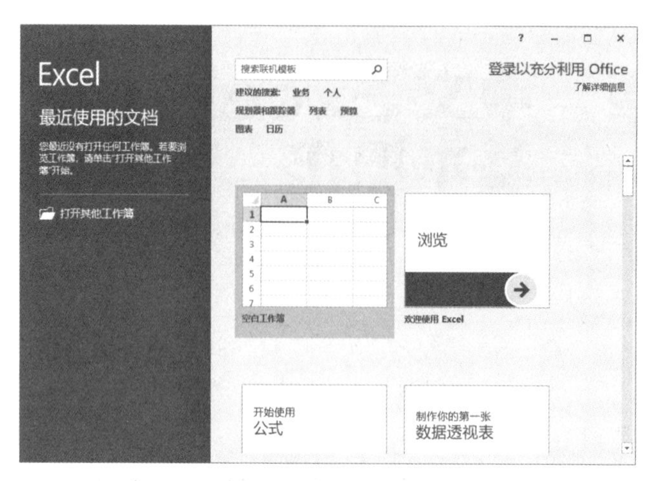

图 13－1　中文 Excel 2016 启动界面

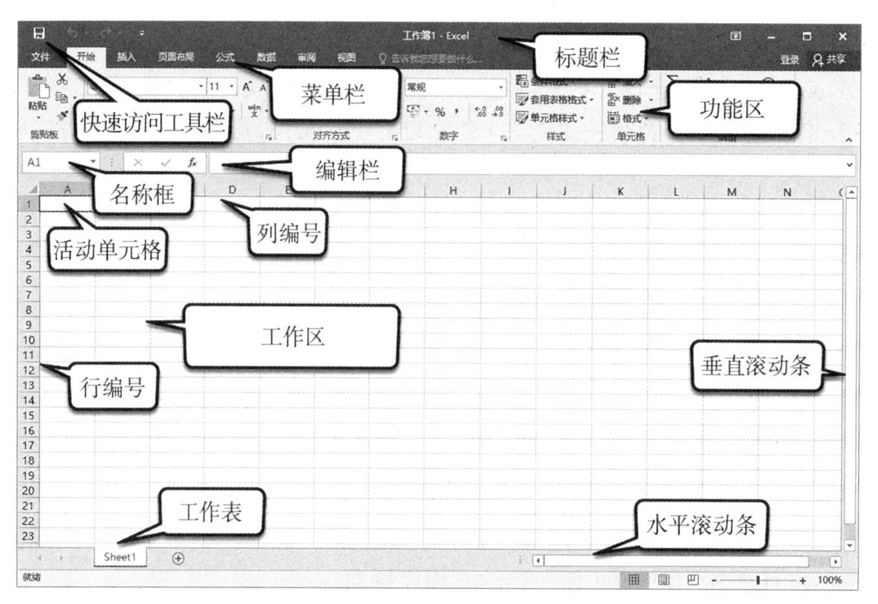

图 13－2　中文 Excel 2016 主窗口

2. 标题栏

标题栏位于窗口的顶部，它由标题和窗口控制按钮组成。标题用于显示当前正在编辑的工作簿文件的名字，用户拖动标题栏可以改变窗口的位置。控制按钮由“功能区显示选项”“最小化”“最大化/还原”和“关闭”按钮组成。其中，“功能区显示选项”按钮的作用是控制选项卡或者功能区的显示与隐藏。用户可以使用快捷方式“Ctrl＋F1”进行切换，隐藏效果如图 13－4 所示。

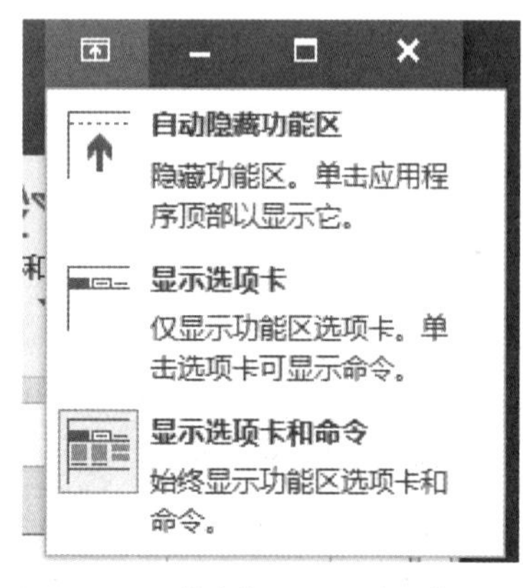

图 13－3　“功能区显示选项”按钮

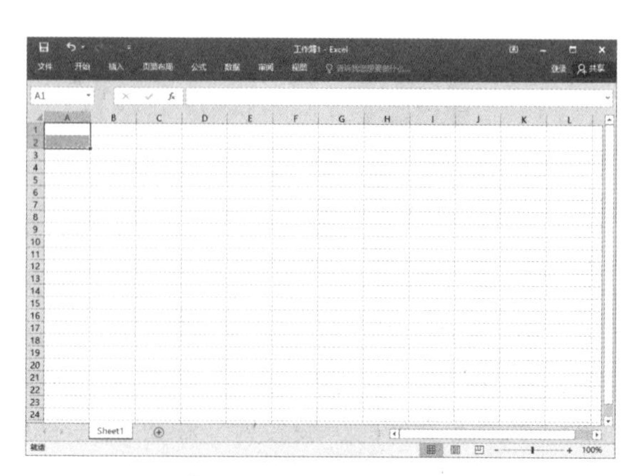

图 13－4　隐藏了功能区的界面

3. 功能区

Excel 2016 的功能区位于标题栏下方，它由“文件”“开始”“插入”“页面布局”“公式”“数据”等选项卡组成。每个选项卡的功能区分为多个组，每个组包含多个命令按钮。在初始状态下，Excel 2016 功能区显示“开始”选项卡的功能区，如图 13 - 5，它包括：剪贴板、字体、对齐方式、数字、样式、单元格和编辑命令组。

图 13 - 5　“开始”选项卡功能区

当用户对功能区中某个按钮的功能不清楚时，可以将鼠标指针指向该按钮片刻，该按钮下便会出现对其功能的文字说明，如图 13 - 6 所示。

4. 快速访问工具栏

快速访问工具栏在标题栏的最左边，它默认由三个按钮组成：保存、撤消和恢复。用户可以点击 ，自定义快速访问工具栏的内容，如图 13 - 7 所示。

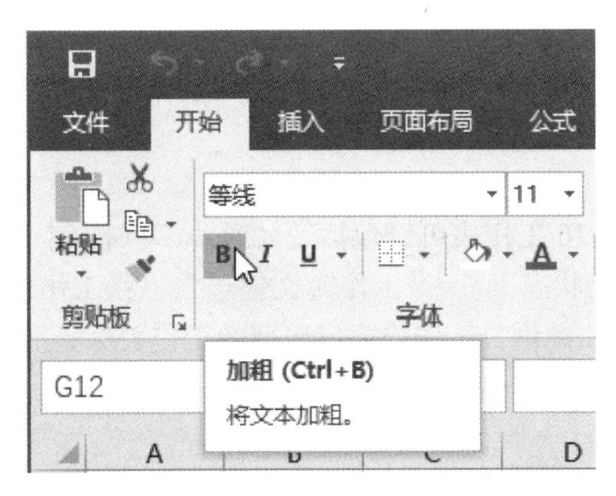

图 13 - 6　按钮的帮助功能

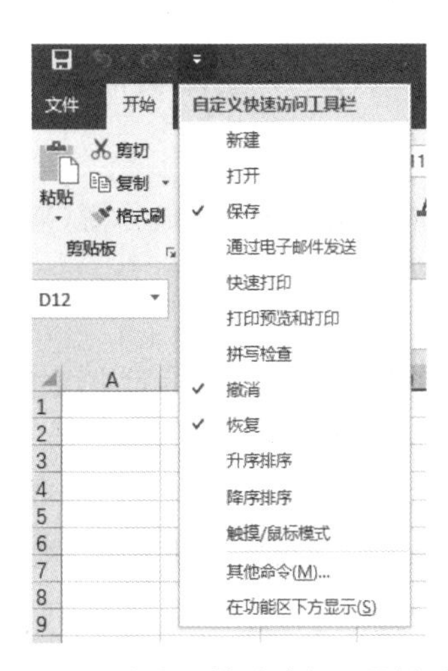

图 13 - 7　自定义快速访问工具栏列表

5. 名称框

名称框用来给电子表格中的单元格或区域进行命名或显示，如图 13 - 8 所示。利用名称框，用户也可以快速地定位到相应的名称区域。另外，灵活使用单元格的命名还可以在各种数据处理过程中方便地引用单元格中的数据。一般情况下，名称框显示当前活动单元格的地址。

图 13 - 8　名称框及编辑栏

6. 编辑栏

编辑栏用于编辑或显示当前活动单元格的内容，如图 13 - 8 所示。用户既可以直接在当前活动单元格中输入数据，也可以通过编辑栏输入和编辑数据。

7. 工作区

工作区位于编辑栏下方，是用户编辑及分析数据的主要场所。其中，工作区有行编号及列表号，如图

13-9 所示。

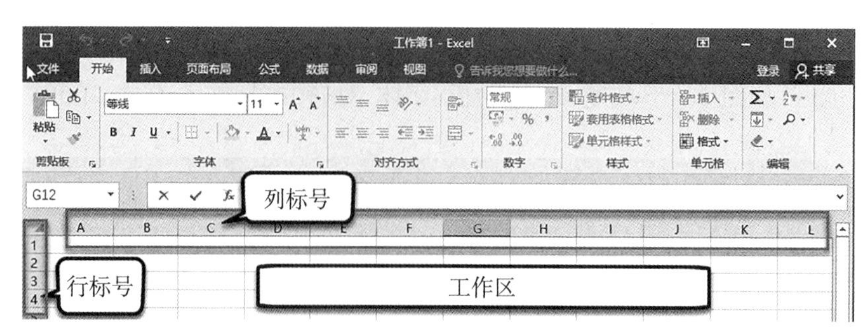

图 13-9 Excel 工作区

① 列标号:列标号位于各列上方,以字母 A、B、C……来表示,列标号从 A 一直拓展,Z 列之后是 AA 列,AZ 列之后为 BA 列,依次类推。Excel 2016 的列数可以扩展至 2^{14} 列。

② 行标号:行号位于各行左侧,用数字 1、2、3……来表示。Excel 2016 的行数可以扩展至 2^{20} 行。

8. 状态栏

状态栏在窗口的底部,用于显示当前命令或操作的有关信息。例如,在为单元格输入数据时,状态栏左端显示“编辑”,大多数情况下,状态栏左端显示“就绪”。

13.2.2 Excel 2016 基本概念

1. 工作簿

Excel 2016 文件又称为工作簿(Workbook)。当启动 Excel 2016 时,会自动打开一个文件名为“工作簿 1. xls”的空工作簿。

2. 工作表

工作表(Worksheet)由单元格组成,一张 Excel 2016 工作表可以包括 2^{14}(列)×2^{20}(行)个单元格组成。每个工作簿可以包含多张工作表。在 Excel 2016 初始状态下,一个工作簿文件包含一张工作表,默认名称为 Sheet 1。用户可以根据需要增加或者减少工作表的数量。工作簿窗口底部的工作表标签上显示工作表的名称,用户可以通过单击相应的工作表标签在不同的工作表之间进行切换。

3. 单元格

Excel 2016 的工作表中,行和列交叉部分就是单元格,它是 Excel 的基本单元。每个单元格都对应一个地址,这个地址由列标加行号组成。比如,C4 就是代表位于第 3 列和第 4 行交叉位置的单元格地址。单元格中可以输入字符或者计算表达式,一个单元格可以保存最多 32 767 个字符。

正在被使用的单元格称作“活动单元格”,这时的单元格四周呈现绿色,如图 13-10 所示,活动单位格为 B3,同时名称框中显示活动单元格的名称。

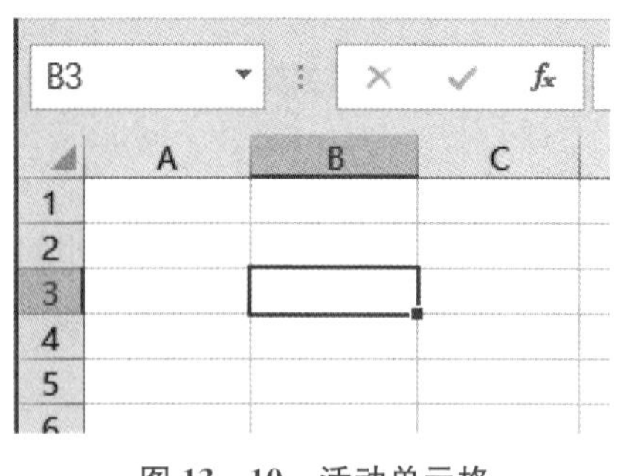

图 13-10 活动单元格

13.3 工作簿的基本操作

13.3.1 创建新工作簿

启动 Excel 2016 程序即可新建一个工作簿。除此之外,用户还可以通过模板和新建工作簿命令创建新工作簿。

1. 利用“空白工作簿”创建

常见两种具体操作:

① 在 Excel 2016 启动之后，在弹出的界面中单击“空白工作簿”，Excel 2016 自动创建一个名称为“工作簿 1”的新工作簿。

② 在启动完成的 Excel 2016 中，选择“文件”选项卡下的“新建”命令，此时单击窗口右侧的“空白工作簿”按钮，如图 13－11 所示，即可创建名为“工作簿 1”的新工作簿文件。

2. 利用“模板”创建

“模板”是 Excel 2016 提供的预定义主题、颜色搭配、背景图案、文本格式等表格显示方式，但不包含数据内容的工作簿。利用“模板”创建工作簿过程如下：

① 在“新建”窗口右侧的内容栏中，如图 13－11，显示现有模板库内容。用户也可以利用窗口中的搜索栏，查找新的模板。

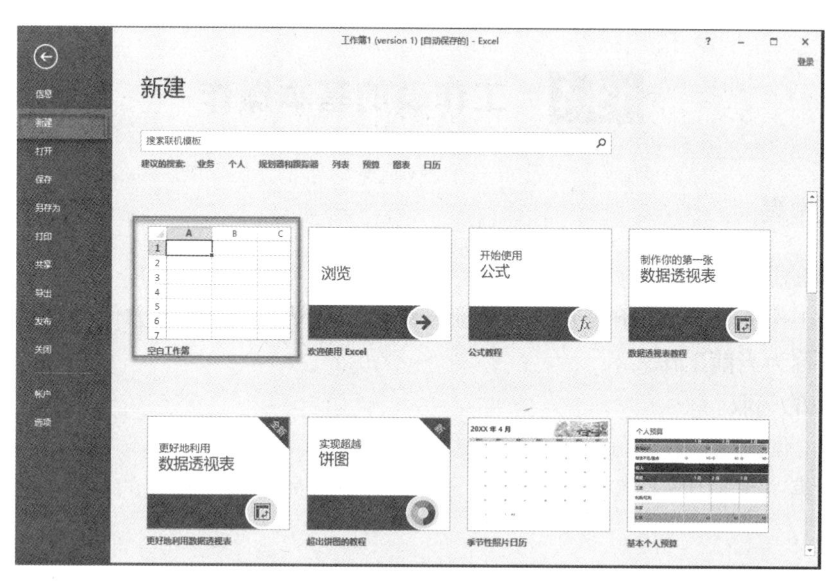

图 13－11　新建对话窗口

② 使用鼠标点击选择需要的主题模板，如“季节性照片日历”。

③ 单击“创建”按钮，如图 13－12。此时 Excel 2016 开始加载并显示，工作簿效果如图 13－13 所示。

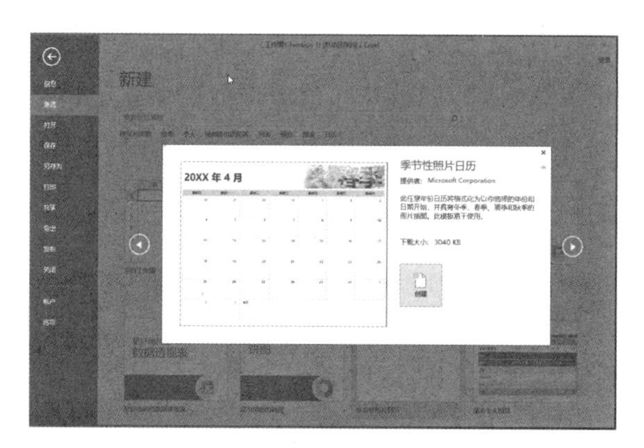

图 13－12　选择模板创建工作簿

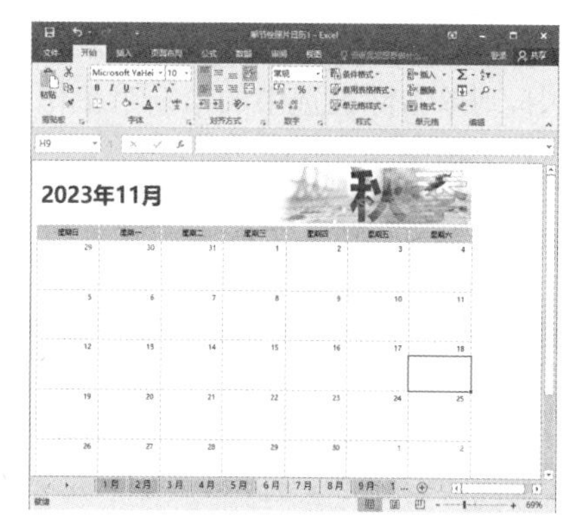

图 13－13　利用模板创建的工作簿

13.3.2　打开和保存工作簿

1. 打开和关闭一个工作簿文件

打开和关闭 Excel 2016 工作簿文件的方法与 Word 2016 类似。

打开工作簿文件的方法，主要包括两种：① 通过鼠标双击一个工作簿文件；② 使用“文件”选项卡中的“打开”命令，从磁盘中选择 Excel 工作簿文件。

关闭工作簿文件的方法，主要包括两种：① 使用鼠标点击控制面板的关闭按钮，；

② 使用“文件”菜单中的“关闭”命令。

2. 工作簿的保存

在使用Excel 2016电子表格的过程中，应随时保存，避免因为断电等造成的损失。保存工作簿的方法有如下几种：

① 单击“快速访问工具栏”中的“保存”按钮。

② 选择“文件”菜单的“保存”命令。

③ 使用快捷键方式，即“Ctrl＋S”快捷键。

如果需要改变文件的存储位置，可以选择“文件”选项卡中的“另存为”命令，选择合适的保存位置。保存位置，可以是本地磁盘，也可以是网络上的存储空间。

13.4 工作表的基本操作

13.4.1 选取工作表

1. 单张工作表的选取

要编辑某一张工作表，先要选择该工作表页面。单击工作表标签，可以方便地选取一个工作表，被选中激活的工作表被称为当前工作表。

2. 多张工作表的选取

(1) 多张连续工作表的选取

选中要选择的第一张工作表，然后按住Shift键，同时单击另一张工作表的标签，可选中这两张表之间的所有工作表。

(2) 多张不连续工作表的选取

选中要选择的第一张工作表，按住Ctrl键不放，然后依次单击其他需要选择的工作表对应的标签。

(3) 全部工作表的选取

使用鼠标右键单击任意一张工作表标签，在弹出的快捷菜单中选择“选定全部工作表”命令。

3. 清除工作表的选取

单击未被选取的工作表标签，可以清除已经选取的工作表，并且激活被选中的工作表。若所有工作表均被选中，则单击除被选中的第一个工作表标签以外的其他标签，即可清除已经选取的多张工作表选中状态，并且此表被激活。

13.4.2 添加和删除工作表

一个新建的工作簿在初始状态下只有一张空白工作表，用户可以根据需要在工作簿中添加或删除工作表。一个工作簿可以容纳255张工作表。

1. 工作表的添加

(1) 利用“新工作表”按钮新建工作表

把鼠标移动到“新工作表”按钮上，如图13－14所示，点击该按钮，将增加一个名为“Sheet 2”的工作表。

(2) 使用快捷菜单命令新建工作表

在工作表标签区域中，使用鼠标右击工作表标签，在弹出的快捷菜单中单击“插入”命令，如图13－15所示。Excel 2016弹出“插入”对话框，如图13－16所示。在“常用”选项卡下的列表框中单击“工作表”图标，单击“确定”按钮。此时，在当前工作表前添加了一个新工作表，名为“Sheet 2”。

(3) 使用功能区命令设置

在“开始”选项卡功能区中的“单元格”选项组中，单击“插入”按钮下侧的下三角按钮，如图13－17所示，在展开的下拉列表中单击“插入工作表”命令，即可实现添加新工作表。

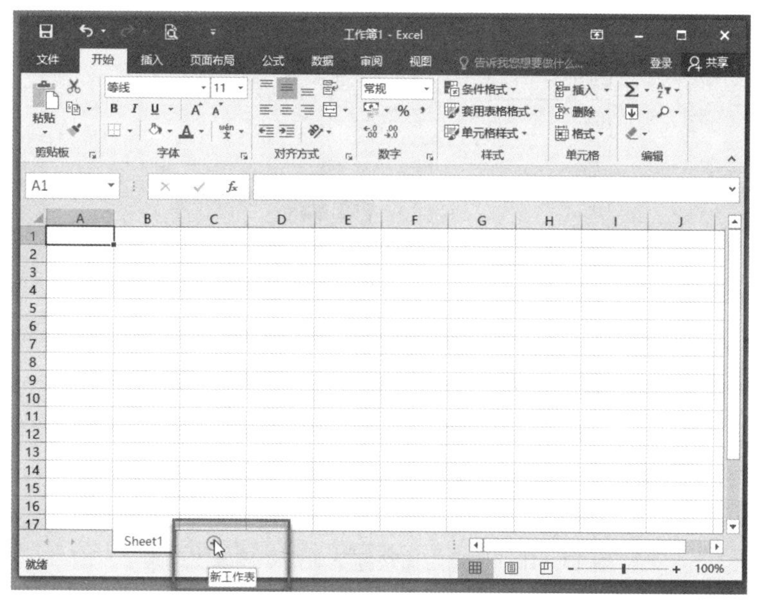

图 13-14　利用"新工作表"按钮添加工作表

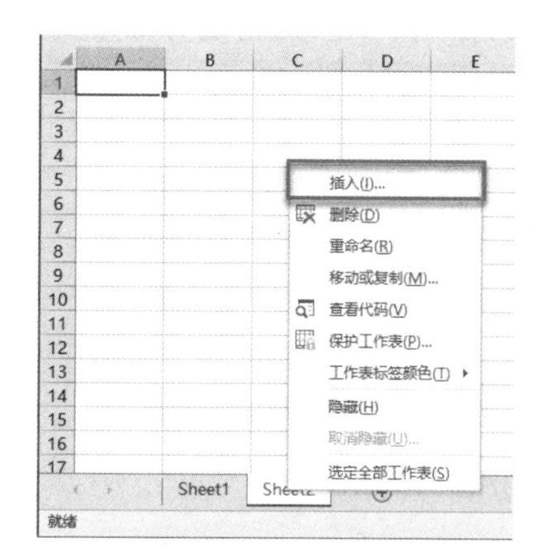

图 13-15　使用快捷菜单命令添加工作表

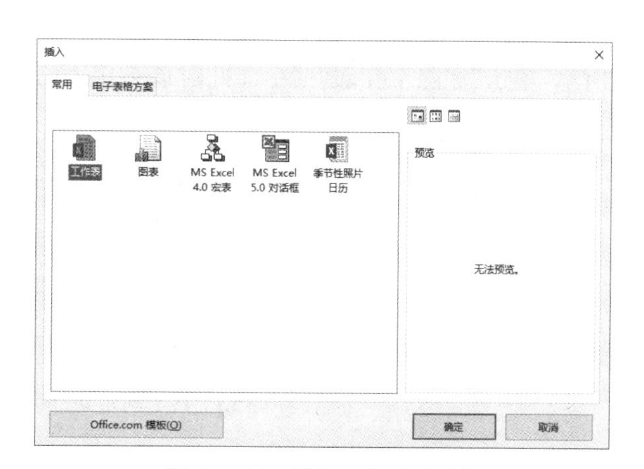

图 13-16　插入工作表对话框

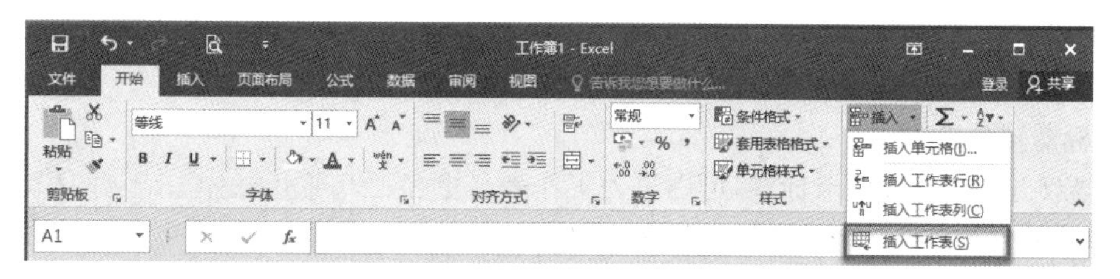

图 13-17　使用功能区"插入工作表"命令添加工作表

选中连续的多张工作表，使用鼠标右键单击某个工作表标签，在弹出的快捷菜单中单击"插入"命令，在弹出的"插入"对话框中选择"工作表"选项，然后单击"确定"按钮，可一次性插入多张工作表。

2. 工作表的删除

(1) 使用快捷菜单命令设置

在工作表标签区域中右击工作表标签，在弹出的快捷菜单中单击"删除"命令，如图 13-18 所示。此时该工作表已被删除，其右侧的工作表将成为当前工作表。

图 13－18　使用右键快捷菜单命令删除工作表

（2）使用功能区的按钮设置

在“开始”选项卡功能区的“单元格”组中，单击“删除”按钮右侧的下三角按钮，展开命令列表，如图13－19所示，单击“删除工作表”命令。此时该工作表已被删除，其右侧的工作表将成为当前工作表。

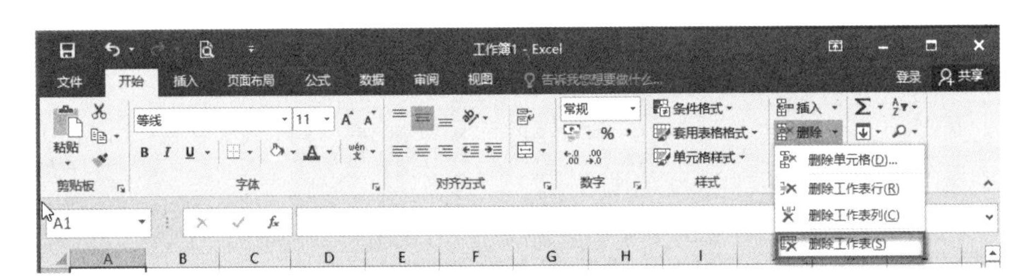

图 13－19　利用功能区命令删除工作表

13.4.3　重命名工作表

工作表标签的默认名称为“Sheet 1”“Sheet 2”“Sheet 3”，既不直观又难以记忆。因此，为其重命名一个容易记忆的名称非常重要，以节省用户查找和管理工作表的时间。

1. 使用鼠标器辅助设置

使用鼠标器双击工作表选项卡标签，可以进入工作表名更名状态，用户可以为工作表定义一个有助记忆的名字。

2. 使用快捷菜单命令设置

在工作表标签区域中右击工作表标签，在弹出的快捷菜单中单击“重命名”命令，如图13－20所示，此时进入工作表名更名状态，可以为工作表定义一个新名字。

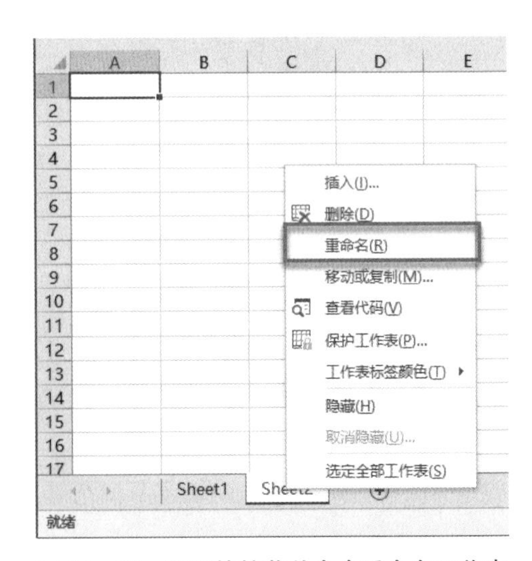

图 13－20　使用快捷菜单命令重命名工作表

13.4.4　移动和复制工作表

若需移动和复制工作表，需先选定待操作的工作表，使其成为当前工作表。主要有如下两种方法实现移动和复制。

1. 使用功能区的命令设置

在“开始”选项卡功能区的“单元格”组中，展开“格式”下拉列表，点击列表中的“移动或复制工作表”命令，如图13－21所示。系统打开“移动或复制工作表”对话框，如图13－22所示。

移动工作表：用户从对话框中，选择工作表的新位置，然后点击“确定”按钮。

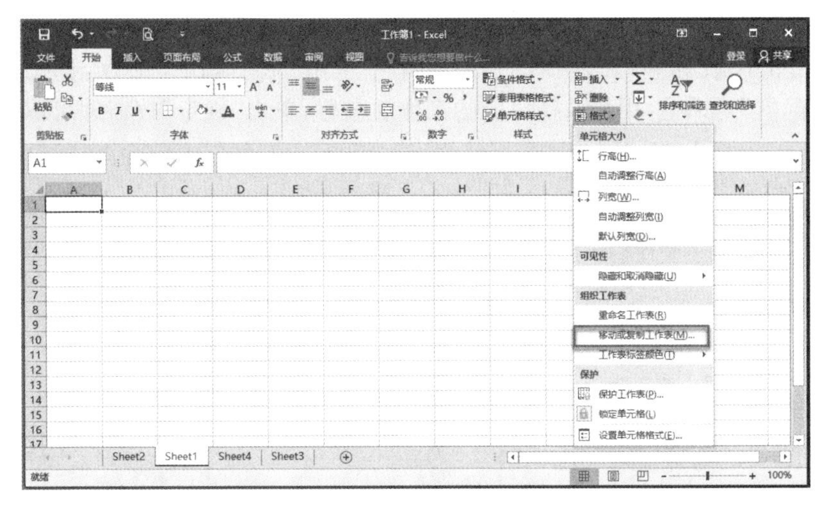

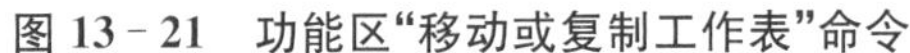

图 13－21　功能区"移动或复制工作表"命令

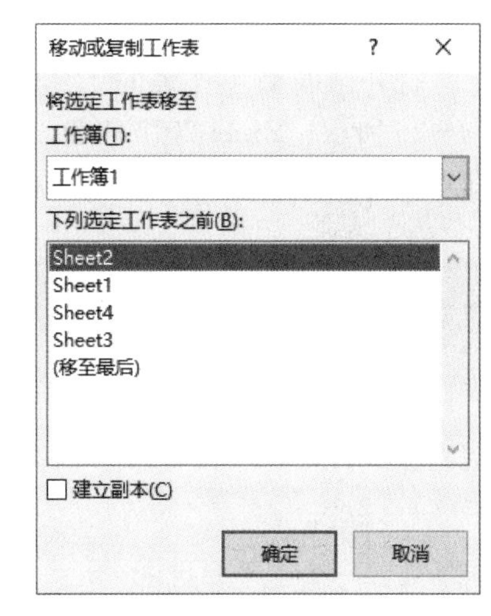

图 13－22　"移动或复制工作表"对话框

复制工作表：在"移动或复制工作表"对话框中，选中"建立副本"复选按钮，然后为新工作表选定一个位置，然后点击"确定"按钮。

2. 使用鼠标拖拽设置

在工作簿内进行工作表移动，只要用鼠标器单击需要移动的工作表标签，沿着标签行进行拖动，到所需位置后释放鼠标即可。鼠标指针在拖动时显示一个小表格符号，并且有一个小三角箭头指示目标位置，如图 13－23 所示。

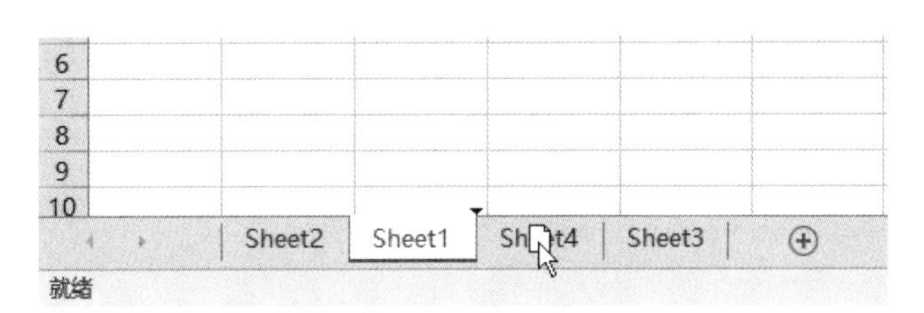

图 13－23　工作表移动过程图

在工作簿内使用鼠标实现工作表复制的方法类似于移动，区别只是在拖动标签时需同时按下 Ctrl 键，鼠标器指针会变成一个有加号的小表格符号。

13.4.5　隐藏和显示工作表

如果不希望被其他人查看某些工作表的数据，可以使用隐藏工作表功能将工作表隐藏起来。隐藏的工作表只是使其在屏幕上无法查看，但隐藏的工作表仍然处于打开状态，其他文档仍可以利用其中的信息。

1. 隐藏工作表

隐藏工作表可通过功能区的命令按钮或右键快捷菜单命令来完成。

（1）通过快捷菜单命令设置

在打开的工作簿中，使用鼠标右击需要隐藏的工作表，在弹出的快捷菜单中，单击"隐藏"命令，如图 13－24 所示，即可实现对工作表的隐藏。

（2）使用功能区的按钮设置

在"开始"选项卡功能区的"单元格"组中，展开"格式"下拉列表，从中选择"隐藏和取消隐藏"下级菜单的"隐藏工作表"命令，如图 13－25 所示，即可实现对工作表的隐藏。

图 13－24　快捷菜单中的"隐藏"命令

2. 显示工作表

如果需要再次显示被隐藏的工作表，可以取消对工作表的隐藏。

（1）使用快捷菜单命令设置

打开已隐藏工作表的工作簿，右击工作表标签，在弹出的快捷菜单中单击“取消隐藏”命令，如图13－26所示。Excel 2016将弹出“取消隐藏”对话框，用户选择对应的工作表名称，单击“确定”按钮即可取消对工作表的隐藏。

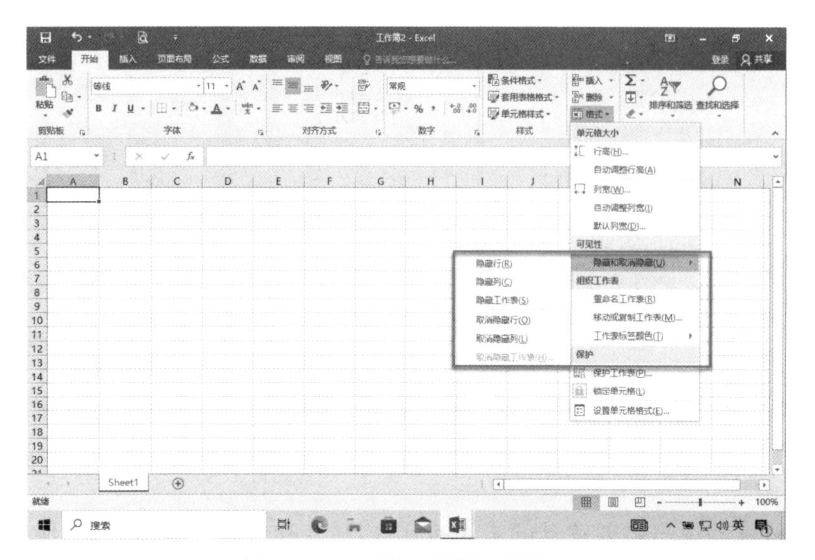

图13－25　功能区的“格式”按钮

图13－26　快捷菜单中的“取消隐藏”按钮

（2）通过功能区命令按钮设置

在“开始”选项卡功能区中的“单元格”组中，展开“格式”下拉列表，从中选择“隐藏和取消隐藏”下级菜单的“取消隐藏工作表”命令，如图13－25所示。系统将弹出“取消隐藏”对话框，选择工作表名称，单击“确定”按钮即可。

13.4.6　保护工作表

为了防止工作表中的重要数据被他人修改，可对工作表设置保护，具体操作方法如下。

① 选中需要保护的工作表，切换到“文件”菜单，在左侧窗格中单击“信息”命令，在中间窗格中单击“保护工作簿”按钮，在弹出的下拉列表中单击“保护当前工作表”命令，如图13－27所示。

② Excel 2016弹出“保护工作表”对话框，在“取消工作表保护时使用的密码”文本框中输入密码，然后单击“确定”按钮，如图13－28所示。

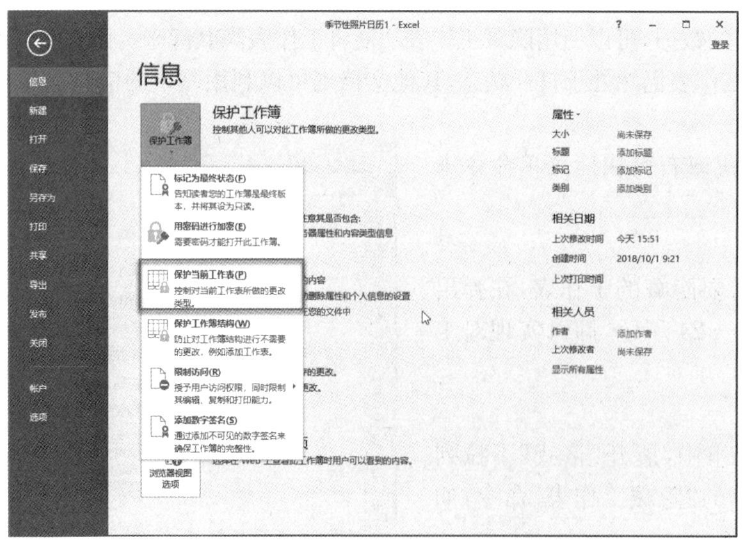

图13－27　“保护工作簿”按钮

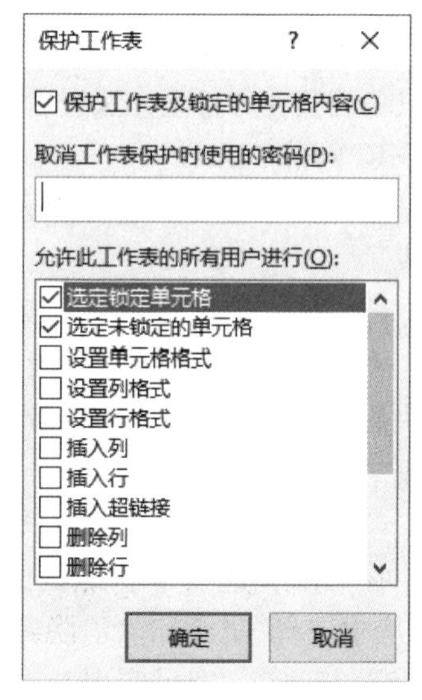

图13－28　“保护工作表”对话框

③ Excel 2016 弹出“确认密码”对话框，再次输入密码，然后单击“确定”按钮即可完成设置。

13.5 数据的输入和编辑

用户使用 Excel 2016 编辑的数据可以是数值型数据或者字符型数据，也可以是输入日期和时间型数据。用户编辑的数据同时显示在“活动单元格”和“编辑栏”中。

输入数据后，按回车键或者编辑栏上的 ✓ 按钮表示确认，按 Esc 键或者编辑栏上的 × 按钮，表示取消本次输入。

按回车键的确认方法使得输入数据后活动单元格转入下方一单元格，按“ ✓ ”按钮的确认方法使得输入数据后活动单元格仍然保持在输入数据的位置。

如果用户要同时在多个单元格中输入相同数据，可以先选定需要输入数据的所有单元格（选定的单元格可以是相邻的，也可以是不相邻的），然后键入相应数据，然后按“Ctrl＋Enter”键。

13.5.1 选择单元格

1. 选取一个单元格

用鼠标器或者键盘选中一个单元格时，这个单元格就成为活动单元格，如图 13－26 中的 A1 单元格就是活动单元格，用户键入数据或者进行编辑都是针对当前单元格而言的。活动单元格周围有边框线，编辑栏名称框中也显示其地址或名称，同时相应行号和列标也突出显示。

用键盘上的方向键可以改变活动单元格，具体如表 13－1 所示。

表 13－1　键盘切换按钮

按键	功　能
↑	移动到当前活动单元格上方的单元格
↓	移动到当前活动单元格下方的单元格
←	移动到当前活动单元格左方的单元格
→	移动到当前活动单元格右方的单元格
Tab	移动到当前活动单元格右方的单元格
Enter	系统默认状态下移动到当前活动单元格下方的单元格。用户可以利用“文件”菜单的“选项”命令，打开“Excel 选项”对话框，在“高级”内容栏中可以自行设置
PgUp	向前翻一页
PgDn	向后翻一页
Home	移动到本行的第 1 个单元格

2. 选取多个单元格

相邻的多个单元格称为“区域”。小至单个单元格，大至整个工作表，都可以定义为区域。

（1）单个区域的选取

用鼠标器操作：用鼠标器从所要选取区域的最左上角单元格拖曳至区域的最右下角单元格，即可选取所需的区域，所选区域为突出显示。

用键盘辅助操作：当选取的区域范围较大，不便于用鼠标器拖曳时，可用键盘上的 Shift 键辅助选取操

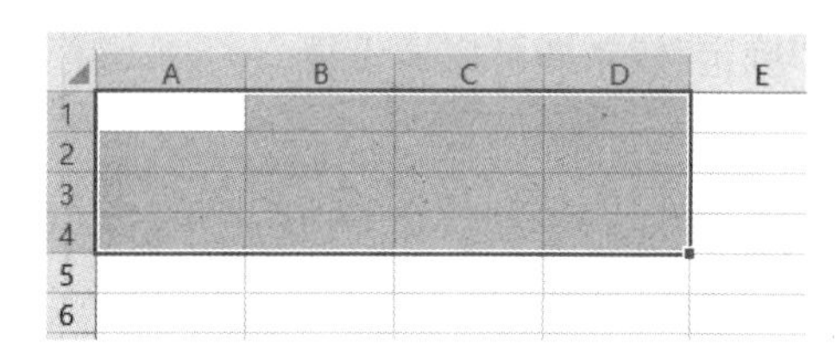

图 13－29 选中单个区域

作，方法是：先选取区域最左上角的单元格，按住 Shift 键不放，再选取最右下角的单元格。例如，要选取 A1 和 D4 之间的区域，先单击 A1，再按住 Shift 键并单击 D4，如图 13－29 所示。

要表达一个区域，需使用区域地址表达方式。区域地址的定义的一般方法是用整个连续区域的左上角单元格地址和右下角单元格地址，中间用一个"："来间隔而组成。例如，图 13－29 中的区域即可表示为 A1：D4。

要注意的是，尽管一个区域中的单元格可以同时被选中，但在这些选中的单元格内，活动单元格只有一个，如图 13－29 中只有 A1 单元格是活动单元格。

2. 整行或整列的选取

要选取整行或整列，只要单击相应行号或列标。要选择连续的多行或者多列，可以在行号或列标上拖曳鼠标。选择不相邻的行或者列，可以借助 Ctrl 键辅助实现。方法是，按住 Ctrl 键不放，选取需要的行或者列。

3. 整个工作表的选取

单击工作表左上角行号和列标交汇处的全选按钮，如图 13－30 所示，可选定该工作表的所有单元格。

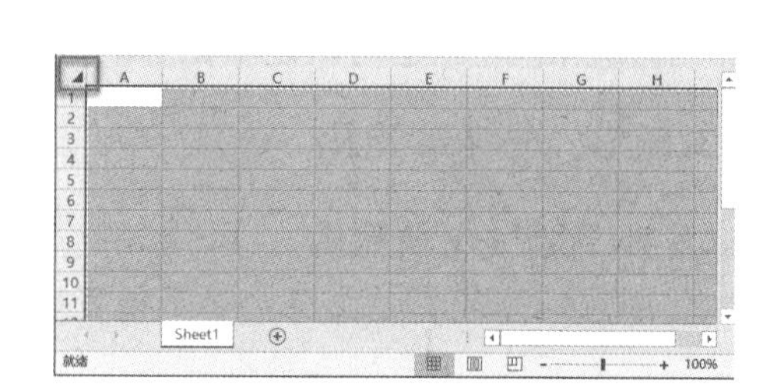

图 13－30 全选按钮区域

4. 多个不相邻区域的选取

如果希望同时选取几个区域，可以先选取第一个区域，按住 Ctrl 键，再选取其他区域。

5. 清除区域的选取

在工作表中的任意位置单击，可以清除区域的选取。

6. 三维区域的选取

Excel 2016 除了在同一张表中进行区域的选取外，还可以同时在不同的多张工作表中选定多个区域，这样所选取的区域称为三维区域。方法是，先选取所要选取的若干工作表，然后再选取所需的区域。

例如，要选取 Sheet 1、Sheet 2 和 Sheet 3 的 A2：D5 这个三维区域，步骤为：

① 同时选中 Sheet 1、Sheet 2 和 Sheet 3 工作表；

② 用鼠标从 A2 单元格拖曳至 D5 单元格，这样就选定了三张工作表的 A2：D5 区域，表示为 Sheet 1：Sheet 3!A2：D5。

13.5.2 在单元格中输入字符

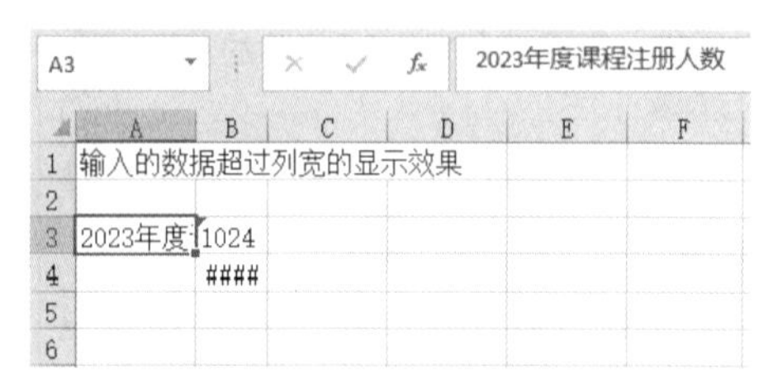

图 13－31 在单元格中输入字符

Excel 2016 每个单元格可以保存 32 767 个字符，如果单元格内的文本长度超出单元格的列宽范围时，在显示时会占据相邻单元格，如图 13－31 中的 A1 单元格。如果相邻单元格有数据保存，则当前单元格内容显示被截断，同时在编辑栏中可显示全部内容，如图 13－31 中的 A3 单元格。

如果输入的文本是由全数字组成的字符，则可以在输入的时候先输入一个半角的引号，再输入数字字符。例如，要输入字符 1024，输入时应输入"'1024"，在屏幕上显示 1024。

在默认状态下，Excel 2016 中所有文本在单元格中的对齐方式均为左对齐。

13.5.3　输入数字

数字数据的输入和字符的输入基本相同。如果输入的数字数位很长，Excel 2016在单元格中以科学计数法显示，而在编辑栏中显示数字本来的情况，如图13-32所示的B3。在Excel 2016单元格中，最多保留数字数据为15位有效数字。

当单元格中保存的是数值型数据，同时列宽不足以显示其中内容时，Excel 2016将单元格信息显示为多个"#"，如图13-32中的C4单元格。当放宽单元格后，将显示全部内容。

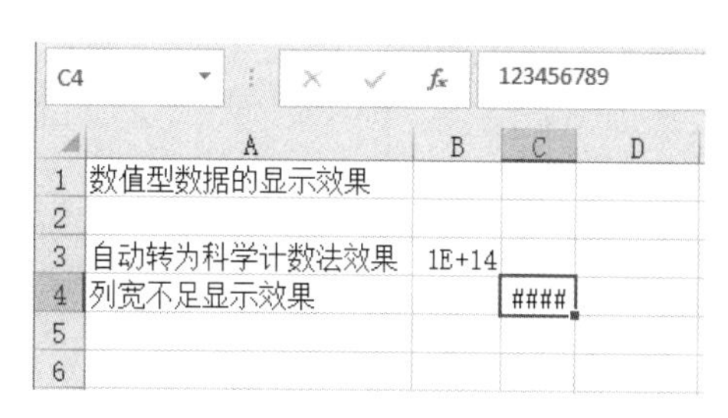

图13-32　在单元格中输入较大的数字

> 在默认状态下，Excel 2016中所有数字数据在单元格中的对齐方式均为右对齐。

13.5.4　输入日期和时间

日期和时间的输入可以直接键入，也可以通过函数来实现，这里主要介绍用键盘进行日期和时间的输入方法。日期型数据输入的通用格式为"年-月-日"或"年/月/日"，在系统默认状态下，均自动转换为"年-月-日"的格式。例如，输入"2023-12-01"或"2023/12/1"，系统均显示为"2023-12-1"。

当用户向单元格中输入日期时，如果输入的年份只输入两位数(比如将2023/12/1简化为23/12/1)，Excel将如下解释用户所输入的年份：如果输入的年份数字在00～29之间，系统将会将其解释为2000～2029年。例如，输入19/12/1，系统会认为这个日期是2019年12月1日。如果输入的年份数字在30～99之间，系统会将其解释为1930～1999年。例如，输入74/8/7，系统会认为这个日期是1974年8月7日。

时间型数据输入的通用格式为"时:分:秒"。例如，输入时间"1:30"。这时Excel默使用24小时制，即从0:00～24:00。如果要使用12小时制，则可以在输入的时候在时间的后面加上AM或者PM来表示上午或者下午。例如，输入下午1:30，则可以输入"1:30PM"。需要注意的是，使用12小时制的时候，在时间和AM或PM之间一定要加上一个空格，否则系统会认为这一单元格中内容为字符型数据而非时间型数据。

如果要输入的日期和时间是当前的系统日期和时间，可以使用快捷键"Ctrl＋;"，表示输入当前系统日期；"Ctrl＋Shift＋;"表示输入当前系统时间。

13.5.5　填充数据

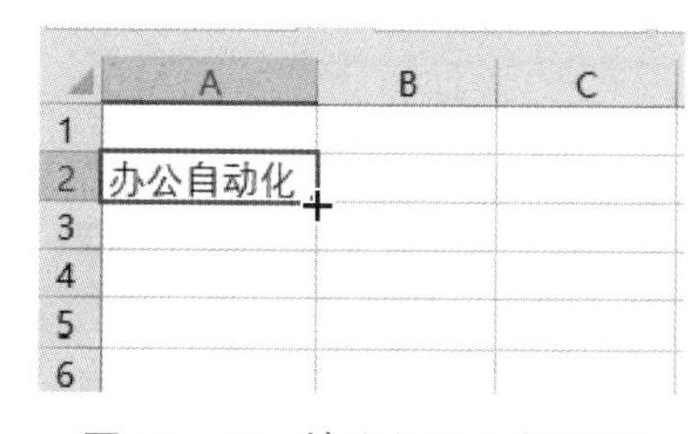

图13-33　填充柄及鼠标变化

用户编辑数据到工作表的时候，可能经常遇到需要输入的数据为一个序列，例如，输入表格中的项目序号、输入一个工资表中的工资序号或者输入一个日期序列等。Excel 2016提供了功能强大的"自动填充"功能，借助"填充柄"的辅助，用户可轻松地完成数据输入工作。

"填充柄"是位于活动单元格区域角上的一个黑色小方块，将光标指向"填充柄"的时候，光标的形状会变成黑色的十字形状，如图13-33所示。利用填充柄，我们可以高效率地完成一些数据的输入。

1. 复制单元格数据

如果活动单元格的内容是普通的字符型数据，则拖动该活动单元格的填充柄向上、下、左、右各个方向拖曳，即为复制该活动单元格的内容至目标单元格。

在拖曳填充柄的时候会出现一个虚线框，指示目标单元格的位置。另外，在鼠标光标的右侧还会出现一个提示框，显示将要在光标所在单元格出现的复制结果，如图13-34所示。

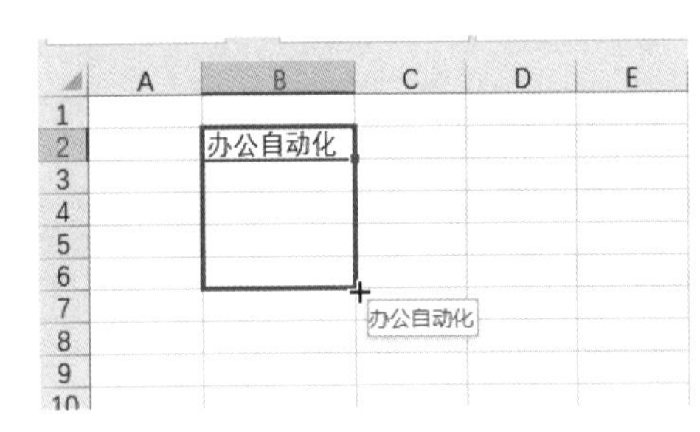

图 13-34　利用填充柄快速填充数据

2. 数字序号填充

利用“填充柄”除了可以复制文字内容外，也可以快速地填充序列数据。例如，要求在 B2∶B6 区域中产生数字序号 1，2，3，4，5，步骤如下：

① 在 B2 单元格输入数字 1；

② 选中单元格 B2；

③ 按住 Ctrl 键不放，然后用鼠标拖动填充柄至 B6，释放鼠标，则快速建立了一系列数字序号，如图 13-35 所示。

用户还可以单击自动填充柄旁边的“自动填充选项”下拉列表，如图 13-36 所示，选择更多的自动填充方式。

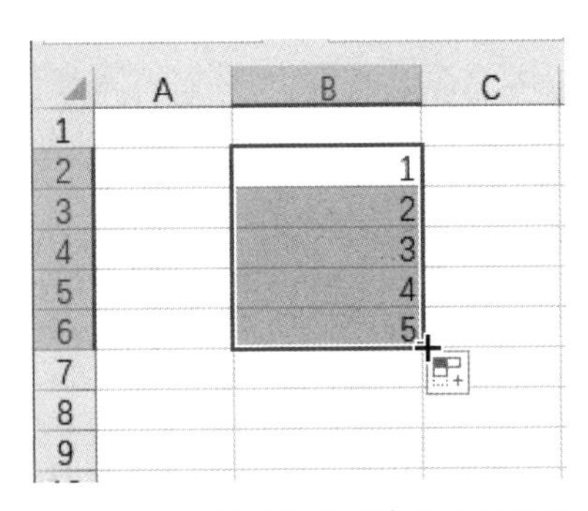
图 13-35　利用填充柄填充序列数据

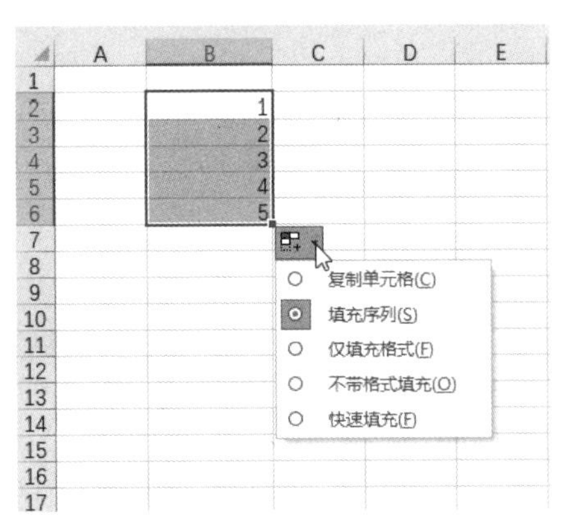

图 13-36　自动填充选项

3. 等差数列及其他特殊序列的填充

Excel 2016 还可以根据序列数据变化的规律，来填充其余数据。例如，要求在 A2∶H2 区域中输入等差数列 1，3，5，7，…，15，步骤如下：

① 在 A2 单元格中输入数字 1；

② 在 B2 单元格中输入数字 3；

③ 选中 A2∶B2 区域；

④ 拖动该区域填充柄至 H2 单元格，释放鼠标，则自动填充了等差数列，如图 13-37 所示。

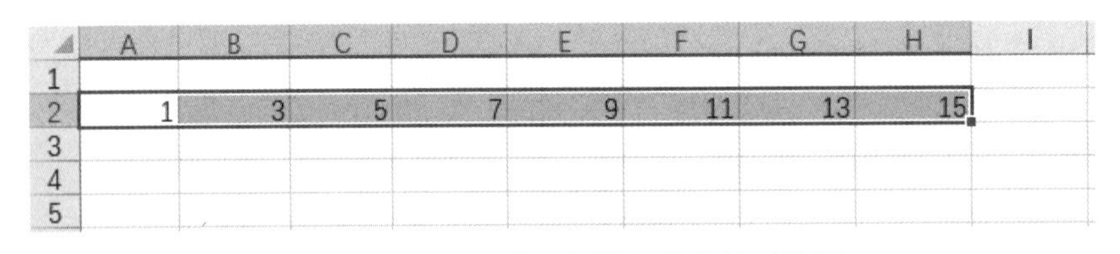
图 13-37　利用填充柄填充等差数列数据

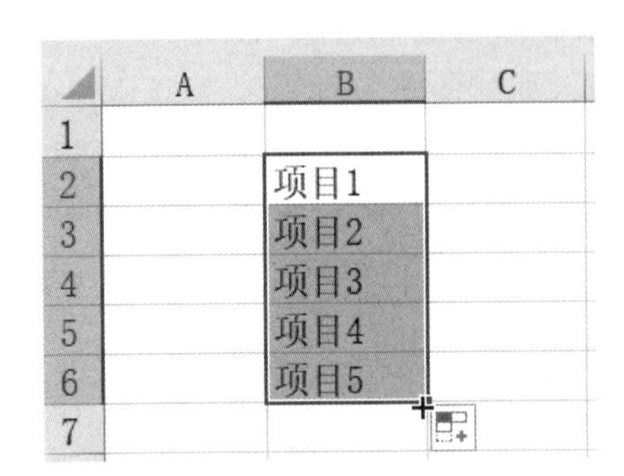

图 13-38　利用填充柄填充文字混合序列数据

如果单元格中的内容为日期型数据，则拖动该单元格的填充柄，日期将按照逐日累加的规律在目标单元格中进行填充。

如果单元格中的内容为文字与数字的组合，如“项目 1”“A1”，则利用填充柄同样可以按照序号变化的规律进行数据填充。

例如，要求在 B2∶B6 区域填充“项目 1”“项目 2”……“项目 5”，步骤为：

① 在 B2 单元格中输入“项目 1”；

② 选中 B2 单元格，拖动填充柄至 B6 单元格后释放鼠标，完成填充，图 13-38 所示。

13.5.6　单元格数据操作

1. 数据删除操作

如果需要覆盖某个单元格中的数据，只要选取该单元格，直接键入新信息，则新的数据可以覆盖原有数据。如果需要删除原有数据而不必输入新的数据，则选取单元格后单击 Delete 键即可，也可以在“开始”选项卡功能区的编辑组中，选择“删除”下拉列表中的“全部清除”或者“清除内容”命令来删除数据。

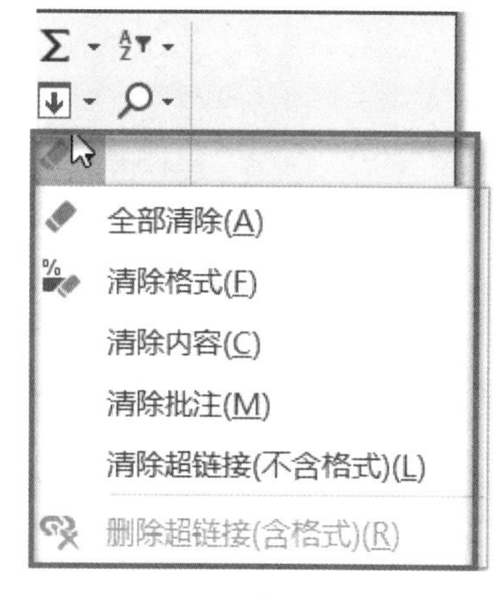

图 13－39　利用选项卡命令删除单元格内容

2. 对单元格部分内容的编辑操作

如果要对单元格中的内容进行部分修改或编辑，可以有两种方法：

① 利用编辑栏编辑：选取要编辑的单元格，然后将插入点定位于编辑栏中需要编辑的位置，然后进行编辑操作。

② 在单元格中编辑：鼠标双击待编辑的单元格（或按 F2 键），这时插入点直接定位在单元格中，用户则可以进行编辑操作，完成后用回车键确认修改。

3. 撤消操作

如果用户在操作过程中出现误操作，Excel 2016 在“快速访问工具栏”提供了“撤消”按钮：。用户每点击一次，可以撤消最近一步操作，可以多次点击，撤消多步操作。用户也可以使用快捷键：“Ctrl＋z”，实现撤消。在 Excel 2016 中用户最多可以撤消最后 16 次操作。

> 需要注意的是，当用户将修改的内容存盘后，就无法再撤消任何操作。

13.6　编辑行、列和单元格

工作表的内容若有遗漏，用户可在原工作表上插入新的行、列及单元格，设置行高与列宽等。

13.6.1　插入行、列和单元格

完成表格的编辑后，若需要添加内容，可在原有表格的基础上插入行、列或单元格，以便添加遗漏的数据。

1. 插入新的行/列

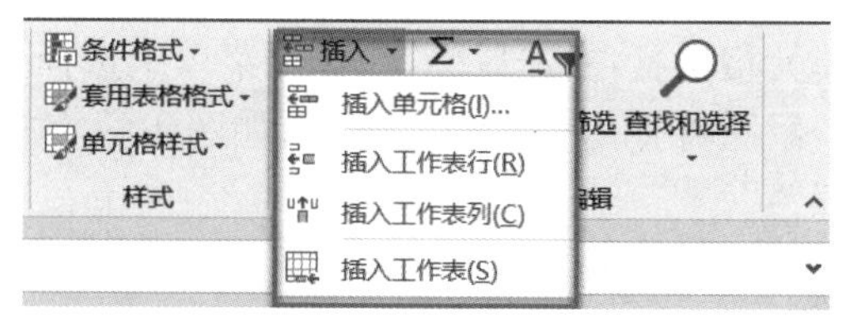

图 13－40　功能区插入命令

① 使用功能区命令实现：打开需要操作的工作表，选中某行或某列，在“开始”选项卡功能区的“单元格”组中，单击“插入”按钮右侧的下拉按钮，弹出下拉列表，如图 13－40 所示，从中选择“插入工作表行”命令或者“插入工作表列”命令。执行“插入工作表行”命令后，将在当前行上方插入新行。执行“插入工作表列”命令后，将在当前列左侧插入新列。

② 使用弹出菜单命令实现：在工作区中选中待插入的行位置，右击鼠标，在弹出菜单中选择“插入”命令，如图 13－41 所示，即可在当前行上方插入新行。在工作区中选中待插入的列位置，右击鼠标，在弹出菜单中选择“插入”命令，如图 13－42 所示，即可在当前列的左侧插入新列。

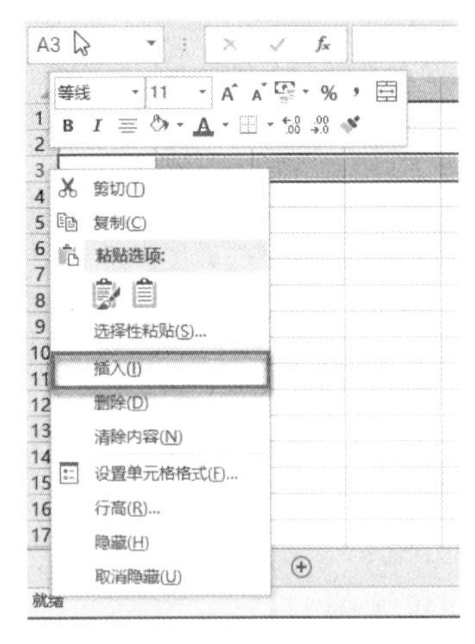

图 13-41 插入行命令

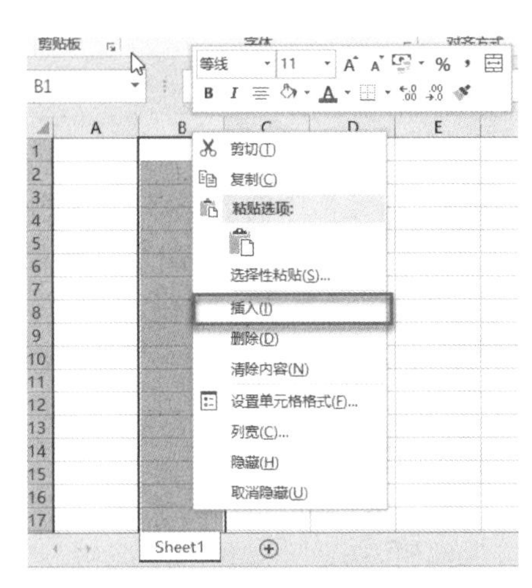

图 13-42 插入列命令

2. 插入新的单元格

单元格是 Excel 2016 数据编辑的基本单位。一个单元格的周围可能是保存有数据的其他单元格。因此，插入新单元格需要挪动其他单元格，留出一个新空间给新单元格。在工作表中插入一个新的单元格，具体可按下面两种方法实现。

(1) 使用功能区的命令实现

打开需要操作的工作表，选中待插入位置的单元格，在“开始”选项卡功能区的“单元格”组中，单击“插入”按钮右侧的下拉按钮，在弹出的下拉列表中单击“插入单元格”命令，如图 13-43 所示。系统将弹出“插入”对话框，如图 13-44 所示。在“插入”对话框中有 4 个单选按钮，它们的作用如下：

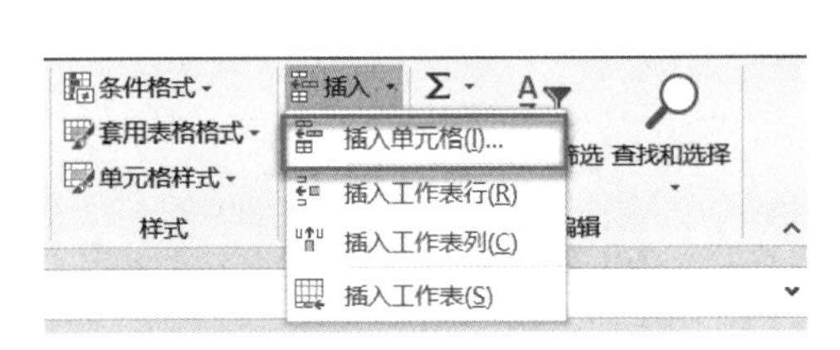

图 13-43 “插入单元格”命令

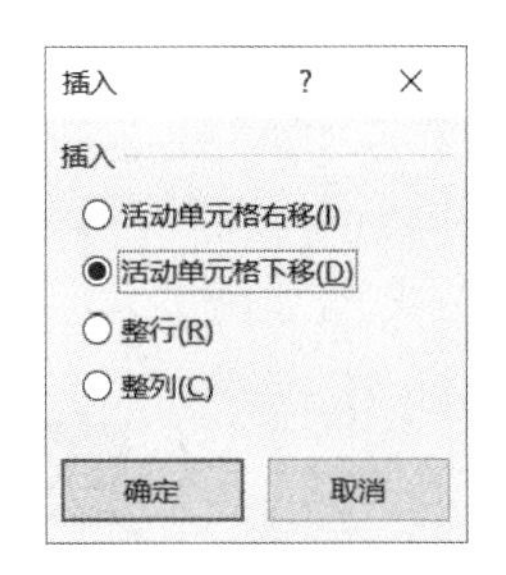

图 13-44 “插入”对话框

① 活动单元格下移：向下移动当前单元格以下所有单元格数据，空出新的空间。

② 活动单元格右移：向右移动当前单元格右边所有单元格数据，空出新的空间。

③ 整行：在当前单元格的上方插入一行。

④ 整列：在当前单元格的左侧插入一列。

用户可根据自己的需要，从上述功能中进行选择。

(2) 使用弹出菜单命令实现

在工作区中选中待插入的单元格位置，右击鼠标，在弹出菜单中选择“插入”命令，如图 13-45 所示。系统将弹出“插入”对话框，如图 13-44 所示。后续操作方法与前述相同。

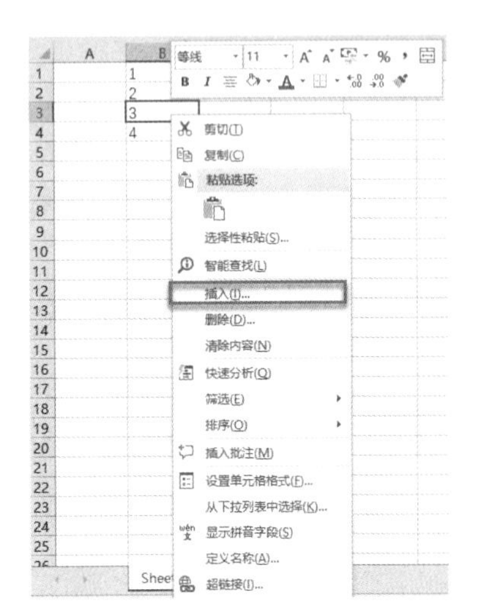

图 13-45 插入单元格命令

13.6.2 删除行、列和单元格

在编辑表格的过程中，对于多余的行、列及单元格可将其删除，具体操作介绍如下。

1. 删除行/列

(1) 使用功能区的命令实现

打开需要操作的工作表，选中待删除的某行或某列，在“开始”选项卡功能区的“单元格”组中，单击“删除”按钮右侧的下拉按钮，弹出下拉列表，如图13-46所示，从中选择“删除工作表行”命令或者“删除工作表列”命令，Excel 2016将执行对应的操作。

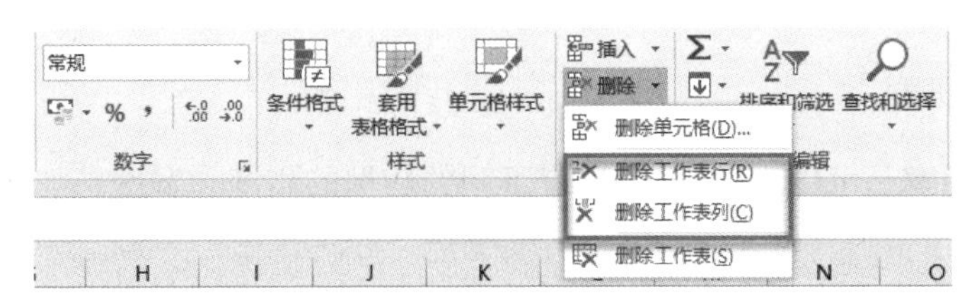

图13-46 功能区“删除”命令

(2) 使用弹出菜单命令实现

在工作区中选中待删除行，右击鼠标，在弹出菜单中选择“删除”命令，如图13-47所示，即删除选定行。在工作区中选中待删除的列，右击鼠标，在弹出菜单中选择“删除”命令，如图13-48所示，即可删除选定列。

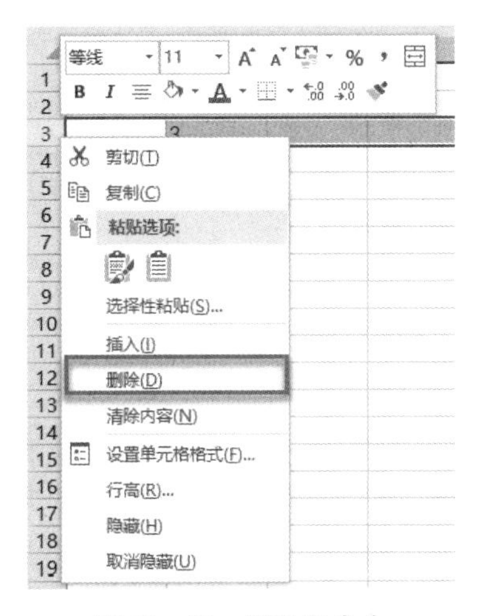

图13-47 删除行命令

图13-48 删除列命令

2. 删除单元格

由于单元格周围有其他单元格的存在，因此删除“单元格”留出的空间，会使用周围的单元格进行填充。在工作表中删除单元格，具体可按下面的两种方法实现。

(1) 使用功能区的命令实现

打开需要操作的工作表，选中待删除单元格，在“开始”选项卡的“单元格”组中，单击“删除”按钮右侧的下拉按钮，在弹出的下拉列表中单击“删除单元格”命令，如图13-49所示。系统将弹出“删除”对话框，如图13-50所示。在“删除”对话框中有4个单选项，它们的作用如下，用户可按需选择。

① 下方单元格上移：删除当前单元格后，下面所有单元格会上移，以填充删除位置。

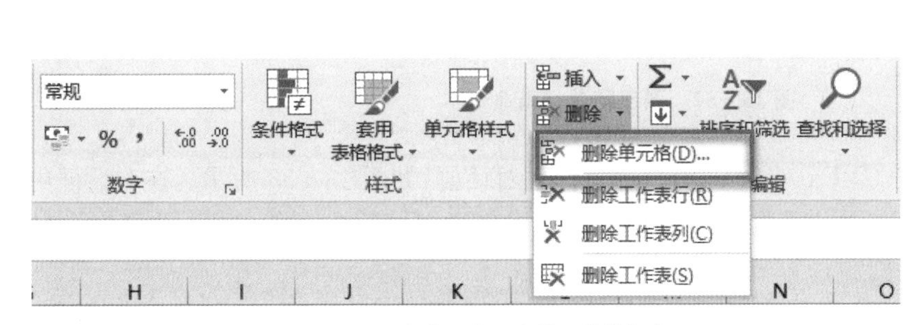

图13-49 功能区“删除单元格”命令

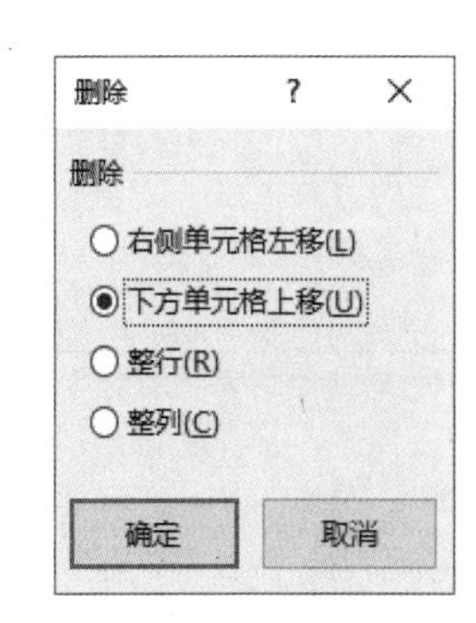

图13-50 “删除”对话框

② 右侧单元格左移:删除当前单元格后,右侧所有单元格会左移,以填充删除位置。

③ 整行:可删除当前单元格所在的整行。

④ 整列:可删除当前单元格所在的整列。

13.6.3 设置行高与列宽

工作表中的行高和列宽是可以改变的,以适应不同的数据的高度和宽度。

1. 设置行高

在 Excel 2016 中,可以使用两种方法来改变选定行的行高。一是直接使用鼠标对行高进行调整;二是通过执行功能区命令来调整,利用该方法可以精确设定行高。

(1) 使用鼠标器设置

将鼠标器指针移动到所要调整行高的行号的下边沿线上,这时指针变成一双箭头,如图 13-51 所示。可双击鼠标左键,行高将变化为最合适该行显示的最高行高。也可拖动该双箭头向上或向下移动,拖动时行高自动显示,在适当的时候释放鼠标则可设置所需要的行高。

	A	B	C	D	E	F	G
1		2021年产量	2022年产量	2023年产量	产量增减	平均	
2	第一车间	242.2	232.3	243.8			
3	第二车间	236.6	235.2	245.2			
4	第三车间	276.5	260.7	272.1			
5	第四车间	245.8	250.2	230.8			
6							

图 13-51 用鼠标器调整行高

(2) 使用功能区命令操作设置

下面通过例子介绍实现过程。例如,我们要将工作表的第 2、3 行行高设置为 30,并将第 5 行行高设置为最适合的行高,具体步骤为:

① 同时选中第 2 行和第 3 行,右击鼠标,在弹出菜单中选择"行高"命令,如图 13-52 所示。

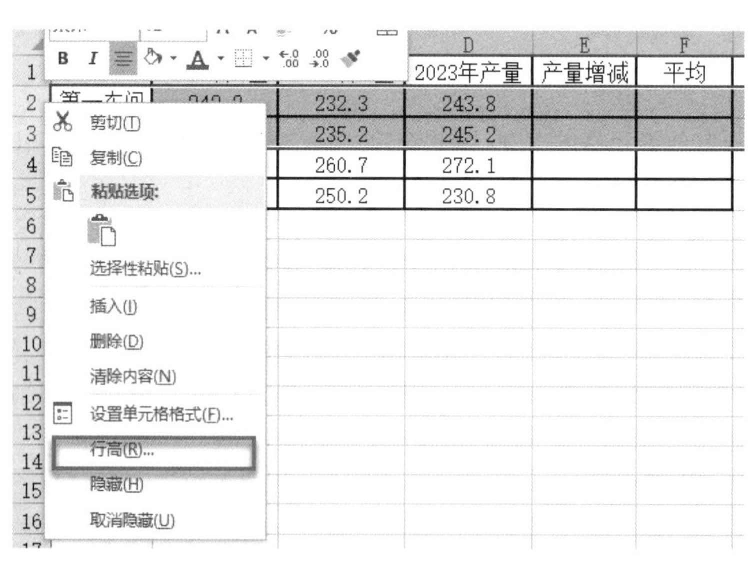

图 13-52 弹出菜单行高命令

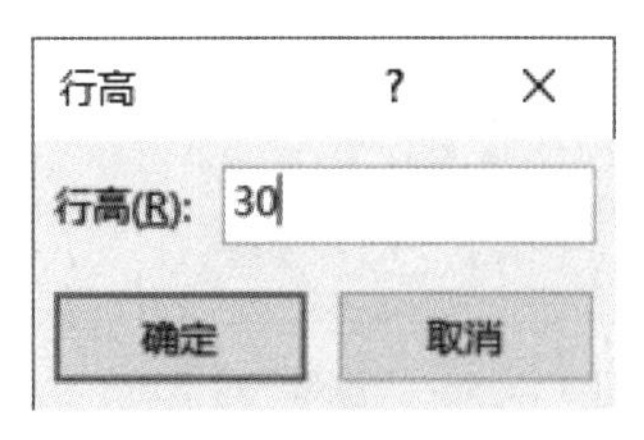

图 13-53 "行高"对话框

② Excel 2016 将打开"行高"对话框,如图 13-53 所示。在对话框中填入数字 30,单击"确定"按钮。上述操作即可将第 2 和第 3 行,设置为指定值的行高。

③ 选中第 5 行,在"开始"选项卡功能区中,点击"单元格"组中的"格式"下拉列表,从中选择"自动调整行高"命令,如图 13-54 所示。

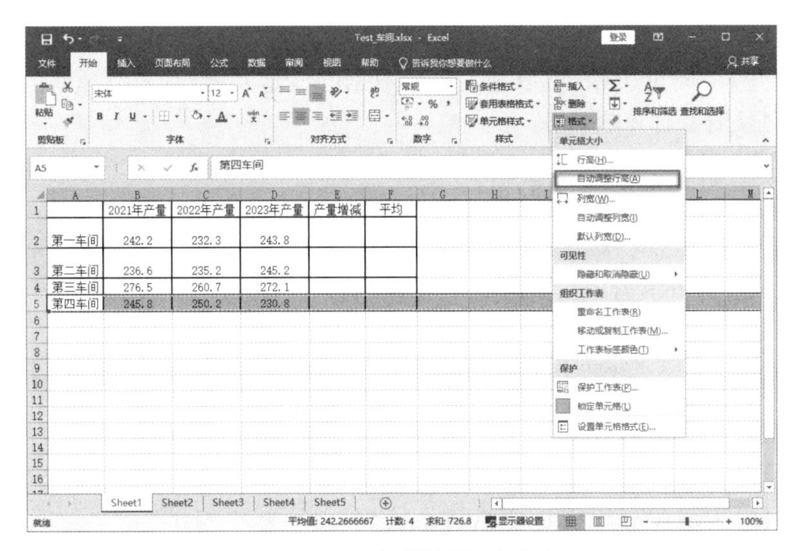

图 13－54　自动调整行高命令

2. 设置列宽

在 Excel 2016 中，默认的单元格宽度为 8.43 个字符。当单元格中的数值数据的长度超过了这一宽度时，则会显示一串“#”，这时只要调整该列的列宽就可以完整地显示其内容。设置列宽的方法类似于设置行高，具体如下：

（1）用鼠标器操作设置

将鼠标器指针移动到所要调整列宽的边沿线上，这时指针变成一双箭头，此时若双击鼠标左键，则列宽将变化为最合适该列显示的列宽；用户也可以拖动该双箭头左右移动，在适当的时候释放鼠标则可设置所需要的列宽。

（2）用功能区命令设置

在工作区中选中待设置的“列”，在“开始”功能区中，点击“单元格”组中的“格式”下拉列表。在下拉列表中，用户可以选择“自动调整列宽”命令，如图 13－55，Excel 2016 设置当前列最适合的列宽。若用户要精确设置列宽，则选择“列宽”命令，系统将跳出“列宽”对话框，用户在对话框中填入指定值，然后点击“确定”按钮，即可完成设置。

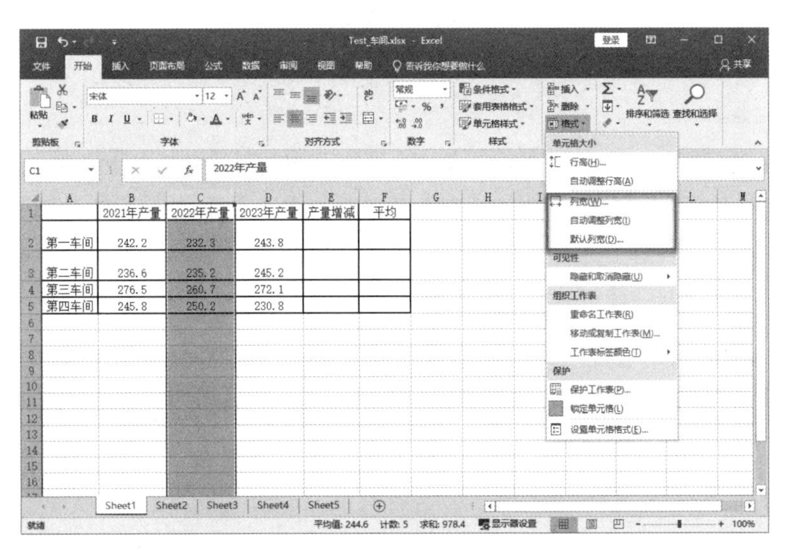

图 13－55　调整列宽命令

13.6.4　合并与拆分单元格

制作电子表格时，部分单元格中数据较多，部分较少，这样就影响了表格的整体美观，这时可通过合并和拆分单元格来调整表格样式。

1. 合并单元格

将多个单元格合并为一个单元格,可以满足大段数据的显示。例如,表格标题的内容较多,通常需要占用多个单元格,这时就需要合并单元格。

合并单元格的具体操作步骤如下:

① 打开需要操作的工作表,选中需要合并的单元格区域。

② 在“开始”选项卡功能区的“对齐方式”组中,单击“合并后居中”按钮右侧的下拉按钮,在弹出的下拉列表中选择合并方式,如“合并后居中”,如图 13－56 所示。

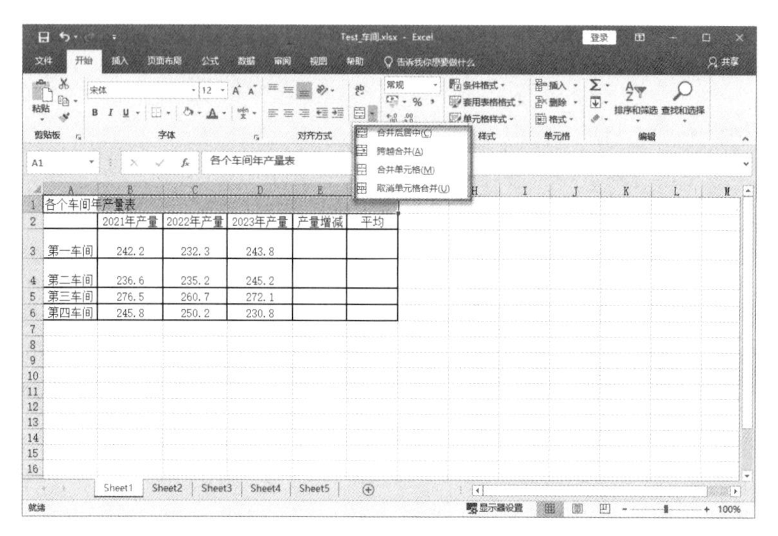

图 13－56 “合并后居中”下拉列表

③ 选中的多个单元格将合并成一个单元格,并居中显示单元格内容。

对单元格进行合并操作时,有“合并后居中”“跨越合并”和“合并单元格”3 种合并方式,它们的功能如下。

合并后居中:将选中的多个单元格合并为一个大单元格,并将新单元格内容居中显示。

跨越合并:将相同行中的所选单元格合并到一个大单元格中。

合并单元格:将选择的多个单元格合并成一个较大的单元格,新单元格中的内容仍以默认的对齐方式“垂直居中”进行显示。

> 合并多个单元格时,只有一个单元格(如果是从左到右的语言,则为左上角单元格;如果是从右到左的语言,则为右上角单元格)的内容会显示在合并单元格中。合并的其他单元格的内容会被删除。

2. 拆分单元格

在 Excel 2016 中,只允许对合并后的单元格进行拆分,并将它们还原为合并前的单元格个数。拆分单元格的方法为:选中合并后的单元格,在开始功能区中,单击“合并后居中”按钮右侧的下拉按钮,在弹出的下拉列表中单击“取消单元格合并”命令即可。

13.6.5 隐藏行和列

为保护工作表中的部分内容,可以通过设置隐藏行或列来实现,操作方法如下:

1. 用鼠标器操作实现

在使用鼠标拖动的方法改变单元格的行高或列宽时,如果将高度或者宽度调整得很小,则该行或列会从屏幕上消失,这些行或列并不是被删除了,而是暂时被隐藏起来。

要将被隐藏的行或列重新显示出来,可以将鼠标指针移动到隐藏行或列的交界处,当指针变成“ ”

或“ ”时，拖动或双击鼠标器，即可取消隐藏。

2. 用快捷菜单命令操作

选定待隐藏的行或列，右击鼠标，在弹出菜单中，执行“隐藏”命令，如图 13 - 57 所示，即可实现隐藏效果。若用户需要取消隐藏，则在隐藏的行或列位置，右击鼠标，在弹出菜单中执行“取消隐藏”命令，如图 13 - 57 所示，则可以将隐藏的行或列重新显示出来。

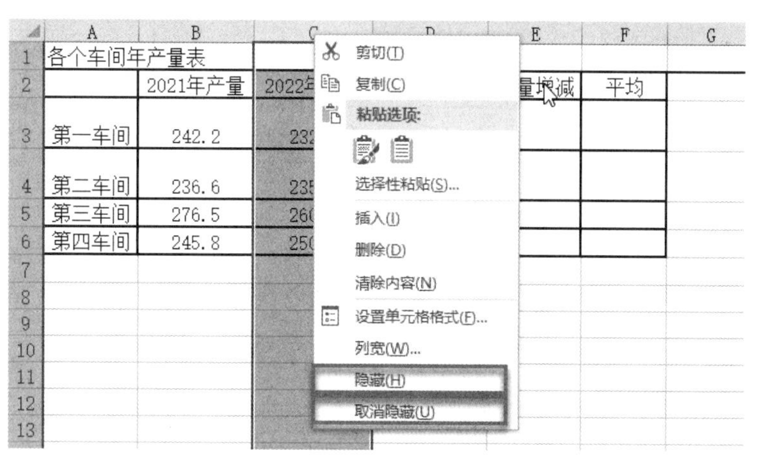

图 13 - 57 隐藏及取消隐藏命令

13.7 工作表的格式化

工作表的格式化就是通过设置工作表中的字体、字号、颜色、背景和边框等显示效果，突出文字内容、增强显示效果，使得用户能更快发现数据的差异及价值，从而提高工作效率。

13.7.1 自动套用格式

在 Excel 2016 中，设有套用工作样式模板，使用模板可以节省格式化工作表的时间。在“开始”选项卡功能区的“样式”组中，单击“套用表格格式”下拉按钮，系统弹出下拉列表，如图 13 - 58 所示。

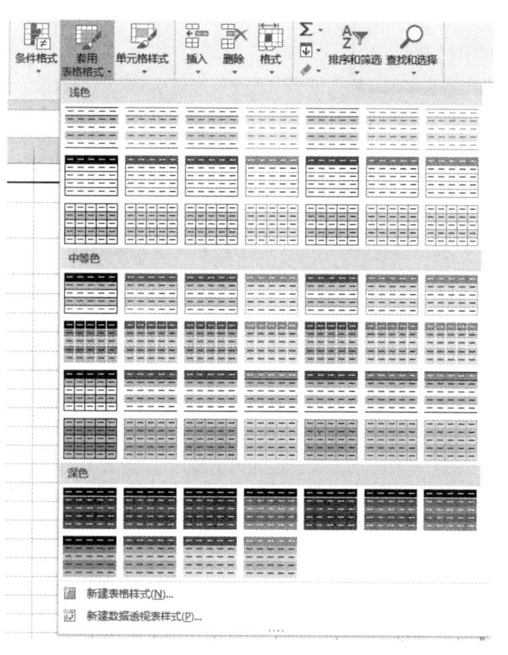

图 13 - 58 “套用表格格式”呈现的样式

在列表中，用户可以依据需要单击要套用的工作表样式，Excel 2016 会打开“套用表格式”对话框，如图 13－59 所示。用户可在其中选择套用工作表样式的范围，然后单击“确定”按钮完成设置。这里我们选择“蓝色，表样式浅色 9”为例，显示效果如图 13－60 所示。

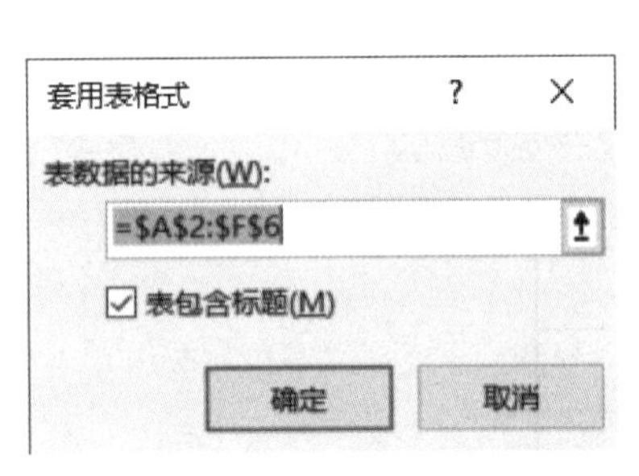

图 13－59　“套用表格式”对话框

列1	2021年产	2022年产	2023年产	产量增	平均
第一车间	242.2	232.3	243.8		
第二车间	236.6	235.2	245.2		
第三车间	276.5	260.7	272.1		
第四车间	245.8	250.2	230.8		

图 13－60　表格样式实现效果

13.7.2　设置数据格式

1. 设置文字外观格式

（1）使用功能区命令设置

对文字进行格式化设置，最简单的方法就是选中要设置的对象，然后使用“开始”选项卡功能区上的按钮命令实现，其效果可以立即体现在表格中。设置字体常见的功能按钮如图 13－61 所示。

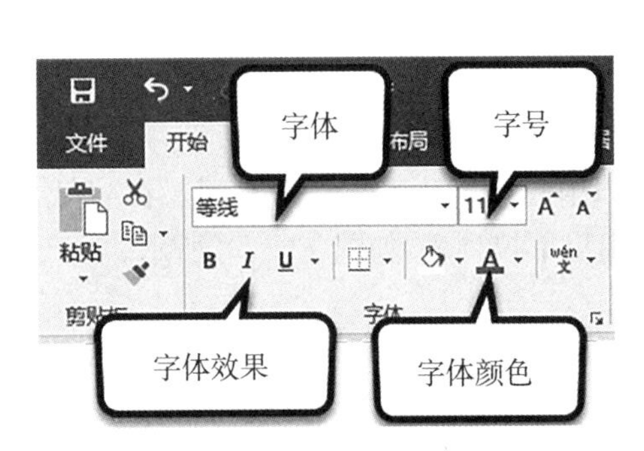

图 13－61　字体常用工具按钮

图 13－62　特殊字体样式原始数据

（2）使用“设置单元格格式”对话框设置

功能区的按钮命令提供了最常见的操作功能，但对于更为复杂的设置，如 X^3（上标）、H_2（下标）等，需要借助“设置单元格格式”窗口来完成。例如，如图 13－62 所示，要对单元格 C2、C4 分别设置删除线、上标的格式，具体实现步骤如下。

① 选取单元格 C2；

② 右击鼠标，在弹出菜单中选择“设置单元格格式”命令，系统将弹出“设置单元格格式”对话框，选择其中的“字体”选项卡，如图 13－63 所示。

③ 选中“删除线”复选按钮，单击“确定”按钮，即可完成删除线效果设置。

④ 双击 C4 单元格，进入文字编辑状态，选中“3”（或选中 C4 单元格后，在编辑栏中选中“3”），右击鼠标，在弹出菜单中选择“设置单元格格式”命令。

⑤ 系统打开“设置单元格格式”对话框，在“字体”选项卡中，选中“上标”前的复选框，单击“确定”按钮，完成设置。效果如图 13－64 所示。

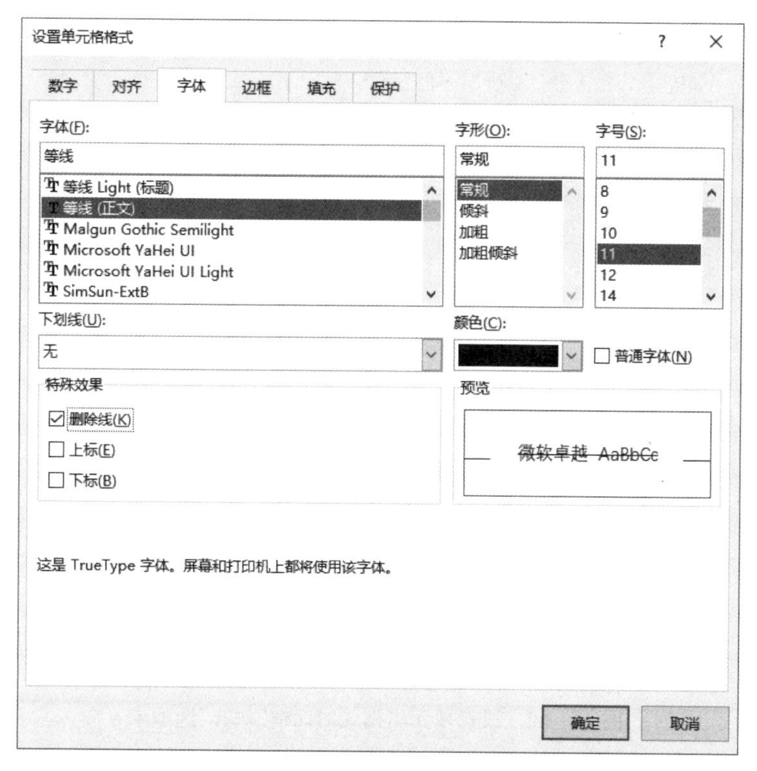

图 13－63　设置单元格格式对话框“字体”选项卡

	A	B	C	D
1				
2		删除线效果	~~这里演示删除线~~	
3				
4		上标效果	x^3	
5				
6				

图 13－64　删除线及上标设置效果

2. 设置文字对齐格式

默认状态下，单元格内的文字对齐方式是左对齐，数字是右对齐，用户可以根据自己的需要来定义单元格内数据的对齐方式。

（1）使用功能区命令实现设置

在“开始”功能区的“对齐方式”组中，有多种对齐方式设置功能，包括：垂直方向的三种、水平方向的三种、水平方向缩进的两种，以及一个方向设置下拉列表，包含顺时针、逆时针等多种更复杂的方法，如图 13－65 所示。

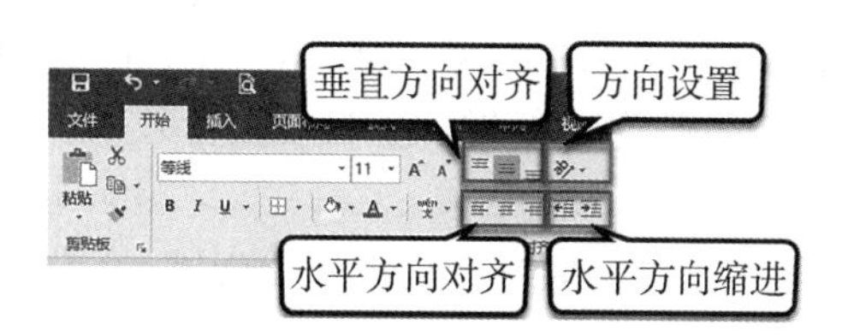

图 13－65　格式工具栏中有关于对齐方式的按钮

（2）使用“设置单元格格式”对话框实现设置

选中待设置的单元格后，右击鼠标，在弹出菜单中选择“设置单元格格式”命令，Excel 2016 打开“单元格格式设置”对话框，单击“对齐”选项卡，如图 13－66 所示。在这里，用户可以完成对齐方式的一些复杂设置，其中各项功能参见表 13－2 所示。

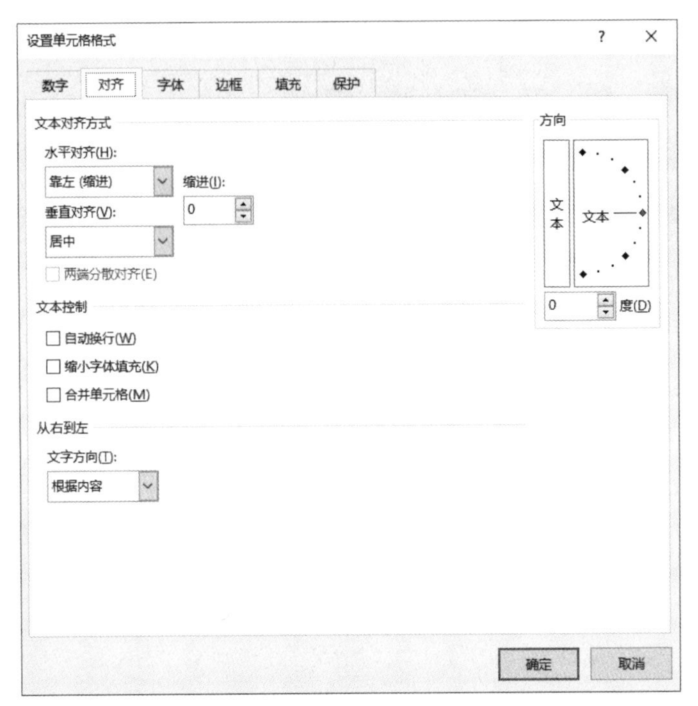

图 13－66 设置单元格格式对话框“对齐”选项卡

表 13－2 单元格对齐方式

对齐方式	功　能
水平对齐	决定单元格中文字在水平方向的对齐方式，包括：常规、靠左、居中、靠右、填充、两端对齐、跨列居中、分散对齐
缩进	决定单元格中文字在水平方向上的缩进量，仅对左对齐有效
垂直对齐	决定单元格中文字在垂直方向上的对齐方式，包括：靠上、居中、靠下、两端对齐、分散对齐
文本方向	在单元格中文字可以以任何方向来显示，单击左侧的“竖排文本框”可使文本方向变为垂直，也可直接在下方输入一个度数值，或者用鼠标拖动红色控点的方法旋转文本
自动换行	当单元格内的文字超出单元格边框时，自动换行
缩小字体填充	当单元格内的文字超出单元格边框时，系统自动缩小字体来适合单元格的宽度
合并单元格	将两个或多个单元格合并为一个单元格，主要用于设置表格的标题等

水平方向上的“靠左”“居中”“靠右”命令分别对应于功能区上的相应按钮，而功能区上的“合并及居中”按钮则是选择水平方向上的“居中”命令和“合并单元格”复选框的组合。

图 13－67 是对齐方式的各种显示效果。其中，标题部分是从 A1 到 G1 单元格范围的合并及居中对齐；“大专以上文化程度”（内容在 B3 单元格内）在 B3：D3 范围内跨列居中，“高中以上文化程度”（内容在 E3 单元格内）在 E3：G3 范围内跨列居中。另外，除了常规的水平和垂直对齐设置外，“年份”在 A4 单元格内采用文本竖排方式，C4、D4、F4 和 G4 单元格增加了自动换行效果。

3. 设置数字型数据格式

数字对象有不同的含义和表示方法，如小数点位数、货币形式、百分数等。用户可以使用如下两种方法进行设置。

（1）使用选项卡命令按钮设置

利用“开始”选项卡功能区的“数字”组按钮，设置数字格式，如图 13－68 所示，功能如下。

① “货币样式”按钮：为选中的数值型数据前加上人民币符号（￥）或者其他币种符号（如美元＄）；

② “百分比样式”按钮：将选中的数值型数据乘以 100 后加上百分号，成为百分比表示形式，如 0.5 显示为 50％；

凤凰股份公司文化结构变动分析表						
	大专以上文化程度			高中以上文化程度		
年份	人数(A)	定基速度(%)	环比速度(%)	人数(B)	定基速度(%)	环比速度(%)
1991	5187	100	—	8113	100	—
1992	6336	122	122	8893	110	110
1993	14252	275	225	16074	198	181
1994	16154	311	113	15810	195	98
1995	20900	403	129	18167	224	115

图 13－67　对齐方式设置效果示例

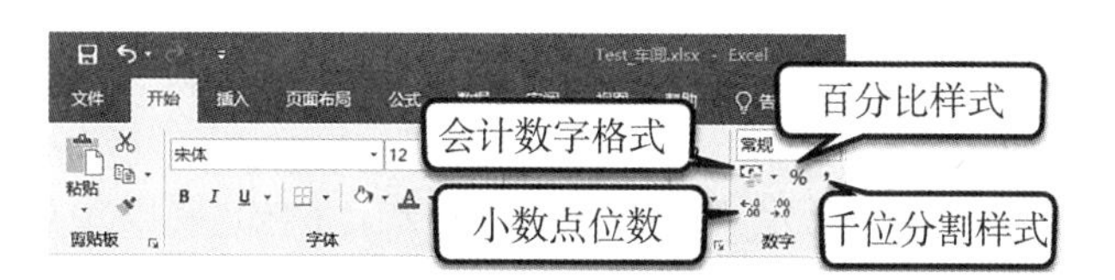

图 13－68　数字格式的设置

③ “千位分隔样式”按钮：为选中的数值型数据加上千分号，如 10000.00 显示为 10,000.00。

④ “增加小数位数”按钮：使选中的数据小数位数增加 1 位；

⑤ “减少小数位数”按钮：使选中的数据小数位数减少 1 位。

(2) 使用“设置单元格格式”对话框命令设置

选中待设置的单元格或数字对象后，右击鼠标，在弹出菜单中选择“设置单元格格式”命令，打开“设置单元格格式”对话框，选中“数字”选项卡，如图 13－69 所示，可以定义一些更为复杂的数字格式。

图 13－69　“设置单元格格式”对话框“数字”选项卡

“数字”选项卡包含几十种格式，共分成 12 类。用户在左边的“分类”列表中选定一类，在右边将会出现与之相关的一些选项。

Excel 2016 支持的数字分类是：常规、数值、货币、会计专用、日期、时间、百分比、分数、科学记数、文本、特殊和自定义。

① 常规格式：常规格式是 Excel 默认的数字格式。常规格式是指 Excel 使用整数格式(如 576)、十进制小数格式(如 576.2)，或当数字比单元格宽度长时用科学记数法(如 5.76E+15)来显示数字。

② 数值格式：包括小数位数、使用千位分隔符，以及负数的显示格式等。

③ 货币格式：可选择货币符号的格式，如"￥"等。

④ 会计专用格式：Excel 提供会计专用格式用于满足财会方面的需要，可对一列数值进行货币符号和小数点的对齐。

⑤ 日期格式：允许用各种形式表示日期。

⑥ 时间格式：允许用各种形式表示时间。

⑦ 百分比格式：以百分比形式表示数值数据，并可以设置小数位数。

⑧ 分数格式：将数值数据以分数形式而不是小数形式显示。

⑨ 科学记数格式：以指数记数法表示数值数据。

⑩ 文本格式：将数值数据作为文本处理。

⑪ 特殊格式：将数值数据设置一些特殊格式，如数据为 200，设置成"中文大写数字"格式后，显示为"贰佰"。

⑫ 自定义格式：用户可以选择或自己定义需要的数字格式。例如，要以"03 年 5 月 1 日"的格式显示数据时，我们可以在"类型"框中输入：yy"年"m"月"d"日"。

13.7.3 设置单元格的边框和背景

1. 设置单元格的边框格式

尽管可以在系统默认状态下看到每个单元格都有边框，但是这些灰色的线条称为网格线，在打印的时候（默认状态下）是不打印的，并且这些网格线显示效果也不理想，要设置更为美观的格式，需要为表格添加实际的边框线。

（1）使用功能区中的按钮设置边框

首先选择要添加边框线的区域，在"开始"功能区中，点击"字体"集合中的"下框线"按钮旁的下三角箭头，系统弹出一个下拉列表，如图 13－70 所示，单击其中的按钮可以为选择的区域添加相应位置和线型的边框线。

图 13－70 格式工具栏中有关于边框格式的按钮

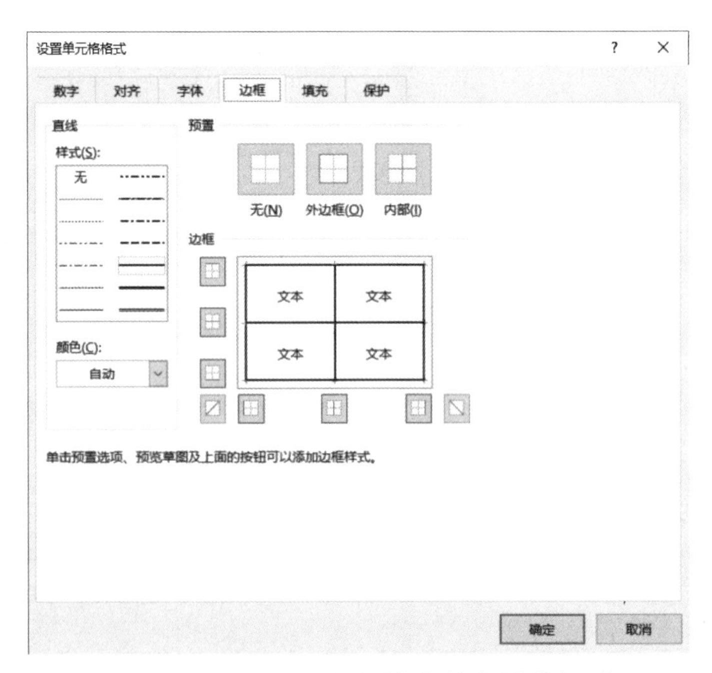

图 13－71 "设置单元格格式"对话框"边框"选项卡

（2）使用"设置单元格格式"对话框设置边框

功能区上的按钮所能添加的边框线型是有限的，可以使用"设置单元格格式"对话框中的"边框"选项卡完成更为复杂的设置，如图 13－71 所示。

在使用“边框”选项卡绘制表格边框时，首先要选择线条的样式，并为其选择一种合适的颜色，然后再单击“边框”区域中的按钮确定边框的位置，在预览区中可以看到设置的草图。

2. 设置单元格背景和底纹

Excel 2016 中除了可以为表格加上边框之外，还可以为单元格添加背景和底纹，以突出重要的或是提示性的内容。

(1) 使用功能区中的按钮设置底纹

填充单元格或者区域的背景色可以用“开始”选项卡功能区中的“填充颜色”按钮，颜色的选择可以单击按钮旁的下三角箭头，在下拉列表中寻找需要的颜色，如图 13－72 所示。

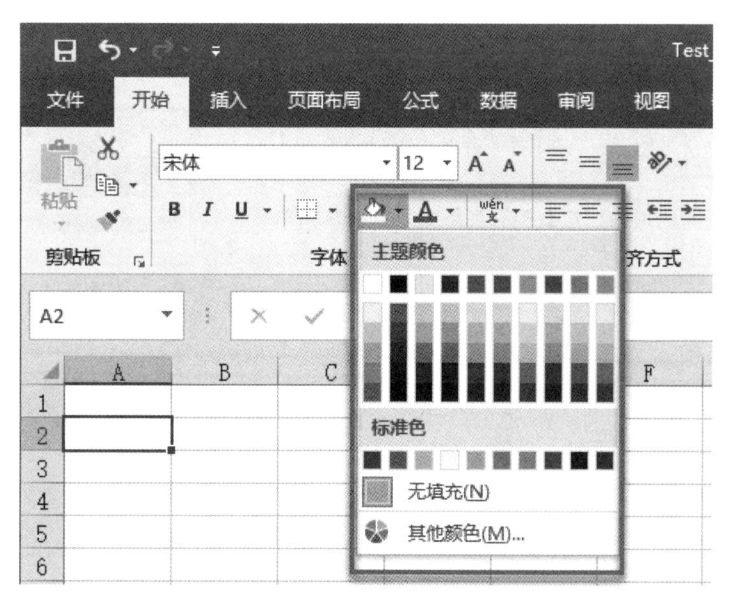

图 13－72　功能区中填充颜色按钮及下拉列表

(2) 使用“设置单元格格式”对话框设置底纹

使用“填充颜色”按钮只能设置选定单元格或区域的背景色，如果要设置更为丰富的单元格底纹，用户可以使用“设置单元格格式”对话框中的“填充”选项卡实现，如图 13－73 所示。在“填充”选项卡中，“图案样式”下拉列表提供多种条纹和剖面线供用户选择。

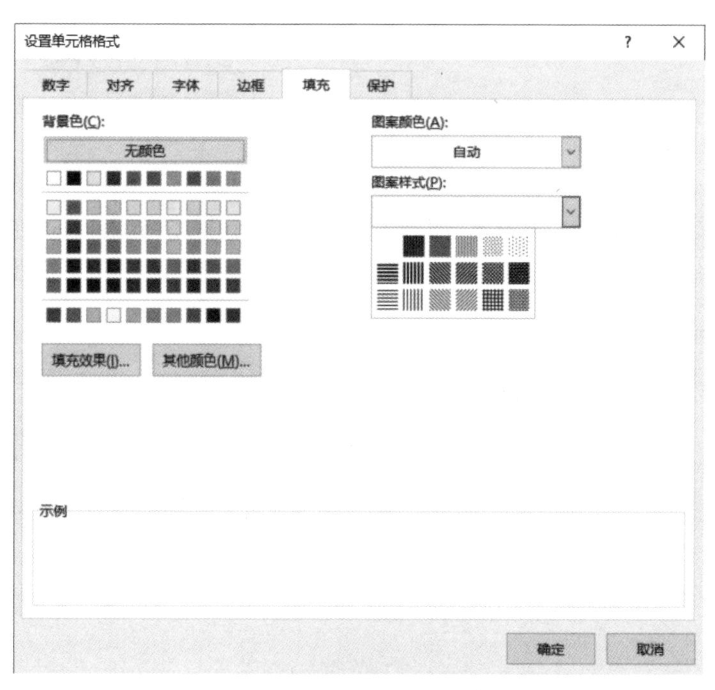

图 13－73　“设置单元格格式”对话框“填充”选项卡

13.7.4　使用条件格式

当一个单元格的格式设置好以后，它是不会随着数字的改变而改变的。“条件格式”可以实现对单元格中的数据设置相关条件，依据条件显示出不同的格式效果。我们通过一个实例来介绍条件格式的设置，案例数据如图 13-74 所示。

1. 使用条件设置字体颜色

要求是，设置学生成绩为 100 分的数据，单元格加上红色边框；学生成绩在 60 分以下的数据，单元格显示为“浅红色填充色及深红色文本”。具体步骤如下：

① 选取 D3：G13 区域，点击功能区中“样式”集合中的“条件格式”，选择“突出显示单元格规则”中的“等于(E)”，如图 13-75 所示。

	A	B	C	D	E	F	G	H
1	高二（2）班考试成绩表(2022学年第二学期)							
2								
3	学号	姓名	性别	数学(考试)	政治(考查)	物理(考试)	英语(考试)	考试课总成绩
4	1001	向果冻	男	76	79	82	74	
5	1016	陈海红	女	88	74	78	77	
6	1002	李财德	男	57	54	53	53	
7	1003	谭　圆	女	85	71	77	67	
8	1004	周　敏	女	91	68	82	76	
9	1014	王向天	男	74	67	77	84	
10	1006	沈　翔	男	86	79	87	100	
11	1008	司马燕	女	100	73	88	68	
12	1010	刘山谷	男	87	93	96	90	
13	1012	张雅政	女	45	67	58	78	
14	平均分							
15	最高分							

图 13-74　案例数据

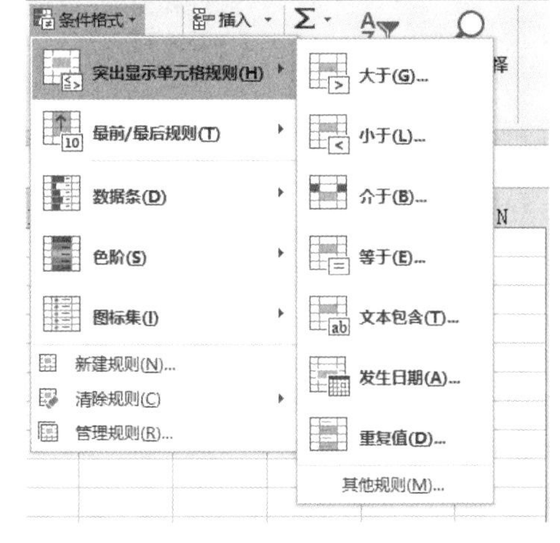

图 13-75　“突出显示单元格规则”显示的内容

② 在“等于”对话框中，第一个编辑框中输入 100，“设置为”下拉列表选择“红色边框”，如图 13-76 所示。点击“确定”按钮，完成条件格式设置。

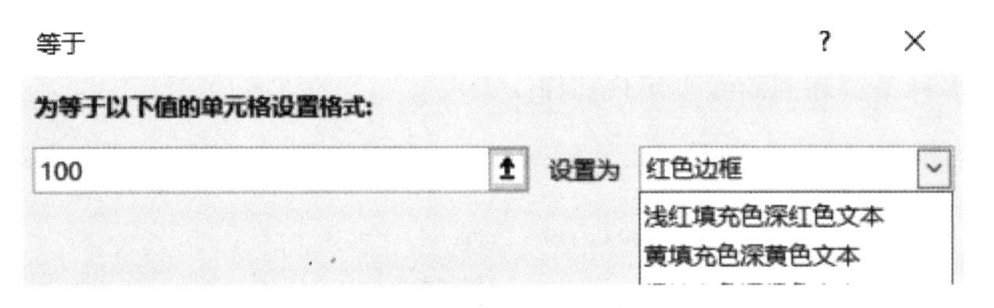

图 13-76　“等于”对话框

③ 继续选择“突出显示单元格规则”中的“小于(L)”，在“小于”对话框中，第一个编辑框中输入 60，“设置为”下拉列表选择“浅红色填充色深红色文本”，如图 13-77 所示，点击“确定”按钮，完成条件格式设置。

图 13-77　“小于”对话框

上述设置的效果如图 13-78 所示。

	A	B	C	D	E	F	G	H
1	高二（2）班考试成绩表(2022学年第二学期)							
2								
3	学号	姓名	性别	数学(考试)	政治(考查)	物理(考试)	英语(考试	考试课总成绩
4	1001	向果冻	男	76	79	82	74	
5	1016	陈海红	女	88	74	78	77	
6	1002	李财德	男	57	54	53	53	
7	1003	谭　圆	女	85	71	77	67	
8	1004	周　敏	女	91	68	82	76	
9	1014	王向天	男	74	67	77	84	
10	1006	沈　翔	男	86	79	87	100	
11	1008	司马燕	女	100	73	88	68	
12	1010	刘山谷	男	87	93	96	90	
13	1012	张雅政	女	45	67	58	78	
14	平均分							
15	最高分							
16								

图 13－78　条件格式设置效果

2. 使用数据条显示数据

数据可视化可以更好地发现数据之间的差异，Excel 2016 在条件格式中，提供了“数据条”“色阶”和“图标集”功能，提供可视化的数据显示效果。这里介绍下利用“数据条”显示数据的方法。选取需要设置的数据，如前文中图 13－74 中的 D3：G13 区域，点击功能区中“样式”集合中的“条件格式”，选择“数据条”下的“实心填充”(蓝色)，如图 13－79 所示。执行效果如图 13－80 所示，成绩数据使用“条形图”显示，用户更容易观察到高分成绩和低分成绩，发现数据之间的差异。

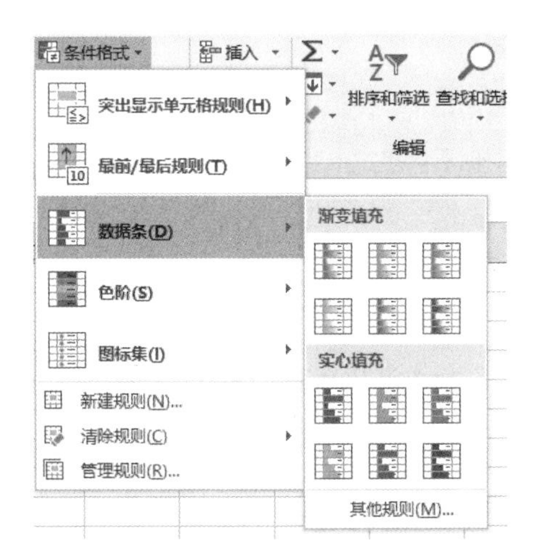

图 13－79　条件格式数据条设置命令

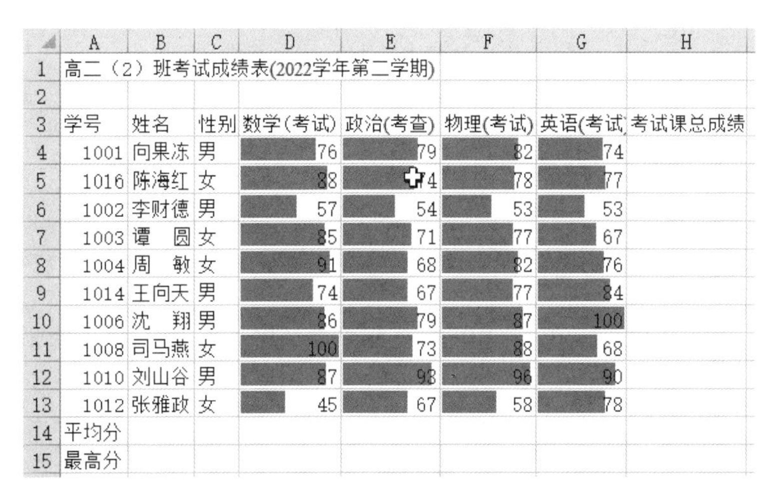

	A	B	C	D	E	F	G	H
1	高二（2）班考试成绩表(2022学年第二学期)							
2								
3	学号	姓名	性别	数学(考试)	政治(考查)	物理(考试)	英语(考试	考试课总成绩
4	1001	向果冻	男	76	79	82	74	
5	1016	陈海红	女	88	4	78	77	
6	1002	李财德	男	57	54	53	53	
7	1003	谭　圆	女	85	71	77	67	
8	1004	周　敏	女	91	68	82	76	
9	1014	王向天	男	74	67	77	84	
10	1006	沈　翔	男	86	79	87	100	
11	1008	司马燕	女	100	73	88	68	
12	1010	刘山谷	男	87	93	96	90	
13	1012	张雅政	女	45	67	58	78	
14	平均分							
15	最高分							

图 13－80　数据条设置效果

13.7.5　格式复制和删除

在设置好了一种单元格格式后，如果其他单元格也要设置成同样的格式，用户可以不必重新设置，只需要使用格式复制功能将格式复制到目标单元格。同样，用户也可以清除不需要的单元格格式。

1. 格式的复制

（1）用“格式刷”按钮复制格式

“格式刷”是一个专门用于进行格式传递的工具，如图 13－81 所示。只要选择要复制格式的源单元格，单击“格式刷”按钮，再选取目标单元格，就能进行格式的复制。

如果要复制格式的目标不止一处，则可以双击“格式刷”按钮，分别选取目标单元格，复制完毕后，再单击格式刷按钮使之复位。

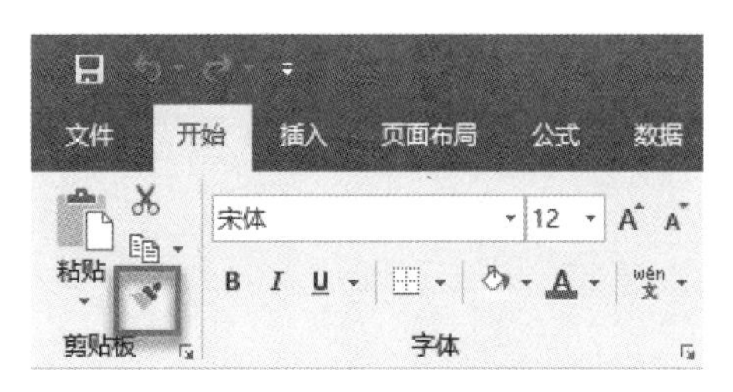

图 13－81　格式化命令

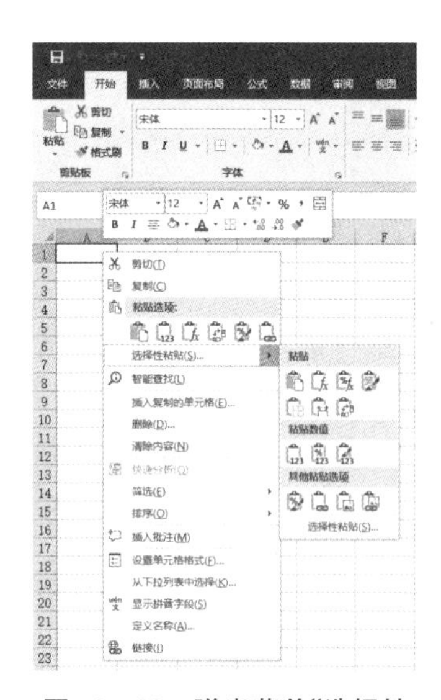

图 13－82　弹出菜单“选择性粘贴”命令

(2) 用“复制”/“粘贴”命令复制格式

一般实现单元格格式的复制工作的步骤是：

① 选取要复制格式的源单元格；

② 右击鼠标，在弹出菜单中执行“复制”命令，如图 13－82；

③ 选取目标单元；

④ 右击鼠标，在弹出菜单中从“粘贴选项”选择“格式”命令：，用户也可以展开“选择性粘贴”下级菜单，从中选择“格式”命令。

用户也可以从“开始”选项卡功能区中，使用剪贴板组下的“复制”和“粘贴”(包括其下拉列表中的其他命令)命令，如图 13－83 所示，实现上述操作。

2. 格式的删除

要删除已经设置好的格式，可以选取目标单元格或区域后，在“开始”功能区中的“编辑”集合中，点击“清除”下拉列表，在其中选择“格式”命令，如图 13－84 所示。

图 13－83　功能区“粘贴”下拉列表

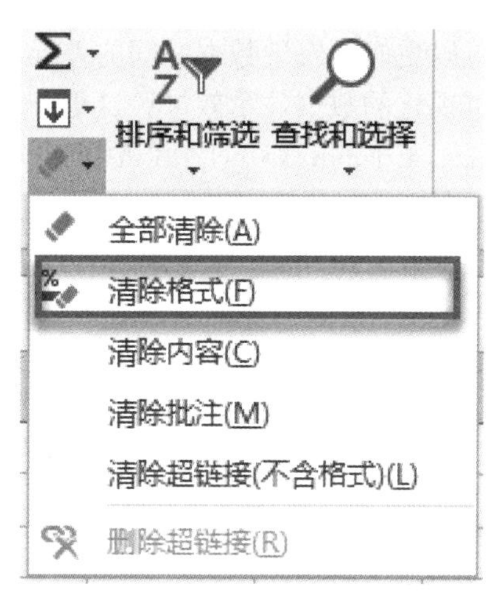

图 13－84　“清除格式”按钮

格式清除后单元格中的数据将以默认格式来表示，格式的删除将不影响单元格中的原有内容。

第 14 章　数 据 运 算

支持复杂的公式计算以及提供丰富函数，是 Excel 2016 成为强大的数据管理和分析软件的重要因素。Excel 2016 提供了大量的实用函数，熟练使用公式及 Excel 函数，将极大提高用户的工作效率。

14.1　使用公式计算数据

14.1.1　简单公式的输入

在 Excel 2016 中，最简便实现计算就是“自动计算”功能。下面就由“自动计算”开始，介绍 Excel 2016 的计算功能。

1. 自动计算

在没有输入任何公式的情况下，Excel 2016 可以使用自动计算功能。在窗口的状态栏中显示所选择区域数字的平均值、数量、最大值、最小值以及所有数字的和等。步骤为：

① 选择要计算的数据区域，系统默认状态下，在工作表窗口底部的状态栏中显示此区域的平均值、计数值和求和值等信息，如图 14－1 所示。

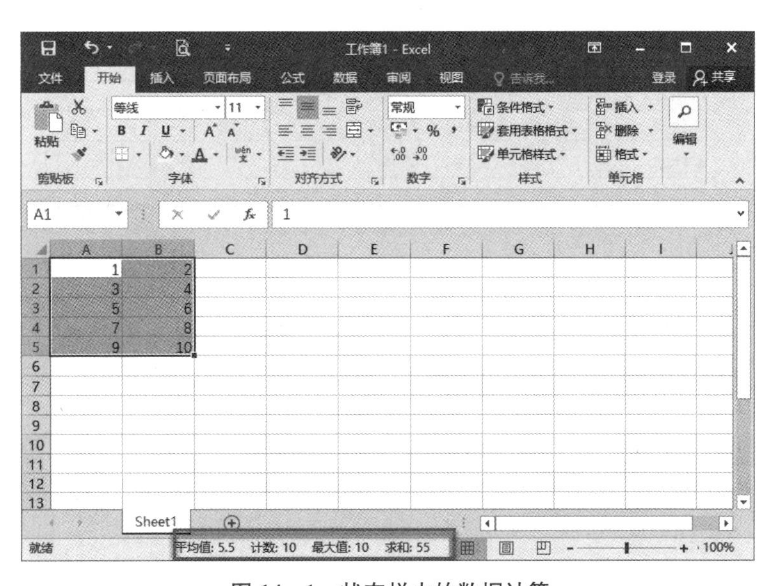

图 14－1　状态栏中的数据计算

② 如果要执行其他类型的“自动计算”，可以用鼠标右击状态栏的任意位置，在弹出的快捷菜单中选择需要执行的计算类型，如图 14－2 所示。

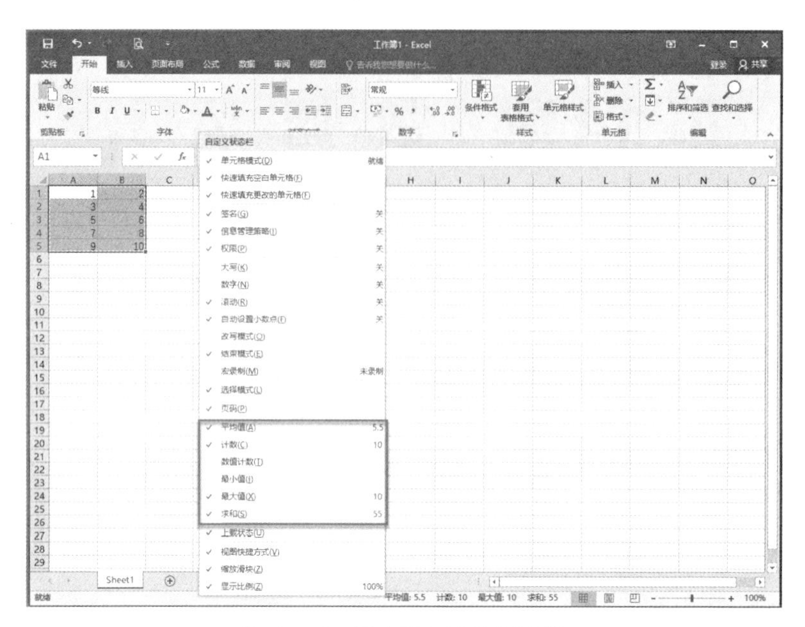

图 14－2　状态栏中的数据计算

2. 自动求和计算

首先介绍的“自动计算”只是一种最简单的计算，它仅仅在状态栏中显示一个计算结果的数值，并没有将这个计算结果填入工作表中的任何一个单元格，也不能被其他单元格引用。“求和”是最常用的统计运算，为了在工作表中确切地记录一个求和计算的结果，常用的工具就是“自动求和”命令。常用如下两种方式实现调用。

(1) *在最接近数据源的区域中自动求和*

例如，现有一份图书销售统计表，如图 14－3 所示。现需要完成对图书信息的“分类合计”和“月份合计”工作，它们分别对应行或列的求和计算。具体操作方法是：

	A	B	C	D	E	F	G
1	图书销售统计表						
2							
3		一月份	二月份	三月份	四月份	分类合计	最大销量
4	科技类	65.32	54.34	40.60	56.45		
5	金融类	37.23	23.12	34.23	23.18		
6	教育类	101.78	134.21	123.89	123.12		
7	外语类	78.56	69.85	56.68	45.98		
8	生化类	45.12	41.29	38.92	67.21		
9	工程类	43.16	34.85	29.12	56.14		
10	月份合计						
11							

图 14－3　自动求和示例

① 选取 B3∶F10 区域，这个区域包括一个空行和一个空列用于存放求和结果，如图 14－3 所示。

② 在“开始”选项卡功能区中“编辑”集合中，点击“自动求和”按钮，如图 14－4 所示。

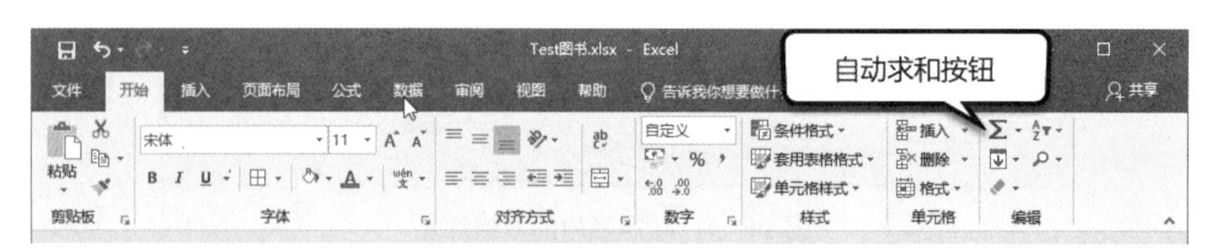

图 14－4　自动求和按钮

③ Excel 执行自动求和命令，分别在对应行与列，给出求和结果，如图 14－5 所示。

	A	B	C	D	E	F	G
1	图书销售统计表						
2							
3		一月份	二月份	三月份	四月份	分类合计	最大销量
4	科技类	65.32	54.34	40.60	56.45	216.7	
5	金融类	37.23	23.12	34.23	23.18	117.8	
6	教育类	101.78	134.21	123.89	123.12	483.0	
7	外语类	78.56	69.85	56.68	45.98	251.1	
8	生化类	45.12	41.29	38.92	67.21	192.5	
9	工程类	43.16	34.85	29.12	56.14	163.3	
10	月份合计	371.17	357.66	323.44	372.08	1,424.35	
11							

图 14－5 自动求和结果

（2）自动求和的一般方法

自动求和的一般方法是：先确定结果存放的位置，单击“自动求和”按钮，然后选取求和的范围，最后按回车键即可。

例如，在图 14－3 所示的图书销售统计表中，我们希望将一月份合计的数据存放在 B10 单元格中，步骤为：

① 选中 B10 单元格，单击“开始”选项卡功能区中的“自动求和按钮”：Σ ▾，在 B10 单元格中会显示“＝SUM(B4：B9)”，如图 14－6 所示；

	A	B	C	D	E	F	G
1	图书销售统计表						
2							
3		一月份	二月份	三月份	四月份	分类合计	最大销量
4	科技类	65.32	54.34	40.60	56.45	216.7	
5	金融类	37.23	23.12	34.23	23.18	117.8	
6	教育类	101.78	134.21	123.89	123.12	483.0	
7	外语类	78.56	69.85	56.68	45.98	251.1	
8	生化类	45.12	41.29	38.92	67.21	192.5	
9	工程类	43.16	34.85	29.12	56.14	163.3	
10		=SUM(B4:B9)					
11		SUM(number1, [number2], ...)					
12							

图 14－6 指定自动求和保存位置

② 按回车键，求和结果将出现在 B10 单元格中。

求和的范围可以为单个区域，也可以是多个区域，甚至是三维区域，选择范围的方法和区域选取的方法一致。

14.1.2 使用公式计算

1. 公式输入

在 Excel 2016 中，利用计算公式可以完成基本的数学运算，如加法、减法、乘法等，也可以进行复杂的数学运算，如求平方，或者在公式中使用各种函数进行计算。

输入公式时，要在公式的最前面输入一个“＝”（等号），表示公式输入的开始。

例如，在图 14－7 所示的股票行情数据中，要计算股票 A 的涨跌情况，其中：涨跌％＝（今收盘－前收盘）÷前收盘×100。步骤如下：

PHONETIC　=(E3-B3)/B3*100

	A	B	C	D	E	F	G
1	部分股票行情						
2	股票简称	开盘	最高	最低	今收盘	涨跌(%)	
3	股票A	10.77	11.13	11.1	10.6	=(E3-B3)/B3*100	
4	股票B	8.1	8.20	8.34	8.06		
5	股票C	7.68	7.51	7.68	7.25		
6	股票D	9.65	9.78	9.85	9.60		
7	平均						
8	最小						
9							

图 14－7　表达式输入示例

① 选中 F3 单元格；

② 输入“＝(”，单击 E3 单元格，输入减号“－”，单击 B3，输入“)/”，单击 B3 单元格，输入“ * 100”，即可得编辑区域的公式“＝(E3－B3)/B3 * 100”，按回车键，结果出现在 F3 单元格中。

除了用鼠标器选取要引用的单元格外，在公式中引用单元格还可以直接在公式中输入单元格的地址或区域的名称，也就是说上述公式的建立在选取 F3 单元格后，直接输入“＝(E3－B3)/B3 * 100”，然后按回车键即可。

2. 公式的运算次序

Excel 2016 中的公式遵循一个特定的语法和次序，与数学运算规律一样，最简单的规则就是从左到右，先乘除后加减，在有括号(只允许是小括号)的情况下先内层后外层。

3. 公式中的运算符

在 Excel 2016 中，主要用到以下 3 种类型的运算符：算术运算符、比较运算符、文本运算符。

(1) 算术运算符

算术运算符用于完成基本运算，如加、减、乘、除等，算术运算符有：“＋”(加)、“－”(减)、“ * ”(乘)、“/”(除)、“^”(乘方)、“%”(百分比)。

(2) 文本运算符

使用文本运算符“&”可以连接一个或多个字符，例如“首都”&“北京”的结果为“首都北京”。

(3) 比较运算符

比较运算符用来比较两个数的大小，返回的是一个逻辑值：TRUE(真)或者 FALSE(假)。比较运算符有：“＝”(等于)、“＞”(大于)、“＜”(小于)、“＞＝”(大于或等于)、“＜＝”(小于或等于)、“＜＞”(不等于)。

14.2　使用函数计算

Excel 2016 中提供的函数是一些预定义的公式，它们使用一些称为参数的特定数值按特定的顺序或结构进行计算。Excel 2016 有几百个函数，其内容涵盖了包括数学和三角函数、统计函数、逻辑函数、金融函数、工程函数、信息函数等各个方面，利用函数不仅能够提高效率，而且可以减少在数据处理过程中的错误。

14.2.1　函数的结构

Excel 2016 中函数最常见的结构是以函数名称开始，然后是一对圆括号，括号中是函数的参数(若有多个参数，需要逗号分隔)。例如，求和函数 SUM 的标准结构为：

SUM(number1,number2,…)

函数中的参数可以是数字、文本、逻辑值或者单元格引用等，相关形式如下。

① 单元格引用：公式中最常见的参数是要引用的单元格区域地址，例如，D10：J10，就是引用了从 D10 到 J10 之间的所有单元格区域。

② 数字：普通的运算数字，例如，在 SUM 函数中加入数字 SUM(D10：J10,50)，则运算结果为区域 D10：J10 内的数值之和再加上 50。

③ 文本：文本表达一个字符串，例如，函数 IF(D10>10,“是”,“否”)，函数的运算结果为：当 D10 单元格中的数值大于 10 时，函数返回字符串“是”，否则函数返回字符串“否”。

④ 逻辑值：逻辑值即 TRUE 和 FALSE。逻辑参数也可以是一个语句，例如，上例中的 D10>10 就是一个逻辑判断语句，它可以自动判别条件成立与否，成立则返回值 TRUE，否则就返回 FALSE。

14.2.2　函数的输入

如果用户对所使用的函数非常熟悉，那么在单元格内直接输入函数是最简便的方法。但是，在很多情况下，用户并不清楚所要使用的函数的参数类型及其排列顺序，因此，可以利用 Excel 2016 中提供的“插入函数”功能来快速进行函数的输入。

在“开始”选项卡功能区的“编辑”组中，展开“自动求和按钮” Σ▾ 右边的三角形，展开下拉菜单，如图 14－8 所示。用户可以看到这里的自动统计函数包括：求和、求平均、计数、最大值、最小值和其他函数。

图 14－8　自动求和下拉按钮

在图 14－8 中，如果单击“其他函数…”命令，或者使用编辑区域旁边的 fx 按钮，则出现“插入函数”对话框，如图 14－9 所示。

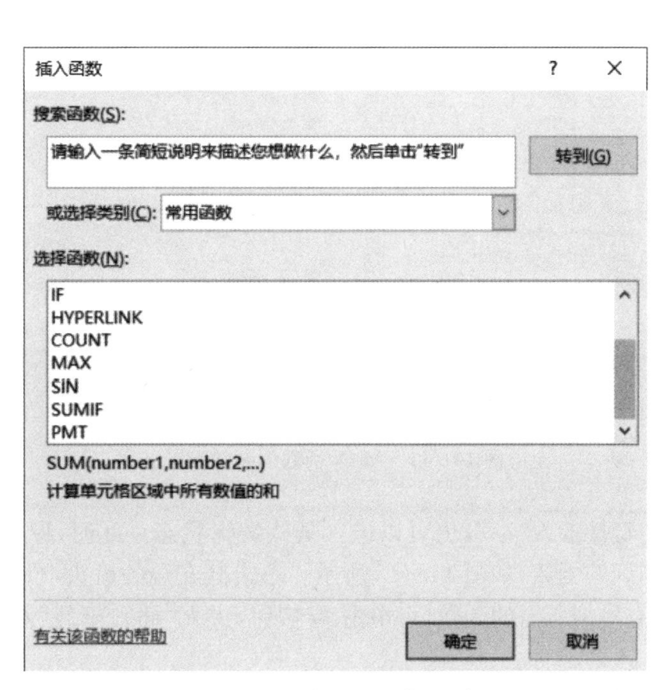

图 14－9　“插入函数”对话框

“插入函数”对话框上部分是函数类别的下拉列表，下部分是每类函数的函数名列表。用户可在函数类别列表中选择一类函数，在“选择函数”区域将显示该类别下的函数列表，点击某函数后，在下方会出现该函数的功能说明。

在“插入函数”对话框中，Excel 2016 还提供了“搜索函数”功能。用户可以输入函数功能的关键字或简单说明，如“最大”“统计”等，然后单击“转到”，则系统将列出与之相关的函数供用户选择。

例如，在图 14－10 的工作表中，要统计科技类图书的最大销量，存放在 G4 单元格中，步骤如下：

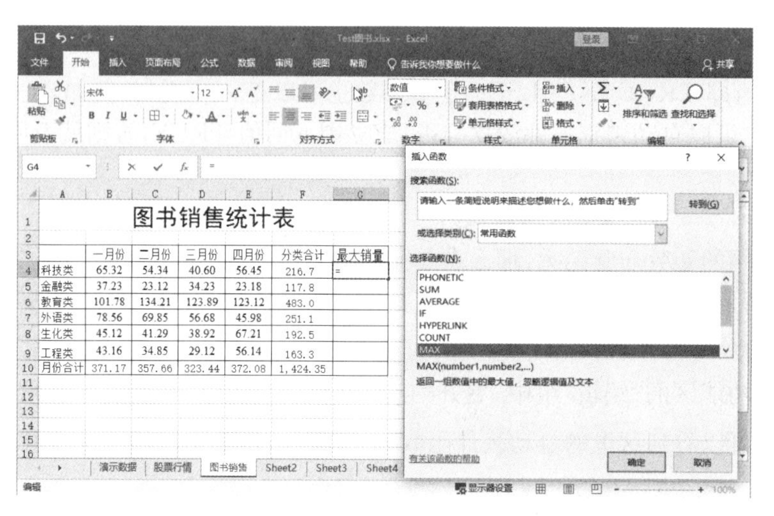

图 14－10　函数使用示例

① 选取 G4 单元格，单击 G4 单元格编辑区域旁边的 *fx* 按钮。

② Excel 2016 弹出“插入函数”对话框，如图 14－10 所示，在其中选择“常用函数”中的“MAX”函数，单击“确定”按钮。

③ Excel 2016 弹出“函数参数”对话框，如图 14－11 所示。Excel 2016 会根据数据清单中数据的情况，在函数的参数框中自动填入默认的参数范围，如果参数范围需要修改，可以重新选取。例如在此例中，可单击第一个参数框右方的折叠对话框按钮 ，选取表格的 B4：E4 区域，再单击展开对话框按钮 ，此时参数出现在参数框中，单击“确定”按钮，在 G4 单元格中出现计算结果，如图 14－12 所示。

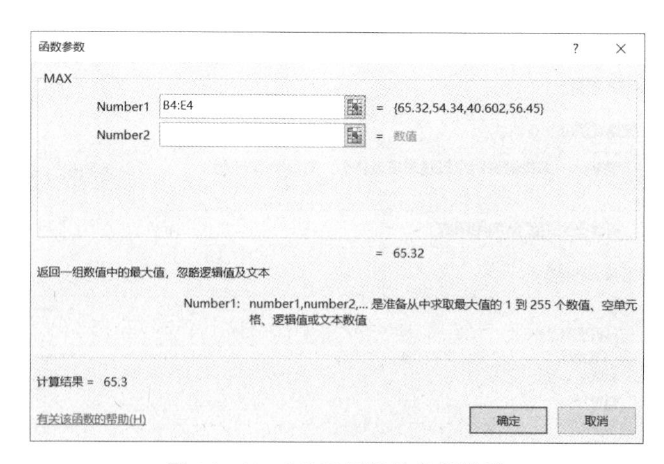

图 14－11　MAX 函数的参数设置

此外，如果在单元格中直接输入“＝”，也可以进入公式编辑状态。此时，原来名称栏的位置上会出现“函数框”，显示最近一次用到的函数，如图 14－13 所示。单击其右端的箭头，可以在函数列表框中选择其他函数。如果在列表中没有发现所需的函数，可单击 *fx* 按钮，进入“插入函数”对话框进行选择，其过程同上所述。

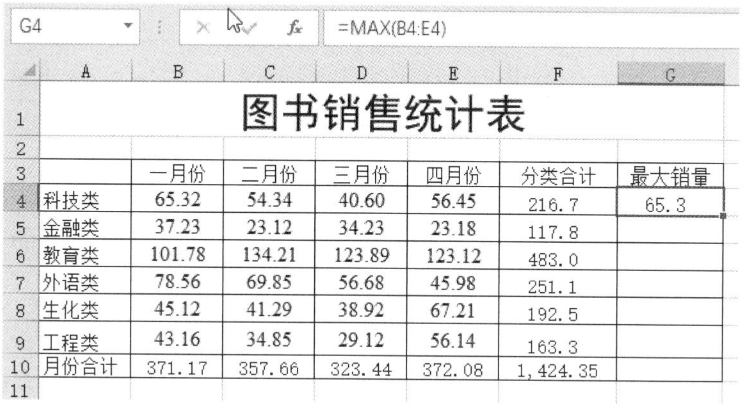

G4 =MAX(B4:E4)

	A	B	C	D	E	F	G
1	图书销售统计表						
2							
3		一月份	二月份	三月份	四月份	分类合计	最大销量
4	科技类	65.32	54.34	40.60	56.45	216.7	65.3
5	金融类	37.23	23.12	34.23	23.18	117.8	
6	教育类	101.78	134.21	123.89	123.12	483.0	
7	外语类	78.56	69.85	56.68	45.98	251.1	
8	生化类	45.12	41.29	38.92	67.21	192.5	
9	工程类	43.16	34.85	29.12	56.14	163.3	
10	月份合计	371.17	357.66	323.44	372.08	1,424.35	
11							

图 14－12 MAX 函数计算效果

MAX =

	A	B	C	D	E	F	G
1	图书销售统计表						
2							
3		一月份	二月份	三月份	四月份	分类合计	最大销量
4	科技类	65.32	54.34	40.60	56.45	216.7	65.3
5	金融类	37.23	23.12	34.23	23.18	117.8	=
6	教育类	101.78	134.21	123.89	123.12	483.0	
7	外语类	78.56	69.85	56.68	45.98	251.1	
8	生化类	45.12	41.29	38.92	67.21	192.5	
9	工程类	43.16	34.85	29.12	56.14	163.3	
10	月份合计	371.17	357.66	323.44	372.08	1,424.35	
11							

图 14－13 公式编辑状态

14.2.3 常用函数

Excel 2016 的函数类型可以分为：数据清洗类函数、关联匹配类函数、计算类函数、逻辑运算函数、时间类函数。常用的函数如表 14－1 所示。

表 14－1 Excel 2016 常见函数

序号	函数名称	作用	示例
1	SUM 函数	用于将指定范围内的所有数字相加	＝SUM(A1：A10)会将 A1 到 A10 单元格中的数字相加起来
2	AVERAGE 函数	用于计算指定范围内数字的平均值	＝AVERAGE(A1：B5)会计算 A1 到 B5 单元格中数字的平均值
3	MAX 函数	返回指定范围内的最大值	＝MAX(A1：C20)将返回 A1 到 C20 单元格中的最大值
4	MIN 函数	返回指定范围内的最小值	＝MIN(A1：C20)将返回 A1 到 C20 单元格中的最小值
5	COUNT 函数	用于计算指定范围内的数字个数	＝COUNT(A1：A10)会计算 A1 到 A10 单元格中的数字个数
6	IF 函数	用于在满足特定条件时返回一个值，否则返回另一个值	＝IF(D1＞＝60，"合格"，"不合格")会根据 D1 中的值返回合格或不合格
7	VLOOKUP 函数	用于在一个表格中查找特定值，并返回与之相关的值	＝VLOOKUP(E1，A1：B10，2，FALSE)会在 A1 到 B10 表格中查找 E1 的值，并返回相应的第二列的值
8	HLOOKUP 函数	与 VLOOKUP 类似，但是在水平方向上查找值	＝HLOOKUP(E1，A1：D5，3，FALSE)会在 A1 到 D5 表格中查找 E1 的值，并返回相应的第三行的值

续 表

序号	函数名称	作用	示 例
9	COUNTIF 函数	用于在指定范围内计算满足特定条件的单元格个数	=COUNTIF(G1：G50，">80")会计算 G1 到 G50 单元格中大于 80 的数字个数
10	SUMIF 函数	SUMIF 函数用于在指定范围内对满足特定条件的单元格求和	=SUMIF(H1：H30，"苹果"，I1：I30)会在 H1 到 H30 范围内查找“苹果”，并返回相应的 I 列的和
11	CONCATENATE 函数	用于将多个文本字符串合并为一个字符串	=CONCATENATE("Hello"，"_"，"World")会返回"Hello_World"
12	MID 函数	用于从字符串中截取指定长度的子串	=MID(A1,1,6)会从 A1 中截取从第一位开始，长度为 6 的子串
13	REPLACE 函数	用于替换，需要指定从第几个字符开始替换、替换几个字符	=REPLACE(A2,1,4,B2)会使用 B2 的内容替换 A2 中从第 1 位到第 4 位内容，返回替换后的结果
14	TODAY 函数	获取当前日期	=TODAY()返回当前日期
15	NOW 函数	获取当前日期、时间	=NOW()返回当前日期和时间
16	DATEDIF 函数	获取两个日期之间的日期差，可以获取到年数差、月数差、日数差	=DATEDIF(A11,B11,"D")，返回 A11 与 B11 单元格相差的日数。第一个参数是开始日期，第二个是结束日期，不能写反，第三参数可以是“D”(日)、“M”(月)、“Y”(年)

14.3 公式的编辑

14.3.1 修改公式

公式输入完成以后，可以依据需要对其中的内容，如区域范围、值、参数等进行修改。公式的编辑与编辑其他任何单元格的内容是完全一样的，除了上述介绍的在编辑栏或者在单元格内部直接编辑内容的方法外，还可以单击编辑栏旁边的 fx 按钮，然后使用“函数参数”对话框进行公式编辑。

14.3.2 复制公式

1. 公式的复制

公式复制是将当前单元格中的公式，复制到其他单元格中。由于复制的是公式对象，涉及公式中引用的参数，因此公式复制借助“填充柄”或者“剪贴板”完成。

例如，在图 14－14 所示的图书销售统计表中，我们需要统计金融类图书的最大销量，可以利用“填充柄”将 G4 单元格中的公式复制到 G5 单元格中，此时 G5 中的公式会自动变为：=MAX(B5：E5)，公式中

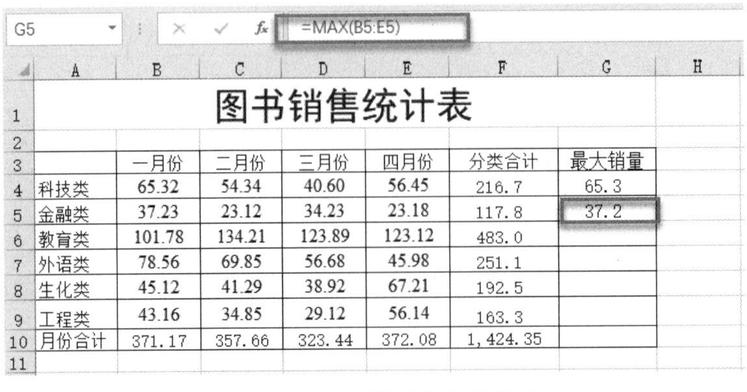

图 14－14 利用填充柄复制公式

函数参数的引用地址也随之发生变化。

用户也可以利用复制和粘贴的方法实现公式的复制。例如，我们要继续统计工程类图书的最大销量，此时存放结果的单元格为G9，中间跨过了几个单元格，此时可以进行如下操作：

① 选中G4单元格。

② 单击“开始”选项卡剪贴板集合中的“复制”按钮：，进行复制。

③ 单击G9单元格，单击“开始”选项卡剪贴板集合中的“粘贴”按钮：，则G9中的公式为：=MAX(B9：E9)。

2. 公式的移动

公式的移动将不会改变公式中的参数，只是在新位置重现原来的内容。操作具体步骤是：

① 选中待移动的单元格。

② 单击“开始”选项卡剪贴板集合中的“剪切”按钮，进行剪切。

③ 单击“目标单元格”，单击“开始”选项卡剪贴板集合中的“粘贴”按钮：，实现公式移动。

例如，如图14-15所示，G4单元格的公式移动到G6以后的结果。可以发现被移动的公式内容还保留原状。

G6 =MAX(B4:E4)

	A	B	C	D	E	F	G	H
1	图书销售统计表							
2								
3		一月份	二月份	三月份	四月份	分类合计	最大销量	
4	科技类	65.32	54.34	40.60	56.45	216.7		
5	金融类	37.23	23.12	34.23	23.18	117.8		
6	教育类	101.78	134.21	123.89	123.12	483.0	65.3	
7	外语类	78.56	69.85	56.68	45.98	251.1		
8	生化类	45.12	41.29	38.92	67.21	192.5		
9	工程类	43.16	34.85	29.12	56.14	163.3		
10	月份合计	371.17	357.66	323.44	372.08	1,424.35		
11								

图14-15 公式移动后的结果

在复制公式时，公式中引用的单元格是会随着目标单元格与原单元格相对位置的不同而发生变化的，而移动公式后，其中所有引用的单元格都不会发生任何变化。

14.3.3 单元格特定属性的复制

有时用户可能不想复制单元格中的公式而只想复制公式的结果，或者只想复制公式而不要单元格的格式等，可以使用“选择性粘贴”对话框来完成。这个对话框是为复制单元格中的特定属性而设置的，特定属性是指公式、格式、批注和数值等。用户先选取数据源区域，使用“复制”命令或“复制”按钮实现复制，右击鼠标在弹出菜单中选择“选择性粘贴”命令，Excel 2016弹出“选择性粘贴”对话框，如图14-16所示。

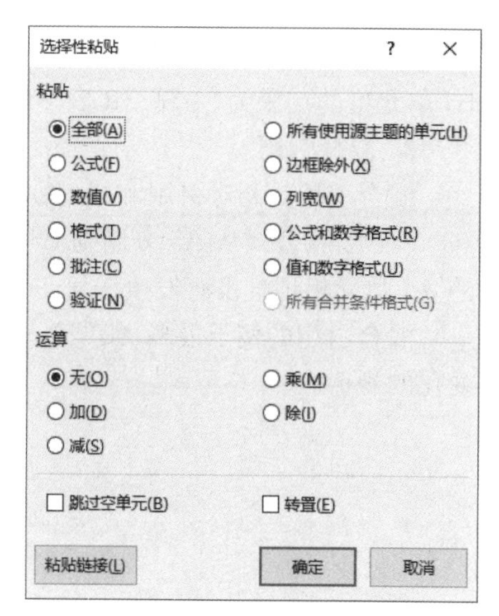

图14-16 “选择性粘贴”对话框

例如，将图14-15中的科技类图书的最大销量(即G4单元格)的“值”复制到H4单元格，步骤为：

① 选中G4单元格，右击鼠标在弹出菜单中单击“复制”命令，或者在“开始”选项卡剪贴板集合中的“复制”按钮：，实现复制。

② 选中H4单元格，右击鼠标，在弹出菜单中选择“选择性粘

贴”命令，Excel 2016 打开“选择性粘贴”对话框，如图 14－16 所示。

③ 在“选择性粘贴”对话框的“粘贴”区中选择“数值”，在“运算”区中选择“无”，单击“确定”按钮。

此时，就将 G4 单元格中公式的计算结果复制到 H4 单元格中。这时，虽然 G4 和 H4 单元格显示的数据完全一致，但是两者的内容是完全不同的，G4 单元格中是公式，而 H4 单元格中是纯粹的数值，如图 14－17 所示。

H4 | 65.32

图书销售统计表

	一月份	二月份	三月份	四月份	分类合计	最大销量	
科技类	65.32	54.34	40.60	56.45	216.7	65.3	65.3
金融类	37.23	23.12	34.23	23.18	117.8		
教育类	101.78	134.21	123.89	123.12	483.0		
外语类	78.56	69.85	56.68	45.98	251.1		
生化类	45.12	41.29	38.92	67.21	192.5		
工程类	43.16	34.85	29.12	56.14	163.3		
月份合计	371.17	357.66	323.44	372.08	1,424.35		

图 14－17 “选择性粘贴”示例结果

14.4 公式中的单元格引用

既然在公式进行复制的时候，其中引用的单元格会发生变化，那么这些变化究竟是如何产生的，又是否存在变化的规律呢？事实上，对于单元格在公式中的引用有三种：绝对引用、相对引用和混合引用。

1. 相对引用

相对引用是最常用也是 Excel 2016 默认的一种引用方式。其实，在前面函数中所用到的所有对于单元格或者是区域的引用，都是使用的相对引用，这种单元格地址的表示方式被称为相对地址。

例如，在单元格 A5 中输入公式“＝SUM(A1：A4)”，其中引用的就是单元格区域 A1：A4。此时如果将公式从 A5 复制到 B5 单元格，则公式自动变为“＝SUM(B1：B4)”，这是由于目标单元格 B5 相对于原来的单元格 A5 而言，在表格中的位置相差一列，所以在公式复制时，系统自动将公式中引用的单元格列标加 1(行号因为没有变化所以没有相对的变化量)，变为 B1：B4。

2. 绝对引用

有时候，用户是不希望公式中所引用的一些单元格地址发生变化的。于是可以在不希望发生变化的单元格地址的行号或列标前加上一个“$”符号，这种地址的表示方式被称为绝对地址。相应地，这种引用就成为绝对引用。

例如，在单元格 A5 中将公式修改为“＝SUM($A$1：$A$4)”，然后将公式从 A5 复制到 B5，此时 B5 单元格的结果为“＝SUM($A$1：$A$4)”，使用绝对引用的单元格地址没有发生任何变化。

3. 混合引用

混合引用是相对引用和绝对引用的综合。例如，在单元格 A5 中将公式修改为“＝SUM($A$1：A4)”，然后将公式从 A5 复制到 B5，此时 B5 单元格的结果为“＝SUM($A$1：B4)”，前面使用绝对引用的 A1 单元格地址没有发生任何变化，而使用相对引用的 A4 单元格地址还是发生了变化。

混合引用的例子很多，如$A1：A$4，$A1：$A4，A$1：A$4，等等，读者可以自己体会其中地址变化的规律。

第 15 章 数据管理和分析

Excel 2016 在数据组织、数据管理、数据计算和数据分析等方面，都拥有强大的功能。本章将介绍数据的排序、数据筛选、数据分类汇总及数据透视表的使用。掌握这些数据管理及分析功能，用户能更容易发现数据的规律和价值。

15.1 数据清单

Excel 2016 是一个电子表格处理软件，同时它也可以作为小型的数据库来使用。如果将 Excel 2016 中的表格当作数据库来看，则表格中的每一“行”就是数据库中的一条记录，“列”相当于数据库中的字段，一般将这样的表格称之为数据清单。在数据清单中，每列数据具有相同的形式，不存在全空的行或者列。

一个数据清单最好单独占据一个工作表，如果做不到，则至少要有一个空行和空列将表格和其他信息分隔开，数据清单内部则应避免空行或空列。

15.2 数据排序

排序是数据库中的一项重要的操作，对数据清单中的数据以不同的字段来进行排序，可以满足不同数据分析的要求。

15.2.1 单条件排序

单条件排序就是依据某列的数据规则对表格数据进行“升序”或“降序”操作，按“升序”方式排序时，最小的数据将位于该列的最前端；按“降序”方式排序时，最大的数据将位于该列的最前端。

如图 15－1 所示，将“图书销售统计表”中的数据按“分类合计”降序进行排列，具体操作如下。

① 选中“图书销售统计表”中“分类合计”下的任意单元格，然后在“数据”选项卡功能区的“排序和筛选”组中，点击“降序按钮” Z↓A，如图 15－2 所示。

	A	B	C	D	E	F	G	H
1	图书销售统计表							
2								
3		一月份	二月份	三月份	四月份	分类合计	最大销量	
4	科技类	65.32	54.34	40.60	56.45	216.7	65.3	
5	金融类	37.23	23.12	34.23	23.18	117.8	37.2	
6	教育类	101.78	134.21	123.89	123.12	483.0	134.2	
7	外语类	78.56	69.85	56.68	45.98	251.1	78.6	
8	生化类	45.12	41.29	38.92	67.21	192.5	67.2	
9	工程类	43.16	34.85	29.12	56.14	163.3	56.1	

图 15－1 图书销售统计表

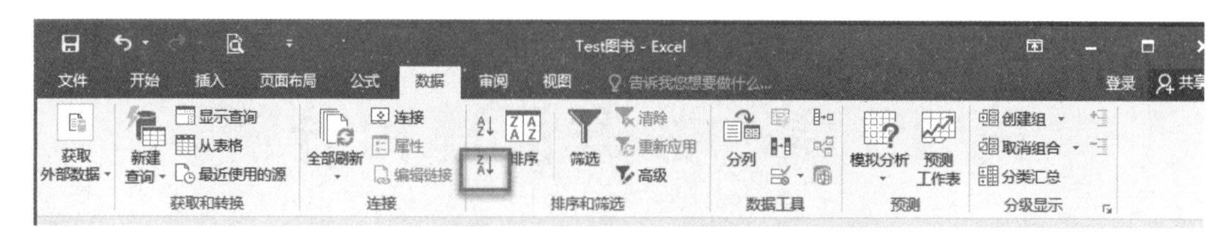

图 15－2 数据选项卡的功能区按钮

② 此时，工作表中的数据将按照关键字“分类合计”进行降序排列。

默认情况下，排序关键字为英文时，将会按照单词首字母进行排序；排序关键字为中文时，将会按照首字拼音的第一个字母进行排序。

15.2.2 多条件排序

多条件排序就是指依据多列的数据规则对工作表数据进行排序操作。由于有多个排序条件，需要依次设置首要排序关键字、第二次要排序关键字、第三次要排序关键字等排序条件。如图 15－3 所示，将“工资奖金表”中的数据，分别以年龄、工资和奖金为第一、第二、第三关键字，均递增排序。具体操作步骤如下。

	A	B	C	D	E	F
1	工资奖金表					
2	姓名	性别	年龄	职称	工资	奖金
3	杨梅华	女	33	工人	￥ 2 402.60	￥ 602.80
4	程文艺	女	34	工人	￥ 2 402.60	￥ 375.40
5	吴 华	女	32	助理工程师	￥ 2 425.80	￥ 298.30
6	沈东坚	男	42	工人	￥ 3 321.50	￥ 765.50
7	李 进	男	31	工人	￥ 3 346.80	￥ 476.00
8	朱红燕	女	31	工程师	￥ 3 768.50	￥ 598.00
9	张 辉	男	41	工人	￥ 4 452.00	￥ 343.00
10	王小帧	女	40	工人	￥ 4 534.60	￥ 778.00
11	姚小遥	男	33	工程师	￥ 5 397.50	￥ 487.00
12	黄 军	男	42	工程师	￥ 5 397.50	￥ 952.50
13	曲晓东	男	40	高级工程师	￥ 6 453.00	￥ 998.60
14	王 平	女	41	高级工程师	￥ 6 456.60	￥ 456.00

图 15－3 工资奖金表

① 选中 A2：F14 区域，在“数据”选项卡功能区的“排序和筛选”组中，点击“排序”按钮：。系统打开“排序”对话框，如图 15－4 所示。

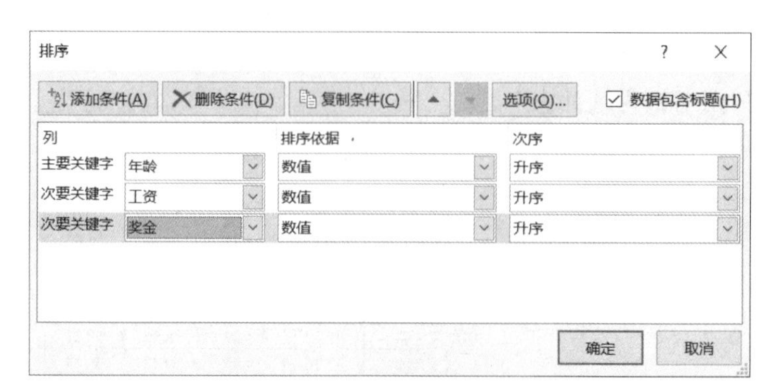

图 15－4 “排序”对话框

② 根据前述要求，在“自定义排序”对话框列中，利用“添加条件”按钮，依次添加主要关键字选择“年龄”，次要关键字“工资”和次要关键字“奖金”，排序依据均设为“数值”、次序为“升序”，点击“确定”按钮，返回工作表。排序结果如图 15－5 所示。观察可以发现，工作表按照年龄先排序，相同年龄下，再按照工资排序，再按照奖金排序。

	A	B	C	D	E	F
1	工资奖金表					
2	姓名	性别	年龄	职称	工资	奖金
3	李 进	男	31	工人	¥ 3 346.80	¥ 476.00
4	朱红燕	女	31	工程师	¥ 3 768.50	¥ 598.00
5	吴 华	女	32	助理工程师	¥ 2 425.80	¥ 298.30
6	杨梅华	女	33	工人	¥ 2 402.60	¥ 602.80
7	姚小遥	男	33	工程师	¥ 5 397.50	¥ 487.00
8	程文艺	女	34	工人	¥ 2 402.60	¥ 375.40
9	王小帧	女	40	工人	¥ 4 534.60	¥ 778.00
10	曲晓东	男	40	高级工程师	¥ 6 453.00	¥ 998.60
11	张 辉	男	41	工人	¥ 4 452.00	¥ 343.00
12	王 平	女	41	高级工程师	¥ 6 456.60	¥ 456.00
13	沈东坚	男	42	工人	¥ 3 321.50	¥ 765.50
14	黄 军	男	42	工程师	¥ 5 397.50	¥ 952.50
15						

图 15－5　“排序”效果示例

在“排序”对话框中，每单击一次“删除条件”按钮，可删除最下面一个排序条件。

15.2.3　不同数据类型排序规则

在 Excel 2016 中，除了对数值进行排序外，还可以对文本、日期、逻辑等数值类型进行排序。这些排序方法是依据不同的数据类型按照一定的顺序执行的。默认情况下 Excel 2016 按照表 15－1 的顺序进行升序排序，否则按照降序排序。

表 15－1　数据类型默认排序方法

数据类型	排 序 方 法
数字	按照从最小的负数到最大的正数进行排序
文本	按照汉字的拼音的首字母进行排列，如果第一个汉字相同，则按照第二个汉字拼音的首字母进行排列
日期	按照从最早的日期到最晚的日期进行排序
逻辑	False 排在 True 之前
空白单元格	无论是升序排列，还是降序排列，空白单元格总是放在最后

如图 15－3 所示的“工资奖金表”中，以性别、职称和工资作为第一、第二、第三关键字，排序依据均递增排序，排序设置如图 15－6 所示。排序效果如图 15－7 所示。观察排序效果，数据表先按照性别排序，然后再按照职称排序，之后再按照工资进行排序。

15.2.4　按自定义序列进行排序

在 Excel 2016 中，若要对“职称”“学历”数据进行排序，默认排序规则可能不满足排序要求。用户可以通过“自定义排序”来进行设置自定义排序规则。例如，在如图 15－3 所示的“工资奖金表”数据表中，设置“职称”升序序列为：工人、助理工程师、工程师和高级工程师，具体设置步骤如下。

图 15－6 “排序”对话框

	A	B	C	D	E	F
1	工资奖金表					
2	姓名	性别	年龄	职称	工资	奖金
3	曲晓东	男	40	高级工程师	¥ 6 453.00	¥ 998.60
4	姚小遥	男	33	工程师	¥ 5 397.50	¥ 487.00
5	黄 军	男	42	工程师	¥ 5 397.50	¥ 952.50
6	沈东坚	男	42	工人	¥ 3 321.50	¥ 765.50
7	李 进	男	31	工人	¥ 3 346.80	¥ 476.00
8	张 辉	男	41	工人	¥ 4 452.00	¥ 343.00
9	王 平	女	41	高级工程师	¥ 6 456.60	¥ 456.00
10	朱红燕	女	31	工程师	¥ 3 768.50	¥ 598.00
11	杨梅华	女	33	工人	¥ 2 402.60	¥ 602.80
12	程文艺	女	34	工人	¥ 2 402.60	¥ 375.40
13	王小帧	女	40	工人	¥ 4 534.60	¥ 778.00
14	吴 华	女	32	助理工程师	¥ 2 425.80	¥ 298.30
15						

图 15－7 “排序”结果示例

① 在“工资奖金表”数据表中，选中 A2∶F14 数据区域，然后单击“数据”选项卡功能区中的排序按钮：ZA/AZ，系统打开“排序”对话框。

② 在“排序”对话框中，主要关键字选择“职称”，排序依据选择“数值”，次序选择“自定义序列”，如图 15－8 所示。

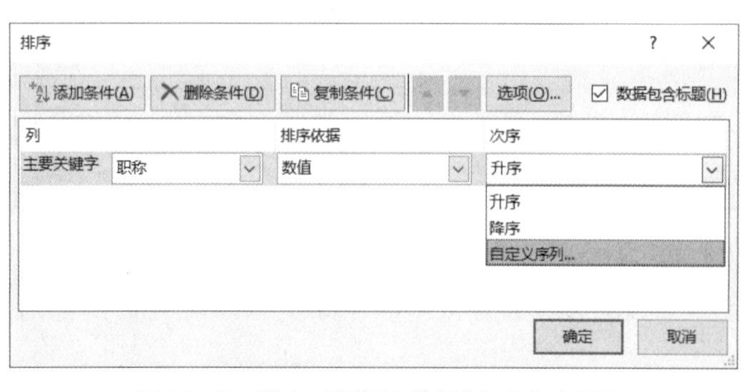

图 15－8 排序对话框中选择“自定义序列”

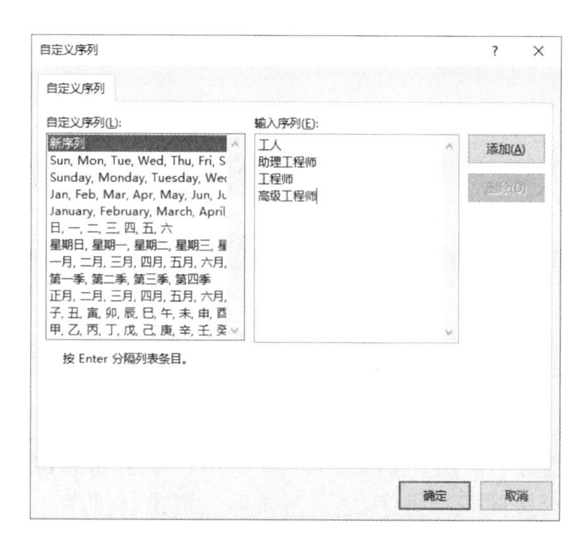

图 15－9 自定义序列对话框

③ 系统弹出“自定义序列”对话框，如图 15－9 所示，在其右边“输入序列”框中，依次输入“工人”“助理工程师”“工程师”“高级工程师”，点击“添加”按钮，然后再点击“确定”按钮，返回“排序”对话框。

在“自定义序列”对话框的“自定义序列”列表框中，提供了部分排序方式，用户可根据需要进行选择。此外，在“自定义序列”列表框中选中自己定义的排序方式，然后单击“删除”按钮可删除该方式。

④ 这时的“排序”对话框中，对职称的自定义情况如图 15－10 所示。点击“确定”按钮，返回工作表，排序生效。

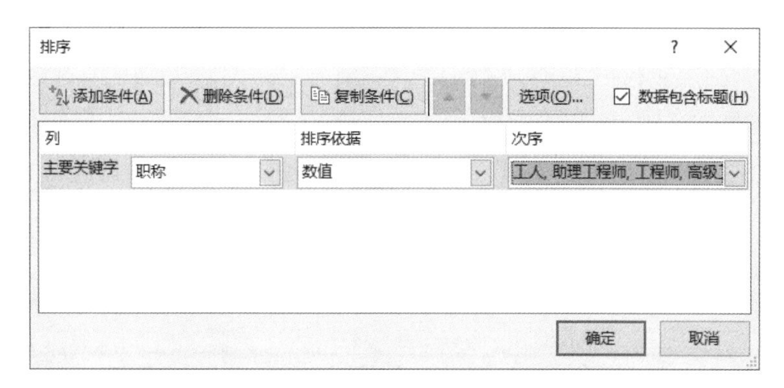

图 15－10　排序对话框自定义序列

自定义排序效果如图 15－11 所示，观察数据可以发现，现在的数据按照用户定义的职称序列进行了排序。

	A	B	C	D	E	F
1	工资奖金表					
2	姓名	性别	年龄	职称	工资	奖金
3	沈东坚	男	42	工人	¥ 3,321.50	¥ 765.50
4	李 进	男	31	工人	¥ 3,346.80	¥ 476.00
5	张 辉	男	41	工人	¥ 4,452.00	¥ 343.00
6	杨梅华	女	33	工人	¥ 2,402.60	¥ 602.80
7	程文艺	女	34	工人	¥ 2,402.60	¥ 375.40
8	王小帧	女	40	工人	¥ 4,534.60	¥ 778.00
9	吴 华	女	32	助理工程师	¥ 2,425.80	¥ 298.30
10	姚小遥	男	33	工程师	¥ 5,397.50	¥ 487.00
11	黄 军	男	42	工程师	¥ 5,397.50	¥ 952.50
12	朱红燕	女	31	工程师	¥ 3,768.50	¥ 598.00
13	曲晓东	男	40	高级工程师	¥ 6,453.00	¥ 998.60
14	王 平	女	41	高级工程师	¥ 6,456.60	¥ 456.00

图 15－11　自定义序列排序效果

15.3　数据筛选

用户在管理数据时，若要将符合一定条件的数据记录显示或者放置在一起，可以利用 Excel 2016 提供的筛选功能。筛选功能可以帮助用户从大量的数据中快速地找到需要的数据。

15.3.1　单条件筛选

单条件筛选就是将符合单一条件的数据筛选出来。如图 15－3 所示的“工资奖金表”中筛选出性别为“男”的数据，具体操作步骤如下。

① 在“工资奖金表”工作表中，选中 A2 : F14 区域。在“数据”选项卡功能区的“排序和筛选”集合中，点击“筛选”按钮 ，如图 15－12 所示。这时在数据表的属性标题上出现下拉列表按钮。

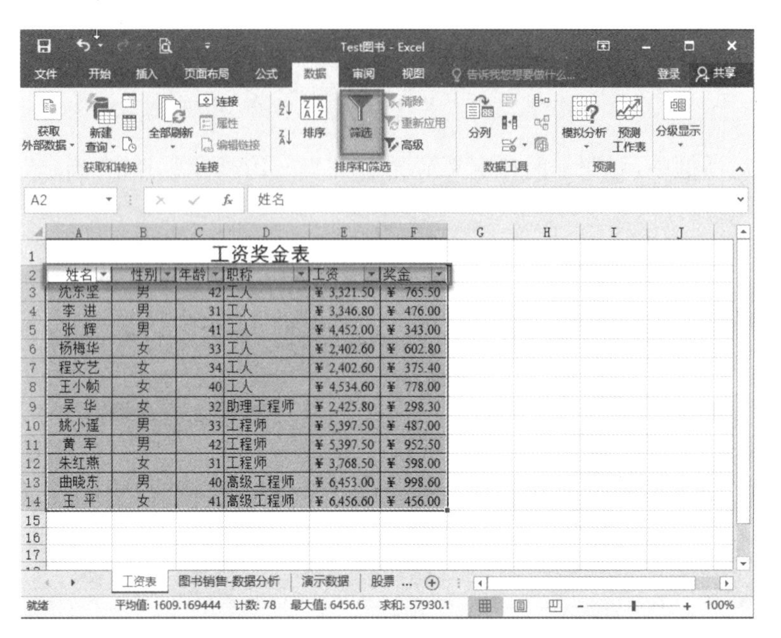

姓名	性别	年龄	职称	工资	奖金
沈东坚	男	42	工人	¥ 3,321.50	¥ 765.50
李 进	男	31	工人	¥ 3,346.80	¥ 476.00
张 辉	男	41	工人	¥ 4,452.00	¥ 343.00
杨梅华	女	33	工人	¥ 2,402.60	¥ 602.80
程文艺	女	34	工人	¥ 2,402.60	¥ 375.40
王小帧	女	40	工人	¥ 4,534.60	¥ 778.00
吴 华	女	32	助理工程师	¥ 2,425.80	¥ 298.30
姚小遥	男	33	工程师	¥ 5,397.50	¥ 487.00
黄 军	男	42	工程师	¥ 5,397.50	¥ 952.50
朱红燕	女	31	工程师	¥ 3,768.50	¥ 598.00
曲晓东	男	40	高级工程师	¥ 6,453.00	¥ 998.60
王 平	女	41	高级工程师	¥ 6,456.60	¥ 456.00

图 15－12 针对工作表进行“筛选”操作

② 单击“性别”字段处的下拉按钮，在弹出的下拉列表中只选择“男”数据，点击“确定”按钮即可，如图 15－13 所示。

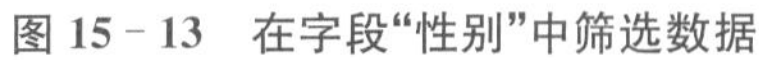

图 15－13 在字段“性别”中筛选数据

姓名	性别	年龄	职称	工资	奖金
沈东坚	男	42	工人	¥ 3,321.50	¥ 765.50
李 进	男	31	工人	¥ 3,346.80	¥ 476.00
张 辉	男	41	工人	¥ 4,452.00	¥ 343.00
姚小遥	男	33	工程师	¥ 5,397.50	¥ 487.00
黄 军	男	42	工程师	¥ 5,397.50	¥ 952.50
曲晓东	男	40	高级工程师	¥ 6,453.00	¥ 998.60

图 15－14 单条件筛选效果示例

排序效果如图 15－14 所示，工作区中只保留“男”性数据，同时在状态栏上显示筛选数量提示。

若用户希望“关闭筛选”功能，再次点击“排序和筛选”集合中的“筛选”按钮，工作表中字段旁的自动筛选箭头也随之消失。

15.3.2 多条件筛选

多条件筛选是将符合多个指定条件的数据筛选出来，其方法就是在单个筛选条件的基础上添加其他筛选条件。例如，在图 15－3 所示“工资奖金表”工作表中，筛选出性别为“男”、年龄等于“42”的数据，具体操作步骤如下。

① 选中“工资奖金表”工作表中的 A2：F14 区域，点击“数据”选项卡功能区中的“筛选”按钮：。

② 单击“性别”标题处的下拉按钮，在弹出的下拉列表中只选择“男”数据，点击“确定”按钮，返回工作表。

③ 单击“年龄”标题处的下拉按钮，在弹出的下拉列表中只选择“42”数据，如图 15－15 所示。点击“确定”按钮，返回工作表。

图 15－15　在字段“年龄”中筛选数据

Excel 2016 执行筛选设置，效果如图 15－16 所示。观察可发现在工作区中筛选出性别为“男”性并且年龄为 42 岁的记录数据。

	A	B	C	D	E	F
1	工资奖金表					
2	姓名	性别	年龄	职称	工资	奖金
3	沈东坚	男	42	工人	¥ 3,321.50	¥ 765.50
11	黄 军	男	42	工程师	¥ 5,397.50	¥ 952.50
15						

图 15－16　多条件筛选效果示例

15.3.3　自定义筛选

在筛选数据时，可以通过 Excel 提供的自定义筛选功能进行更复杂、更多条件的筛选，例如大于、大于或等于、小于、小于或等于，以及指定区间的筛选，使数据筛选更具灵活性。

例如，在如图 15－3 所示的“工资奖金表”工作表中，筛选出姓名为年龄大于等于 40，并且姓氏为“王”的数据，具体操作步骤如下：

① 在“工资奖金表”工作表中选中 A2：F14 区域，点击“数据”选项卡“排序和筛选”集合中的“筛选”按钮：。

② 单击“年龄”字段处的下拉按钮，在弹出的下拉列表中选中“数字筛选”中的“大于或等于”命令，如图 15－17 所示。

③ 系统弹出“自定义自动筛选方式”对话框，如图 15－18 所示，在年龄框中输入“40”，点击“确定”按钮，返回工作表。

④ 单击“姓名”字段处的下拉按钮，在弹出的下拉列表中选中“文本筛选”中的“开头是”命令，如图 15－19 所示。

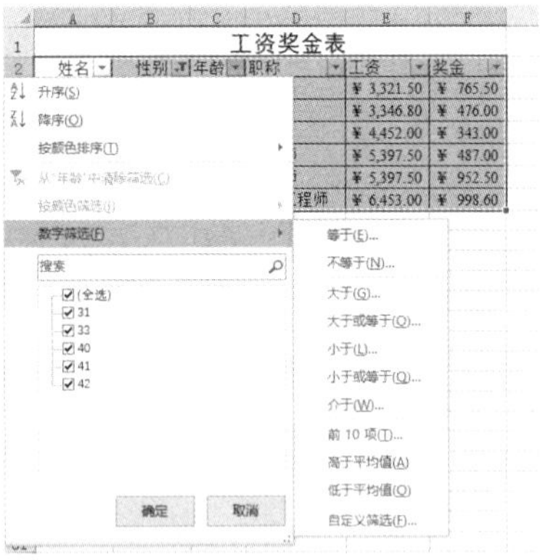

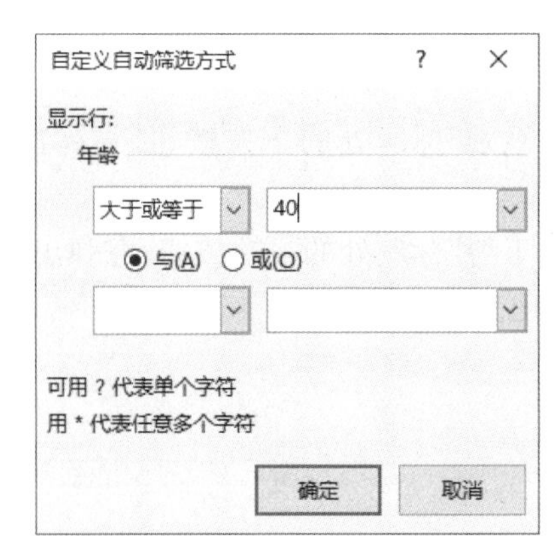

图 15-17　在字段“年龄”中筛选数据

图 15-18　“自定义自动筛选方式”对话框对年龄筛选

图 15-19　在字段“姓名”中筛选数据

⑤ 系统弹出“自定义自动筛选方式”对话框，如图 15-20 所示，在姓名框中输入“王”，点击“确定”按钮，返回工作表。

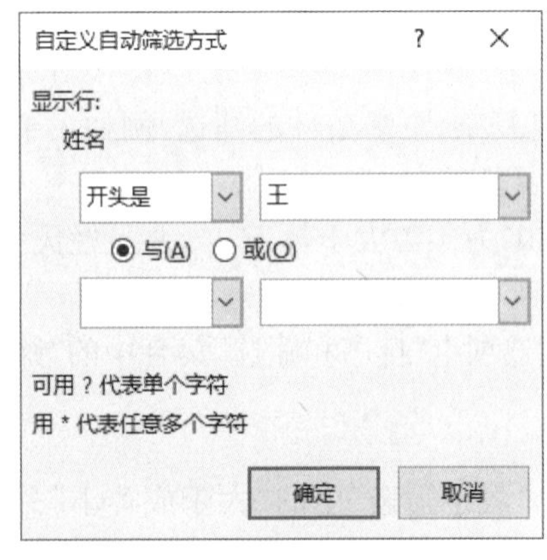

图 15-20　“自定义自动筛选方式”对话框对姓名筛选

	A	B	C	D	E	F
1	工资奖金表					
2	姓名	性别	年龄	职称	工资	奖金
8	王小帧	女	40	工人	¥ 4,534.60	¥ 778.00
14	王 平	女	41	高级工程师	¥ 6,456.60	¥ 456.00
15						

图 15-21　自定义筛选效果示例

Excel 2016 执行筛选设置，筛选效果如图 15-21 所示，工作区中筛选出年龄大于或等于 40 岁并且姓氏为“王”的记录数据。

15.3.4 高级筛选

利用 Excel 2016 提供的高级筛选功能，不仅能筛选出同时满足两个或两个以上约束条件的数据，还可以对筛选条件进行组合。

例如，在如图 15－3 所示的“工资奖金表”工作表中，筛选出性别为“男”，年龄大于 35，并且工资大于 4 000 的数据，具体操作步骤如下。

① 进入“工资奖金表”工作表，在 A16：F17 区域，建立一个筛选记录约束条件区域，并录入相关筛选条件，如图 15－22 所示。

	A	B	C	D	E	F
1	工资奖金表					
2	姓名	性别	年龄	职称	工资	奖金
3	沈东坚	男	42	工人	¥ 3,321.50	¥ 765.50
4	李 进	男	31	工人	¥ 3,346.80	¥ 476.00
5	张 辉	男	41	工人	¥ 4,452.00	¥ 343.00
6	杨梅华	女	33	工人	¥ 2,402.60	¥ 602.80
7	程文艺	女	34	工人	¥ 2,402.60	¥ 375.40
8	王小帧	女	40	工人	¥ 4,534.60	¥ 778.00
9	吴 华	女	32	助理工程师	¥ 2,425.80	¥ 298.30
10	姚小遥	男	33	工程师	¥ 5,397.50	¥ 487.00
11	黄 军	男	42	工程师	¥ 5,397.50	¥ 952.50
12	朱红燕	女	31	工程师	¥ 3,768.50	¥ 598.00
13	曲晓东	男	40	高级工程师	¥ 6,453.00	¥ 998.60
14	王 平	女	41	高级工程师	¥ 6,456.60	¥ 456.00
15						
16	姓名	性别	年龄	职称	工资	奖金
17		男	>35		>4000	
18						

图 15－22 筛选记录约束条件区域数据

② 在“数据”选项卡功能区“排序和筛选”集合中，点击“高级”按钮，如图 15－23 所示。

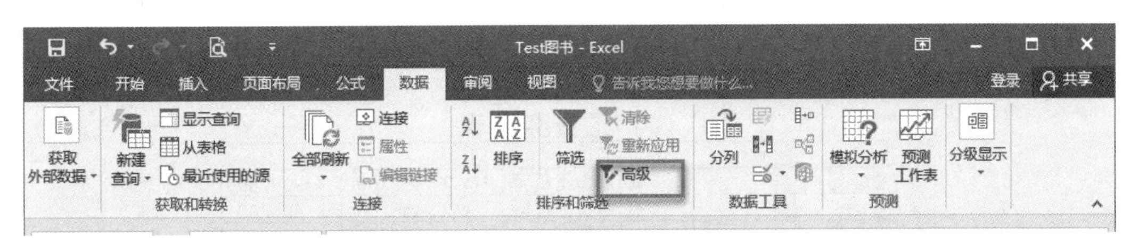

图 15－23 “排序和筛选”中的“高级”按钮

③ 系统打开“高级筛选”对话框，在列表区域选择 A2：F14，在条件区域选择 A16：F17，点击“确定”按钮，如图 15－24 所示。

Excel 2016 执行筛选设置，筛选效果如图 15－25 所示，工作区中筛选出性别为“男”、年龄大于 35 并且工资大于 4 000 元的数据。

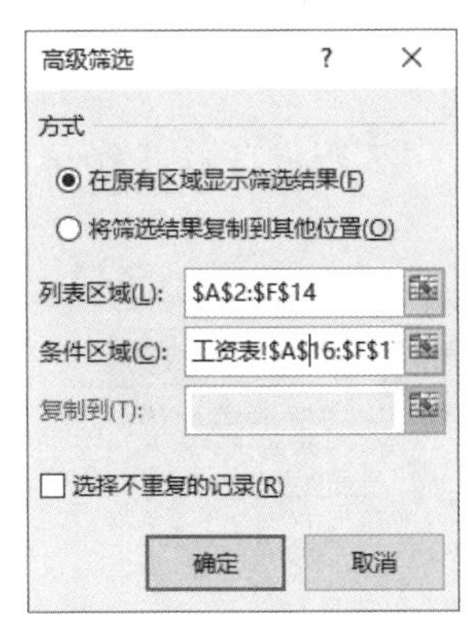

图 15－24 “高级筛选”对话框

	A	B	C	D	E	F
1	工资奖金表					
2	姓名	性别	年龄	职称	工资	奖金
5	张 辉	男	41	工人	¥ 4,452.00	¥ 343.00
11	黄 军	男	42	工程师	¥ 5,397.50	¥ 952.50
13	曲晓东	男	40	高级工程师	¥ 6,453.00	¥ 998.60
15						
16	姓名	性别	年龄	职称	工资	奖金
17		男	>35		>4000	
18						

图 15－25 “高级筛选”效果示例

在“高级筛选”对话框的“方式”栏中，若选中“在原有区域显示筛选结果”单选项，可在原有数据区中显示筛选结果；若选中“将筛选结果复制到其他位置”单选项，可在出现的“复制到”参数框中设置存放筛选结果的单元格区域。

15.3.5 清除筛选

用户若对于筛选结果不满意，可以在“数据”选项卡功能区的“排序和筛选”集合中，点击“清除”按钮 清除 ，清除当前筛选结果。

15.4 分类汇总

“分类汇总”是一种更细粒度的汇总计算方式，它是在用户自定义类别的基础上实现的汇总，汇总方式可以是：“求和”“均值”“最大”等。Excel 2016 实现对分类汇总计算后，还可以将结果分级显示出来。

15.4.1 基本分类汇总

使用分类汇总前，数据清单中必须包含带有标题的列，并且数据清单必须根据“分类”项进行排序，使得在数据清单中拥有同一主题的记录集中在一起，然后就可以对记录进行分类汇总。例如，在图 15－3 所示的“工资奖金表”工作表中，按“职称”进行分类，求和汇总工资和奖金。先对数据按照“职称”进行排序，然后在操作汇总。具体步骤如下：

① 选中“工资奖金表”中“职称”下的任意单元格，然后单击数据选项卡功能区“排序和筛选”组中的“升序”按钮，完成对数据的排序工作，结果如图 15－26 所示。

	A	B	C	D	E	F
1	工资奖金表					
2	姓名	性别	年龄	职称	工资	奖金
3	曲晓东	男	40	高级工程师	¥ 6,453.00	¥ 998.60
4	王 平	女	41	高级工程师	¥ 6,456.60	¥ 456.00
5	朱红燕	女	31	工程师	¥ 3,768.50	¥ 598.00
6	姚小遥	男	33	工程师	¥ 5,397.50	¥ 487.00
7	黄 军	男	42	工程师	¥ 5,397.50	¥ 952.50
8	杨梅华	女	33	工人	¥ 2,402.60	¥ 602.80
9	程文艺	女	34	工人	¥ 2,402.60	¥ 375.40
10	沈东坚	男	42	工人	¥ 3,321.50	¥ 765.50
11	李 进	男	31	工人	¥ 3,346.80	¥ 476.00
12	张 辉	男	41	工人	¥ 4,452.00	¥ 343.00
13	王小帧	女	40	工人	¥ 4,534.60	¥ 778.00
14	吴 华	女	32	助理工程师	¥ 2,425.80	¥ 298.30
15						

图 15－26 按照“职称”排序数据结果

② 在“数据”选项卡功能区“分级显示”组中，点击“分类汇总”按钮，如图 15－27 所示，Excel 2016 弹出“分类汇总”对话框。

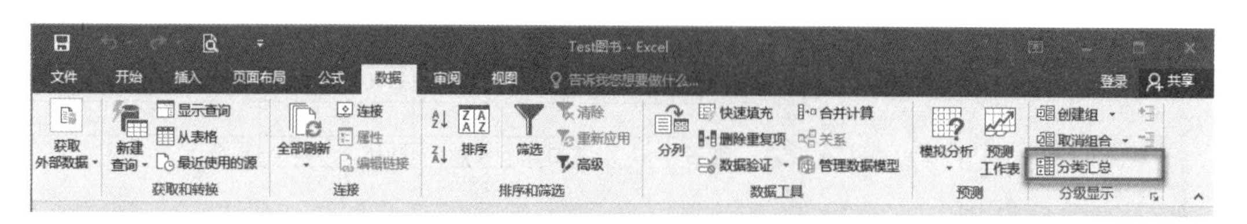

图 15－27 “分级显示”中的“分类汇总”按钮

③ 在“分类汇总”对话框中，“分类字段”选择“职称”，“汇总方式”选择“求和”，“选定汇总项”选定“工资”和“奖金”，如图 15－28 所示。

④ 点击“确定”按钮后，返回工作表，得到的分类汇总表格如图 15－29 所示。

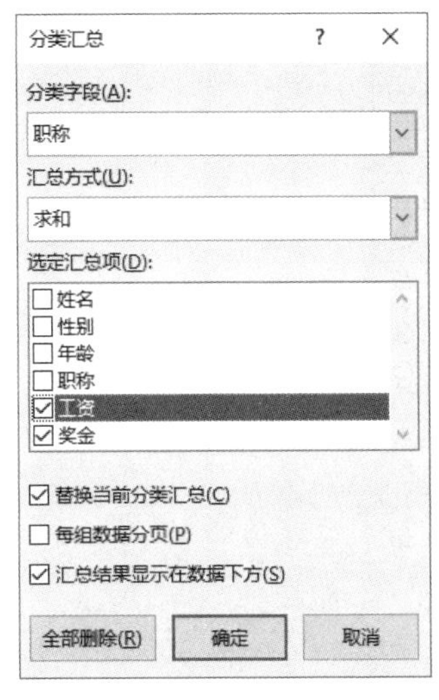

图 15－28 “分类汇总”对话框

	A	B	C	D	E	F
1				工资奖金表		
2	姓名	性别	年龄	职称	工资	奖金
3	曲晓东	男	40	高级工程师	¥ 6,453.00	¥ 998.60
4	王 平	女	41	高级工程师	¥ 6,456.60	¥ 456.00
5				**高级工程师**	¥12,909.60	¥ 1,454.60
6	朱红燕	女	31	工程师	¥ 3,768.50	¥ 598.00
7	姚小遥	男	33	工程师	¥ 5,397.50	¥ 487.00
8	黄 军	男	42	工程师	¥ 5,397.50	¥ 952.50
9				**工程师 汇总**	¥14,563.50	¥ 2,037.50
10	杨梅华	女	33	工人	¥ 2,402.60	¥ 602.80
11	程文艺	女	34	工人	¥ 2,402.60	¥ 375.40
12	沈东坚	男	42	工人	¥ 3,321.50	¥ 765.50
13	李 进	男	31	工人	¥ 3,346.80	¥ 476.00
14	张 辉	男	41	工人	¥ 4,452.00	¥ 343.00
15	王小帧	女	40	工人	¥ 4,534.60	¥ 778.00
16				**工人 汇总**	¥20,460.10	¥ 3,340.70
17	吴 华	女	32	助理工程师	¥ 2,425.80	¥ 298.30
18				**助理工程师**	¥ 2,425.80	¥ 298.30
19				**总计**	¥50,359.00	¥ 7,131.10

图 15－29 “工资奖金表”的基本分类汇总表

15.4.2 多级分类汇总

多级分类汇总就是在原有分类汇总的基础上再进行分类汇总。例如，在如图 15－3 所示“工资奖金表”中，先按“职称”进行分类，汇总“工资”和“奖金”的求和值；再次按“性别”进行分类，汇总工资和奖金的平均值。具体操作步骤如下。

① 选中图 15－3 数据区域，先对数据进行排序，按照主要关键字“职称”升序，次要关键字“性别”升序，完成排序，结果如图 15－30 所示。

② 选中图 15－30 数据区域中的任意单元格，在“数据”选项卡功能区的“分级显示”组中，点击“分类汇总”按钮，完成对“职称”分类，对“工资”和“奖金”的求和汇总。

	A	B	C	D	E	F
1				工资奖金表		
2	姓名	性别	年龄	职称	工资	奖金
3	曲晓东	男	40	高级工程师	¥ 6,453.00	¥ 998.60
4	王 平	女	41	高级工程师	¥ 6,456.60	¥ 456.00
5	黄 军	男	42	工程师	¥ 5,397.50	¥ 952.50
6	姚小遥	男	33	工程师	¥ 5,397.50	¥ 487.00
7	朱红燕	女	31	工程师	¥ 3,768.50	¥ 598.00
8	李 进	男	31	工人	¥ 3,346.80	¥ 476.00
9	沈东坚	男	42	工人	¥ 3,321.50	¥ 765.50
10	张 辉	男	41	工人	¥ 4,452.00	¥ 343.00
11	程文艺	女	34	工人	¥ 2,402.60	¥ 375.40
12	王小帧	女	40	工人	¥ 4,534.60	¥ 778.00
13	杨梅华	女	33	工人	¥ 2,402.60	¥ 602.80
14	吴 华	女	32	助理工程师	¥ 2,425.80	¥ 298.30
15						

图 15－30 “分类汇总”演示数据表

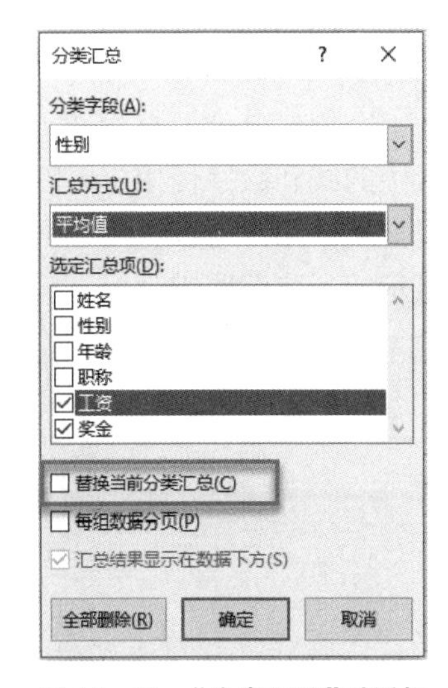

图 15－31 “分类汇总”对话框

③ 再次点击“分类汇总”按钮，在“分类汇总”对话框中，分类字段选择“性别”，汇总方式选择“平均值”，选定“工资”“奖金”汇总项，同时不选择“替换当前分类汇总”，如图 15－31 所示。

④ 点击“确定”按钮后，返回工作表。得到多级分类汇总的结果，如图 15－32 所示。

	A	B	C	D	E	F
1	工资奖金表					
2	姓名	性别	年龄	职称	工资	奖金
3	曲晓东	男	40	高级工程师	¥ 6,453.00	¥ 998.60
4		男 平均值			¥ 6,453.00	¥ 998.60
5	王 平	女	41	高级工程师	¥ 6,456.60	¥ 456.00
6		女 平均值			¥ 6,456.60	¥ 456.00
7				高级工程师	¥12,909.60	¥ 1,454.60
8	黄 军	男	42	工程师	¥ 5,397.50	¥ 952.50
9	姚小谣	男	33	工程师	¥ 5,397.50	¥ 487.00
10		男 平均值			¥ 5,397.50	¥ 719.75
11	朱红燕	女	31	工程师	¥ 3,768.50	¥ 598.00
12		女 平均值			¥ 3,768.50	¥ 598.00
13				工程师 汇总	¥14,563.50	¥ 2,037.50
14	李 进	男	31	工人	¥ 3,346.80	¥ 476.00
15	沈东坚	男	42	工人	¥ 3,321.50	¥ 765.50
16	张 辉	男	41	工人	¥ 4,452.00	¥ 343.00
17		男 平均值			¥ 3,706.77	¥ 528.17
18	程文艺	女	34	工人	¥ 2,402.60	¥ 375.40
19	王小帧	女	40	工人	¥ 4,534.60	¥ 778.00
20	杨梅华	女	33	工人	¥ 2,402.60	¥ 602.80
21		女 平均值			¥ 3,113.27	¥ 585.40
22				工人 汇总	¥20,460.10	¥ 3,340.70
23	吴 华	女	32	助理工程师	¥ 2,425.80	¥ 298.30
24		女 平均值			¥ 2,425.80	¥ 298.30
25				助理工程师	¥ 2,425.80	¥ 298.30
26		总计平均值			¥ 4,196.58	¥ 594.26
27				总计	¥50,359.00	¥ 7,131.10

图 15－32 “工资奖金表”的多级分类汇总表

在“多级分类汇总”中，应先以需要分类汇总的数据作为关键字进行多条件排序，以避免无法达到预期的汇总效果。

“分类汇总”对话框，相关选项作用如下。

① 替换当前分类汇总：选择该选项，如果是在分类汇总的基础上又进行分类汇总操作，清除前一次的汇总结果。

② 每组数据分页：选择该选项，在打印工作表时，每一类将分开打印。

③ 汇总结果显示在数据下方：在默认情况下，分类汇总的结果放在本类的最后一行。取消选择选项后，分类汇总的结果将显示在本类的第一行。

15.4.3 分级显示

在创建分类汇总后，Excel 2016 自动分级显示工作表，如图 15－32 所示。利用左边的分级显示控制区域中的线和数字使用户可以对分类汇总中的明细数据的显示层次进行控制。例如，图 15－32 中有四级分级显示。用户可以直接单击级别号 1、2 显示或隐藏明细数据，也可以直接单击展开(＋)或折叠(－)按钮显示或者隐藏明细数据。折叠后的数据显示，如图 15－33 所示。

	A	B	C	D	E	F
1	工资奖金表					
2	姓名	性别	年龄	职称	工资	奖金
4		男 平均值			¥ 6,453.00	¥ 998.60
6		女 平均值			¥ 6,456.60	¥ 456.00
7				高级工程师	¥12,909.60	¥1,454.60
10		男 平均值			¥ 5,397.50	¥ 719.75
12		女 平均值			¥ 3,768.50	¥ 598.00
13				工程师 汇总	¥14,563.50	¥2,037.50
17		男 平均值			¥ 3,706.77	¥ 528.17
21		女 平均值			¥ 3,113.27	¥ 585.40
22				工人 汇总	¥20,460.10	¥3,340.70
24		女 平均值			¥ 2,425.80	¥ 298.30
25				助理工程师	¥ 2,425.80	¥ 298.30
26		总计平均值			¥ 4,196.58	¥ 594.26
27				总计	¥50,359.00	¥7,131.10
28						

图 15－33 “工资奖金表”的多级分类汇总表折叠后效果

15.4.4　清除分级显示

如果不希望工作表中显示分级情况，在“数据”选项卡功能区“分级显示”集合中，“取消组合”下拉列表中选择“清除分级显示”命令，如图 15－34 所示。清除分级显示不会改变工作表中的数据，如图 15－35 所示。

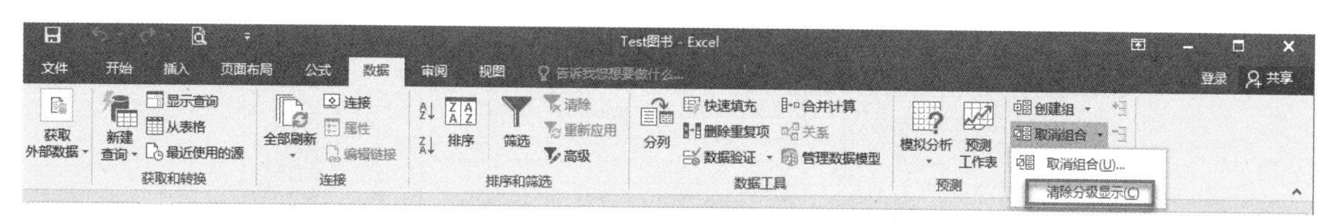

图 15－34　“清除分级显示”命令

15.4.5　删除分类汇总

对于完成分类汇总的数据表，“删除分类汇总”功能将删除分类汇总的效果，并且不影响原始数据，具体步骤如下。

① 点击设计有分类汇总的工作表的任何位置；

② 点击“数据”选项卡功能区中的“分类汇总”按钮，打开“分类汇总”对话框；

③ 在“分类汇总”对话框中，点击“全部删除”按钮，如图 15－36 所示。Excel 2016 将删除所有分类汇总信息。

	A	B	C	D	E	F
1	工资奖金表					
2	姓名	性别	年龄	职称	工资	奖金
3	曲晓东	男	40	高级工程师	¥ 6,453.00	¥ 998.60
4		男 平均值			¥ 6,453.00	¥ 998.60
5	王 平	女	41	高级工程师	¥ 6,456.60	¥ 456.00
6		女 平均值			¥ 6,456.60	¥ 456.00
7				高级工程师	¥12,909.60	¥1,454.60
8	姚小遥	男	33	工程师	¥ 5,397.50	¥ 487.00
9	黄 军	男	42	工程师	¥ 5,397.50	¥ 952.50
10		男 平均值			¥ 5,397.50	¥ 719.75
11	朱红燕	女	31	工程师	¥ 3,768.50	¥ 598.00
12		女 平均值			¥ 3,768.50	¥ 598.00
13				工程师 汇总	¥14,563.50	¥2,037.50
14	沈东坚	男	42	工人	¥ 3,321.50	¥ 765.50
15	李 进	男	31	工人	¥ 3,346.80	¥ 476.00
16	张 辉	男	41	工人	¥ 4,452.00	¥ 343.00
17		男 平均值			¥ 3,706.77	¥ 528.17
18	杨梅华	女	33	工人	¥ 2,402.60	¥ 602.80
19	程文艺	女	34	工人	¥ 2,402.60	¥ 375.40
20	王小帧	女	40	工人	¥ 4,534.60	¥ 778.00
21		女 平均值			¥ 3,113.27	¥ 585.40
22				工人 汇总	¥20,460.10	¥3,340.70
23	吴 华	女	32	助理工程师	¥ 2,425.80	¥ 298.30
24		女 平均值			¥ 2,425.80	¥ 298.30
25				助理工程师	¥ 2,425.80	¥ 298.30
26		总计平均值			¥ 4,196.58	¥ 594.26
27				总计	¥50,359.00	¥7,131.10

图 15－35　“清除分级显示”后的数据区效果

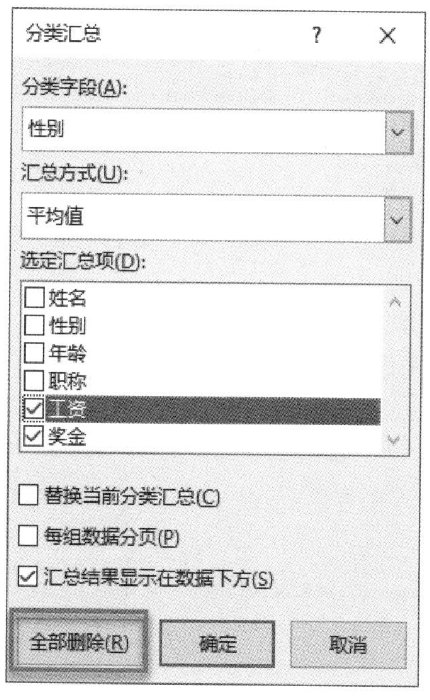

图 15－36　“分类汇总”对话框

15.5　数据透视表和数据透视图

数据透视表是用于快速汇总大量数据的“交互式”表格。它是集排序、筛选和分类汇总功能于一身的动态数据分析工具，用户可以旋转其行或列以查看对数据源的不同汇总，还可以显示用户所关心区域的明细数据，或者通过不同的页来筛选数据。此外，还可以用数据透视表中的数据形成数据透视图。

15.5.1　创建数据透视表

创建数据透视表需要连接到一个数据源，并输入报表的位置。这里我们利用数据透视表对“电视机价格汇总表”进行分析，如图 15－37 所示。

电视机价格汇总表

品牌	型号	商家	上周价格(元)	折扣率	本周价格(元)	数量(台)	种类
长虹	51PDT18	国美电器	¥ 18,300.00	0.9837	17000	21	背投
TCL	2118E	第六百货	¥ 1,170.00	0.9829	1150	48	直角平面
TCL	2136G	大西洋百货	¥ 1,160.00	0.9957	1155	47	直角平面
LG	21K49	大西洋百货	¥ 1,300.00	0.9846	1280	45	直角平面
LG	21M60E	第六百货	¥ 1,318.00	0.9712	1280	39	直角平面
TCL	3480GI	苏宁电器	¥ 8,388.00	1.0000	8388	18	纯平
TCL	3480GI	东方商厦	¥ 9,198.00	0.9980	9180	25	纯平
TCL	3480GI	太平洋百货	¥ 8,398.00	0.9990	8390	20	纯平
LG	48A80	国美电器	¥ 16,500.00	1.0000	16500	9	背投
长虹	51PT28	太平洋百货	¥ 18,580.00	0.9957	18500	7	背投
长虹	G2109	国美电器	¥ 998.00	0.9820	980	84	直角平面
LG	53A80	苏宁电器	¥ 17,500.00	1.0000	17500	7	背投
TCL	2102	太平洋百货	¥ 1,000.00	0.9980	998	59	直角平面
LG	53A80	大润发	¥ 17,300.00	1.0000	17300	6	背投
长虹	DP5188	苏宁电器	¥ 18,490.00	0.9951	18400	31	背投
长虹	G2108	第六百货	¥ 1,000.00	0.9980	998	58	直角平面
长虹	G2109	太平洋百货	¥ 988.00	0.9970	985	53	直角平面
LG	21K92	大润发	¥ 1,280.00	0.9379	1209	56	直角平面

图 15－37　电视机价格汇总表

① 选中 A4：H22 单元格区域，然后在“插入”选项卡的功能区的“表格”集合中，单击“数据透视表”按钮，如图 15－38 所示。

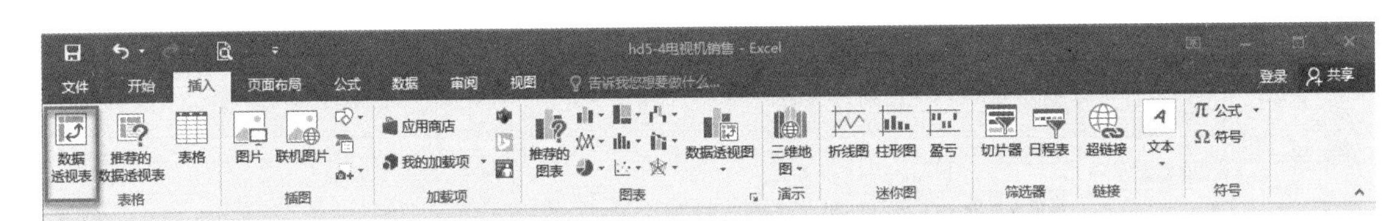

图 15－38　“插入”选项卡功能区中的“数据透视表”按钮

② 在“创建数据透视表”对话框中，设置“表/区域”为 Sheet1!$A$4:$H$22，设置“选择放置数据透视表的位置”为新工作表，如图 15－39 所示，点击“确定”按钮执行数据透视表创建。

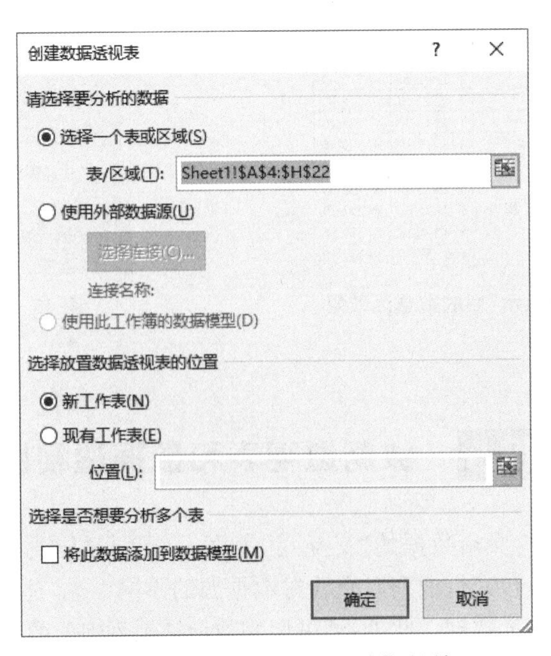

图 15－39　“创建数据透视表”对话框

③ Excel 2016 在新建立的工作表中，左侧显示数据透视表框架，右侧显示“数据透视表字段窗格”，如图 15 - 40 所示。

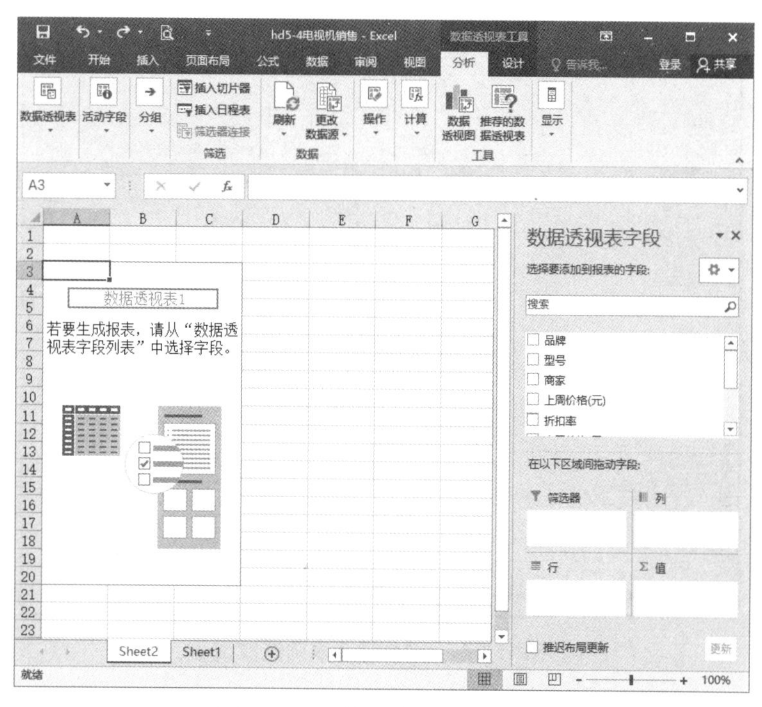

图 15 - 40　插入的空数据透视表

④ 在右侧的“数据透视表字段”窗格中，选择相应的字段，拖拽到下方的区域中。这里将“品牌”拖入“筛选器”，将“种类”拖入“列”，将“商家”拖入“行”，将“数量(台)”拖入到“数值”，默认为求和项，这样数据透视表便生成，如图 15 - 41 所示。

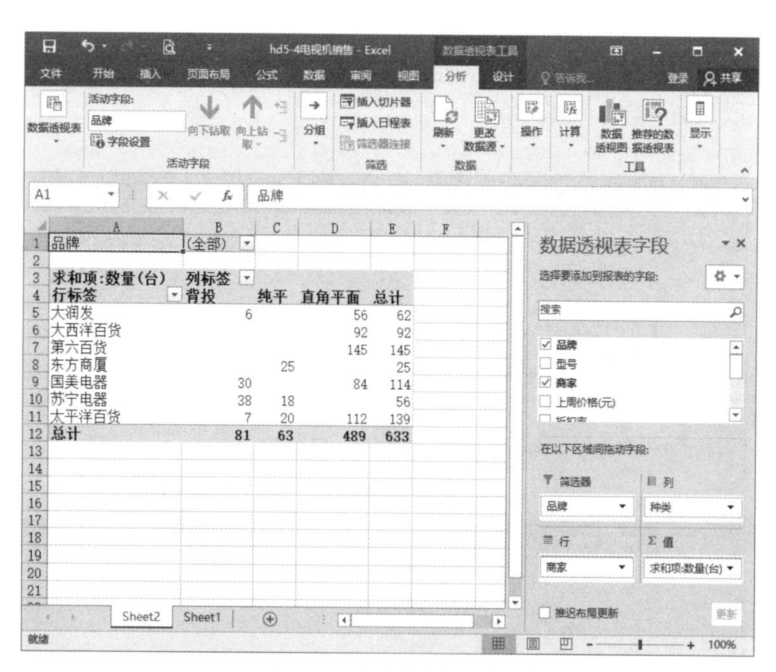

图 15 - 41　数据透视表的生成

图 15 - 41 所示的透视表，以二维交叉表的方式显示了不同商场的电视销售情况。若只观察一种电视品牌的数据，可以单击行标签右上方的筛选按钮，从下拉列表中可以对品牌进行筛选，如图 15 - 42 所示。这样数据透视表中，只显示指定品牌的数据统计结果。数据透视表这种交互式统计报表形式，极大地方便了用户对数据的多维度分析。

图 15－42　数据透视表筛选数据

15.5.2　编辑数据透视表

创建数据透视表之后，还可对其进行值字段设置、更改源数据、选择不同的显示样式设置等操作。

1. 设置数据透视表“值字段”

默认情况下，数据透视表中值的统计方法是“求和”。用户可以修改其默认值，其步骤如下：

① 选中数据透视表中的任意单元格。

② 进入“数据透视表工具/分析”选项卡功能区，在“活动字段”组中，选择活动字段为“求和项：数量（台）”，点击下方的“字段设置”按钮，如图 15－43 所示。

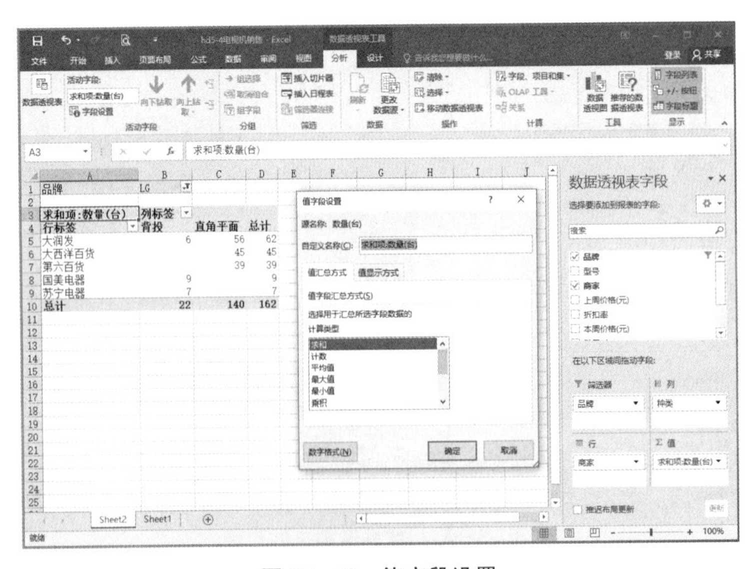

图 15－43　值字段设置

③ Excel 2016 弹出“值字段设置”对话框，可以在值汇总方式中，选择需要的汇总方式，如图 15－43 所示。

2. 更改数据透视表的源数据

创建好数据透视表后，若需要更改数据透视表中的源数据，其方法为：

① 选中数据透视表中的任意单元格。

② 在“数据透视表工具/分析”选项卡中，在“数据”组中展开“更改数据源”列表，在下拉列表中选择“更改数据源”命令，如图 15-44 所示。

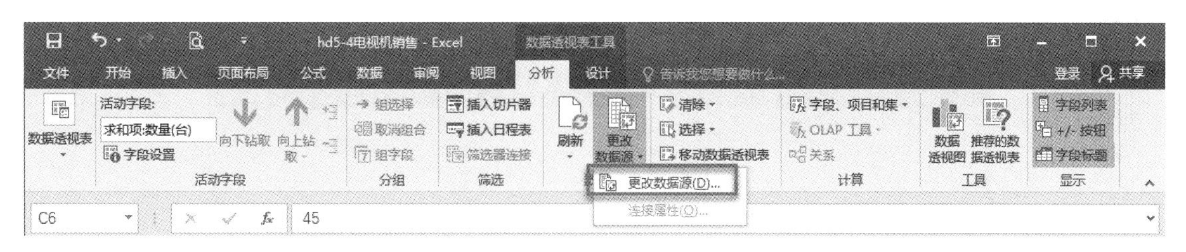

图 15-44　更改数据透视表数据源

③ Excel 2016 打开“更改数据透视表数据源”对话框，如图 15-45 所示，用户可根据需要重新选择数据区域。

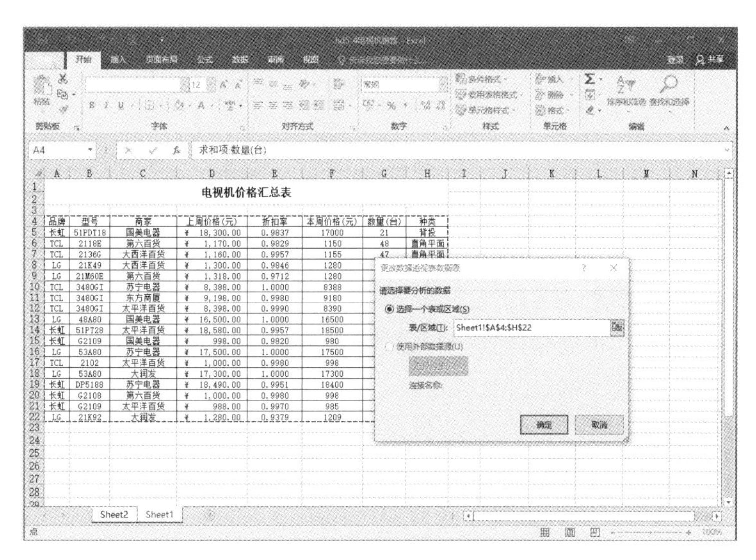

图 15-45　重新选择数据透视表数据源

3. 添加新的统计字段

创建数据透视表后，可以添加新的数据字段到数据透视表中，其方法为：在“数据透视表字段列表”窗格的“选择要添加到报表的字段”列表框中，拖拽需要的字段到“行”“列”或者“值”区域中。例如，在“电视机价格汇总表”透视表中，将“型号”字段增加到“列”字段的效果，如图 15-46 所示。

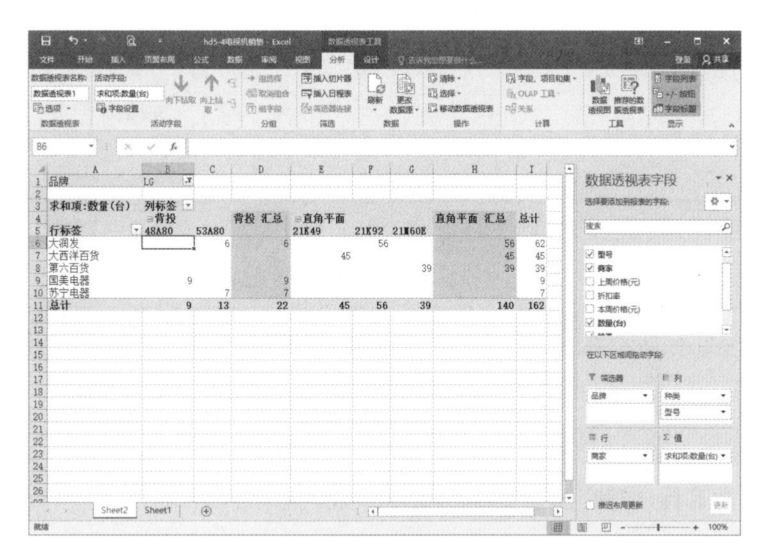

图 15-46　数据透视表增加字段效果

4. 通过行/列筛选数据透视表数据

在查看数据透视表中的数据时，为了更清晰地查看某一类型的数据，可以将其他字段值隐藏起来，其方法为：在数据透视表中，单击“行标签”或“列标签”右侧的下拉按钮，在弹出的下拉列表中，勾选或者取消勾选对应的复选按钮，然后点击“确定”按钮完成筛选，如图 15－47 所示。

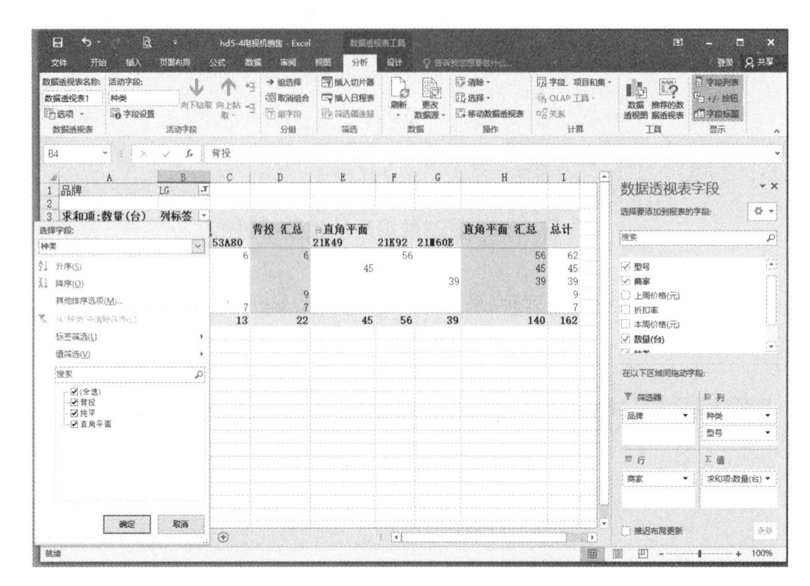

图 15－47 数据透视表行列筛选效果

5. 设置数据透视表布局及样式

创建数据透视表后，可以对其布局和样式进行设置，相关操作如下：

（1）设置布局方法

① 选中数据透视表任意单元格。

② 在“数据透视表工具/设计”选项卡的“布局”集合中，展开“报表布局”下拉列表，在其中选择“以表格形式显示”命令，如图 15－48 所示，透视表将以表格形式显示。

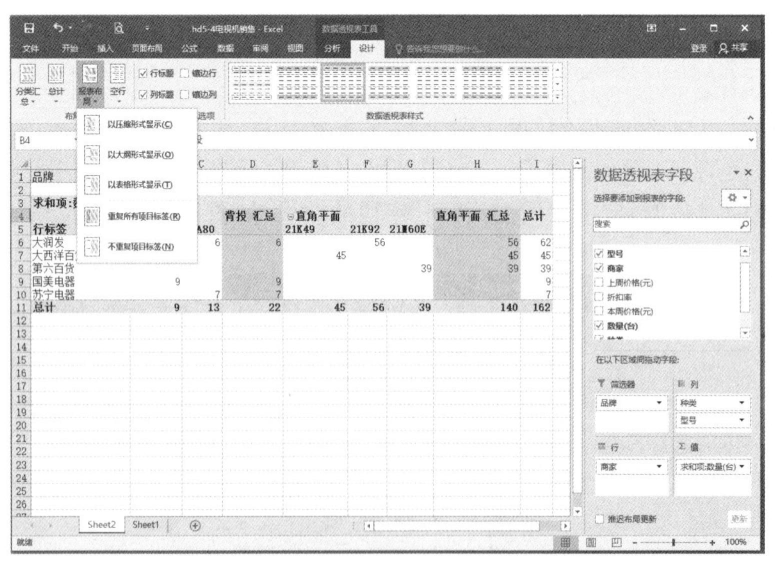

图 15－48 设置透视表布局

（2）设置显示样式方法

① 选中数据透视表任意单元格。

② 进入“数据透视表工具/设计”选项卡功能区，在“数据透视表样式”中，选择“中等深浅 2”。设置效果如图 15－49 所示。

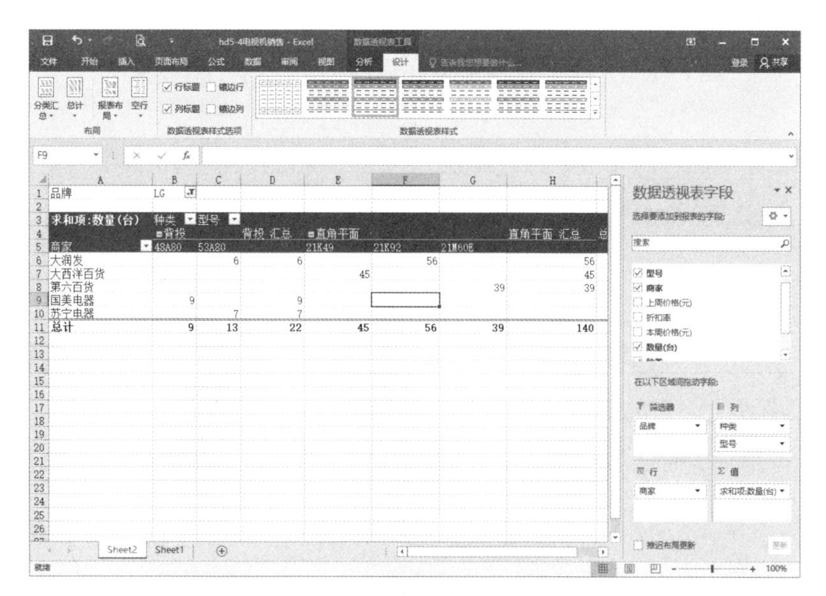

图 15 - 49　设置透视表样式

15.5.3　创建数据透视图

数据透视图相较于数据透视表采用了图形化的方式显示数据，通过可视化的方式，用户可以更直观地观察数据的趋势及差异，更有效地帮助用户分析数据。

例如，将"电视机价格汇总表"数据采用数据透视图的方法，分析不同品牌电视机在不同的商家的销售数量，具体步骤如下：

① 在"电视机价格汇总表"工作表中，选中 A4：H22 单元格区域，进入"插入"选项卡功能区，在"图表"集合中点击"数据透视图"按钮：数据透视图。

② 系统弹出"创建数据透视表及数据透视图"对话框，如图 15 - 50 所示，在"表/区域"设为"A4：H22"，"选择放置数据透视表的位置"为"新工作表"，点击"确定"按钮。

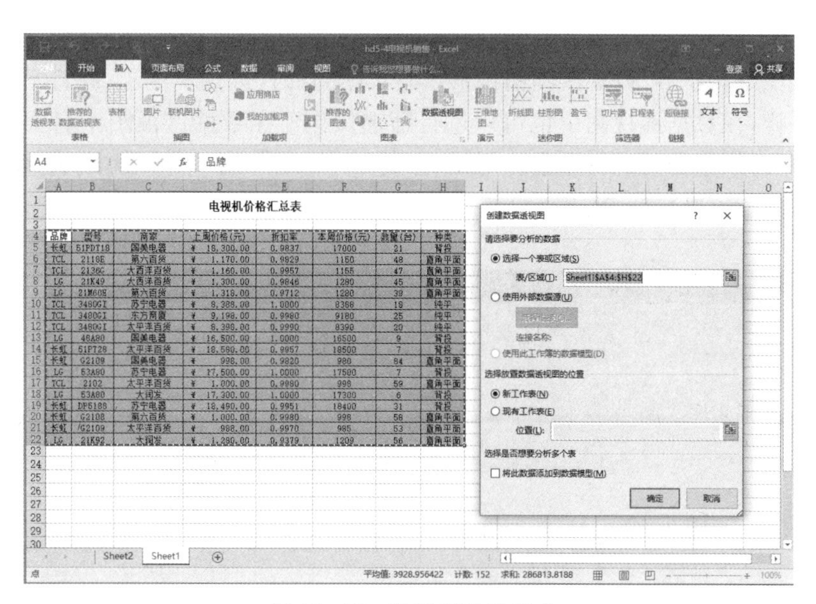

图 15 - 50　设置透视表样式

③ Excel 2016 新建一个新工作表，在其中包含一个空数据透视图，如图 15 - 51 所示。

④ 在右侧的"数据透视图字段"窗格中，将"品牌"拖入到"轴(类别)"，将"商家"拖入到"图例(系列)"，将"数量(台)"输入到"值"，默认为求和项，这样数据透视图便生成，如图 15 - 52 所示。

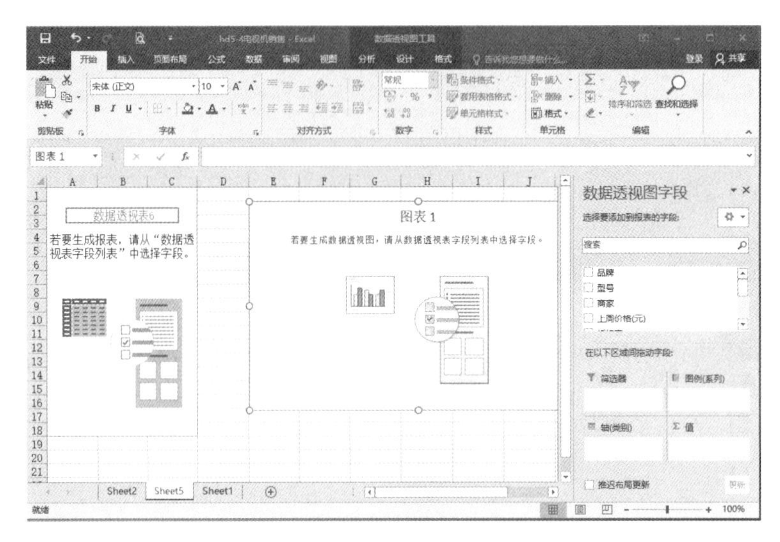

图 15－51　空数据透视图

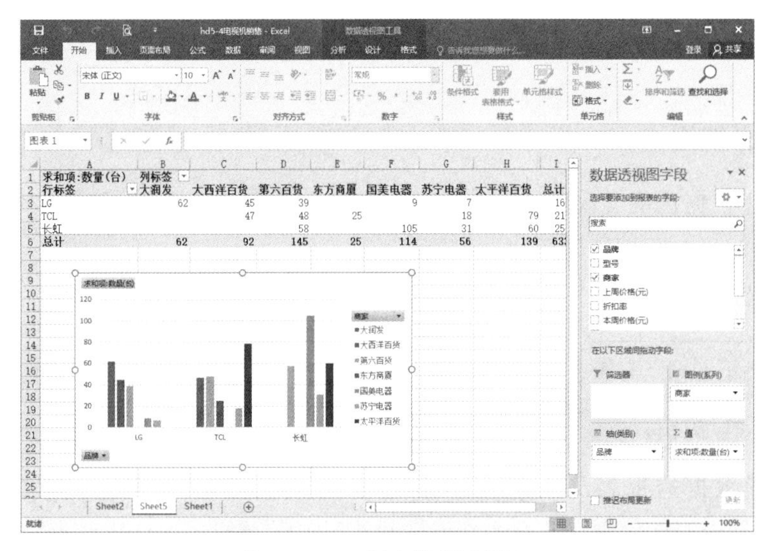

图 15－52　创建数据透视图

在这个数据透视图中，我们可以观察到销售量以柱状图的形式进行了展示，并且不同商家用不同的颜色。与数据透视表一样，在数据透视图中也可以进行筛选操作。在数据透视图中有很多支持筛选操作的下拉列表按钮，用户可以依据需要进行设置。例如，在图 15－53 中，对"品牌"类别进行了筛选。筛选效果如图 15－54 所示，只保留了"LG"品牌。

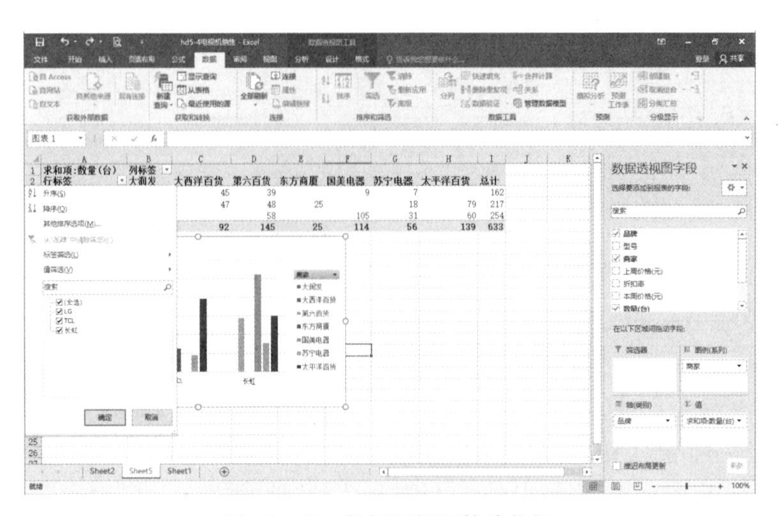

图 15－53　数据透视图筛选数据

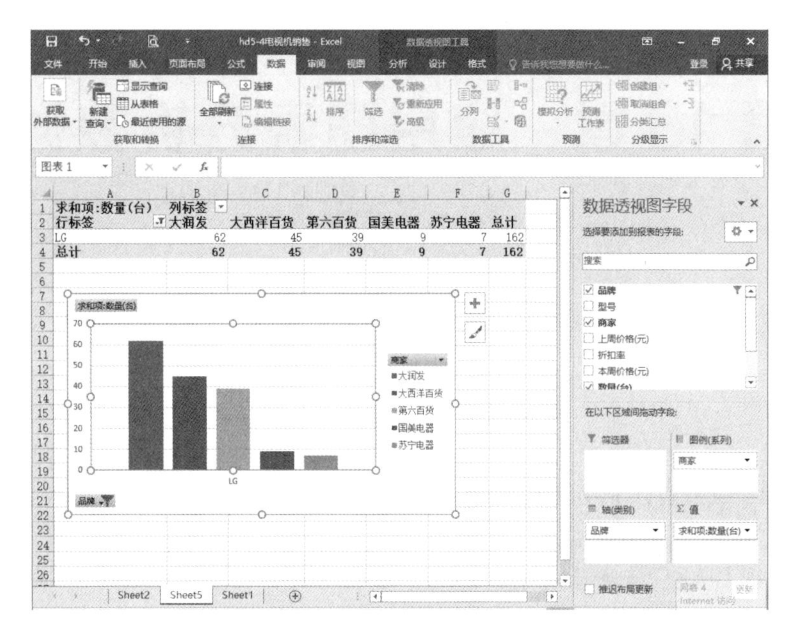

图 15－54　数据透视图筛选数据效果

第16章　应用图表分析数据

利用 Excel 2016 强大的计算功能得到精确的数据结果之后，将这些大量的数字转化为具有良好视觉效果的图表，可以大大提高数据分析的效率。

利用图表可以非常直观、清晰地表示工作表中的数据及其数据变化的趋势，帮助用户分析数据和比较不同数据之间的差异。另外，图表是与生成它的工作表数据相链接的，因此，当工作表中的原有数据发生变化时，图表也会自动更新。

16.1　图表类型及组成

Excel 2016 提供了包括柱形图、饼图、条形图、曲面图等图表类型，每一种类型中又有若干子类型。这些不同类型的图表创建的方法大同小异，但各自都有不同的特点和适合使用的对象。

用户选择的图表类型主要取决于要表示的数据类型及其表示方式，并不是所有的图表类型适合所有的数据类型。比如，某些图表类型适合显示随时间变化的事物，而某些图表类型更适合显示一组数据与整体的关系。我们首先介绍几种常见的 Excel 图表类型及其各自的特点，以便用户可以选择最贴切的图表类型分析数据。

16.1.1　图表类型

1. 柱形图

柱形图有二维和三维两种，二维柱形图是 Excel 2016 默认的图表类型。柱形图适合数据间的横向比较。例如，图 16－1 反映了三类图书四个月的销售量变化情况，比表格数据更为形象和直观。

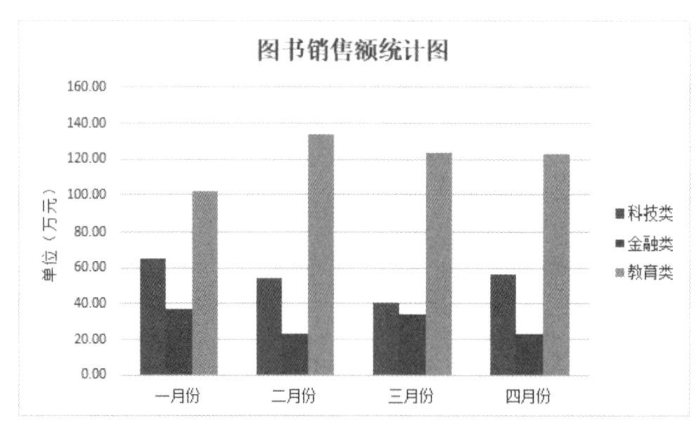

图 16－1　柱形图图例

2. 条形图

条形图使用条幅表达数据，它可以视作一种横向的柱形图。当图表的水平空间多于垂直空间时，条形图会比柱形图看得更清楚。图 16-2 显示了三类图书四个月的销售量的变化，使用了堆积条形图效果。

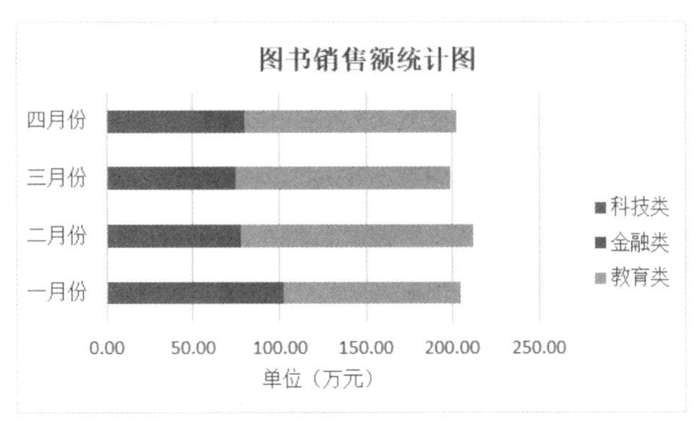

图 16-2　条形图图例

3. 折线图

折线图可以根据已知的两组相关数据，绘制出一条折线。折线图主要用于显示数据的变化趋势，强调的是变化速率而不是变化量。例如，图 16-3 中的折线图表示四个月内三类图书的销售起伏变化。

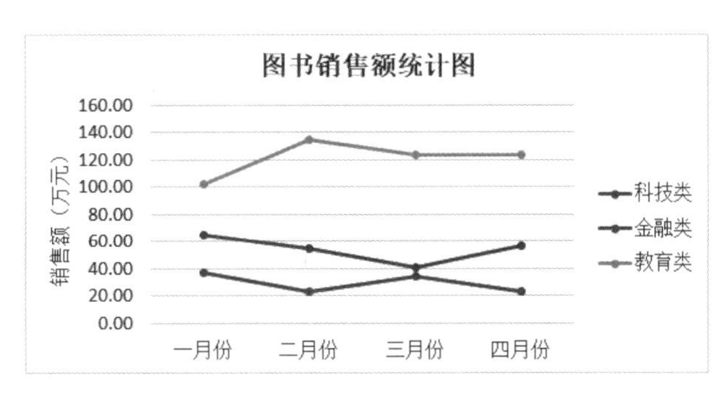

图 16-3　折线图图例

4. 饼图

饼图主要体现各个数据在整体中所占的比例情况。例如，图 16-4 显示了三类图书在第一个月的销售比例情况，可以直观地观察到教育类图书比例最高。需注意的是，饼图只能显示一个数据序列，任何已被定义的其他系列都将被忽略。饼图也有二维和三维两种。

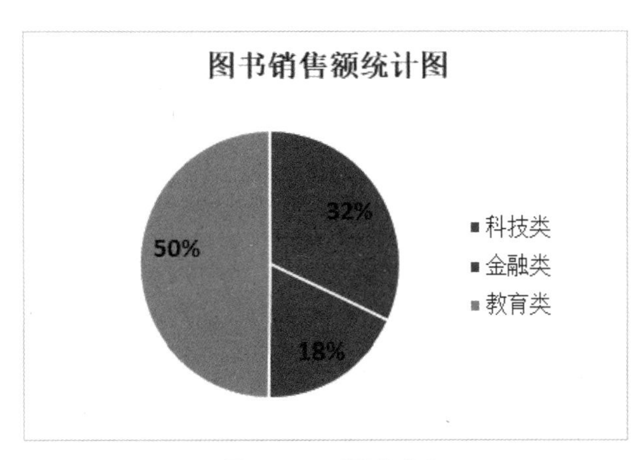

图 16-4　饼图图例

5. 雷达图

雷达图也称为网络图、蜘蛛图、星图，它是不规则多边形饼图。雷达图是以从同一点开始的轴上表示的三个或更多个变量的二维图表。它常用来显示多变量数据的图形方法，其主要体现的是各个数据在整体中所占的比例。例如，图 16-5 显示三种图书整体销售量中，各个月份销售量的重要性特征。

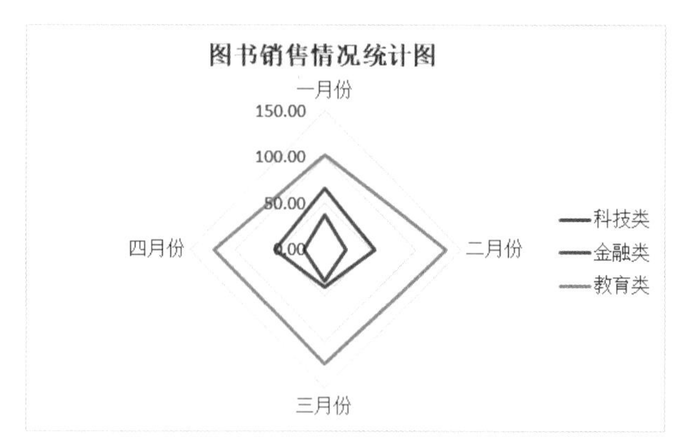

图 16-5 雷达图图例

16.1.2 图表的组成

图表分为图表区和绘图区两个区域，主要由各图表对象组成，如图 16-6 所示。当鼠标器指针停留在图表的某个图表对象时，系统将显示该图表对象的名称。

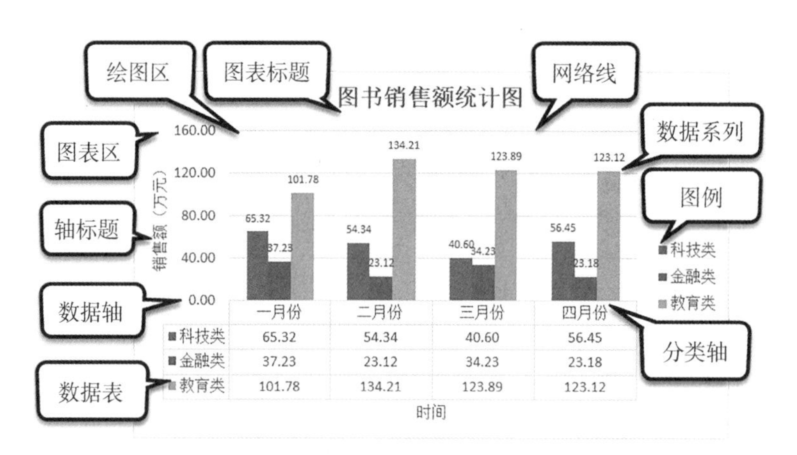

图 16-6 图表的组成

图表中常用的图表对象及其主要作用，参见表 16-1。

表 16-1 图表中的主要图表对象

对象	描　述
图表区	整个绘制图表的区域
绘图区	图表中包含数据系列的区域，以坐标轴为边界
图表标题	显示该图表的标题部分
数据标记	可以是用条形、柱形等图表类型表示的单个数据值所对应的图形对象
数据系列	与一组数据相对应的数据标记集合
数据表	可以显示在图表中的表格，包含用来创建图表的数据
网格线	是为图表添加的线条，使得观察图表中的数据更为方便
图例	一种说明，将数据系列的名称与图形表示联系起来
坐标轴	为图表中绘制的数值提供刻度的直线，对于大多数图表，数据值沿数值轴绘制，数值轴通常是垂直的（Y 轴），数据分类点沿分类轴绘制，分类轴通常是水平的（X 轴）

16.2 创 建 图 表

在 Excel 2016 中创建数据的可视化图表非常便捷，只需要选择图表类型、图表布局和图表样式，就可以创建简单且具有专业效果的图表。如图 16－7 所示，将图书销售统计表生成柱形图。

	A	B	C	D	E	F	G
1	图书销售统计表						
2							
3		一月份	二月份	三月份	四月份	最大销量	分类合计
4	科技类	65.32	54.34	40.60	56.45		
5	金融类	37.23	23.12	34.23	23.18		
6	教育类	101.78	134.21	123.89	123.12		
7	外语类	78.56	69.85	56.68	45.98		
8	生化类	45.12	41.29	38.92	67.21		
9	工程类	43.16	34.85	29.12	56.14		

图 16－7　图书销售统计表

1. 方法一

① 选中需要创建图表的单元格区域 A3：E9。

② 在“插入”选项卡的“图表”集合中选择“插入柱形图”按钮，弹出下拉列表。

③ Excel 2016 提供了多种柱形图样式，如图 16－8 所示，用户可根据需要进行选择，这里选择二维柱形图的第一个“簇状柱形图”。

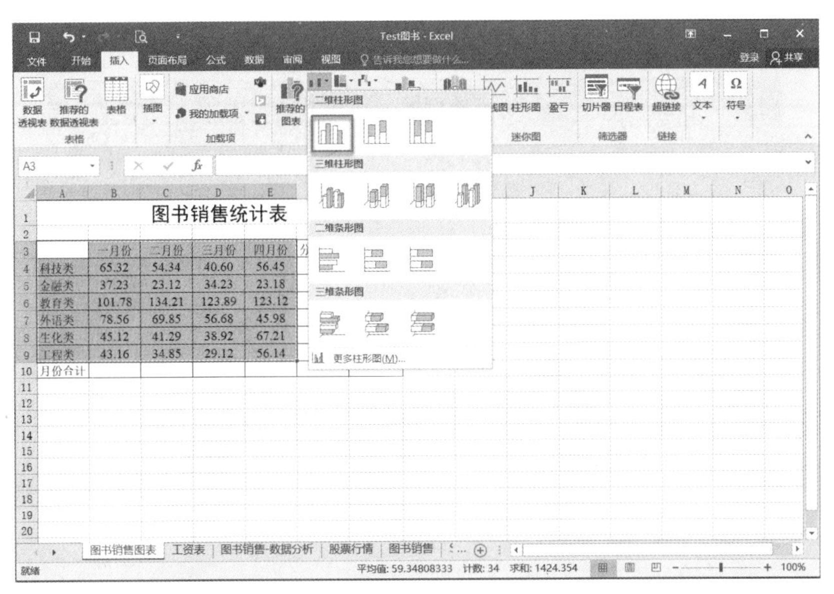

图 16－8　“插入”选项卡功能区创建“柱形图”命令

2. 方法二

① 选中需要创建图表的单元格区域 A3：E9。

② 在“插入”选项卡的“图表”集合中单击下方，点击“查看所有图表”按钮，如图 16－9 所示。

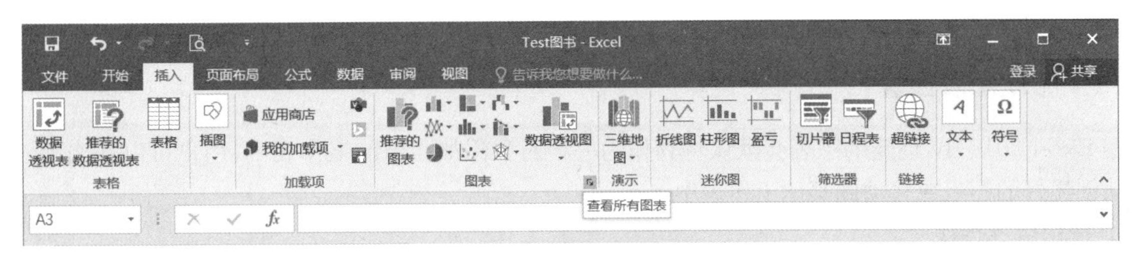

图 16－9　“插入”选项卡“查看所有图表”命令

③ 系统弹出“插入图表”对话框，单击“推荐的图表”选项卡，如图 16－10 所示。选择图表类型为“柱形图”，图表样式为“簇状柱形图”。若该选项卡没有需要的图表，可以切换到“所有图表”选项卡，如图 16－11 所示，在图表列表中选择合适的图表类型和图表样式。

上述两种方法，Excel 2016 都将创建柱形图到在当前工作表中，如图 16－12 所示。

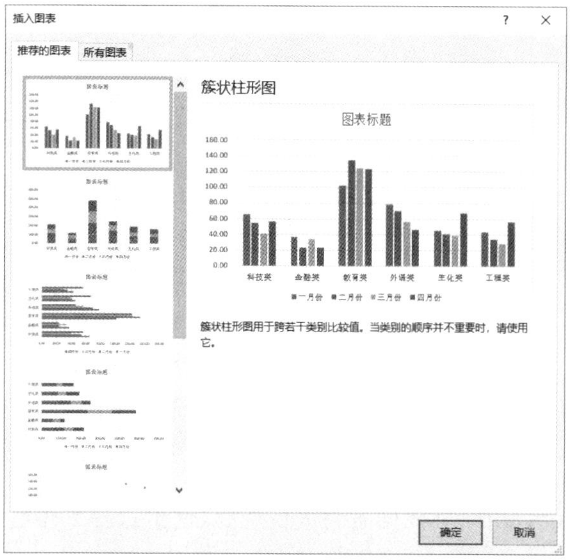

图 16－10 “插入图表”对话框“推荐的图表”选项卡

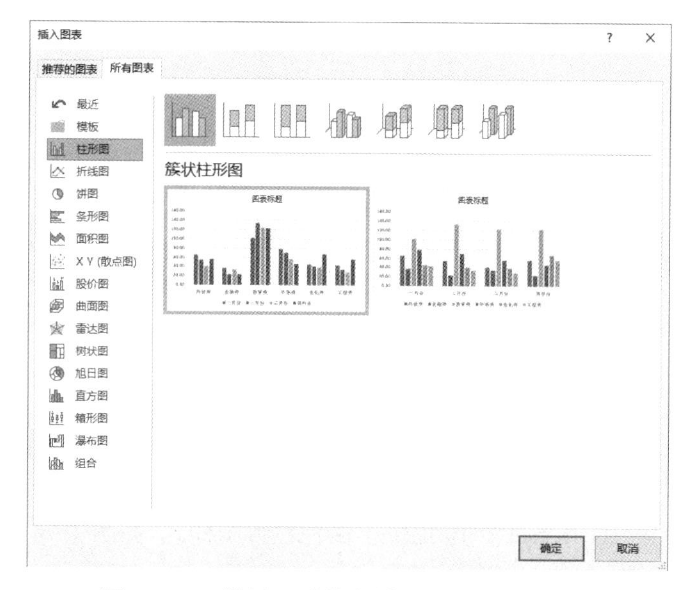

图 16－11 “插入图表”对话框“所有图表”选项卡

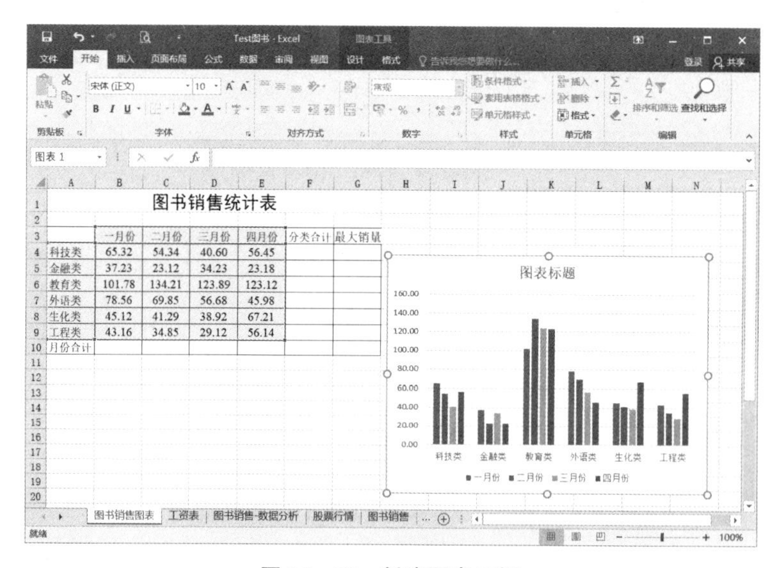

图 16－12 创建图表示例

16.3 图表的编辑

16.3.1 移动图表位置

在 Excel 2016 中，创建的图表会默认将其作为一个对象添加在当前工作表中，用户可以在当前工作表中移动创建好的图表或移动到其他工作表中。

1. 使用鼠标拖拽

选中需要移动的图表，将鼠标悬停在图表的任意边框上，注意不要是控制点，当鼠标指针变为双十字形箭头时，单击并拖拽至目标位置即可。

2. 使用菜单命令

具体步骤如下：

① 单击需要移动位置的图表，在“图表工具”的“设计”选项卡下单击“位置”集合中的“移动图表”按钮，如图 16－13 所示。

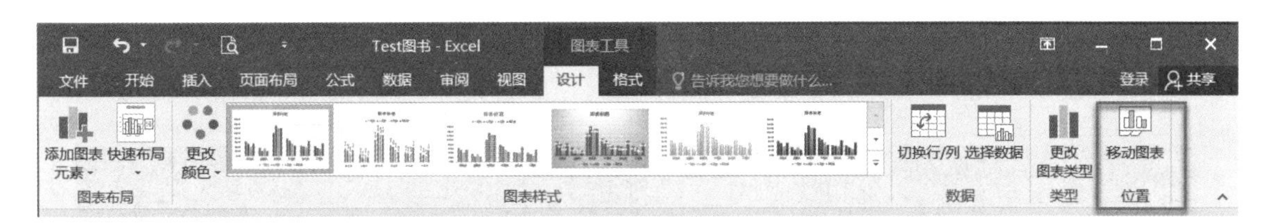

图 16 - 13　图表工具"设计"中的"移动图表"按钮

② 弹出"移动图表"对话框，如图 16 - 14 所示。如果用户希望创建新的工作表，选中上方"新工作表"单选按钮，并在文本框中输入工作表名称；如果用户希望将图表放入已有的工作表中，选中"对象位于"单选按钮，并在右侧的下拉列表中选中对应的工作表。

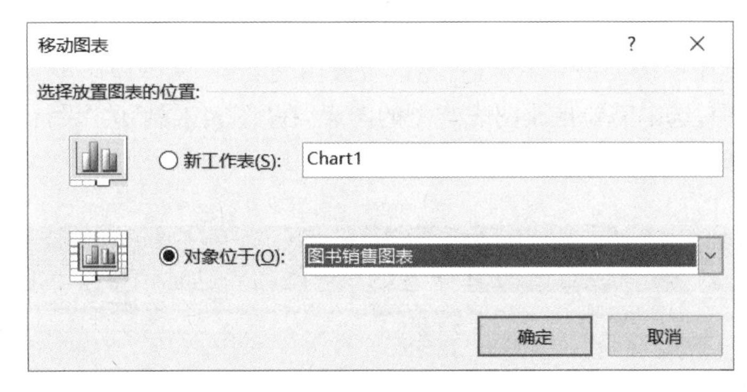

图 16 - 14　"移动图表"对话框

③ 完成设置后点击"确定"按钮，图表移入设置的工作表中。

16.3.2　更改图表的大小

新创建的图表可能尺寸不符合用户需要，可以调整图表的大小来适应需求。调整图表大小主要是完成对图表高度和宽度的设置，主要有两种设置方法。

1. 使用鼠标拖拽

选中需要移动的图表，将鼠标悬停在图表的上下左右任意一个控制点上，如图 16 - 15 所示。当鼠标指针变为双向箭头时，单击并拖拽，可以左右、上下和斜向拖拽，拖拽至合适大小松开鼠标左键即可。

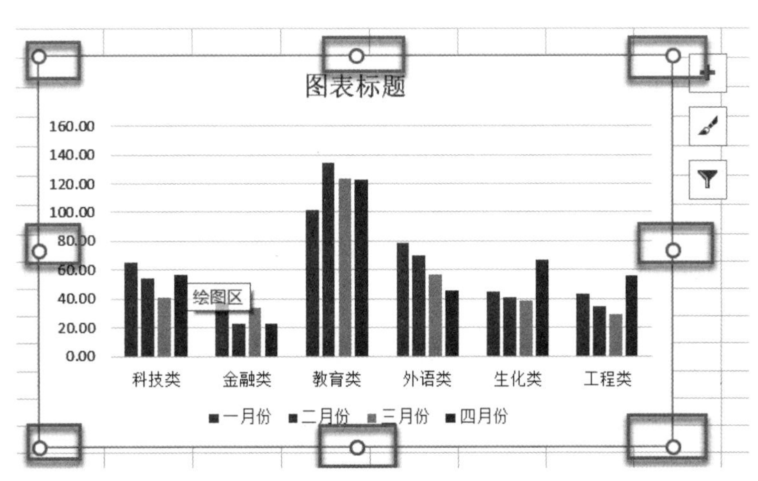

图 16 - 15　图表周围的"控制点"

2. 使用菜单命令

具体步骤如下：

① 选中需要设计的图表，此时会出现"图表工具"选项卡，该选项卡在选中图表时出现，该选项卡包含"设计"和"格式"两个子选项卡，如图 16 - 16 所示。

② 在“图表工具”的“格式”选项卡的“大小”集合中，利用“高度”和“宽度”编辑框，输入对应的值，如图16-16所示，即可完成对图表大小的设置。

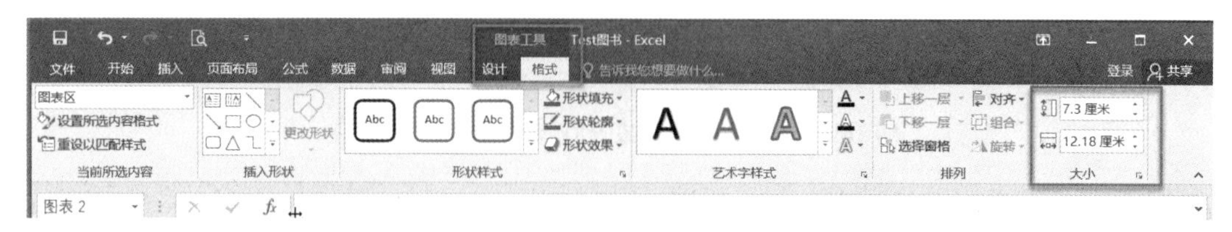

图16-16　图表工具“格式”中选项卡“大小”集合区

16.3.3　更改图表类型

如果在创建图表后觉得图表类型并不合适，可以更改图表类型，具体操作步骤如下：

① 在打开的工作表中，选中需要更改图表类型的图表，在“图表工具”的“设计”选项卡中的“类型”集合中单击“更改图表类型”按钮，如图16-17所示。

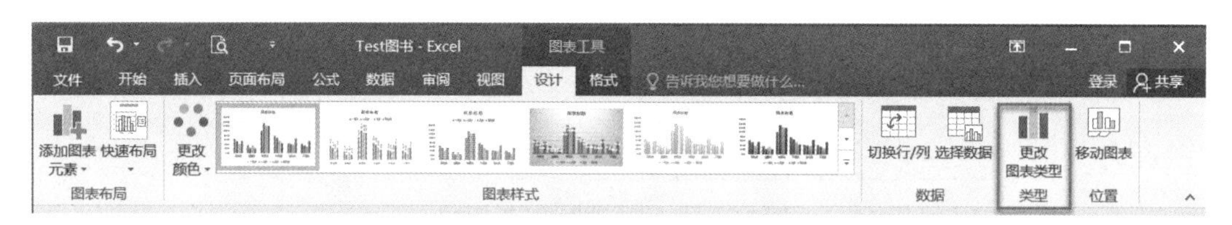

图16-17　图表工具的“设计”选项卡的“更改图表类型”按钮

② Excel 2016弹出“更改图表类型”对话框，重新选择需要的图表类型，如单击“折线图”图表，如图16-18所示，然后单击“确定”按钮完成设置。

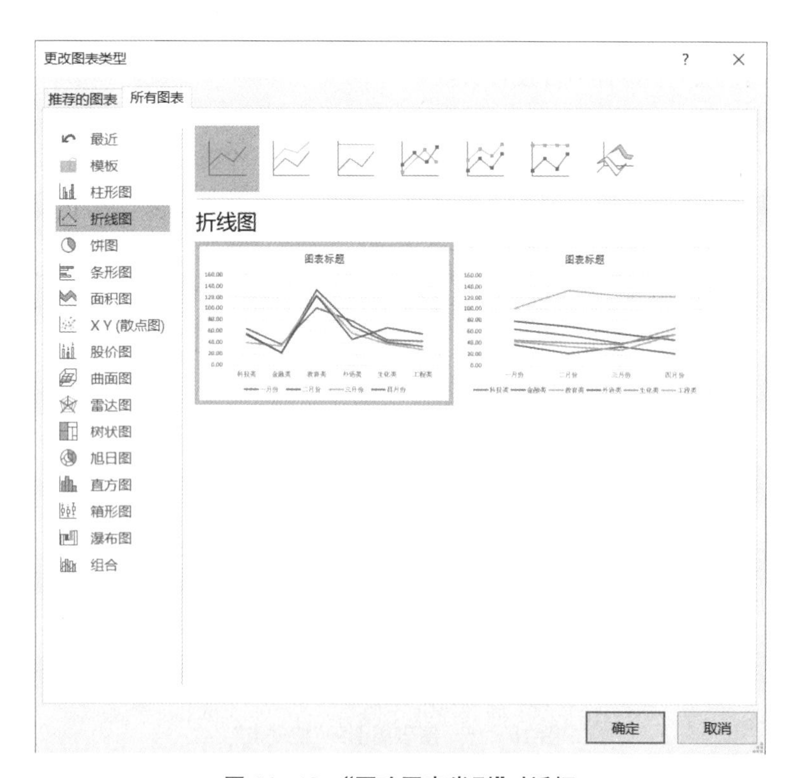

图16-18　“更改图表类型”对话框

16.3.4　重新选择数据源

在图表创建完成后，还可以根据需要向图表中添加新的数据或者删除部分数据。当数据源的值发生改变后，Excel 图表也随之更新。更改数据源的步骤如下：

① 在打开的工作表中，选中需要更改图表类型的图表，在“图表工具”的“设计”选项卡中的“数据”集合中单击“选择数据”按钮，如图 16－19 所示。

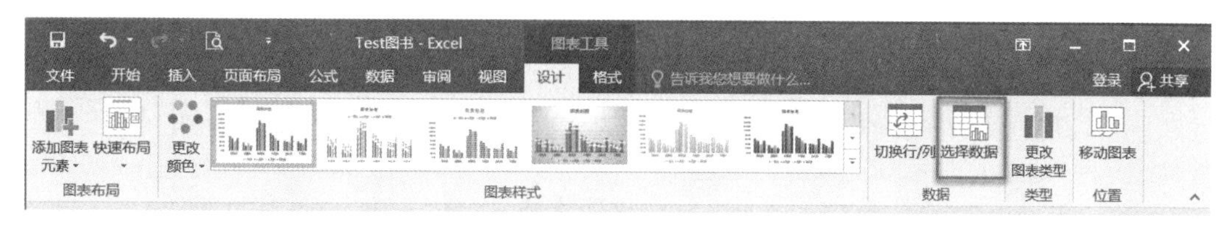

图 16－19　图表工具“设计”选项卡的“选择数据”按钮

② Excel 2016 弹出“选择数据源”对话框，如图 16－20 所示。在“图表数据区域”中编辑新数据源；或者利用区域选择按钮：，在工作表中重新选择区域，确认后返回“选择数据源”对话框。

③ 在“选择数据源”对话框中点击“确定”按钮。

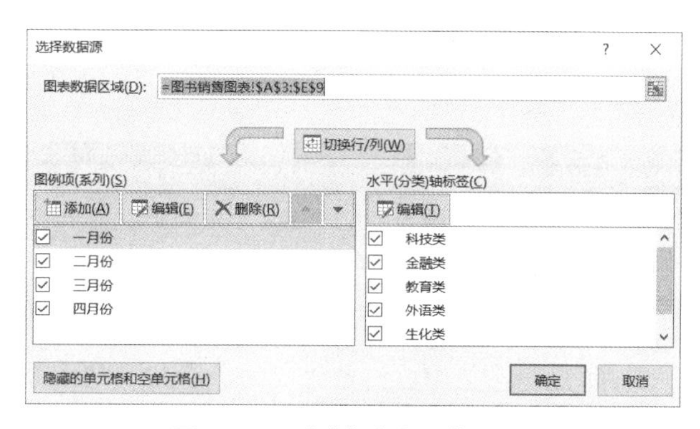

图 16－20　“选择数据源”对话框

16.3.5　切换行/列

在创建图表之后，可以对图表的“行”与“列”进行切换，即交换图表中的水平轴图例项和系列名称，具体操步骤如下。

① 在打开的工作表中，选中需要更改图表类型的图表。

② 在“图表工具”的“设计”选项卡中的“数据”集合中，单击“切换行/列”按钮，如图 16－21 所示。

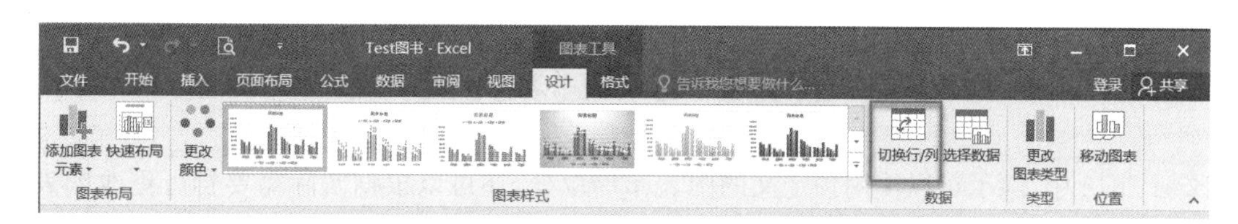

图 16－21　图表工具“设计”选项卡的“切换行/列”按钮

“图书销售统计表”柱形图经过切换行/列后的效果，如图 16－22 所示。观察该图可以发现，柱形图横坐标为月份，图书类型变换为系列值。

16.3.6　更改图表布局

一个图表包含多个组成部分，默认创建的图表只包含其中的几项，如数据系列、分类轴、数值轴、图例，而不包含图表标题、坐标轴标题等图表元素。如果希望图表包含更多的信息，更加美观，可以使用预设的图表布局快速更改图表的布局，具体操作步骤如下。

① 选中对应的图表。

② 在“图表工具”的“设计”选项卡的“图表布局”集合中，点击“快速布局”按钮，展开下拉列表，将鼠标

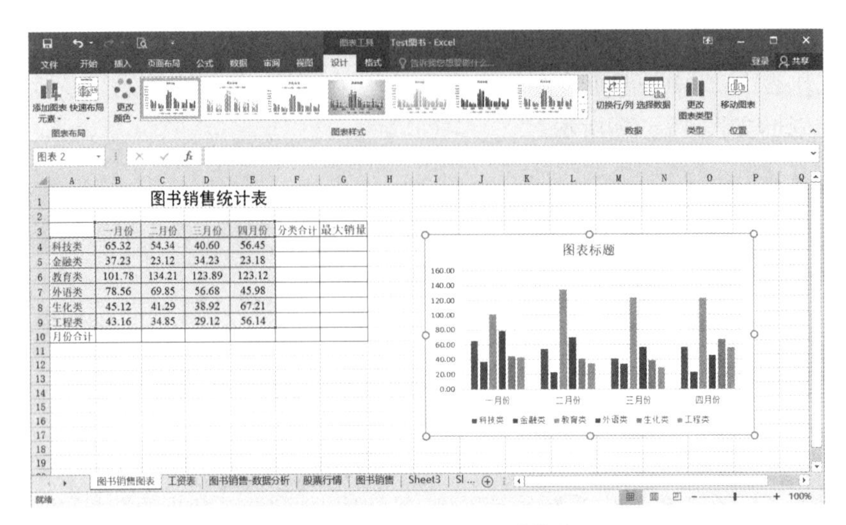

图书销售统计表

	一月份	二月份	三月份	四月份	分类合计	最大销量
科技类	65.32	54.34	40.60	56.45		
金融类	37.23	23.12	34.23	23.18		
教育类	101.78	134.21	123.89	123.12		
外语类	78.56	69.85	56.68	45.98		
生化类	45.12	41.29	38.92	67.21		
工程类	43.16	34.85	29.12	56.14		
月份合计						

图 16－22 “切换行/列后”的效果

悬停在一个布局选项上，可以预览布局效果，如图 16－23 是“布局 5”的预览效果。点击一个适合的部局，即可生效设置。

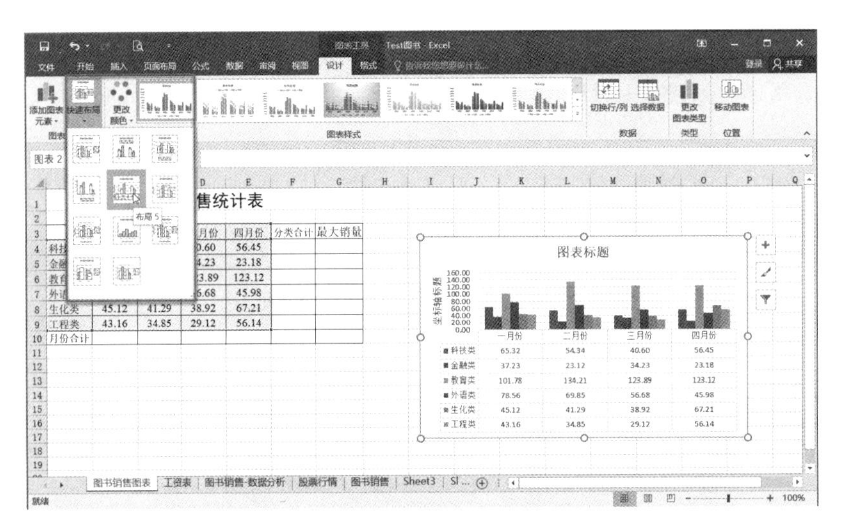

图 16－23 选择“布局 5”后的图表效果

16.4 添加图表元素

在 Excel 2016 中，除了可以使用预定义的图表布局以外，还可以根据实际需要自行更改图表元素，如在图表中添加图表标题并设置其格式、显示与设置坐标轴标题、调整图例位置、显示数据标签等，从而使图表表现的数据更清晰。

16.4.1 添加图表标题

创建图表时可能不显示图表标题，用户可以根据需要为图表添加标题，使图表一目了然地体现其主题。为图表添加标题并设置格式的操作如下：

① 选中需要添加标题的图表。

② 在“图表工具”的“布局”选项卡中，单击“图表布局”集合中的“添加图表元素”按钮，展开其下级菜单，在“图表标题”子菜单中有三种设置命令，如图 16－24 所示。

③ 选择标题设置命令后，图表将设有标题，这里以选择“居中覆盖”命令为例，图表标题的显示效果如图 16－24 所示。

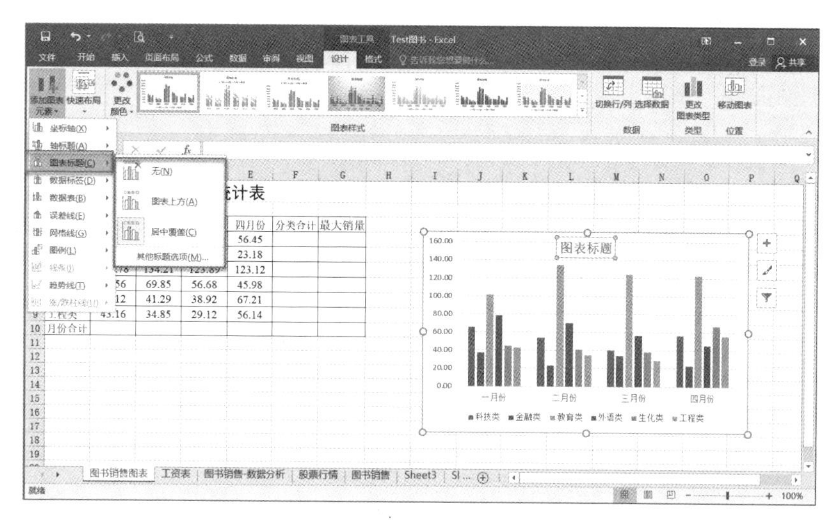

图16-24 添加"图表标题"命令及效果

④ 在标题文本框中输入标题文本,单击图表外的任意位置即可得到图表标题效果。

16.4.2 显示与设置坐标轴标题

为了使图表水平和垂直坐标的内容更加明确,还可以为图表的坐标轴添加标题。坐标轴标题分为水平(分类)坐标轴和垂直(数值)坐标轴,用户可以根据需要分别为其添加坐标轴标题。具体操作步骤如下:

① 选中需要设置的图表。

② 在"图表工具"的"布局"选项卡中,单击"图表布局"集合中的"添加图表元素"按钮,展开其下级菜单,在"轴标题"子菜单中有三种设置命令,如图16-25所示。

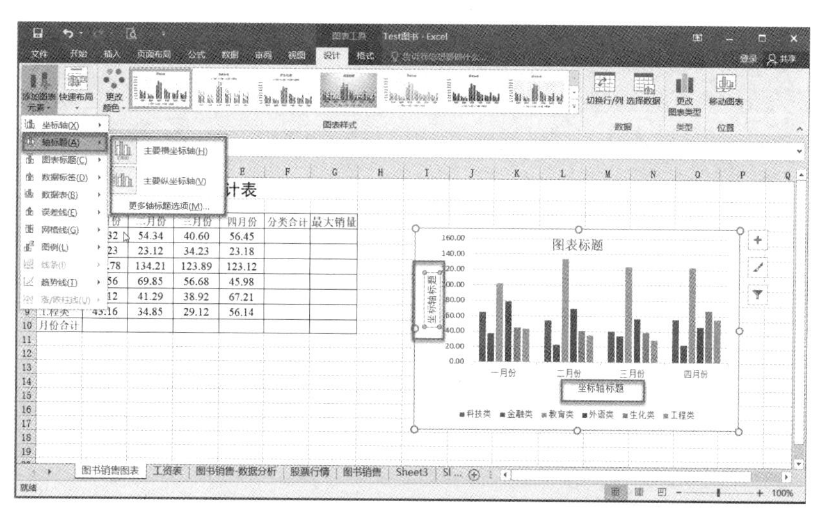

图16-25 添加"图表轴标题"命令及效果

③ 选择设置命令后,图表将设有横坐标轴或纵坐标轴,这里以上述两者都设置为例,图表坐标轴标题的设置效果如图16-25所示。

④ 在横坐标轴或纵坐标轴文本框中输入标题文本,单击图表外的任意位置即可得到设置效果。

16.4.3 设置图例

"图例"是用于体现数据系列表中现有的数据项名称的标识。默认情况下,创建的图表都显示"图例"并显示在图表的"右侧"。用户可根据需要调整图例显示的位置,也可隐藏图例。具体操作步骤如下:

① 选中需要设置的图表。

② 在"图表工具"的"布局"选项卡中,单击"图表布局"集合中的"添加图表元素"按钮,展开其下级菜单,在"图例"子菜单中有六种设置"图例"的命令,如图16-26所示。

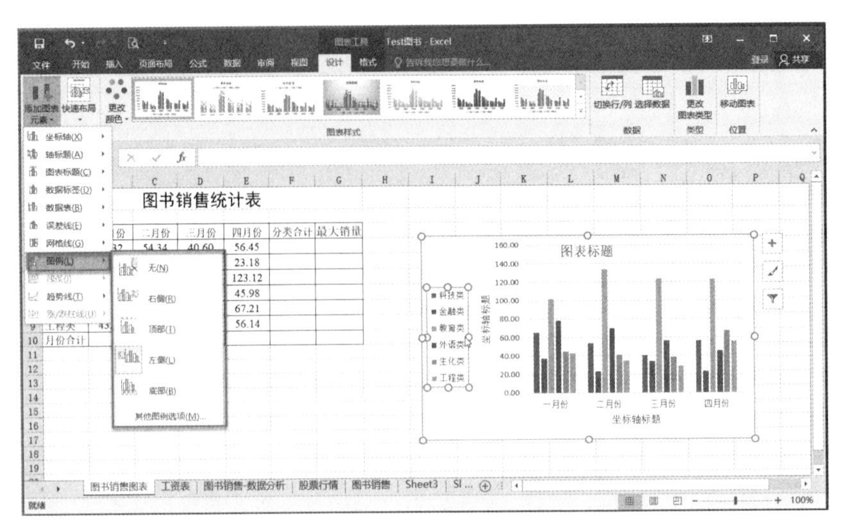

图 16－26　图表工具"布局"中的"图例"命令

③ 选择合适的设置命令后,图表的图例将出现在对应的位置上。这里以设置为"左侧"为例,图表图例的设置效果如图 16－26 所示。

16.4.4　显示数据标签

"数据标签"是用于解释说明数据系列上的数据标记的。在数据系列上显示"数据标签",可以明确地显示出数据点值、百分比值、系列名称或类别名称。设置步骤如下:

① 选中需要设置的图表。

② 在"图表工具"的"布局"选项卡中,单击"图表布局"集合中的"添加图表元素"按钮,展开其下级菜单,在"数据标签"子菜单中有七种设置"数据标签"命令,如图 16－27 所示。

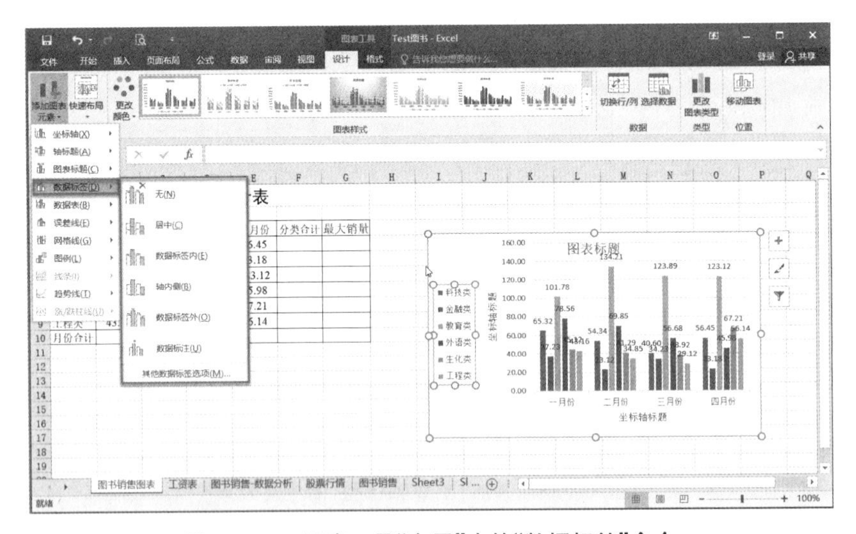

图 16－27　图表工具"布局"中的"数据标签"命令

③ 选择合适的设置命令后,图表的数据标签将出现在对应的位置上。这里以设置"数据标签外"为例,图表数据标签的设置效果如图 16－27 所示。

16.5　图表的格式化

对于已经完成的图表,可以设置图表中各种元素的格式来对其进行美化。在设置格式时可以直接套用预设的图表样式,也可以选择图表中的某一对象后手动设置其填充色、边框样式和形状效果等,为其添加自定义效果。

16.5.1　设置图表文字格式

在 Excel 2016 中，图表的标题、水平轴标签、垂直轴标签、图例等元素均包含文字，若默认的字体、字号及文字效果不能满足用户的需要，可以通过文字设置进行调整。基本步骤是：

① 选中需要设置文字对象，如标题、水平轴标签、垂直轴标签、图例等。

② 在“开始”选项卡中的“字体”集合中，利用字体设置、字号设置及颜色设置等，可以对图表中的对象字体进行详细设置，如图 16－28 所示。若选项卡中的设置命令不满足要求，可以利用 按钮，打开“字体设置”对话框，如图 16－29 所示，进行更多样的设置。

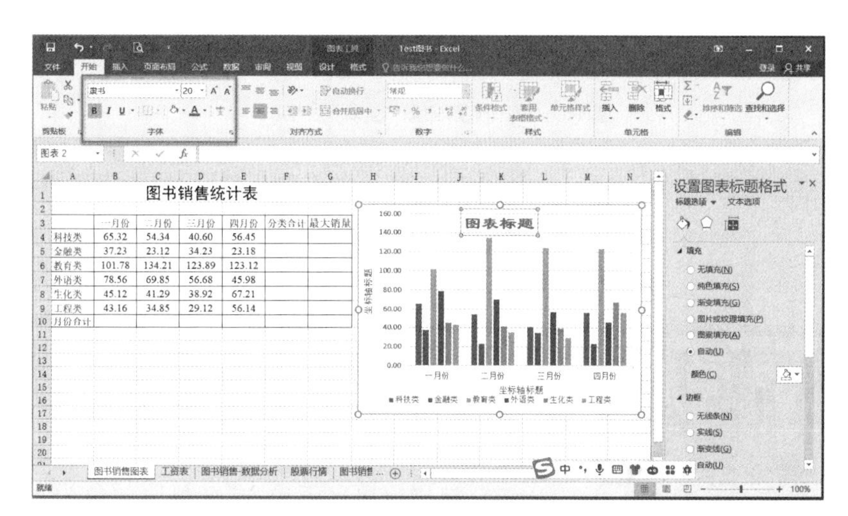

图 16－28　“开始”选项卡“字体”设置集合命令

图 16－29　“字体”设置对话框

③ 这里，我们设置图表标题字型为“隶书”、字号为 20、颜色为“红色”及加粗效果，设置效果如图 16－28 所示。

16.5.2　设置图表区格式

在创建图表后，默认的“图表区”格式使用白色背景、自动边框效果、边框为直角等，若这些默认设置不能满足用户的需求，用户可对其做修改。关键步骤如下：

① 双击待设置的图表的“图表区域”，如图 16－30 所示。

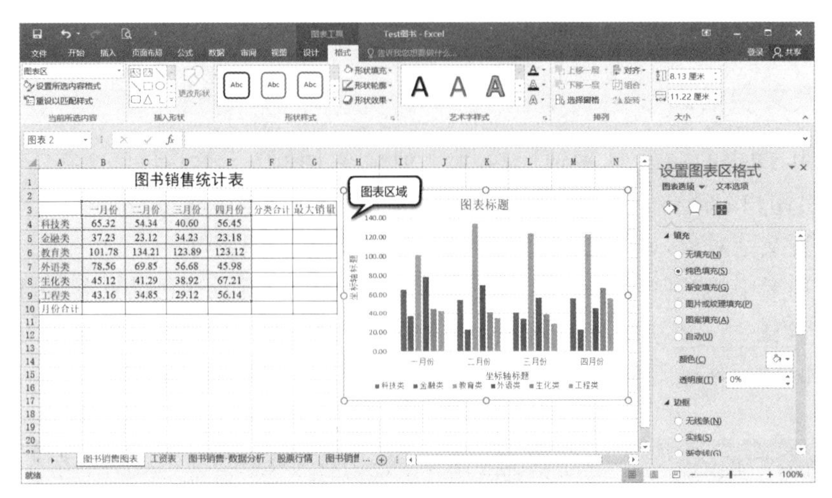

图 16－30 设置图表“图表区”格式

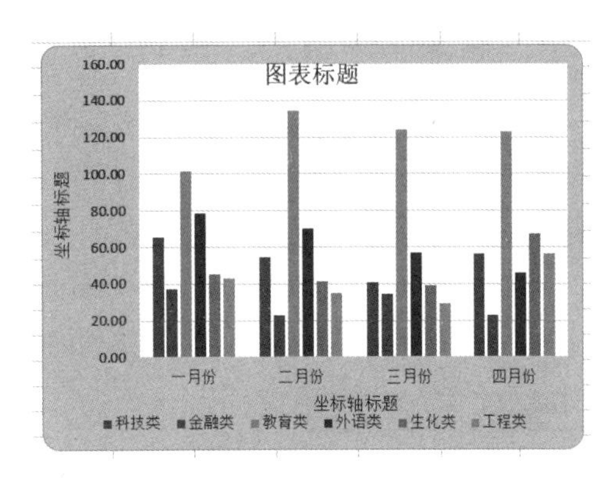

图 16－31 “图表区”格式设置效果

② 在工作区的右侧出现“设置图表区域格式”窗格，在这个窗格中有三个选项卡：，分别对应“填充与线条”“效果”“大小与属性”。在“填充与线条”选项卡中，可以对“图表区”的背景效果及边框效果进行设置；在“效果”选项卡中，可以对“图表区”的阴影、发光、柔化及三维效果进行设置；在“大小与属性”选项卡中，可以对“图表区”的大小、属性、可选字体进行设置。

③ 这里以填充背景为“纯色”，颜色为“深蓝，文字 2，淡色 80%”、边框为“黑色”、边框为“圆角”为例，设置效果如图 16－31 所示。

16.5.3 设置绘图区格式

在创建图表后，默认的“绘图区”格式使用白色背景、自动边框效果等，若这些默认设置不能满足用户的需求，用户可对其做修改。关键步骤如下：

① 双击待设置的图表的“绘图区域”，如图 16－32 所示。

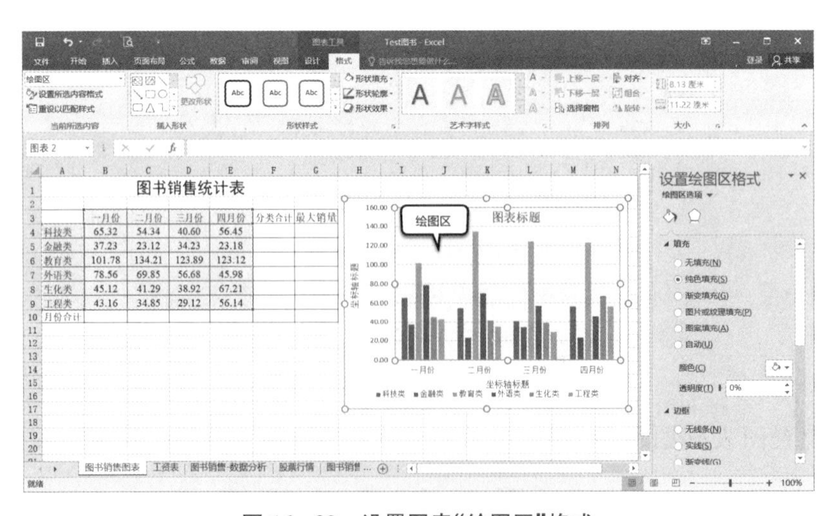

图 16－32 设置图表“绘图区”格式

② 在工作区的右侧出现“设置绘图区格式”窗格，在这个窗格中有两个选项卡：，分别对应“填充与线条”“效果”。在“填充与线条”选项卡中，可以对“绘图区”的背景效果及边框效果进行设置；在“效果”选项卡中，可以对“绘图区”的阴影、发光、柔化及三维效果进行设置。

③ 这里，在“填充与线条”选项卡中，设置填充背景为“渐变填充”，颜色为“浅色渐变-个性色 1”、边框为“黑色”；在“效果”选项卡中，设置阴影为“右下斜偏移”为例，如图 16－33 所示。整体设置效果如图 16－34 所示。

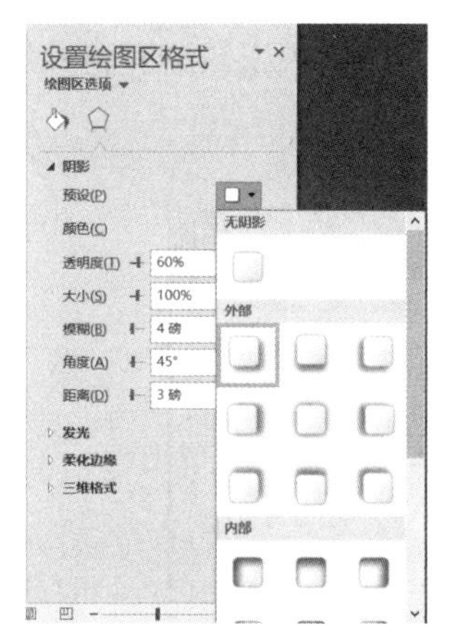

图 16－33 “效果”选项卡“阴影”设置

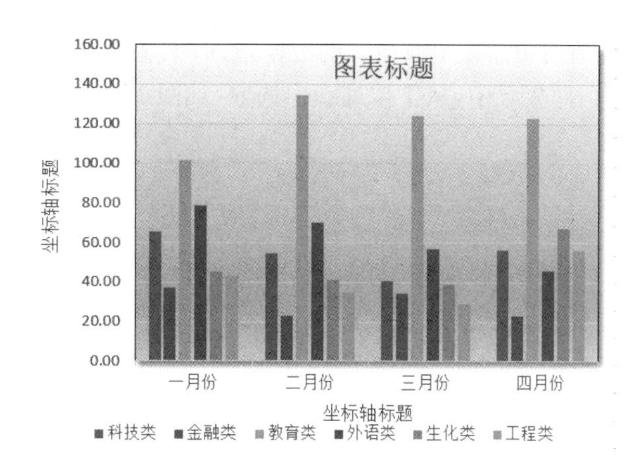

图 16－34 “绘图区”格式设置效果

16.5.4 设置坐标轴格式

在创建图表后，坐标轴值的分布由 Excel 2016 自动进行了设置，若这些默认设置不能满足用户的需求，用户可对其做修改。关键步骤如下：

① 双击待设置的图表的“坐标轴”，这里以“纵坐标”为例，如图 16－35 所示。

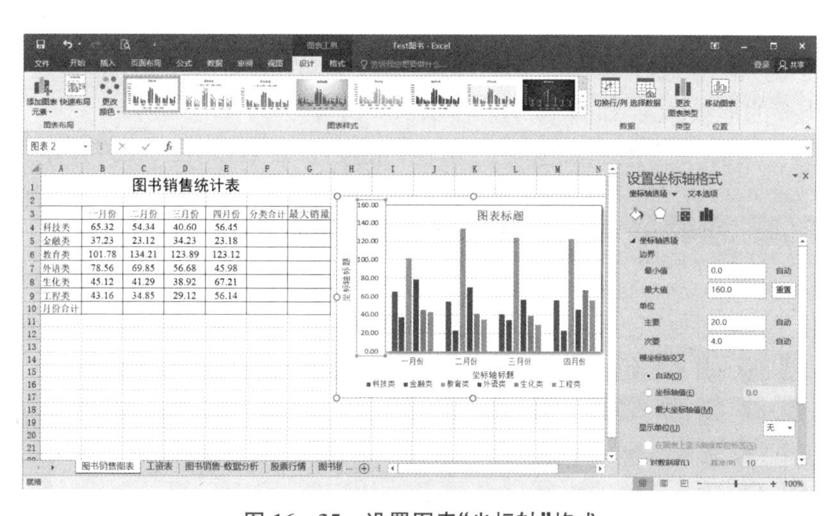

图 16－35 设置图表“坐标轴”格式

② 在工作区的右侧出现“设置坐标轴格式”窗格，在这个窗格中有四个选项卡：，分别对应“填充与线条”“效果”“大小与属性”和“坐标轴选项”。在“填充与线条”选项卡中，可以对“坐标轴”填充和线条进行设置；在“效果”选项卡中，可以对“坐标轴”的阴影、发光、柔化及三维效果进行设置；在“大小与属性”选项卡中，可以对对齐方式进行设置；在“坐标轴选项”选项卡中，可以对坐标轴选项、刻度线、标签和数字进行设置。

③ 这里，在“坐标轴选项”选项卡中，设置坐标轴边界最大值为 200，单位主要刻度为 50，刻度线主要类型为“交叉”，设置效果如图 16－36 所示。

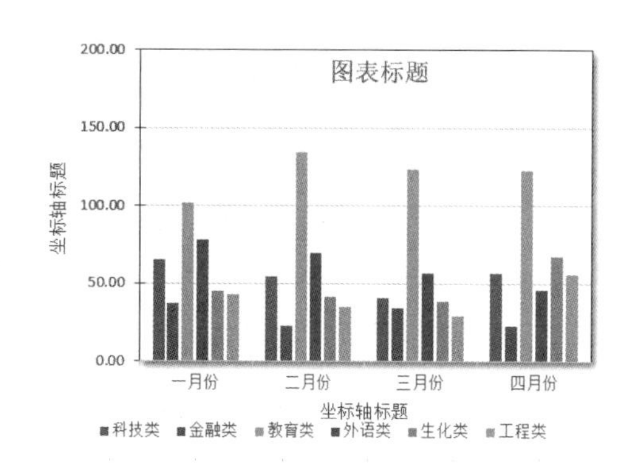

图 16－36 “坐标轴”格式设置效果

16.5.5 使用预设样式设置对象格式

Excel 2016 提供了预设的形状样式,可用于设置图表区、绘图区、数据系列、图例等图表元素的形状样式及填充格式。在此介绍如何使用预设形状样式设置数据系列的格式,具体步骤如下:

① 单击图表中需要更改格式的数据系列,如选择系列“科技类”,或者在“图表工具”的“格式”选项卡的“当前所选内容”集合中,从下拉列表中选取,如图 16－37 所示。

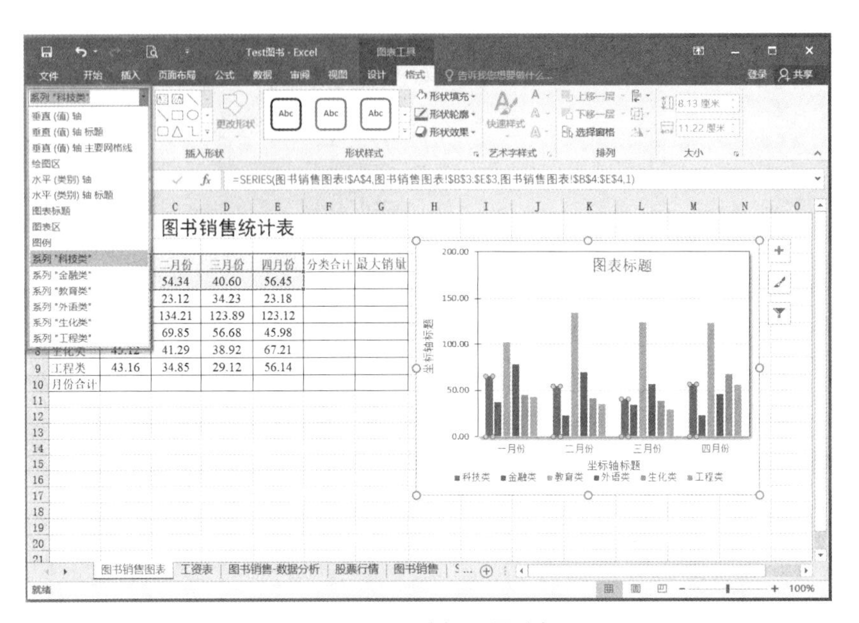

图 16－37 选择设置对象

② 在“图表工具”的“格式”选项卡下的“形状样式”集合中,单击“主题样式”选项组的快翻按钮,在展开的形状样式中选择需要的形状样式,如图 16－38 所示。

③ 这里我们选择“主题样式”中的“彩色填充-黑色,深色 1”,效果如图 16－39 所示。

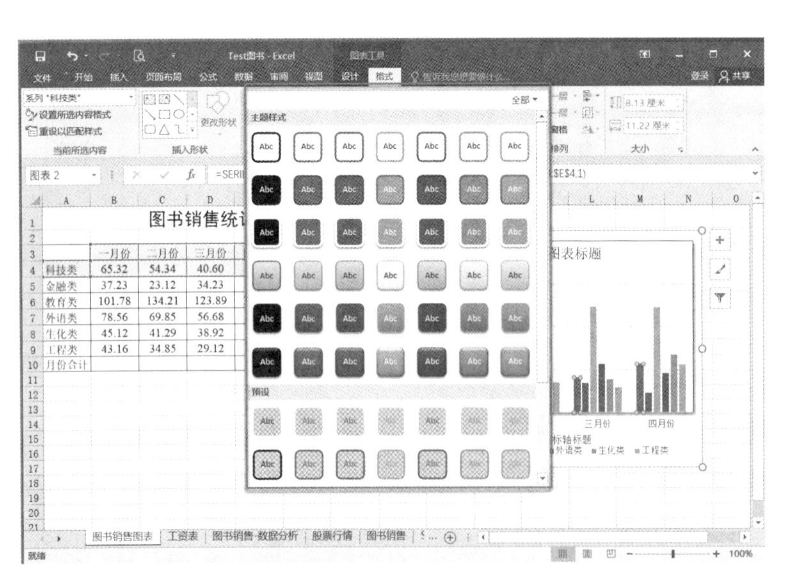

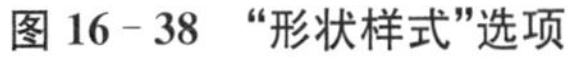

图 16－38 “形状样式”选项

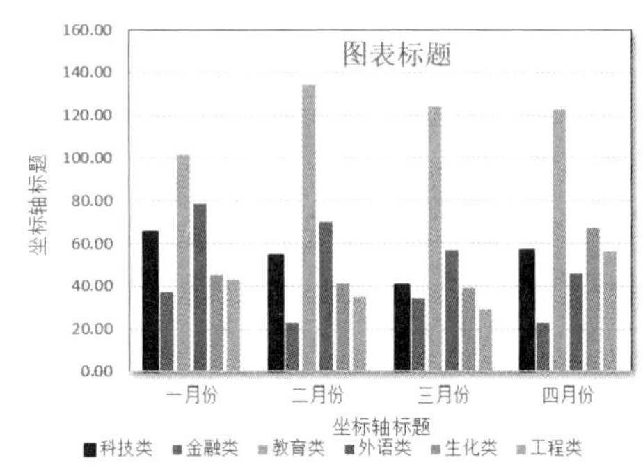

图 16－39 应用“形状样式”设置效果

16.5.6 应用预设图表样式

在 Excel 2016 中,除了手动更改图表元素的格式外,还可以使用预定义的图表样式快速设置图表元素的样式,具体操作步骤如下:

① 选中所需要应用图表样式的图表。

② 在“图表工具”的“设计”选项中单击“图表样式”组的快翻按钮，在展开的图表样式库中选择需要的图表样式，如图 16 - 40 所示。

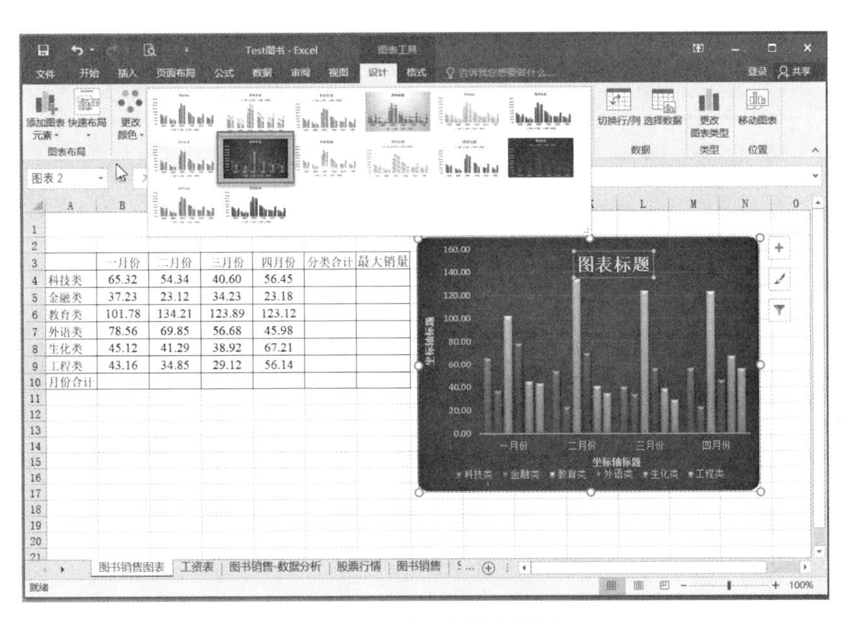

图 16 - 40　“图表样式”选项

③ 经过上述操作，选中图表即应用了选定的图表样式。

第 17 章　页面设置和打印

使用 Excel 2016 对数据进行了计算和分析之后，往往需要将设计好的电子表格、图表、数据透视表等进行打印输出。为了满足用户对电子表格不同的打印需求，在 Excel 2016 中，对于普通电子表格、图表、数据透视表等各类图形和表格的打印都有一些特殊的设置，使用户可以根据需要调节打印页面的最终效果。

17.1 视　　图

视图是一个非常方便的工具，可以让用户根据不同的需要从不同的角度观察 Excel 的表格，在“视图选项卡”的“工作簿视图”集合中可以选择视图命令，如图 17－1 所示。

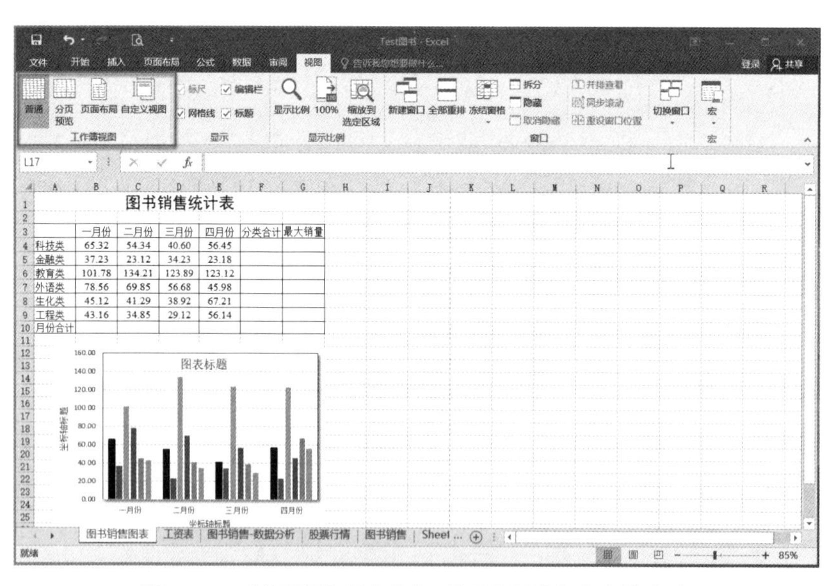

图 17－1　“视图”选项卡的“工作簿视图”集合中的命令

在 Excel 2016 中有 4 种主要的视图方式：

① 普通视图：Excel 默认的视图方式，使用于屏幕查看和处理，是用户在制作表格时最常用的视图方式。

② 分页预览视图：显示每一页中所包含的数据，以便快速调整打印区域和分页。

③ 页面布局视图：查看打印文档的外观。可以帮助用户检查文档的起始位置和结束位置以及查看页面上的任何页眉和页脚方式。

④ 自定义视图：将当前显示和打印设置保存为用户将来可以快速应用的自定义视图。

17.2 页面设置

完成表格的编辑后，需要对其页面版式进行设置，如页面设置、设置页眉和页脚等，以达到更完美的效果。页面设置主要包括设置纸张方向、纸张大小等，这些参数的设置取决于打印机所使用的打印纸张和打印表格的区域大小。页面设置常用两种方法。第一种，使用“页面布局”选项卡中命令。进入要进行页面设置的工作表中，切换到“页面布局”选项卡，然后在“页面设置”组中通过单击某个按钮可进行相应的设置，如页边距、纸张方向和纸张大小等，如图 17－2 所示。第二种是使用“页面设置”对话框。在“页面布局”选项卡中的“页面设置”集合中点击 按钮，可以打开“页面设置”对话框，如图 17－3 所示。下面以“页面设置”对话框为例介绍相关页面设置功能。

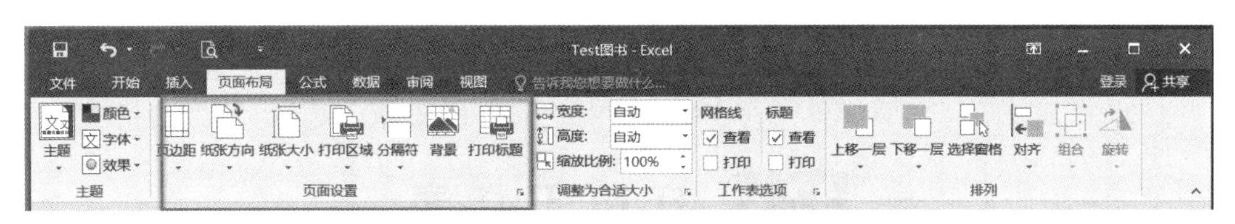

图 17－2　“页面布局”选项卡“页面设置”集合功能区

1. “页面”选项卡

在“页面”选项卡中可以设置页面的方向，如图 17－3 所示。Excel 2016 默认的页面方向为纵向，可以在该选显卡中通过“纵向”或“横向”单选按钮进行设置。该选项中，用户还可以对页面内容进行缩放，使得打印内容缩放到指定范围，如“1 页高、1 页宽”。

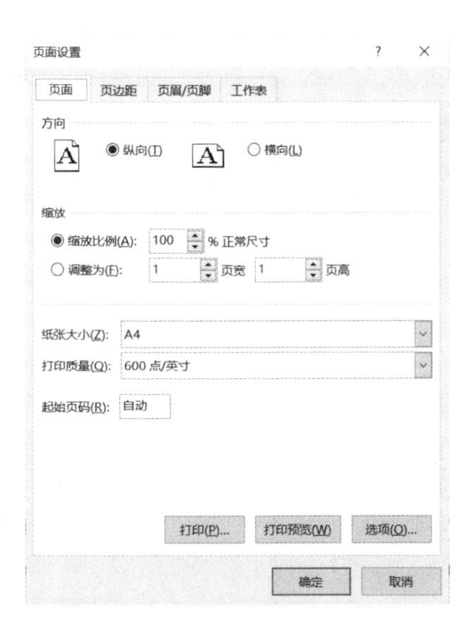

图 17－3　“页面设置”对话框

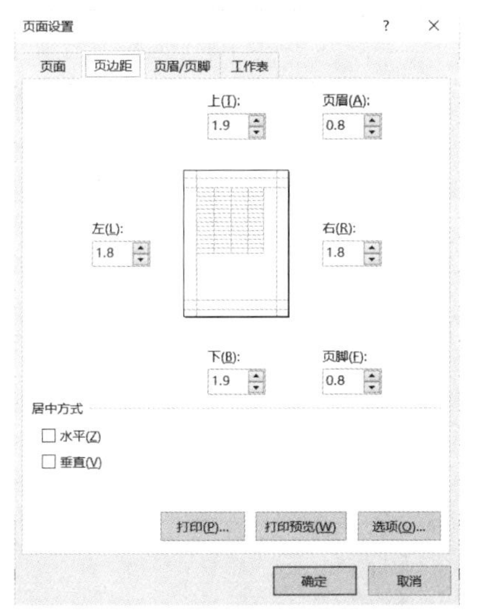

图 17－4　“页面设置”对话框“页边距”选项卡

图 17－5　“页面设置”对话框“页眉/页脚”选项卡

2. “页边距”选项卡

“页边距”选项卡的界面如图 17－4 所示。在该选项卡中，可以对页边距的上、下、左、右进行设置，也可以对“页眉”和“页脚”的距离进行设置。用户在指定的编辑框中输入数值即可。

3. “页眉/页脚”选项卡

“页眉/页脚”选项卡的界面如图 17－5 所示。在该选项卡中，可以设置“页眉”和“页脚”的内容。

单击“自定义页眉”按钮，系统弹出“页眉”对话框，如图 17－6 所示。该对话框分为左、中、右三个区域，可以利用上方的标签功能按钮设置页码、时间、文件路径等内容。图 17－6 显示了在中间区域设置自定义页面文字，右边区域设置当前时间。

图 17－6 “页眉”对话框

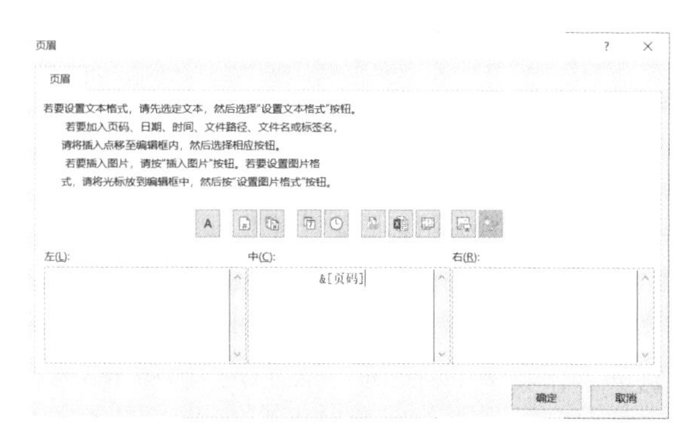

图 17－7 “页脚”对话框

单击“自定义页脚”按钮，系统弹出的“页脚”对话框，如图 17－7 所示。该对话框页分为左、中、右三个区域，设置方法与“页眉”相似。图 17－7 显示了在中间区域设置了页码的效果。页眉和页脚独立于工作表数据，只有在预览打印效果或打印工作表时才会显示出来。

17.3 打印工作表

在完成对工作表内容的处理后，可以通过“打印”功能将相关内容打印出来。用户可以自定义打印内容，也可以在打印前通过打印预览查看打印出来后的效果，以保证符合用户的需求。

1. 设置打印区域

如果一张工作表的内容不需要全部打印，只需要打印一部分，首先应选中想要打印的数据区域，单击“页面布局”选项卡“页面设置”集合中的“打印区域”下拉按钮，在展开的下拉菜单中选择“设置打印区域”命令，如图 17－8 所示，选中 A1：G10 区域为打印区域。

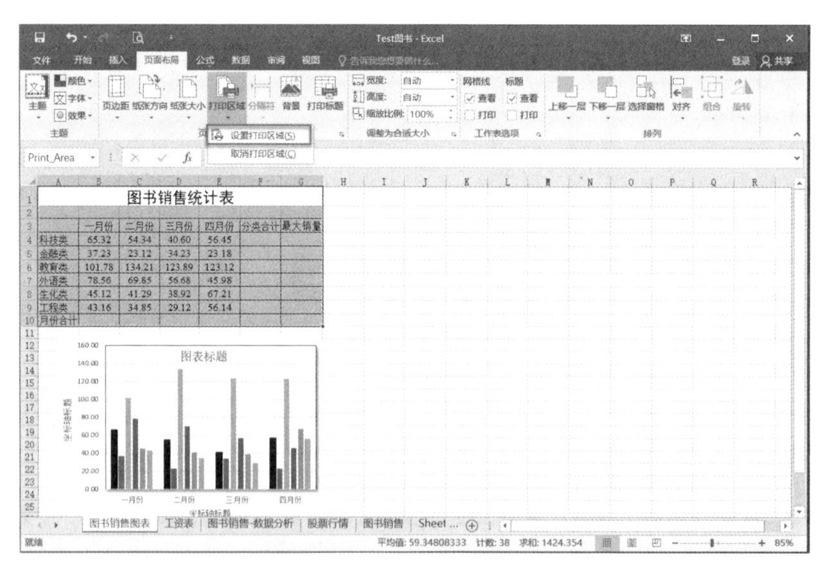

图 17－8 设置打印区域

2. 打印预览

完成“设置打印区域”后，可通过打印预览查看打印效果。单击“文件”菜单，在左侧导航窗格中选中“打印”命令，打开打印预览窗口，如图 17－9 所示。通过打印预览可预先查看文档的打印效果。单击打印区域任意位置，滑动鼠标滚轮，可调整缩放比例。

3. 打印设置及打印

如果确认选择的打印内容和格式都正确无误，或者对各项设置都很满意，就可以开始打印工作表了。在发出打印命令之前，可以通过打印预览窗口的设置功能，完成对打印份数、区域等的设置，具体如下。

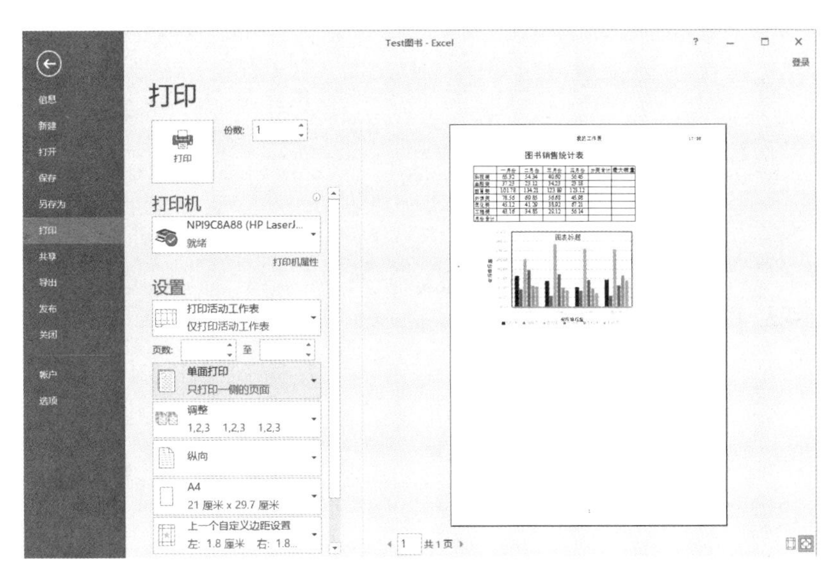

图 17－9　打印预览窗口

① 首先设置打印份数与打印机，如图 17－10 所示。不同的打印类型，对下面的详细设置项目会有影响。

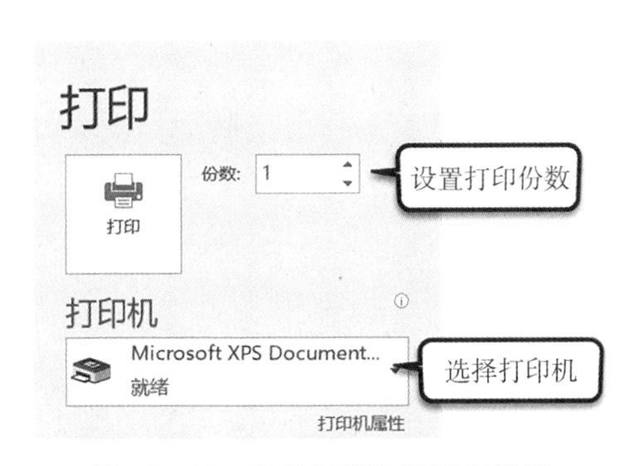

图 17－10　设置打印份数及打印机

图 17－11　设置打印详细项目

② 再设置打印详细项目，如图 17－11 所示。

"设置打印区域"下拉列表中包含四个选项，如图 17－12 所示。

列表中各个功能如下：

● 选择"打印活动工作表"选项，将打印当前工作表或选择的多个工作表。

● 选择"打印整个工作簿"选项，可打印当前工作簿中的所有工作表。

● 选择"打印选定区域"选项，可打印当前选择的单元格区域。

● 选择"忽略打印区域"选项，可使其呈勾选状态（再次单击该选项，可取消勾选状态），本次打印中忽略在工作表中设置的打印区域。

完成设置后，用户点击打印按钮：　，即可以发送打印任务到对应的打印机上。

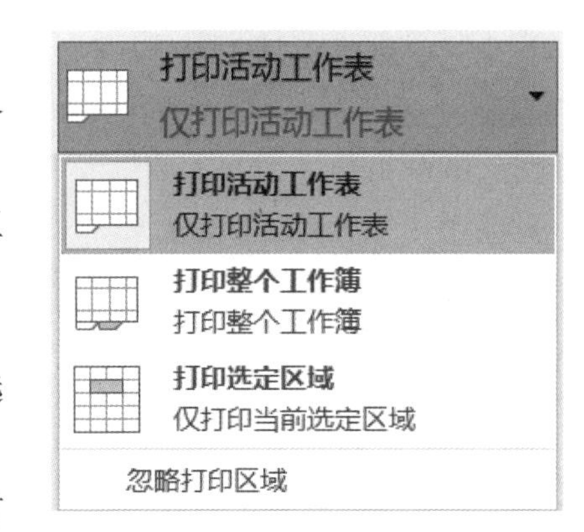

图 17－12　"设置打印区域"下拉列表

PART 05

第五篇　办公自动化网络应用基础

第 18 章　计算机网络常识及基本设置

随着网络技术和 Internet 的飞速发展，办公自动化与计算机网络之间形成了密不可分的关系。办公自动化技术在计算机网络技术的支持下，好比插上了翅膀，取得了突飞猛进的发展。网络技术引领办公自动领域中多个方面的变革，包括：办公的方式、办公的方法、办公的空间及时间等等。因此，学习办公自动化知识需要熟悉计算机网络的基本概念，掌握网络的基本操作和使用。

18.1　计算机网络概述

“计算机网络”这个名词大家都不陌生，很多人都有上网“冲浪”的体验。但是要理解计算机网络是什么，是什么支撑着这个计算机网络的，计算机网络有哪些类型等问题，需要我们对计算机网络的概念加以全面的认识。

18.1.1　计算机网络的概念和功能

1. 计算机网络

计算机网络是指将地域分散在各地的计算机（如工作站、服务器等）和外部设备（如打印机、终端等）通过通信设备和通信线路连接起来，在网络软件（网络通信协议、信息交换方式控制程序以及网络操作系统）的控制管理下，实现相互通信和资源共享的系统。

要把一台台独立的计算机连成计算机网络，需要硬件和软件两个方面的支持。在硬件上，基本的通信设备包括网卡和 Modem 等，复杂的设备包括：中继器、网桥、路由器、网关、集线器（Hub）和交换器等。通信线路通常采用同轴电缆、光导纤维、双绞线或现有的通信线路，如有线电视线、ISDN 专线等，也可以采用卫星、红外遥控、激光和微波等无线技术。在软件上，网络协议是指事先约定好的通讯规则，好比在开会时大家都约定使用“普通话”进行对话一样。网络操作系统的任务是要越过单机操作系统的界限，克服本地机器资源和其他机器资源之间的差别，以实现对整个网络资源的统一管理和控制。网络操作系统使用户在各自的计算机上使用网络中的各种资源，如同使用自己计算机上的资源一样方便，而并不要求用户对网络的具体内容有很多了解。因此，网络使用性能的关键在于网络操作系统的选择。

2. 计算机网络的主要功能

不同的计算机网络是为不同的目的和解决不同的问题而设计的。一般来说，计算机网络有以下共同的应用范围和主要功能。

（1）资源共享

计算机网络中的软件和硬件资源可以共享。例如，在没有计算机网络的条件下，办公室里若只有一台打印机，那么其他用户必须将需要打印的文件复制到打印机连接的计算机上进行打印。如果将办公室里的计算机连成网络，那么所有的用户都可以在各自的计算机上使用那台打印机了。

计算机连网后，在硬件上，几乎所有与计算机相连的设备（如硬盘、软盘、CD-ROM、扫描仪、打印机等）都可以为网上用户所共享。在软件上，大量的系统软件、应用软件和电子信息等也可以实现共享。

(2) 快速通信

通信是计算机网络最基本的功能之一。利用网络可以传送各种信息,从而使分散在不同地点的人们缩短距离。尤其是Internet的普及,使得远程用户可以共同起草文件、讨论问题、发布公告等。

(3) 提高可靠性

如果网络中的一台计算机出了故障,可以使用网络中的另一台计算机替代,如果网络中一条通信线路出了故障,也可以使用另一条通信线路替代,这样就提高了整个网络系统的可靠性。可靠性问题对于银行业、民航业、工业过程控制部门以及在军事上的应用更为突出。

(4) 集中管理

对于地理上分散的公司或其他组织机构,通过计算机网络可以进行集中管理,如民航售票系统、远洋航船指挥系统、军事指挥系统,等等。

(5) 分布处理

把要处理的任务分散到各个计算机上进行,网络中每台计算机承担并完成一部分工作。分布式处理就是采用网络技术,共享每台计算机上的信息、服务和处理能力。这样可以降低软件设计的复杂性和成本,极大地提高工作效率。

总之,计算机网络在办公自动化领域有着极其广泛的应用,它已成为办公自动化环境下不可缺少的重要组成。有了计算机网络的支持,我们的办公活动和信息通信将可超越时空。

18.1.2 计算机网络的分类

对于计算机网络,可以从不同的角度来分类。在办公自动化环境下,使用较多的有局域网、对等网、Internet网和Intranet网、Extranet网。

1. 局域网(Local Area Network, LAN)

局域网是由一组相互连接的具有通信能力的计算机组成,并分布在较小地理范围内的计算机网络。局域网通常建立在地理上比较集中的组织内,如政府部门、学校、研究所、公司、中小型企业、商业大楼。计算机网络数据传输的速度通常以bps(二进制位数/秒)为单位来度量。局域网多采用以太网实现,传统的以太网的传输速度范围在10~100 Mbps。随着技术的发展,传输速度为每秒1000兆位(即1 Gbps)的千兆位以太网(Ethernet)已开始使用。2002年公布了万兆位(10 Gbps)的以太网国际标准,高速以太网也进入应用阶段。

局域网的连接方式有多种,常见的有:总线型、星型和环型结构等。组成局域网的网络硬件有:网络服务器、工作站、外设和通信系统等。

服务器是局域网的硬件核心之一,它是一台为网络中的用户提供服务的计算机。它负责管理系统中的资源,协调网络用户对系统资源的访问和使用。它可以是一台PC机,但要求有较好的系统性能,如较快的处理速度,大容量的内存和硬盘等。这主要是由于它每时每刻都可能要为网络上的用户提供服务,在同一时刻可能有多个用户同时访问服务器。

作为局域网的软件核心,网络操作系统能够克服本地计算机资源的不足,越过单机操作系统的界限,对整个网络资源进行统一的管理和控制,使用户使用网络中的各种资源就像使用单机一样方便。

2. 对等网(Peer to Peer,简称P2P)

对等网采用一种称为“客户机/服务器”(Client/Server, C/S)的工作模式,网络中的每台计算机同时充当网络服务的提供者和请求者。也就是说,网络中的每台计算机处于同等的地位,因此不需要对软硬件作额外投资。这种网络适合于共享要求简单的小型网络,通常被广泛地用于小型办公室的联网。计算机的互连并不等于是计算机网络,互连的计算机采用某种协议进行通信便可形成计算机网络。在对等网络中需要安装NetBEUI协议以及TCP/IP协议。这样,在Windows 10环境下,访问和使用对等网络中共享资源就将十分方便。

3. 英特网(Internet)

因特网(Internet)也称为国际互联网,它是由遍布全球的众多计算机网络,通过高速的通信主干线路连接而成的最大的计算机网络。组成Internet的计算机网络包括局域网(Local Area Network, LAN)、城域网(Metropolitan Area Network, MAN)以及规模更大的广域网(Wide Area Network, WAN)等等。

Internet 的起源可以追溯到 20 世纪 60 年代，美国高级研究计划署资助 BBN 公司研制的一个计算机网路，称作 ARPANET，这就是 Internet 的前身。之后，美国国防部将 ARPANET 分为军用和民用两个部分。民用部分归 NSF(美国国家科学基金会)管理，称作 NSFNET。1985 年美国计算机科学家研制成功异构网络传输协议 TCP/IP 协议，并在所有的 NSFNET 网络上使用该协议，这促使全球的 Internet 环境的产生。Internet 的名称就是取自 IP 协议中的 Internet 一词。

随着网络技术的不断发展，英特网提供的信息服务不断增加，主要的信息服务有：电子邮件(Email)，信息检索(浏览)，文件传输(FTP)，远程登录(Telnet)，新闻组(Usenet)和电子公告栏(Bulletin Board Service，BBS)等。

4. 内联网(Intranet)和外联网(Extranet)

内联网(Intranet)，又称企业内部网，是一项基于 Internet 标准和协议的技术，可以看作是一个局部的 Internet，供企业内部员工充分共享企业信息和应用资源。Intranet 可以是一个局域网，它也采用 TCP/IP 协议进行信息传送。

由于 Internet 采用的是开放式的结构，往往具有不安全、不可靠等因素。在 Intranet 通过 Internet 向外界延伸的同时，为了有效地防止非法的入侵，提高 Intranet 的安全，往往在企业内的 Intranet 与 Internet 之间建造一堵“防火墙”(Firewall)，从而使得 Intranet 通过防火墙的安全系统与 Internet 连接。随着信息技术的进一步发展，Intranet 与 Internet 之间的界限变得越来越模糊。

外联网(Extranet)，也称企业外联网，它是一个使用 Internet/Intranet 技术使企业与其客户和其他企业相连来完成其共同目标的交互合作网络，它可以看作是内联网的一种扩展。外联网除了允许组织内部人员访问外，还允许经过授权的外部人员访问其中的部分资源。应当注意：外联网不是新建的物理网络，而只是一种虚拟专用网络(Virtual Private Networks，VPN)，它是 Internet 和 Intranet 基础设施上的逻辑覆盖。它主要通过访问控制和路由表逻辑联结两个或多个已经存在的 Intranet，使它们之间可以方便安全地进行各种交流。我们通常把 Extranet 看作是在 Internet 上建立起来的 Intranet 之间的桥梁，并把多个企业联结起来。

18.2　设置局域网

局域网是办公场合网络的主要形式。一般情况下，网络工程师已经为用户连入网络准备了基本设备，包括网卡、双绞线等。用户可以通过 Windows 10 的“网络和共享中心”对局域网进行一些必要的设置，以适应不同的网络情况，就可以连入网络中。

Windows 10 支持 4 种网络位置：家庭网络、工作网络、公共网络和域网络。

① 家庭网络：适合于家庭使用的网络，或者用户信任的网络。家庭网络中的计算机可以属于某个家庭组。该网络位置中，网络发现功能处于开启状态，允许用户查看网络上其他计算机和设备。

② 工作网络：适合于小型办公网络或其他工作区域。该网络位置中，网络发现功能默认处于启用状态。允许用户查看网络中其他计算机和设备。

③ 公共网络：适合于公共场所的网络。该网络位置中，用户计算机对周围不可见，并且保护计算机免受来自 Internet 的攻击。

④ 域网络：适合于有域管理的网络。这种类型的网络由管理员进行控制。

本节将介绍“网络和共享中心”的使用及局域网的基本设置方法。

18.2.1　认识“网络与共享中心”

“网络和共享中心”是 Windows 10 帮助用户配置计算机网络的重要工具，几乎所有关于网络配置的工作都可以在该工具中完成。在“控制面板”窗口中单击“网络和共享中心”超级链接：网络和共享中心，打开“网络和共享中心”窗口，如图 18－1 所示。

在“网络与共享中心”窗口右边的窗格中，“查看活动网络”区域显示了当前计算机连接的网络。点击“以太网”超链接，系统打开“以太网 状态”对话框，如图 18－2 所示。这个对话框显示了当前连接的状态信息。

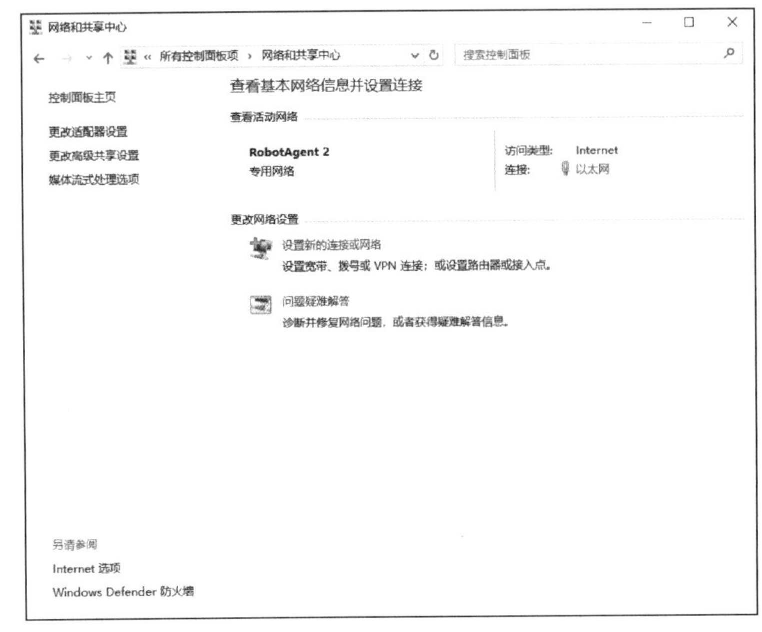

图 18－1 “网络和共享中心”窗口

图 18－2 “以太网 状态”对话框

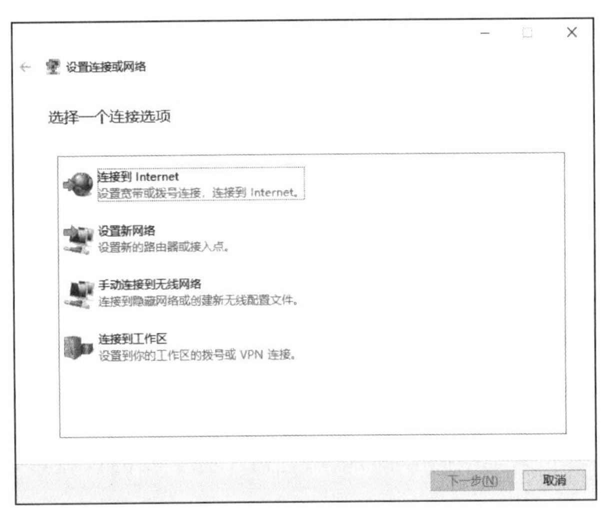

图 18－3 “设置连接或网络”向导对话框

在“网络与共享中心”窗口右边的窗格，“更改网络设置查看活动网络”区域中，用户可以点击“设置新的连接或网络”超链接，系统打开“设置连接或网络”向导对话框，如图 18－3 所示。在这里用户可以根据当前计算机连接的网络方式，选择不同的向导，相关向导功能如下。

① 连接到 Internet：直接连入 Internet，或者使用调整解调器拨号方式，通过这个向导进行设置。

② 设置新的网络：通过设置路由器连入 Internet，通过这个向导进行设置。

③ 手动连接到无线网络：采用手动设置的方式，指定连入一个无线网络，通过这个向导进行设置。

④ 连接到工作网络：通过 VPN 连接入工作网络，通过这个向导进行设置。

18.2.2 配置网络

要使得计算机连入局域网，需要配置网络协议。在这之前，要做好一些准备工作，需要准备一根配有水晶头的网线，其一头插在路由器、集线器或者墙上的网络模块上，另一头插在计算机的网卡口上，如图 18－4 所示。目前，计算机主板上一般都集成了网卡。

图 18－4 计算机主板上的网络插口(RJ45 插口)

经过上述准备后，需要在 Windows 10 中为当前计算机配置网路协议，具体步骤如下：

① 单击“开始”按钮，在弹出的“开始”菜单中点击“控制面板”命令，打开“控制面板”窗口，单击“网络和共享中心”超级链接，打开“网络和共享中心”窗口。单击左侧的“更改适配器设置”超级链接，打开“网络连接”窗口，如图 18－5 所示。

② 在“网络连接”窗口中，选中一个网络适配器，右击连接图标，在弹出菜单中选择“属性”命令，打开“以太网 属性”对话框，如图 18－6 所示。

③ 双击“此连接使用下列项目”列表框中的“Internet 协议版本 4(TCP/IPv4)”选项，打开“Internet 协议版本 4(TCP/IPv4)属性”对话，如图 18－7 所示。

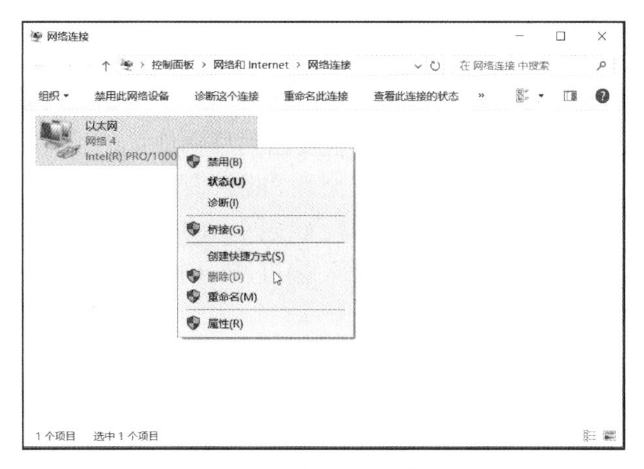

图 18－5　“网络连接”窗口

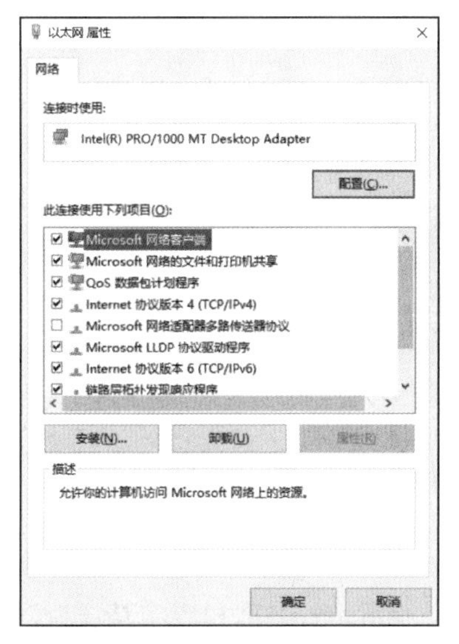

图 18－6　“以太网 属性”对话框

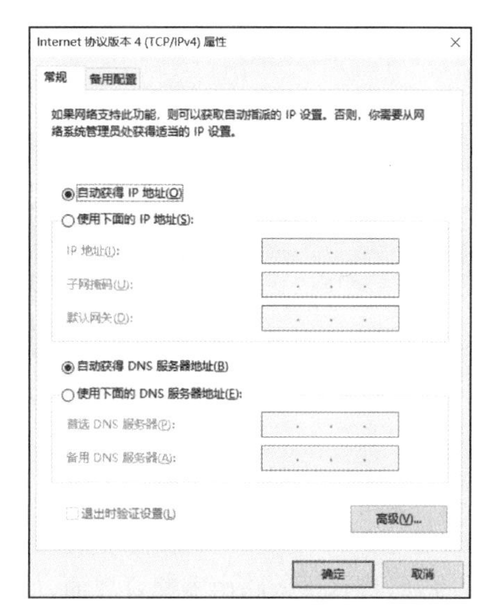

图 18－7　“TCP/IP”属性对话框

④ 在“Internet 协议版本 4(TCP/IPv4)属性”对话框中，用户按照网络管理员分配的 IP 地址及 DNS 地址进行设置。如果网络提供动态自动分配 IP 地址服务，用户只需选中“自动获得 IP 地址”单选按钮即可。完成后，点击“确定”按钮后返回“以太网 属性”对话框。

⑤ 在“以太网 属性”对话框中点击“确定”按钮完成设置任务。

18.2.3　组建无线局域网

随着信息技术的发展，无线网络技术不断成熟并开始广泛应用。无线局域网(WLAN)是计算机网络与无线通讯技术结合的产物，它利用射频技术，在不使用传统电缆的情况下，为用户提供所有局域网的功能。WLAN 的基础是有线网络，它采用以太网的帧格式，使用简单。WLAN 的应用范围非常广泛，包括大型办公室、学校、酒店、体育场、油田、银行等。

目前，WLAN 采用的行业标准是 802.11。这个标准是 1997 年由美国电气与工程师协会(IEEE)制定的，它是首个无线网络通信的标准。802.11 标准经过不断地发展与扩充，目前主要包括：802.11(a)、802.11(b)、802.11(g)和 802.11(n)。另外，新兴的 802.11(ac)和 802.11(ax)标准比前代的标准能提供更高数据传输率和更远的传输距离。执行 802.11 标准的设备都经过 Wi-Fi 联盟认证，以确保无线局域网产品之间的互操作性。

有线网络通过网线与交换机连接，优点是网络稳定、抗干扰能力强、速度快；缺点是需要组建网络之前的详细设计、需要布线等等。而无线网络是通过无线网络设备与交换机相连，并提供客户端的无线连接服务，体现出快速部署、成本低廉、连接方便等突出优点，为现代办公提供了便捷的连网服务。本节介绍无线网络的基本设置与连接方法。

1. 硬件设备的准备

组建无线局域网，需要准备一些硬件，具体包括：无线路由器（Wireless Router）、具有无线网卡的电脑及网线。路由器（Router）是连接多个网络并将数据包传输到目标地址的设备。它允许多个设备在同一个网络中共享一个公共 IP 地址，并提供内部网络的安全性和隐私保护。无线路由器（Wireless Router）是结合了无线 AP 和宽带路由器两个功能的扩展型产品。无线网卡的作用与有线网卡是一致的。无线网卡的种类根据与计算机之间的接口的不同，可以分为：ISA 接口、PCI 接口、PCMCIA 槽、USB 接口、Type-C 接口等。目前大部分笔记本电脑都带有无线网卡。

2. 路由器设置

本节以 D-Link 无线路由器为例，对如何组建一个 WLAN 简要介绍。首先，将一根网线一端连入交换机接口或者 Internet 运营商提供的调至解调器上，另一端连入路由器的 WAN 端口，如图 18－8 所示。开启路由器电源。目前的路由器多通过 Web 界面设置。在与路由器连接的计算机上，打开浏览器，在地址栏中输入路由器的 IP 地址，如：192.168.0.1，系统提示路由器管理员验证，按照说明书要求输入（不同的路由器的 IP 地址、管理员密码可能不同，具体参见使用说明书）。

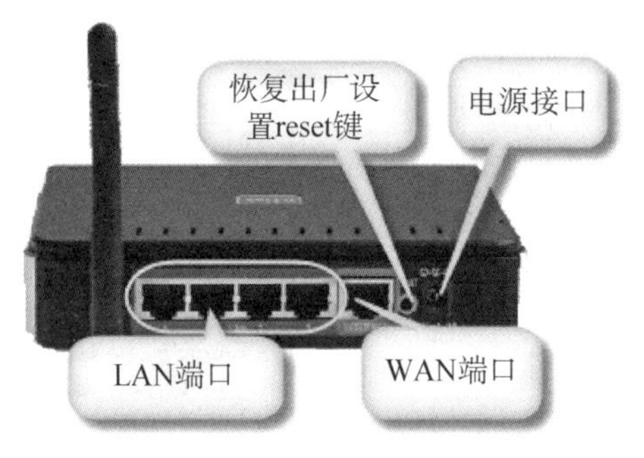

图 18－8　无线路由器接口

配置路由器步骤如下：

① 管理员验证通过后，进入路由器配置界面，如图 18－9 所示，点击“联机设定精灵”按钮，打开设置向导对话框，如图 18－10 所示，点击“下一步”按钮。

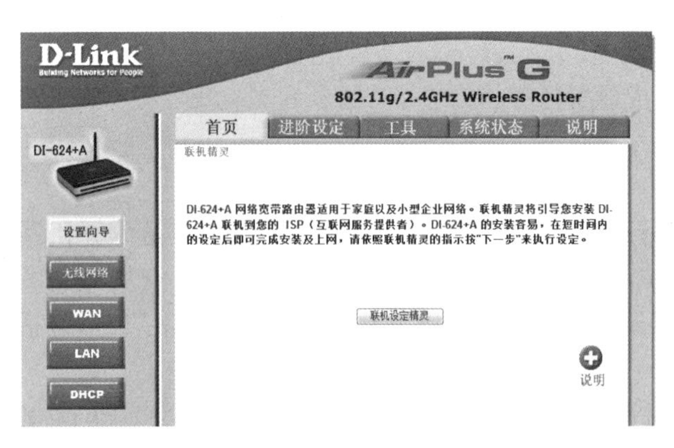

图 18－9　路由器配置界面

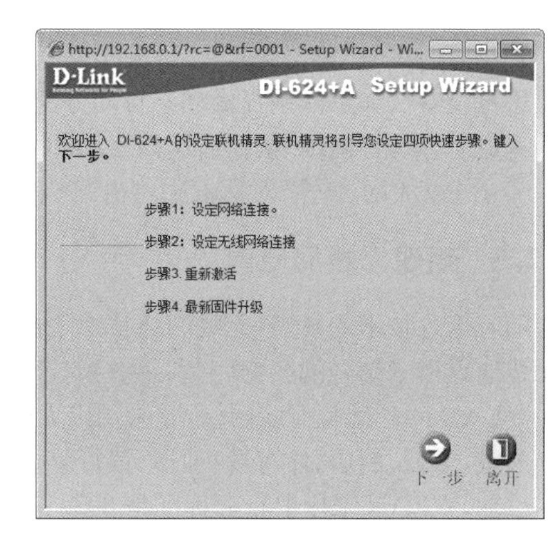

图 18－10　路由器设置向导 1

② 打开向导对话框如图 18－11 所示，选择“否 我要自行运行手动配置”按钮，点击“下一步”按钮。

③ 打开向导对话框，如图 18－12 所示，这里根据连接的方式分为四种。在办公场所一般会选择“固定 IP”，由管理员分配；在小型公司或者家庭，一般选择“PPP over Ethernet”，即向互联网服务供应商（ISP）购买的联网服务。

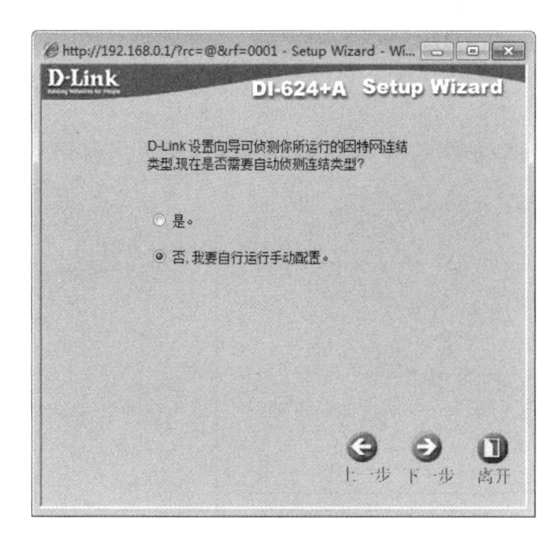

图 18－11　路由器设置向导 2

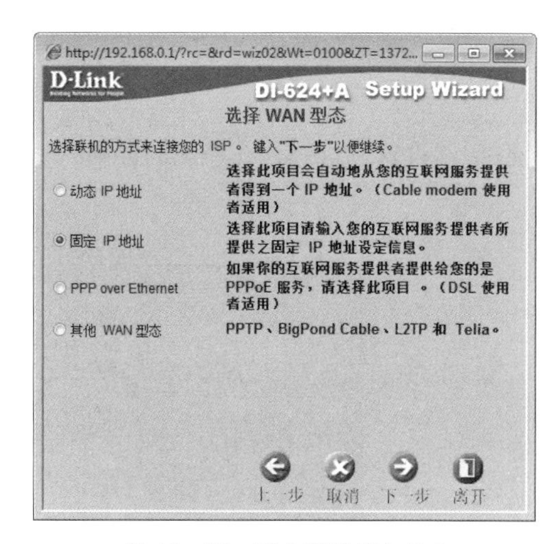

图 18－12　路由器设置向导 3

当前选择“固定 IP”,点击“下一步”按钮。打开界面如图 18－13 所示,输入网络管理员分配的信息。

当选择“PPP over Ethernet”,打开界面如图 18－14 所示,输入互联网服务提供商(ISP)提供的帐号信息。

上述两种方式设置完毕后,点击“下一步”按钮。

④ 系统打开对话框,如图 18－15 所示,输入无线网络的名称、共享密码、信道数,选择安全方式。点击“下一步”按钮后路由器确认信息,并完成设置工作。

上述工作完成了路由器的基本设置,更详细的无线路由器设置请参考具体产品的说明书。

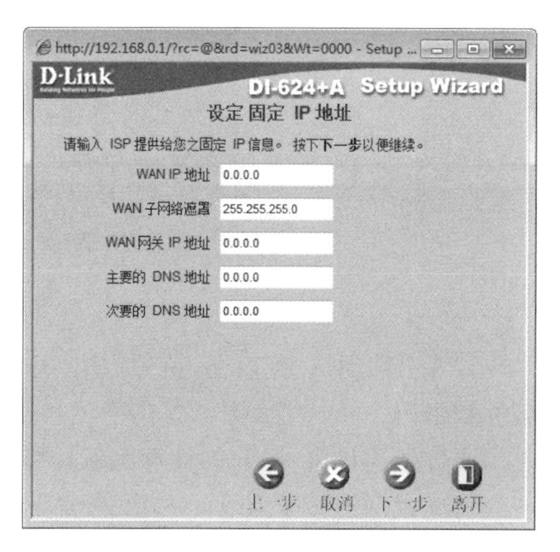

图 18－13　路由器设置向导 4

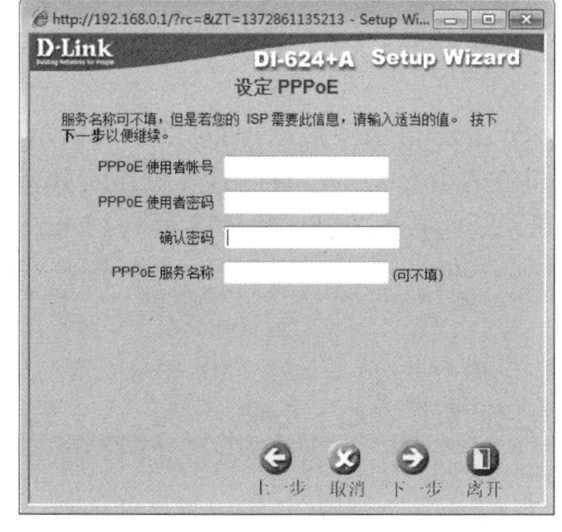

图 18－14　路由器设置向导 5

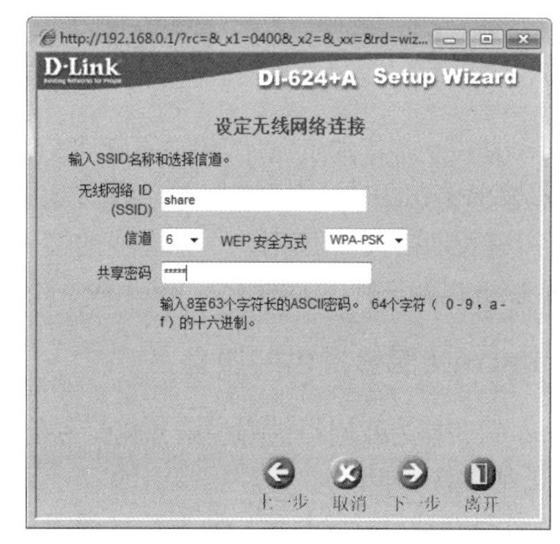

图 18－15　路由器设置向导 6

18.2.4　设置共享热点

为方便用户使用无线网络功能,Windows 10 可以设置“热点”功能,让用户的计算机成为分享网络的“热点”。开启“热点”,需要你的计算机上配置有无线网卡,目前大部分笔记本电脑都配有该设备。开启并设置“热点”过程如下:

① 在任务栏的网络信号图标上右击鼠标，在弹出的菜单中选择打开"网络和 Internet"设置命令：

。

② 系统打开"设置"对话框，在左侧的导航栏中点击"移动热点"，右侧显示"移动热点"窗格，如图 18-16 所示。

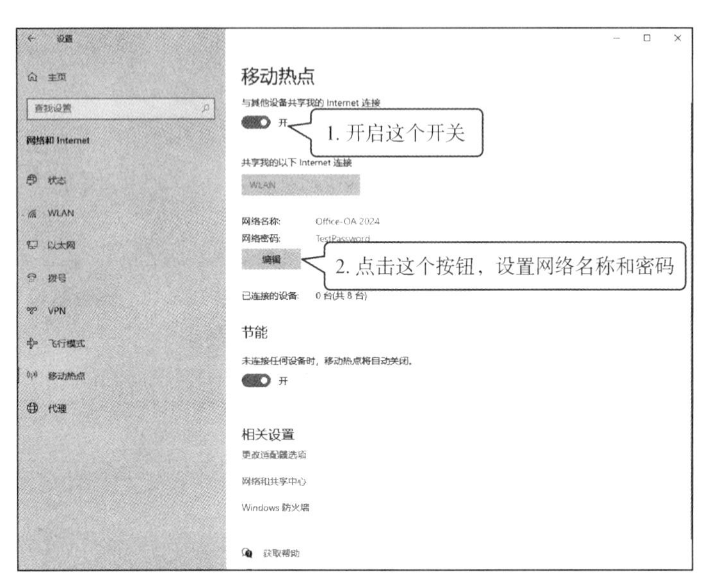

图 18-16 "移动热点"设置对话框

③ 在"移动热点"窗格，首先点击"开启"开关，再利用"编辑"按钮，在弹出的对话框中为热点设置一个名称和密码。

通过上述设置，当前的计算机就开启了一个"热点"服务。其他设备可以通过这个"热点"连入局域网。若当前局域网连接了 Internet，其他设备也可以连入 Internet。如果需要关闭"热点"，再次进入这个窗口，关闭"移动热点"窗格上部的开关即可。

18.3 连入 Internet

Internet 是一个丰富的资源库，用户不仅可以在 Internet 上获得很多信息，而且能享受信息时代带来的便捷。若想享受 Internet 的信息服务，用户必须将计算机连入 Internet。目前，计算机连入 Internet 的方式有很多种，有长期接入到短期接入，从有线的接入方式到无线的接入方式。本节主要介绍 Internet 能够提供的主要服务以及三种主要的连入 Internet 的方式。

18.3.1 Internet 能够提供的服务

Internet 到底能为我们提供哪些服务呢？目前，比较常用的服务有如下几种。

1. 电子邮件(E-mail)

电子邮件是指通过计算机网络收发信息的服务，它称为 Internet 上最普遍的应用。电子邮件拓宽了人与人之间的沟通渠道，加强了人与人之间的联系。不管用户在地球上的什么位置，只要有一台连入 Internet 的电脑，就可以便捷地收发自己的电子邮件。

2. 浏览网站信息

浏览网站信息是当前 Internet 上最重要的服务方式之一。利用网络人们能浏览各类网站的最新信息，搜索需要的信息资源，进行娱乐和消费等等。在网站日益丰富、服务日趋完善的今天，上网浏览比通过报刊等新闻媒体所获得的信息更及时、内容更广泛，获得的综合服务，如网上购物、信息查询、电子商务服务等等，更丰富、更快捷。

3. 远程登录

远程登录是 Internet 上较早提供的服务之一。用户可通过专门的 Telnet 命令登录到一个远程计算机系统，该系统根据用户帐号判断用户对本系统的使用权限，用户登录进入后可以使用系统的全部或部分资源。远程登录的根本目的在于可以像本地用户一样方便地使用远地系统权限所允许的各种资源。

4. FTP 文件传输

FTP 是 Internet 上的文件服务系统。利用 FTP 服务可以直接将远程系统上任何类型的文件下载到本地系统，或将本地文件上载到远程系统。FTP 服务分为注册用户 FTP 服务和匿名(anonymous)FTP 服务两类。

5. 新闻组

新闻组英文名称 Usenet 或 NewsGroup，其信息由新闻组服务器发送到世界各地，用户可以选择自己喜欢的新闻组的服务器来接收这些信息，并参与讨论。可用于访问新闻组的软件有很多，如微软的 Outlook Express 等。

18.3.2　通过局域网连入 Internet

将一个局域网连接到 Internet 有多种方法，包括：通过路由器、代理服务器、NAT 网关、VPN 或者防火墙等。在家庭中最常见的局域网组网方式是使用一个光纤调制解调器，俗称“光猫”和一个“无线路由器”组成可以连接 Internet 的局域网，如图 18 - 17 所示。这里的“光猫”(Optical Network Unit, ONU)是一种网络设备，通常由网络服务提供商提供给用户。“光猫”通常与光纤入户(FTTH)连接，并将光信号转换为以太网信号。它的主要功能是将宽带信号传输到我们的家庭或办公室网络中。“光猫”通常具有一个光纤端口和一个或多个以太网端口，可供我们连接其他设备，如路由器。

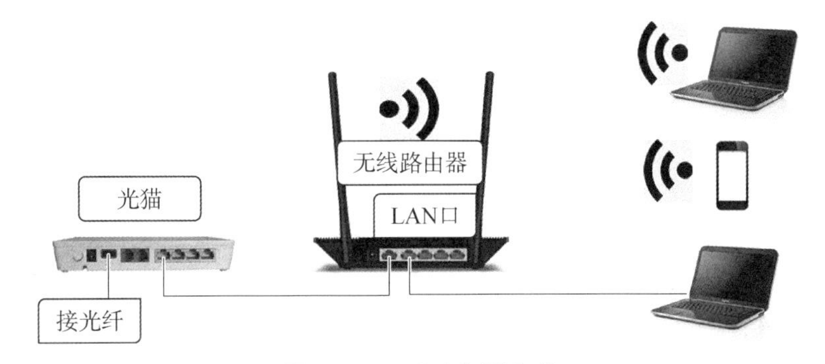

图 18 - 17　家庭组网方式

以家庭组网为例，组建了上述网络结构之后，“光猫”设备利用互联网服务提供商(ISP)，如中国电信、中国移动或有线电视服务商等，提供的帐号开通 Internet 服务。路由器设备利用前文提及的无线网络组网设置方法完成设置，即可实现局域网上网。

对于使用有线介质上网的用户来说，准备一根网线，一头连入路由器的 LAN 接口，一头连入计算机上的网络接口，在计算机上做配置，即可连入 Internet。配置网络的方法如前文“配置网络”所述。大部分路由器能提供动态主机配置协议 DHCP (Dynamic Host Configuration Protocol)服务，用于集中对用户 IP 地址进行动态管理和配置。因此，在客户端网络配置中，在选择“Internet 协议版本 4(TCP/IP4)属性”对话框中，设置“自动获得 IP 地址”以及“自动获得 DNS 服务器地址”两个选项，如图 18 - 18 所示。

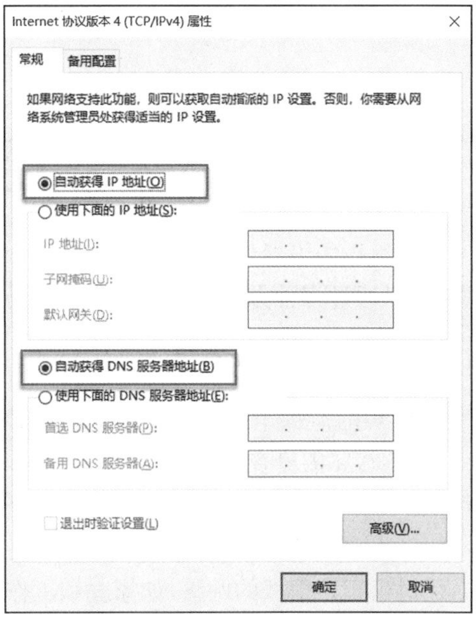

图 18 - 18　自动获得 IP 地址及 DNS 服务器

18.3.3 通过无线局域网连入 Internet

当前，除了能利用办公室及家庭组建的 WLAN 之外，在很多公共设施中 WLAN 也日益普及。WLAN 覆盖的地方称为“热点”。用户可以在“热点”位置，通过笔记本电脑或移动终端设备的无线网卡接入 WLAN，从而接入 Internet。要接入公共区域的 WLAN，用户需要有无线服务提供商提供的帐户，为此用户需要支付通讯费用。公共区域“热点”的范围和上网速度视环境和其他因素而定。以局域网 WLAN 为例，Windows 10 操作系统下，用户通过 WLAN 连入局域网的常用步骤如下：

打开计算机或者笔记本电脑上的 Wi-Fi 设备开关。

① 从任务栏区域中双击无线网络连接图标： ，打开无线网络连接对话框，如图 18-19 所示。

② 从对话框中选择可识别的网络信号。点击可识别网络信号后，在菜单中选择“连接”命令。若希望下一次开机后能自动连接，勾选“自动连接”复选框。

③ 如果用户选择的无线网络设置了密码，系统弹出密码对话框，如图 18-20 所示。正确输入密码后，就可以联入局域网。

连接成功后，任务栏区域中的无线网络连接图标显示为： 。

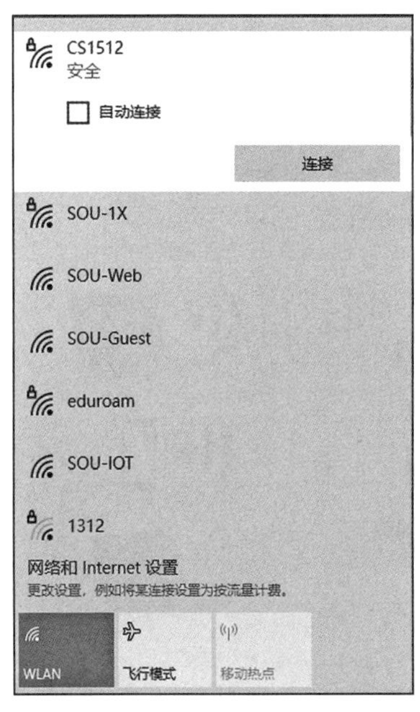

图 18-19　无线连接对话框

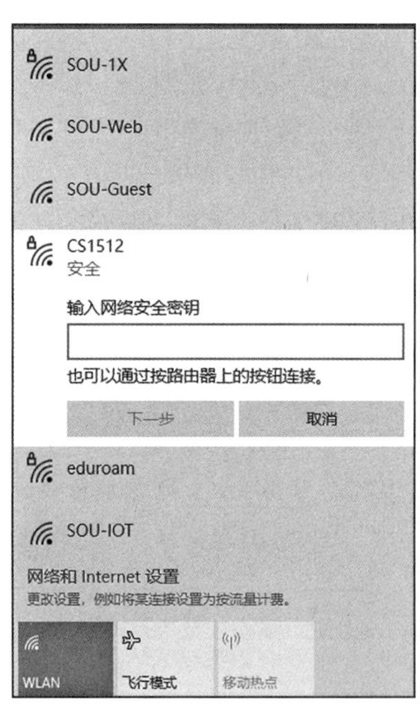

图 18-20　无线连接密码验证

18.4 使用网络资源

在组织内设置局域网的目的是为实现信息资源和设备资源的共享。对于一台连入局域网的计算机来说，可以通过多种方法访问网络共享的资源。下面简要介绍其中的几个主要方法。

18.4.1 设置共享网络

在 Windows 10 中，配置好局域网络协议后，若要在局域网中共享各台电脑中的文件、文件夹以及打印机等资源，还需设置网络类型、加入工作组，以及开启文件和打印机共享功能并安装 Windows 相关组件程序。

1. 设置“专用”网络

对于用户信任的网络，如家庭和工作单位，为实现局域网内资源共享，需要将网络类型设为“专用”，从而让其他计算机能发现你的电脑。具体设置方法如下：

① 在“开始”菜单上右击鼠标，在弹出的菜单中选择“设置”命令，如图 18－21 所示。

② 系统打开“Windows 设置”窗口，选择其中的“网路和 Internet”超链接，如图 18－22 所示。

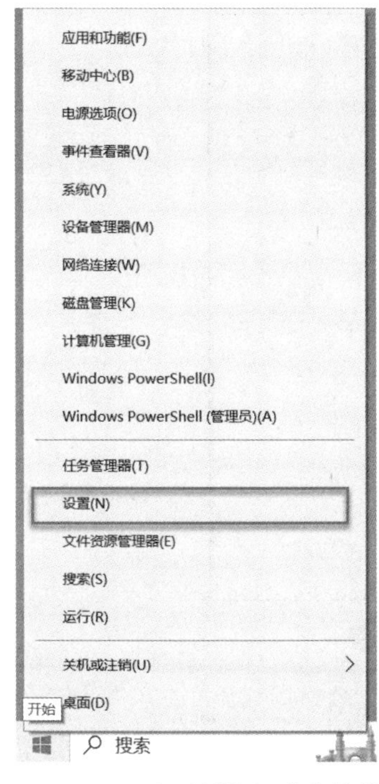

图 18－21 “开始”按钮弹出菜单

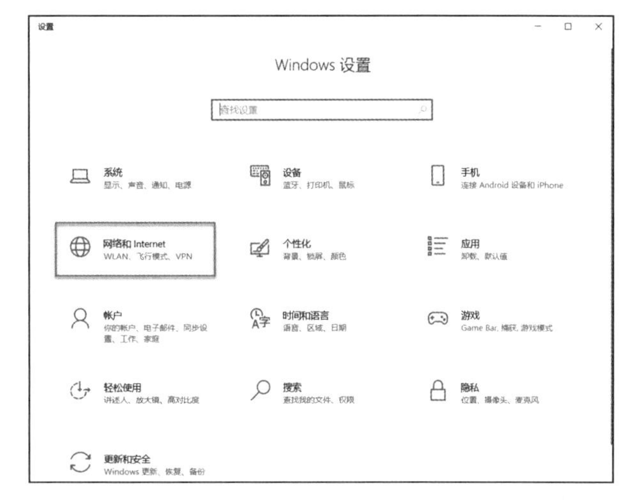

图 18－22 “设置”窗口

③ 在弹出的“设置”窗口，点击左侧导航栏的“状态”，在右侧显示“网络状态”窗格，点击其中“以太网”下的“属性”按钮，如图 18－23 所示。

④ 系统弹出“设置”网络窗口，图 18－24 所示，选择“网络配置文件”区域的“专用”单选按钮。

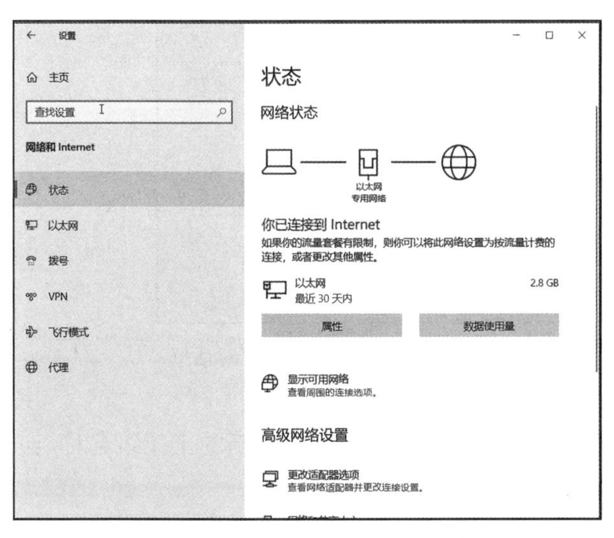

图 18－23 “设置”窗口网络状态

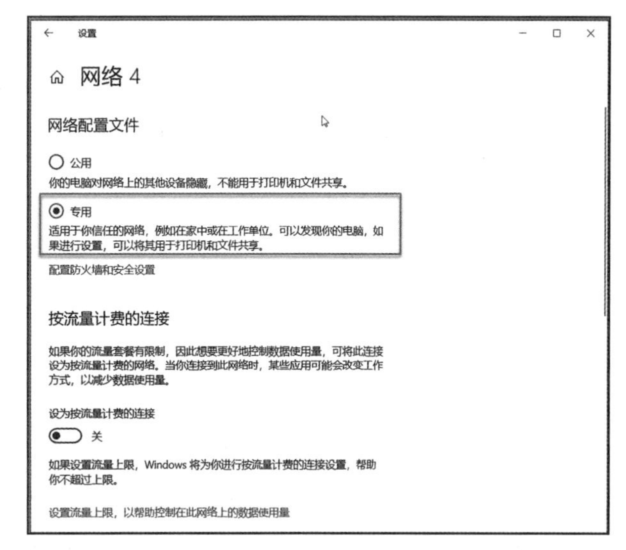

图 18－24 “设置”窗口网络配置文件设置

经过上述设置步骤，Windows 10 系统的网络被设置为适合“家庭”和“单位办公”的应用场景。

2. 加入“工作组”

工作组(WorkGroup)网络是对等(peer-to-peer，P2P)网络技术在局域网中的应用，是根据用户自定义的分组方式，如部门、操作系统类型、组织等，把网络中的许多用户计算机分门别类地纳入到不同工作组中的。划分工作组的主要目的是为了便于浏览、查找，另外还方便管理员对用户计算机的管理。

加入“工作组”的步骤如下：

① 右键桌面“此电脑”，在弹出菜单中选择“属性”命令。

② 系统打开“设置”窗口，点击右侧窗格“相关设置”下的“高级系统设置”超链接，如图 18-25 所示。

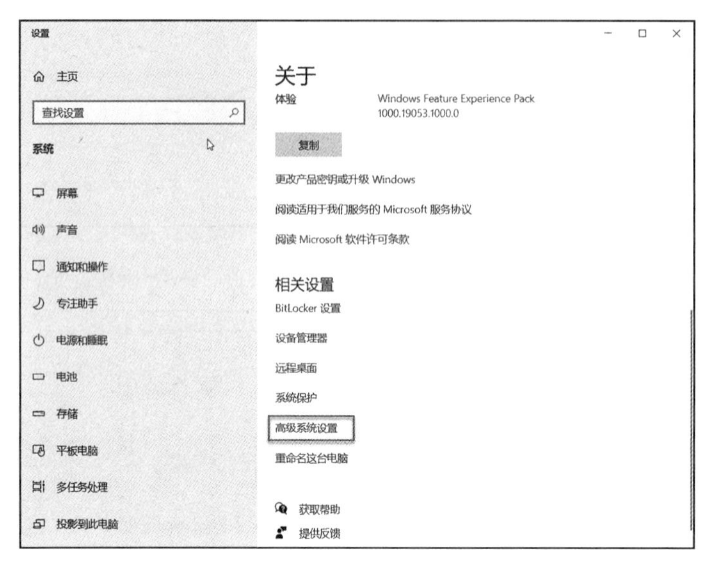

图 18-25 “设置”窗口网络配置文件设置

③ 系统弹出“系统属性”对话框，点击其中的“计算机名”选项卡，如图 18-26 所示。

④ 在“计算机名”选项卡中点击“更改”按钮，系统弹出“计算机名/域更改”对话框，如图 18-27 所示。

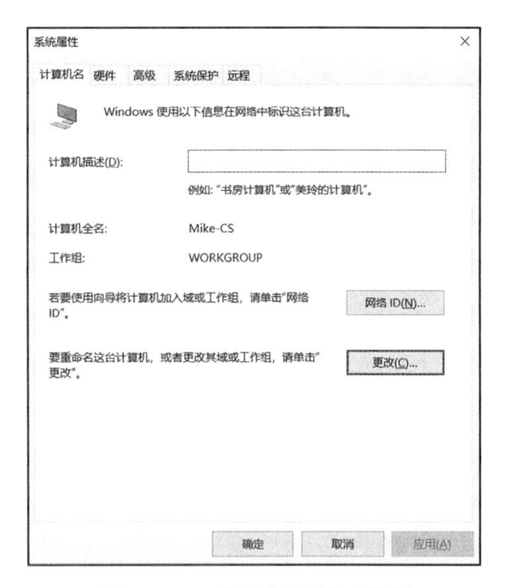

图 18-26 “系统属性”对话框

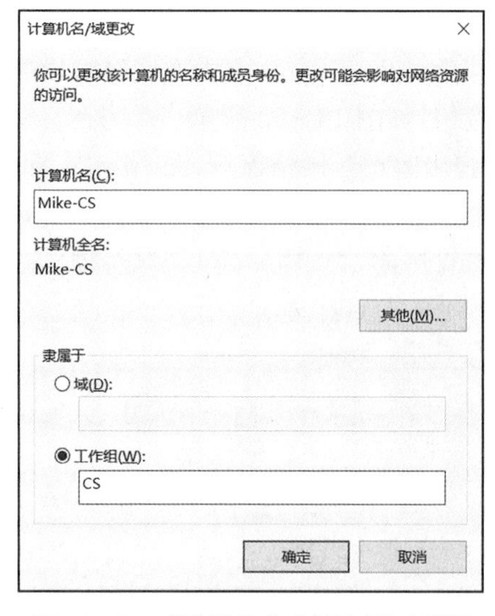

图 18-27 “计算机名/域更改”对话框

⑤ 在“计算机名/域更改”对话框中，利用“隶属于”区域中的“工作组”编辑框，输入新的工作组名称，如图 18-27 所示。点击“确定”按钮返回“设置”对话框。

⑥ 在“设置”对话框中，点击“确定”按钮完成设置。

完成上述设置后，系统提示重新启动计算机生效。

3. 启动文件和打印机共享

开启文件和打印机共享功能具体操作步骤如下：

① 打开“网络和共享中心”窗口，单击左侧的“更改高级共享设置”超级链接，打开“高级共享设置”窗口。

② 在“专用”网络栏目中，选中“网络发现”栏下的“启动网络发现”单选项；选中“文件和打印机共享”栏下的“启动文件和打印”共享单选项，如图 18-28 所示。

图 18－28　“高级共享设置”对话框启用网络发现

③ 在“所有网络”栏目中，选中“公用文件夹共享”“文件共享连接”和“密码保护的共享”子栏目下的相关选项，如图 18－29 所示。

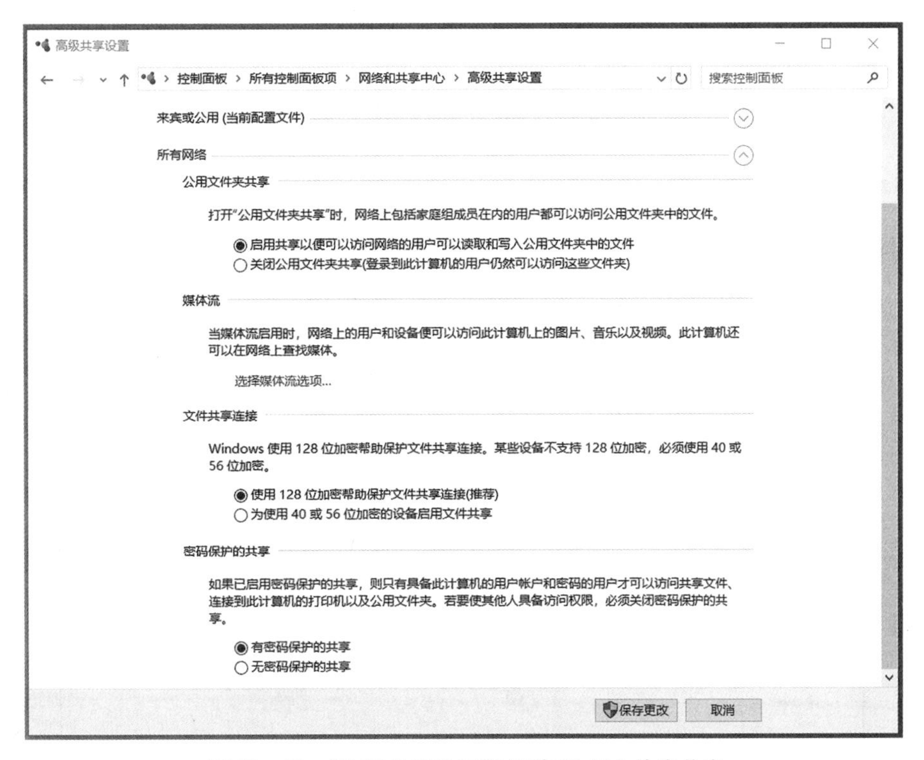

图 18－29　“高级共享设置”对话框公用文件夹共享

④ 单击“保存更改”按钮，开启共享功能。

4. 安装 Windows 相关组件

为实现文件共享服务支持，需要安装相关 Windows 组件，具体步骤如下：

① 打开“控制面板”窗口，在其中点击程序和功能超链接。

② 系统打开“程序和功能”窗口，在左侧导航栏中点击“启动或关闭 Windows 功能”，如图 18－30 所示。

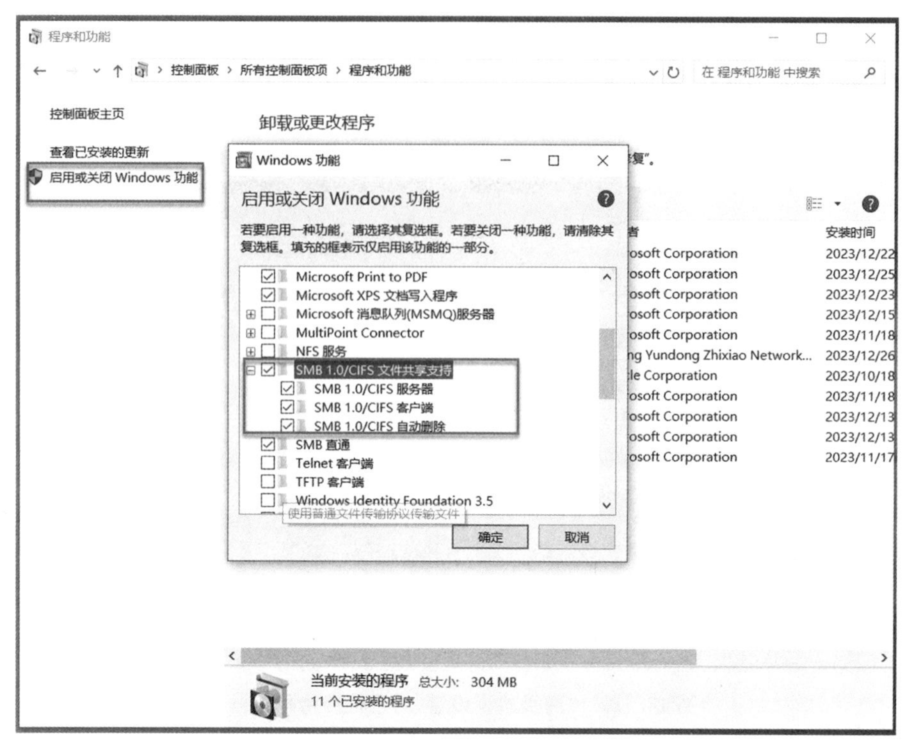

图 18－30　“程序和功能”对话框及“Windows 功能”对话框

③ 系统打开“Windows 功能”对话框，选中“SMB1.0/CIFS 文件共享支持”下的所有组件，如图 18－30 所示。

④ 点击“Windows 功能”对话框中的“确定”按钮。系统开始安装组件程序，并提示重新启动计算机。

依据上述步骤完成后，即完成了共享文件夹相关 Windows 组件的安装。

18.4.2　使用“资源管理器”查看共享资源

在“资源管理器”左边的窗格中选中“网络”图标或者在桌面双击图标，Windows 10 都将打开“资源管理器”中的“网络”文件夹，如图 18－31 所示。“网络”文件夹提供对网络上计算机和设备的便捷访问。可以在“网络”文件夹中查看网络计算机的内容，并查找共享文件和文件夹。还可以查看并安装网络设备，如打印机、路由器等。点击一台网络中的计算机，若资源提供者设置了访问密码，需要输入验证的帐户名和密码进行验证，如图 18－32 所示。通过验证后，可以看到其具体共享内容，如图 18－33 所示。

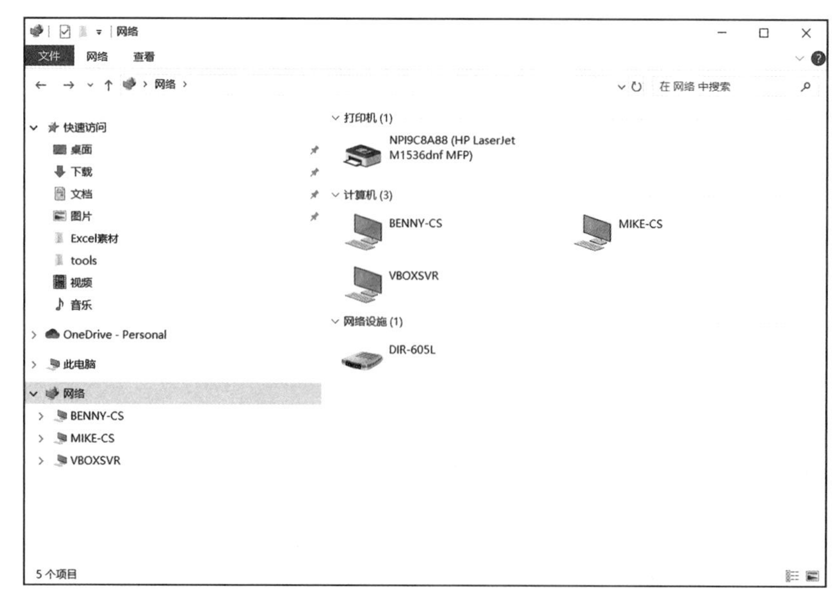

图 18－31　在网络文件夹中浏览共享资源

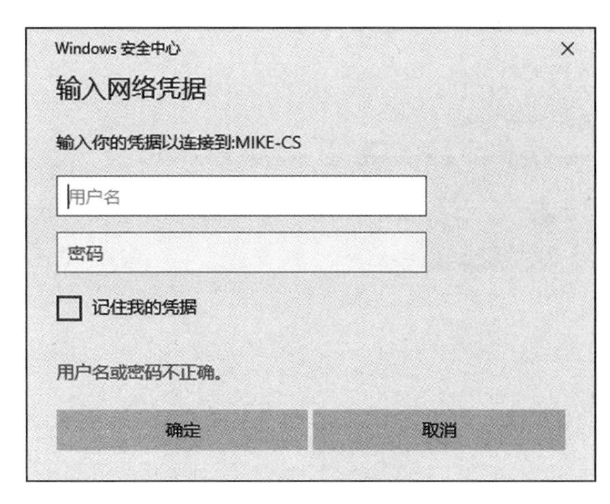

图 18－32 验证窗口

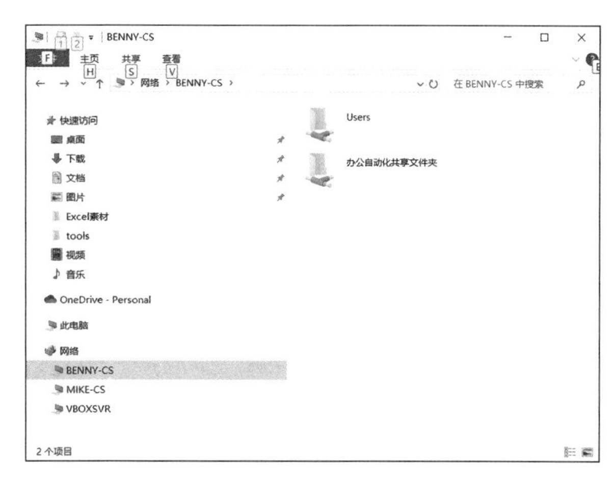

图 18－33 浏览计算机上的共享资源

18.4.3 设置共享资源

作为网络中的一个用户，既可以让其他用户共享自己计算机上的软、硬件资源，也可以访问其他用户开放共享的资源。其中，共享文件夹或驱动器是最常用的共享资源方式。下面分别介绍设置共享和停止共享的方法。

1. 共享指定的文件夹或驱动器

设置共享文件夹和驱动器的方法类似，以共享“D:\OA 共享文件夹”为例介绍，步骤如下：

① 启动“资源管理器”，选定要设置为共享的驱动器或文件夹，本例为“D:\OA 共享文件夹”，右击鼠标，在弹出菜单中选择“属性”命令。

② 系统打开“OA 共享文件夹 属性”对话框，选中“共享”选项卡，点击其中的“共享”按钮，如图 18－34 所示。

③ 系统打开“网络访问”对话框，如图 18－35 所示。在“网络访问”对话框中，从下拉列表中选择一个用户，点击“添加”按钮，将其加入下方的用户列表中。

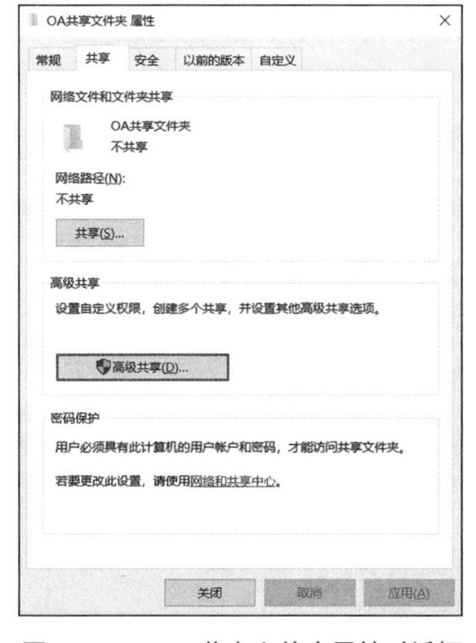

图 18－34 OA 共享文件夹属性对话框

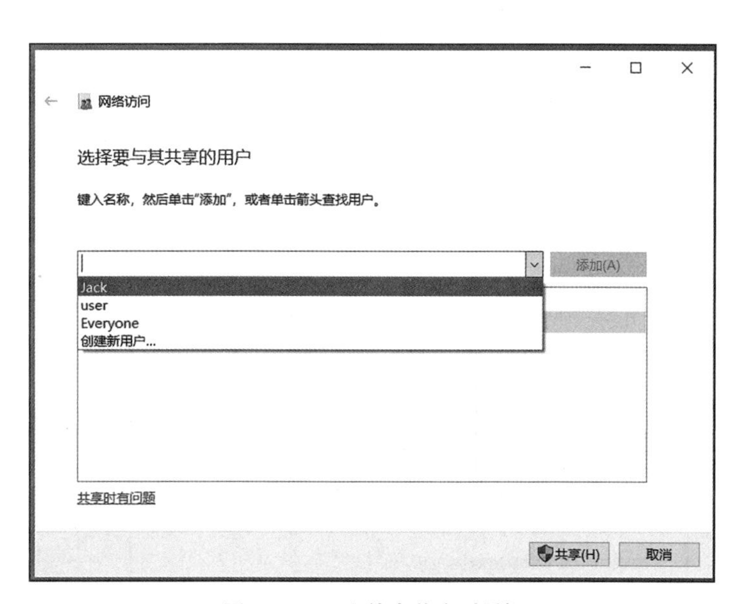

图 18－35 文件夹共享对话框

④ 在“网络访问”对话框的用户列表中，选中一个用户并指定其权限，如图 18－36 所示。完成后，点击“共享”按钮。

⑤ 系统打开“网络访问”共享确认对话框，如图 18－37 所示，点击其中的“完成”按钮。

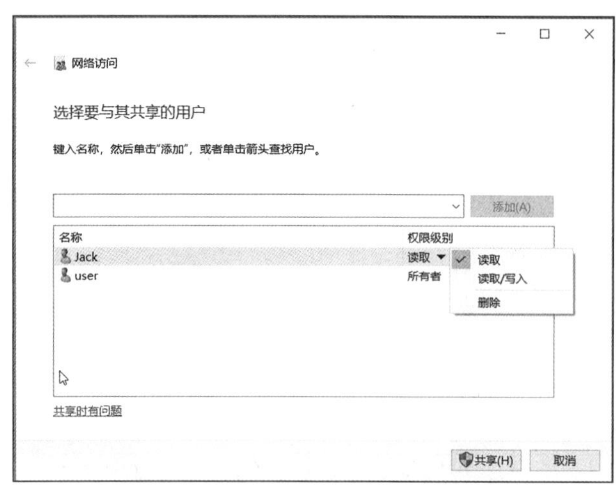

图 18－36　指定文件夹共享权限对话框

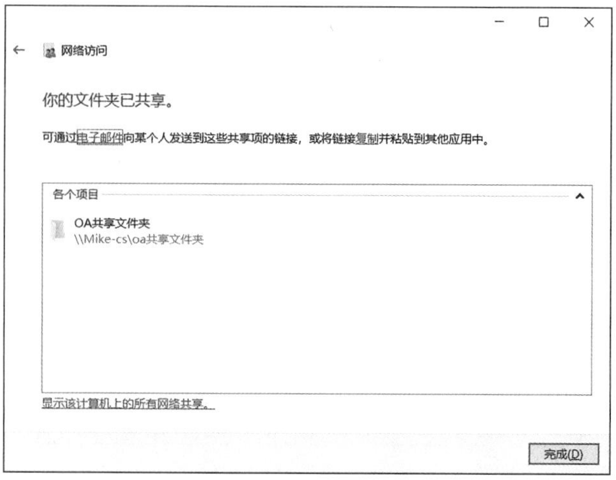

图 18－37　共享文件夹确认对话框

执行了上述步骤，即完成了对文件夹的共享设置。

共享权限设置中，添加的"Everyone 用户"，是指所有拥有系统帐号的用户，不是指任何人。

2. 停止共享文件夹

用户如果决定停止共享文件夹或驱动器，可以使用如下两种方法：

(1) 使用对话框命令

步骤如下：

① 打开"资源管理器"，选中已设置为共享的文件夹。右击该文件夹，在弹出菜单中选择"属性"命令，打开"共享文件"属性对话框，如图 18－38 所示。

② 在"共享文件夹"属性对话框中，点击"高级共享"按钮，打开"高级共享"对话框，如图 18－39 所示。

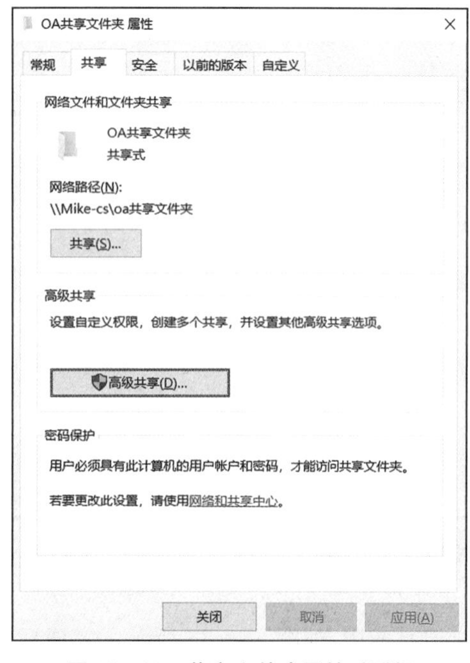

图 18－38　共享文件夹属性对话框

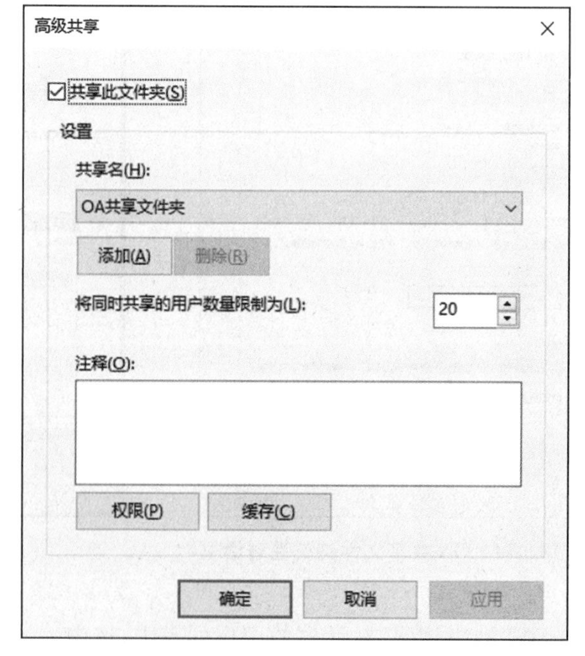

图 18－39　"高级共享"对话框

③ 在“高级共享”对话框中，取消“共享此文件夹”复选框，点击“确定”按钮，返回“共享文件”属性对话框。再点击其中的“确定”按钮，实现取消共享。

(2) 使用选项卡命令

步骤如下：

① 打开“资源管理器”，选中已设置为共享的文件夹。

② 在“共享”选项卡的“共享”集合中，选择“删除访问”命令，如图 18-40 所示。

③ 在弹出的“网络访问”对话框中，选择“停止共享”命令，如图 18-41 所示。

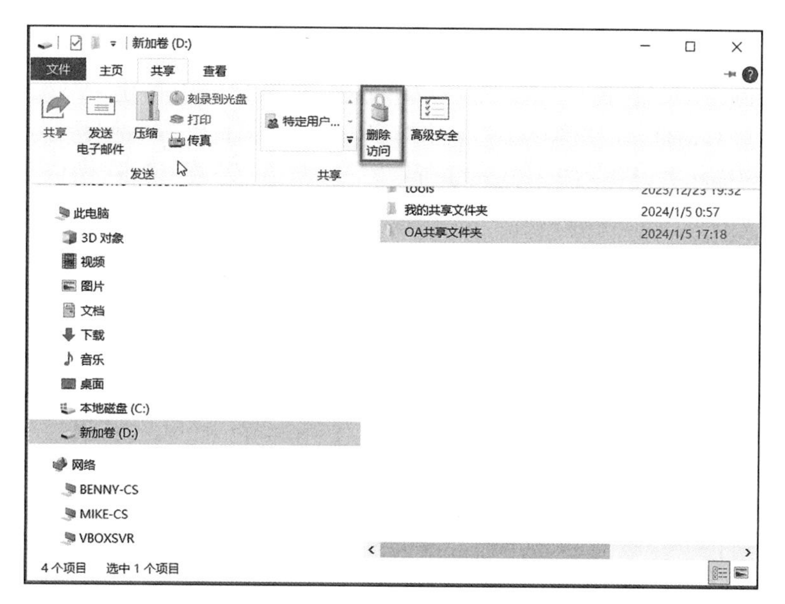

图 18-40　“共享”选项卡命令

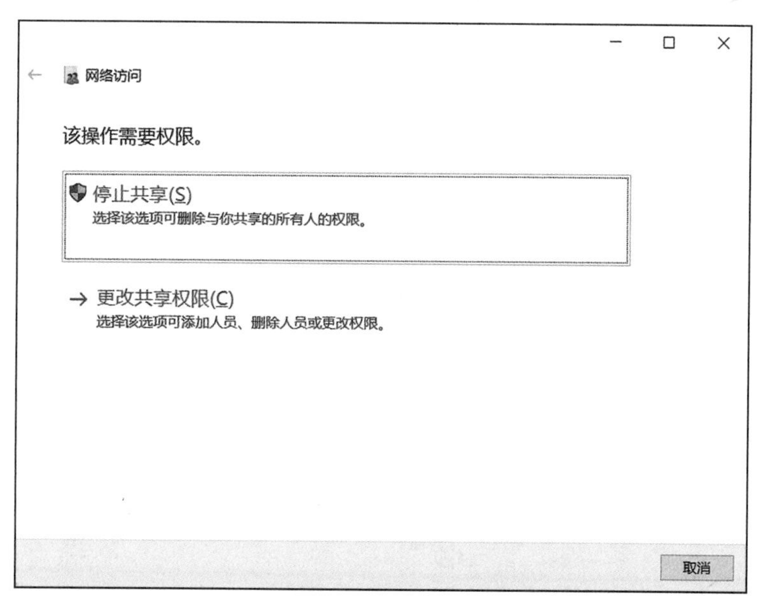

图 18-41　“网络访问”对话框

如果被停止共享的文件夹或驱动器正在被其他用户使用，则会出现提示对话框。如果强行停止，则会导致这些用户丢失数据。

18.4.4　网络设备的应用

各种资源通过网络可以进行共享。这些资源不仅包括文件夹、驱动器，还包括投影仪、打印机等。本节介绍两个典型的网络设备的应用。

1. 连接无线打印机

打印机设备也随着信息技术的发展不断改进，部分打印机产品提供了无线连接的功能，使用蓝牙（Bluetooth）或者 Wi-Fi 技术。这样，用户可以添加无线打印机，实现无线打印。此处以添加连入了 Wi-Fi 的打印机为例说明，连接步骤如下：

① 右击“开始”按钮，在弹出菜单中选择“设置”命令。

② 系统打开“Windows 设置”窗口，选择“设备”超链接，如图 18－42 所示。

③ 系统打开“设置”对话框，在左侧导航栏点击“打印机和扫描仪”，在右侧窗格点击“添加打印机或扫描仪”按钮，系统开始扫描相关设备，如图 18－43 所示。点击系统发现的设备后如有提示“安装驱动程序”，按照向导步骤安装对应的打印机驱动程序。

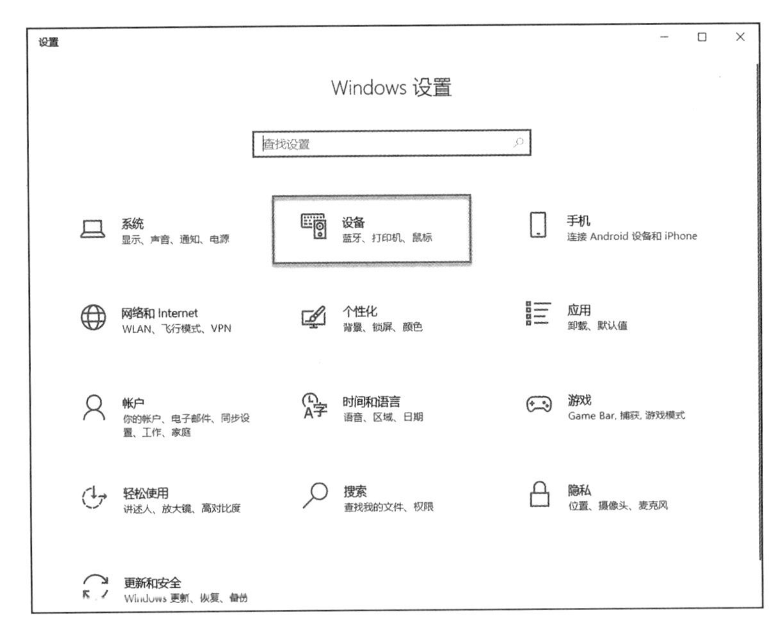

图 18－42　“设置”窗口

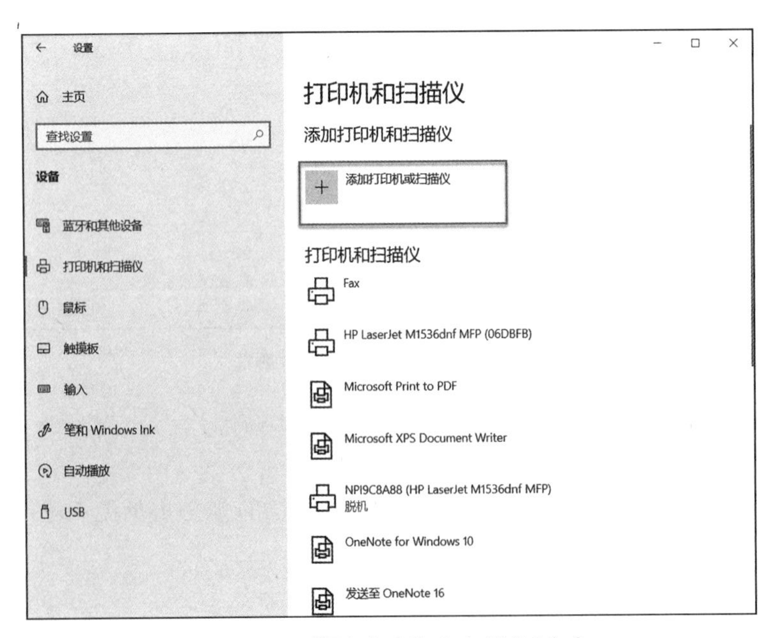

图 18－43　“添加打印机和扫描仪”命令

2. 连接网络投影仪

网络投影仪是一种连接到无线网络或有线局域网的视频投影设备，用户可以通过网络连接投影仪实现投影。首先将 Windows 10 和投影仪连接到同一个局域网中，再按照如下步骤进行连接：

① 在任务栏右侧点击 按钮，打开 Windows 10 操作中心，点击“连接”按钮，如图 18 - 44 所示。

② 系统开始搜索无线显示器，如图 18 - 45 所示。在发现的可连接投影设备中，点击对应的设备即可以实现连接。

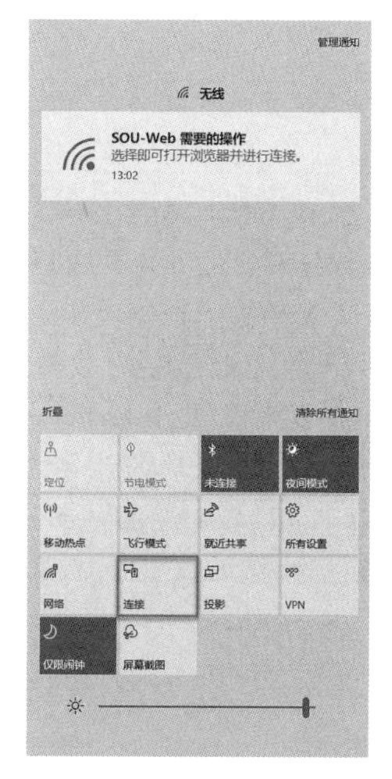

图 18 - 44　“Windows 操作”中心

图 18 - 45　搜索设备列表

第19章　Internet的使用

在数字化时代里，使用 Internet 来获取信息和发布信息，成为组织和个人必须具备的技能。另外，在办公活动中网络会议也被广泛采用。通过网络会议，与会者能通过话筒、摄像头和屏幕听到对方的声音并看到对方的形象，同时通过电子白板、即时文字交谈和电子文件的传递等方式进行交互。针对上面所说的办公活动，Windows 10 含有中文 Microsoft Edge 浏览器，它帮助用户实现 Internet 资源浏览、搜索，实现用户联系交流等功能。Microsoft Edge 是对之前 Internet Explorer（IE）的替代。通过 Microsoft Edge 浏览器访问 Internet，用户可以访问存储在全球的计算机上的海量信息，无论是从中搜索信息，还是把信息传送到计算机上，Microsoft Edge 都会使用户在网上的漫游更加轻松自如、妙趣横生。掌握对 Internet 的使用是现代办公不可缺少的技能。本章以中文 Microsoft Edge 为蓝本，介绍 Internet 的使用。

19.1　Microsoft Edge 浏览器软件的使用

2015 年 4 月 30 日，微软在旧金山举办的 Build 2015 大会，宣布了内嵌在最新操作系统 Windows 10 之内的浏览器 Microsoft Edge。该浏览器在微软的 Windows 11 系统中也继续沿用。Microsoft Edge 吸取了很多其他浏览器软件的优点，是整合了很多新功能的战略性产品。

双击桌面上的 Microsoft Edge 图标：，就能启动它。用户也可以在“开始”菜单中选择 Microsoft Edge 命令也能启动 Microsoft Edge。Microsoft Edge 的程序文件为 mesdge. exe，一般存放在 C:\Program Files (x86)\Microsoft\Edge\Application 文件夹中。

Microsoft Edge 引入了很多新的功能，其中包括：

① 睡眠标签页：Microsoft Edge 会在用户不使用标签时将其置于“睡眠”状态。这通过释放内存和 CPU 等系统资源来提高浏览器的性能，以确保您使用的选项卡具有所需的资源。

② 启动增强：启动加速帮助 Microsoft Edge 更快地启动。它使浏览器以最少的资源在后台运行，因此 Microsoft Edge 在设备重新启动后或重新打开后将快速启动。

③ 清晰度增强：Microsoft Edge 可提高视频流和游戏图形的视觉质量，看起来更清晰、更锐利。

④ PC 游戏性能：通过 Microsoft Edge 中的效率模式保持游戏快速流畅地运行。通过在启动游戏时减少浏览器资源来提高 Windows 10 和 Windows 11 上的电脑游戏性能。

19.1.1　Microsoft Edge 操作界面

打开 Microsoft Edge 后，用户会发现其界面非常简洁，它采用选项卡的方式呈现打开的网页，主要功能布局如图 19－1 所示。

图 19－1 Microsoft Edge 的界面

1. 地址栏

在地址栏中，用户可以输入要访问的网站地址，以便访问对应的网站，如图 19－2 所示。“向前/向后按钮” ← → ，用于在用户访问网页时，前一步与后一步的快速切换。“刷新按钮” 用于立即中止当前页面的传送，并重新开始传送这一页。由于很多网页是随着时间推移而更新的，刷新按钮就能使当前页面的内容保持最新。在网页加载过程中，“刷新按钮”会变为一个“停止”按钮：✕ ，用户点击可以立即停止页面的传送；“语音朗读按钮” ，使 Windows 10 可以语音朗读网页内容；“收藏按钮” ☆ ，用户点击可以将当前网页保存到收藏夹。

图 19－2 Microsoft Edge 地址栏

2. 常用工具栏

Microsoft Edge 的常用工具栏位于地址栏的右侧，包括如下基本功能：

① “分屏显示” ：将标签页内容按照左右两个窗格，分别显示两个网页内容，如图 19－3 所示。

② “收藏夹” ：将打开收藏夹管理菜单栏，进行收藏夹内容管理。

③ “集锦” ：它可帮助用户跟踪在 Web 上的想法，无论用户是在购物、制定旅行计划、收集调研笔记或课程计划，还是只想从上次浏览 Internet 的位置继续操作。集锦在登录设备之间同步，因此如果用户在多个设备上使用 Microsoft Edge，则集锦将始终在所有设备上保持最新。

④ “浏览器摘要” ：显示与性能和安全相关的信息，如图 19－4 所示。

⑤ “设置及其他” ··· ：Microsoft Edge 弹出下级菜单，如图 19－5 所示，用户可以对 Microsoft Edge 进行详细设置。

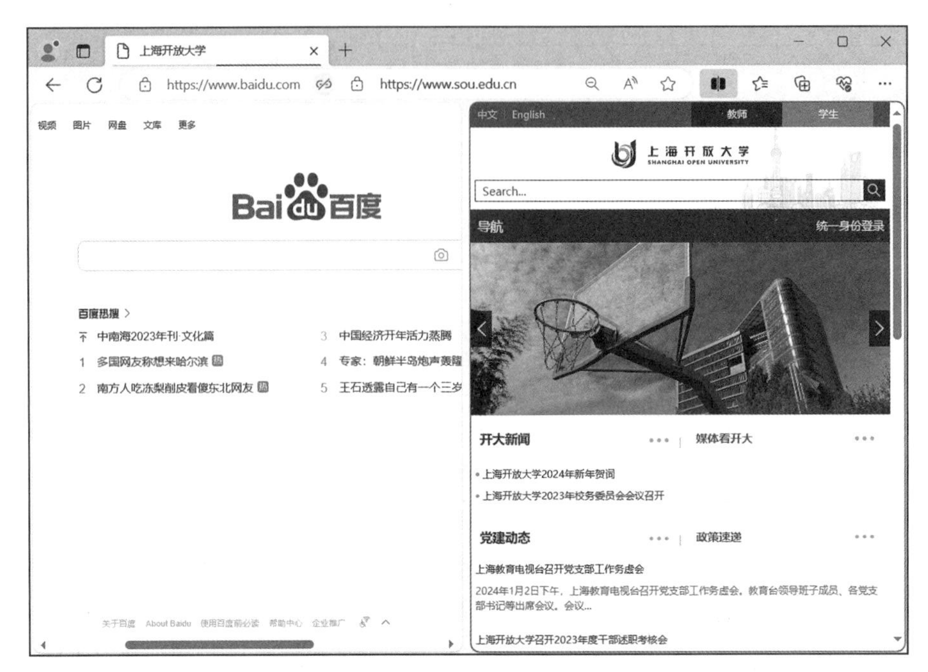

图 19－3　Microsoft Edge 分屏显示效果

图 19－4　Microsoft Edge 摘要对话框

图 19－5　Microsoft Edge 设置及其他菜单栏

图 19－6　Tab 操作菜单

3. Tab 操作菜单

Tab 操作菜单位于 Microsoft Edge 标题栏的左端，是 Microsoft Edge 提供的新功能，点击 按钮打开的菜单如图 19－6 所示。其中，“打开垂直标签页”命令将网页选项卡按照垂直方式排列，效果如图 19－7 所示。若用户决定关闭“打开垂直标签页”显示功能，再次点击 按钮，在打开的菜单命令中执行“关闭垂直标签页”命令即可。

图 19-7 垂直标签页显示效果

19.1.2 网络浏览的基本概念

1. WWW

WWW 是 World Wide Web 的简称，译为万维网或全球网。WWW 是在因特网上以超文本为基础形成的信息网，它为用户提供了一个可以轻松驾驭的图形化界面。用户通过它可以查阅 Internet 上的信息资源。WWW 是通过互联网获取信息的一种应用，我们所浏览的网站就是 WWW 的具体表现形式。WWW 本身并不是互联网，只是互联网的组成部分之一。

2. 超文本

超文本(Hyper Text)是一种不同于传统文本的特殊文本，它利用新颖的文本信息管理技术，以一种网状的结构排列文本信息。它以节点为基本单位，在节点和节点之间用表示关系的链(Link)加以连接。例如，Windows 的“帮助信息”就使用了超文本结构。

3. 超链接

超链接(Hyper Link)是指可以用鼠标器单击来访问 Web 上的目标资源，它通常有一条下划线或当鼠标指针放在其上时有特殊的指针显示，一般变为型。用户通过单击它，可以访问所链接的 Web 目标资源。目标资源可以在本地硬盘上，也可以在任何连接 Internet 的 Web 服务器上。

4. 域名

每一台在 Internet 上的计算机都有一个唯一的 IP 地址。IP 地址由一串数字组成，不方便记忆。域名系统的作用就用一串文字，即域名(Domain Name)，与 IP 地址联系起来，以方便寻找到 Internet 上对应的计算机。

国际域名的申请由 InterNIC 及其他由“Internet 国际特别委员会(IAHC)”授权的机构进行。中国的国家二级域名的注册工作由中国互联网络信息中心(CNNIC)负责进行。其中，特定的域名有特定的含义，常见的部分国家顶级域名及国际顶级域名如表 19-1 所示。

很多公司、大学、机构、组织等，采用容易记忆又相互区别的域名，以便于用户的记忆和使用。例如：

www. intel. com 表示 Intel 公司的网址；

www. psu. edu 表示宾夕法尼亚州立大学的网址；

www. hollywood. com 表示好莱坞电影公司的网址；

www. worldbank. org 表示世界银行的网址；

www. shanghai. gov. cn 表示上海市人民政府的网址；

www. sou. edu. cn 表示上海开放大学的网址。

表 19-1 顶级域名表

国家顶级域名(部分)	国际顶级域名(部分)
au:澳大利亚	com:商业组织
be:比利时	gov:政府部门
ca:加拿大	edu:教育机构,如大学
cn:中国	int:国际组织,如 NATO(北约)和联合国
dk:丹麦	net:网络组织
fr:法国	mil:军事机构
it:意大利	org:非盈利机构
jp:日本	biz:商业组织
uk:英国	tv:提供宽频服务的组织
za:南非	mobi:专为手机及移动终端设备服务的域名

5. URL

URL 是指统一资源定位器，通常就是指 Internet 上的资源的地址（或网址），例如：http://www.microsoft.com/zh-cn/default.aspx。其中：http 是指超文本传输协议；www 表示服务器主机；Microsoft.com 是个域名；zh-cn 是一个目录结构；default.aspx 是服务器上的一个文件。当用户向浏览器提供了 URL，浏览器将打开对应的站点的指定文件。

有些 URL 的开头不是 http，而是以 ftp 开头，这是因为这个 URL 使用了文件传输协议（FTP）。FTP 协议用于在 Internet 上传输文件，用户可从成千上万个站点下载文件。

6. 主页

主页（Home page）是访问 Web 站点而未指定其中具体文件名时，由服务器发来的第一个页面。例如，访问站点：http://www.ctrip.com 则可进入携程旅行网的主页，而如果在 URL 中指定 https://passport.ctrip.com/user/reg/home 则可跳过主页，直接进入指定的用户注册页面。

19.1.3 使用 Microsoft Edge 浏览网页

1. 访问网站

用户访问网站需要在地址栏中输入网站的 URL 地址，基本方法是在地址栏输入 URL 信息之后按回车键。Microsoft Edge 的地址栏有“联想”功能，当用户在地址栏编辑框中输入 URL 地址时，Microsoft Edge 会根据用户输入信息自动搜索您的历史记录、收藏夹和 RSS 源，并在下拉框中显示网站标题或 URL 中任何相符的匹配项。这样，用户只需输入几个字符，就可以更快、更容易地转到自己想去的站点。例如，用户输入：www.so 时，Microsoft Edge 会联想出以“www.so”开头的用户曾经访问过的网址，如图 19-8 所示。如果 Microsoft Edge 记录的 URL 地址有误，用户可以通过单击地址右边的删除图标×进行删除。

图 19-8 “地址栏”的“联想”功能

2. 利用超链接在站点之间漫游

Internet 最精彩的技术是页面中嵌入的超链接，用户单击超文本或图形链接即可打开目标。这是在 Microsoft Edge 中各个页面之间移动的主要手段。超链接的目标可以在 Web 上任何地方，但用户无须知道目标在哪里。当鼠标器指针放在某个超文本或图形链接上，指针将变为型。单击后，即可进入链接目标。同时在 Microsoft Edge 的状态栏上会显示链接目标的 URL。许多情况下，超链接目标是另一个 Web 页面，也许本身还包含超链接。有时超链接目标可能是另一种资源，如一个扩展名为 jpg 图形文件等，而不是一个 Web 页面。

3. 隐私方式访问网页

用户利用浏览器访问 Internet 过程中，浏览器会记录用户的浏览历史、Cookie 以及密码等，在公共计算机上上述记录将不利于用户保护隐私。为更好地保护用户的隐私信息，Microsoft Edge 提供了 InPrivate 窗口功能。当用户使用这个窗口完成对网页的访问并关闭 InPrivate 窗口后，会删除浏览历史记录、Cookie 和站点数据，以及密码、地址和表单数据。

打开 InPrivate 窗口有如下几个方法：

① 使用快捷键：Ctrl＋Shift＋N。

② 右键单击任务栏 Microsoft Edge 徽标，然后选择“新建 InPrivate 窗口”命令。

③ 在 Microsoft Edge 工具栏中，选择“设置及其他” ··· ，在弹出菜单中选择“新建 InPrivate 窗口”命令，如图 19－9 所示。

④ 在 Microsoft Edge 中，在一个超链接上右键单击，在弹出菜单中执行“在 InPrivate 窗口中打开链接”命令，如图 19－10 所示。

图 19－9　工具栏命令新建 InPrivate 窗口

图 19－10　右击超链接弹出菜单命令新建 InPrivate 窗口

新建的 InPrivate 窗口如图 19－11 所示。需要注意的是，InPrivate 浏览模式不会针对恶意网站提供更好的防护，也不会提供额外的广告阻止功能。在 InPrivate 浏览会话期间，网站仍可以为用户个性化设置内容，因为在用户关闭所有 InPrivate 窗口之前，Cookie 和其他站点权限不会删除。

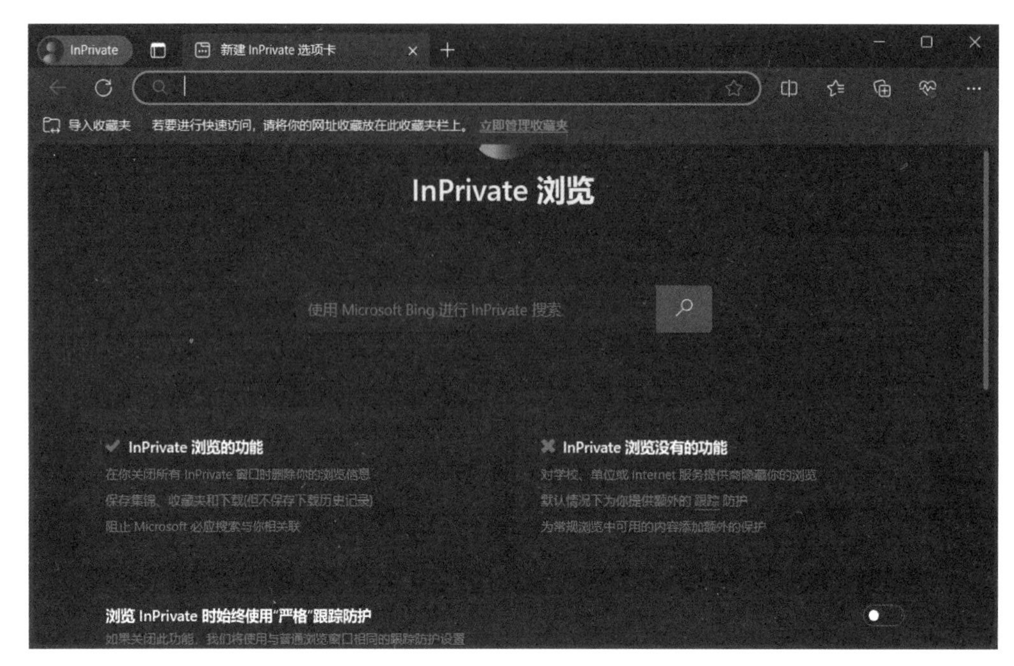

图 19－11　InPrivate 窗口

19.1.4　Microsoft Edge 常用功能及设置

1. 设置 Microsoft Edge 启动页面和“开始”按钮

“启动页面”是新启动 Microsoft Edge 后显示的默认第一个页面，可以方便用户进入经常访问的网站。设置 Microsoft Edge 默认启动页面的步骤如下。

① 在 Microsoft Edge 工具栏上，点击“设置及其他”按钮 ··· ，在弹出菜单中选中“设置”命令，如图 19－12 所示。

② 系统打开“设置”窗口，如图 19－13。然后按照第 1 步：在左侧导航栏选择“开始、主页和新建标签页”；第 2 步：在“Microsoft Edge 启动时”区域中选中“打开以下页面”单选按钮；第 3 步：点击“添加新页面”按钮。

图 19－12　“设置”命令

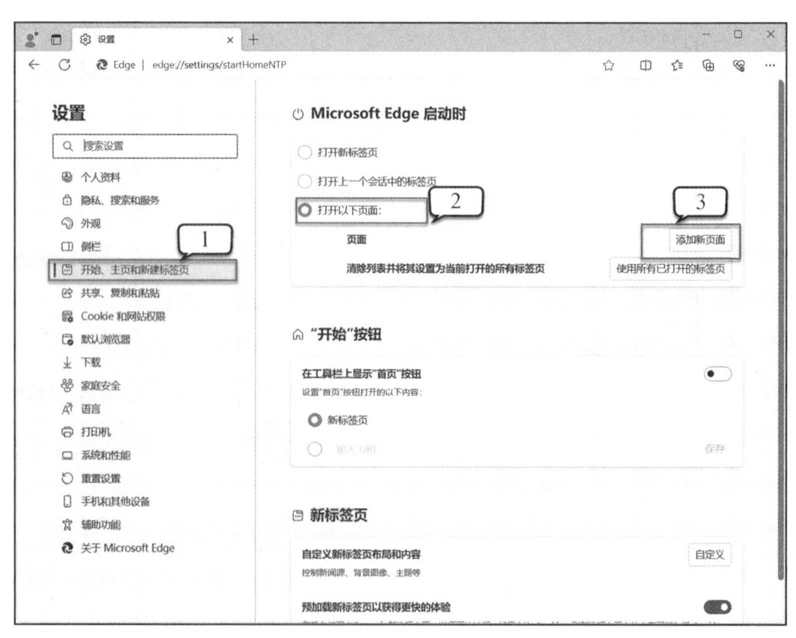

图 19－13　在“设置”窗口中 Microsoft Edge 启动设置

③ 系统打开“添加新页面”对话框，如图 19－14 所示，在编辑框中输入网页地址，点击“添加”按钮。

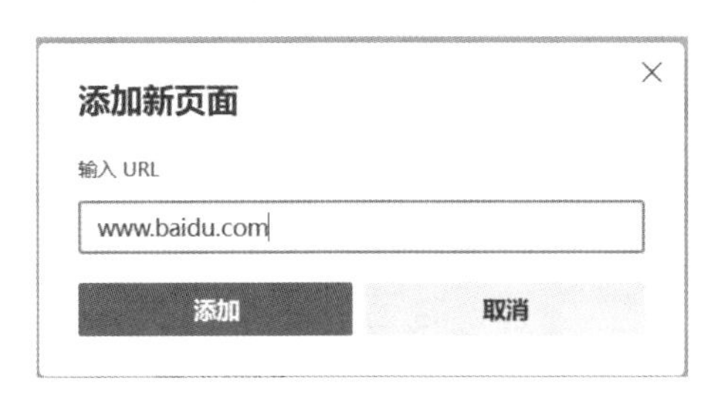

图 19－14　“添加新页面”对话框

完成上述设置后，在新启动 Microsoft Edge，Microsoft Edge 将显示百度页面。

除了默认启动页面外，用户还可以通过“开始按钮”来打开一个自定义的网站。默认情况下 Microsoft Edge 在工具栏不显示“开始按钮”，用户可以自己定义“开始按钮”。Microsoft Edge 默认启动页面和“开始按钮”定义的页面可以不同，为用户提供了更大的灵活性。

设置 Microsoft Edge“开始”按钮步骤如下：

① 进入 Microsoft Edge“设置”窗口，再进入“开始、主页和新建标签页”设置，如前文所示。

② 在“设置”窗口的“开始”按钮区域，如图 19－15，依次按照第 1 步：开启“在工具栏上显示开始按钮”开关；第 2 步：在编辑框中输入 URL 地址（这里设定为上海开放大学主页）；第 3 步：点击“保存”按钮。

完成上述设置后，在 Microsoft Edge 工具栏中可以看到“开始按钮”，点击后可以进入设定的页面，这里显示的是上海开放大学主页，如图 19－16 所示。

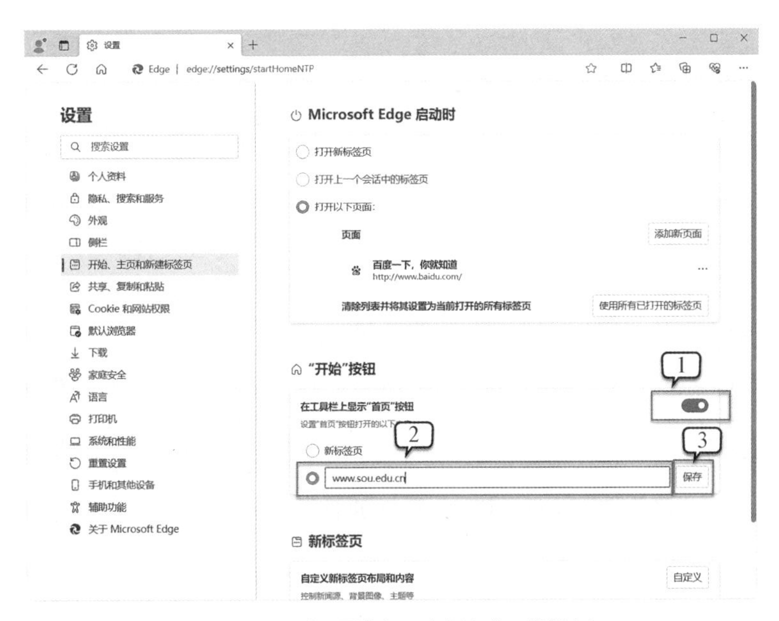

图 19－15　“设置”窗口中添加“开始”按钮

图 19－16　工具栏设置有“开始”按钮的效果

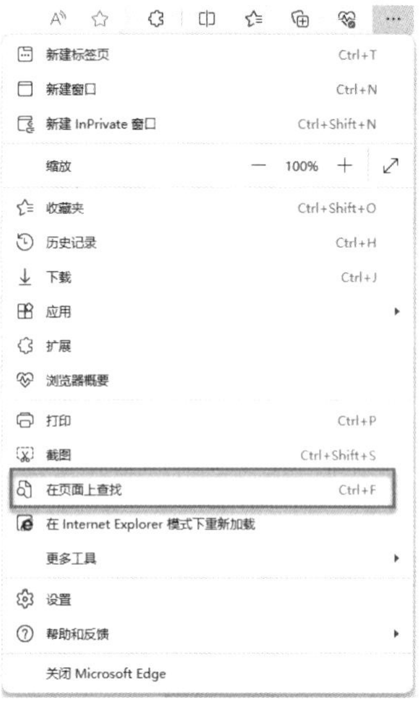

图 19－17　“在页面上查找”命令

2. 在网页中查找信息

Microsoft Edge 的“在网页上查找”功能可以帮助用户迅速地在网页中查找到所需的内容并高亮显示，同时还能统计查找到文字的数量。在网页中查找信息的步骤如下：

① 在 Microsoft Edge 工具栏上，点击“设置及其他”按钮 ··· ，在弹出菜单中选中“在网页上查找”命令，如图 19－17 所示。也可以利用快捷键：Ctrl＋F。

② 系统弹出一个搜索编辑框，在其中输入要查找的单词或短语。找到的匹配项数将显示在编辑框的右侧。

③ 若要转到待搜索的单词或短语的上一个或下一个实例，请单击“上一个”或“下一个”按钮。

图 19－18　查找功能框

3. 使用和设置浏览历史记录

为提高访问速度，Microsoft Edge 存储了用户访问过的网页、图像和多媒体的副本，这些都是 Microsoft Edge 保存的临时文件。此外，临时文件还包括网页的密码、历史记录、Cookie 等信息。这些信息一方面可以提高访问速度，另一方面也可能泄露用户的个人信息。同时，大量的临时文件占据很多的磁盘空间。因此，需要对临时文件进行清理。用户可以通过如下步骤进行设置：

① 在 Microsoft Edge 工具栏上，点击“设置及其他”按钮 ··· ，在弹出菜单中选中“更多工具”下的“Internet 选项”命令。

② 系统弹出“Internet 选项”对话框，点击其中的“常规”选项卡，如图 19－19 所示。

③ 在“浏览历史记录”区域中点击“删除”按钮完成临时文件清理工作。

④ 点击“设置”按钮，在打开“网站数据设置”对话框中，如图 19－20 所示，用户可以对临时文件和历史记录进行设置。完成后点击“确定”按钮，返回“Internet 属性”对话框。

⑤ 点击“确定”按钮，确定设置并生效。

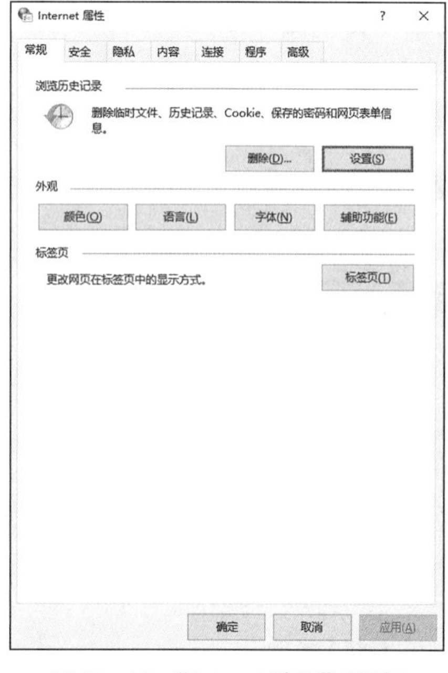

图 19－19　“Internet 选项”对话框

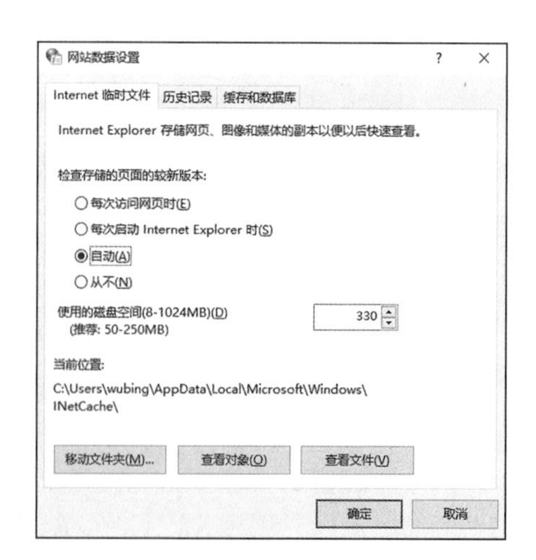

图 19－20　临时文件和历史记录设置对话框

4. 使用"历史记录"功能访问网页及其设置

用户使用 Microsoft Edge 访问网页时，Microsoft Edge 将记录用户的访问历史。通过"历史记录"可以回溯之前的访问历史，便于用户再次访问。使用历史记录和设置的步骤如下：

① 在 Microsoft Edge 工具栏上，点击"设置及其他"按钮 ··· ，在弹出菜单中选中"历史记录"命令，如图 19－21 所示。

② 系统弹出"历史记录"对话框，点击其中的网页列表，可以访问对应的网页，如图 19－22 所示。

图 19－21　"历史记录"命令

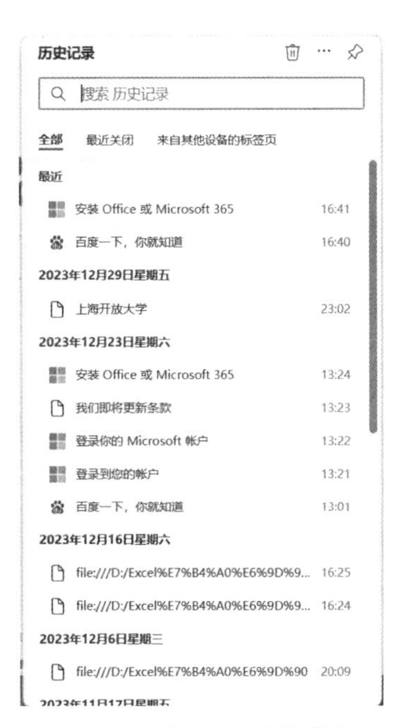

图 19－22　"历史记录"对话框

图 19－23　"清除浏览数据"对话框

③ 在"历史记录"对话框的网页列表中，点击网页记录右侧的删除按钮可以删除指定的记录项。

④ 点击在"历史记录"对话框上部的删除按钮：🗑，系统将弹出"清除浏览数据"对话框。用户可以在该对话框中，指定删除的时间方位和内容范围，之后点击"立即清除"按钮完成清除。如图 19－23 所示。

19.1.5　利用 Internet 搜索信息

Internet 是一个庞大的信息资源库，用户可以从中搜索到丰富的内容。在 Web 上寻找信息的方法有多种，用户可以灵活使用。Web 搜索通常通过关键字来查找，例如，要搜索所有包含指定关键字"办公自动化"的页面，则会找出所有这个关键字的页面。

1. 利用 Bing 搜索

Bing 搜索是 Microsoft Edge 自带的搜索工具。Bing 的中文名称为“必应”，它是美国微软公司推出全新搜索引擎，为用户提供一种全新搜索体验，力图借助语义识别技术更好掌握用户搜索意图，提供更符合需求的内容链接。

用户在地址栏中输入搜索关键字，如“办公自动化”，然后点击🔍按钮，Bing 搜索引擎会首先为用户提供搜索建议，如图 19 - 24 所示。用户根据自己的情况选择采纳或者保持原关键词。选择推荐关键词或者在地址栏中回车后，Bing 给出搜索结果。图 19 - 25 显示了利用 Bing 搜索“办公自动化”关键字后的搜索结果。

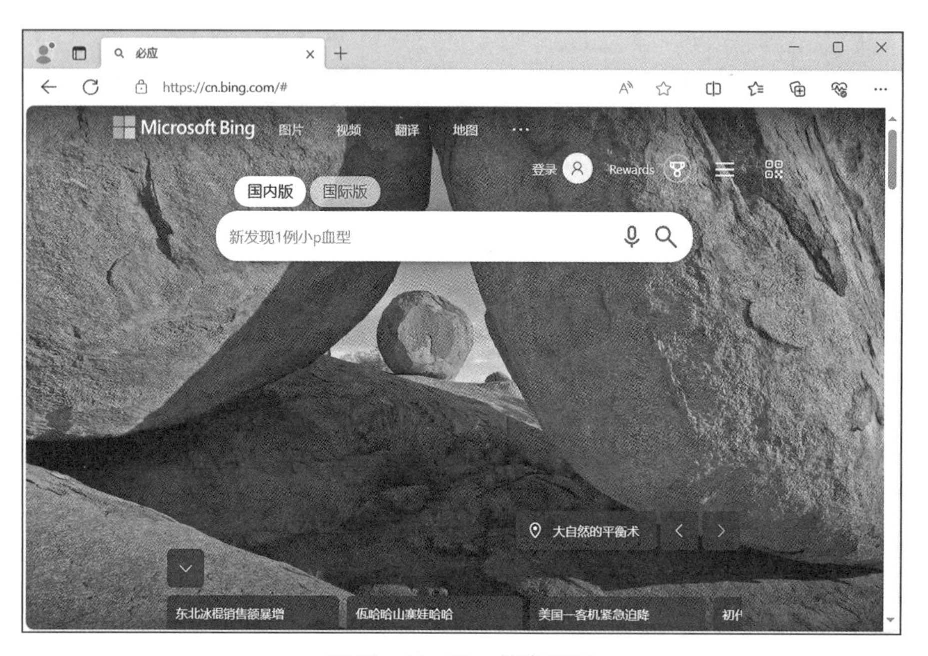

图 19 - 24 Bing 搜索界面

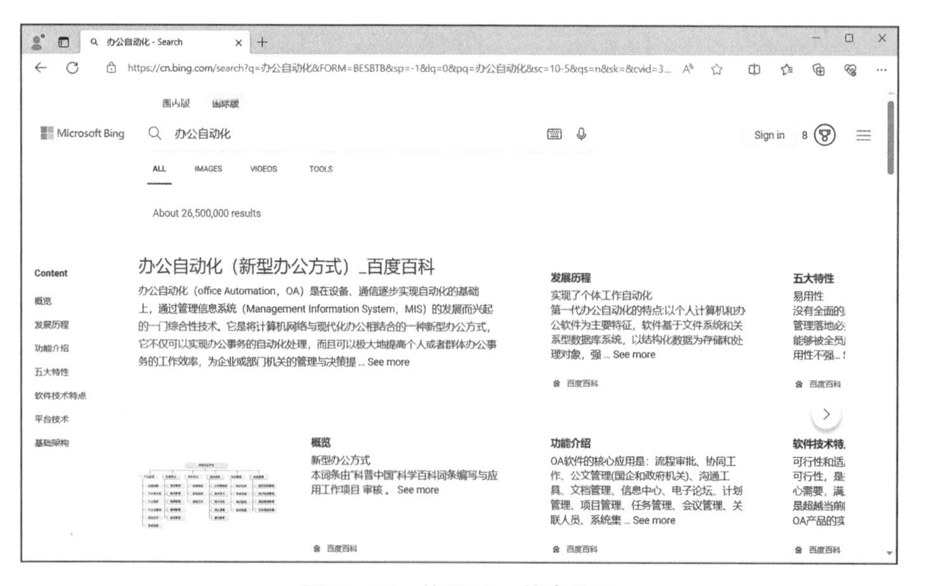

图 19 - 25 使用 Bing 搜索结果

2. 使用搜索引擎网站

搜索引擎(Search Engine)是指对 Internet 各种信息资源进行标引和检索的工具。著名的搜索引擎有：谷歌搜索(http://www.google.com)、百度搜索(www.baidu.com)、360 搜索(https://www.so.com/)、Infoseek(www.infoseek.com)、LYCOS(www.lycos.com)、Excite(www.excite.com)等等。每个搜索引擎都各自拥有多种搜索功能，各有特色。以“百度”为例，它可以搜索新闻、网页、贴吧、MP3、图片、

视频等,如图 19-26 所示。此外,百度提供搜索关键字语法、网页快照以及高级搜索功能等,可以帮助用户更精准地搜索信息。图 19-27 显示了百度高级搜索界面。

图 19-26 百度主页

图 19-27 百度高级搜索

3. 设置地址栏的搜索引擎

在 Microsoft Edge 的地址栏可以输入 URL 地址访问网页,也可以输入关键字进行搜索。Microsoft Edge 的默认搜索引擎是 Bing。Microsoft Edge 也支持其他搜索引擎,用户可以按照自己的喜好进行设置。

设置自定义的地址栏的搜索引擎的步骤如下:

① 进入 Microsoft Edge"设置"窗口,点击左侧导航栏的"隐私、搜索和服务",如图 19-28 所示。

② 在"服务"区域中,点击"地址栏和搜索",如图 19-29 所示。

③ 在"地址栏中使用的搜索引擎"下拉列表中,点击选择自定义的搜索引擎,如"百度",即可完成设置。

完成上述设置后,在地址栏输入关键字,Microsoft Edge 将使用百度搜索引擎进行搜索。

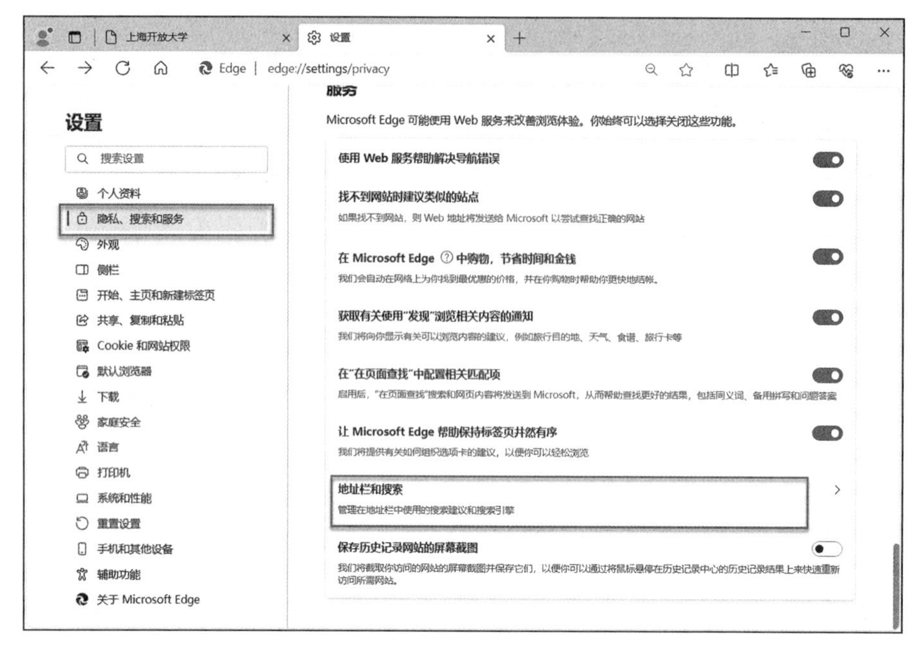

图 19-28　"设置"窗口"隐私、搜索和服务"设置

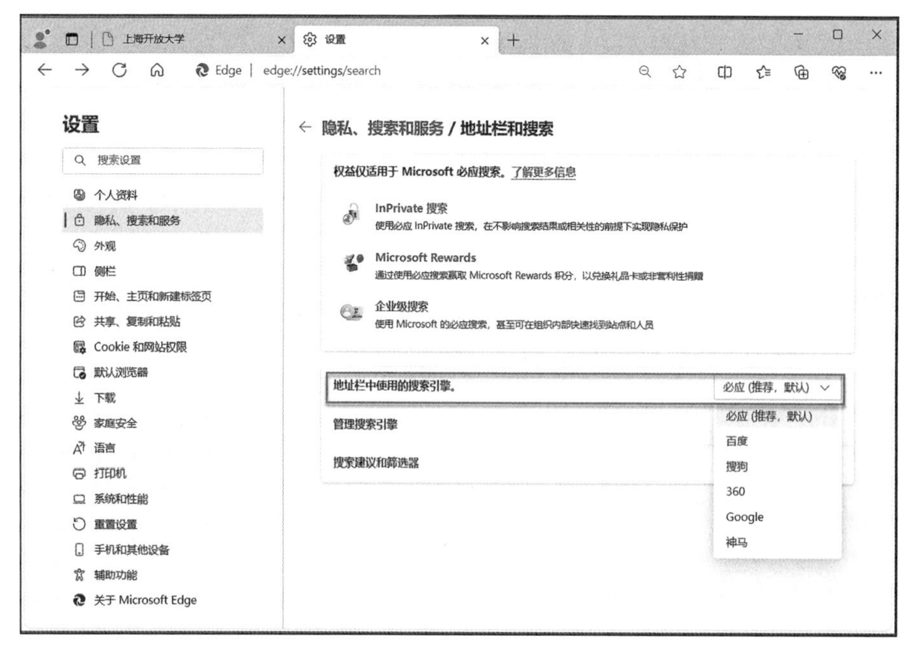

图 19-29　"设置"窗口"地址栏中使用的搜索引擎"设置

19.1.6　收藏和保存网页中的内容

在 Web 上漫游的过程中，经常会发现一些精彩的内容，此处简要介绍如何下载、保存或打印 Web 页面或图片等。

1. 使用收藏夹

图 19-30　收藏夹对话框

在浩瀚无边的 Web 中浏览时，最好保存那些喜欢的地址，否则下一次又要花很长时间才能故地重游。在 Microsoft Edge 中，可以将自己喜欢的站点添加到收藏夹，生成喜欢的站点表。用户以后就不需要在地址栏中输入这些站点的 URL，只要从工具栏中点击"收藏夹"按钮: ，系统弹出收藏夹列表，用户从中选择，即可访问对应的网页，如图 19-30 所示。用户也可以使用快捷键:Ctrl+Shift+O 打开收藏夹。

用户若想收藏当前网站，在地址栏中点击“收藏”按钮：☆，系统弹出“编辑收藏夹”对话框，如图 19－31 所示。用户可以在“名称”编辑框中为网页设置一个便于记忆的名称，在文件夹下拉列表中为收藏对象选择一个位置，默认为“收藏夹栏”，点击“完成”按钮即可完成收藏。新添加的收藏网页会出现在“收藏夹”菜单中。

经过一段时间的使用，Microsoft Edge 的“收藏夹”会保存很多项目。若用户需要整理，可以在“编辑收藏夹”对话框中点击“更多”按钮，系统打开“编辑收藏夹”对话框，如图 19－32 所示。用户可以在这个对话框中移动、删除、重命名、创建新文件夹来管理收藏夹中的项目。

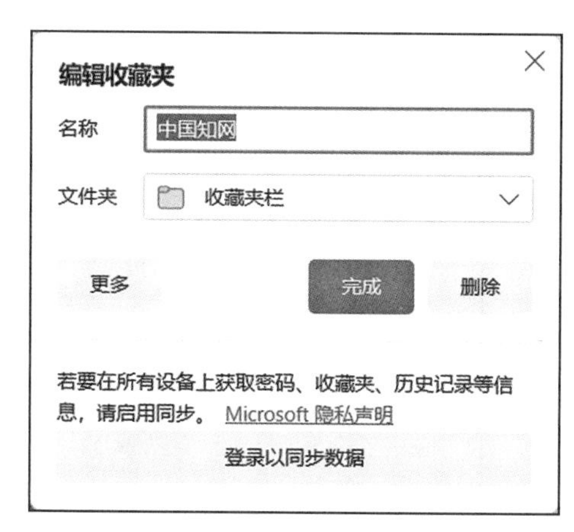

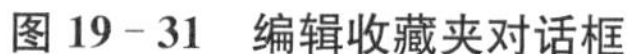
图 19－31　编辑收藏夹对话框

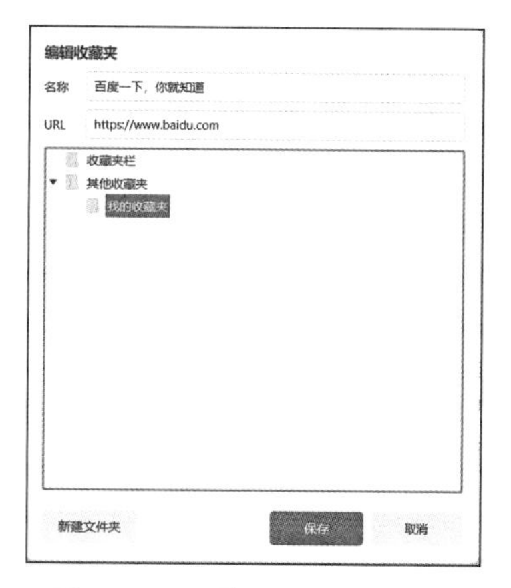

图 19－32　整理收藏夹对话框

2. 使用收藏夹栏

“收藏夹栏”在地址栏下方，如图 19－33 所示，它可以帮助用户更快捷地访问收藏的网页地址。默认情况下 Microsoft Edge 不显示“收藏夹栏”，可以通过如下步骤设置“收藏夹栏”。

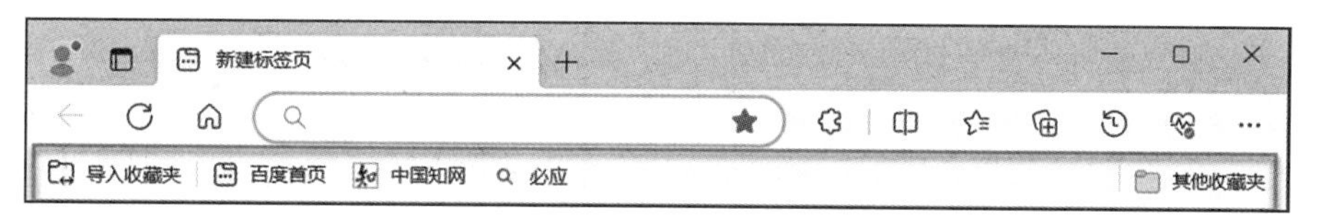

图 19－33　Microsoft Edge 收藏夹栏

① 在工具栏点击“收藏夹”按钮，如图 19－34 所示 1。
② 在弹出的“收藏夹”对话框中，点击上面的“更多选项”按钮，如图 19－34 所示 2。
③ 在弹出的“更多选项”对话框中，点击“显示收藏夹栏”菜单，如图 19－34 所示 3。
④ 从“显示收藏夹栏”的下级菜单中选择“收藏夹栏”的显示方式，如图 19－34 所示 4。

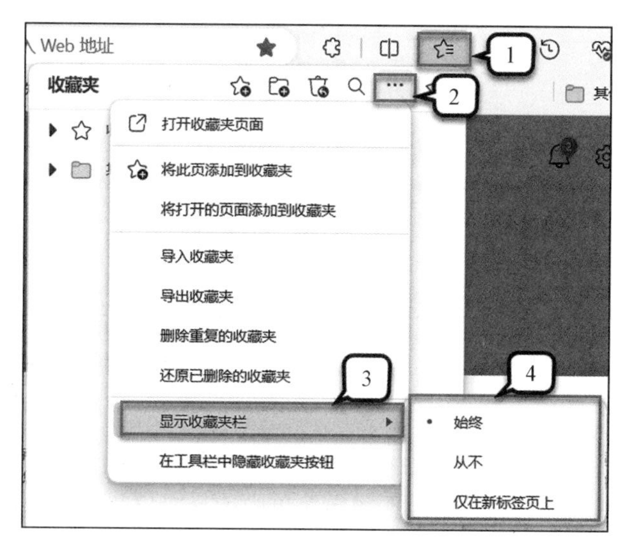

图 19－34　设置收藏夹栏

3. 下载(Download)文件

在一台计算机上接收另一台计算机数据的过程称为“下载”。利用 Microsoft Edge 下载对象，像其他链接一样单击网页中显示的目标对象，这时 Microsoft Edge 弹出一个“下载”对话框，如图 19－35 所示。该对话框显示了下载的进度和速度。当下载结束后，点击上述对话框中“打开文件”超链接，即可打开下载的文件。

若用户希望查看下载历史，可以通过“下载”页面查看及管理，设置步骤如下：

① 在工具栏点击“设置及其他”按钮。

② 在弹出的菜单栏中选择“下载”命令，如图 19－36 所示。

③ 系统打开“下载”管理窗口，在其右侧窗格显示了所有的下载历史，如图 19－37 所示。

④ 在“下载”管理窗口右侧窗格中，点击“打开下载文件夹”按钮，系统打开资源管理器，显示对应的文件保存位置，默认保存在“下载”文件夹中，如图 19－38 所示。

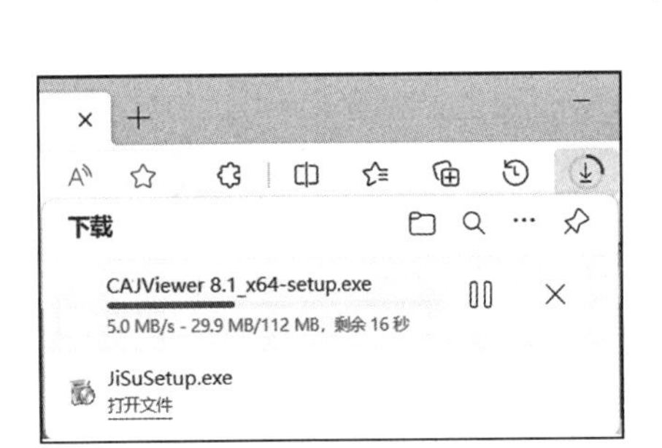

图 19－35 “下载”对话框

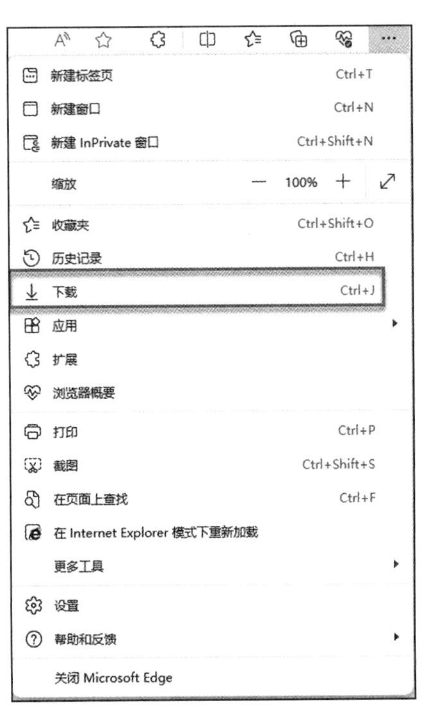

图 19－36 “下载”命令

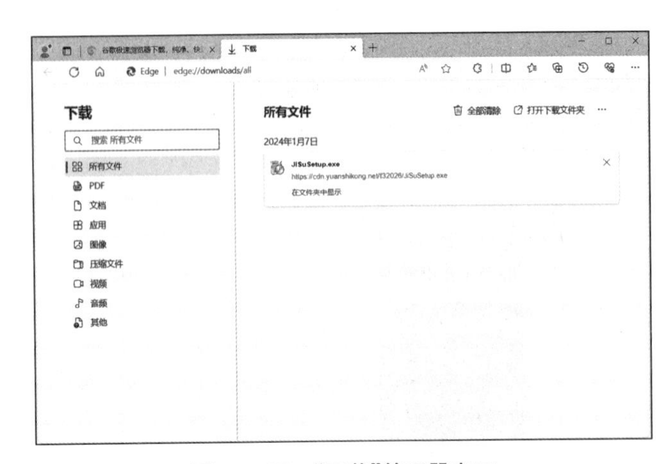

图 19－37 “下载”管理器窗口

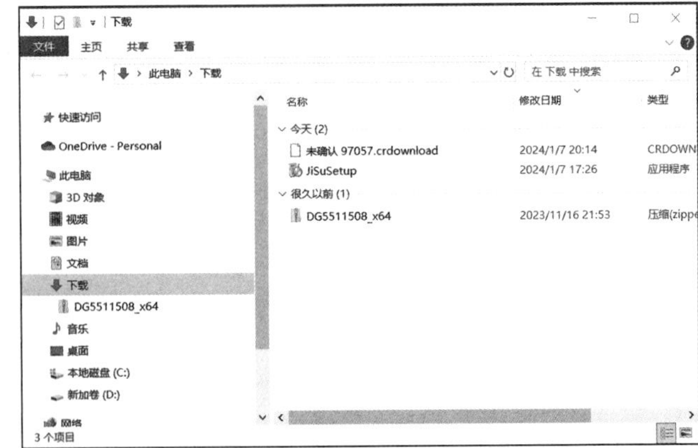

图 19－38 “下载”文件浏览

4. 保存 Web 页面

使用 Microsoft Edge 访问的网页，可以保存其内容。具体操作步骤如下：

① 在 Microsoft Edge 网页上，右击鼠标，在弹出菜单中选择“另存为”命令，或者使用快捷键：Ctrl＋S，如图 19－39 所示。

② 系统打开“另存为”对话框，如图 19－40 所示。在文件名编辑框中为保存对象设置一个名称，在保存类型中可以选择“网页，全部”“网页，仅 HTML”和“网页，单个文件”。

网页，仅 HTML：保存网页内容，不包括图片。

网页，单个文件：保存网页文字和其中的图片，它们共同被保存在一个称为“单一档案网页”的文件中，扩展名为.mhtml。

网页，全部：保存网页内容和其中的图片，图片保存在一个与网页保存名同名的文件夹中。

③ 若需要变换保存位置，在“另存为”对话框左侧导航栏中进行选择，最后点击“保存”按钮，完成网页保存。

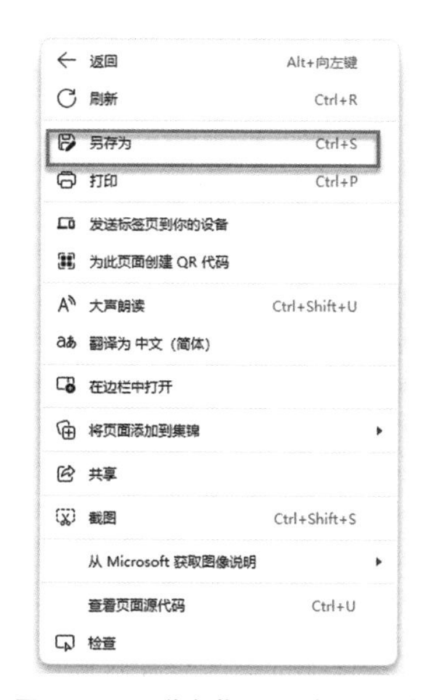

图 19－39　弹出菜单“另存为”命令

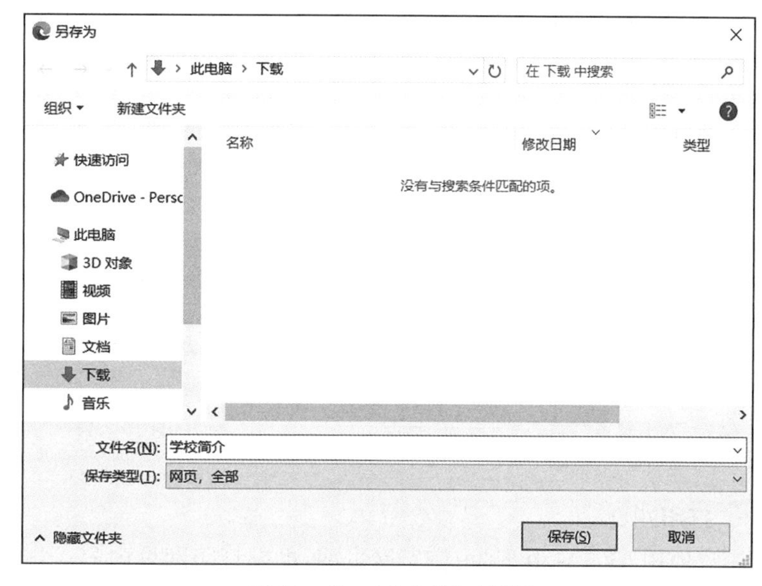

图 19－40　“另存为”对话框

5. 保存图形和保存链接

要将页面中的图片存到本地磁盘中，用户可以用鼠标在图片上单击右键，系统弹出菜单如图 19－41 所示。在弹出菜单中使用“将图片另存为”命令，系统将弹出“另存为”对话框，如图 19－42 所示。用户选择保存的位置、文件类型和文件名即可保存图片。

图 19－41　弹出菜单“将图像另存为”命令

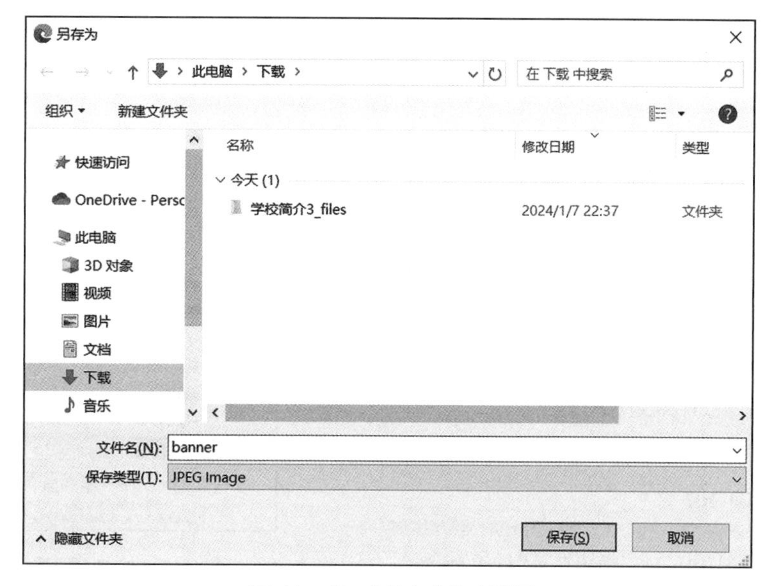

图 19－42　“另存为”对话框

若用户要保存网页上的超链接对象，这个对象可以是一个图片、网页、MP3 文件等。用户可以在超链接上右击鼠标，在弹出菜单中选择“将链接另存为”命令，如图 19－43 所示，将超链接目标保存到本地磁盘。只是这个目标还没有被打开，保存时需要从网上传送。系统弹出“另存为”对话框，保存的文件类型默认为被打开对象，如图 19－44 所示，保存的是 Word 文件。

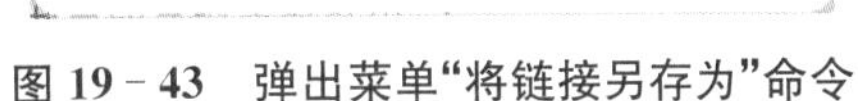

图 19－43　弹出菜单“将链接另存为”命令

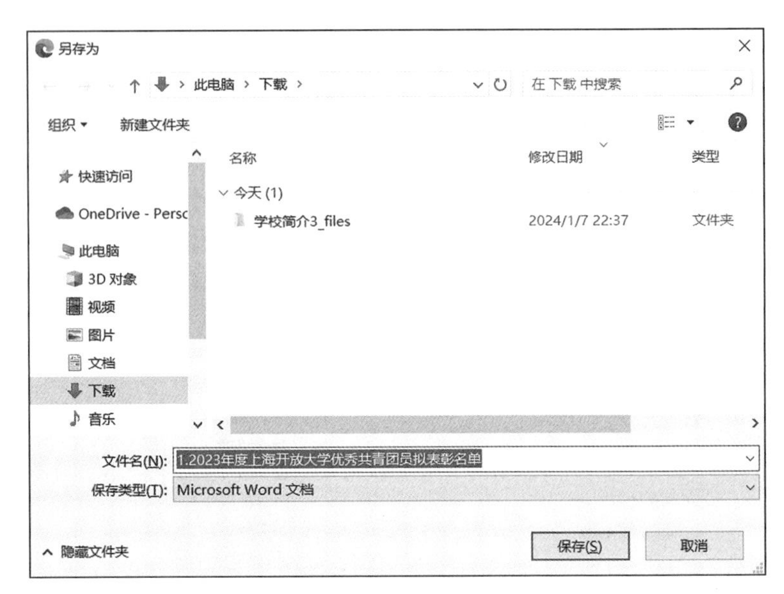

图 19－44　“另存为”对话框保存 Word 文件

6. 打印网页

用户使用 Microsoft Edge 浏览网页后，可以打印网页内容。打印网页最便捷的方法是在页面中右击鼠标，在弹出菜单中选择“打印”命令，如图 19－45 所示。系统打开“打印”窗口，用户可以选择打印机及相关打印设置，如图 19－46 所示。设置完成后点击“打印”按钮，即可发送打印命令到对应的打印机上。

图 19－45　弹出菜单“打印”命令

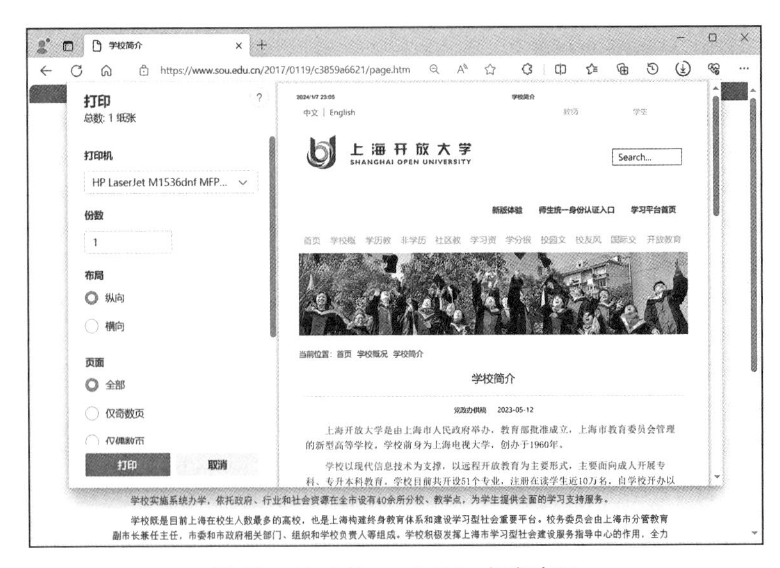

图 19－46　Microsoft Edge 打印窗口

19.1.7　其他的浏览器

目前，很多软件厂商都设计了各具特色的浏览器。常见的浏览器包括：Firefox 浏览器、Google Chrome 浏览器、遨游浏览器、360 浏览器。这些浏览器各有优点，用户可以根据自己的喜好选择。下面介绍两个常见的浏览器。

1. Mozilla Firefox 浏览器

Mozilla Firefox 浏览器就是常说的火狐浏览器，它的图标是。它是一个开源网页浏览器，使用 Gecko 引擎。它由 Mozilla 基金会与数百个志愿者所开发，适用于 Windows、Linux 和 MacOS X 平台。用户可以从 https://www.firefox.com.cn 网站下载 Mozilla Firefox 浏览器。图 19－47 显示了 Firefox 的界面，其界面由标题栏、网页选项卡、工具栏及收藏夹等组成。

图 19－47　Firefox 界面

2. Google Chrome 浏览器

Google Chrome，又称 Google 浏览器，图标是：，它是一个由 Google(谷歌)公司开发的开放源代码浏览器软件。该浏览器是基于其他开源软件所撰写，包括 WebKit 和 Mozilla。Google Chrome 支持多标签浏览，每个标签页面都在一个独立的“沙箱”内运行，在提高安全性的同时，一个标签页面的崩溃也不会导致其他标签页面被关闭。Google Chrome 表现出稳定性强、速度快和安全性高的特点。Google Chrome 支持各种主流平台，包括 Windows 平台、Mac OS X 和 Linux 等。用户可以从 https://www.google.cn/intl/zh-CN/chrome/下载 Google Chrome 浏览器。图 19－48 显示了 Google Chrome 的界面。

图 19－48　Google Chrome 界面

19.2 电子邮件的使用

电子邮件服务是Internet的基本功能之一，也是现代办公不可缺少的办公手段。本节介绍电子邮件的基本概念、Web免费邮箱的申请及使用，以及客户端电子邮件软件的使用。

19.2.1 电子邮件的基本概念

1. 电子邮件的工作过程

电子邮件又称为E-mail(Electronic mail)，是一种使用电子手段提供信息交互的通讯方式，也是Internet的基本服务之一。发送及接收邮件需要使用专用的协议，包括：POP3协议、STMP协议和IMAP协议，它们的基本功能如下：

① POP3协议：全称是Post Office Protocol 3，即邮局协议的第3个版本，它是TCP/IP协议族中的一员(默认端口是110)。POP3协议主要用于支持使用客户端远程管理在服务器上的电子邮件。

② STMP协议：全称是Simple Mail Transfer Protocol，即简单邮件传输协议(默认端口是25)，属于TCP/IP协议族。它是一组用于从源地址到目的地址传输邮件的规范，通过它来控制邮件的中转方式，帮助每台计算机在发送或中转信件时找到下一个目的地。

③ IMAP协议：全称是Internet Mail Access Protocol，即交互式邮件访问协议，是一个应用层协议(默认端口是143)。用来从本地邮件客户端(Outlook Express、Foxmail、Mozilla Thunderbird等)访问远程服务器上的邮件。IMAP与POP3类似，但比POP3协议更具扩展性和互交性。IMAP可以对邮件进行管理，比如归档、删除、移动等，这些操作可以在线完成，不需要先将邮件下载到本地。所有通过IMAP传输的数据都会被加密，从而保证通信的安全性。

E-mail发送和接收的过程是：发件人通过邮件代理，如邮件软件，使用发件人服务器上的发件服务，通过SMTP协议将邮件发送到收件人的邮件服务器上。收件人未收取时，E-mail就暂存在收件人服务器上。收件人利用邮件代理，使用收件人服务器上的收件服务，使用POP3协议将邮件接收下来，进行查看与处理。收件人用户也可以使用前文提及的IMAP协议接收邮件。

2. 电子邮件地址的组成

用户可以通过ISP(Internet Service Provider)，如网易信箱、新浪信箱、阿里云邮箱、QQ信箱等，申请获得自己的E-mail帐户及地址。很多企事业单位或组织具有自己的企业内部网(Intranet)，它们也为自己的员工提供了企业专用的电子邮件信箱。电子邮件地址形式为：用户名@全程域名，例如：wang@sou.edu.cn，其中wang为电子邮件用户名，sou.edu.cn为电子邮件的域名。

19.2.2 使用Web电子邮箱

目前，很多门户网站都提供电子邮件服务，包括新浪、网易等。下面以网易免费邮箱为例，介绍其申请及使用方法。

1. 邮箱的申请

申请网易的电子邮箱的步骤如下：

① 打开浏览器，在地址栏中输入网易邮箱的地址，https://email.163.com，然后按回车键。

② 对于新用户来说，首先要进行注册，点击界面的“注册新帐号”超链接，如图19-49所示。

③ 系统打开注册页面，如图19-50所示。用户可以选择手机号码注册、普通注册或者VIP注册，输入用户拟定的信箱名称。由于是公共免费邮箱，可能存在信箱名称冲突，网易将帮助检测重复情况，并给出注册建议。设置邮箱密码并确认密码，再输入界面提供的验证码，并勾选“同意《服务条款》、《隐私政策》和《儿童隐私政策》”复选框，点击“立即注册”按钮，即可完成注册。

2. 接收邮件

申请完毕邮箱后，即可使用。首先需登录邮箱，在浏览器中输入网易邮箱主页的地址，https://email.163.com，进入登录页面。在登录界面输入邮箱名及密码，验证通过后进入邮箱界面，如图19-51所示。

图 19－49　网易邮箱登录界面

图 19－50　注册网易邮箱

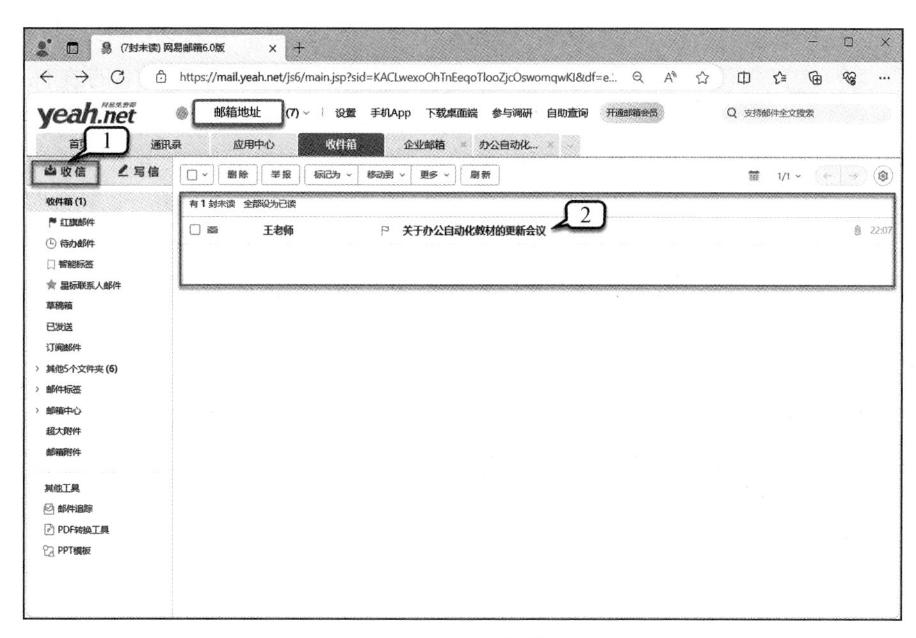

图 19－51　网易邮箱界面

用户在界面的左上角点击“收信”按钮，邮箱系统将新收到的邮件信息显示在右侧窗格的邮件列表中，如图 19－51 所示。

3. 查看及处理邮件

（1）查看邮件

在网易邮箱的右侧窗格，可以看到所有邮件。用户点击其中一项，可以浏览其内容，如图 19－52 所示。

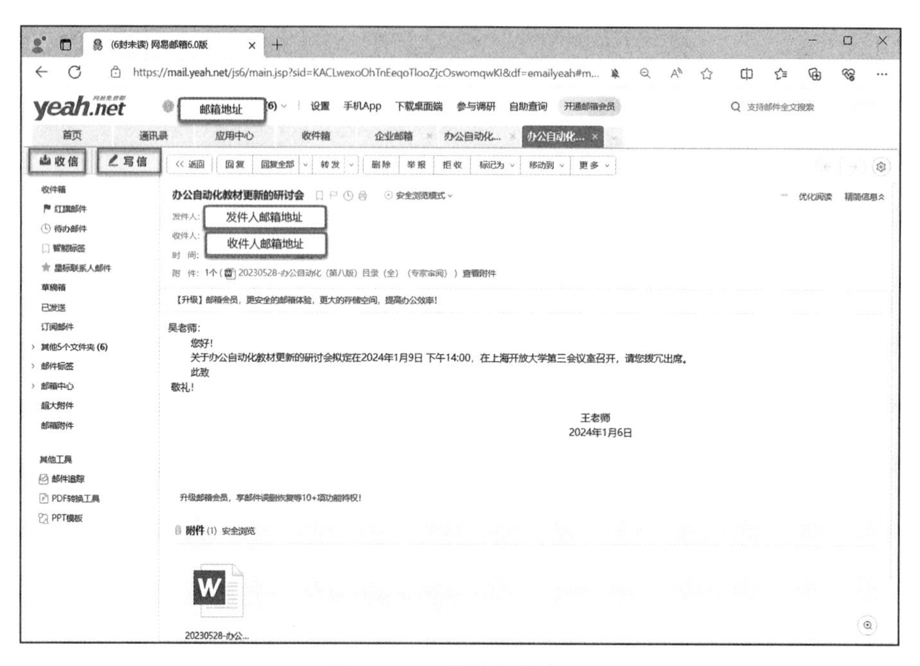

图 19－52 阅读邮件内容

（2）保存附件

如果在收到的邮件中带有附件，如图片或其他的电子文件，邮件信息会出现📎标志。邮件内容框的底部将显示邮件所带的附件，对其右击鼠标，将弹出快捷菜单，如图 19－53 所示。用户选择执行相关命令，即可完成对附件的打开、另存及复制工作。

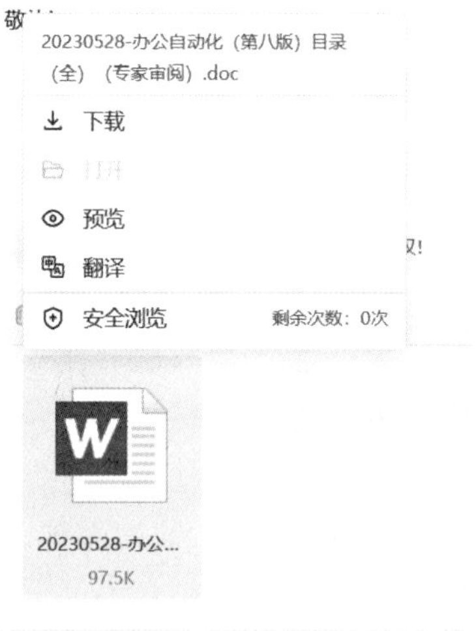

图 19－53 保存邮件附件

（3）回复发件人

收到来信后，通常需要回信。在网易邮箱的邮件查看界面，点击上方的 回复 按钮或者 回复全部 按钮可以实现回复。两者的区别在于，前者只回复给发件人，后者回复给原始邮件中的发件人及所有收件人。进入回复信件窗口，如图 19－54 所示。其中，收件人地址和主题不用输入，均由系统自动生成。用户只要在当前光标位置输入回信内容即可，工作效率大大提高。回复的邮件中包含原邮件的内容，包括：发件和收件人地址、时间信息、主题和内容等信息。用户可以引用，也可以将它删去。用户补充完回复邮件内容后，点击“发送”按钮，即可实现回复。

（4）转发邮件

对于收到的邮件，若需要转发给其他联系人，则首先选中该邮件，在邮件查看界面点击上方的 转发 按钮，即进入转发邮件窗口，如图 19－55 所示。这时用户只需要在“收件人”框内输入要转发的联系人邮件地址。如果需要转发给多个联系人，则输入各个邮件地址并用“;”或“,”分割。在“主题”框内会自动出现“Fw:...”原来的主题。用户补充完邮件内容后，点击“发送”按钮，即可实现转发。

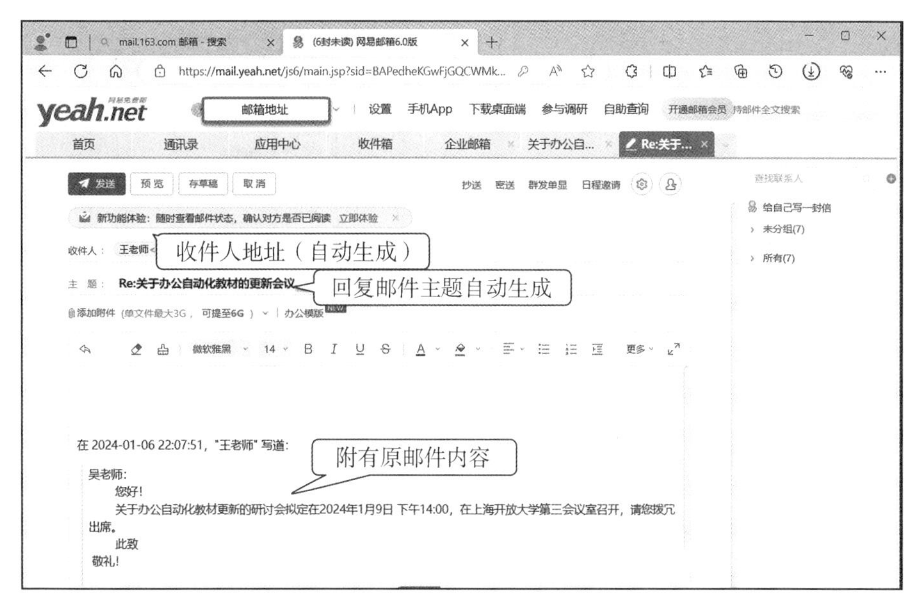

图 19－54　回复邮件窗口

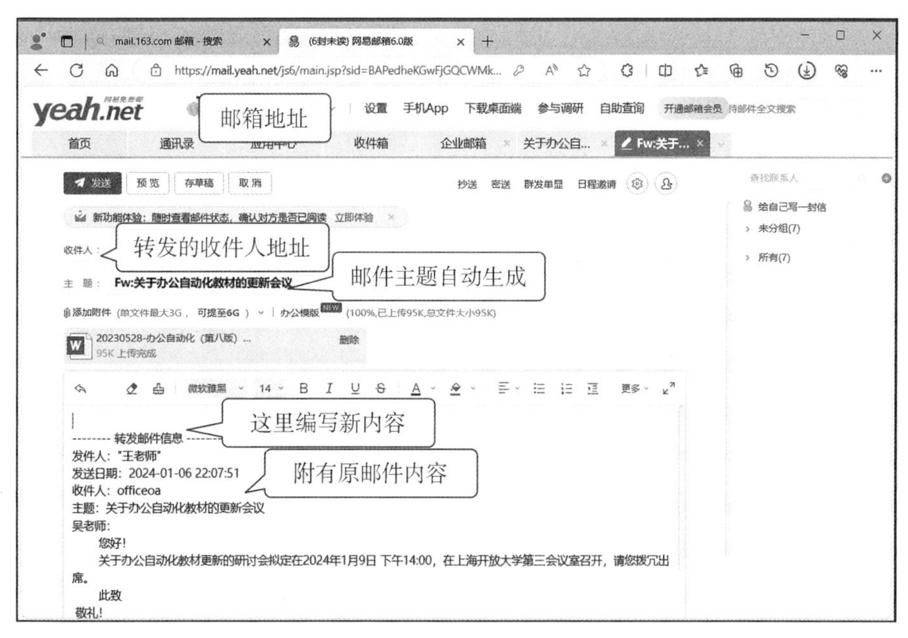

图 19－55　转发邮件窗口

（5）删除邮件

随着时间的推移，收到、发送的电子邮件会越来越多。对此我们需要经常清理“收件箱”“已发送邮件”和“已删除”文件夹，以避免被过多的无用邮件所占据。在邮件列表窗格中，我们选中对应邮件前面的复选按钮：□，然后点击工具栏中的 删除 按钮，即可实现邮件删除。若要删除多封邮件，可以利用工具栏上的选择下拉框，进行设置，如图 19－56 所示。删除操作将邮件全部移到了“已删除”文件夹中，用户可以利用导航栏进入该文件夹，如图 19－57 所示。“已删除”文件夹保留了用户删除的邮件。如果要真正删除这些邮件，可以在“已删除”文件夹中执行删除操作。

（6）保存邮件

对于有保存价值的邮件，网易邮箱系统可以将其保存为以 eml 为扩展名的邮件文件。保存方法为：

① 在邮件列表窗格选择待保存的邮件。

② 在工具栏的“更多”下拉列表中，选择“导出选中邮件”命令，如图 19－58 所示。

③ 系统弹出“下载”对话框，提示用户可能存在的风险，如图 19－59 所示。用户确定需要保存可以点击“保留”按钮。

图 19-56 选择下拉框

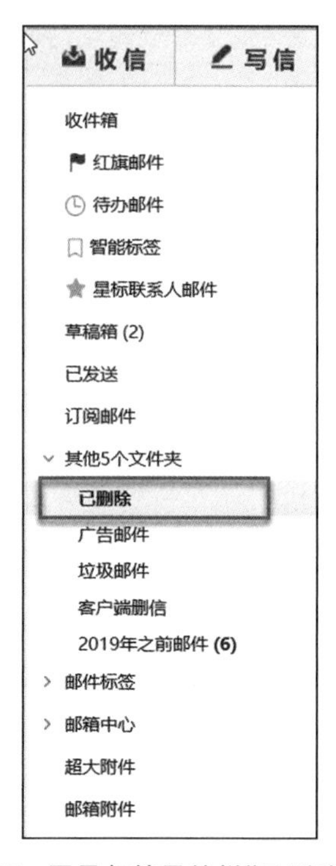

图 19-57 网易邮箱导航栏“已删除”文件夹

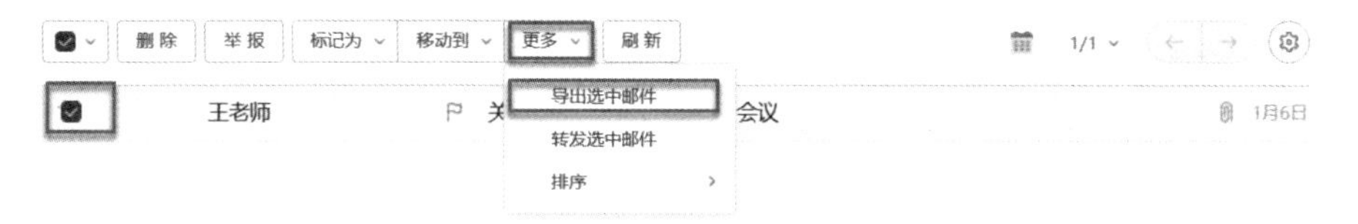

图 19-58 快捷菜单

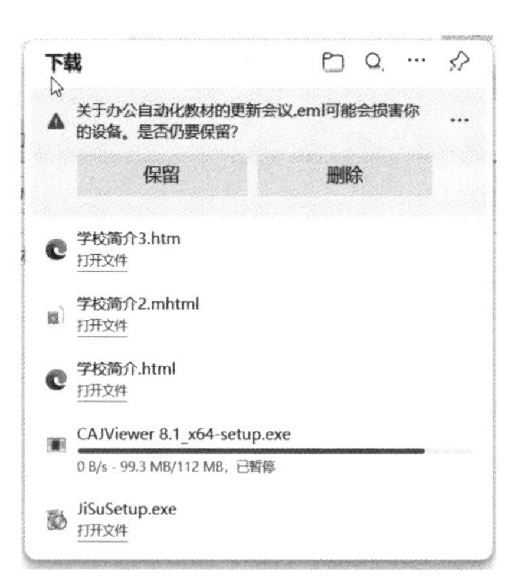

图 19-59 邮件下载对话框

④ 系统开始下载，结束后在“下载”对话框中显示“打开文件”超链接，用户点击后将打开资源管理器显示保存的邮件文件。

(7) 通讯录管理

随着邮件的往来，联系人不断增多，因此需要将联系的信息妥善地管理起来。网易邮箱系统提供了通讯录管理功能。在网易邮箱主界面的导航窗口，点击“通讯录”选项卡，如图 19-60 所示，进入通讯录列表。用户可以在这里对通讯录内容进行管理。

① 添加联系人：点击工具栏“新建联系人”按钮，打开“新建联系人”对话框，如图 19－60 所示。填入相关信息后，点击“确定”按钮，新添加的联系人将出现在通讯录列表中。

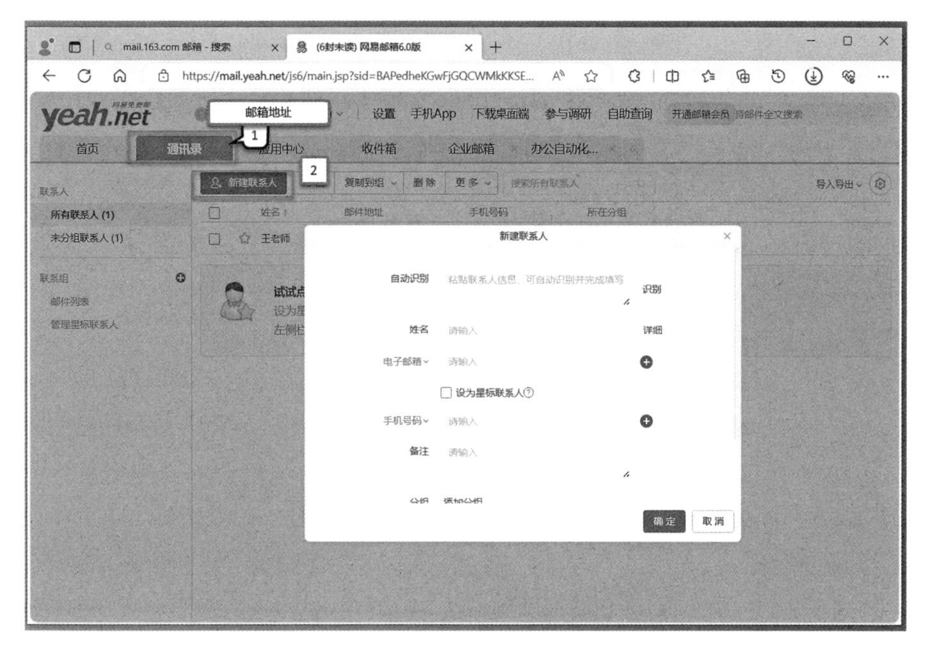

图 19－60　通讯录管理

② 建立联系组：联系组是将相关的联系人信息进行分类管理，如一个部门、一个班级等，在查找和发送邮件时，可以快速地筛选出所需的联系对象。建立联系组的步骤如图 19－61 所示，具体如下：

第 1 步，在网易邮件窗口的工具栏，点击“通讯录”，进入通讯录管理窗口。

第 2 步，在左侧的导航栏的“联系组”中，点击“添加”按钮。

第 3 步，在右侧窗格中，在“分组名称”编辑框中，自定义分组名称。

第 4 步，展开下方的“选择联系人”下拉列表，从左侧列表窗格中选中联系人，使用向右小箭头，将联系人加入右侧的列表窗格。

第 5 步，点击“保存”按钮。

执行上述步骤，即完成了自定义联系组的创建，联系组信息显示在左侧“联系组”中，如图 19－62 所示。

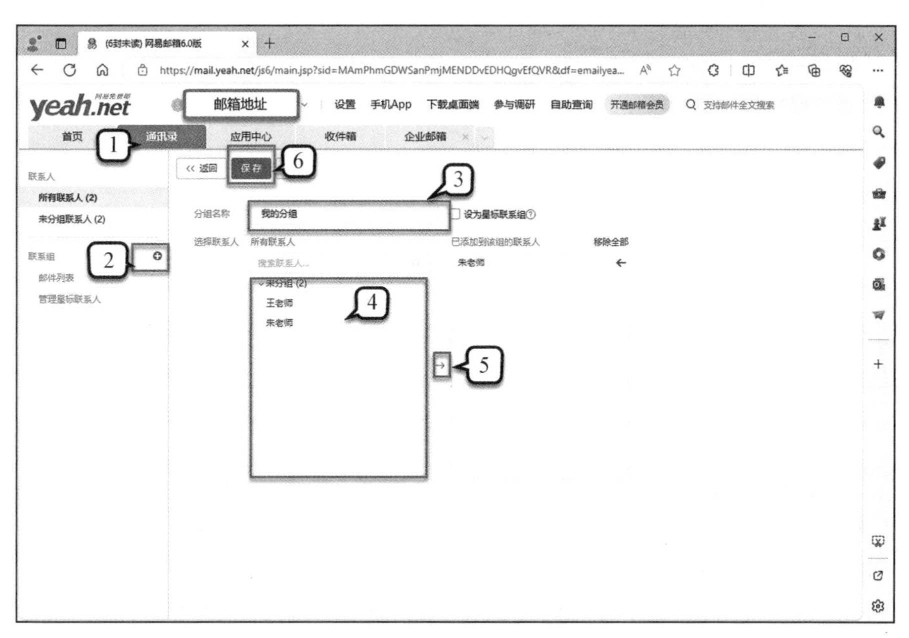

图 19－61　添加联系组

如用户需要对自定义的“联系组”进行修改，在左侧“联系组”中选中指定组，然后使用工具栏的“编辑组”和“删除组”功能进行管理，如图 19 - 62 所示。

图 19 - 62　浏览联系组

4. 撰写新邮件

用户点击网易邮箱界面左上方的“写信”按钮，将打开新建邮件编辑界面，如图 19 - 63 所示。需要编写收件人地址、主题及邮件内容。

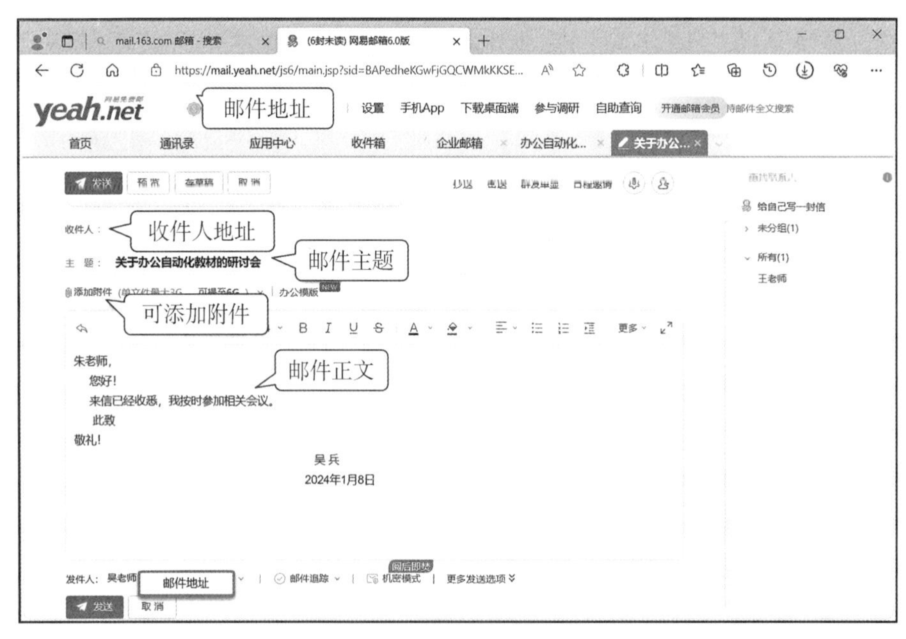

图 19 - 63　新建电子邮件窗口

① 在“收件人”文本框内，输入收件人的 Email 地址。如果还需要发给别人，则可在“收件人”框内连续输入他们的 E-mail 地址，中间用半角的“,”或“;”分隔。如果所发送的邮件需要抄送给他人，则可点击右键右上方的“抄送”和“密送”按钮，会增加对应的联系人栏，在其中填写联系人地址。若用户已经在“通讯录”中添加了联系人地址，可以形成“收件人”超链接，系统将弹出“快速添加收件人”对话框，如图 19 - 64 所示，用户可以选择收件人，避免了编写的麻烦。

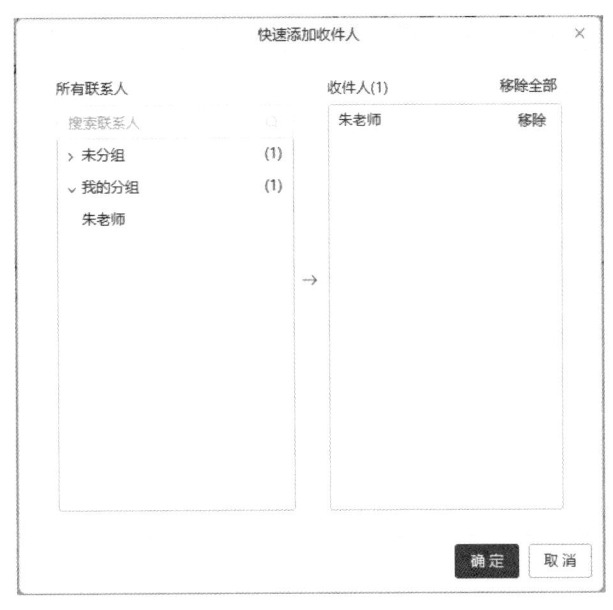

图 19-64 “快速添加收件人”对话框

② 在“主题”框内,可以输入邮件的主题,也可以空白。

③ 在“内容”框中,输入邮件的内容。用户可以利用编辑区的工具栏,如图 19-65 所示,对邮件文字的字体、段落等进行编辑。

图 19-65 邮件编辑区工具栏

④ 若邮件需要携带附件,点击“新邮件”窗口工具栏中的 添加附件 按钮。用户可以在弹出的“打开”对话框中,选择本地文件夹中文件作为附件。一封邮件可以携带多个附件。

⑤ 完成上述编辑后,点击 发送 按钮,邮件立即发送出去。发送过的邮件会保存在对应帐号的“已发送”文件夹中。

19.2.3 使用邮件软件管理电子邮件

免费的 Web 邮箱虽然方便,但对邮件的管理必须通过网页完成,存在处理速度较慢、邮件不能本地保存等缺点。对此,用户可以使用客户端的邮件软件。客户端邮件工具包括:微软 Office Outlook、Gmail Notifier、网易闪电邮、DreamMail 等。其中,常见的有微软的 Office Outlook 和 Foxmail。此处简要介绍它们的基本信息及使用。

1. 微软 Office Outlook

微软 Office Outlook 是微软办公软件套装组件之一,它对 Windows 自带的 Outlook Exress 的功能进行了扩充。Outlook 的功能很多,可以用它来发送电子邮件、管理联系人信息,还可以记日记、安排日程、分配任务。下面以 Outlook 2016 为例,介绍其启动及配置过程以及界面情况。

(1) 微软 Office Outlook 的启动及设置邮箱帐号

在“开始”菜单中点击 Outlook 2016,即可启动 Outlook 软件。第一次启动 Outlook 软件需要配置邮箱地址,它利用一个向导帮助用户完成,具体如下:

① 启动 Outlook,进入配置向导第 1 步,如图 19-66 所示,点击“下一步”按钮。

② 进入配置向导第 2 步,如图 19-67 所示。在这里选择“是”单选按钮为 Outlook 连接到一个邮箱,点击“下一步”按钮。

③ 进入配置向导第 3 步,如图 19-68 所示。在这里编写邮件地址信息,完成后点击“下一步”按钮。

④ 进入配置向导第4步，如图19－69所示。系统连接网络并进行相关验证，通过后点击“完成”按钮。通过上述步骤，完成了在Outlook中邮箱配置。上述配置过程只需要完成一次即可。

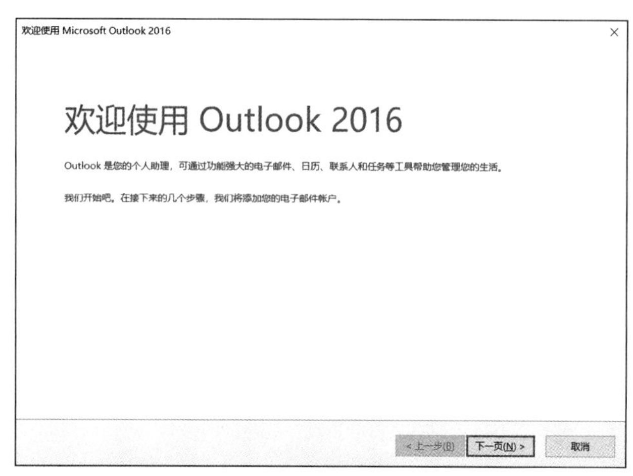

图19－66　Outlook配置向导第1步

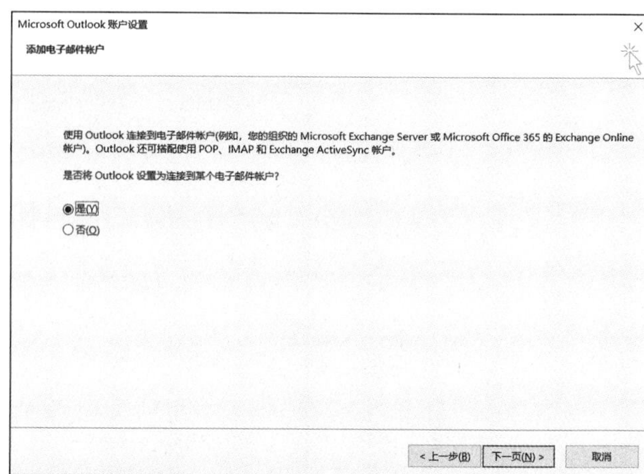

图19－67　Outlook配置向导第2步

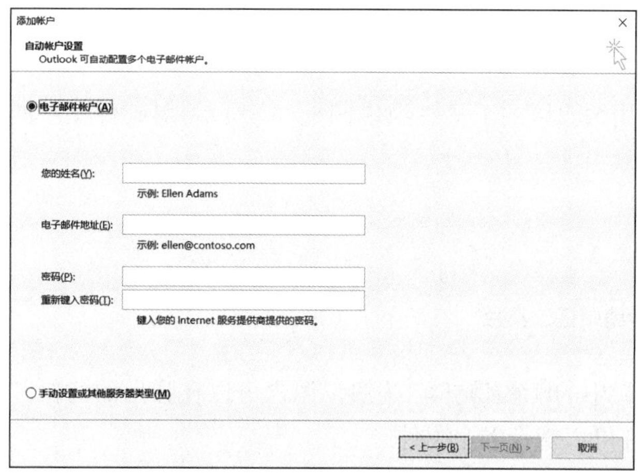

图19－68　Outlook配置向导第3步

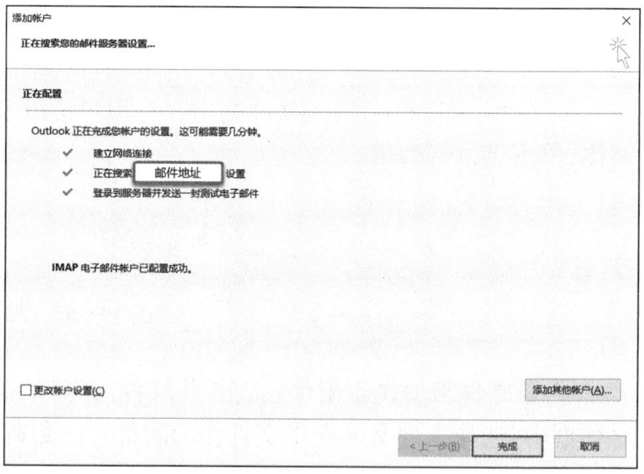

图19－69　Outlook配置向导第4步

（2）微软Office Outlook的界面

完成邮箱配置后，进入Outlook的界面如图19－70所示。用户可以在这里查看邮件、编写邮件及进行联系人管理，其基本功能与网易在线邮箱相似，这里不再敖述。

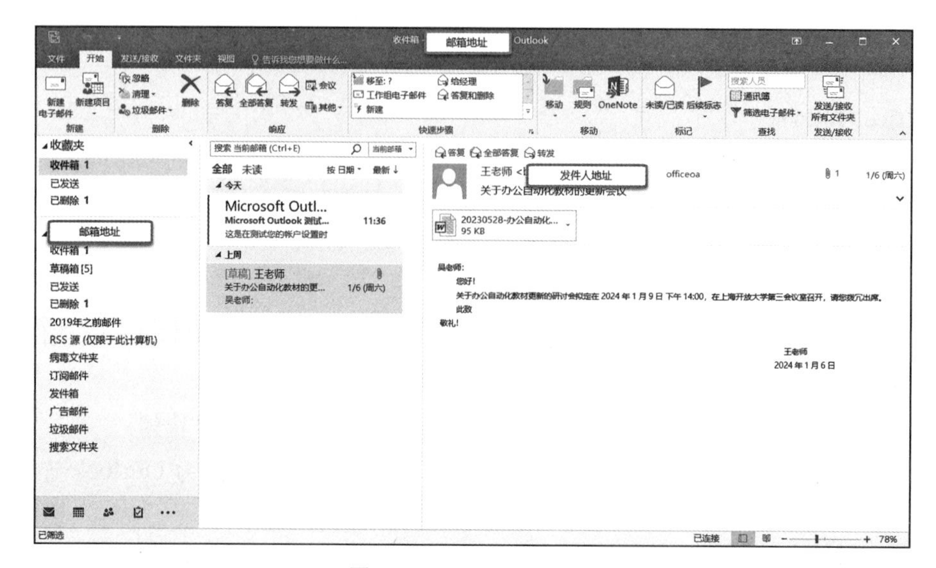

图19－70　Outlook界面

2. Foxmail 邮件软件

Foxmail 是一款优秀的免费中文电子邮件软件。用户可以通过它的官方网站 Foxmail. com 获得，它支持在 Windows 及 Mac 操作系统上安装。

(1) Foxmail 的启动及设置邮箱帐号

在桌面双击 Foxmail 图标或者在"开始"菜单中点击 Foxmail ，即可启动 Foxmail。Foxmail 首次启动即需要配置帐户，其配置过程如下：

① 启动 Foxmail，进入配置向导第 1 步，如图 19－71 所示，选择一个邮箱，这里我们选择 163 信箱。

② 进入配置向导第 2 步，如图 19－72 所示。在这里我们输入邮箱的地址及访问密码。Foxmail 能识别大部分信箱的服务器并进行自动配置。用户也可以使用左下角的"手动设置"按钮自行设置。完成后点击"创建"按钮。

③ 进入配置向导第 3 步，如图 19－73 所示，这里点击"完成"按钮，进入 Foxmail 主界面。

图 19－71 Foxmail 配置向导第 1 步

图 19－72 Foxmail 配置向导第 2 步

图 19－73 Foxmail 配置向导第 3 步

(2) Foxmail 的界面

Foxmail 启动并配置完成邮箱帐号后，即进入如图 19－74 所示的操作界面。最上端是一排工具按钮栏，它们能方便用户的操作。主界面分成左右两个部分，左边是导航窗格，包括 4 个选项卡，分别对应：邮箱、联系人、日历和记事本。最常用的是邮箱选项卡页面，其中包括："常用文件夹"和具体帐号文件夹。在 Fomail 中可以配置多个邮箱帐号，以实现对多个邮箱的管理，"常用文件夹"可以统一查询用户配置的各类邮件。具体帐号默认有"收件箱""草稿箱""已发送邮件""已删除邮件""垃圾邮件"5 个文件夹。其基本功能与网易在线邮箱相似。

图 19－74　Foxmail 主界面

在后续的使用中，用户也可以配置多个帐户。帐号配置的步骤如下：

① 点击 Foxmail 工具栏的 ☰ 按钮，在弹出菜单中选择“帐号管理”命令，如图 19－75 所示。

② Foxmail 打开“系统设置”对话框，如图 19－76 所示。窗格右边是已经配置好的帐户信息。点击左下角的“新建”按钮。

③ Foxmail 将再次打开 Foxmail 配置向导第 1 步。配置过程如前文所述。

完成 E-mail 帐户配置后，新建的帐号出现在左侧对话框中。

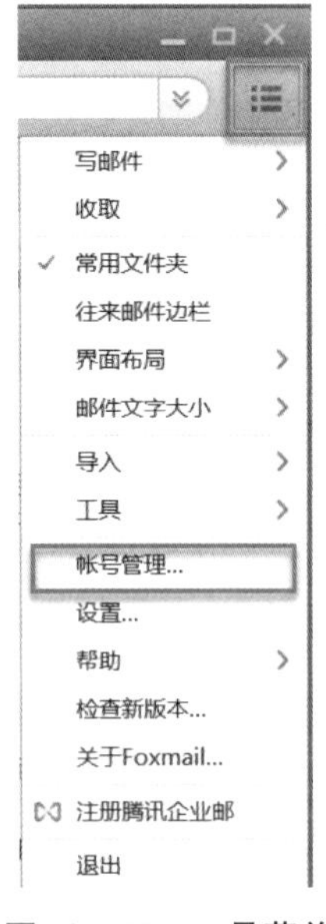

图 19－75　工具菜单

图 19－76　系统设置对话框

19.3　常用下载工具及视频会议工具

Internet 形成了一个庞大的资源库，资源共享及通讯是其提供的基本服务。实际应用中，直接利用浏览器进行资源下载会遇到速度慢、连接不稳定的情况。此外，办公过程中，与工作伙伴往往需要实时沟通、面对面讨论，从而高效率地完成工作。本节介绍常用的下载工具及视频会议工具。

19.3.1　下载工具

1. 下载工具概述

下载工具能帮助用户从 Internet 上同时下载多个资源，同时保证下载资源的完整性、可靠性和无差异性。目前，常用的下载工具包括：网际快车 FlashGet、迅雷、Motrix、电驴等，这些工具各具特色。从采用的技术上分析，现有的下载工具采用的技术包括：多线程、P2P、镜像、P2SP 及混合方式，能综合应用多项技术的下载工具具有更高的下载效率。用户获得下载工具应到该工具的官方网站上进行下载，以避免下载了带有病毒的软件。我们以 Motrix 为例，介绍其基本使用方法，其他的工具也有类似的工作方法。

2. 获得及安装 Motrix

Motrix 是一款开源免费的下载工具，其官方网站地址是：motrix. app。Motrix 支持在 Windows、macOS 及 Linux 上运行，工具本身“体积”小，运行时占用的系统资源也较少。Motrix 主页如图 19－77 所示，点击其中的“Download”按钮，进入下载页面。Motrix 的下载页面如图 19－78 所示，其按照不同的操作系统类型分类显示。这里我们选择“Windows”下的“NSIS installer”类型安装包进行下载和安装。

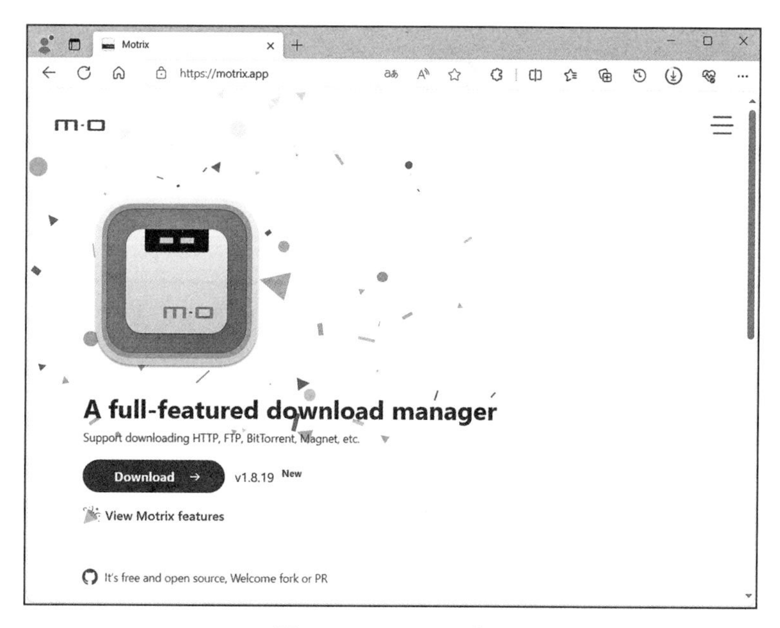

图 19－77　Motrix 主页

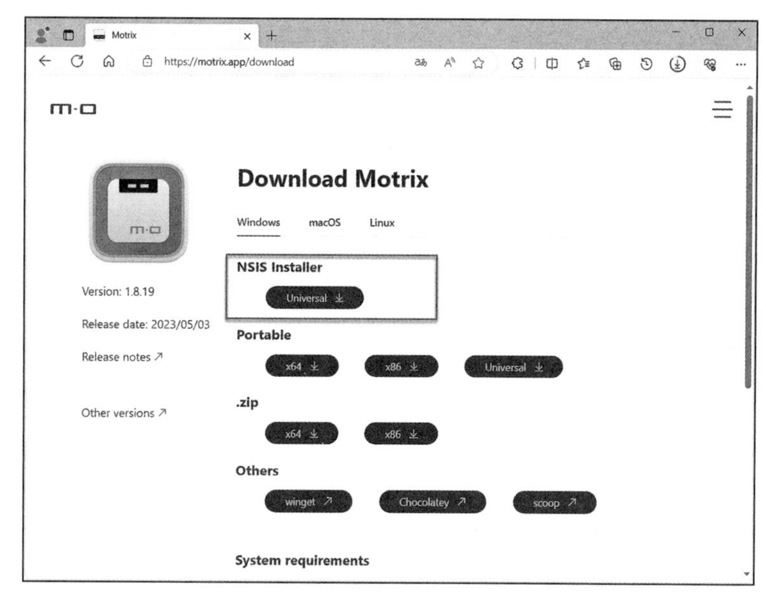

图 19－78　Motrix 下载页面

双击下载得到的安装包文件启动安装向导，依据安装向导完成安装。在桌面双击图标，或者在“开始”菜单中找到 Motrix 命令，即可启动 Motrix 软件。启动后的 Motrix 界面如图 19－79 所示。

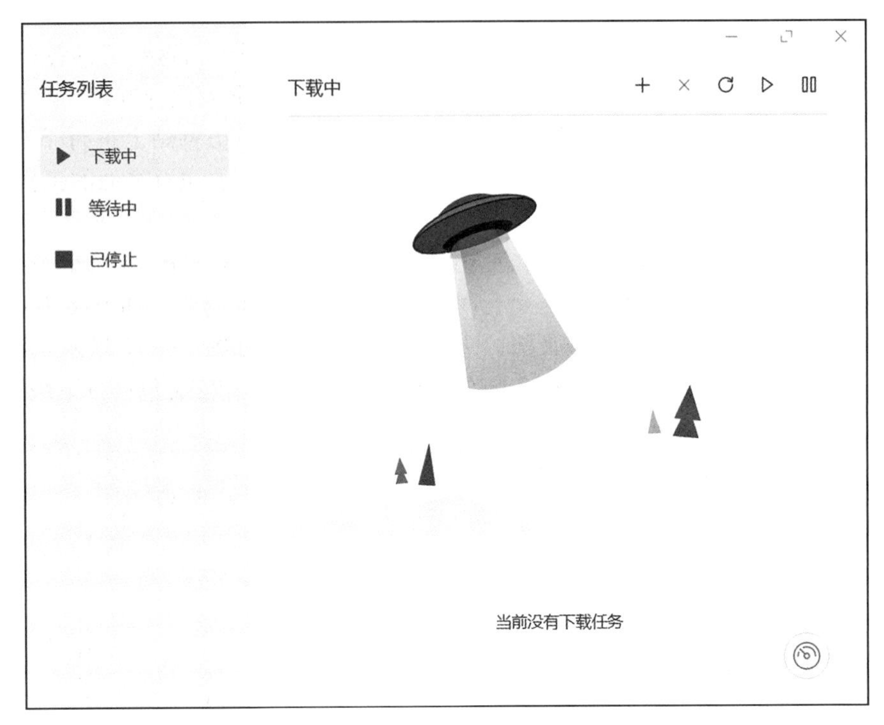

图 19－79 Motrix 主界面

3. 使用 Motrix 下载资源

Motrix 支持超链接和种子类型的下载方式，以超链接类资源为例，具体执行过程如下：

① 针对网页上的资源的超链接，用户可以对其右击鼠标，在弹出菜单中选择“复制链接”命令。

② 在 Motrix 中，点击新建下载任务按钮：＋，Motrix 弹出下载任务对话框，如图 19－80 所示。

图 19－80 Motrix 链接任务下载页面

③ 在下载任务对话框中，点击“链接任务”选项卡。其中，复制的链接地址已经自动复制在上面的地址栏中。用户可以重命名下载对象及指定下载保存位置，设置完成后点击“提交”按钮。若下载任务是“种子”资源，点击“种子任务”选项卡，如图 19－81 所示，将种子资源文件拖入窗格上方的文件框中，其余操作与“链接任务”相同。

链接任务 种子任务
将种子拖到此处，或点击选择
重命名: 选填
分片数: 64
存储路径: C:\Users\user\Downloads
高级选项 取消 提交

图 19－81 Motrix 种子任务下载页面

④ Motrix 执行下载，过程如图 19－82 所示，将显示任务的下载进度和下载的速度。

完成下载任务后，用户可以点击 Motrix 左侧导航栏的“已停止”超链接，右侧窗格将显示已经完成的任务列表，如图 19－83 所示。对于每一个下载任务，可以使用任务列表上的工具栏： ，进行管理。

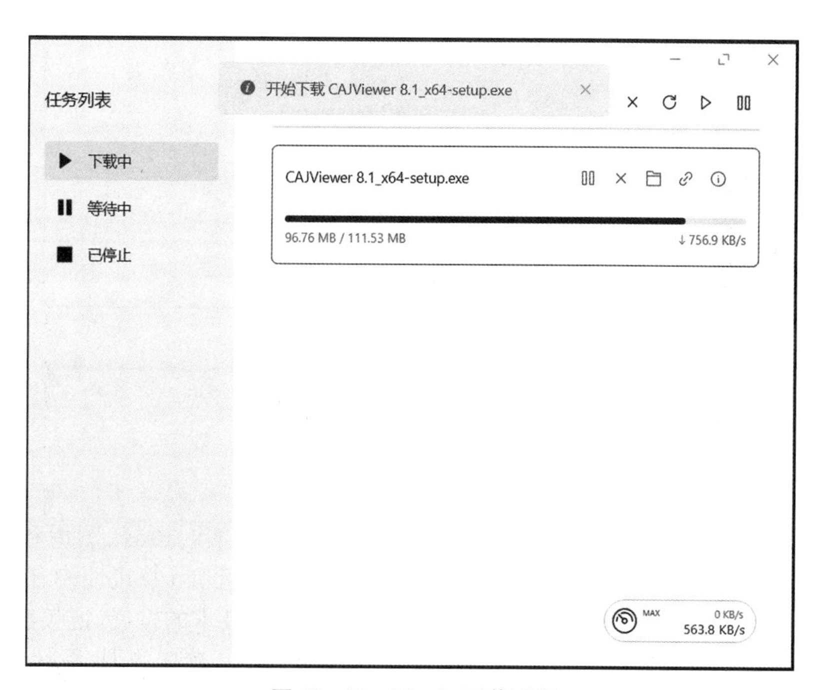

图 19－82 Motrix 下载过程

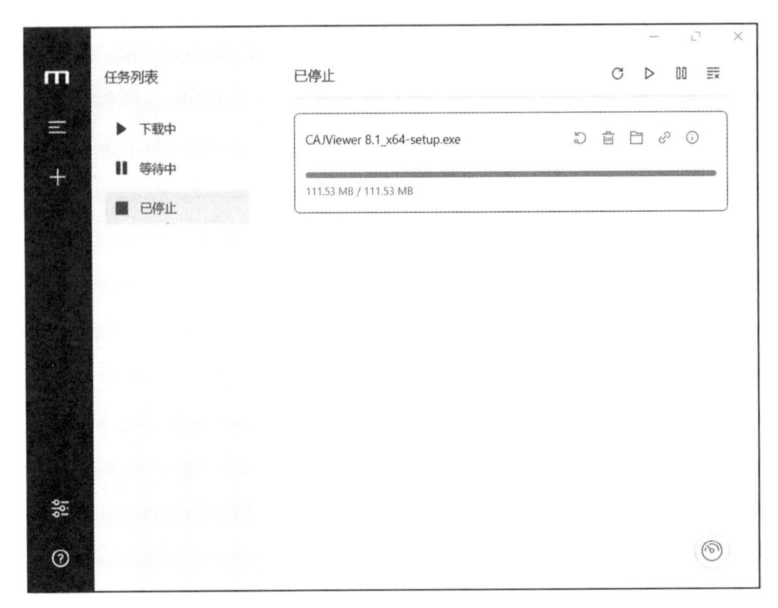

图 19－83　Motrix 查看现在结果

4. 对 Motrix 进行设置

若用户希望对 Motrix 的外观、保存下载位置及下载速度等进行设置，可以点击导航栏工具栏的按钮，打开“基础设置”窗口，如图 19－84 所示。在这个对话框中，用户可以设置 Motrix 的外观、下载默认保存位置、开机启动、同时运行的最大任务数等多项信息。

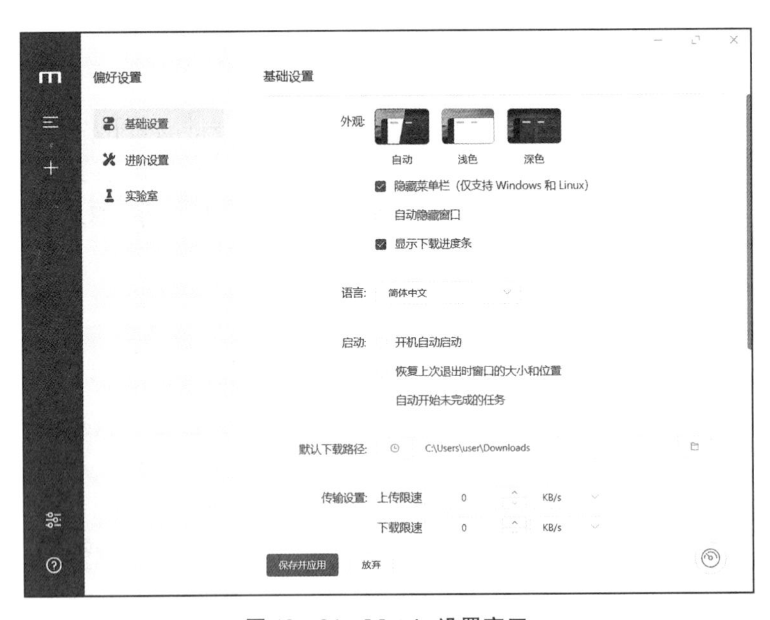

图 19－84　Motrix 设置窗口

19.3.2　视频会议工具

1. 视频会议工具概述

视频会议工具是指利用计算机网络技术和通信技术，实现多方实时语音、图像和数据交互的通信工具。20 世纪 70 年代，视频会议工具开始出现，但由于当时的网络带宽和计算机性能有限，视频会议工具的应用受到很大限制。2000 年以后，随着云计算、大数据、人工智能等技术的发展，视频会议工具的功能不断丰富，应用场景更加广泛。视频会议工具的应用场景如下：商务会议、教育培训、医疗诊断、远程办公及社交娱乐。视频会议工具可以让用户在任何时间、任何地点，都能与其他参会人员进行实时交流，提高工作效率。随着移动办公和异地办公的发展，视频会议工具极大地支持了办公形态的新变化。

目前，常见的视频会议工具包括如下几种。

腾讯会议：是一款由腾讯公司推出的视频会议软件，支持多人视频会议、语音会议、屏幕共享等功能。

钉钉：是一款由阿里巴巴集团推出的办公协作软件，支持多人视频会议、语音会议、屏幕共享等功能。

飞书：是一款由字节跳动公司推出的办公协作软件，支持多人视频会议、语音会议、屏幕共享等功能。

Zoom：是一款由 Zoom Video Communications 公司推出的视频会议软件，支持多人视频会议、语音会议、屏幕共享等功能。

Google Meet：是一款由 Google 公司推出的视频会议软件，支持多人视频会议、语音会议、屏幕共享等功能。

我们以腾讯会议系统为例介绍视频会议系统的使用

2. 腾讯会议系统的应用

（1）获得及安装腾讯会议客户端

用户可以在腾讯会议官方网站下载客户端，下载地址是 https://meeting.tencent.com/download。腾讯会议客户端支持 Windows、Mac、Linux、Android 和 iOS 系统。用户可以针对自己的操作系统类型，下载不同的版本。双击下载的安装文件，启动腾讯会议安装向导，具体如下：

① 腾讯会议安装向导第 1 步，选择安装语言，如图 19－85 所示。点击“OK”按钮，进入下一步。

② 腾讯会议安装向导第 2 步，同意安装协议，如图 19－86 所示。点击“我接受”按钮，进入下一步。

③ 腾讯会议安装向导第 3 步，选择安装位置，用户可自行调整，如图 19－87 所示。点击“安装”按钮，进入下一步。

④ 腾讯会议安装向导第 4 步，复制文件，如图 19－88 所示。完成后进入下一步。

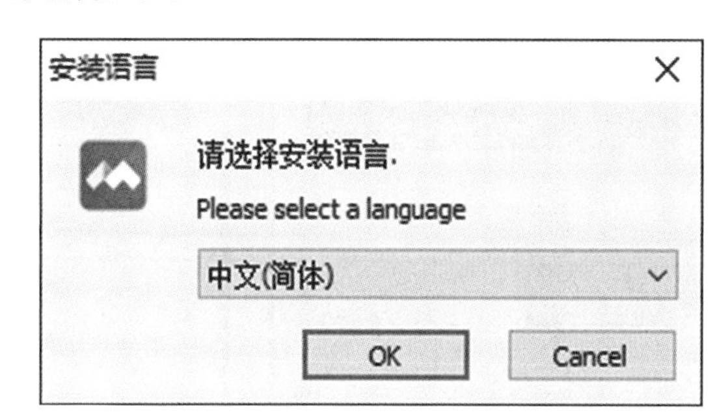

图 19－85 腾讯会议安装向导第 1 步

⑤ 腾讯会议安装向导第 5 步，完成安装，如图 19－89 所示。点击“完成”按钮关闭安装向导。

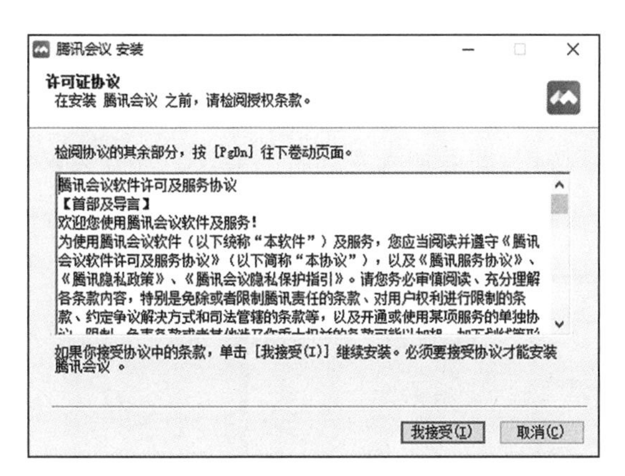

图 19－86 腾讯会议安装向导第 2 步

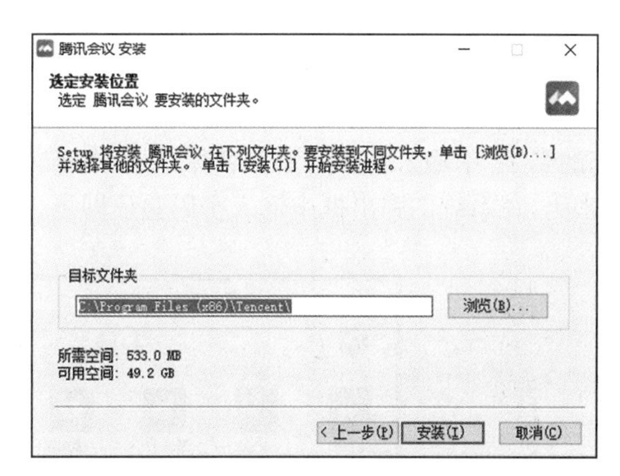

图 19－87 腾讯会议安装向导第 3 步

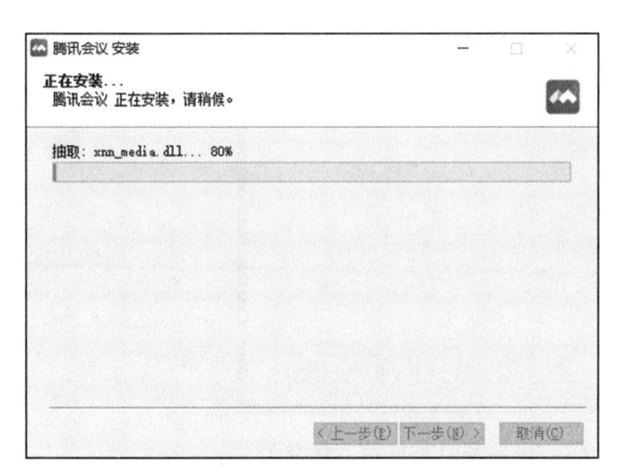

图 19－88 腾讯会议安装向导第 4 步

图 19－89 腾讯会议安装向导第 5 步

（2）注册并登录腾讯会议系统

安装完成后，在桌面双击腾讯会议图标：，或者在“开始”菜单中点击腾讯会议的命令，即可启动腾讯会议系统。启动后的腾讯会议系统界面如图19－90所示。用户需要选择一种方式登录系统，这里我们选择手机号方式，系统弹出界面如图19－91所示。如用户已经申请了帐号，使用帐号及密码登录。若需要申请新帐号点击右下角“新用户注册”按钮，系统转向浏览器，打开用户注册界面如图19－92所示。

图19－90　腾讯会议启动首页面

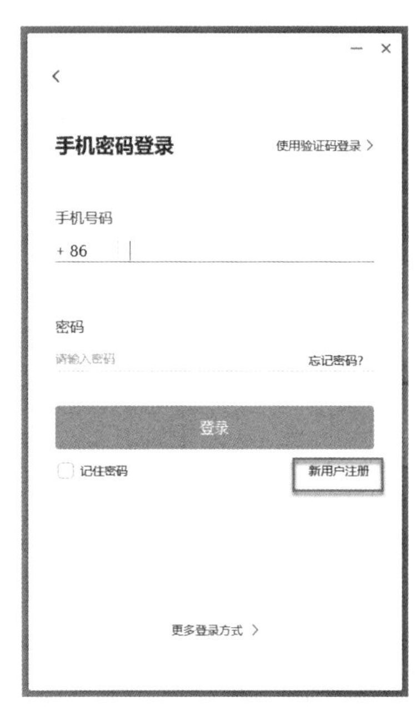

图19－91　腾讯会议登录界面

图19－92　腾讯会议新用户注册界面

（3）加入会议

通过用户登录验证后，进入腾讯会议系统界面如图19－93所示。加入其他人创建的会议，用户可以点击 按钮，打开“加入会议”对话框，如图19－94所示，在会议号编辑框中输入会议发起者提供的会议号，在“您的名字”中输入自己的参会名称，然后点击“加入会议”按钮，即可加入发起者的会议。部分会议设有参会密码，在系统的弹出框中输入密码验证即可。图19－95显示了用户加入会议后的腾讯会议界面。

图19－93　腾讯会议客户端界面

图19－94　腾讯会议加入会议界面

图 19－95　加入会议后听取会议的效果

(4) 创建会议

用户在腾讯会议客户端中可以创建自己的会议，有两种创建会议的方式，分别是：快速会议和预约会议。

① 创建预约会议：在腾讯会议客户端界面点击 按钮，系统弹出“预约会议”窗口，如图 19－96 所示，用户编写会议的时间等信息，然后点击“预定”按钮，即可完成会议预约。同时，系统弹出预约会议信息如图 19－97 所示，可以将上述信息发给参会人。在预约的会议时间内，会议发起者和参会者可以加入腾讯会议。预约的会议信息将显示在腾讯会议的界面上，用户可以随进行修改和取消，如图 19－98 所示。

图 19－96　预约会议

图 19－97　预约会议信息

图 19－98　预约会议管理

② 创建快速会议：点击 可以立即发起一个会议，进入会议窗口，如图 19－99 所示。用户先点击“使用电脑音频”按钮确认使用音频设备，进入会议主界面如图 19－100 所示。在主界面中，作为会议的发起者，用户可以利用左侧的音频按钮： 和视频按钮： ，来开启或者关闭自己的音视频。

图 19－99　快速会议窗口发起人进入

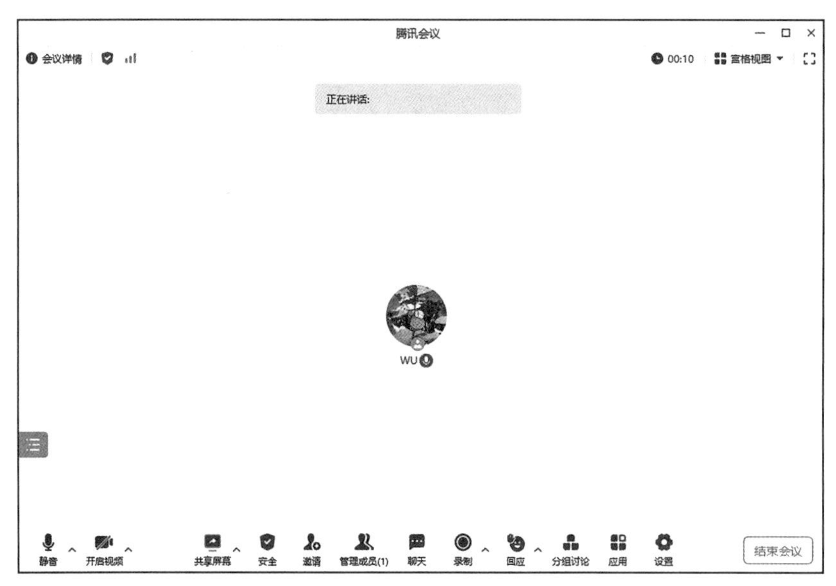

图 19－100　快速会议窗口

在腾讯会议的主界面的下方有一个工具栏，它提供了丰富的功能可以帮助完成在线会议的主要设置工作，如图 19－101 所示。相关功能包括：启动屏幕共享、邀请参会者、管理参会成员、开启录制、发起在线聊天等。作为快速会议的发起人，用户可点击邀请按钮：邀请，将弹出会议信息对话框，如图 19－102。用户可以将上述会议信息发送给需要参会的人员，邀请他们加入会议。

图 19－101　腾讯会议工具栏

(5) 在会议中共享屏幕

若需要在会议上分享会议报告及资料，用户可以点击共享屏幕按钮：共享屏幕^，系统弹出"选择共享内容"对话框，如图 19－103。在这个对话框中，用户可以设置共享桌面或者指定的界面内容。在共享过程中，腾讯会议的工具栏将悬浮在桌面上，如图 19－104 所示，用户可以使用其中的"结束共享"按钮随时结束共享。

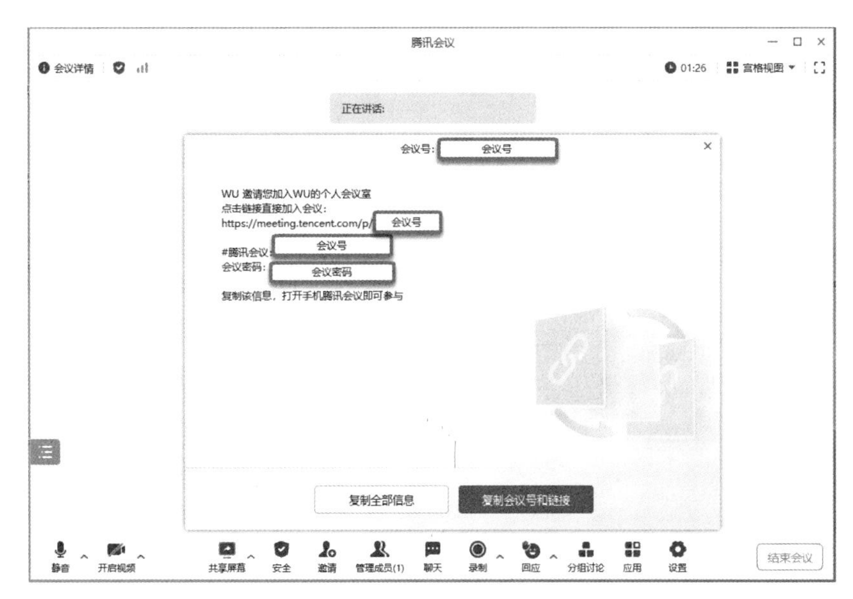

图 19－102　在快速会议显示邀请信息

图 19－103　选择共享对话框

图 19－104　腾讯会议共享桌面时的工具栏

(6) 记录会议及其他设置

若会议发起者想记录会议内容，可以点击录制按钮：录制，将会议内容录制下来。参会者欲录制会议内容，需要经过会议发起者的允许。如用户需要设置会议背景、字幕等功能，可以点击设置按钮：设置，在弹出的“设置”对话框中，如图 19－105 所示，完成更详细的设置。

图 19-105　腾讯会议设置对话框

(7) 结束会议

完成了会议议程后，会议发起人可以利用会议主界面右下角的 结束会议 按钮结束会议。

第20章 网络安全基础及系统优化

自从计算机系统成为人类社会发展不可缺少的角色以来，计算机的使用风险就一直伴随计算机应用的发展。特别是在进入 Internet 网络时代之后，人们对计算机和网络的依赖程度越高，风险就越大。个人计算机系统是开放式的系统设计，为计算机病毒和黑客的入侵在客观上创造了条件，网络的应用又为病毒的迅速传播提供了便捷。信息安全问题造成的损失和破坏往往是灾难性的。对此，计算机的安全操作和防范已经成为办公自动化领域中用户不可缺少的技能。

20.1 计算机不安全的主要因素

1. 操作系统的不良使用

计算机操作系统是管理计算机各种资源使用的系统软件，对计算机的安全起到决定性作用。以 Windows 操作系统为例，其自身没有先天的安全弱点，只要恰当配置是可以安全使用的。但是，目前计算机应用者中有大量的初学用户，他们对操作系统的应用能力参差不齐，不能作为系统管理员来正确地配置和使用操作系统。因此，用户自身的脆弱性为计算机的安全带来巨大的隐患。此外，Windows 是一个开放的系统，微软公司为提高其产品在市场上的竞争力不断地向操作系统中加入新功能，如 Internet 连接共享、远程桌面、远程自动连接管理器等等。开放性所带来的问题是每个新服务都会引发一系列必须处理的新安全问题。另一个方面，对安全性而言，系统的复杂性从来不是一件好事，Windows 自身的规模和复杂性也为计算机的安全带来隐患，黑客可以利用 Windows 的复杂性进行攻击。

2. 黑客(Hacker)

黑客曾一度是电脑发展史上的英雄，他们精通计算机系统的构造和操作，能找出系统的安全漏洞，促进计算机技术革命。但是随着时代的发展，一些人蜕变了，侵入别人计算机系统获取利益，或进行破坏。过去，如果想要对网络进行攻击，那么黑客们需要具备网络拓朴结构和网络协议方面的丰富知识。但是现在，Internet 为他们提供了数不清的免费工具，即使是一个刚入门的黑客新手(也就是所谓的“菜鸟”级黑客)也可以轻松找到计算机的系统漏洞并利用这些漏洞发动攻击。随着 Internet 服务和用户的不断增多，黑客攻击的数量肯定会随之继续增加。

3. 恶意代码程序

“代码”指的是计算机程序代码，它可以完成特定的功能。“恶意代码”是黑客们编写的扰乱社会和他人的计算机程序，这些程序通称为恶意代码。恶意代码包括如下几种类型：计算机病毒(Computer Virus)、蠕虫(Worm)、木马程序(Trojan Horse)、后门程序(Backdoor)、逻辑炸弹(Logic Bomb)等等。下面简要介绍常见的恶意代码。

根据《中华人民共和国计算机信息系统安全保护条例》，计算机病毒(Computer Virus)“是指编制或者在计算机程序中插入的破坏计算机功能或者破坏数据，影响计算机使用并且能够自我复制的一组计算机指令或者程序代码”。之所以称它们是病毒，是因为它们类似于生物病毒，它能把自身依附在文件上或寄生在存储媒体里，能对计算机系统进行各种破坏；同时有独特的复制能力，能够自我复制；具有传染性，可以很快地传播蔓延，当文件被复制或在网络中从一个用户传送到另一个用户时，它们就随同文件一起蔓延开来，但又常常难以根除。

蠕虫（Worm）具有病毒的共性特征，如传播性、隐蔽性、破坏性等等，此外蠕虫又具有自己的特殊特性。普通病毒的传染能力主要是针对计算机内的文件系统，而蠕虫不使用驻留文件即可在系统之间进行自我复制，蠕虫的传染目标是互联网内的所有计算机。此外，蠕虫会消耗内存或网络带宽，从而可能导致计算机系统及网络系统的崩溃。蠕虫病毒的危害比普通病毒要严重的多，典型的蠕虫病毒有“震荡波”“尼姆达”“恶邮差”和“妖怪”等。

木马（Trojan Horse）是从希腊神话里面的“特洛伊木马”得名的。“特洛伊木马”描述了古希腊人制造了一只装有士兵的巨大木马，并引诱特洛伊人将它运进城内，等到夜里马腹内藏匿的士兵与城外士兵里应外合，一举攻破了特洛伊城的故事。木马程序也是类似的机理，它将有控制能力、破坏能力的程序伪装成善意的、有用的程序，一旦用户接收，控制者就可以从远端控制被木马侵入的计算机。木马与病毒相比，一般不具有感染性和破坏性，它的主要目的是窃取用户的信息。为吸引用户下载执行，木马的传播途径可以包括：网站上提示用户下载的控件、邮件或QQ传递的文件等等。按照功能划分，木马可以分为：网络游戏木马、网银木马、即时通讯软件木马、网页点击类木马、下载类木马等等。典型的木马程序有：代理木马、冰河、灰鸽子、网银大盗等。

20.2 保护计算机的基本措施

为避免计算机使用过程中的不安全因素，防止计算机系统受到恶意代码的侵袭和黑客的攻击，计算机的用户应该懂得和使用一些方法来提高计算机的安全性。本节介绍保护计算机的几个基本措施。

20.2.1 更新系统补丁

操作系统作为系统软件在设计过程中往往会有一些漏洞和不足之处，这些为日后的用户使用带来不安全的隐患。操作系统的生产商（如微软公司）会不断地发布“补丁程序”，来弥补这些不足。用户应当及时下载这些补丁程序，用以弥补漏洞及消除潜在的不安全隐患。常用的获得操作系统补丁的途径包括：Windows自带的更新服务、微软更新网站、第三方互联网安全软件。当前，很多的互联网安全软件产品，包括瑞星、金山毒霸、360安全卫士等，也能提供操作系统的补丁更新服务。我们以Windows自带的更新服务以及360安全卫士软件为例，介绍Windows 10更新操作系统补丁的过程。

1. 利用Windows更新服务完善系统

微软公司作为Windows 10的制造商，不断通过更新服务实现产品的实时更新。为用户更便捷地获得系统的更新，微软公司在Windows 10中设计了Windows更新服务功能。用户可根据自己的实际需要，选择性地安装微软发布的补丁。安装更新前，需要将计算机连入Internet。

(1) 执行Windows更新

用户执行Windows更新，将Windows 10更新到最新状态的操作步骤如下：

① 在“开始”菜单上右击鼠标，在弹出菜单中选择“设置”命令，或者使用组合键：Windows＋I，打开Windows设置窗口，如图20-1所示，在其中点击“更新和安全”超链接。

② 系统会打开“更新和安全”窗口，在左侧导航栏中点击“Windows更新”超链接，右侧窗格显示“Windows更新”，如图20-2所示。Windows开始联网检查更新信息。

③ 经过联网检查更新信息后，Windows给出更新列表，并开始下载相关更新程序，如图20-3所示。

④ 当Windows完成更新下载后，自动开始安装，如图20-3所示。用户也可以选择在设备可用后立即获取最新的非安全更新，打开“在最新更新可用后立即获取”开关按钮，如图20-3下方所示。

Windows在执行更新的过程中，可能需要多次重新启动计算机，并且需要用户确定接受相关协议，因此用户要确保计算机的电源和网络工作正常。较慢的网络速度可能需要较长的时间下载所有建议的更新程序。下载时间长短取决于用户距离上一次更新的时间和网络速度。要缩短下载时间，请在计算机没有执行其他与Internet有关的任务时运行。有些更新会在计算机关机和开机时执行，需要用户耐心等待。

注意：无论将切换开关设置为“关”还是“开”，你仍将像往常一样获得常规安全更新。切换可确定获取其他非安全更新、修补程序、功能和改进的速度。

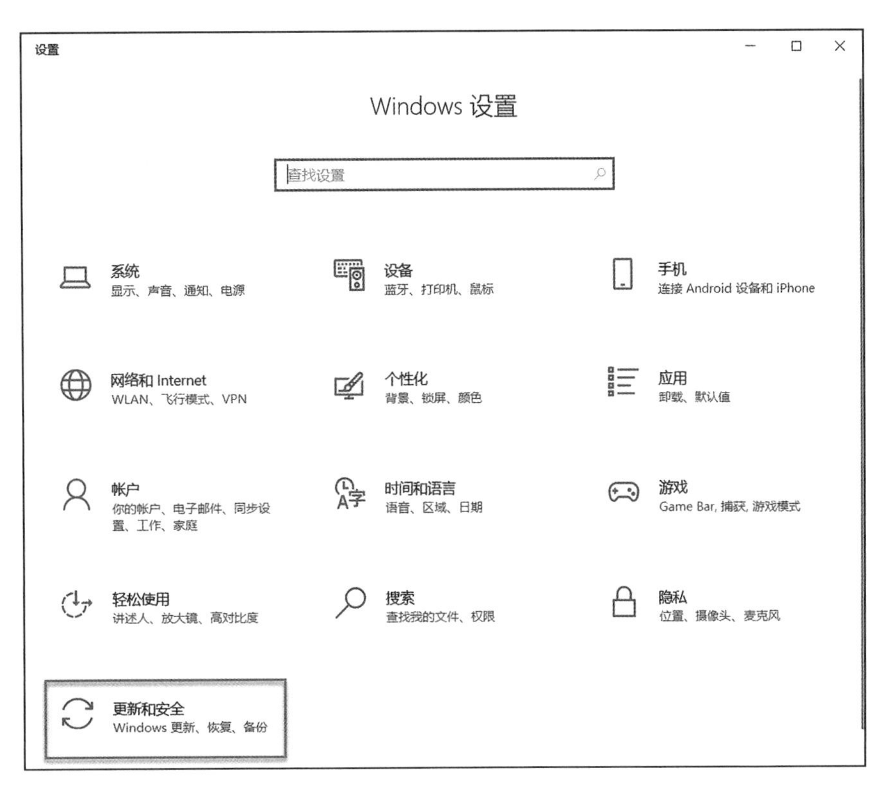

图 20－1　Windows“设置”窗口

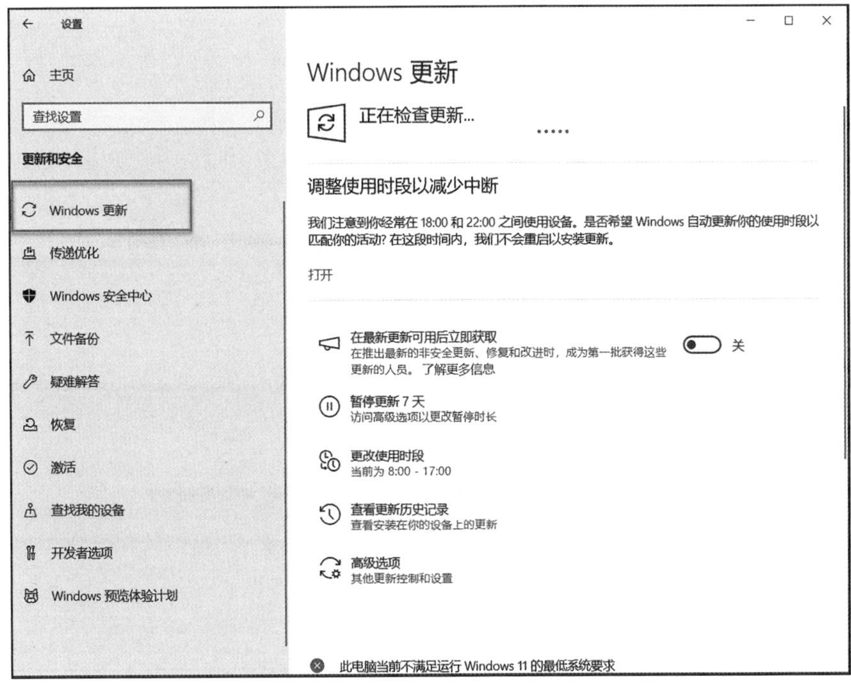

图 20－2　Windows 更新窗口

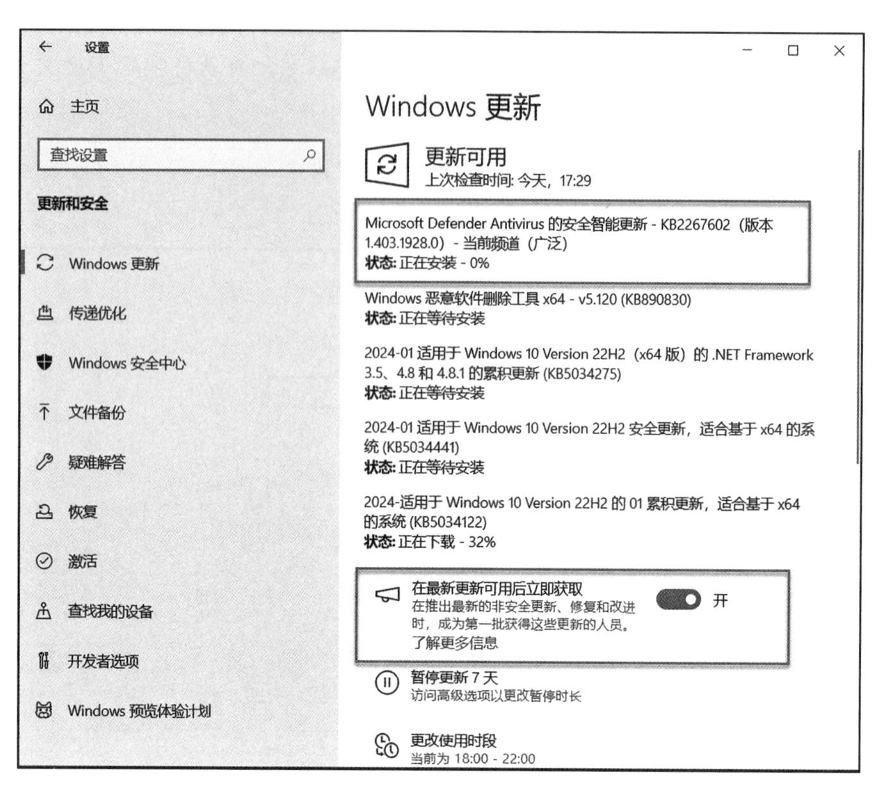

图 20-3　下载安装 Windows 更新软件包

若用户希望利用 Windows 更新功能同时完成微软其他产品的更新，可以点击窗口中的“高级选项”超链接：高级选项 其他更新控制和设置，系统弹出“高级选项”设置窗口，如图 20-4 所示。这个窗口中提供了详细的更新选项设置功能。

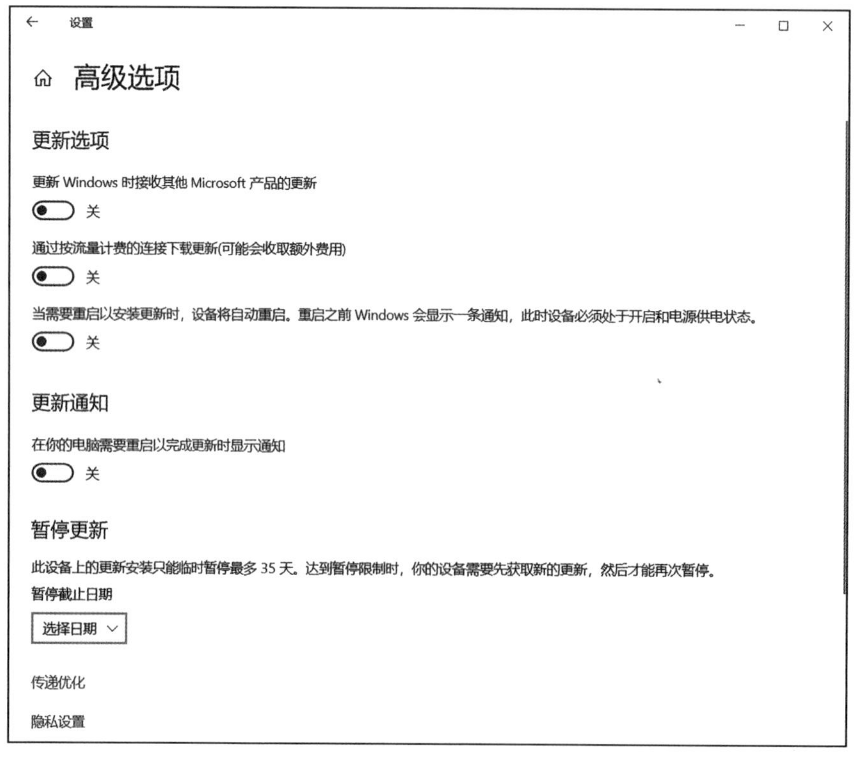

图 20-4　Windows 更新高级选项

(2) 检查 Windows 更新历史

在 Windows 执行了多次更新后,用户可以检查历次更新情况。在 Windows 更新窗口中,点击“查看更新历史记录”超链接,如图 20－5 所示。打开“查看更新历史记录”窗口,如图 20－6 所示。在这个窗口中用户可以检查历次更新情况。

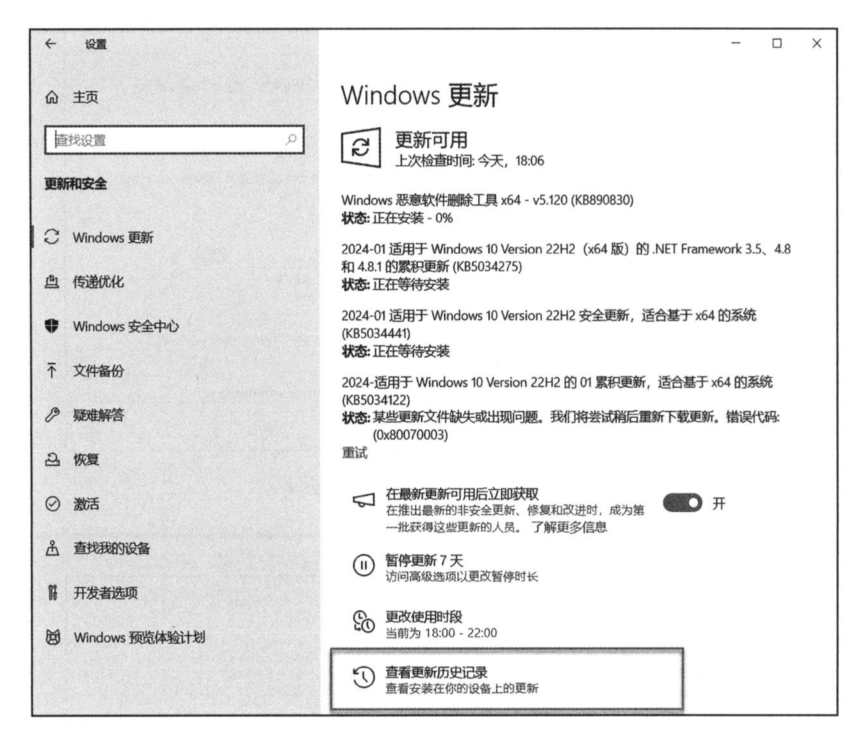

图 20－5　Windows 更新窗口

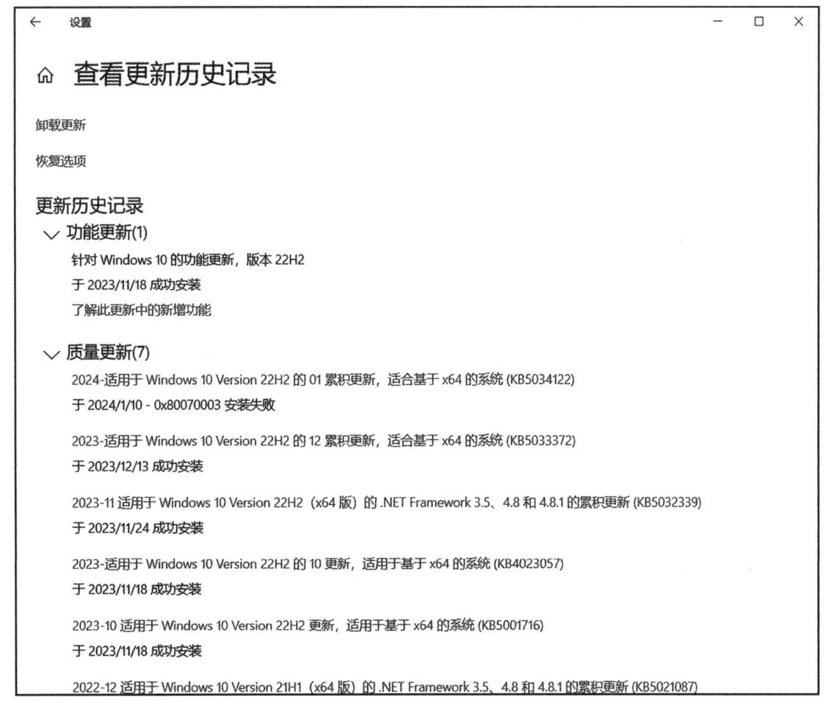

图 20－6　查看更新记录

(3) 设置 Windows 更新执行时间

由于 Windows 执行更新需要较长的时间,并且不是每个更新都必须安装,因此用户可以设置执行 Windows 更新的时间。在 Windows 更新窗格中,点击“更改使用时段”超链接,如图 20－7 所示。系统弹出“更改使用时段”窗口,点击其中“更改”超链接,在弹出的对话框中设置指定的时间,如图 20－8 所示。

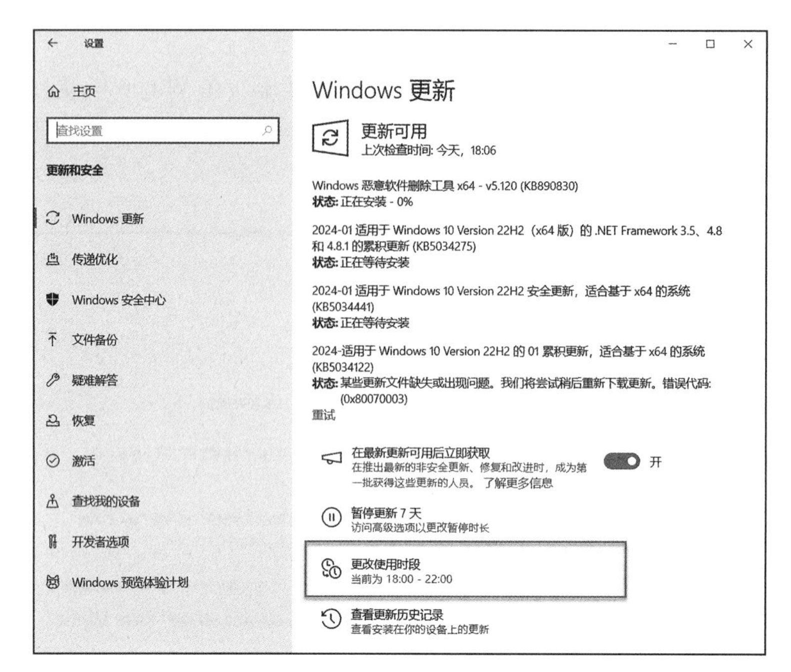

图 20-7 Windows 更新窗口

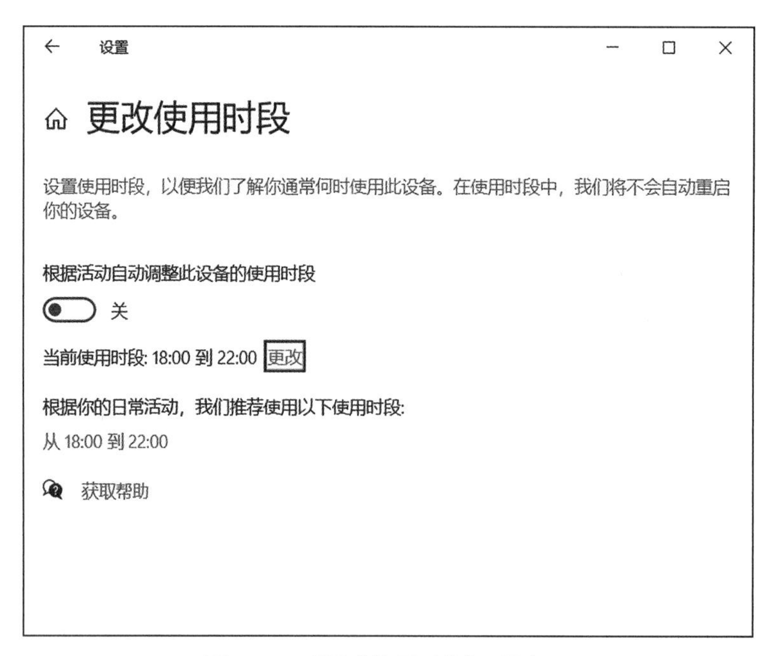

图 20-8 “更改使用时段”设置窗口

> 安装更新之后,用户可能需要重新启动计算机。重新启动之后需要返回到 Windows 更新,检查是否有其他需要下载的程序。用户可能需要反复执行此步骤。

2. 使用第三方软件获得系统补丁

除了使用 Windows 更新功能实现系统更新外,很多第三方软件也提供了更新服务。其中,360 安全卫士是一款有代表性的、能辅助实现系统更新的软件。它是奇虎公司出品的互联网安全软件,可以支持多种类型的操作系统,包括:Windows 7、Windows 8、Windows 10、Windows 11。用户可以到 www.360.cn 上获得最新的版本,并按照安装向导提示,用户可以便捷地完成安装工作。

启动“360 安全卫士”之后,完成系统更新的步骤如下:

① 在 360 安全卫士界面上点击“系统修复”按钮，进入系统修复界面，如图 20－9 所示。点击界面中的“漏洞修复”按钮。

② 系统打开“漏洞修复”界面，如图 20－10 所示，开始进行扫描。

③ 扫描完成后，系统给出漏洞清单，如图 20－11 所示。用户可以选择需要安装的部分，然后点击“完成修复”按钮。

④ 系统开始下载并安装相关补丁，并显示进度，如图 20－12 所示。

图 20－9　“360 安全卫士”主界面

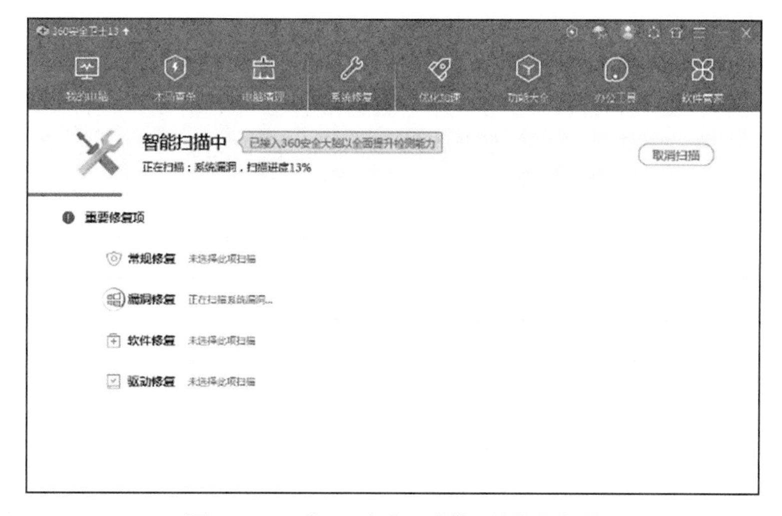

图 20－10　“360 安全卫士”系统修复扫描

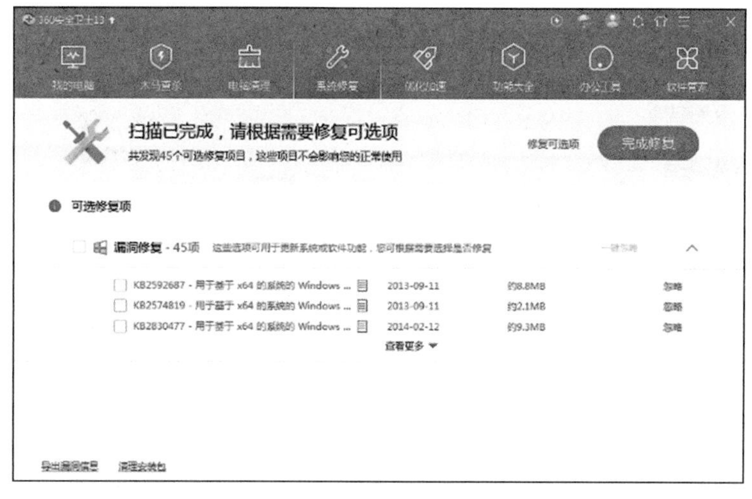

图 20－11　“360 安全卫士”系统修复扫描结果漏洞检查

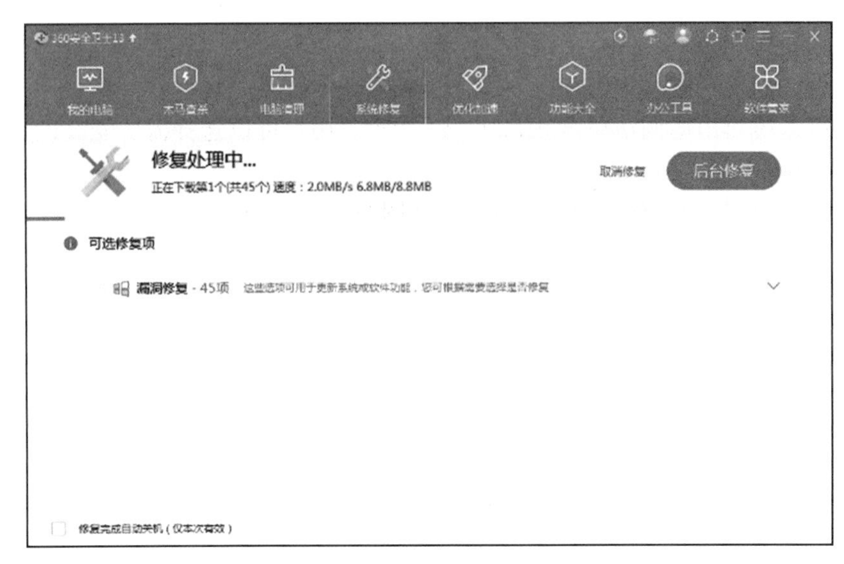

图 20－12 “360 安全卫士”安装相关更新

20.2.2 应用软件的更新

除了操作系统外，其他的应用软件，如腾讯会议、QQ、各类浏览器软件、Office 系列软件等，也需要及时更新及升级，弥补软件中的漏洞以及防止病毒的侵扰。常用的获得软件补丁及升级的途径包括：软件生产商的更新网站、软件自生的升级功能、第三方互联网安全软件。

1. 利用软件本身提供的更新功能

为方便用户对软件进行更新和升级，应用软件一般都带有检查更新或者软件更新功能，这是最便捷的用户更新软件的途径。例如，腾讯会议系统在设置窗口中，有“检查更新”功能，如图 20－13 所示。在火狐浏览器的“设置”功能中，有“检查更新”功能，如图 20－14 所示。用户只需执行软件提供的更新功能，就实现软件的升级。

图 20－13 腾讯会议设置窗口中的检查更新功能

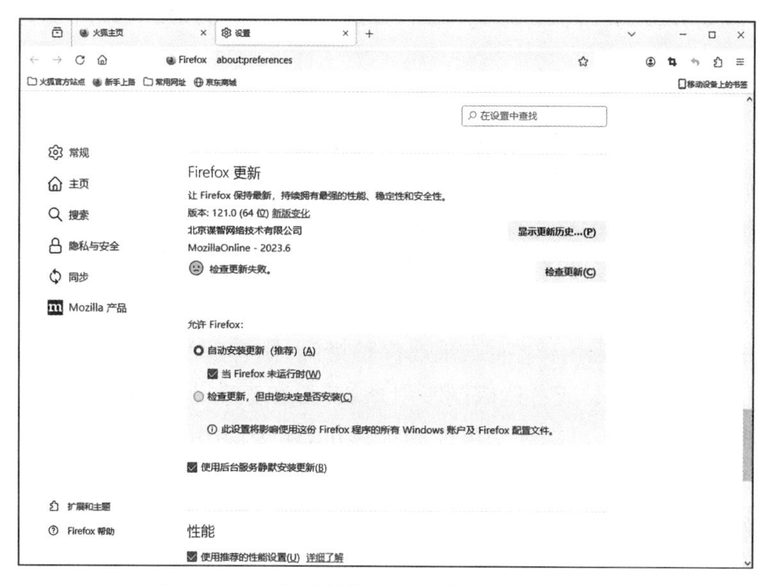

图 20 - 14　火狐浏览器设置功能中的更新功能

2. 利用 Windows 更新从微软网站获得软件补丁

对于微软公司的产品，如 Office 系列的 Word、Excel、PowerPoint 等，由于和操作系统如 Windows 10、Windows 11 联系紧密，微软公司将它们的更新工作与 Windows 更新进行集成。在用户利用 Windows 更新功能进行更新时，它不仅会检查操作系统的更新内容，也会检查微软系列产品是否需要更新。

3. 利用第三方软件进行软件更新

目前为方便用户"傻瓜化"地管理计算机中的应用软件，很多软件公司都推出了电脑管理助手软件或者功能，包括：腾讯电脑管家、金山卫士、360 安全卫士等。它们提供的软件管理基本功能包括：卸载软件、安装软件、发现更新、执行更新等。以"360 安全卫士"为例，安装"360 安全卫士"的同时会安装有"360 软件管家"。"360 软件管家"是一个实用的软件管理工具，使用它可以实现软件的安装、升级和卸载功能等。使用"360 软件管家"实现软件升级的操作步骤如下。

① 在"360 安全卫士"主界面，点击"软件管家"按钮：，进入"360 软件管家"窗口。

② 在"360 软件管家"窗口中点击上方的"升级"按钮：，"360 软件管家"会检查并列出需要更新的软件，如图 20 - 15 所示。

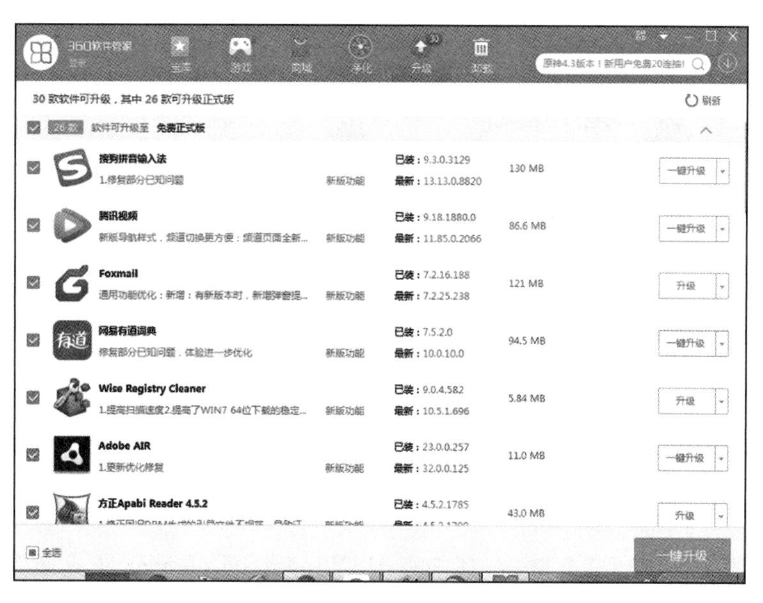

图 20 - 15　"360 软件管家"窗口

③ 用户可以选择需要升级的软件，点击对应的“升级”按钮，就可以实现软件的升级。

20.2.3　使用防火墙

“防火墙”（Firewall）是一种将内部网络和外部网络隔离的方法，是提供信息安全服务，实现网络和信息安全的重要基础设施。它有助于抵御企图通过 Internet 侵入用户的计算机的黑客、病毒、蠕虫等的攻击。防火墙的主要功能包括：系统安全策略的检查；防止内部网络的互相影响；作为网络安全的屏障；对网络存取和访问行为进行监控和审计。防火墙按照软硬件形式可以分为：硬件防火墙和软件防火墙两种。按照实现技术，防火墙可以分为：包过滤防火墙、应用代理防火墙和混合型防火墙。

如果用户的计算机连接到 Internet 上而未采取保护措施，则有遭受网络攻击的可能。攻击可能获取对用户的计算机上个人信息的访问权，或者造成网络阻塞，或者在被攻击计算机上部署破坏文件或者产生导致故障的代码。有一些网络攻击还可能利用被控的计算机，连接到 Internet 上的其他计算机上，将被控计算机作为攻击跳板。

防火墙有助于抵御多种恶意 Internet 通信，防止它们进入用户的系统。无论用户采用何种方式连接到 Internet，使用防火墙都很重要。对于单位用户，安装防火墙是帮助保护计算机安全可以采取的最有效、最重要的第一步，上述工作由单位网络管理机构负责。对于普通用户来说，推荐使用软件防火墙保护计算机的安全。目前，适合个人使用软件防火墙产品很多，如 Symantec、诺顿、金山毒霸、瑞星、天网防火墙、360 网络防火墙等。此处介绍 Windows 10 自带的防火墙 Windows Defender 以及 TinyWall 个人防火墙软件。

1. Windows Defender 防火墙

Windows Defender 防火墙是 Windows 10 系统自带的一款防火墙，它能够阻截所有未经请求的传入，可以有效地保护系统的安全，帮助用户更好地保护电脑中的数据。

（1）启动/关闭 Windows Defender 防火墙

启动/关闭 Windows Defender 防火墙的步骤如下：

① 依次选择“开始”菜单、“Windows 系统”子菜单、“控制面板”命令，启动“控制面板”程序。在“控制面板”程序窗口中，查看方式选用“类别”，点击窗口中的“系统和安全”超链接，如图 20-16 所示。

图 20-16　控制面板窗口

② 系统会打开“系统和安全”窗口，在其中点击“Windows Defender 防火墙”超链接，如图 20-17 所示。

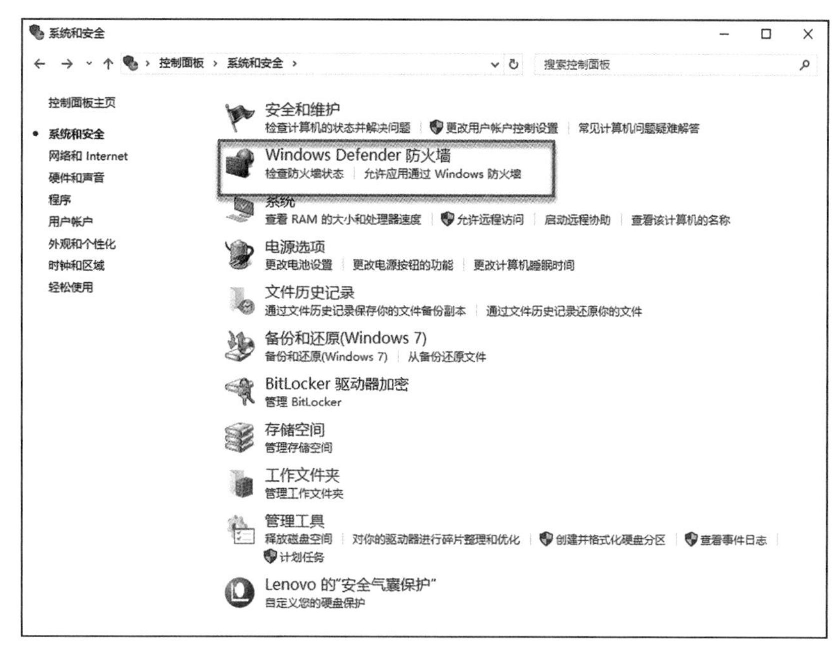

图 20－17　系统和安全窗口

③ 系统打开"Windows Defender 防火墙"窗口，在左侧导航窗格中，点击"启动或关闭 Windows Defender 防火墙"超链接，如图 20－18 所示。

图 20－18　Windows Defender 防火墙窗口

④ 系统打开"自定义设置"窗口，如图 20－19 所示。在对应的网络位置中，选择"启用 Windows Defender 防火墙"单选按钮，即可启用 Windows Defender 防火墙；如果选择"关闭 Windows Defender 防火墙(不推荐)"单选按钮，将会关闭 Windows Defender 防火墙。点击窗口下方的"确认"按钮，返回"Windows 防火墙"窗口。再点击其中的"确认"按钮，完成设置。

在 Windows 10 中，网络类型分为"专用网络"和"公共网络"。家庭和办公室环境都属于"专用网络"。Windows Defender 防火墙支持针对不同类型网络进行独立配置，各种网络配置之间互不影响。

图 20－19　防火墙自定义设置窗口

若用户要查看或设置应用通过防火墙，可以在“Windows Defender 防火墙”窗口，点击导航栏的“允许应用和功能通过 Windows Defender 防火墙”超链接，打开“允许的应用”窗口，如图 20－20 所示。通过这个窗口可以查看能通过防火墙的应用。若用户需要添加新的应用，点击“允许其他应用”按钮，系统打开“添加应用”窗口，如图 20－21 所示。在这个窗口，用户可以利用“浏览”按钮指定应用程序，再利用“网络类型”按钮设置其为“专用网络”或者是“公用网络”，最后点击“添加”按钮，完成添加应用程序通过防火墙。

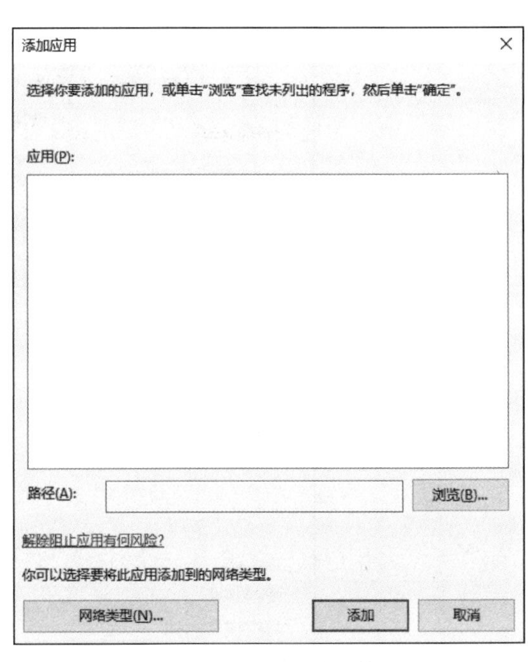

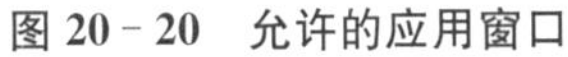
图 20－20　允许的应用窗口

图 20－21　添加应用窗口

当 Windows Defender 防火墙处于打开状态时，大部分程序都被阻止通过防火墙进行通信。如果您要允许某个程序通过防火墙进行通信，可以将其添加到允许的程序列表中。例如，在将 QQ 程序添加至允许的程序列表之前，它无法发送消息。若要将程序添加到此列表，请参阅允许程序通过 Windows Defender 防火墙进行通信。

2. TinyWall 个人防火墙

TinyWall 是一款完全免费的轻量级专业电脑防火墙软件，它内置普通模式、全部拦截、允许发送、禁止防火墙和自动学习五种模式。可以通过 https://tinywall.pados.hu/下载，它支持 Windows 11/10/8.1/8/7 操作系统。TinyWall 不需要安装驱动程序或其他内核组件，占用空间小。与其他防火墙软件使用弹窗式提醒用户不同，TinyWall 完全不会用弹出窗口来干扰用户。它不需要用户了解端口、协议和应用程序的详细信息，能主动拦截数百种木马、病毒和蠕虫。TinyWall 还可以防止恶意程序修改 Windows 防火墙的设置。

从 TinyWall 官网下载该软件，然后双击软件包启动安装向导。用户跟随安装向导，可以很便捷地完成安装。用户需要启动 TinyWall，可在“开始”菜单中，点击 TinyWall 子菜单中的 TinyWall Controller 命令，即可启动 TinyWall。启动后的 TinyWall 在任务栏通知区域显示一个隐藏的图标：。点击上述图标，系统弹出菜单如图 20－22 所示。该菜单的主要功能如下。

① “更改模式”菜单命令：修改 TinyWall 的运行模式。

② “显示连接”菜单命令：打开 TinyWall“连接”窗口，如图 20－23 所示，这里显示了当前计算机活跃中的访问链接和当前电脑上的开放端口。

③ “管理”菜单命令：系统打开“防火墙设置”窗口，其“通用”选项卡如图 20－24 所示，在这里用户可以设置语言、更新等方式。若用户需要添加应用能穿越防火墙，可以点击“应用程序例外”选项卡，如图 20－25 所示，利用“添加应用程序”按钮添加。

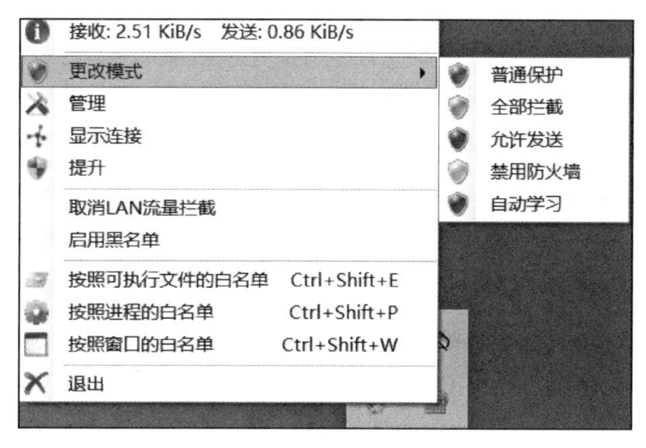

图 20－22　TinyWall 菜单

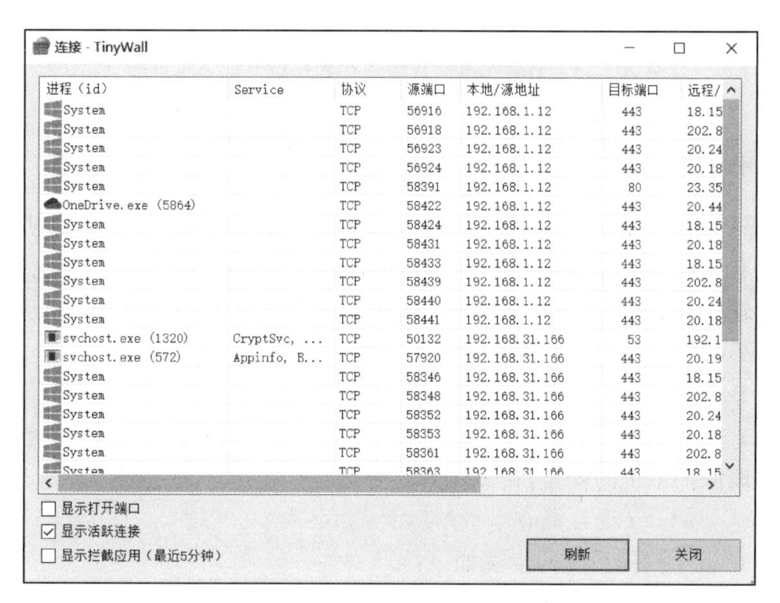

图 20－23　TinyWall 连接窗口

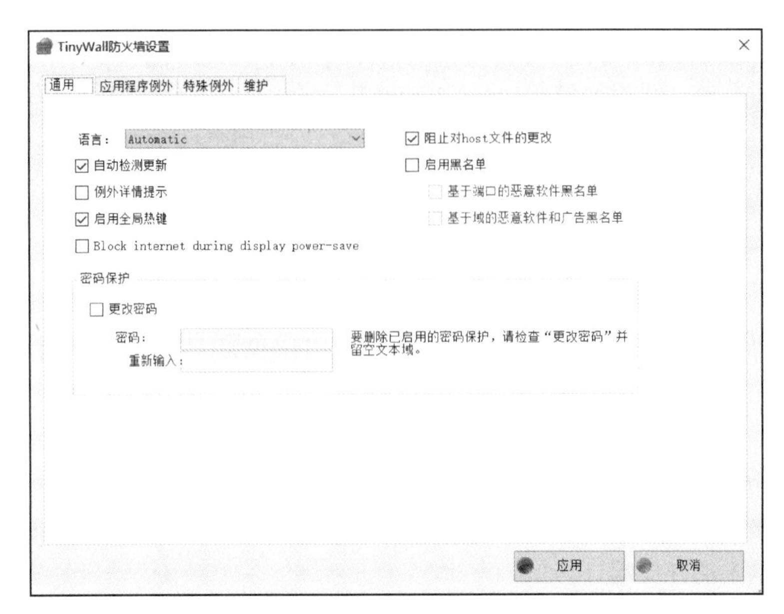

图 20－24　TinyWall 防火墙通用设置界面

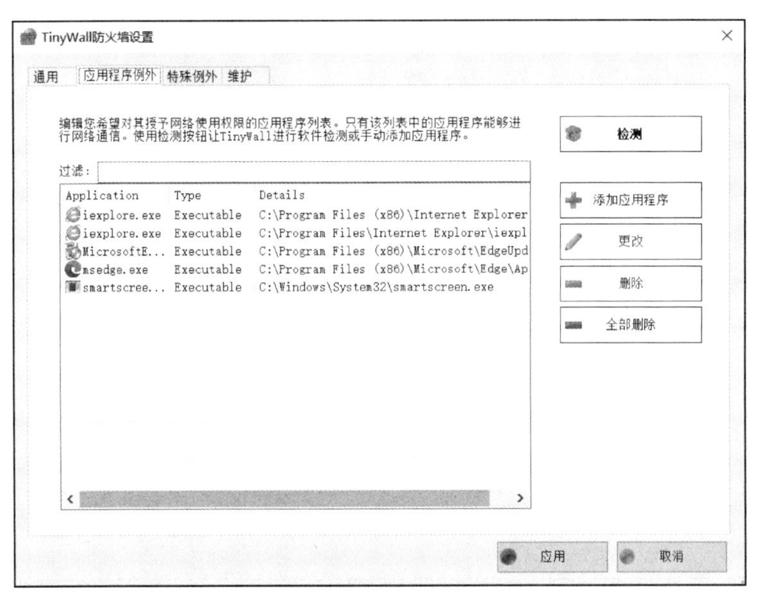

图 20－25　TinyWall 防火墙应用程序例外选项卡界面

20.2.4　使用防病毒软件

防病毒软件是计算机中安装的一个防病毒的专用程序。它帮助用户保护计算机系统，杜绝病毒对计算机的侵害。然而，没有一种防病毒软件能百分之百地做到杜绝病毒的侵害。发现及消除病毒涉及多个学科的知识，是一件比较复杂、费时的工作，防病毒软件的查杀病毒能力与其产品公司的自身研发能力有关系。我们介绍利用 Windows Defender 和防病毒软件来实现对计算机的保护。

1. 使用 Windows Defender

Windows Defender 安全中心是 Windows 10 系统自带的提供病毒防护功能的组件，它可以对计算机进行扫描，它可以有效地保护系统的安全，帮助用户更好地保护电脑中的数据。

（1）使用 Windows Defender 进行病毒与威胁防护

使用 Windows Defender 扫描系统的步骤如下：

① 在“开始”菜单按钮上右击鼠标，在弹出菜单中选择“设置”命令，或者使用快捷键：Windows＋I，打开“设置”窗口，点击其中“更新和安全”超连接，如图 20－26 所示。

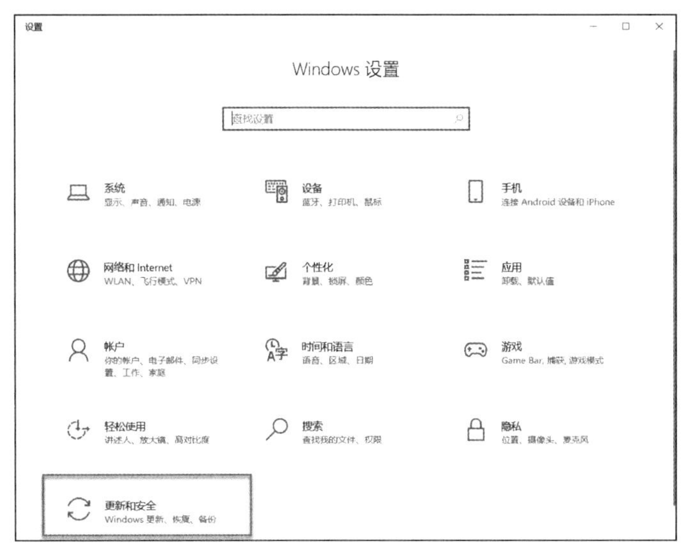

图 20－26　Windows 设置窗口

② 系统会打开“设置”窗口，点击左侧导航栏中的“Windows 安全中心”超链接，在右侧窗格“Windows 安全中心”区域，点击“打开 Windows 安全中心”按钮，如图 20－27 所示。

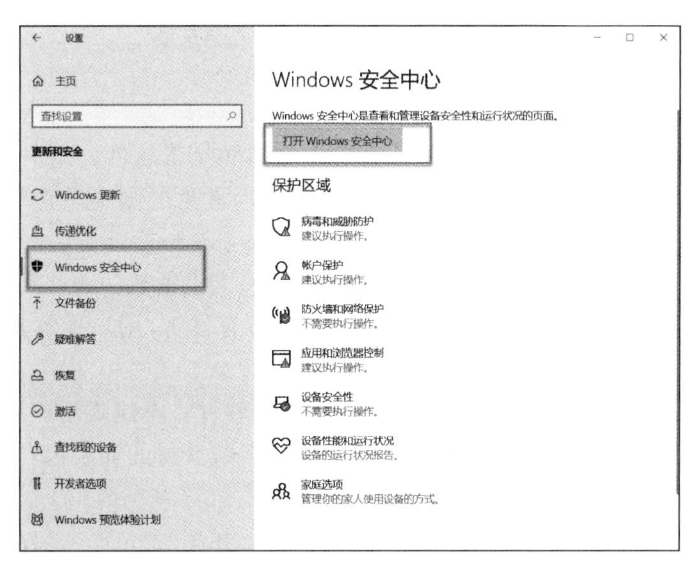

图 20－27　Windows 安全中心

③ 系统打开“病毒和威胁防护”功能窗口，如图 20－28 所示。点击其中的“快速扫描”按钮，可以开启扫描功能。

图 20－28　Windows 安全中心病毒和威胁防护

④ 若用户希望自定义扫描范围，可以点击“扫描选项”超链接，系统打开“扫描选项”窗口，如图 20－29 所示。用户选择合适的扫描范围后，点击“立即扫描”按钮，即可开启扫描。

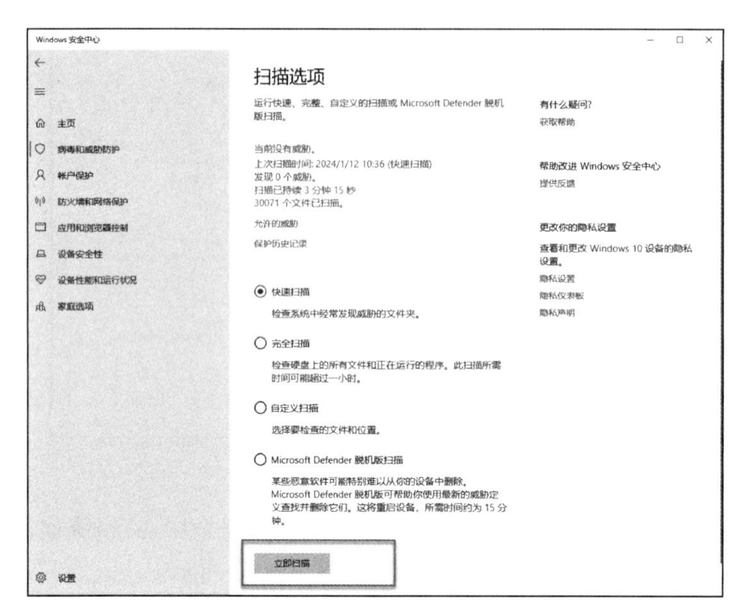

图 20－29　Windows 安全中心扫描选项

2. 使用防病毒软件

针对防病毒问题，计算机制造商通常都在新计算机中安装防病毒软件。用户可以在“开始”菜单中进行查找本机安装的防病毒软件。目前，防病毒软件产品很多，常见的国产杀毒软件包括：360 安全卫士（www.360.cn）、瑞星（www.rising.com.cn）、金山毒霸（www.ijinshan.com）、火绒（www.huorong.cn）。常见的外国的杀毒软件包括：Symantec（www.symantec.com）、卡巴斯基（www.kaspersky.com.cn）、诺顿（cn.norton.com）、科摩多（www.comodo.cn）。防病毒软件各有优劣，用户了解其产品的特性择优选择。下面以火绒防病毒软件为例，简要介绍防病毒软件的使用过程。

首先，用户需要从火绒防病毒软件的官网下载最新版本的软件。不建议用户从第三方平台上下载，避免下载到被嵌入第三方应用的软件或者非最新版程序。对于下载获得的安装包，鼠标双击它，启动安装向导，然后按照安装向导的指引可以便捷地完成安装。

完成安装后，在桌面上双击火绒杀毒软件图标：，或者在“开始”菜单中，选择“火绒安全实验室”下面的“火绒安全软件”命令，即可启动火绒杀毒软件。启动后的软件在任务栏通知区域显示一个隐藏小图标：。双击该图标，打开火绒杀毒软件，主界面如图 20－30 所示，主要功能包括：

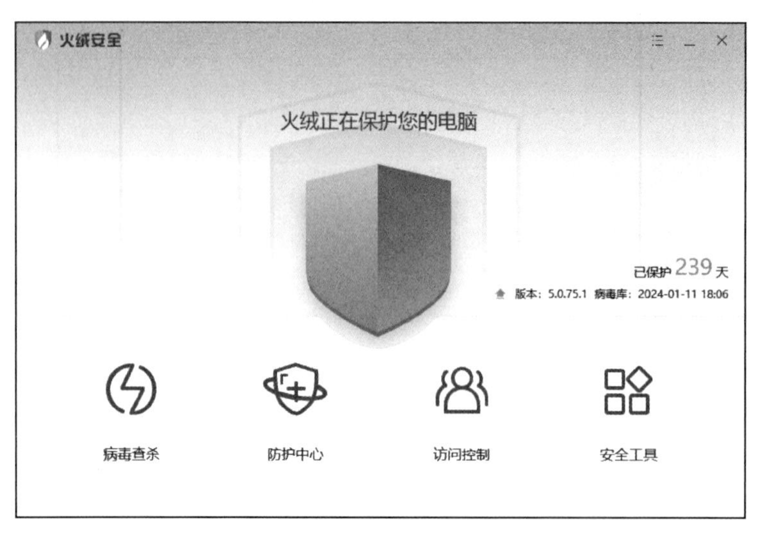

图 20－30　火绒杀毒软件主界面

① 病毒查杀：提供三种杀毒方式，一是全盘杀毒，可以对计算机所有磁盘进行杀毒。二是快速杀毒，实现对引导区、系统进程、启动项等进行查毒。三是自定义杀毒，用户可以对指定磁盘进行杀毒。

② 防护中心：包括病毒防护、系统防护及网络防护功能，用户利用开关设置具体的功能是否开启。

③ 访问控制：可以对上网时段、网站内容、程序执行和 U 盘使用进行控制。

④ 安全工具：提供系统工具、网络工具、高级工具，每个工具集下面有很多实用的工具，如垃圾清理、弹窗拦截、垃圾清理、专杀工具等。

不同公司的防毒软件安装在同一个计算机上，有时会发生冲突，从而影响使用。请务必在安装新产品之前先卸载当前的产品。用户可以参考相关的资料信息，择优选择。

3. 正确设置防病毒软件

(1) 正确设置防病毒软件以提供最佳保护

在安装防病毒软件后，应当启动计算机时也默认启动防病毒软件，以实现防护功能。如果用户因其他原因将其关闭，在连接到 Internet 之前务必先将其重新打开。一般情况下，用户应该打开防病毒软件的“自动”或“实时”扫描功能。在通知区域应该显示一个防毒软件的图标，表明有防病毒软件在保护计算机。此外，要利用防病毒软件定期对硬盘进行扫描，并且大部分防病毒软件有扫描邮件病毒的功能，也应该启动该项功能。

(2) 确保防病毒软件是最新版本

过时的防病毒软件意味着其不完全具备防病毒能力，因此防病毒软件需要定期更新才能帮助预防最新的病毒威胁。如果不订阅这些更新，用户的计算机就极易受到攻击。用户需要确保已激活了订阅功能，来连续更新用户的防病毒软件。大多数防病毒软件会在用户连接到 Internet 时自动更新。为了确保用户的软件是最新的，用户需要定期的进行升级。例如，在 Windows 安全中心中的“病毒与威胁保护”功能中，利用“病毒和威胁防护更新”区域的“检查更新”超链接来更新 Windows Defender，如图 20－31 所示。在火绒软件主界面上，点击“菜单”按钮：☰，打开菜单下拉列表，如图 20－32 所示。从中选择“检查更新”功能，可以将火绒杀毒软件更新到最新版本或者将病毒库升级到最新状态。

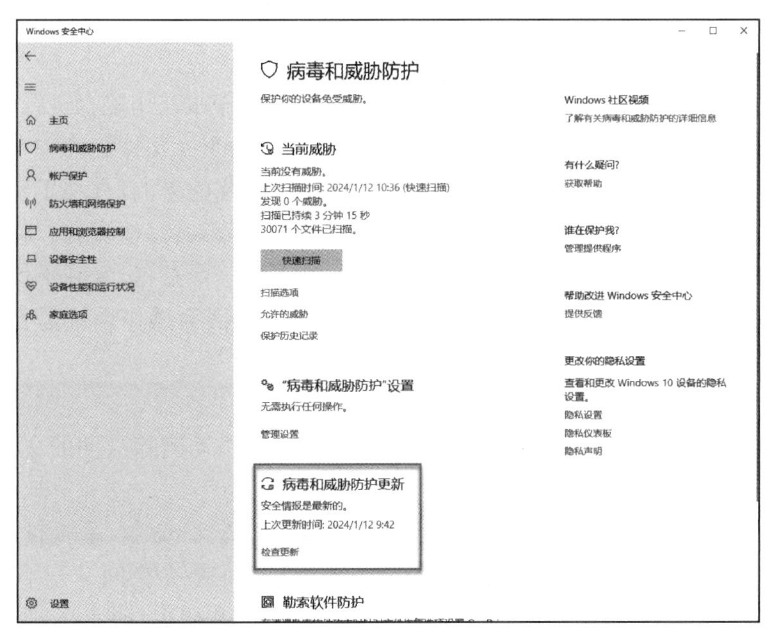

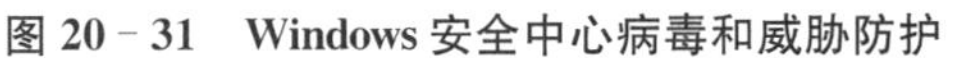
图 20－31　Windows 安全中心病毒和威胁防护

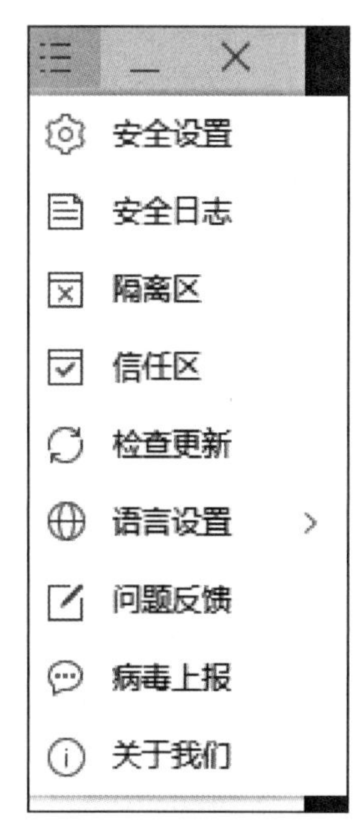

图 20－32　火绒杀毒软件菜单

值得一提的是，任何防毒、杀毒软件都不是万能的，新的病毒会不断地出现，还会发现更多的系统安全漏洞，安全防范工作是长期的、经常性的工作。

20.3 计算机系统的优化

在利用计算机办公的过程中，我们常常发现自己使用的计算机运行越来越慢，打开软件需要的时间越来越长，计算机使用越来越不流畅。很多用户认为这是计算机中病毒造成的，但是使用了杀毒软件检查后却没有结果，计算机使用慢的情况依然得不到缓解。其实，这种情况很可能是计算机没有很好地配置、系统没有很好地优化造成的。

20.3.1 计算机系统优化概述

前面介绍的防病毒软件及防火墙的使用，其目的是帮助用户建立一个安全的防线。在这个防线背后，如何使用好计算机需要用户自己安排好。如同有些优秀的办公人员将资料管理得整整齐齐、工作安排得井井有条，而有些办公人员资料管理马马虎虎、工作安排凌乱。对计算机的管理也需要合理安排，才可以发挥它的最大功效。

首先，让我们分析一下造成计算机慢下来的原因。造成计算机运行慢的因素很多，包括硬件配置逐步陈旧、软件规模不断增大、网络拥塞这些外在因素。在排除这些外在因素后，回到计算机系统，分析我们对计算机的管理工作，会发现：系统中安装的软件越来越多、磁盘空间剩余越来越小、临时及陈旧文件积累越来越多、系统启动会同时启动多个软件在后台运行、连网使用的软件越来越多等等。这些往往是造成计算机或程序运行慢的主要因素。

针对上述问题，计算机系统优化的主要作用是：清理不必要的文件，释放出更多的硬盘空间；阻止一些程序开机自动执行，以加快开机速度；清理注册表里的垃圾文件，减少系统错误的产生；减少不必要的系统服务，回收系统的资源；实现用户计算机使用的个性化等等。计算机系统优化的目标是空出更多的系统资源供用户支配，并且保证计算机系统本身的稳定性和安全性。

20.3.2 计算机系统优化的基本方法

计算机系统优化的内容及方法很多，包括：硬件优化、图形加速优化、网络优化、注册表优化等等。这里我们从适合普通办公人员角度，给出一些操作简单、实用可靠的方法。

1. 合理地分配及实用磁盘空间

新计算机开始使用时，硬盘可能只有一个C：磁盘。合理的方法是将硬盘分为至少三个磁盘进行使用。第一个磁盘安装操作系统，第二个磁盘安装应用程序，第三个磁盘用来保存用户的个人文件。第一个盘只安装操作系统是为了让操作系统有一个相对独立的环境，避免其他程序对操作系统的影响，有利于系统的稳定性。并且若系统有损坏需要恢复系统时，只需对第一个磁盘操作就可以了，不影响其他资料。将应用程序集中到第二个磁盘安装，有利于应用程序的独立运行。将用户资料保存在第三个磁盘，有利于用户资料的安全，便于查找及备份。同时，对第一个磁盘需要预留出一定量的空闲空间，因为操作系统运行时需要调用一定的磁盘空间作为虚拟内存。

2. 清理及整理磁盘

对于磁盘上的临时文件需要及时清理，以释放出更多的磁盘空间。除了定期手动删除过期的文件外，用户还可以借助磁盘清理工具来完成，具体操作步骤如下。

① 打开“资源管理器”，在指定的磁盘符号上右击鼠标，在弹出菜单中选择“属性”命令，系统打开“磁盘”属性对话框，点击“常规”选项卡，如图20－33所示。在这里可以查看现有磁盘的剩余空间。

② 在“常规”标签中，点击“磁盘清理”按钮，系统开始检查系统中的临时文件并弹出“磁盘清理”对话框，显示磁盘中存在的临时文件情况，如图20－34所示。

③ 选中需要清理的部分之前的复选框，如“回收站”，然后点击“确定”按钮，即可完成对临时文件的清理。完成磁盘清理将释放出更多的存储空间。

图 20－33　磁盘属性对话框常规选项卡

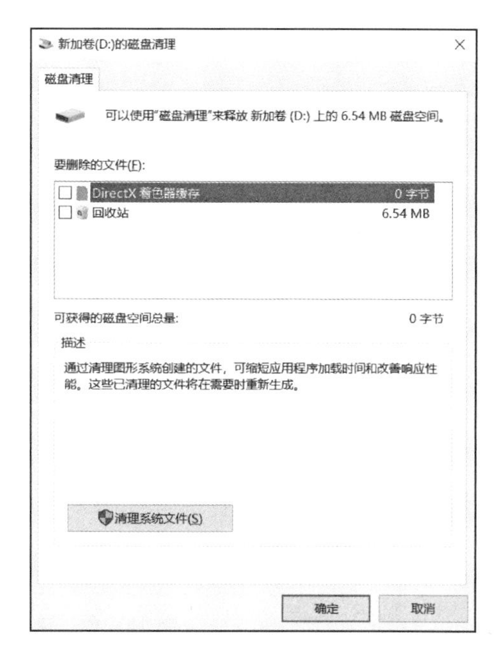

图 20－34　磁盘清理对话框

长期使用计算机后，磁盘上会出现“碎片”，这是长期多次保存、更改或删除文件产生的。所谓“碎片”是指不连续的小的存储空间，它将降低磁盘及文件的使用效率。“碎片”的产生不可避免，但是需要对“碎片”进行及时整理。磁盘碎片整理程序是重新排列卷上的数据并重新合并碎片空间的工具，它有助于计算机更高效地运行。我们可以借助磁盘优化工具完成，该工具可以手动运行也可以按计划自动运行，具体操作步骤如下：

① 打开“资源管理器”，在指定的磁盘符号上右击鼠标，在弹出菜单中选择“属性”命令，系统打开“磁盘”属性对话框，点击其中的“工具”选项卡，如图 20－35 所示。

② 点击其中的“优化”按钮，系统打开“优化驱动器”对话框，如图 20－36 所示。

③ 用户选择需要优化的磁盘，点击“优化”按钮，即可开始磁盘优化。

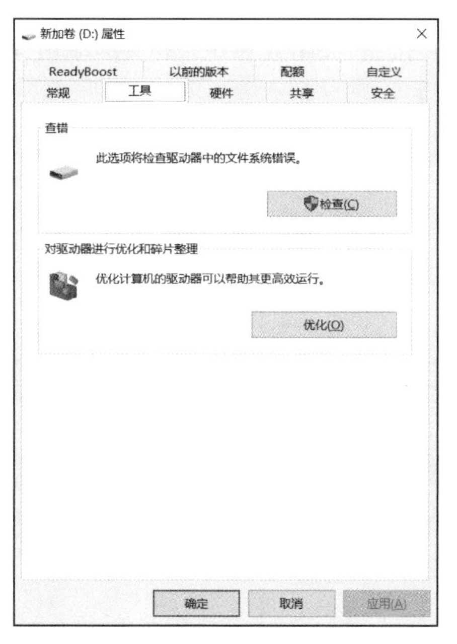

图 20－35　磁盘属性对话框工具选项卡

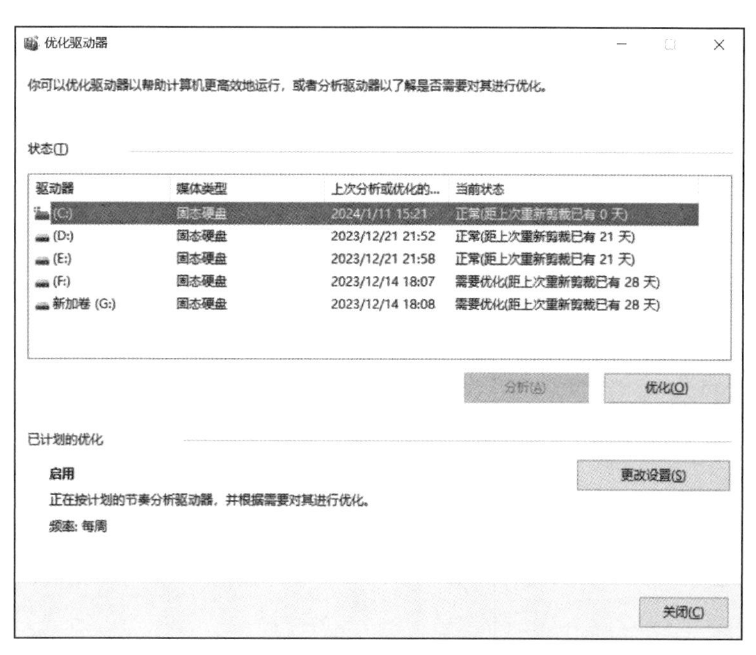

图 20－36　优化驱动器窗口

④ 若用户希望自动完成磁盘优化，点击窗口中的“更改设置”按钮，系统弹出“优化驱动器”对话框，如图 20－37 所示。用户可以在这里为磁盘优化工作指定一个工作计划，包括时间和优化对象，实现自动优化。

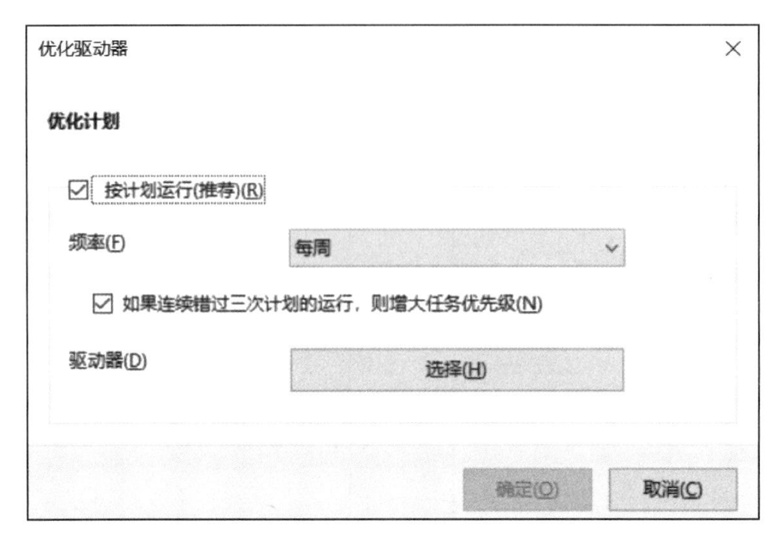

图 20－37 优化驱动器时间设置窗口

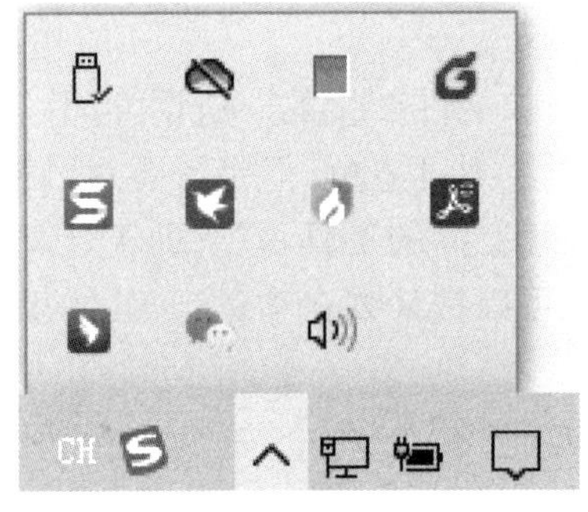

图 20－38 任务栏通知区域显示的运行中的程序

3. 减少系统的启动项目

部分应用程序在安装后作为启动项目，伴随系统启动自动启动运行。这不仅延长了计算机启动的时间，而且也侵占了有限的系统资源。操作系统启动后，在任务栏的通知区域中，用户会查看到系统中运行的程序，如图 20－38 所示。用户可以右击程序图标，在弹出菜单中执行“退出”命令来关闭不必要的程序。

更彻底的解决方法是关闭不必要的启动项目，具体操作步骤如下：

① 在“开始”菜单上右击鼠标，在弹出菜单中选择“设置”命令，或者使用组合键：Windows＋I，打开 Windows 设置窗口，如图 20－39 所示，在其中点击“应用”超链接。

② 系统会打开“应用”设置管理窗口，在左侧导航栏中点击“启动”超链接，右侧窗格显示“启动”管理内容，如图 20－40 所示。

③ 在“启动应用”区域，列出了开机启动的项目，用户可以利用开关按钮，关闭或者开启相关的应用程序，如图 20－40 所示。

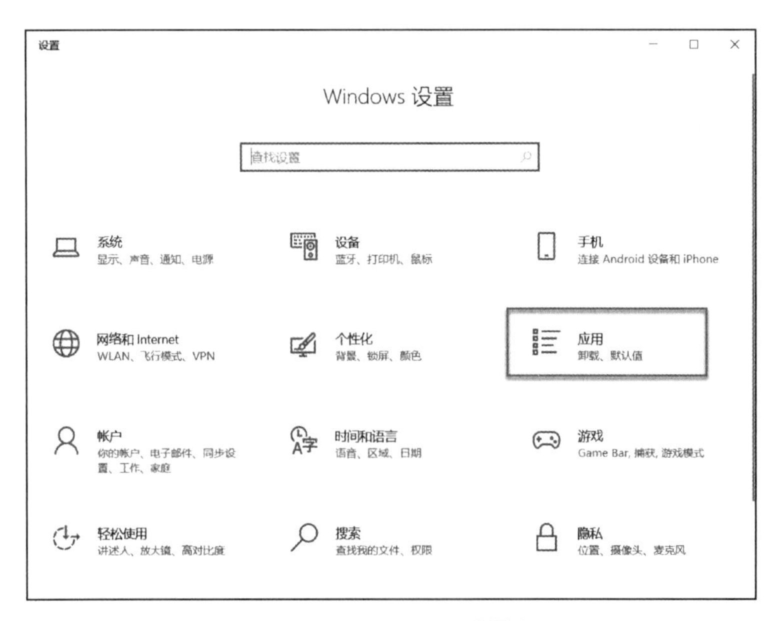

图 20－39 Windows 10 设置窗口

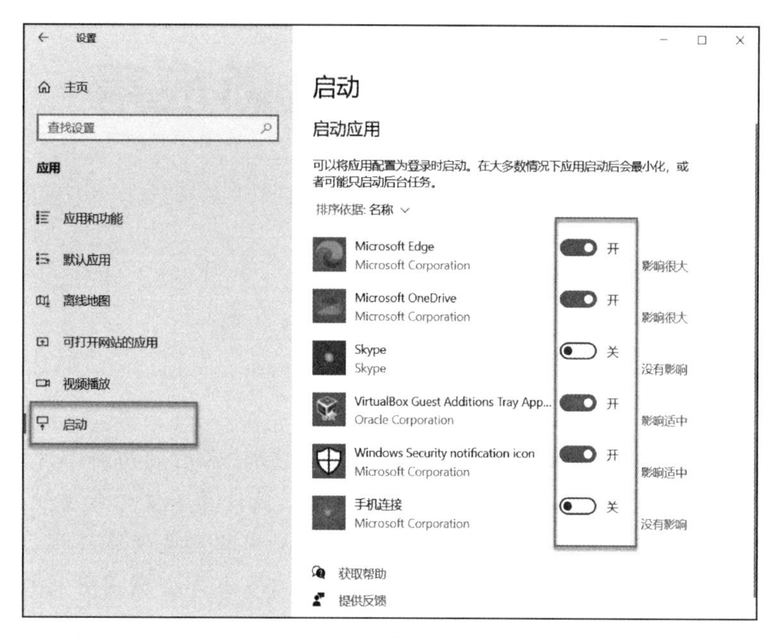

图 20－40　启动应用设置

4. 使用第三方优化工具

对于不了解系统设置的用户来说，可以借助第三方的优化工具来实现计算机系统的优化工作。目前有很多计算机系统优化软件或者工具，包括 Windows 优化大师、魔方优化大师、鲁大师、超级兔子、360 安全卫士、火绒等。这些软件或者工具提供的系统优化内容包括：清理磁盘临时文件、清理启动项目、清理软件插件、弹窗拦截等。这些工具各有特点，用户可以根据自己喜好选择。这里以火绒防病毒软件为例，介绍优化工具的使用。在火绒的界面上点击“安全工具”按钮，打开安全工具窗口，如图 20－41 所示。火绒提供的优化工具包括：垃圾清理、启动项管理、弹窗拦截和文件粉碎等功能，用户可以根据自己的实际情况，选择优化功能。

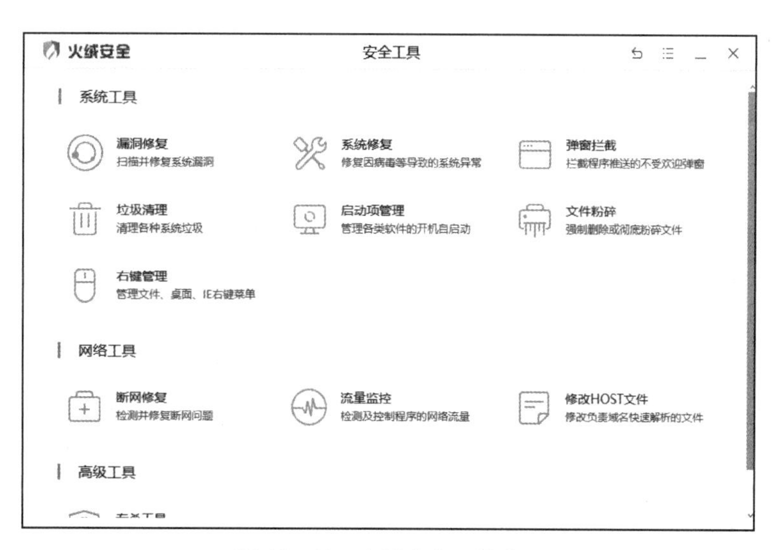

图 20－41　火绒安全工具窗口

第21章　办公新应用

随着信息技术的不断演进，云计算、移动应用及人工智能技术已成为引领发展的新兴力量。办公自动化技术也需要紧随信息技术的发展步伐，与时俱进。云计算不仅为各类组织提供了优质的软件服务，还大大降低了信息系统建设与维护的成本。移动应用的发展使得现代办公变得灵活高效，无论何时何地，办公都能顺利进行。而人工智能技术则助力各类办公应用更高程度的自动化、智慧化和个性化。因此，掌握这些创新技术的应用将对办公人员提升现代办公技能大有裨益。本章重点介绍云应用、移动应用、人工智能辅助办公在办公自动化领域的典型应用案例。通过学习这些应用，读者可以更直观地了解新兴技术在现代办公中的重要作用。

21.1　云办公应用

21.1.1　云存储的应用

“云存储”是在“云计算”(Cloud Computing)概念上衍生发展出的一种网络存储技术。“云计算”是分布式计算的一种，它将庞大的计算处理程序分解成无数个子程序，通过网络交由许多服务器组成的庞大系统进行处理和分析这些子程序，再将得到结果合并返回给用户。“云存储”是依托数据存储和管理的云计算系统，它可以实现将存储的资源统一到云存储空间中，用户可以随时随地进行调用和操作。

目前，提供云存储服务的应用包括：Google Drive、微软 OneDrive、苹果 iCloud、Dropbox、金山快盘、115 云盘、阿里云、百度云盘、华为云盘、腾讯微云等等。上述云存储应用都各具特色，它们提供的基本服务包括：文件同步、文件备份和文件共享功能。此外，云存储服务逐步向各类平台覆盖，包括：Windows、macOS、iOS、Android 及鸿蒙(Harmony OS)等。只要用户安装了云存储服务，在各类客户端上，包括电脑、手机、平板及网站之间，都能够直接跨平台互通互联。云存储为现代移动办公提供了有力的支持。

我们以桌面 OneDrive 为例，介绍云存储的基本使用过程。OneDrive 是由微软公司推出的一项针对个人电脑和移动设备的云存储服务，原来的名字是 Skydrive，它提供免费的 5G 云存储空间。用户可以通过自己的微软帐户进行登录，上传自己的图片、文档等到 OneDrive 中进行存储，还可以进行 Office 文档编辑和协作。OneDrive 的文件管理方式与 Windows 基本相同，OneDrive 可以建立多级目录，对文件、文件夹进行移动、复制、共享、删除等操作。

1. 获得及登录 OneDrive

从微软的官方网站上可以获得 OneDrive 安装包，下载地址为 https://www.microsoft.com/zh-cn/microsoft-365/onedrive/download。目前，支持的计算机客户端系统包括：Windwos 11/10/8、macOS X 和移动设备。对于下载获得的安装包，利用安装向导可以便捷地完成安装。目前，在 Windows 10 中已经预装有 OneDrive。打开 Windows 10 中的资源管理器，可以在左侧窗格中看到 OneDrive 文件夹。在“开始”菜单中，选择 OneDrive 命令：OneDrive，启动 OneDrive。设置 OneDrive 的步骤如下。

① 在任务栏通知区域中选择 OneDrive 云图标：，系统弹出 OneDrive 登录对话框，如图 21－1 所示。

② 点击“登录”按钮，系统弹出“设置 OneDrive”对话框，如图 21－2 所示。如果没有微软帐号，可以点击窗口下方的“创建帐户”按钮进行创建。若已经有微软帐号，填入电子邮件地址，然后按照向导进行验证。完成 OneDrive 用户登录和基本设置后，资源管理器中的 OneDrive 文件夹将出现内容，有“图片”和“文档”文件夹及指导文件，如图 21－3 所示。

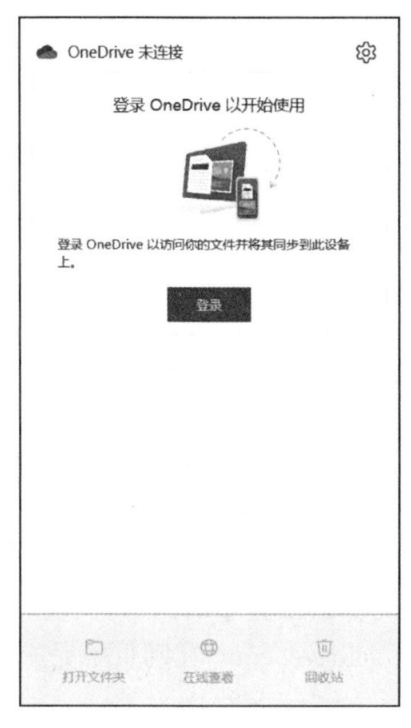

图 21－1　OneDrive 登录框

图 21－2　OneDrive 设置对话框

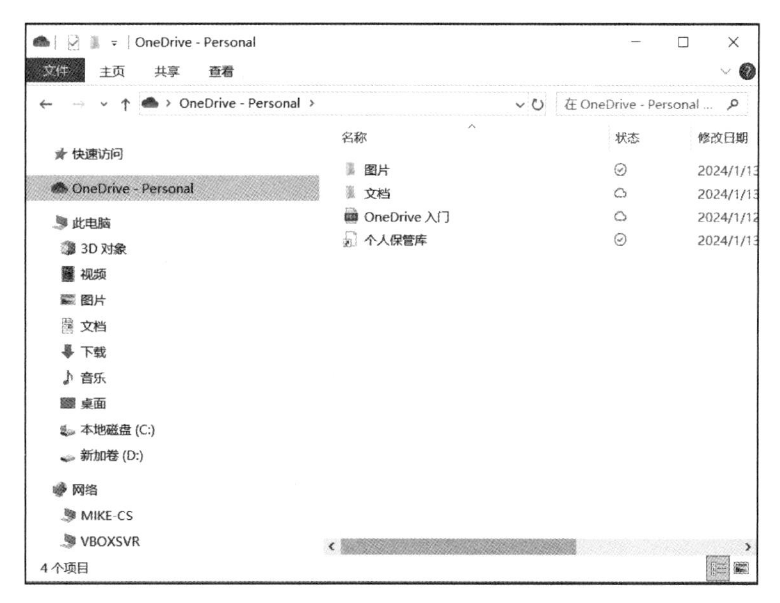

图 21－3　完成设置的 OneDrive 文件夹

2. 使用 OneDrive

(1) 在本地资源管理器中使用 OneDrive

OneDrive 对文件管理方式延续了 Windows 基本形式，使得用户更容易使用。在 OneDrive 窗口对文件或者文件夹的操作，包括添加、删除、复制、更名等，与普通文件或文件夹相似，如图 21－4 所示。向目录中添加文件或者文件夹时，当文件或者文件夹上出现一个✔符号，表示该对象已经同步到云存储中。

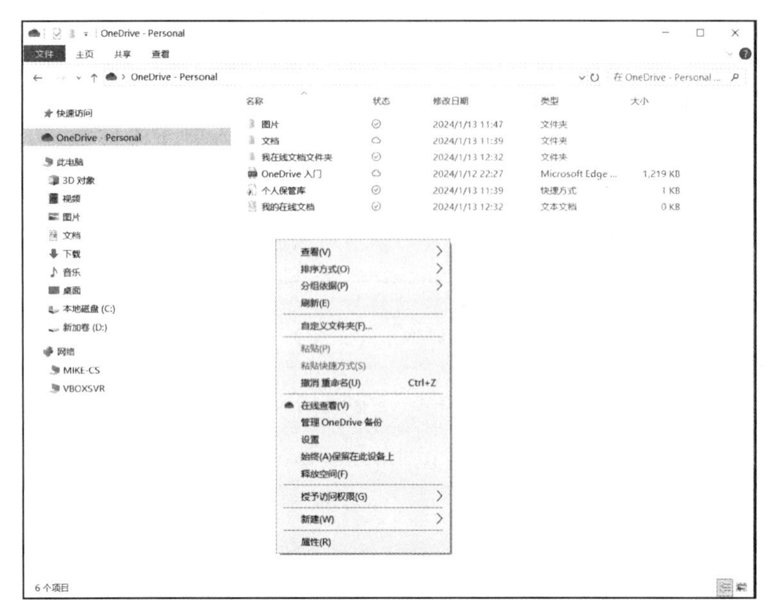

图 21－4 在资源管理器中使用 OneDrive 文件夹

(2) 在异地访问 OneDrive 中资源

若要在异地访问 OneDrive 中资源,一种是安装客户端 OneDrive,另外一种是通过 Web 访问。只要在另一台计算机上安装 OneDrive 客户端,利用相同的帐户登录,就可以同步云服务中的内容,实现对云存储空间的访问。通过网站访问云存储内容,可以在浏览器地址栏中输入 onedrive. com,在网页中完成管理。

(3) 将 Office 文档保存到 OneDrive 中

如果想把正在操作的文档直接保存到 OneDrive 中,以微软 Word 为例,可以使用“另存为”命令,然后选择保存位置 OneDrive,如图 21－5 所示。若尚未登录 OneDrive,利用“登录”按钮完成 OneDrive 登录。图 21－6 显示了完成 OneDrive 登录后,另存为窗口的形式。

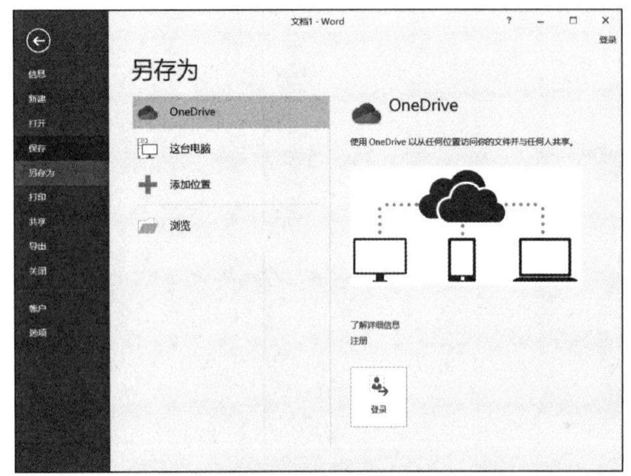

图 21－5 微软 Word“另存为”窗口

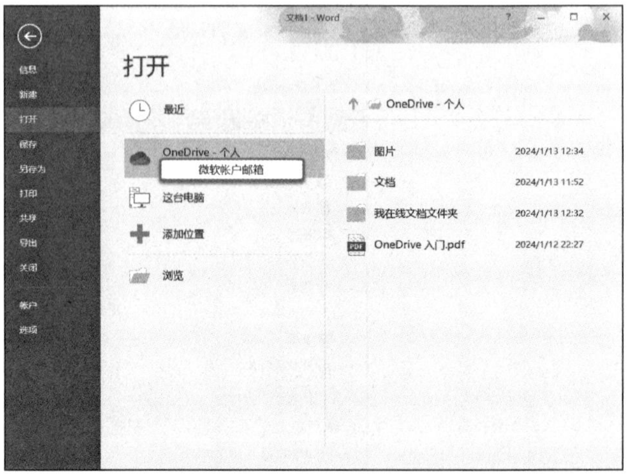

图 21－6 登陆 OneDrive 后的 Word“另存为”窗口

(3) 使用 OneDrive 备份资源

对于在 Windows 10 中的文件资源,用户可以利用 OneDrive 实现云备份。具体设置方法如下。

① 在通知区域中点击 OneDrive 云图标: ,在弹出的窗口中,点击左上角的“帮助与设置”按钮: 。在弹出的菜单中点击“设置”命令,如图 21－7 所示。

② 系统打开“OneDrive 设置”窗口,在左侧的导航栏中,选择“同步与备份”选项卡,右侧窗格显示“同步与备份”管理功能,点击其中“管理备份”按钮,如图 21－8 所示。

③ 系统打开“备份这台电脑上的文件夹”设置窗口，如图 21－9 所示。用户利用“开关”选择需要备份的对象。

图 21－7　OneDrive 设置

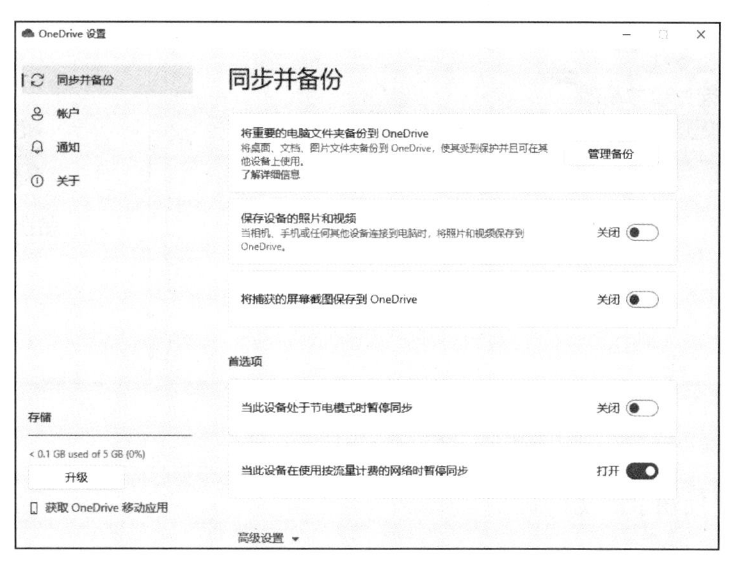

图 21－8　OneDrive 设置窗口

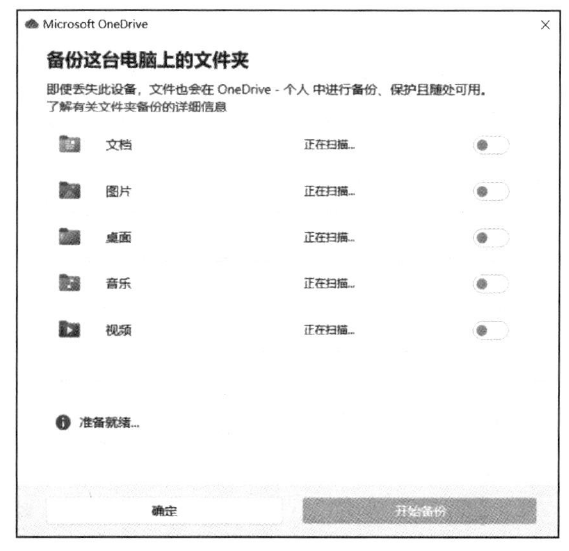

图 21－9　OneDrive 备份对话框

21.1.2　云办公应用

随着“云”技术的发展与应用，很多厂商都提供了基于“云”的办公应用。在“云”办公系统的支持下，用户可以在电脑、智能手机、平板电脑和其他移动设备上进行移动办公。无论用户身在何处，都可以随时查阅文档、编辑文档、收取邮件以及与联系人交流，如同在办公室的工作环境一样，这极大地方便了用户的工作。目前，云办公系统包括：Google Docs、Office 365、Gleasy、百会办公门户、金山文档、WPS 365 等。

我们以“金山文档”为例，简要介绍一下基于云计算的协作办公的应用。金山文档是金山公司推出的基于云计算的协作办公系统，访问地址是：www.kdocs.cn。它的特点包括：支持多人协作办公、多人协作编辑同一个文档、实时保存、恢复到指定版本等。目前，金山文档可以提供个人版及企业版的免费试用。此处以金山文档个人版网页应用为例，具体介绍其应用方法。

1. 登录金山文档

在浏览器地址栏输入 www.kdocs.cn，访问金山文档的主页，如图 21－10 所示。点击其中的“进入网页版本”按钮。进入金山文档登录界面，如图 21－11 所示。在这里注册一个新帐号，或者使用已有的帐号登录。

图 21-10 金山文档主页

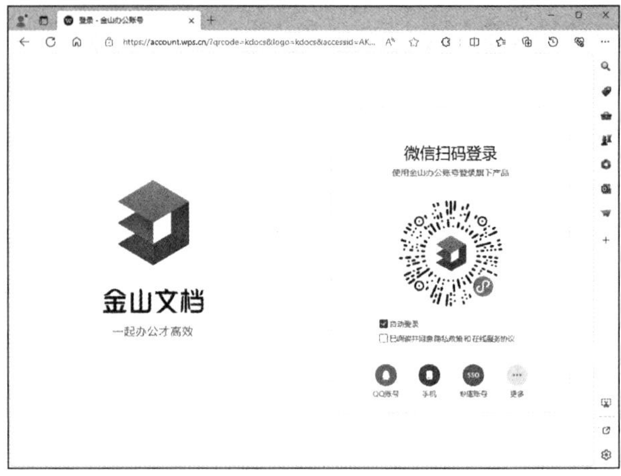

图 21-11 金山文档登录窗口

2. 使用金山文档

(1) 创建新文档

登录金山文档网页版后，如图 21-12 所示，左侧是导航栏，右侧是最近使用文档列表。点击"新建"按钮，系统弹出新建菜单，如图 21-13 所示，用户在这里可以选择需要的文件类型进行创建。这里我们选择 Office 文档类型中的"文字"类型文件进行演示。点击"文字"按钮后，系统弹出一个新的网页标签，如图 21-14 所示，在这里用户可以选择文档模板。我们选择"空白文字"按钮，系统打开编辑界面，如图 21-15 所示。在这个界面中，用户可以编辑自己的文字内容，操作方法与 Word 软件类似。

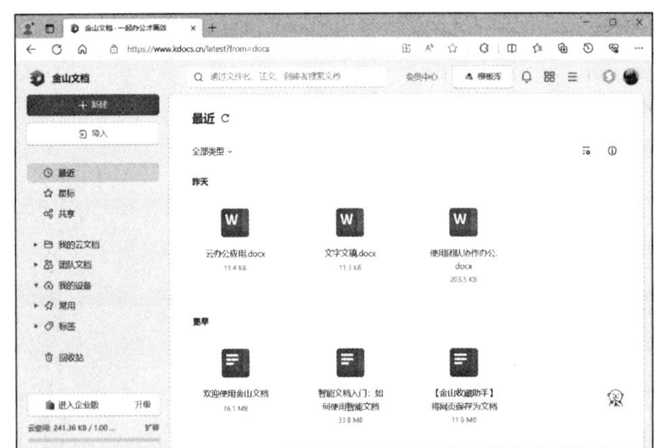

图 21-12 金山文档主界面

图 21-13 金山文档新建菜单

图 21-14 金山文档新建文档

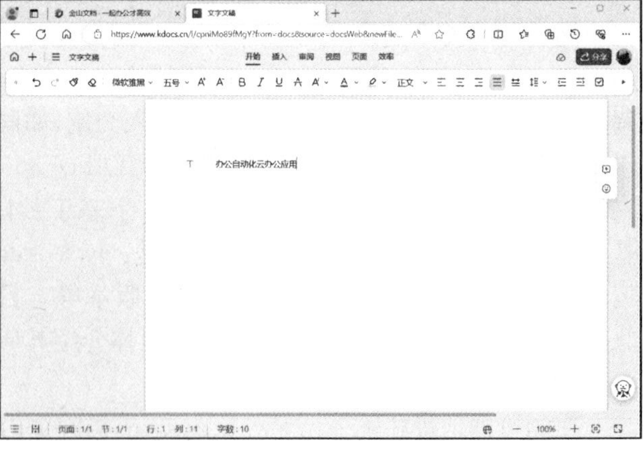

图 21-15 编辑新建的文档

（2）协作编辑文档

在利用金山文档编辑自己的文档过程中，可以邀请工作伙伴一起协同工作。具体过程如下：在编辑界面点击“分享”按钮，系统弹出“协作”对话框，如图21－16所示。在这里可以生成文档的链接，用户可以复制链接，发送到微信、QQ或者其他渠道。其他工作伙伴可以利用这个链接打开文档进行协同编辑。若要进一步设置协同工作伙伴的权限，可以在“协作”对话框中，点击“链接权限”区域中的“所有人可编辑”下拉列表，对链接的权限进行设置，如图21－17所示。当工作伙伴通过链接编辑文档时，他们编辑的内容会立即显示在编辑区域中，如图21－18所示。编辑过程中金山文档会实时保存内容。编辑好的文档，用户可以利用工具栏上的文件名编辑框对文档命名。若需要另存文档及下载，用户可以点击工具栏“文档操作”按钮：≡，在弹出菜单中选择“下载”或者“另存”命令，如图21－19所示。

图21－16　分享文档

图21－17　设置链接权限

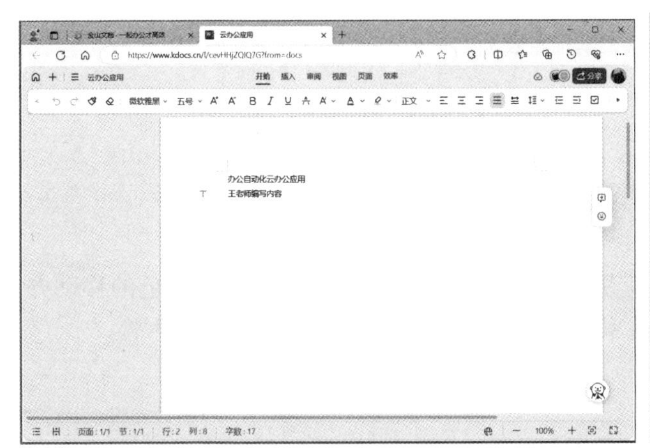

图21－18　协作编辑文档的效果

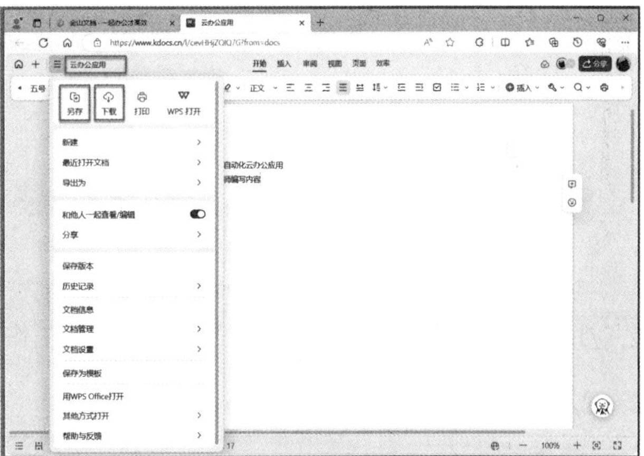

图21－19　文件操作菜单保存和下载文档

（3）保存可恢复的版本

协同编辑工作由多人共同参与，可能造成文档编写的不一致或者不符合要求，必要时要恢复到之前的状态，金山文档提供了恢复功能。用户若要使用恢复功能，需要为文档创建“保存版本”，它是文档的一个副本，之后需要时利用“保存版本”进行文档恢复。

保存版本的操作步骤如下：打开需要编辑的文档，在工具栏中点击“文件操作”按钮：≡，在弹出菜单中选择“保存版本”命令，如图21－20所示，系统提示保存成功。

恢复版本的操作步骤如下:在工具栏中点击"文件操作"按钮: ☰ ,在弹出的菜单中选择"历史记录"下的"历史版本"命令,如图 21-21 所示。系统在右侧窗格弹出"历史版本"对话框,用户选择合适的历史版本,点击"恢复文档"按钮进行恢复,如图 21-22 所示。

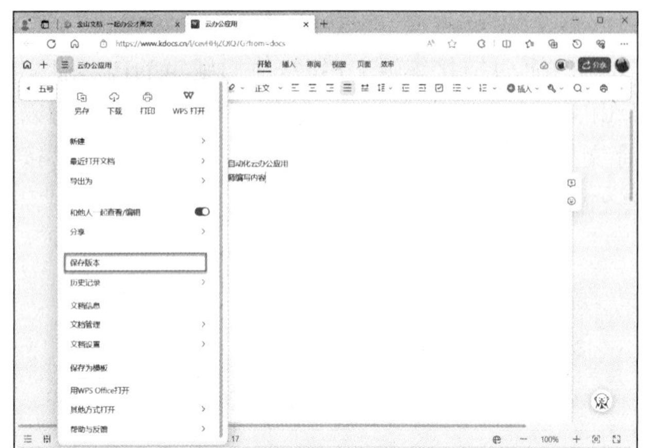

图 21-20 建立保存版本

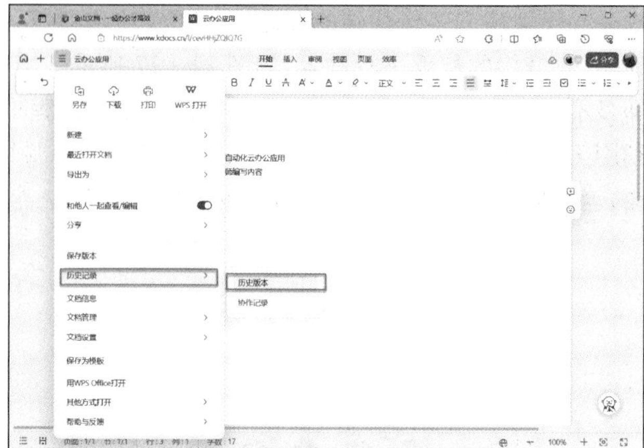

图 21-21 历史记录菜单

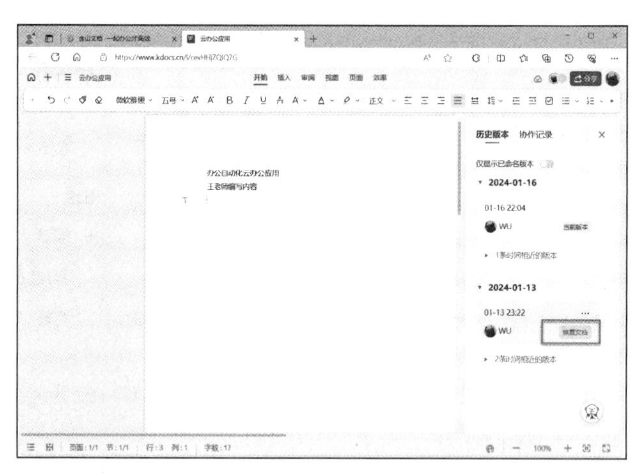

图 21-22 恢复文档到指定版本

21.2 移动办公应用

随着移动应用的繁荣发展,面向办公领域的移动应用也日益丰富。本节介绍几款颇具特色的移动办公应用系统。这些应用旨在简化办公流程、提高工作效率,为企业和个人带来更加便捷的办公体验。

21.2.1 移动 Office 应用

随着移动应用的迅猛发展,众多软件公司纷纷推出了移动版本的 Office 应用软件,可适用于 Android、iOS 及鸿蒙平台。这些移动 Office 应用软件包括:Microsoft Office Mobile、QuickOffice、Documents To Go、WPS Office、金软 Office 等等。这些应用为用户提供了便捷的移动办公解决方案,可满足不同平台用户的需求。

我们以 Android 平台的 WPS Office 为例,简要介绍移动 Office 应用软件的使用。WPS Office 是由珠海金山办公软件公司针对移动终端开发的一款功能强大的移动办公云软件,它与金山文档互联。用户可以使用 WPS Office 查看和编辑常用的办公文档,如 Word 文档、Excel 表格、PowerPoint 幻灯片等。同时,WPS Office 还提供了扫描拍照、PDF 编辑等功能,极大地提高了办公效率。

1. 启动WPS Office及浏览文件

在Android移动终端上,点击 图标即可启动WPS Office软件。软件启动后首先进入登录页面,如图21-23所示。新用户需要注册,已注册的用户选择自己的注册方式进行登录。登录后的WPS Office的主界面如图21-24所示,界面上显示了最近使用的文件。这个文件列表与云办公中的金山文档内容是同步的。用户也可以点击"本机"选项卡,将显示移动端本地的文件,如图21-25所示。点击一个具体文件,将显示其内容:图21-26显示了浏览Word文件内容效果;图21-27显示了浏览PowerPoint文件内容效果;图21-28显示了浏览Excel文件内容效果。

图21-23 WPS登录界面

图21-24 浏览首页内容

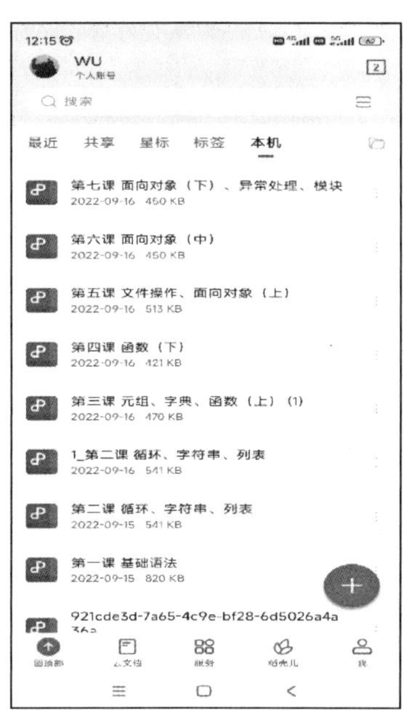

图21-25 浏览本地文件内容

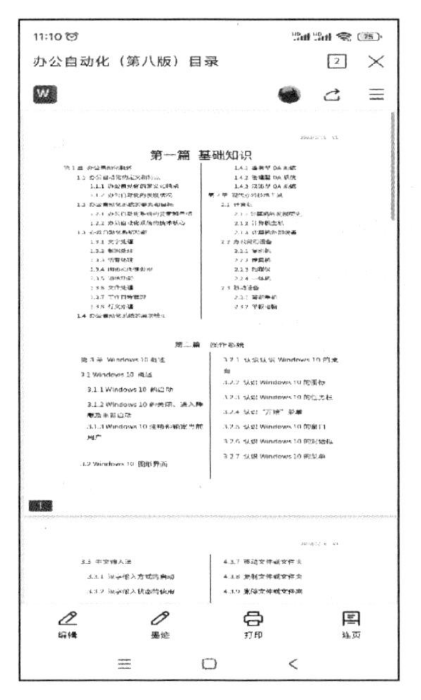

图21-26 浏览Word文件

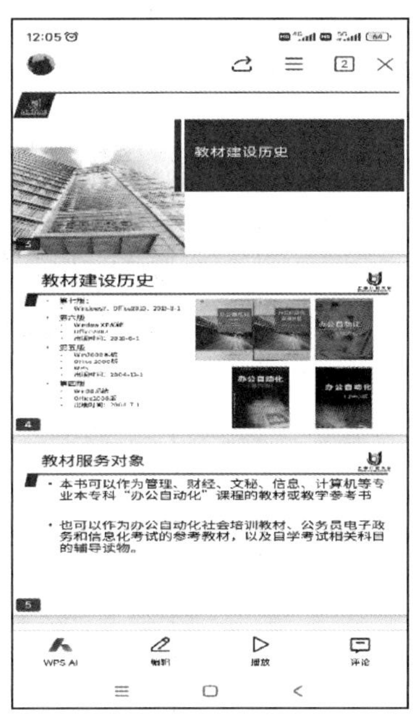

图21-27 浏览PowerPoint文件

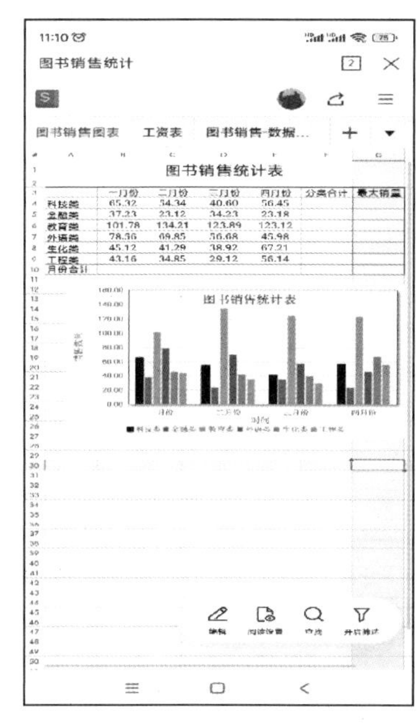

图21-28 浏览Excel文件

2. 创建及编辑Office文件

使用WPS Office可以创建新的Office文档,也可以编辑已经存在的Office文档。在WPS Office的主界面点击新建按钮,弹出新建对话框,如图21-29所示,用户可以选择所需的文件类型进行创建。图

21－30显示了新建Word文件后进行编辑的界面。在WPS Office中，对Word文档的编辑功能包括字体、字号、文字颜色、项目符号、剪贴板、插入图片等，非常齐全，满足了移动办公Word文档编辑的基本需要。在WPS Office中，对PowerPoint文件的编辑功能包括幻灯片版式、插入图片、字体大小、文字颜色、剪贴板等。图21－31显示了新建PowerPoint文件后进行编辑的界面。

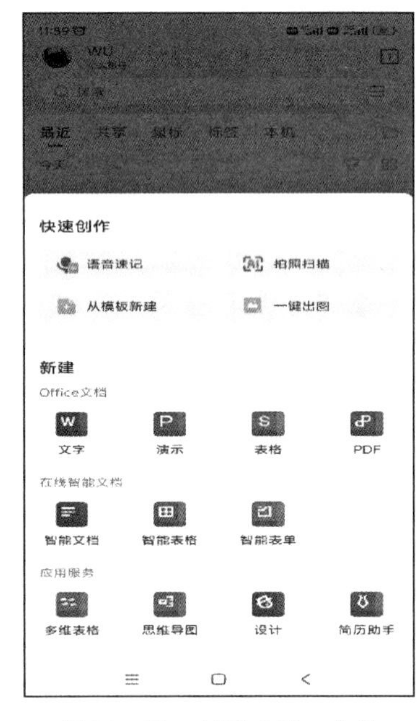

图21－29　创建Office文件

图21－30　编辑Word文件

图21－31　编辑PowerPoint文件

3. 发送文件

WPS Office编辑的文件可以保留在手机上，也可以通过“分享”功能发送到其他应用中。在文件浏览页面，选中需要发送的文件，选择窗口下方工具栏的“分享”命令，如图21－32所示。系统弹出发送对话框，如图21－33所示。用户可以将文件发送到微信、QQ、电子邮件、蓝牙等多个应用中。如果手机上安装有OneDrive、百度网盘等应用，就可以直接发送到云存储中。

图21－32　选择分享文件

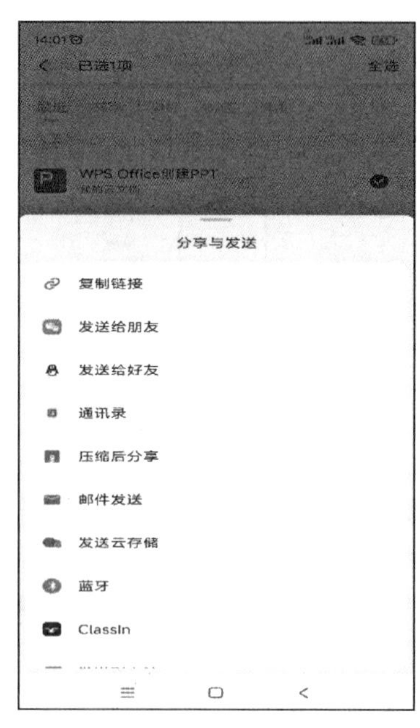

图21－33　分享文件到指定途径

21.2.2 移动云存储应用

云存储的应用除了桌面平台之外，也广泛应用于移动平台。各大云应用服务商都开发了针对移动平台的产品，包括苹果 iCloud、Google 云盘、OneDrive、Dropbox、百度网盘等。我们以 Android 平台的“百度网盘”应用为例，简要介绍一下移动云存储的应用。

1. 启动及登录百度网盘应用

在 Android 移动设备上，点击百度网盘图标：，即可启动百度网盘应用。首先进入登录界面，如图 21-34 所示。若没有百度网盘帐号，可以点击登录页面中的“注册”按钮进行注册。输入注册的帐号信息，验证通过后，进入网盘主界面。点击界面中“文件”选显卡，其中显示已经存储在百度网盘中的文件夹及文件信息，如图 21-35 所示。若是首次登录则是空的列表。

2. 查看百度网盘中的文件

在百度网盘中浏览文件可以在线浏览，也可以将文件从云存储中下载到移动设备上，然后利用移动设备上安装的 Office 软件或相关支持文件格式的软件来浏览。这里点击一个 PowerPoint 文件，直接在线浏览的效果如图 21-36 所示。

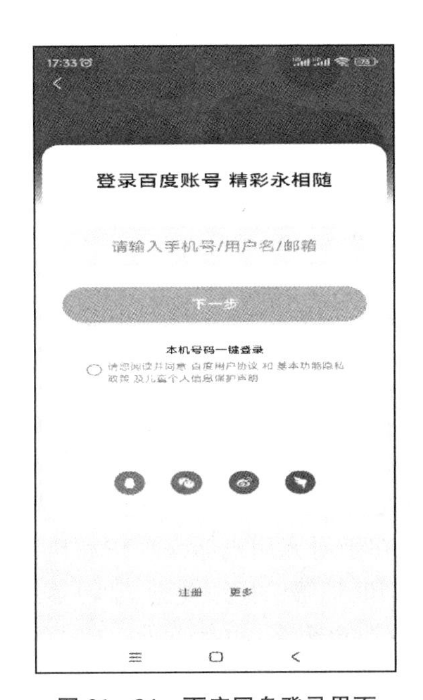

图 21-34 百度网盘登录界面

图 21-35 “文件”选项卡内容

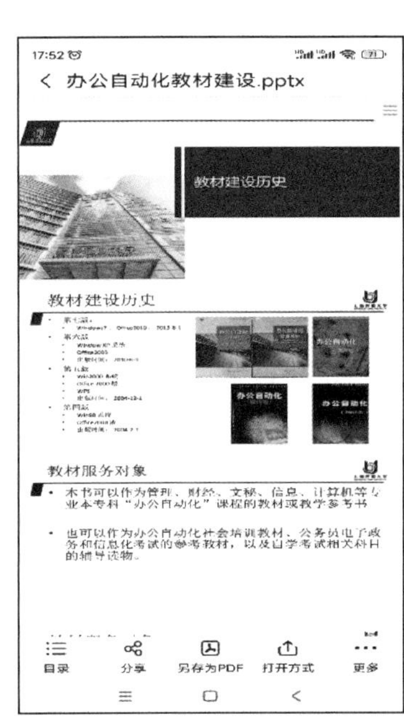

图 21-36 在百度网盘中浏览文件内容

3. 上传文件到百度网盘中

用户可以利用百度网盘将文件上传到在云服务器中。在“文件”选项卡中，点击屏幕右下角的加号按钮：，弹出“上传”对话框，如图 21-37 所示。在弹出的对话框中包括两个区域：上传文件、新建文件。在“上传文件”区域中，用户可以选择上传的文件类型，包括照片、文档、视频和微信文件等，用户点击对应的图标，百度网盘会查找移动端中对应的文件类型的文件，用户选择后，使用“上传”按钮进行上传，如图 21-38 所示。在“新建文件”区域，用户可以创建文件夹、笔记、Word 文件和 PowerPoint 文件。

4. 操作百度网盘中的文件

通过百度网盘应用，用户可以实现对云存储资源的管理，包括下载、分享、删除、打印等。在“文件夹”选项卡界面，用户可以利用对象右侧的复选按钮选中需要操作的对象。此时，界面的底部会显示一个新的操作工具栏，如图 21-39 所示。用户只需要从中选择相应的操作命令，即可完成对应的操作。

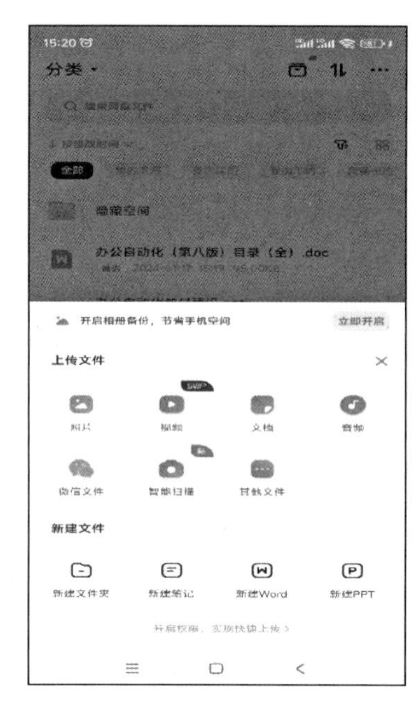

图 21-37 百度网盘“上传文件”对话框

图 21-38 百度网盘“选择文档”

图 21-39 操作百度网盘中的文件

21.3 人工智能辅助办公

21.3.1 人工智能相关概念简介

（1）人工智能的概念

“人工智能”(Artificial Intelligence, AI)也称为机器智能，是指由人工制造的系统所表现出来的智能，可以概括为研究智能程序的一门科学。1956 年夏季，以麦卡赛、明斯基、罗切斯特和申农等为首的一批年轻科学家一起聚会，共同研究和探讨用机器模拟智能的一系列有关问题，并首次提出了“人工智能”这一术语，它标志着“人工智能”这门新兴学科的正式诞生。人工智能的主要目标在于研究用机器来模仿和执行人类的某些智力功能，探究相关理论、研发相应技术，如判断、推理、识别、感知、理解、思考、规划、学习等思维活动。人工智能技术已经渗透到人们工作和生活的各个方面，涉及的行业也很多，包括商业、金融、物流、医疗和游戏等，并运用于各种领先的研究领域，如生物医药、量子科学等。

（2）人工智能模型分类

当前，人工智能按照模型可分为两个大类别：一类是判别式 AI(Discriminative Artificial Intelligence)，另一类是生成式 AI(Generative Artificial Intelligence)。判别式 AI 学习数据的潜在条件概率分布，依据学习过的数据对未见到过的数据给出判断，如分类、分析和预测。判别式 AI 在图像识别、自动驾驶、智能控制、情感分类、人脸识别、推荐系统等已经有成熟的应用。生成式 AI 学习数据中的联合概率分布，对已有的数据进行归纳总结，在此基础上结合深度学习、对抗学习等技术，让 AI 系统能够自主地生成各类数据，而不仅仅是对已有数据的模仿或判别的人工智能技术。生成式 AI 能够模拟人类的创造性思维，生成具有一定逻辑性和连贯性的内容。2022 年末，美国 OpenAI 公司推出的 ChatGPT，标志着生成式 AI 技术在文本生成领域取得了突破性进展。2023 年被称为生成式人工智能的突破之年。生成式 AI 不仅限于文本，还包括了图像、音乐和视频等多种形式的内容，这项技术从单一的语言生成逐步向多模态、具身化智能发展。2023 年 12 月 26 日，“生成式人工智能”入选“2023 年度十大科技名词”。

（3）人工智能大模型

在人工智能领域，所谓的“模型”是一种对现实世界中的复杂问题或任务进行数学抽象和表示的方法。这些模型可以帮助人工智能系统更好地理解、预测和处理现实世界中的问题。人工智能模型主要包括以下几种类型：统计模型、机器学习模型、深度学习模型、符号推理模型和混合智能模型等。随着人工智能研究的深入，人工智能科学家希望建立的模型可以应对多种类型的任务，具有通用人工智能(Artificial General Intelligence，AGI)的能力。对此，研究建立了结构更加复杂、参数规模更加庞大的“大模型”(Large Model，LM)。所谓“大模型”，也称基础模型(Foundation Model)，是指具有大量参数和复杂结构的机器学习模型，能够处理海量数据，完成各种复杂的任务，如自然语言处理、计算机视觉、语音识别等。

GPT既是一种深度学习模型，它的全称是Generative Pre-trained Transformer。它采用了Transformer的核心结构，包括多层编码器和解码器，以及自注意力机制。GPT模型旨在处理各种自然语言处理任务，如文本生成、翻译、摘要生成等。OpenAI公司于2018年6月推出了GPT-1模型，2019年2月推出了GPT-2，2020年5月推出了GPT-3，2022年12月推出了GPT-3.5。2023年3月14日，OpenAI发布了最新的GPT-4.0。上述这些模型的规模非常大，其中GPT-3.0拥有1750亿个参数，训练数据累计约45TB，之后的GPT-3.5和GPT-4.0参数规模更大，因此它们被称为“大语言模型”(Large Language Model，LLM)。

OpenAI公司于2022年11月30推出了聊天机器人ChatGPT，并在2个月内应用获得了1个亿的活动用户规模，获得了生成式AI举世瞩目的成果。ChatGPT是在GPT基础上经过特定训练，以更好地处理多轮对话和上下文理解、专注于交互式对话的大语言模型。

以GPT为代表的人工智能大模型，展现出当前人工智能技术巨大的前景。中国国内科技公司和组织也纷纷推出自己的大模型及产品，包括百度的文心大模型、科大讯飞的星火大模型、阿里巴巴的通义千问大模型、智谱AI的GLM大模型、华为的盘古大模型、彭博的RWKV大模型等。

(4) 人工智能提示工程(AI Prompt Engineering)

随着人们对ChatGPT的认识和应用的逐渐加深，其应用范围已扩展至多个领域，如故事创作、文案撰写、广告词设计、视频脚本编制以及学习辅导资料编写等。如何引导ChatGPT生成符合用户需求、更精准的回应，已成为一项非常重要的工作。这种“引导”的核心理念在于通过设计恰当且精妙的“提示语”，引导ChatGPT生成期望的回答或完成特定任务。这种“引导词”称为“prompt”，使用不同的prompt与ChatGPT互动，可能得到完全不一样的结果。

2023年，由Elvis Saravia创建的DAIR AI公司发布了提示工程指南(Prompt Engineering Guide)。依据该指南定义，prompt是一种输入形式，用于指导人工智能模型在执行特定任务时应采取何种行动或生成何种输出。prompt是一种自然语言输入，类似于命令或指令，使AI模型了解所需任务。例如，要求人工智能助手规划一个为期三天的上海旅行，一个有效的prompt可以这样设计：假设你是一位经验丰富的旅行家，请帮助我规划一个为期三天的上海旅程，包含行程安排、饮食安排及注意事项，并用表格形式展示。

“提示工程”旨在设计和构建有效的自然语言输入，以指导人工智能模型在执行特定任务时采取正确的行动或生成所需的输出。在人工智能应用中，提示工程起着关键作用。一个好的提示可以极大地提高人工智能模型生成准确回答或完成任务的能力。提示工程涉及对自然语言的理解、分析和建模，以便为人工智能模型提供清晰、准确的指导。在“提示工程指南”中，prompt的基本要素包含如下四个部分：

① 指令(Instruction)：希望人工智能模型帮用户完成的一个特定的任务或者指令。

② 上下文(Context)：任务涉及外部信息或附加上下文，这些信息可以引导人工智能模型生成更好的响应。

③ 输入数据(Input Data)：用户输入的内容或者问题。

④ 输出指标(Output Indicator)：指示输出的类型或格式，如文本、表格、图片等。

21.3.2 人工智能辅助知识问答

在互联网时代，知识问答已经成为一种重要的在线服务，许多网站和应用提供知识问答功能，如知乎、百度知道、Quora等。用户可以在这些平台上提问、回答问题，或者参与讨论，共同创建和分享知识。随着生成式人工智能的发展，基于对话方式的知识问答成为大模型的一项重要服务。

这里以智谱AI的知识问答为例，介绍知识问答的使用。首先登录智谱AI主页，地址：open.bigmodel.cn，完成登录验证后，进入主页面，如图21-40所示。进入知识问答窗口界面，如图21-41所示。在这里，用户可以使用对话的方式与AI系统进行知识问答，并且可以进行多轮对话。

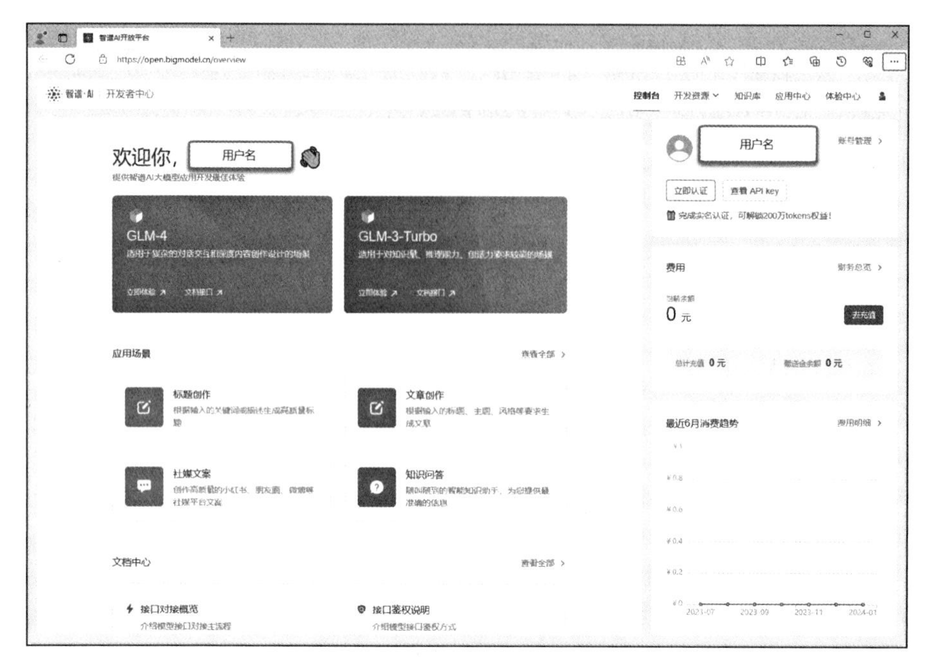

图 21－40　智谱 AI 主界面

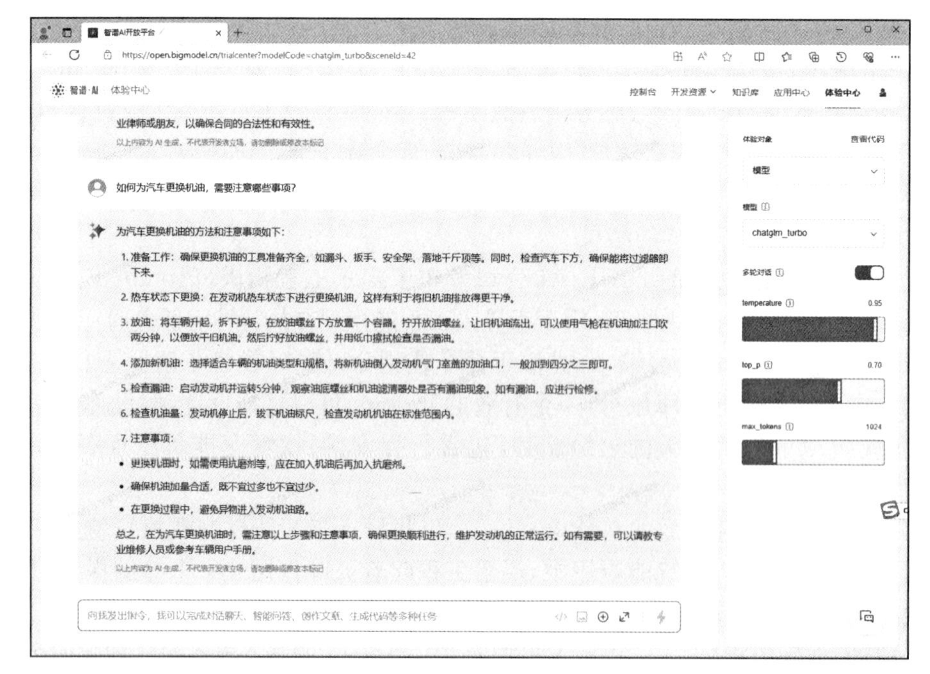

图 21－41　知识问答

21.3.3　人工智能辅助生成文案

人工智能辅助文案创作是指利用人工智能技术和算法来帮助撰写、编辑和优化文本内容的过程，它能够模仿人类的语言创作能力，从而协助人们更高效、更便捷地创作出各种文本材料，它可以应用在：营销文案、新闻稿件、故事创作、社交媒体、视频脚本创作等场景。

目前，很多大语言模型的应用都有人工智能辅助生成文案功能，这里以智谱 AI 开放平台为例介绍。在智谱 AI 开放平台中，利用文案创作功能编写商品推销文案，效果如图 21－42 所示。

为从人工智能模型获得更好的回复效果，使用提示工程 prompt 方法，设置用户角色并给定任务内容，人工智能模型将按照用户的提示给出更精准的回复。这里我们给出两个任务：①按照指定风格撰写文案，例如，按照高适边塞诗风格进行文案创作，其效果如图 21－43 所示；②撰写旅行计划，我们给予人工智能系统“资深旅行家”的“角色”，让其生成一个三天的旅行计划，其效果如图 21－44 所示。

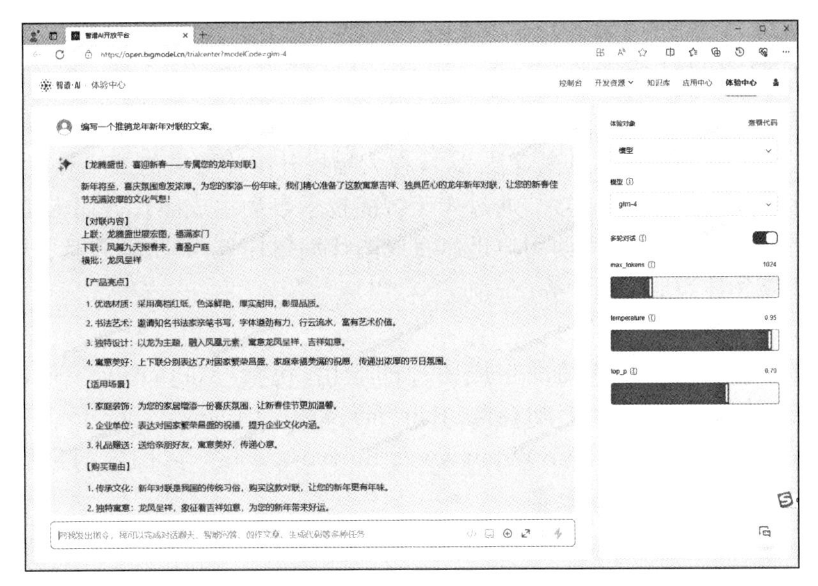

图 21－42　商业文案创作

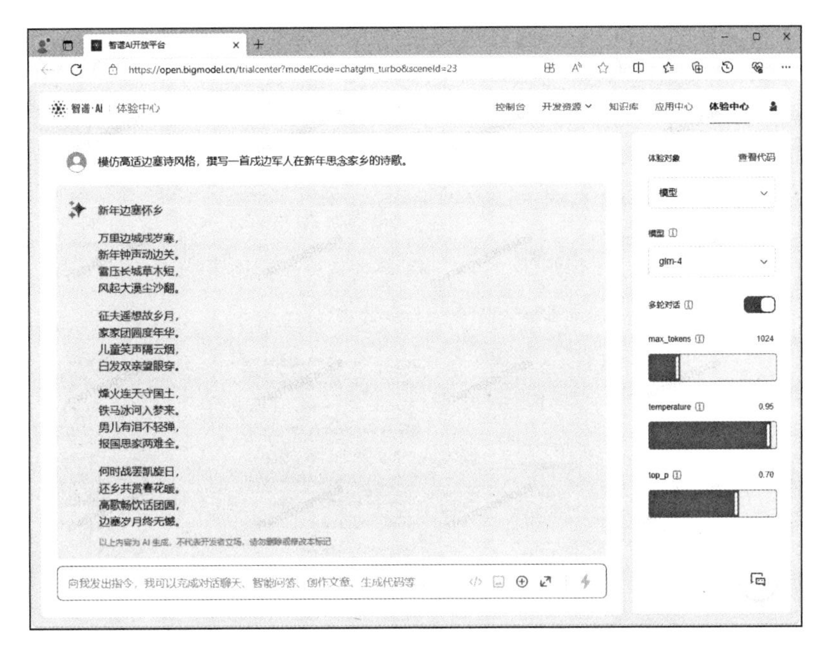

图 21－43　使用 prompt 提示生成指定风格的文案

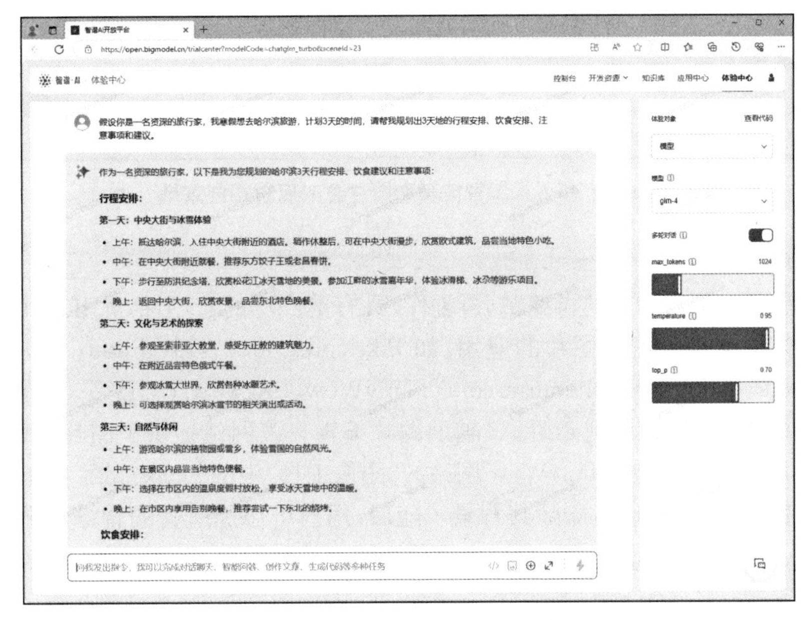

图 21－44　使用 Prompt 提示生成旅行规划

21.3.4　人工智能辅助图片处理

人工智能辅助编辑图片处理技术涵盖了“人工智能辅助图片生成”和“人工智能辅助图片编辑”两大方面。这一领域结合了机器学习和计算机视觉技术，旨在大幅提升图片编辑的效率和质量。其中，人工智能辅助生成图片是指根据用户的需求和描述，通过人工智能技术自动生成图片。而人工智能辅助图片编辑则不需要用户精通图片编辑工具，能协助用户迅速完成图片编辑任务，其功能包括去除背景、移除无关物体、调整光源，以及将新物体添加至图片等。

（1）AI辅助图片生成

目前，国外涌现出众多人工智能辅助生成图片的应用，包括：Midjourny（www.midjourny.com）、DALL.E3（openai.com/dall-e-3）、Flair AI（app.flair.ai）、Deep Dream Generator（deepdreamgenerator.com）、Stable Diffusion（stability.ai）、TinyWow（www.tinywow.com）等，国内的包括：文心一言（yiyan.baidu.com）、eSheep（www.esheep.com）等。

在此，我们以“文心一言”为例，展示如何利用其“帮我画幅画”功能，通过人工智能生成图片技术，结合“E言易图”插件，生成“使用树状图展示奥林匹克运动会举办地，以时间排序”的图片。效果如图21－45所示。

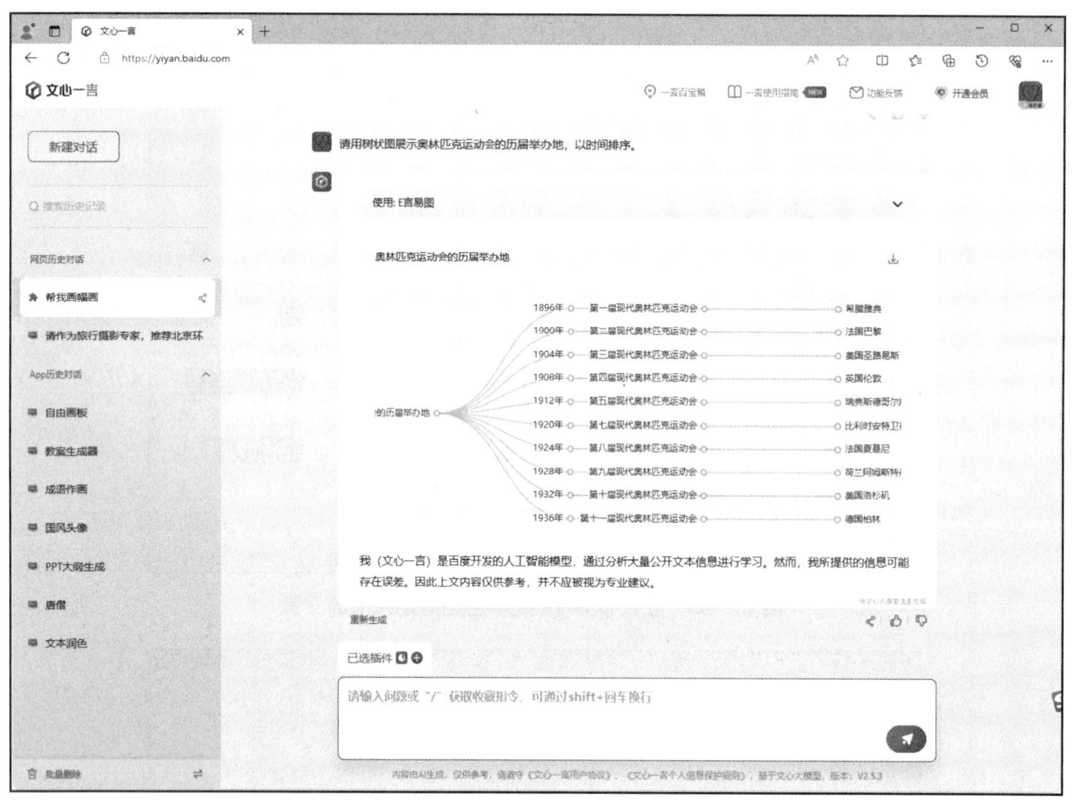

图21－45　人工智能辅助图片生成应用案例效果

（2）AI辅助图片编辑

AI辅助图片编辑是对原有图片的再编辑、再创作，具有更广泛的实用性，尤其适用于办公场景。市场上已出现了多种人工智能辅助编辑图片的应用，如Pika（pika.art）、On1 Photo Raw（www.on1.com）、Deep Dream Generator（deepdreamgenerator.com）、TinyWow（tinywow.com）等。

在此，我们以TinyWow网站为例介绍AI辅助图片编辑。该网站提供了图片去除背景、图片去除水印、文本生成图片等图片编辑功能。TinyWow网站的“图像工具”中的“去除背景”功能，如图21－46所示。当用户上传一张照片，系统经过计算，删除其背景。随后，用户可添加所需的背景。删除图片背景后的效果如图21－47所示。AI辅助图片编辑技术极大简化了图片处理过程，提高了办公效率。

图 21-46　人工智能辅助图片去除背景功能

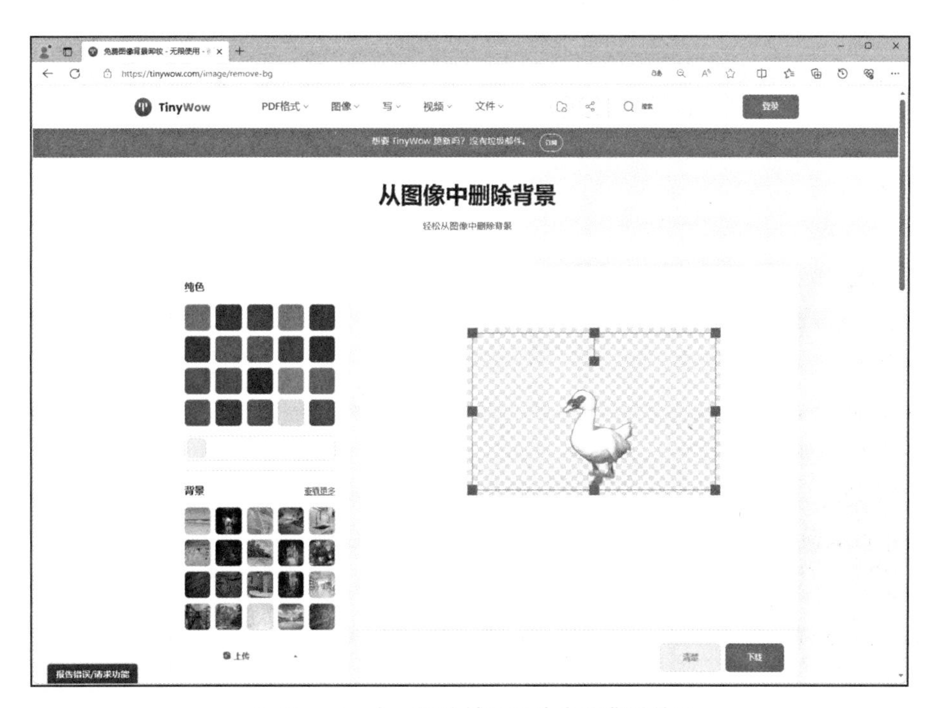

图 21-47　人工智能辅助图片去除背景效果

图书在版编目(CIP)数据

办公自动化/张永忠,吴兵,齐元沂编著. —8版. —上海：复旦大学出版社，2024.3(2024.10重印)
ISBN 978-7-309-17172-3

Ⅰ.①办… Ⅱ.①张… ②吴… ③齐… Ⅲ.①办公自动化-高等职业教育-教材 Ⅳ.①C931.4

中国国家版本馆CIP数据核字(2024)第005118号

办公自动化(第8版)
张永忠　吴　兵　齐元沂　编著
责任编辑/朱建宝

复旦大学出版社有限公司出版发行
上海市国权路579号　邮编：200433
网址：fupnet@fudanpress.com　http://www.fudanpress.com
门市零售：86-21-65102580　团体订购：86-21-65104505
出版部电话：86-21-65642845
上海华业装璜印刷厂有限公司

开本890毫米×1240毫米　1/16　印张24　字数795千字
2024年10月第8版第2次印刷
印数6 101—14 100

ISBN 978-7-309-17172-3/C·442
定价：69.80元